U0150571

"十二五"普通高等教育本科国家级规划教材

高等院校石油天然气类规划教材

油矿地质学

（第五版·富媒体）

吴胜和　岳大力　蒋裕强　主编

石油工业出版社

内 容 提 要

本书系统介绍了油气藏评价和开发阶段的地质研究理论与方法，包括钻井地质、油层对比、油气藏构造、油气储层非均质性、油气水系统与油气层、油气储量估算、油气藏开发的地质主控因素、油藏开发中的动态地质分析等内容。本书以二维码为纽带，加入了大量教学视频和彩色照片。

本书主要作为高等院校资源勘查工程等专业的本科教材，也可供油气藏评价和开发地质、油藏工程技术人员以及其他相关学科的科技人员参考。

图书在版编目（CIP）数据

油矿地质学：富媒体/吴胜和，岳大力，蒋裕强主编．—5 版．—北京：石油工业出版社，2021.3（2023.3 重印）

"十二五"普通高等教育本科国家级规划教材

ISBN 978 - 7 - 5183 - 4552 - 6

Ⅰ.①油…　Ⅱ.①吴…②岳…③蒋…　Ⅲ.①石油天然气地质-高等学校-教材　Ⅳ.①P618.130.2

中国版本图书馆 CIP 数据核字（2021）第 036623 号

出版发行：石油工业出版社

（北京市朝阳区安华里 2 区 1 号楼　100011）

网　　址：www. petropub. com

编辑部：（010）64523693

图书营销中心：（010）64523633　（010）64523731

经　　销：全国新华书店

排　　版：三河市燕郊三山科普发展有限公司

印　　刷：北京中石油彩色印刷有限责任公司

2021 年 3 月第 5 版　2023 年 3 月第 3 次印刷

787 毫米×1092 毫米　开本：1/16　印张：29.75

字数：762 千字

定价：66.00 元

编写人员名单

主　　编：吴胜和　中国石油大学（北京）

　　　　　岳大力　中国石油大学（北京）

　　　　　蒋裕强　西南石油大学

参编人员：（按姓氏拼音顺序排列）

　　　　　高志前　中国地质大学（北京）

　　　　　侯加根　中国石油大学（北京）

　　　　　纪友亮　中国石油大学（北京）

　　　　　姬月凤　渤海钻探第一录井公司

　　　　　林承焰　中国石油大学（华东）

　　　　　刘钰铭　中国石油大学（北京）

　　　　　李　庆　中国石油大学（北京）

　　　　　吕文雅　中国石油大学（北京）

　　　　　时保宏　西安石油大学

　　　　　孙盼科　中国石油大学（北京）

　　　　　吴欣松　中国石油大学（北京）

　　　　　杨　勉　东北石油大学

　　　　　印森林　长江大学

　　　　　赵晓明　西南石油大学

　　　　　周　勇　中国石油大学（北京）

第五版前言

油矿地质学，也称为油气田地下地质学，是高等院校资源勘查工程专业（石油与天然气地质方向）必修的一门专业课和核心课程。

《油矿地质学》教材已先后出版了四版，培养了大量的油气地质人才。近十年来，油气藏地质特别是复杂油气藏与非常规油气开发地质取得了很大的进展，同时，高等教育理念与方法也有了很大的发展，因此有必要对原教材进行修订。

与第四版相比，本教材主要有以下变化：

（1）优化了以油气藏地质为核心的知识体系，将原第二章地层测试和原第七章地层压力的相关内容进行了精简，并整合到了其他章节；

（2）增加了油气藏地质领域的最新研究成果，如非常规油气开发地质研究进展、油气储量新规范等内容，并对其他内容进行了全面更新；

（3）强化了油气藏地质的理论性，如油层对比的等时原理、断层封闭性机理、储层连续性与连通性机理、储层渗透率差异机理、油气藏开发过程中的动态演变机理等。

（4）为了促进多元混合教学，提升课程学习效果，本教材以二维码为纽带，加入了本课程全套共 87 个教学视频以及大量彩色图片。

本教材以油气藏评价与开发阶段的地质研究为重点，涵盖了油气藏开发地质学的主体内容。

为了充分反映我国高校油矿地质学的教学经验和科研成果，组织了以中国石油大学（北京）为主，由七所高校教师及企业专家组成的联合编写组。参与编写的高校有中国石油大学（北京）、中国石油大学（华东）、中国地质大学（北京）、西南石油大学、东北石油大学、长江大学、西安石油大学。

本书由吴胜和、岳大力、蒋裕强担任主编。具体编写分工如下：绪论由吴胜和编写，第一章由刘钰铭、印森林、姬月凤编写，第二章由纪友亮、高志前、李庆编写，第三章由蒋裕强、时保宏、孙盼科编写，第四章由吴胜和、岳大力、周勇、吕文雅编写，第五章由岳大力、杨勉、赵晓明编写，第六章由吴胜和、吴欣松编写，第七章由侯加根、岳大力编写，第八章由侯加根、林承焰编写。教学视频的主讲教师为吴胜和、侯加根、岳大力和刘钰铭。

本教材的立项和编写得到了石油工业出版社的大力支持，也得到了中国石油大学（北京）等七所高校相关院系领导和教师的指导和帮助，在此表示衷心的感谢！同时，真诚感谢使用过本书前四版的教师、学生和广大读者，并热诚欢迎继续对本书第五版提出批评建议。

通信地址：北京市昌平区中国石油大学（北京）地球科学学院，邮编：102249。

电子邮箱地址：reser@ cup. edu. cn。

吴胜和

2020 年 9 月

第四版前言

油矿地质学是高等学校油气地质工程、资源勘查工程专业必修的一门专业课和核心课程。

《油矿地质学》教材在我国已先后出版了三版，培养了大量的油气地质人才。本次编写在前三版的基础上，针对教材内容体系进行了系统的修订。在该版中，将油矿地质学的内容定位为两大部分，并分为三篇。第一部分为钻采地质资料的录取与解释，为第一篇，包括第一章钻井地质、第二章地层测试；第二部分为油气藏地质研究，包括第二篇和第三篇。其中，第二篇为油气藏静态地质研究，包括第三章油层对比、第四章油气田地下构造、第五章油气储层、第六章油气藏流体与油气层、第七章地层压力和油气藏驱动类型、第八章油气储量计算；第三篇为油气藏动态地质分析，包括第九章油气田开发的地质控制因素、第十章注水开发动态地质分析。前两篇的内容体系与教材第三版相似，但删除了原第三章油气藏地球物理（已有专门课程）、原第十章油气藏综合地质研究（相关内容放在绪论中），同时对其余各章内容进行了更新；第三篇为新增加的内容，以强化油气田开发过程中的动态地质分析。教材第二部分（含第二、三篇）是以油气田评价与开发阶段的地质研究为重点的，涵盖了开发地质学的核心内容。

为了充分反映我国高校油矿地质学的教学经验和科研成果，组织了以中国石油大学（北京）为主，由 7 所高校教师组成的联合编写组，包括中国石油大学（北京）吴胜和、徐怀民、侯加根、纪友亮、徐樟有、吴欣松、岳大力，中国石油大学（华东）林承焰，西南石油大学蔡正旗、蒋裕强，东北石油大学施尚明，长江大学陈恭洋，西安石油大学时保宏，中国地质大学（北京）王红亮。

全书由吴胜和、蔡正旗、施尚明主编。其中，绪论由吴胜和编写，第一章由陈恭洋和吴欣松编写，第二章由蔡正旗、蒋裕强编写，第三章由徐怀民、吴欣松、纪友亮编写，第四章由蔡正旗、时保宏编写，第五章由吴胜和、岳大力、王红亮编写，第六章由吴胜和、徐樟有、吴欣松编写，第七章由施尚明、岳大力、时保宏编写，第八章由吴胜和编写，第九章由林承焰、侯加根编写，第十章由侯加根编写。

本书由中国石油大学（北京）吴元燕教授主审。她对本书的体系和内容提出了许多宝贵意见，并对修订内容进行了全面指导。在修订过程中，得到了中国石油勘探开发科学研究院原总地质师裘怿楠教授、中国石油大学（北京）熊琦华教授的大力指导与帮助，他们对本书的体系及内容提出了许多宝贵意见，在此谨向三位前辈表示衷心的感谢与致敬！同时，真诚感谢使用过本书前三版的教师、学生和广大读者，并热诚欢迎继续对本书第四版提出批评建议，以便将来进一步修订。

主编
2010 年 12 月

第一版前言

油矿地质学是石油高等院校地质专业学生必修的一门专业技术课。它涉及的范围较广，包括从地质资料的录取到综合利用地质、地球物理、实验室分析，以及测试的资料来解决地下油气田地质结构，储油气层特性，油气田内油、气、水的分布，油气层埋藏的物理条件，油气藏的能量，油气藏储量计算等问题。因此可以说，油矿地质学是一门综合性的实用学科。

根据1977年石油工业部召开的高等石油院校教材会议的精神，1978年5月，由西南、华东、大庆、江汉四所石油院校的五名教师组成了《油矿地质学》通用教材编写小组，前往四川、江汉、胜利、大庆等厂矿和科研单位进行调研并收集资料。在解剖原教材，对比分析国内外教材的基础上，按教学大纲要求，于1979年编写出石油院校通用的《油矿地质》试用教材。经历届教学实践，为我们编写本教材积累了经验。随着科学技术的不断发展，教材内容也需要不断更新。1983年10月，我们着手本教材的编写工作。

在编写本教材的准备过程中，我们注意广泛收集国内外油矿地质研究的新领域、新方法和新技术等方面的资料，并力求使教材内容能反映国内外油矿地质研究的新水平。

本书由西南石油学院陈碧珏同志主编。江汉石油学院吴元燕编写第一、二、三章；华东石油学院赖先楷编写第四、五章；西南石油学院周南翔编写第六章和第七章的一、二节；陈碧珏编写第八章到第十四章，以及第七章的三、四、五节。

石油工业部北京石油勘探开发科学研究院总地质师李德生同志对本书作了全面的、细致的、认真负责的审定，提出了许多宝贵的修改意见，而且还热情地给编者予以指导和帮助。

在编书的过程中，西南石油学院的韩跃文副教授，石油工业部教材编译室的云川副教授，华东石油学院的陆克政副教授，江汉石油学院的夏位荣工程师也对本书作了指导。

各石油院校的领导对本书的编写给予了极大的重视和支持。石油工业部北京石油勘探开发科学研究院，大庆、胜利、华北、四川、江汉等油田为我们教材编写提供了大量宝贵的资料，因属内部报告，未能列入参考文献中，石油工业部教材编译室对我们的教材编写工作也给予了大力支持。对以上各方面的热情支持和帮助，我们表示衷心的感谢。

由于我们水平有限，书中定有不少错误和缺点，敬请使用此教材的广大师生和阅读此书的广大读者批评指正。

编者
1986 年 8 月

目 录

富媒体资源目录

绪　　论

油矿，即油气田，对应于矿业部门的煤矿、金矿、铜矿等。油气田埋藏于地下深处，而且内部结构十分复杂，油气藏构造、储层、流体在空间上具有很强的不均一性，即非均质性。在这种非均质油气藏中，油气的采出具有很大的难度。油矿地质学，又名油气田地下地质学，是一门研究油气藏非均质性及其对油气开采控制作用的学科。

第一节　油矿地质学的研究任务

石油天然气勘探开发工作是一个循序渐进的过程，大体可分为预探（包括区域普查和圈闭预探）、评价、开发（包括产能建设和油气生产）三大阶段（GB/T 19492—2020）。在油气田勘探开发的整个过程中，地质研究贯穿于始终。在预探阶段，目标是更有效地发现油气田，地质研究的核心是油气成藏，属于勘探地质的范畴，相关课程有"石油地质学"和"油气田勘探"。在油气田发现之后，需要有效地探明和开发油气田，地质研究的核心是油气藏表征，对油气藏内部结构和属性变化进行分析和预测，以提高油气藏评价和开发的效率。

油气藏评价阶段和油气田开发阶段的地质研究工作即属于油矿地质学的范畴。

一、油气藏评价阶段

视频 0.1　油矿
地质学课程定位

（一）评价阶段的生产任务

在预探井发现油气之后，需要对油气藏进行评价。

油气藏评价的主要任务是：（1）提出油气藏（田）评价部署，以尽可能少的探井探明更多的油气地质储量；（2）进行开发可行性分析，明确开采技术条件、开发经济价值及环保需求，确定有利开发区，提出开发概念设计意见。

（二）评价阶段研究的主要地质问题

该阶段研究的主要地质问题包括：

（1）油气藏构造：各主要目的层圈闭形态、断层分布（断层在平面上的分布和纵向上切割的层位）、局部高点和溢出点，以及非常规油气藏有利开发区及分布。

（2）油气藏储层：储集类型、产出层位、岩性和物性特征、可增产改造性等。

（3）油气藏油气水系统：油气藏类型、油气柱高度、含油气范围、油气层厚度、流体性质与产能特征。

（4）油气藏温度、压力系统与驱动类型等。

1

二、油气田开发阶段

经过开发可行性研究，确认油气藏具有开采价值后，即可进入开发阶段。

（一）开发阶段的生产任务

油气藏开发的主要目标是通过建立有效的油气开采与驱替系统，以尽可能少的投入采出更多的油气，实现最高的油气采收率和最大的经济效益。按照生产任务，油气田开发阶段可划分为两个阶段，即产能建设阶段和油气生产阶段。

1. 产能建设阶段

该阶段的任务主要是编制开发方案，按照开发方案实施开发井网钻探，完成配套设施的建设，并补取必要的资料，进一步复查储量和核查产能，做好油气藏（田）投产工作。该阶段可进一步分为两个阶段：

1）开发方案设计阶段

在此阶段，通过补充必要的资料，开展各种室内实验、油井试采及现场先导试验，进一步提高对油气藏的认识程度，保证开发方案设计的进行。

本阶段的主要任务是编制油田开发方案，进行油藏工程、钻井工程、采油工程、地面建设工程的总体设计，对开发方式(天然能量、注水、注气、注聚、热采、压裂等)、开发层系、井网和注采系统、合理采油速度、稳产年限等重大开发战略问题进行决策。所优选的总体设计要达到最好的经济技术指标。

2）开发方案实施阶段

根据开发设计方案，钻成第一期开发井网（基础井网），编制射孔方案。

该阶段的主要任务是确定完井射孔投产原则，划分开发层系、选择注采井别，确定每口井的井别、射孔井段，并交付实施投产；根据实施方案，进一步预测开发动态，修正开发指标，并编制初期配产配注方案。

2. 油气生产阶段

油气生产阶段指在已建产能的区块或油气田进行油气开采生产活动，并在生产过程中适时做好必要的生产调整、改造和完善，提高采收率和经济效益，直至油气田废弃。

该阶段也称为管理调整阶段，主要任务有：（1）进行开发分析及开发动态历史拟合，以掌握油水运动状况、储量动用状况及剩余油分布状况；（2）实施各种增产增注措施，调整好注采关系，包括日常局部调整、阶段性系统调整和加密井网；（3）预测未来的开发趋势，拟定采取的开发措施，开展各种先导试验，直至最后进行三次采油（注化学剂采油）。

（二）开发阶段的地质研究任务

油气藏内部地质特征复杂，其构造、储层、流体在空间上的分布具有很强的非均质性。显然，从地质体内采出油气的过程，必然会受到油气藏非均质性的影响和控制。因此，在油气田开发过程中必须进行地质研究工作。油气田开发中的地质研究工作是提高油气最终采收率的关键，油气田开发的成败在很大程度上取决于开发地质的研究程度（裘亦楠，1996）。从油气藏地质研究的角度，可将油气田开发阶段分为开发早期、开发中期和开发后期等三个阶段。不同阶段的开发目标有差异，获取的资料程度也不同，因此，地质研究的任务也有差别。

1. 开发早期阶段

该阶段又称开发初期阶段，是指开发方案正式实施即开发基础井网全部完钻后所开展的油气田开发阶段，注水开发油田的综合含水率一般小于40%。

该阶段油藏地质研究的主要任务是以开发基础井网的新增资料为基础进行油藏地质再认识，包括：

（1）进行精细地层对比（油层对比）；

（2）落实油气藏构造；

（3）研究储层非均质性；

（4）研究不同油气层的分布特征；

（5）进行储量复算；

（6）检查开发方案设计的符合性，为井别调整等提供地质依据。

2. 开发中期阶段

该阶段为油田开发的主体阶段，一般可采出可采储量的50%~60%，注水开发油田的综合含水率一般为40%~80%。

该阶段油藏地质研究的主要任务是：进一步研究储层层间和平面的变化规律，认识各类油藏储量动用状况，分析油藏非均质性对开发效果（如控制程度、水驱受效及水淹状况等）的控制作用，为可采储量核算、潜力大小与分布分析、开发井网调整及层系调整提供地质基础。

3. 开发后期阶段

该阶段指油田采出程度和含水率均较高（一般大于80%）的"双高"阶段。在该阶段，大量的油气已被采出，但仍有相当数量的油气滞留在地下，剩余油以不同规模、不同形式不规则地分布于油藏中；同时，由于储层经过长期水驱（或其他驱替剂）冲刷，储层性质及流体性质也发生了变化，从而加剧了油藏非均质程度。因此，为了提高油田最终采收率，尚需进一步深化油藏地质的认识。

该阶段油藏地质研究的主要任务是应用开发后期密井网的静态、动态资料，深入研究油气层内部的非均质性、储层参数和流体性质的动态变化特征，研究剩余油形成与分布规律，预测剩余油的空间分布，为下一步的开发调整挖潜提供准确的地质依据。

油气藏地质研究是一个持续的过程，从第一口探井发现一直到油气藏枯竭的各个阶段，都需要对油气藏地质特征进行研究，以提高油气藏评价和开发的效率。

第二节　油矿地质学的研究内容

油矿地质学主要研究油气藏评价与开发阶段的地质问题，重点研究油气藏非均质性及其对油气开采控制作用，其研究内容包括钻井地质资料录取与解释、油气藏静态地质研究和油气藏动态地质研究。

视频 0.2　油矿地质学课程内容

一、钻井地质资料录取与解释

钻井是油气田勘探开发的必要手段。在钻井过程中，地质研究不可或缺。与钻井相关的地质工作可称为钻井地质，对应于本教材的第一章，包括钻井前的钻井地质设计、钻井过程中的地质录井、钻井后的完井资料整理与总结。取全、取准反映地下地质情况的资料数据，对于油气田勘探和开发具有十分重要的意义。

二、油气藏静态地质研究

按照系统论的观点，可将油气藏作为一个地下地质系统，它由格架—储层—流体三个子系统组成。油气藏格架、储层以及原始流体分布，属于油气藏静态地质范畴。该处所指的"静态"，为油气藏不受人工开发影响的自然（原始）状态，其影响和控制着油气藏评价精度与开发过程。

"格架"为油气藏的框架，包括地层格架与构造形态，对应的教材内容为第二章"油层对比"和第三章"油气藏构造"。"油层对比"主要是在一个油气田范围的含油层段内部，确定多井之间各级次油层对比单元的等时对比关系，建立油气藏内部的等时地层格架。"油气藏构造"主要指油气田范围内地层的构造起伏和断裂状况，在油矿地质学中，侧重于应用井资料研究油气田地下构造的基本原理和方法，包括井下断层的识别、应用井资料编制构造平面图和剖面图等。

"储层"是油气赋存的场所，是油气田勘探和开发的直接目的层，对应的教材内容为第四章"油气储层非均质性"。这一章主要侧重于油气储层非均质性特征、形成机理以及表征原理和方法，包括储层分布与连通性、储层孔隙结构、储层物性及储层裂缝等。

"流体"为油气藏的"血液"，研究内容包括"油气水系统与油气层"（第五章）和"油气储量估算"（第六章）。"油气水系统与油气层"侧重于油气水系统特征和分类，含油气范围、有效厚度和含油饱和度的确定方法及其差异分布的研究方法，三维油藏地质建模的概念与流程，油气藏综合分类评价等。"油气储量估算"侧重于储量的分类和评价，以及各种估算储量的方法。

三、油气藏动态地质研究

在油气藏开发中，开采过程必然受到地质因素的影响和控制，而且油气藏属性（流体分布、储层与流体性质）在开发过程中会发生动态变化。本书分两章介绍相关内容，包括油气藏开发的地质主控因素（第七章）与油藏开发中的动态地质分析（第八章）。

"油气藏开发的地质主控因素"从油气藏驱动类型入手，分析影响每种类型油气藏开发效果的主要地质控制因素，并阐述不同开发方式(注水、注蒸汽、注聚、采气)的地质影响因素，为开发方案的设计、实施和调整提供地质依据。

"油藏开发中的动态地质分析"重点研究注水开发过程中油气藏属性（流体分布、储层与流体性质）的动态变化，包括剩余油形成机理、分布模式及研究方法，以及开发过程中油藏性质动态变化规律和变化机理。这一研究对于油田开发中后期的剩余油挖潜和提高最终采收率至关重要。

油矿地质学是一门综合性很强的应用学科，要求学生具备地层学、构造地质学、沉积岩石学（含岩相古地理）、石油地质学、地球物理测井、地球物理勘探、石油工程概论等课程的基本知识。

第三节　油矿地质学的发展历史

油矿地质学是随着石油工业的发展而发展的。

现代石油工业若从 1859 年（美国宾夕法尼亚钻探第一口油井）算起，已有 160 多年的历史。20 世纪以前，人们对油气藏还没有十分明确的认识，勘探和开发的理论尚未形成。

视频 0.3　油矿地质学发展历史

20 世纪初，人们开始探索和研究油气分布的规律，形成了背斜聚油理论。1917 年成立了美国石油地质学家协会（AAPG），1921 年出版了第一本《石油地质学》，标志着石油地质学的正式诞生。然而，在该阶段，一直到 20 世纪 40 年代前，石油地质学家主要注重于石油勘探（主要是寻找含油背斜构造），油田开发尚处于利用油田天然能量开采的阶段，油田拥有者将工作重点放在抢占租地、抢先钻采油井方面，属"掠夺式开采"，几乎没有对油气藏地质进行专门的研究。20 世纪 40 年代，油田开发开始采用污水回注的方法，即注水开发（二次采油），这是油田开发的一次历史性革命，并在 50 年代成为普遍工业性应用的主导方式。这一历史性的变革导致油田开发获得了与油田勘探同等重要的地位。1949 年美国成立了国际石油工程师协会（SPE），标志着石油工程学科的诞生。同时，开采方式的转变也使得人们开始重视地下油气田地质的研究，导致油矿地质学的产生并逐步形成一个独立的学科。

该学科的出现可以苏联 М. Ф. 密尔钦克于 1946 年出版的《油矿地质学》和美国 L. W. LeRoy 于 1949 年出版的《地下地质学》为标志。前者着重于油气田地质研究，并将其应用于油田早期开发；而后者更多地侧重于资料的录取和建立钻井地质剖面的方法。实际上，油矿地质学是以油气田开发阶段的地质研究为重点的，因此也被称为油气田（藏）开发地质学。1975 年苏联 М. И. 马克西莫夫编写了《油田开发地质基础》，美国塔尔萨大学的 P. A. 迪基 1979 年正式出版了《石油开发地质学》，标志着油矿地质学趋于成熟。

我国的油矿地质学教学始于 1953 年北京石油学院（中国石油大学前身）的建校初期。苏联专家 П. П. 札巴林斯基首次将油矿地质学引入到我国石油地质专业的研究生教学中，同时将其列入石油与天然气地质勘探专业本科生的教学计划，并作为必修课程。根据 1977 年石油工业部召开的高等石油院校教材会议的精神，由西南、华东、大庆、江汉等石油高校教师于 1979 年编写出石油高校通用的《油矿地质学》试用教材（油印本）。1987 年，由陈碧珏主编的《油矿地质学》正式出版。与此同时，地质矿产部颁发的教学大纲将《油矿地质学》更名为《油气田地下地质学》，该教材由陈立官主编，于 1983 年正式出版。之后，《油矿地质学》进行了三次修订，包括 1996 年吴元燕、陈碧珏主编出版的《油矿地质学（第二版）》，2005 年吴元燕、吴胜和、蔡正旗主编出版的《油矿地质学（第三版）》（2007 年，陈恭洋主编出版了《油气田地下地质学》），2011 年吴胜和、蔡正旗、施尚明主编出版的《油矿地质学（第四版）》。

油矿地质学从 20 世纪 40 年代起，经历了 80 年的发展历程，并取得了长足的进展。中国石油学会石油地质专业委员会于 2006 年专门成立了油气藏开发地质学组，标志着油矿地质学特别是开发地质学科进入了一个新的发展阶段。

第一章 钻井地质

在油气勘探开发领域，要找到石油和天然气必须钻井，要开采石油和天然气更需要钻井。钻井作业本身属于石油工程领域，但与钻井工程相关的地质工作即钻井地质工作至关重要。

钻井地质是指钻井过程中，调查和收集井下有关地质资料，研究和认识井下地层、沉积、构造、油气水分布及油层物性等地质工作，包括以下三个方面：（1）钻井前，确定钻井井位，开展钻井地质设计；（2）钻井过程中，进行地质录井，取全、取准直接和间接反映地下地质情况的资料数据，为油气层评价和油气藏研究提供重要依据；（3）钻井后，进行完井地质总结，全面、系统地收集和整理钻井过程中所取得的各项资料，综合判断钻探地层剖面、构造及油气水层等地下地质情况，编制完井地质总结报告及相关图件。因此，钻井地质工作是贯穿整个钻井全过程的一项非常重要的工作。本章主要介绍钻井地质设计、地质录井方法以及完井后的地质总结。

第一节 钻井地质设计

一口井在钻探之前，需要编制一个钻井的总体设计。该设计包括钻井井位设计、钻井地质设计、钻井工程设计、完井与试油设计等。

钻井井位设计是根据不同的钻井目的以及地面和地下地质条件，并考虑经济因素和钻探效果，选择最佳的井口位置（包括地表条件、井场类型、井口坐标、海拔高程、与邻井的位置关系等）和井型（直井或定向井），确定钻探目的层和完钻原则。

钻井地质设计是在钻井井位设计的基础上，应用地面地质、地球物理勘探、邻井或邻区的钻探资料，编制待钻井的地质设计。钻井地质设计的任务包括三个方面：一是在钻井井位设计的基础上，对钻井可能钻遇的地层岩性剖面及深度、完钻的层位及深度进行地质预测；二是明确钻井施工的质量要求，即对钻井液性能、井身剖面与质量等提出明确的地质要求，对与地下地质相关的钻井工程事故（地层疏松易垮塌、异常高压易发生井喷、缝洞发育易发生钻井液漏失等）可能出现的井段进行预测，并提出相关的防范措施；三是明确取全、取准第一性地质资料的要求，包括各种资料（测井、录井）录取、地层测试等的要求。

图1-1 钻井地质剖面示意图

钻井地质设计是钻井工程设计及其他设计的依据和基础。只有科学、先进地开展地质设计工作，才能使钻井工作按照预定的地质要求顺利地钻达目的层，达到优质、安全、高效的钻井目标（图1-1）。

钻井地质设计的科学性、先进性关系到一口井的成败和效益的高低。在设计过程中，应依据并采用国家、石油行业和油田企业技术标准及有关技术规定。

视频 1.1
钻井井别

一、钻井井别

油气钻井的井别是指根据不同勘探开发阶段的钻井地质目的而划分出的井类别，包括探井、开发井及特殊用途井。由于不同井别的井号编排原则具有一定的差异性，而且陆上和海上钻井存在地理条件的差异，其井号的编排和命名方式不同。具体见表 1-1。

表 1-1　陆上和海上钻井井号的编排和命名方式

井别			别名	所处阶段	地质任务	命名规则	举例
陆上钻井	探井	地质井	地质浅井	盆地普查	了解盆地浅部地层或盆地边缘地层的分布	一级构造单元名称的关键汉字后加 D 以及设计顺序号组成	汤 D1 井
		参数井	区域探井或基准井	区域勘探	了解一级构造单元的区域地层层序、生储盖条件和组合关系，并为物探解释提供参数而钻的探井	以盆地为单元统一进行，取探井所在盆地的第一个汉字加"参"字为前缀，后加设计顺序号命名	焉参 1 井
		预探井	/	圈闭预探	发现油气藏，计算控制储量和预测储量	区带名称或者圈闭所在地名称的第一个汉字为前缀，后加 1~2 位阿拉伯数字构成	塔中 1 井、塔中 4 井
		评价井	详探井	油藏评价	探边，查明油气储量规模和油层特征	取井位所在油气田（藏）名称的第一个汉字拼音首字母加 3 位阿拉伯数字命名	TZ401 和 TZ402
	开发井	生产井	/	油田开发	设计基础井网进行油气田开发，获取油气产量	油气田、区块和井序代号按三段式编排	杏 8-3-42 井
		注入井	/				
		检查井	/	油田开发中后期	检查油层开发效果	汉字或规定代号标志，借邻井编号或另编井号	桩检 3-9 井
		观察井	/	油田开发中后期	油田开发过程中用来了解地下动态的井	汉字或规定代号标志，借邻井编号或另编井号	萨中观 5-11 井
		更新井	/	油田开发	在原有开发井位或其附近重新补钻的替代井	汉字或规定代号标志，借老井编号	王更 4-2 井
		新技术试验井	/	油田开发	特殊的油田开发试验	汉字或规定代号标志，按试验方案编号	萨试 331 井
	特殊用途井	科学探索井	/	/	为了实现某一特定的地球或能源科学探索目标而钻的井	级构造单元名称的关键汉字后加"科"以及设计顺序号组成	松科 1 井
		兼探井	/	各阶段		按前述方式命名	
		水文井	/	/	了解水文地质问题和寻找水源而钻探	第一个汉字加大写汉语拼音字母"S"组成前缀	塔 S1 井
		救援井	/	/	为抢救某一口井喷、着火的井而设计、施工的定向井	/	/

7

井别			别名	所处阶段	地质任务	命名规则	举例
海上钻井	海上探井	预探井	/	圈闭预探	发现油气藏，计算控制储量和预测储量	海上探井按方度区—方分块—构造—井号命名方案	BZ28-1-1井（渤中方度区28方分块1号构造1号探井）
	海上开发井	有平台开发井	/	油田开发	设计基础井网进行油气田开发，获取油气产量	在油田（或构造编号）后加井口平台编号再加开发井号	QHD32-6-A-1井（秦皇岛32-6油田A平台上的第一口井）
		无平台开发井	/	油田开发	设计基础井网进行油气田开发，获取油气产量	在构造编号后、井号前加大写英文字母"S"	LD22-1-S1井（乐东22-1气田的一口无平台采气井）
	海上特殊用途井	侧钻井	/	/	/	侧钻后为直井或定向井、在原井号之后按照侧钻的先后顺序，加大写英文字母"S"和侧钻次数。如第一次侧钻为S1，第二次侧钻为S2，以此类推	WZ10-3-A5S4井（涠洲10-3油田A平台5号井第四次侧钻后的定向井）
						侧钻后为水平井，在井序号后加大写英文字母"H"和侧钻次数，如第一次侧钻为H1，第二次侧钻为H2，以此类推	JW36-2-C6H2井（江湾36-2油田C平台6号井的第二次侧钻水平井）
						侧钻后为多底井时，在井序号后加大写英文字母"M"和侧钻次数，如第一次侧钻为M1，各分支的井标识分别为Ma1，Mb1，Mc1，…，第二次侧钻为M2，各分支为Ma2，Mb2，Mc2，…，以此类推	JW36-2-H2M3井（江湾36-2油田H平台2号井第三次侧钻后的多底井）JW36-2-H2Ma3井（江湾36-2-H2M3多底井的第一分支井）JW36-2-H2Mb3井（江湾36-2-H2M3多底井的第二分支井）
		多底井	/	/		原生产井井号后加大写英文字母"M"，并配置小写英文字母组合而成	QHD32-6-B3Mb井（秦皇岛32-6油田B平台3井第二个多底井）
		报废后重钻井	/		海上钻井因工程等原因报废后，再在其近旁重新钻井	原井号之后加大写英文字母"R"	LD30-1-1Ra井（乐东30-1-1井报废后重钻的第一口井）
		水源井	/	/	海上寻找水源而钻探	井号后加小写英文字母"w"	QHD32-6-D1w井（秦皇岛32-6油田D平台第一口水源井）
		气源井	/	/	海上寻找气源而钻探	井号后加小写英文字母"g"	SZ36-1-D2g井（SZ36-1油田D平台第二口注气气源井）

（一）陆上钻井

根据油气勘探开发阶段的不同，陆上钻井可分为探井、开发井、特殊用途井。

1. 探井

根据不同勘探阶段的勘探任务和目标的差别，陆上探井可以分为地质井、参数井、预探井和评价井。

1）地质井

地质井也称地质浅井，是在盆地勘探的初期，为了解盆地浅部地层或盆地边缘地层的分布情况，但又受勘探经费的制约，通常采用地矿部门或煤田部门的小型钻探设备，在盆地内一些具有特殊地质意义的点钻探的井深较小的探井。钻探地质浅井的目的主要是为了地质制图，了解地下地质构造、地层分布及浅层油气情况，有人又称其为剖面井或构造井。

地质井的井号主要是根据钻井设计的次序，在一级构造单元名称的关键汉字后加 D 以及设计顺序号组成，如在伊舒地堑内的汤原断陷盆地中钻的地质浅井——汤 D1 井、方正断陷盆地钻的地质浅井——方 D1 井、大杨树盆地钻的地质浅井——杨 D1 井等。

2）参数井

参数井又称区域探井，是指在区域普查阶段，在已完成地质普查或物探普查的盆地或坳陷内，为了解一级构造单元的区域地层层序、厚度、岩性、生、储、盖等成藏条件及作用，并为物探解释提供参数而钻的井。它属于盆地（坳陷）进行区域早期评价的探井。参数井以查明地层发育、烃源条件、生储盖组合为主要目标，应设计在地层发育较全、钻遇目的层最多、最能解决地质问题的关键部位。在区域勘探后期的参数井由于兼有探油的任务，因此需要尽量设计在凹陷中有利的局部构造部位上。参数井部署应以盆地分析模拟为基础。

参数井井号的编排和命名一般以盆地为单元统一进行，取探井所在盆地的第一个汉字加"参"字为前缀，后加参数井钻井设计顺序号（阿拉伯数字）命名，如焉耆盆地的"焉参 1 井"；对于大型盆地，也可以坳陷为单元统一命名，如塔里木盆地的"塘参 1 井"就是部署在该盆地东南部塘古孜巴斯坳陷的第一口参数井，"台参 1 井"则是吐哈盆地台北坳陷设计并钻探的第一口参数井。

另外，在我国 20 世纪 50 年代使用的"基准井"实际上也是一种参数井，目前这一概念已停止使用。如大庆油田 1958—1959 年在三个二级构造单元上各部署了一口基准井，分别为青岗隆起上的松基 1 井、东南隆起区长春岭—登娄库背斜带上的松基 2 井、中央坳陷区大庆长垣构造带上的松基 3 井（图 1-2）。

3）预探井

预探井指在圈闭预探阶段，以局部有利油气聚集的圈闭、新层系或构造带（或非常规有利油气聚集区）为对象，以发现油气藏、估算预测储量和控

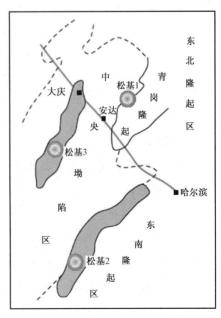

图 1-2　松辽盆地大庆油田三口基准井部署图

9

制储量为目的而钻的井。

按钻井目的又可将预探井分为：（1）新油气田预探井，它是在新的圈闭上为寻找新的油气田而钻的预探井；（2）新油气藏预探井，它是在油气藏已探明边界外钻的预探井，或在已探明的浅层油气藏之下寻找较深油气藏的预探井。

预探井主要以发现油气田为主要目标，因此应部署设计在成藏地质条件好、圈闭资源量高、勘探经济条件好的有利圈闭的关键部位。在预探井部署前，应对二级构造带内的圈闭进行分类评价，选择最有利圈闭进行钻探。

预探井的井号编排与命名一般是按照区带名称或者圈闭所在地名称的第一个汉字为前缀，后加 1~2 位阿拉伯数字构成，如塔里木盆地塔中凸起上的塔中 1 井、塔中 4 井。有些特殊钻探目的的预探井的名称可以根据需要在区带第一个汉字后面加上一个具特殊目的的汉字，再加上顺序号构成，如以钻探轮南古潜山为目的的轮古 1 井、轮古 2 井等。

4）评价井

评价井又称详探井，是在油气藏评价阶段，在已获得商业性油气流的圈闭上（或非常规富集区），为查明油气藏类型、构造形态、油层厚度及物性变化，以落实探明储量并评价油气田的规模、产能及经济价值为目的而钻的井。滚动勘探开发中与新增储量密切相关的井，也可列为评价井。

评价井以探边、查明油气储量规模和油层特征为目标，因此应根据快速、有效、经济的原则，科学合理地进行分批部署设计。

评价井井号一般以发现工业油气流之后已提交控制储量的油气田（藏）名称为基础，取井位所在油气田（藏）名称的第一个汉字拼音首字母加 3 位阿拉伯数字命名。没有控制储量的则以预测储量所命名的油气田（藏）名称为准进行井号命名。若油气田（藏）名称的第一个汉字与该盆地内其他井别井号命名的字头或其他油气田（藏）名称中的字同音或同字时，应由第一个以外的汉字加油气田（藏）内评价井布井顺序号组成。如位于塔中 4 油田的 TZ401、TZ402、TZ411 等井就是以评价塔中 4 油田为目的的评价井（图 1-3）。值得注意的是，目前很多非常规油气藏开发过程中会在预探井后，直接设计一批评价开发井（又称导眼井）进入评价开发一体化阶段，该类井既具有评价井功能，同时兼顾了开发井特点，如准噶尔盆地吉木萨尔凹陷二叠系芦草沟组页岩油藏的吉 10012 井—吉 10040 井等系列井。

2. 开发井

开发井是指在评价井所取的地质资料比较齐全、探明储量的计算误差在规定范围以内时，根据编制的油气田开发方案，为完成产能建设任务按开发井网而钻的井。

1）开发井的井别

油气田经过开发可行性评价之后，进入正式开发投产之前，需要制订开发方案，设计一套基础井网进行油气田开发。基础井网是指开发可行性评价后，根据编制的油气田开发方案，为完成产能建设任务按一定规则的网状所布的井。基础井网一般包括生产井和注入井，注采井网类型和井距大小等，是在油藏地质特征研究的基础上，以经济有效地开采油气为原则进行设计的。

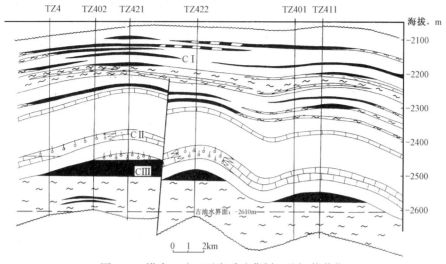

图 1-3 塔中 4 油田石炭系油藏剖面及探井井位

开发一定时间后，根据所暴露出的开发矛盾、剩余油分布等，需要进行开发方案的调整，特别是井网的调整，因此需要打加密井或调整井（包括生产井和注入井），以改善开发效果，提高最终油气采收率。例如我国大庆油田从开发到现在至少进行了 3 次井网加密。

另外，在开发过程中还需要打一些特殊用途的开发井，用于观察开发动态、检查开发效果等。

因此，开发井分一般开发井（包括生产井、注入井）和特殊开发井（检查井、观察井、更新井、新技术试验井）。

（1）生产井：包括采油井、采气井，是进行油田开发时为开采石油和天然气而钻的井。

（2）注入井：包括注水井、注气井、注聚合物井，是油田开发过程中为了提高采收率及开发速度，而对油田进行注水、注气、注聚合物等以补充和合理利用地层能量、降低原油与注入液的黏度比等而钻的井。

（3）检查井：油田开发到某一含水阶段，为了搞清各油层的压力和油、气、水分布状况，检查油层开发效果（如剩余油饱和度的分布、变化等）而钻的井。检查井一般要在目的层段进行一定数量的取心。

（4）观察井：油田开发过程中专门用来了解地下动态的井。

（5）更新井：由于原有开发井毁坏后无法正常使用，在原有开发井位或其附近重新补钻的替代井。

（6）新技术试验井：为了进行一些特殊的油田开发试验，如注聚合物采油、化学驱油而部署的开发井。

2）开发井井号编排

一般开发井的名称由油气田、区块和井序代号按三段式编排。井号名称首段用油田名称汉字缩写或汉语拼音首字头表示；为避免油气田之间的重复，井号名称中段用区块或开发单元代号表示；井号名称尾段井序按阿拉伯数字编排。对于不分区块、井排的油气田，井号名称的中段可以省略，尾段可以简化，则井号名称可由首段和阿拉伯数字编号组成。例如，杏8-3-42 井为大庆长垣杏树岗油田 8 区 3 排 42 号井，坨 103-1 井为胜坨油田坨 103 断块 1 号井。一般情况下，不使用阿拉伯数字"0"作为井排号、区块号，以避免与汉字拼音字母"o"和英文字母"O"混淆。井号编排中不使用上下角标号、数学运算符号或分数等。

直线井排的井号编排原则上横行按照由西向东编排，竖行按照由北向南编排。环状井排井号编排顺序可分为构造北翼（北半环）和南翼（南半环）或构造东翼（东半环）和西翼（西半环）两种情况，北翼井排可由西向东顺时针方向编排井号，南翼井排由西向东逆时针方向编排井号；东翼井排由北向南顺时针方向编排井号，西翼井排由北向南逆时针编号。对于构造中间向外扩大开发的油气田，可按照井排延伸方向顺序向四周编排井号，以适应油气田逐步开发的需要。

对特殊类型开发井，一般在阿拉伯数字前加特殊的字头对其加以标识（表1-2）。

表1-2 特殊开发井井号类别标志代号表

井别	表达方式	井类别标志符号		井号示例
		汉字	规定代号	
检查井	汉字或规定代号标志，借邻井编号或另编井号	检	J	王检8-2、桩检3-9
观察井	汉字或规定代号标志，借邻井编号或另编井号	观	GC	萨中观5-11、胜2-2-观18
更新井	汉字或规定代号标志，借老井编号	更	Gx	王更4-2
新技术试验井	汉字或规定代号标志，按试验方案编号	试	T	萨试331

3. 特殊用途井

1）科学探索井

科学探索井简称科探井，是为了实现某一特定的地球或能源科学探索目标而钻的井。科探井的钻探深度一般较大，研究项目比较齐全，要求高。第一，要求系统取心，至少在重点层段全部取心；第二，以探地层为主，要求钻在盆地地层较全的部位。如1997年胜利油田部署钻探的郝科1井就是一口以探索整个渤海湾盆地深层含油气性的科探井；2008年完钻的松科1井则是为建立松辽盆地古龙凹陷陆相白垩系完整的地层剖面、研究白垩纪古气候变化以及烃源岩特征而部署的一口科学探索井。

2）兼探井

对某些主要油层已探明，而次要油层或开发区块生产目的层上下含油情况尚不清楚的油藏，在部署开发井时，有目的地设计几口生产井先承担勘探地层的任务，待勘探任务完成以后，再承担油气生产任务。这种性质的开发井称为兼探井。

3）水文井

水文井是为了解水文地质问题和寻找水源而钻探的井。它一般以一级构造单元统一命名，取井位所在一级构造单元名称的第一个汉字加大写汉语拼音字母"S"组成前缀，后面再加一级构造单元内水文井布井顺序号。

4）救援井

为抢救某一口井喷、着火的井而设计、施工的定向井，称为救援井。

（二）海上钻井

1. 海上钻井的类别

由于海上地理环境的特殊性以及勘探开发成本的差别，海上油气勘探开发与陆上相比具有一定的差别。一般地，海上油气勘探很少部署参数井，而且海上油田一般采用平台开发比较多见。因此，海上油气钻井类型可以划分为海上探井、海上开发井（细分为有平台开发井、无平台开发井）、海上特殊用途井三大类。

2. 海上钻井井号编排

海上钻井采用多级命名法，井名由构造名称、区块编号及井的编号三部分组成。井名排序依次为井所在的方度区名称、方分块顺序号、构造编号、井类、井口平台、井的编号及特殊井别名称。海上钻井井名的符号采用汉语拼音的缩写字头加编号的组合方式。汉语拼音字头采用2个，最多不得超过4个。同一海域的井名符号不能重复。

1）海上探井井号编排

海上探井按方度区—方分块—构造—井号命名方案。方度区采用经度1°、纬度1°面积分区，每方度区用海上或岸上地名命名。方度区内以经度10′、纬度10′划分方分块，每一个方度区可分为36方分块。每方分块内根据地震解释对构造进行编号，每个构造上所钻第一口井为预探井。如BZ28-1-1井即渤中方度区28方分块1号构造1号探井。探井为直井时不再加标注；若为斜井，在其井号后加小写英文字母d；若为水平井，在其号后加小写英文字母h。

2）海上开发井井号编排

有平台开发井，在油田（或构造编号）后加井口平台编号再加开发井号。井口平台号按开发方案设计命名，用大写英文字母表示（S除外）。在原开发方案之外，后期加入的平台按投入时间的先后命名。如QHD32-6-A-1井表示秦皇岛32-6油田A平台上的第一口井。

无平台开发井，在构造编号后、井号前加大写英文字母"S"。如LD22-1-S1井代表乐东22-1气田的第一口无平台采气井。

3）海上特殊用途井井号编排

海上特殊用途井的命名是在井号后用不同的小写英文字母表示。

侧钻井井号较为复杂，有以下三种情况：

（1）侧钻后为直井成定向井，在原井号之后按照侧钻的先后顺序，加大写英文字母"S"和侧钻次数，如WZ10-3-5Sd井为WZ10-3-5井第四次侧钻后的定向井。

（2）侧钻后为水平井，在井序号后加大写英文字母"H"和侧钻次数。如JW36-2-C6H2为JW36-2-C6井的第二次侧钻水平井。

（3）侧钻后为多底井时，在井序号后加大写英文字母"M"和侧钻次数。如JW36-2-H2Mb3为JW36-2-H2M3第三次侧钻后的多底井的第二分支。

多底井井号是在原生产井井号后加大写英文字母"M"，并配置小写英文字母组合成。如QHD32-6-B3Mb井为秦皇岛32-6油田B平台3井第二个多底井。

报废后重钻井是指海上钻井因工程等原因报废后，再在其近旁重新钻井。这类井的命名是在原井号之后加大写英文字母"R"，并配置小写英文字母组成。如 LD30-1-1Ra 井是 LD30-1-1 井报废后重钻的第一口井。

水源井的命名是在井号后加小写英文字母"w"。如 QHD32-6-D1w 为秦皇岛 32-6 油田 D 平台第一口水源井。

气源井的命名是在井号后加小写英文字母"g"。如 SZ36-1-D2g 为 SZ36-1 油田 D 平台第二口注气气源井。

二、钻井井型

视频 1.2
钻井井型

（一）概念与意义

井型是指根据井眼的轨迹形状划分出的井类型，包括直井和定向井。

1. 直井

直井是指井身近于铅直的井。它是从地表垂直向下钻探的井，其井口与井底基本上在同一条铅垂线上。钻直井的优点是设备简单、钻进速度快、井场操控相对容易、钻探成本较低。目前，全球油气勘探开发钻井中 85% 以上为直井。

在直井轨迹的设计中，井轨迹上所有点的井斜角理论上都应为零，但在实际钻井中，由于存在地层倾角、断层等地质因素以及钻柱结构等工程因素的影响，实际井眼仍会存在一定井斜。只要井斜角不超过一定的范围，仍称为直井。当井斜角超出一定的范围而达不到勘探开发要求时，就变成不合格井，往往需要填井重钻而造成巨大的浪费。由于地层倾角等地质因素及钻具结构等方面的原因，在某些地方，直井的防斜问题十分突出，以至直井的轨迹控制难度甚至超过了定向井。因此，直井的防斜打直技术成为现代钻井技术中一项既十分重要又急需发展的钻井技术。目前，直井的防斜打直技术主要是根据地质情况，通过改进钻具的结构组合来实现的。

2. 定向井

定向井是指按照预先设计的井斜方位和井眼轴线形状进行钻进的井。它是采取特殊的工艺手段，使井斜、井眼形状按预定的方位和水平距离所钻的井，其特点是井眼轨迹是倾斜的。

井眼轨迹倾斜的井通常称为斜井，因此，定向井属于斜井。但值得注意的是，由于工程因素打斜的"直井"，也属于斜井，但不是定向井。

定向井的使用主要是基于以下几个方面的原因：

第一，是地表条件的限制，如油田埋藏在高山、城镇、森林、沼泽、海洋、湖泊、河流等地貌复杂的地下，需要钻定向井（图 1-4 中的 B、D）。

第二，是地下地质条件的需要，例如用直井难以穿过的复杂层、盐丘和断层等（图 1-4 中的 H、I、J），可以使用定向井。

第三，是经济有效勘探开发油气藏的需要。如原井钻探落空或钻通油水边界和气顶，可在原井眼内侧钻定向井（图 1-4 中的 C、H、I）；遇多层系或断层断开的油气藏，可用一口定向井钻穿多组油气层；对于裂缝性油气藏，可钻水平井穿遇更多裂缝；低渗透性地层、薄油层都可钻水平井，以提高单井产量和采收率；在高寒、沙漠、海洋等地区，可用丛式井开采油气（图1-4中的A）。

第四，是钻井工程的需要，如发生井喷时，为控制井喷，需要在新的井口打定向井实施救援等（图1-4中的F）。

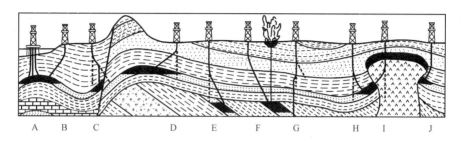

图1-4　定向钻井的目的（据LeRoy，1977）

A—海上平台钻丛式井；B—海岸钻井；C—断层控制；D—不可能进入的地点；E—地层的油气藏圈闭（构造）；F—控制的救灾井；G—纠直和侧钻；H、I、J—侧钻定向井

（二）定向井井身剖面与参数

1. 定向井井身剖面

定向井的井身剖面是指所钻井眼达到目标点的井眼路径或轨迹。

定向井的井身剖面是由各种不同类型的单一形状组合而成的，可据此分为九类（斜直井、二段制、三段制、四段制、五段制、悬链线、二次抛物线、双增剖面、水平井）14种，如图1-5所示，各种定向井井身剖面类型及其用途见表1-3。目前常用的井身剖面主要是三段制（J）剖面和五段制（S）剖面。

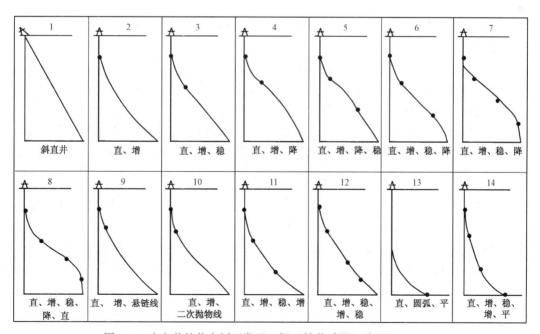

图1-5　定向井的井身剖面类型（据《钻井手册》编写组，2013）

表 1-3　定向井剖面类型及其用途（据《钻井手册》编写组，2013）

序号	剖面类型	用途、特点
1	斜直井	开发浅层油气藏
2	二段制	开发浅层油气藏
3	三段制	常规定向井剖面，应用较普遍
4		用于多目标井，不常用
5	四段制	用于多目标井，不常用
6		用于深井、小位移常规定向井
7	五段制	用于深井、小位移常规定向井
8		
9	悬链线	用于中深井、大水平位移井，钻具摩阻小
10	二次抛物线	
11	双增剖面	用于深井、大位移、多目标井
12		
13	水平井	圆弧单增型水平井
14		双增型水平井

2. 定向井的井身参数

定向井的井身参数可分为以下五个方面。

1）井深

对于定向井而言，井深可分为测量深度、垂直深度、海拔深度等（图 1-6）。

测量深度（measured depth，MD）指从井口（转盘面）沿井轨迹至井底或者某一测点的井眼实际长度，常称为斜深。

垂直深度（true vertical depth，TVD）即从井口（转盘面）到井筒中某一测点的垂直深度，简称垂深。

海拔深度指从海平面至井筒中某一测点的垂直深度。

不管是直井还是定向井，钻井井深都是从钻井平台方补心顶面开始测量和计算的。方补心是卡住方钻杆的一个部件，作用是带动地下钻头转动，其顶面一般与钻盘面相同。

方补心顶面至地面的高度，称为补心高度。方补心顶面至海平面的垂直距离，称为补心海拔，为补心高度与地面海拔之和。井轨迹上测点的海拔深度为垂深与补心海拔之差（图 1-6）。

2）井斜

井斜角是测点处的井眼轴线与铅垂线之间的夹角（图 1-7）。井斜角常以希腊字母 α 表示，单位为度。

井斜变化率是指单位井段井斜角的变化值，表示井斜角随井深变化的快慢程度，常以 K_α 表示。精确地讲，井斜变化率是井斜角（α）对井深（L）的一阶导数，即 $K_\alpha = \mathrm{d}\alpha/\mathrm{d}L$，其单位常以（°）/100m 来表示。

3）方位

井斜方位角是井眼轴线的切线在水平面上的投影与正北方向之间的夹角（图 1-8）。井斜方位角常以希腊字母 ϕ 表示，单位为度。实际应用过程中常将井斜方位角简称方位角，是从地理正北方位线为始边，顺时针旋转至井斜方位水平投影线所转过的角度，也称为真方位角。

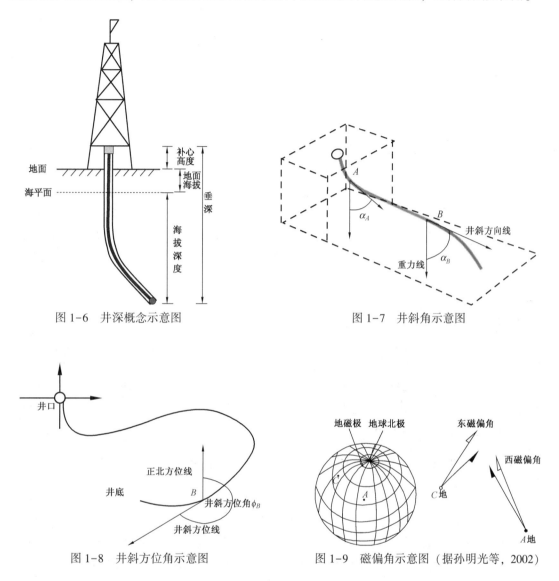

图 1-6 井深概念示意图

图 1-7 井斜角示意图

图 1-8 井斜方位角示意图

图 1-9 磁偏角示意图（据孙明光等，2002）

井斜方位角是通过磁力测斜仪测量并经磁偏角校正而得到的。磁力测斜仪测得的井斜方位角是以地球磁北方位线为准的，称为磁方位角。但由于磁北方位线（地磁北极方向线）与正北方位线（地理北极方向）并不重合，两者之间有一个夹角，称为磁偏角。磁偏角分为东磁偏角和西磁偏角：当磁北方位线在正北方位线以东时，称为东磁偏角；当磁北方位线在正北方位线以西时，称为西磁偏角（图 1-9）。在进行井斜水平投影过程中，需要进行方位角校正，即将磁方位角转换为真方位角，校正按以下公式计算：

当磁偏角为东偏时：　　　　真方位角=磁方位角+东磁偏角
当磁偏角为西偏时：　　　　真方位角=磁方位角-西磁偏角

井斜方位变化率是单位井段井斜方位的变化速率，常以 K_ϕ 表示，计算公式为 $K_\phi = \mathrm{d}\phi/\mathrm{d}L$，单位常以（°）/100m 表示。

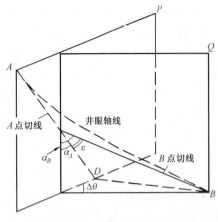

图 1-10　全变化角示意图

（据楼一珊等，2013）

$\Delta\theta$—A、B 两测点切线的井斜方位角之差；

α_A—A 测点切线的井斜角；α_B—B 测点切线的井斜角

4）全变化角（狗腿角）和全角变化率（井眼曲率）

全变化角是指某井段相邻两个测点的切线在空间上的夹角 ε（图 1-10），简称为全角。

全角既反映了井斜角的变化，又反映了井斜方位角的变化。全角（ε）相对于两点间井眼深度 ΔL 变化的快慢即为全角变化率，其表达为 $K=\varepsilon/\Delta L$。

5）位移

水平位移是指井眼轴线上某一测点在水平面上的投影到井口的距离，国外称为闭合距（closure distance）。

平移方位角又称为闭合方位角（closure azimuth），常用 θ 表示，是指正北方位线为始边顺时针方向转至水平位移方位线上所转过的角度。

（三）定向井的分类

1. 按设计井眼轴线形状分类

二维定向井是井眼轴线形状只在某个铅垂面上变化的定向井，即井斜角是变化的，而井斜方位角不变。

三维定向井是井眼轴线超出某一铅垂面而在三维空间中变化的定向井。井眼轴线既有井斜角的变化，又有井斜方位角的变化。

2. 按设计最大井斜角分类

（1）低斜度定向井：最大井斜角不超过 15°，由于井斜角小，钻进时井斜、方位不易控制，钻井难度较大。

（2）中斜度定向井：最大井斜角在 15°~45°，钻进时井斜、方位较易控制，钻井难度较小。

（3）大斜度定向井：最大井斜角在 45°~85°，斜度大，水平位移大，钻井难度和成本较大。

（4）水平井：最大井斜角在 85°~120°，并沿水平方向钻进一定长度（几百米以上）。水平井的井身结构更为复杂（图 1-11），钻井相对较难，多数需要特殊设备及工艺。

3. 按钻井目的分类

（1）救援井：为抢救某一口井的井喷、着火等而设计的定向井。

（2）多目标井：为钻达数个目的层而设计的定向井。

（3）绕障井：为绕过地下某个障碍而设计的定向井。

（4）立槽斜井：采用斜井钻机施工，从井口开始倾斜的定向井。

（5）多底井：在一个井口下面有两个以上井底的井。这是用定向侧钻方法完成的。定向侧钻是在已钻主井眼内按预定方向和要求侧钻一口新井的工艺过程，根据侧钻方法可分为套管开窗侧钻和裸眼侧钻。

4. 按一个井场或平台的钻井数分类

（1）单一定向井。

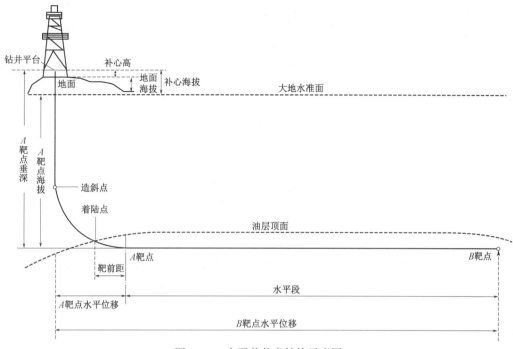

图 1-11 水平井井身结构示意图

（2）双筒井：用一台钻机交叉作业，同时钻出井口相距很近的两口定向井。

（3）丛式井：在一个井场或平台上，有计划地钻几口或几十口定向井和一口直井。

除了水平井以外，一般的陆上定向井的井号命名是在直井命名原则的基础上，在井号的后面加小写汉语拼音字母"x"，再加阿拉伯数字命名。如柳 1x2 井表示柳赞油田柳 1 井井口处钻探的第二口定向井。水平井的命名一般在井号后加 H 来表示，如 2003 年 12 月 23 日发生井喷的罗 16H 井就是位于重庆开县（现开州区）罗家寨的一口水平井。

三、钻井地质设计内容

在确定一口井的井位后，为了使钻井具有科学性、先进性、可行性和经济性，需要在井位设计的基础上进行钻井地质设计。

视频 1.3　钻井地质设计内容

针对不同类别的井，钻井地质设计的内容及要求也不完全一致。例如探井设计比较详细，考虑的因素较多；而开发井的设计内容相对探井而言有所简化，但设计时所考虑的基本因素、设计的内容和方法是大体相似的。一般地，钻井地质设计的内容包括四大部分，即基本地质设计、资料录取与地层测试要求、钻井质量要求、其他信息。

（一）基本地质设计

基本地质设计包括钻井基本信息、区域地质概况、设计依据与钻探目的、地层剖面设计。

1. 钻井基本信息

钻井基本信息包括井号、井别、井位、设计井深、目的层、完钻层位及原则、井位坐标（海上探井填写经纬度）、地面海拔（海上探井填写水深）、井的位置（地理位置、构造位置、地球物理测线位置、与邻井的关系）等（表 1-4）。

表 1-4　××井基本信息表

井别	探井		井型		直井	井号		××1
地理位置	位于××井东南 60km，××井西 120km							
海域								
构造位置	位于××凹陷东部××1 号构造高部位							
测线位置	二维	MD95-265，872.750 桩号			大地坐标（复测）		X	4452967.8m
							Y	20647159.2m
潮汐		磁偏角	西偏 2°		经纬度		东经	
水深		地面海拔	898.04m				北纬	
设计井深	5600m				目的层	志留系下砂岩段		

2. 区域（油藏、断块）地质概况

区域地质概况包括构造概况（构造具体位置及圈闭形态、圈闭类型、闭合面积与闭合高度）、地层发育及岩性概述、油气来源及烃源岩特征、储层沉积类型及物性特征、盖层及封盖条件、生储盖组合、预测油气藏及储量估算、邻井钻探成果等。对开发井，主要描述所在油藏或者断块的基本地质特征。

3. 设计依据与钻探目的

此项内容包括钻探目的、设计依据、完钻层位和目的层位、完钻原则及完井方式、对钻井方式的要求等。

设计依据主要包括井位设计成果（单井钻井任务书）、区域（或油藏）地质与地球物理资料、邻井钻探资料及相关成果。

完钻层位是指钻井钻达的最终地层层位。

目的层位是指勘探的主要目标含油层系或开发井的目标含油层段。

完钻原则和完井方式是对钻井完钻层位、深度、完井措施所提出的原则性要求。如某预探井的完钻原则是，钻揭中上奥陶统 40m 后如无油气显示就可以完钻，如果发现油气显示可以进一步加深钻探；完井方法是，如果无油气显示，则裸眼完井，如果见到油气层，则下生产套管射孔完井。开发井目的层的设计主要依据邻井产层或地质任务书要求进行。

钻井方式包括欠平衡钻井、近平衡钻井、泡沫钻井等类型，一般根据油气层地质特征进行设计。

4. 地层剖面设计

地层剖面设计是钻井地质设计的核心内容，包括所钻遇的地质层位、底界深度、厚度、分段岩性的简述、地层产状、钻井过程中可能出现故障的提示等。在地层剖面设计的基础上，还应预计钻遇油气层的位置，即按地区性油气组合或分目的层开展油气水层在纵向上的分布情况预测。

在设计地层剖面前，应先了解本井所处的构造部位、断层情况（断层性质、断距大小、断层延伸情况），同时要收集通过本井的地震剖面图，了解地震标准层的特征、地层产状等。另外，还要收集本区油气水层资料，主要是油气水性质、纵向上的组合关系、横向上的分布规律以及油气水层压力等。

[**例1-1**] 井深及地层剖面设计实例。某构造上已完钻1、3、4、5四口探井（图1-12）。现设计2号井以了解构造顶部含油气及地层情况。经1、3、4、5四口井地层对比得知：Nm组底界深度与构造图基本吻合，各井Ng组地层厚度接近一致；5井位于断层上盘，在Nm下段及Ng组共有三组油层；4井于Ng组见两组油层，与5井Ng组油层相当；1井位于构造边部，含油差，仅有Ng组下部一组油层，厚度已减小。

设计时，首先通过设计井及1、5两口井作横剖面图（图1-13）；据2井在构造上的位置确定明化镇组（Nm）底界为1235m；据邻井馆陶组（Ng）厚度（250m左右）推断2井Ng组底界为1485m；2井Ng组油层井段由横剖面推断为1285～1310m及1380～1420m两个油层；设计井要求钻穿Ng组，考虑到厚度变化的可能性，设计井深定为1550m。

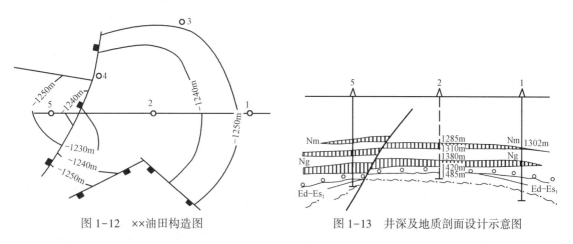

图1-12　××油田构造图　　　　　图1-13　井深及地质剖面设计示意图

（二）资料录取与地层测试要求

1. 资料录取要求

资料录取要求包括录井要求、地球物理测井要求、实物剖面要求、实验室分析样品选送要求等。针对不同井别类型，录取资料的类型和要求有所不同。

一般地，探井录井要求的资料相对较全，而开发井则相对较少。表1-5为探井要求取全取准的10类92项录井资料。

表1-5　探井要求录取的10类92项资料

资料类别	项目内容
（一）井位资料	（1）井位；（2）井别；（3）井位坐标；（4）海拔高度
（二）岩屑资料	（5）岩性；（6）结构；（7）荧光；（8）含油程度；（9）化石；（10）缝；（11）洞
（三）岩心资料（包括井壁取心）	（12）取心井段、进尺、心长、收获率；（13）壁心设计颗数、实取颗数、收获率；（14）岩性；（15）结构；（16）构造；（17）缝；（18）洞；（19）接触关系；（20）化石；（21）地层倾角；（22）荧光；（23）含油程度；（24）含气情况；（25）破碎、磨损情况
（四）钻井液及压力资料	（26）泵冲次；（27）钻井液体积、进出口温度、密度、电阻率；（28）出口流量、入口流量；（29）性能；（30）钻井液处理；（31）槽面显示；（32）漏失；（33）井涌、井喷；（34）地层压力；（35）泥（页）岩密度

资料类别	项目内容
（五）钻时、气测及工程资料	（36）钻时；（37）气测值；（38）组分；（39）全脱气分析；（40）放空；（41）后效气；（42）大钩负荷；（43）钻压；（44）扭矩；（45）立管压力；（46）转盘转速；（47）井深；（48）二氧化碳、硫化氢气体、氢气；（49）主录井图；（50）碳酸盐含量
（六）测井资料	（51）标准测井；（52）综合测井（感应或侧向系列，密度、中子系列）；（53）放大曲线；（54）地层倾角测井；（55）垂直地震测井；（56）电缆测试；（57）工程测井；（58）其他测井
（七）试油或测试资料	（59）完井方法；（60）射孔资料；（61）洗井液和诱喷；（62）求产；（63）压力；（64）温度；（65）原油含水、含砂；（66）井间干扰或层间干扰
（八）特殊作业资料	（67）酸化；（68）压裂；（69）无电缆射孔；（70）打水泥塞；（71）封隔器、地层测试、试油资料
（九）分析化验资料	（72）岩石矿物；（73）油层物性；（74）古生物；（75）三敏试验；（76）无机分析；（77）力学试验；（78）岩屑热解色谱分析；（79）罐装气分析；（80）酸解烃分析；（81）生油指标；（82）地面原油性质；（83）天然气性质；（84）地层水性质；（85）高压物性；（86）开发试验；（87）扫描电镜、绝对年龄
（十）井身资料	（88）完井井深；（89）井身结构；（90）井身质量；（91）工程大事纪要；（92）侧钻资料

　　地球物理测井的要求是根据设计井的钻探目的，对测井井段、测井内容（如自然伽马和自然电位测井、电阻率测井、孔隙度测井、地层倾角测井、成像测井等、VSP 测井、固井质量测井等）、使用的测井系列等提出地质上的需求。

　　实物剖面要求主要是针对参数井和重点预探井，提出制作岩心或岩屑实物剖面的要求。

　　实验室分析样品选送要求主要是要提出岩心、岩屑样品选送原则，分析化验项目等。

2. 地层测试原则及要求

　　地层测试原则及要求包括中途测试和完井试油的原则、目的，设计试油目的层位及井段，测试方法（钻柱测试、电缆测试）及基本要求。

　　在一般情况下，大部分预探井以及评价井、开发井是在完井以后进行完井试油，而参数井和部分重要的预探井为尽快获得测试成果，通常在钻井过程中发现较好的油气显示时，要进行中途测试。

　　试油选层的基本原则是：区域探井要选择最佳显示层段，开展中途测试，以提前突破出油关，打开新区勘探局面；预探井原则上自下而上对有利显示层段分层试油，逐层逐段查明其含油气性；评价井则主要选择典型层段试油，为油层评价和储量计算提供依据；开发井主要是对设计钻遇的含油层段，以及新发现的可疑油层进行试油。

（三）钻井质量要求

1. 钻井液性能要求

　　为了保证钻井的高效、快速和安全，同时又要考虑油气层保护和有效发现油气显示的需要，钻井地质设计过程中必须对钻井液的性能（如钻井液类型、密度、添加剂使用等）提出明确的要求。因此，在进行钻井液性能要求设计之前，必须充分利用地震资料、邻井钻井资料（测井资料、录井资料、实测压力资料）、油气开发动态（如压力检测）资料等，开展设计井的钻前压力预测，对钻井液的类型、性能、添加剂及使用原则提出明确的要求。

2. 井身剖面及质量要求

井身剖面及质量要求是根据钻井地质条件的需要，对井身剖面（包括钻井水平位移允许的范围以及井下靶区范围）、套管程序、固井质量等提出原则性要求。

对于直井，由于其井身剖面基本上是竖直的，只要将井斜控制在必要的范围内即可，因此要规定允许的最大井斜和井底水平位移。对于定向井，要根据不同的地质条件，设计出合理的钻井轨迹和地下靶区（钻达的目的层段的指定深度和位置），包括靶点个数、层位、靶心垂深、靶心方位、靶心位移和靶区半径等。有的定向井在纵向上不同的层位要设计多个靶区范围，以做到既节约钻井进尺，又能满足地表及地下地质条件要求，且有利于提高油气产量和采收率。

套管程序是钻井过程中，为了保障安全钻进、有效分隔产层和其他地层等采取的一系列下套管措施（包括套管类型、下入深度等）。在一口井中，根据所起作用不同，将套管分为表层套管、技术套管、生产套管、尾管（图1-14）。

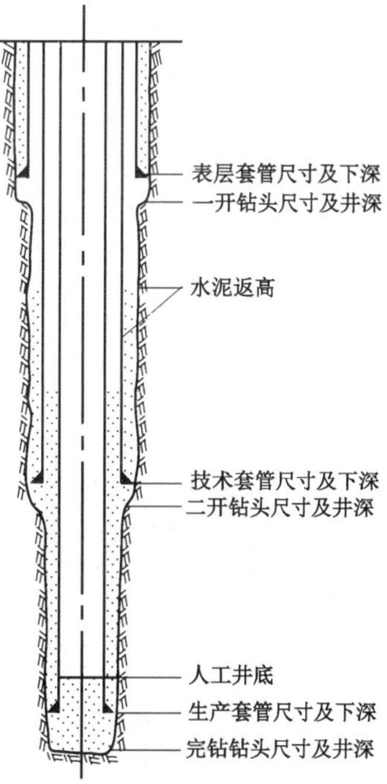

固井是在井壁和套管之间的环形空间内注入水泥，以防止井壁坍塌，影响钻井安全，也可以起到分隔油气层和其他地层的作用。固井质量主要取决于在井壁和套管之间的环形空间注入水泥的质量以及水泥上返高度等。

3. 设计变更及其他要求

在钻井施工过程中必须严格按照钻井地质设计实施，但是如果出现重大工程、地质问题与设计有较大出入时，需要制定相应的预备方案和措施。

（四）其他相关信息

1. 地理及环境概况

地理及环境概况包括钻井井位所在地的气象及水文条件（气温、降水、可能出现的灾害性地理与地质现象）、地形地物特征（地面地形，与铁路、公路、桥梁的距离）等。

2. 附表、附图

附表、附图包括邻井地层分层数据与地震反射层深度对照表、设计井位区域构造图、地理位置图、主要目的层局部构造图、过设计井的地质解释剖面图和地震时间剖面图、设计井地层柱状剖面图（参数井、重点预探井）、压力预测图等。

图1-14　井身结构示意图

右侧图标注：
- 表层套管尺寸及下深
- 一开钻头尺寸及井深
- 水泥返高
- 技术套管尺寸及下深
- 二开钻头尺寸及井深
- 人工井底
- 生产套管尺寸及下深
- 完钻钻头尺寸及井深

第二节　地质录井

伴随着油田勘探开发全生命周期过程，资料收集与录取工作是一直在进行中的。主要资料类型包括：钻井过程中获取的录井资料、钻后测井资料、生产测试资料和投入生产后的动态资料。本节主要介绍地质录井方法及录取

视频1.4　地质录井概述

资料相关内容。

录井是指在钻井过程中，在钻井井场的不同部位或者井下钻柱中，通过地面人工操作，或者在钻井井场的不同部位安装各种传感器，分别录取反映地下地质情况和钻井工程动态的各种信息。根据其资料应用，录井可以分为地质录井和工程录井。地质录井的主要任务是根据钻井地质设计要求，取全取准反映地下情况的各项资料，以判断井下地质及含油气情况。

地质录井技术和方法多种多样，可以分为：（1）实物录井，是以钻取实物，如岩心、岩屑、钻井液、地下流体为主要录取对象的录井方法，主要包括岩心录井、岩屑录井、钻井液录井、气测录井和罐顶气轻烃录井等；（2）随钻实时响应录井，是在钻井现场通过传感器等手段实时获取地层响应数据的录井方法，主要包括钻时录井、荧光录井、岩屑自然伽马录井、元素录井等；（3）钻后实验室录井，是实物录井的延伸，即离开现场后在实验室对实物进行实验分析，包括岩石热解色谱录井（含岩石热解录井、热蒸发烃色谱录井、棒薄层状色谱录井）、核磁共振录井、同位素录井和微古生物录井等（表1-6）。

表1-6　地质录井方法简表

录井方法分类		录取的地质资料	解决的主要地质问题
分类方案	录井类型		
实物录井	岩心录井	钻取的岩心	岩性、物性、含油性、构造
	岩屑录井	钻头破碎的岩石碎屑（岩屑）	岩性
	钻井液录井	返回钻井液携带的油气显示	含油性
	气测录井	返回钻井液携带的地层气体	含气性
	罐顶气轻烃录井	岩屑中的吸附烃	含油性
随钻实时响应录井	钻时录井	钻进的时间	岩性
	荧光录井	岩心（岩屑）中流体的荧光显示	含油性
	岩屑自然伽马录井	岩屑自然伽马值、自然伽马能谱	岩性、物性
	元素录井	岩心（岩屑）的X射线荧光（XRF）分析	岩性、物性
钻后实验室录井	岩石热解录井	岩心（岩屑）热解的地球化学参数	含油性
	热蒸发烃色谱录井	岩心或岩屑热解后的烃类气相色谱	烃源岩、含油性
	棒薄层状色谱录井	岩心或岩屑中的烃类气相色谱	含油性
	核磁共振录井	岩心（岩屑）中流体氢原子核的弛豫时间	物性、含油性
	同位素录井	返回钻井液携带的气体同位素组成	油气成因
	微古生物录井	岩屑中微古生物分析	地层

传统的地质录井方法主要是独立地进行各种资料的采集分析。20世纪80年代，人们发明了综合录井仪，将多种地质录井（钻时录井、气测录井、钻井液录井等）和现代工程录井、随钻测量（井身状态测量及地球物理测井）、数据远程传输集成于一体，其目的不仅是包括发现油气显示和开展油气层评价，还包括实时监控钻井施工过程，开展定向井钻井的几何导向和地质导向等。

以下主要介绍岩心录井、岩屑录井、钻井液录井、荧光录井、气测录井、岩石热解色谱录井、元素录井等方法。

一、岩心录井

在钻井过程中，用一种取心工具将井下岩石取上来，这种岩石就叫岩心。岩心是最直观、最可靠地反映地下地质特征的第一性资料。通过岩心分析，可以识别古生物特征，确定地层时代，进行地层对比；研究储层岩性、物性、电性、含油性的关系；掌握生油特征及其地球化学指标；观察岩心岩性、沉积构造，判断沉积环境；了解构造和断层情况，如地层倾角、地层接触关系、断层位置；检查开发效果，了解开发过程中所必需的资料数据。

岩心录井包括按设计要求卡准取心层位和井段，岩心出筒、整理、观察、描述，以及选送分析样品等一系列过程。

（一）取心原则

在石油钻探中，针对不同的钻探目的，确定取心井段。

（1）参数井（区域探井）取心主要了解地层、构造、生储盖组合特征、烃源岩类型及丰度、储层岩性及物性参数。

（2）预探井取心为了了解地层岩性、含油气层段的岩石物性、含油气情况、烃源岩条件，确定地层层位等。

（3）评价井取心可以获取各油层的岩性、物性、含油性等资料，为储量计算提供有关参数。

（4）开发井取心为了检查开发效果，了解油层物性变化及剩余油分布，为研究油藏水驱效果提供依据。

（5）特殊目的的取心根据具体情况确定。如构造取心，了解构造产状特征；断层取心，了解断层情况；地层取心，了解地层的岩性和时代。

（二）取心工具与方法

1. 取心工具

取心工具包括取心筒、取心钻头和岩心爪（图1-15）等基本部件和其他辅助部件。

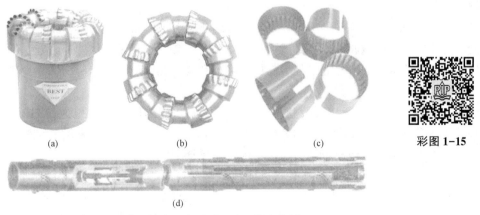

彩图 1-15

(a)　　　　　　　(b)　　　　　　　(c)

(d)

图 1-15　取心钻头、岩心爪、取心筒实物图
(a) 取心钻头；(b) 取心钻头横面；(c) 岩心爪；(d) 取心筒

取心钻头是环状破碎井底岩石、在中心部位形成岩心柱的关键工具。石油钻井常用的取心筒由内筒和外筒（双筒）组成。内筒用于存储及保护岩心，取心工艺要求内筒无弯曲变形、内壁光滑、管壁要薄，但要有足够的强度和刚性；外筒的作用是取心钻进时承受钻压（指钻头作用于地层的力的大小）、传递扭矩（扭矩是使物体发生转动的力）、带动钻头旋转及保护内筒，要求外筒强度大、无弯曲变形，常用 14～25mm 的优质厚壁钢材加工制成。取心筒的长度一般为 5～13m。岩心爪的作用是割取岩心和承托已割取的岩心柱。

2. 取心方法

1）常规取心

常规取心分短筒取心、中长筒取心、橡皮筒取心。短筒取心是指取心钻进中不接单根，取心工具中只有一节岩心筒（一般为 9m 左右），在取心工作中最常采用，适合任何地层条件。中长筒取心是指取心钻进中要接单根，取心工具中有多节岩心筒。中长筒取心目的是降低取心成本。橡皮筒取心是指取心工具中有特制的橡皮筒，通过橡皮筒与工具的协调作用，能将岩心及时有效地保护起来，其目的是提高特别松散易碎地层的岩心收获率。由于耐温性能的限制，橡皮筒取心只适用井温不超过 80℃ 的地层。

2）特殊取心

对岩心有一定特殊要求的钻井取心称为特殊取心。它多用在油田开发阶段，通常有下列几种方式：

（1）油基钻井液取心是指在油基钻井液条件下进行的取心，其目的是取得不受钻井液自由水污染的岩心，以求准储层原始含油饱和度资料，为合理制定油田开发方案提供依据，适用于砂岩油田。

（2）密闭取心是采用密闭取心工具与密闭液，在水基钻井液条件下取出几乎不受钻井液自由水污染的岩心。密闭取心时，在钻井液中加入"示踪剂"，以检查所取出的岩心是否被钻井液侵入及侵入程度。由于油基钻井液取心成本高，所以在密闭取心质量指标有可靠保证的条件下，密闭取心可近似代替油基钻井液取心。以注水方式开采的砂岩油田，在开发过程中，为检查油田注水效果，了解地下油层水洗情况及油水动态，常采用密闭取心。

（3）保压密闭取心是采用保压密闭取心工具与密闭液，在水基钻井液条件下，取得能保持储层流体完整性的岩心，也就是能取得不受钻井液自由水污染并保持井底条件下储层压力的岩心。为准确求取当时井底条件下储层流体饱和度、储层压力及储层物性等资料，采用保压密闭取心。

（4）海绵取心是指内筒装有特制海绵衬管的取心。海绵取心采用预饱和的海绵衬管，在水基钻井液条件下，取得含油饱和度相当准确的岩心。这是国外近年来发展起来的一种取心，工艺结构不太复杂，但成本高，适用于中硬—硬地层。

（5）疏松砂岩保形取心是指在疏松砂岩地层中保持岩心原始（出筒前）形状的取心。在疏松砂岩地层，由于岩心强度低，不成柱，岩心出筒后就往往自成一堆散砂，岩心物性资料无法获得。因此，保持岩心原有形状，避免人为破坏，就成为保形取心的技术关键。目前，多级双瓣组合式岩心筒、橡皮筒、玻璃钢内筒以及复合材料衬筒均可满足保形取心的要求。

（6）定向取心是采用定向取心工具，取出能反映地层倾角、倾向、走向等构造参数的岩心。在油气藏勘探开发过程中，为直观了解地层构造参数、全面掌握地质构造的复杂性及其变化，采用定向取心。定向取心对松散易碎的地层不适用。

（三）岩心整理

岩心整理包括岩心出筒、岩心丈量、岩心编号等。

视频 1.5 岩心录取与整理

1. 岩心出筒

岩心出筒的关键是保证岩心次序、排列不乱，并尽可能保证岩心的完整和原有特征，按出筒顺序及时清洗岩心（常规水基钻井液取心可用水洗；油基钻井液取心只许用无水柴油清洗；密闭取心禁止用任何流体清洗，而采用竹片、木片及棉纱清除岩心上的密闭液）。岩心出筒时，要及时观察岩心出油、冒气、含水情况，进行荧光直照、滴照和滴水试验，做好记录。要进行含油饱和度分析的岩心禁用水洗，及时细描、蜡封，尽快送样分析。

在岩心出筒记录时，还应记录岩心出筒时间、破碎程度、茬口对接是否顺利、内外筒是否有原油。

2. 岩心丈量

岩心出筒后，首先要清除"假岩心"（包括井壁岩石掉块及压缩滤饼等）。岩心清洗干净后，对好断面使茬口吻合，磨光面和破碎岩心摆放要合理，由顶到底用尺子一次丈量，长度读至厘米，自上而下作出累积的半米及整米记号，用红、黑铅笔划出两条平行线，箭头指向钻头位置，上为红线，下为黑线。

丈量岩心后要计算岩心收获率和岩心总收获率。岩心收获率为本筒岩心长度与本筒取心进尺的比值，见公式（1-1）。其中，取心进尺是指为取心而钻进的进尺。一口井岩心取完后，应计算出岩心总收获率，即全井岩心长度/全井取心进尺，见公式（1-2）。收获率一般用百分数表示，计算精度到小数点后一位。

$$岩心收获率 = \frac{本筒岩心长度}{本筒取心进尺} \times 100\% \qquad (1-1)$$

$$岩心总收获率 = \frac{全井岩心长度}{全井取心进尺} \times 100\% \qquad (1-2)$$

对于密闭取心，还需计算密闭率。密闭率是指完全密闭和侵入很微弱的岩心块数与总岩心块数的比率，通常用百分数表示。

对于保压密闭取心，还需计算保压率。保压率是指岩心从地下取出后取心筒内压力与原始地层压力的比值，一般用百分数表示。

对于定向取心，还需计算照相成功率。照相成功率是指照相测斜过程中获得清晰照片的次数占总照相测斜次数的百分比。

根据取心方式的不同，岩心收获率应达到表1-7所规定的要求。

表 1-7　取心质量标准

取心方式		收获率, %	密闭率, %	保压率, %	照相成功率, %	平均单筒进尺, m
常规取心	一般地层	93（油层 95）				8
	松散地层	80				4
特殊取心	油基钻井液取心	96				8
	密闭取心	96	80			8
	保压密闭取心	90	80	80		5
	定向取心	90			85	5

3. 岩心编号

将丈量完的岩心按井深自上而下（以写井号一侧为下方）、由左向右依次装入岩心盒内，然后进行涂漆编号（图 1-16）。编号密度原则上储层按 20cm 一个，其他岩性 40cm 一个，应在本筒的范围内按其自然断块自上而下逐块编号。编号采用带分数形式表示，如 $4\frac{5}{51}$ 即表示第 4 次取心中共有 51 块岩心，此块为第 5 块。

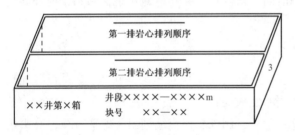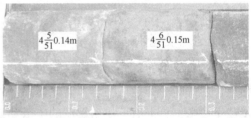

图 1-16　岩心盒编号及岩心丈量与标签的粘贴

岩心盒内筒次之间用隔板隔开，并贴上岩心标签，以便区别和检查。

视频 1.6　岩心描述

（四）岩心描述

岩心描述是一项重要而细致的地质基础工作，既要全面观察，又要重点突出。

1. 含油气性的描述

油气有不同程度的挥发性。岩心取到地面，油气会因为压力的释放而迅速挥发，因此对岩心的含油气性描述必须及时，以免油气逸散挥发而漏失资料。

1）岩心油气水观察

岩心油气水观察从取心钻进开始，直到岩心描述结束。取心钻进时，观察钻井液槽面的油气显示情况。岩心出筒时，取心钻头一出井口，就要立即观察从钻头内流出来的钻井液中的油气显示特征，边出筒边观察油气在岩心表面的外渗情况，注意油气味。岩心清洗时，边洗边做浸水试验。岩心描述时，含油岩心除柱面、断面观察外，要特别注意观察剖开新鲜面含油情况。

（1）含气试验：洗岩心时，将岩心浸入清水下约20mm，观察含气冒泡情况，如气泡大小、部位、处数、连续性、持续时间、声响程度、与缝洞关系、有无H_2S味等；凡冒气泡地方用色笔圈出；凡能取气样者，都要用针管抽吸法或排水取气法取样。

（2）含水观察：直接观察岩心剖开新鲜面湿润程度。湿润：明显含水，可见水外渗。有潮感：含水不明显，手触有潮感。干燥：不见含水，手触无潮感。

（3）滴水试验：用滴管滴一滴水在含油岩心平整的新鲜面上，滴时不宜过高，观察水滴的形状和渗入速度，以其在1min之内的变化为准分4级（图1-17）。

① 渗：水滴保不住，滴水即渗，判断是含油水层；

② 缓渗：水滴呈凸透镜状，浸润角小于60°，扩散渗入慢，判断是油水层；

③ 半珠状：水滴呈半珠状，浸润角为60°~90°，不见渗入，判断是含水油层；

④ 珠状：水滴不渗，呈圆珠状，浸润角大于90°，判断是油层。

含油储集岩含水观察以滴水试验为主，含气储集岩含水观察以直接观察为主。

（4）荧光试验：包括直照法、滴照法、系列对比法、毛细分析法等，将在荧光录井中详细介绍。

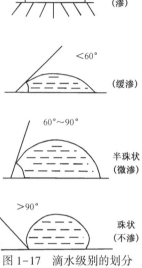

图 1-17 滴水级别的划分
（据崔树清等，2011）

2）岩心含油级别的确定

含油级别是岩心中含油多少的直观标志。例如，含油级别高的砂层往往是油层，含油级别低的砂层往往是干层、水层。气层、轻质油层、严重水侵的油层等岩心往往含油级别很低，甚至肉眼看不出含油。

储层储油特性分为孔隙性含油、缝洞性含油，应分别划分含油级别。

孔隙性含油是以岩石颗粒骨架间分散孔隙为原油储集场所，含油级别可根据岩石新鲜面含油面积、含油饱满程度、含油颜色、油脂感等划分为饱含油、富含油、油浸、油斑、油迹、荧光六级（图1-18），具体划分标准见表1-8。

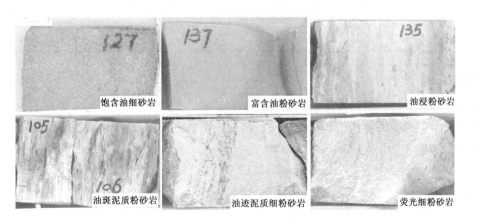

彩图 1-18

图 1-18 不同含油级别的岩心图片

表 1-8　孔隙性岩心（石）含油级别划分标准（据《地质监督与录井手册》编辑委员会，2001）

含油级别	含油面积 S	含油饱满程度	颜色及均一性	油脂感及油味	滴水
饱含油	$S \geqslant 95\%$	含油均匀饱满，常见原油外渗，仅局部见不含油斑块	看不到岩石本色，原油多为黄色或棕褐色，分布均匀	油脂感强，可染手，油味很浓	珠状，不渗
富含油	$70\% \leqslant S < 95\%$	含油均匀较饱满，新鲜面有时见原油外渗，含较多的不含油的斑块或条带	难以看到岩石本色，多为浅棕—黄褐色，原油充填分布较均匀	油脂感较强，可染手，油味浓	珠状或半珠状，基本不渗
油浸	$40\% \leqslant S < 70\%$	含油较均匀但不饱满，少部分呈条带状、斑块状分布	含油部分基本看不到岩石本色	油脂感较弱，一般不污手，油味较浓	半珠状，微渗
油斑	$5\% \leqslant S < 40\%$	含油不饱满，不均匀，多呈斑块状、条带状分布	可见岩石本色，仅含油部分呈灰褐色、深褐色	无油脂感，不污手，油味淡	含油处半珠状，缓渗
油迹	$S < 5\%$	肉眼可见零星状含油痕迹，氯仿浸泡及滴照荧光明显	基本为岩石本色，仅局部油迹处浅灰褐色	无油脂感，不污手，可闻到油味	滴水缓渗—渗
荧光	无法估计	肉眼观察无含油痕迹，滴照有荧光显示，浸泡定级 $\geqslant 7$ 级	全为岩石本色	无油脂感，不污手，一般闻不到油味	除凝析油外，基本都渗

缝洞性含油是以岩石的裂缝、溶洞、晶洞作为原油储集场所，岩心以缝洞的含油情况为准，主要根据缝洞被原油浸染的百分比表示含油程度，结合含油产状、油脂感、颜色及油味情况划分为油浸、油斑、荧光三级（表 1-9）。

表 1-9　缝洞性岩心（石）含油级别划分（据《地质监督与录井手册》编辑委员会，2001）

含油级别	缝洞被原油浸染	缝洞壁及充填物含油产状	油脂感	颜色及油味
油浸	>40%	缝洞壁见岩石及充填物本色部分较少	强，污手	含油色较深，油味较浓
油斑	≤40%	缝洞壁绝大部分可见岩石及充填物本色	弱或较弱，微污手或不污手	含油色较浅，油味较淡或无油味
荧光	肉眼观察无含油痕迹，干照、滴照可见荧光显示，浸泡定级不小于 7 级	缝洞壁岩石及充填物本色清晰可见	无，不污手	无

2. 岩石特征描述

岩心描述与一般野外岩石描述方法和内容大致相同，通常包括岩石的颜色、矿物成分、结构、含有物、胶结类型、层理构造、地层倾角、接触关系、含油气水情况等。针对每一块岩心，首先要确定岩性，然后依次描述以下内容：

（1）颜色：以岩石（心）新鲜干燥断面的颜色为准。要以统一的色谱为标准，以免造成差别。

（2）成分：指组成岩石的矿物成分，它是岩石定名的关键依据。各类岩石常见的矿物是有区别的，要确定其各组分相对百分含量及分级标准，确保岩石定名准确。

（3）结构：指组成岩石的基本颗粒（基质、碎屑、胶结物等的颗粒或晶粒）的大小、形态、组合特征、结晶程度、分选情况及其物理性质，如胶结类型、固结、坚硬程度、断口特征、孔隙性、渗透性等。

（4）构造：一般包括沉积构造（如沉积岩的构造）和非沉积构造（如火成岩、变质岩的构造及其他特殊构造），通常是指组成岩石的各组分在空间分布的宏观特征，主要包括层理构造、层面构造、接触关系及各种特殊构造。

在各类岩石的构造描述中，应突出沉积环境、沉积相带、地层倾角、层与层之间接触关系、断裂和缝洞发育情况的描述。缝洞描述要尽可能按小层（或岩性段）进行裂缝（或孔洞）统计。在岩心描述时，除描述裂缝类型、宽度、长度、密度、充填程度之外，还应描述充填物类型、缝洞壁特征、裂缝与层面及地层倾角的关系、缝洞切割和连通情况，以利于油气勘探开发分析应用。

（5）含油气水情况：根据前述的岩心油气水观察诸方面综合描述。

3. 描述范例与综述

1）描述范例

第3层，5692.54~5692.83m，视厚0.69m，心长0.69m，取心率100%。

灰色油迹泥晶砂屑灰岩：灰色，局部因含沥青质略显深浅不均。成分为方解石95%，陆屑5%。具泥晶砂屑结构，其中泥晶80%，砂屑5%，生物碎屑5%。砂屑成分为方解石，次圆状，直径1mm。性硬且脆，贝壳状断口，滴酸起泡强烈，溶液较清澈。

孔洞发育情况分析：根据本段岩心孔洞缝统计，裂缝共6条，其中立缝2条，斜缝1条，缝宽0.5mm，缝长8cm，倾角75°，裂缝发育密度为13条/m，缝壁较平直，且被次生方解石充填，岩心孔洞缝不发育，参见孔洞缝统计表。

油气显示：岩心略显油味，含油不均，含油面积5%，见3条裂缝含油，并见裂缝渗油明显，荧光干照呈星点状亮黄色，发光面积5%~10%，氯仿浸泡液呈浅绿色，湿照浅乳黄色，系列对比8级，滴水呈半珠状，含油级别油斑级。

2）岩心描述综述

针对每一筒岩心，在各块岩心描述的基础上，应进行总结和综述，内容如下：
（1）本筒次岩心岩性是否具有韵律，上细下粗为正韵律，下细上粗为反韵律。
（2）本筒岩心主要岩性及岩性组合。
（3）见到哪些层面、层理结构现象，哪些具哪类沉积相（环境）沉积特征。
（4）根据砂岩成分、结构，分析其成熟度及母岩搬运距离。
（5）根据本筒次岩心岩性含油气显示情况，分析本组主要较好含油气层发育于哪些井段，结合岩性特征分析含油气好差存在哪些因果关系。
（6）根据本次岩心岩性含油气显示情况，初步确定油水界面。
（7）见到哪些特殊的矿物、古生物化石。

（五）岩心录井图的编绘

在岩心录井现场，应根据岩心描述结果编制草图，然后综合其他资料编制最终的岩心综合图。

视频 1.7　岩心
录井图的编绘

1. 岩心录井草图的编绘

岩心录井草图是将岩心录井取得的各种资料、数据用规定的符号绘制的图件（图1-19）。

绘制岩心录井草图时应注意以下事项：

（1）井深为钻井的测量深度。深度比例尺一般为 1∶100 或 1∶50。

（2）取心井段数据（如岩心收获率、编号、分段长度等）必须与原始记录完全一致。

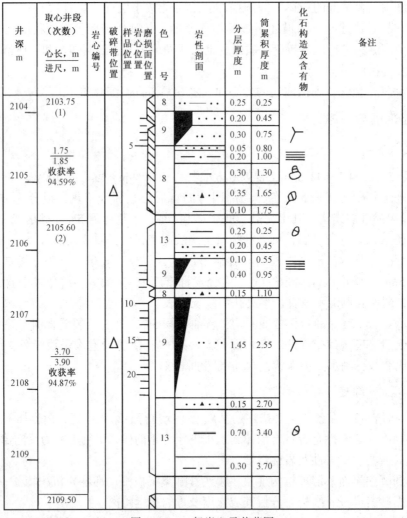

图1-19　一般岩心录井草图

（3）岩性剖面在绘制时用筒界控制。岩心收获率低于100%时，从上往下绘制，底部留空，待再次取心收获率大于100%时（即套有前次余心）再向上补充（自下而上绘制），即套心一律画在前次取心之下部。因岩心膨胀或破碎而使岩心收获率大于100%时，应根据岩心实际情况在泥质岩段或破碎处合理压缩成100%绘制。

（4）岩心位置、样品位置、破碎带位置、磨损面、化石及含有物等用统一的图例绘在相应深度。

岩心位置以每筒岩心的实际长度绘制。为了看图方便，可将各筒岩心位置用不同符号表示出来，一般以斜线框及白框表示不同次取心，如图 1-19 中第一、三筒画上斜线，第二筒为空白。

样品位置是在岩心某一段上取分析化验用的样品的具体位置。样品编号用数字表示，如 5，10，15，20，…，根据样品顶界距本筒顶界距离来标定样品位置。

破碎带为岩心中发育裂缝或者脱水收缩等原因形成的岩心较为破碎的层段，用符号标注在相应位置上，如图 1-19 中用三角形表示。

磨损面为岩心因存在断裂面发生相对运动和摩擦使得厚度有所损失的部位，如图 1-19 框内斜坡指向位置为磨损面位置。

2. 岩心综合图的编制

岩心综合图是在岩心录井草图的基础上，综合其他资料编制而成、反映钻井取心井段的岩性、物性、电性和含油性的一种综合图件，其格式如图 1-20 所示。

×××-×-×井岩心综合图

地理位置				岩心收获率		%
构造位置				含油岩心长		m
开钻日期		取心层位		含气岩心长		m
完钻日期		取心井段		荧光岩心长		m
完井日期		岩心长度进尺		钻井船		
编绘人		校对人		审核人		

编绘单位：	1:100	编绘日期：

图例及符号
□ □ □ □ □ □

地层层位	孔隙度 %	渗透率 $10^{-3}\mu m^2$	饱和度 %	自然伽马GR，API 0——150 自然电位SP，mV 0-----100	井深 m	次数心长进尺收获率	样品光位置面	磨损面	颜色	岩性剖面	荧光显示	含有油物	深感应RILD，mS/m 0.2——20 球形聚焦RFOC，Ω·m 0.2-----20	岩性油气综述

图 1-20 岩心综合图格式(据王守君等，2013)

在岩心综合图中，除岩心资料外，还整合了测井曲线，图中的井深为测井深度。岩心录井是以钻具长度来计算井深，而测井曲线是以电缆的长度计算井深，但钻具和电缆的伸缩系数不同，导致岩心录井深度与测井曲线深度可能会有出入，因此需要校正。另一方面，由于地质、钻井技术及工艺等原因，并非每次取心收获率都能达到 100%，而往往是不连续的，因此需要恢复岩心的原来位置；而对于在取心进尺内未取上岩心的井段，则依据测井、岩屑、钻时等录井资料来判断其岩性特征，如实地反映在岩心综合图上。通常把这项工作称岩心"归位"。

1）井深校正

井深校正方法是将测井图与岩心录井草图比较，选用收获率高的筒次中的标志层，算出标志层的深度差值（又称岩电差）。

以测井深度为准，确定剖面上提或下放数值，校正取心井段。如图 1-21 所示，灰质砂岩层在岩性、电性上容易与泥质岩和一般砂岩区别，在电性上呈高尖峰，根据电性上的反映找到相应的岩性，准确地卡出灰质砂岩，二者的深度差即测井与录井的深度差值。灰质砂岩底界的测井深度为 1800m，钻井取心深度为 1800.5m，深度差为 0.5m，剖面应上提 0.5m。

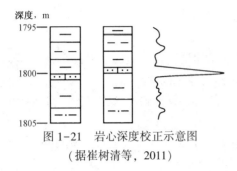

图 1-21　岩心深度校正示意图
（据崔树清等，2011）

同一连续取心段一般只有一个岩电差，不同取心段或连续取心井段很长，有两个以上岩电差时，各岩电差应随井深增加而增加。

2）岩心归位

岩心归位原则：以筒为基础，用标志层控制，在磨损面或筒界面适当拉开，泥岩或破碎处合理压缩，使整个剖面岩性、电性符合，解释合理。

根据岩心归位原则，先从最上的一个标志层开始，上推归位至取心井段顶部，再依次向下归位，达到岩性与电性吻合。把收获率高的筒次首先装完；收获率低的筒次，在本筒顶底界内，根据标志层、岩性组合分段控制归位（图 1-22）。

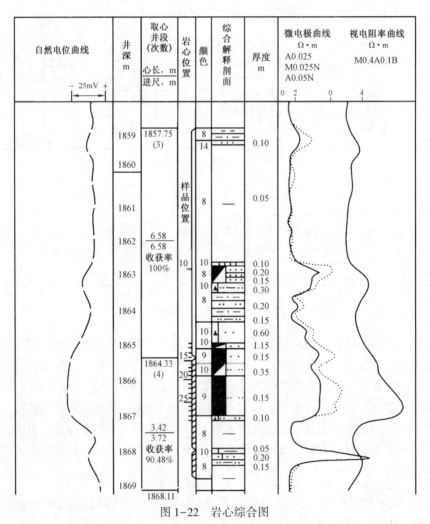

图 1-22　岩心综合图

特殊情况的岩心归位通常有以下几种：

（1）破碎岩心归位：破碎岩心的长度一般有丈量误差，按测井解释厚度消除误差归位，视破碎程度适当拉长、压缩即可。

（2）磨损面位置处理：可根据测井厚度拉开归位，达到岩性、电性吻合，拉开处为空心位置。

（3）实取的完整岩心长度大于测井解释厚度的情况处理：这种情况可视为岩心取至地面改变了在井下原始压力状态而膨胀，可按比例压缩归位，以恢复其真实长度（即测井解释的厚度），但岩心长度变化一般应在1.5%左右。

（4）乱心处理：由于某种原因，在岩心出筒时可能导致岩心顺序倒乱，整理时应认真对茬口，尽量恢复岩心的真实顺序并详细记录现场情况。在岩心归位时，按测井解释结合岩性特征使岩性、电性吻合。

在综合录井图中，岩心位置以每筒岩心的实际长度绘制。当岩心收获率为100%时，应与取心井段一致；当岩心收获率低于100%或大于100%时，则与取心井段不一致。

在岩心归位中，样品位置是随岩心拉、压而移动的，所以样品位置的标注必须注意综合解释时岩心的拉开和压缩。

（六）井壁取心

用井壁取心器，按指定的位置在井壁上取出地层岩心的方法，叫井壁取心。井壁取心的目的是在未取心或岩心收获率低的部位，证实地层的岩性、含油性和电性的关系，满足地质方面的特殊要求。井壁取心通常在测井完毕后立即进行。

1. 井壁取心原则

（1）证实油气层段及可疑油气层段。
（2）岩性、电性关系有矛盾的井段。
（3）相邻井有油气显示而本井未见显示的井段。
（4）地层分界、风化壳上下或特殊岩性段。
（5）其他专项要求和分析化验要求的井段。

2. 井壁取心方法

1）取心枪

将取心枪下放在预定的位置，发射中空的圆柱形弹体进入地层，采集地层岩心样品，取心时从地面进行电点火，按顺序每次发射一颗取心弹，点火由枪的底部自下而上进行，弹体射入地层后由连在枪上的两条钢丝绳回收。可以2~3支枪连接在一起一次下井。

2）机械取心仪

机械取心仪在预定深度固定后，通过旋转的取心钻头取地层岩心样品。

3. 井壁取心要求

（1）录井、测井人员共同确定取心井深、颗数，填写通知单。
（2）检查确认跟踪曲线，防止取心深度有误。
（3）放炮完毕，井壁取心枪上提至井口时要有专人接心和通心，严防错乱。
（4）岩心取出后，应及时描述和进行荧光检验。若岩性、电性不符或收获率太低，应重新取心。
（5）岩心必须装入专用盒内，并标明序号、井号、井深、层位及岩性。

4. 发射率和收获率计算

发射率是指实际发射取心弹的颗数与总下井颗数的百分比：

$$发射率 = \frac{实际发射颗数}{下井颗数} \times 100\% \qquad (1-3)$$

收获率是指实际收获壁心颗数与总下井颗数的百分比：

$$收获率 = \frac{实际收获颗数}{下井颗数} \times 100\% \qquad (1-4)$$

5. 井壁取心的描述

井壁取心描述内容基本上与钻井取心相同。但是，由于井壁取心的岩心受钻井液浸泡以及岩心的冲撞等因素的影响，因此在描述岩心时，应注意以下事项：

（1）在描述含油级别时，应考虑钻井液浸泡的影响，尤其是在混油或泡油的井中更应注意。

（2）在观察和描述白云岩岩心时，由于岩心筒的冲撞作用会使白云岩破碎，因此会发现白云岩与盐酸作用起泡强烈。在这种情况下，注意白云岩与灰质岩类的区别。

（3）如果一颗岩心有两种岩性时，则都要描述。定名可参考测井曲线所反映的岩电关系来确定。如果一颗岩心有三种以上的岩性，就描述一种主要的，其余则以夹层和条带处理，也可参考测井曲线以一种岩性定名，另外两种岩性以夹层或条带处理。

二、岩屑录井

（一）岩屑深度的确定

地下的岩石被钻头钻碎后，随钻井液被带到地面（图 1-23），这些岩石碎块称为岩屑，俗称为"砂样"。在钻井过程中，地质人员连续收集与观察岩屑并恢复地下地质剖面的过程，称为岩屑录井。通过岩屑录井，可以掌握井下地层层序、岩性，初步了解地层含油气水情况。由于岩屑录井具有成本低、简便易行、了解地下情况及时和资料系统性强等优点，因此在油气田勘探、开发过程中被广泛采用。

视频 1.8 岩屑录井

彩图 1-23

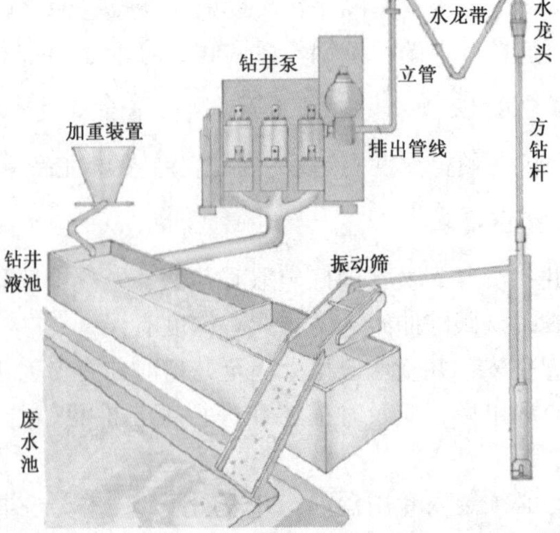

图 1-23　钻井现场地质循环系统及岩屑捞取示意图

岩屑录井要求取得井下深度准确的岩屑，为此，必须做到井深准、迟到时间准。迟到时间是指岩屑从井底返至井口的时间。

迟到时间测定方法有以下几种（据《钻井手册》编写组，2013）。

1. 理论计算法

理论计算法的计算公式为

$$T = \frac{V}{Q} = \frac{\pi(D^2 - d^2)}{4Q} \cdot H \tag{1-5}$$

式中　T——岩屑迟到时间，min；

　　　V——井眼与钻杆之间的环形空间容积，m^3；

　　　Q——泵排量，m^3/min；

　　　D——井径，即钻头直径，m；

　　　d——钻杆外径，m；

　　　H——井深，m。

2. 实物测定法

钻进接单根时，将电石指示剂从井口投入钻杆内，记下开泵时间 t_1，记录仪器检测到乙炔气体的时间 t_2，这两个时间之差就是乙炔气体循环一周的时间 t，它包括实物沿钻杆下行到井底的时间 t_0 和从井底通过钻杆外环形空间返出井口的时间 T：

$$T = t - t_0 \tag{1-6}$$

$$t_0 = \frac{C_1 + C_2}{Q} = \frac{\pi d_1^2}{4Q} \cdot H_1 + \frac{\pi d_2^2}{4Q} \cdot H_2 \tag{1-7}$$

式中　T——岩屑迟到时间，min；

　　　C_1，C_2——钻杆和钻铤的内容积，m^3；

　　　d_1，d_2——钻杆和钻铤的内径，m；

　　　H_1，H_2——钻杆和钻铤的长度，m；

　　　Q——泵排量，m^3/min。

3. 特殊岩性法

与邻井对比，大段单一岩性中的特殊岩层（如大段砂岩中的泥岩、大段泥岩中的石灰岩、大段泥岩中的砂岩等）在钻时上表现出特高或特低值，记录钻遇时间和上返至井口的时间，二者之差即为真实的岩屑迟到时间。

以上介绍的岩屑迟到时间测定方法，仅是指某一深度、某一泵排量的迟到时间。实际上，随着井深的不断增加，泵排量有时也会变化，为了保证岩屑录井质量，应按规定间距测算一次迟到时间作为该间距内迟到时间。当换泵时，迟到时间也应相应调整。

（二）岩屑录取流程

1. 岩屑捞取

岩屑按设计间距和迟到时间准确捞取。每口井必须统一捞样位置，通常有两处：一处在架空槽内加挡板取样；另一处在振动筛前加接样器取样。在井漏严重、钻井液有进无出时，在钻头上方装打捞杯取样。

2. 岩屑清洗

清洗岩屑时，注意油气显示的观察。成岩性较好的岩屑清洗时要洗出岩石本色；软泥岩和疏松砂岩应轻轻冲洗，但必须洗净钻井液。

海上岩屑录井岩屑捞出后，进行三级分样清洗。分样筛孔径为：顶筛为8目，中筛为32目，底筛为110目；用海水洗样时，最后必须用淡水漂洗，以利于保存。岩样洗净后，按顶筛10%、中筛70%、底筛20%取样置于观察皿中以备观察描述。

3. 岩屑烘晒

岩屑应采用晾干、晒干的方法。若不具备晾晒条件，可以烘干。烘烤温度应控制在90~110℃为宜（显示层岩屑控制在80℃以下，最好用吹风机吹干）。

（三）岩屑观察描述

岩屑、岩心描述的主要意义是建立井筒地层岩性剖面和油气水显示剖面，是井筒录井中最为重要的第一性资料之一。通过岩屑（结合岩心）描述，可以初步了解本井乃至本区块地层岩性、油气水显示层特征、生储盖组合关系，以及岩相和沉积相特征。

1. 岩屑鉴别

在钻井过程中，受裸眼井段长、钻井液性能的变化及钻具在井内频繁活动等因素的影响，已钻过的上部岩层经常从井壁剥落下来，混杂于来自井底的岩屑之中。如何从这些真假并存的岩屑中鉴别出真正代表井下一定深度岩层的岩屑，是提高岩屑录井质量重要环节。

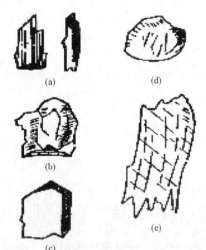

图1-24 各类真假岩屑形状示意图

（a）新钻页岩；（b）新钻石灰岩；

（c）新钻泥岩；（d）残留岩屑；

（e）垮塌岩屑

鉴别岩屑真假应从以下几方面综合考虑（图1-24）：

（1）观察岩屑的色调和形状。色调新鲜、形状多棱角或呈片状者，通常是新钻开地层的岩屑，但应特别注意，由于岩性和胶结程度的差别，在形状上也会存在差异。

（2）注意新成分的出现。在连续取样中，如果发现有新成分岩屑出现，且以后逐渐增加，则标志着井下新地层的出现。

（3）从岩屑中各种岩性岩屑的百分含量变化来识别。对于有两种或两种以上岩性组成的地层，须从岩屑中某种岩性岩屑百分含量的增减来判断是进入什么岩性的地层，从而确定岩屑的真伪。

（4）利用钻时、气测等资料验证。

除使用上述几种方法判断外，还应参考钻时资料和气测资料等进行验证。气测录井将在后文介绍，在此简单介绍钻时资料。

钻时是指每钻进一定厚度的岩层所需要的时间（单位为min/m），它是钻速（单位为

m/h）的倒数。在钻井过程中，记录钻进的时间，即可形成钻时曲线（图1-25），这种录井方法又称为钻时录井。

钻进速度的快慢，一方面取决于地下岩石的可钻性（与岩石性质有关），另一方面又取决于钻井工程因素，如钻压、转速、排量的配合，钻井液性能，钻头类型及使用情况等。因此，根据钻时的大小，既可以帮助判断井下地层岩性变化，又能帮助工程人员掌握钻头使用情况，提高钻头利用率，改进钻进措施，提高钻速，降低成本。

当其他条件不变时，钻时的变化反映了岩性差别。疏松含油砂岩钻时最低，普通砂岩钻时较低，泥岩、石灰岩钻时较高。对于碳酸盐岩地层，利用钻时曲线可以判断缝洞发育井段，如突然发生钻时变低、钻具放空现象，说明井下可能遇到缝洞层。应该指出的是，同一岩类，随其埋藏深度和岩石胶结程度等不同，钻时也各不相同。在无测井资料或尚未进行测井的井段，钻时曲线与岩屑录井剖面相结合，是划分层位、与邻井做地层对比、修正地质预告、卡准目的层、判断油气显示层位、确定钻井取心位置的重要依据。

钻时录井最大的特点是简便、及时，可第一时间了解地下岩性，缺点是多解性强。

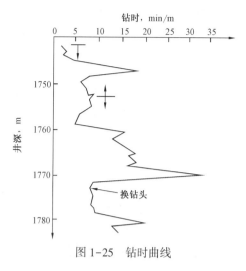

图1-25　钻时曲线

2. 岩屑描述

岩屑描述的重点是岩石定名和含油气情况的描述。定名（颜色、成分、岩性）要准确，油层及砂质岩类应重点描述，不漏掉油气显示和0.5m以上的特殊岩层及其主要特征。若岩屑有含油显示，在捞样、洗样时就应进行观察，对目的层段的每包岩屑均应进行荧光湿照、滴照，有条件的还要进行系列对比。发现岩屑含油后，就应描述含油气情况，估计含油岩屑所占百分比，结合发光岩屑的百分比和荧光的分布状况，确定岩屑的含油级别。岩屑含油级别划分标准和岩心含油级别划分标准基本相同（表1-8、表1-9）。

岩屑描述的方法一般是：大段摊开，宏观观察；远看颜色，近察岩性；干湿结合，挑分岩性；分层定名，按层描述。

在描述之前，先将数包岩屑大段摆开，稍离远些进行粗看，目的是大致找出颜色和岩性界线；然后再系统地逐包仔细观察岩屑的连续变化，找出新成分，目估其含量的变化情况。岩屑中颜色混杂，远看视线开阔，易于区分颜色界线，这样划分出来的层都是明显或较厚的层。有些薄层或疏松层，岩屑数量极少，这就需要逐包细查，发现那些不明显的新成分及细微的结构变化。岩屑颜色的描述一律以晒干后的色调为准，但岩屑润湿时，颜色和一些微细的结构、层理等格外清晰而明显，易于区分。在岩屑未晒干之前就粗看一遍，记下某些岩性特征和层界，作为正式描样的参考。一些岩屑含量变化不明显，则可从各包中取出同样多的岩屑，分别挑分出每包各种不同岩性岩屑后再进行比较。通过上述方法所观察到的岩性变化，遵循去伪存真的原则，参考钻时曲线，进一步在岩屑中上追顶界、下查底界，卡分出层来，对每层的代表样进行描述。

"卡层"的原则是：

（1）在大段单一岩性中，如果有新成分出现，或是同一岩性颜色有变化，都应单独卡出层来。

（2）根据不同岩性的数量变化情况进行卡层。

（3）以0.5m为单层厚度的最小单位。因为小于0.5m的岩层在岩屑中常不明显，在绘图时也不易表示，在综合研究时除有特殊意义的岩层外也很少应用。

3. 利用岩屑判断缝洞层

岩层中的缝洞不能通过岩屑直接看到，一般只能根据一些特殊标志间接地加以推断。岩石的缝洞中多少总会有些物质充填，通过对充填物的观察，就能在一定程度上了解岩石缝洞的发育情况。常见的充填物主要是一些次生矿物，如方解石、白云石、石膏、石英等。岩屑中次生矿物的多少，反映岩石中缝洞的发育程度，次生矿物越多，缝洞就越发育。只要全部选出岩屑中的次生矿物，求出这些次生矿物占岩屑的百分含量，即缝洞发育系数，绘制出缝洞发育系数曲线，便可找出缝洞发育段。

$$缝洞发育系数 = \frac{次生矿物总量}{岩屑总量} \times 100\% \qquad (1-8)$$

根据次生矿物的晶形，可以判断缝洞的充填程度或开启程度。一般而言，自形晶越多，自形程度越高，透明度越好，说明结晶自由空间大，岩层缝洞中充填物少，开启程度好；反之，他形晶越多，缝洞开启程度越差。求出自形晶矿物在全部次生矿物中所占的百分数，即缝洞开启系数，绘制缝洞开启系数曲线，即可划分出开启程度高的层段。

$$缝洞开启系数 = \frac{自形晶矿物总量}{次生矿物总量} \times 100\% \qquad (1-9)$$

缝洞开启系数越大，有效缝洞越发育。例如川南地区某井钻至乐平统长兴灰岩某一层段（2706~2711m）时，钻时由原来的182min/m突然降低为56min/m，岩屑中呈透明自形晶的方解石含量高，缝洞开启系数为70%。此处发生井喷，经测井证明为缝洞发育最好的渗透层段。

根据缝洞开启系数，可对缝洞储层进行分类（表1-10）。

表1-10 缝洞储层分类表

类别	好	较好	一般	差
缝洞开启系数，%	>50	20~50	10~20	<10

此外，次生矿物的种类，主要是其矿物成分，是未来选择增产措施的重要依据。因此对岩屑中的次生矿物的描述，包括次生矿物的种类、各类次生矿物的相对含量、结晶程度（晶粒大小、自形晶程度）等，都需一一加以描述。由于有些矿物晶格能量大，在受限制的空间里也能生长为自形晶，如黄铁矿、方铅矿，因此对各种次生结晶矿物要区别对待。

（四）岩屑成像

近年来，在岩屑描述的基础上，岩屑成像分析技术日益受到重视。岩屑成像，即在录井现场，应用岩屑成像录井仪（图1-26）采集岩屑显微彩色数字图像并进行图像处理和分析，实现岩屑的岩性特征、含油特征等信息的数字化、可视化分析。

岩屑样品质量是控制图像质量的关键，也是整个图像技术最基础的原始资料。对样品的总体要求主要有两点：

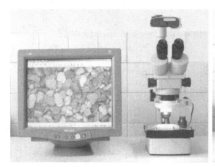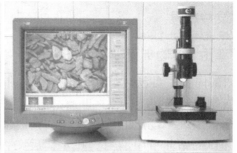

图 1-26　岩屑成像录井仪

（1）岩屑真实性要好：岩屑要清洗干净，颗粒表面无附着物，岩石结构、纹理清晰，岩石本色真实、新鲜，样品晾干或烘干（采集含油岩屑图像尽量不要烘烤岩屑）。

（2）岩屑代表性要好：PDC 岩屑粒径一般为 0.5～2.0mm，而以岩屑粒径 1.0mm 左右的岩屑代表性最好。过筛去掉块、去杂样后取样 20～50g，并使所取岩屑样品的整体表面尽可能平整，置于摄像系统载物台即可。

对选取的岩屑样品进行图像采集和存储，可生成带有图像的岩屑录井相关图件（图 1-27）。

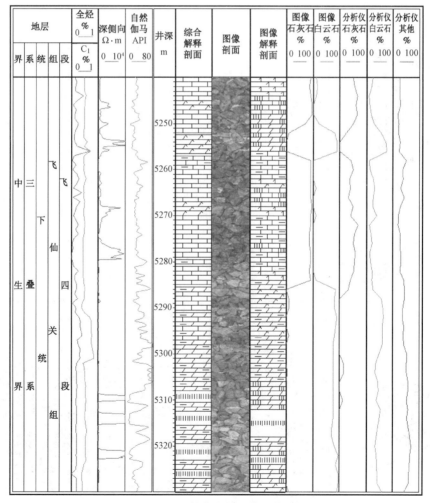

图 1-27　某井岩屑成像录井图

（五）岩屑录井成果

1. 岩屑录井草图和实物剖面

岩屑录井草图的内容主要包括录井剖面、钻时曲线及槽面显示等（图1-28）。录井剖面为对岩屑实物进行描述（图1-29），包括颜色、岩性、化石及含有物、油气显示等随深度的变化，用统一规定的符号绘出；钻时曲线为钻时随深度变化的曲线；槽面显示为返回到井口的钻井液中的油气显示，后文将介绍。岩屑录井草图的深度比例尺一般为1：500。

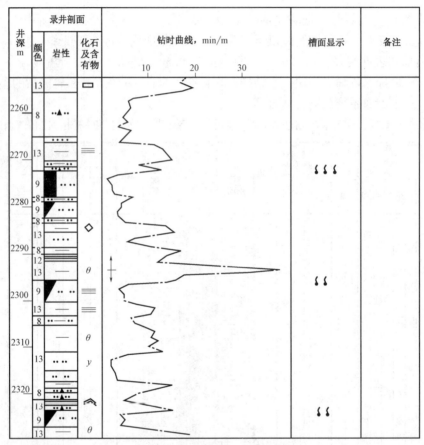

图1-28　一般岩屑录井草图

彩图1-29

图1-29　某油田岩屑实物剖面

42

岩屑录井草图主要用于以下四个方面：

（1）用岩屑录井草图与邻井对比，及时了解本井岩性组合特征、钻遇层位，修正地质预告，推断油气层可能出现的深度，卡准取心层位。经常进行对比，可帮助及时卡准完钻层位及井深。

（2）为测井解释提供地质依据，消除单纯测井解释的多解性，以提高测井解释的精度。

（3）为钻井工程提供资料。在处理工程事故如卡钻、倒扣、泡油等工作中，经常应用岩屑录井草图，以便分析事故发生的原因，制定有效的处理措施。在进行中途测试、完井作业过程中，也要参考岩屑录井草图。

（4）岩屑录井草图是编绘录井综合图的基础，岩屑录井质量直接影响着录井综合图的质量。

目前各油区制作的实物剖面规格和岩样汇集形式大同小异。按中国石油天然气集团有限公司的规定，参数井均应逐层挑选岩样粘制 1：500 实物剖面。岩屑实物剖面是直观成果资料，可帮助掌握地下地层岩性、油气显出及缝洞情况，可取得形象化的效果。

2. 岩屑录井综合剖面图

岩屑录井综合剖面图是完井地质综合图的主要部分。它是以岩屑录井草图为基础，结合测井曲线进行综合解释完成的，比例尺为 1：500。油田内的开发井一般只作油层井段的 1：200 录井综合图。

岩屑录井综合剖面图的编制步骤如下。

1）岩屑深度校正

由于岩屑录井和钻时录井的影响因素较多，因此还要进一步依据测井曲线进行岩屑定层归位。与取心深度误差校正类似，选取在钻时曲线、测井曲线上都具有明显特征的岩性层来校正（图 1-30）。深度校正主要是依据钻时曲线与测井曲线之间的深度差值，把岩性剖面上提或下放。

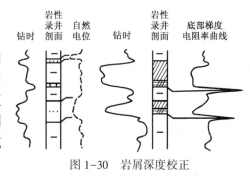

图 1-30　岩屑深度校正

2）复查岩屑，落实剖面

岩屑录井剖面的岩性与测井解释的岩性如有不符，应分析测井曲线并复查岩屑，找出原因进行修正。测井解释中不存在的岩层，若复查中发现岩屑、钻时的变化并不明显，应取消；测井解释中不存在的岩层，若岩屑钻时的变化很清楚，仍要保留。钻井取心井段要以取心的岩性为准。井壁取心与岩屑、电性有矛盾时可按条带处理。复查中若发现漏描层应补上。

3）综合剖面的解释

以落实剖面岩性为核心，以测井曲线为深度标准，结合取心等资料绘制录井综合剖面，关键是要做好岩性的综合解释。岩性综合解释应注意下列问题：

（1）综合解释必须参考综合测井资料，提高解释精度。

（2）单层厚度小于 0.5m 者，一般岩性可以不作解释，对成组的薄互层应适当表示；对有意义的特殊岩性、标准层及油气显示层，剖面上应扩大为 0.5m 解释。

（3）除油气层和砂层深度、厚度的解释应尽量接近综合测井解释的深度和厚度外，其他岩层解释界限可画在整毫米格上。

（4）岩性综述，即分述各小段地层所包括的岩性、颜色、结构、构造特点以及纵向上的变化规律等。

三、钻井液录井

视频 1.9 钻井液录井

钻井液被称为钻井的"血液"。钻井液是指钻井过程中以其多种功能满足钻井工作需要的各种循环流体的总称。钻井液除了传递水动力，冷却和润滑钻头、钻具外，更重要的是携带和悬浮岩屑，稳定井壁和平衡地层压力。根据地质条件合理使用钻井液，是防止钻井事故发生、降低钻井成本和保护油层的重要措施。

由于钻井液在钻遇油、气、水层时，其性能将发生各种不同的变化，所以根据钻井液性能的变化及槽面显示，可推断井下是否钻遇油、气、水层和特殊岩性，这种录井方法称为钻井液录井。

（一）钻井液类型及其性能

1. 钻井液类型

钻井液主要分为 4 类：水基钻井液、油基钻井液、合成基钻井液和气体型钻井流体。

1）水基钻井液

绝大多数钻井液属水基钻井液。水基钻井液主要由四部分组成：水、活性固相、惰性固相和化学处理剂。根据体系在组成上的不同，可将水基钻井液分为以下 6 种：

（1）分散钻井液：用淡水、膨润土和各种对黏土与岩屑起分散作用的处理剂配制而成。由于配制方法较简单，成本较低，为常用钻井液。

（2）钙处理钻井液：组成特点是体系中同时含有一定浓度的 Ca^{2+} 和分散剂。这类钻井液的特点是抗盐、钙污染的能力强，对所钻地层中的黏土有抑制其水化分散的作用。

（3）盐水钻井液：用盐水或海水配制而成。含盐量从 1%（Cl^- 浓度为 6000mg/L）直至饱和（Cl^- 浓度为 189000mg/L）之前的整个范围内的钻井液都属此种类型。盐水钻井液对黏土水化有较强抑制作用。

（4）饱和盐水钻井液：指钻井液中 NaCl 含量达到饱和的钻井液体系，主要用于钻其他水基钻井液难以对付的大段盐层和盐膏层。

（5）聚合物钻井液：以某些具有絮凝和包被作用的高分子聚合物作为主处理剂的水基钻井液。

（6）钾基聚合物钻井液：以各种聚合物的钾（或铵、钙）盐和 KCl 为主处理剂的防塌钻井液，在钻遇泥页岩地层时使用，防塌效果好。

2）油基钻井液

以油（通常使用柴油或矿物油）作为连续相的钻井液称为油基钻井液。根据油水比值，可将油基钻井液分为两种：

（1）普通油基钻井液：由柴油、沥青、乳化水、乳化剂和加重剂配制而成，含水量在 5%

以下。这种钻井液失水量少，成本高，一般很少使用，主要用于取心分析原始含油饱和度。

（2）油包水乳化钻井液：油水比在（50%~80%）：（50%~20%）范围内，以水（水相占10%~60%）为分散相，以各种油类作为连续相，添加乳化剂、亲油胶体、加重剂及其他处理剂配制而成。油包水乳化钻井液比普通油基钻井液成本低。

油基钻井液的主要特点是能抗高温，有很强的抑制性和抗盐、钙污染的能力，润滑性好，并可有效地减轻对油气层的伤害。使用该类钻井液已成为钻深井、大位移井、水平井和各种复杂地层的重要手段之一。

3）合成基钻井液

这种钻井液是以合成的有机化合物作为连续相，盐水作为分散相，含有乳化剂、降滤失剂、流型改进剂的一类新型钻井液。这类钻井液既保持了油基钻井液的各种优良特性，同时又能减轻钻井液排放时对环境造成的不良影响，尤其适用于海上钻井。

4）气体型钻井流体

气体型钻井流体主要适用于钻低压油气层、易漏失层及某些稠油油层。其特点是密度低，钻速快，可有效保护油气层。通常可分为4种：

（1）空气或天然气钻井流体：钻井中使用干燥的空气或天然气作为循环流体。

（2）雾状钻井流体：即少量液体分散在空气介质中所形成的雾状流体。

（3）泡沫钻井流体：钻井中使用的泡沫钻井流体是一种将气体介质（一般为空气）均匀分散在液体中，并添加适量发泡剂和稳定剂而形成的分散体系。

（4）充气钻井液：有时为了降低钻井液密度，将气体（一般为空气）均匀地分散在钻井液中，便形成充气钻井液。混入的气体越多，钻井液密度越低。

2. 钻井液性能

1）钻井液密度

钻井液密度是指单位体积钻井液的质量，常用 g/cm^3 表示。钻井液密度是确保安全、快速钻井和保护油气层的一个十分重要的参数。通过钻井液密度的变化，可调节钻井液在井筒内的静液柱压力，以平衡地层孔隙压力。调节钻井液密度，应做到对一般地层不塌、不漏，对油气层压而不死、活而不喷。

2）钻井液的流变性

钻井液的流变性是指在外力作用下，钻井液发生流动和变形的特性，通常用黏度（包括漏斗黏度、表观黏度、塑性黏度）、切力（包括静切力、动切力）、动塑比等参数来表示。

钻井液黏度是指钻井液流动时固体颗粒之间、固体与液体之间以及液体分子之间内摩擦作用的总反映。漏斗黏度是用漏斗黏度计测得流出一定体积钻井液所经历的时间（单位为s）。表观黏度是在一定流速梯度下，用流速梯度去除相应切应力所得的商。塑性黏度不随流速梯度变化而变化，它反映层流时钻井液中网状结构的破坏与恢复处于动平衡时，悬浮粒子之间、悬浮粒子与液相之间以及连续相的内摩擦作用的强弱。

钻井液切力分为静切力和动切力。由于钻井液有触变性，静切力随搅拌后的静止时间增大而增大，测静止1min的切力为初切力，静止10min的切力为终切力。用初切力、终切力的差值表示钻井液触变性的大小。动切力反映钻井液在层流时，黏土颗粒之间及高聚物分子之间的相互作用力。

动塑比是指钻井液动切力与塑性黏度的比值。

钻井液流变性在解决钻井中携带岩屑、保持井底和井眼清洁、提高机械钻速、保证井下安全等方面起着十分重要的作用。

3）钻井液的滤失造壁性

钻井液的滤失造壁性能主要是指钻井液滤失量的大小和所形成滤饼的质量。

在钻井过程中，钻井液渗入地层，称为钻井液的滤失性。在滤失的同时，钻井液中的固体颗粒便黏附在井壁上形成滤饼。滤失通常有动滤失和静滤失两种类型。钻井液在循环情况下属动滤失过程，当钻井液循环停止时就是静滤失过程。静滤失的滤失量比动滤失量小，滤饼则比动滤失厚。因此，要控制向地层中渗滤的滤液量，则必须控制动滤失量；要控制井壁上的滤饼厚度，则必须控制静滤失量。滤饼的厚度与滤失量大小有关，一般情况下，滤失量越大，滤饼厚度越大。滤饼的厚薄与地层的渗透性有关，渗透率高的砂岩、裂缝发育的地层形成的滤饼厚，而渗透率低的泥页及致密地层滤饼薄而致密。

4）钻井液含砂量

钻井液含砂量是指钻井液中不能通过 200 目筛网，即粒径大于 $74\mu m$ 的砂粒占钻井液总体积的百分数。在现场应用中，该数值越小越好，一般要求控制在 0.5% 以下。含砂量高，易磨损钻头，损坏钻井泵的缸套和活塞，造成沉砂卡钻，增大钻井液密度，影响滤饼质量等。

5）钻井液固相含量

钻井液固相含量通常用钻井液中全部固相的体积占钻井液总体积的百分数表示。固相含量的高低以及这些固相颗粒的类型、尺寸和性质均对钻井时的井下安全、钻井速度及油气层伤害程度有直接的影响，在钻井过程中必须对其进行有效的控制。

6）钻井液酸碱度

钻井液酸碱度是指钻井液中含碱量的多少或者它对酸中和能力的大小。常用 pH 值的高低来衡量钻井液酸碱度的大小。钻井液酸碱度应根据不同钻井液类型及地层的需要加以控制。在实际应用中，大多数钻井液的 pH 值要求控制在 8~11 之间，即维持一个较弱的碱性环境。

7）钻井液可溶性盐类含量

在钻井液中含有多种水溶性盐类，它来源于地层和加入的化学处理剂及配浆用水。钻井液可溶性盐类含量通常用总矿化度、含盐量、含钙量及游离石灰含量表示。

总矿化度是指钻井液中所含水溶性无机盐的总浓度；含盐量单指其中氯化钠的含量；含钙量即指所含游离 Ca^{2+} 的浓度；游离石灰含量是指在钻井液中未溶解的 $Ca(OH)_2$ 含量。含盐量是了解岩层及地层水性质的一个重要数据，在石油勘探及综合利用找矿等方面都有重要的意义。

3. 钻井中影响钻井液性能的地质因素

了解钻井过程中影响钻井液性能的地质因素，对于判断油、气、水层十分重要。钻遇各类地层时钻井液性能的变化如表 1-11 所示。

表 1-11　钻遇各种地层时钻井液性能变化表

钻井液性能	淡水层	盐水层	油层	气层	石膏层
密度	下降	下降	下降	下降	不变或稍上升
黏度	下降	先上升后下降	上升	上升	上升
含盐量	不变或下降	上升	不变	不变	不变
滤失量	上升	上升	不变	不变	上升

1）高压油、气、水层

当钻遇高压油气层时，油气侵入钻井液，造成钻井液密度降低、黏度升高。当钻遇高压淡水层时，钻井液密度、黏度和切力均降低，滤失量增大。钻遇高压盐水层时，钻井液黏度增加后又降低，密度下降，切力和含盐量增加。油侵、水侵会使钻井液量增加。

2）盐侵

当钻遇可溶性盐类如岩盐（NaCl）、芒硝（Na_2SO_4）或石膏（$CaSO_4$）含量高的岩层时，会增加钻井液中的含盐量，使钻井液性能发生变化。由于盐岩和芒硝这些含钠盐类的溶解度大，使钻井液中 Na^+ 浓度增加，使其黏度和滤失量增大。当盐侵严重时，还会影响黏土颗粒的水化和分散程度，而使黏土颗粒凝结，钻井液黏度降低，滤失量显著上升。

当钻遇石膏层或钻水泥塞而带了 $Ca(OH)_2$ 时，均发生钙侵，使钻井液黏度和切力急剧增加，有时甚至使钻井液呈豆腐块状，滤失量随之上升。当 $Ca(OH)_2$ 侵入时，还将使钻井液的 pH 值增大。

3）砂侵

砂侵主要由黏土中原来含有的砂子及钻进过程中岩屑的砂子未沉淀所致。含砂量高，则增大钻井液的密度、黏度和切力。

4）黏土层

钻遇黏土层或页岩层时，因地层造浆使钻井液密度、黏度增高。

（二）钻井液录井信息采集

钻进时，钻井液不停地循环，当钻井液在井中和各种不同的岩层及油、气、水层接触时，钻井液性能就会发生变化，可以大致推断地层及含油、气、水情况。当地层压力大于钻井液柱压力时，地层中的流体进入钻井液，随钻井液循环返出井口，并呈现不同的状态和特点，这就要求进行全面的钻井液录井资料收集。这些资料的收集有很强的时间性，如错过了时间就可能使收集的资料残缺不全，或者根本收集不到。

1. 钻井液显示分类

1）油花、气泡

油花或气泡占槽面少于 30%，全烃色谱组分值上升，岩屑有荧光显示，钻井液性能变化不明显。

2）油气侵

油花、气泡占槽面 30%~50%，全烃色谱组分值高，钻井液出口密度下降，黏度上升，有油气味，钻井液池内总体积增加。

3）井涌

出口钻井液流量时大时小，混入钻井液中的油气间歇涌出或涌出转盘面 1m 以内，油花、气泡占槽面 50% 以上，油气味浓。

4）井喷

钻井液涌出转盘面 1m 以上时称井喷，超过二层平台时称强烈井喷。

5）井漏

发生井漏时，钻井液量明显减少。

2. 资料录取内容

1）槽面显示资料录取

（1）连续监测钻井液性能及气测值的变化。

（2）记录显示时间及相应井深。

（3）观察记录显示的产状及随时间的变化情况，包括：油花或原油的颜色、产状（如片状、条带状、星点状或不规则状等），气泡大小及分布特点，占槽面面积的百分数，油气味或硫化氢味的浓度，槽面上涨情况、外溢情况及外溢量，钻井液性能的相应变化。

（4）推算显示深度和层位。

（5）取样：槽面见油气显示时，必须取样进行分析。

2）井漏、井涌等复杂情况资料收集

（1）井漏时应观察记录的资料有：漏失井段、岩性、时间；漏失量及漏失前后的泵压、排量；钻井液性能、体积的变化；井口返出情况，包括返出量，有无油、气、水显示；井漏处理情况，包括堵漏的时间、堵漏物、泵入数量，堵漏时钻井液性能，有无返出物；井漏原因分析。

（2）井涌、井喷时应收集的资料有：井涌、井喷的井段、层位、时间、岩性；大钩负荷变化情况；井涌、井喷前及井涌、井喷过程中含油、气、水情况，气体组分的变化情况，泵压和钻井液性能的变化情况；井涌、井喷时，如有条件应连续取样分析；井涌、井喷原因分析，如异常压力的出现、放空井涌、起钻抽汲等。

（三）油气上窜速度的计算

当停止钻井液循环、进行起下钻作业时，地层中的油气进入钻井液并向上流动，这就是油气上窜现象。在单位时间内油气上窜的距离称油气上窜速度。

油气上窜速度是衡量井下油气活跃程度的标志。油气上窜速度越大，油气层能量越大。所以，在现场工作中准确地计算油气上窜速度，是做到油井压而不死、活而不喷的依据。

通常在钻过高压油气层后，当起钻后再下钻循环钻井液时，要对槽面显示进行观察记录，并计算油气上窜速度。

（1）迟到时间法：

$$v=\left[H-h(t_1-t_2)/t\right]/t_0 \qquad (1-10)$$

式中 v——油气上窜速度，m/h；

　　　h——循环钻井液钻头所在井深，m；

　　　H——油气层深度，m；

　　　t——钻头所在井深的迟到时间，min；

　　　t_0——井内钻井液静止时间，min；

　　　t_1——见到油气显示的时间，min；

　　　t_2——下钻至井深 h 的开泵时间，min。

（2）容积法：

$$v=\left[H-Q(t_1-t_2)/V_c\right]/t_0 \qquad (1-11)$$

式中 Q——钻井泵排量，L；

　　　V_c——井眼环形空间每米理论容积，L。

在钻遇高压水层时，也可以用式(1-10)和式(1-11)计算上窜速度。

四、荧光录井

视频 1.10
荧光录井

石油等有机物质受紫外光照射时，会发射出各种颜色和不同强度的光，这种光线称为荧光。荧光录井就是应用石油这一物理性质发展起来的一种录井方法，由伯恩斯和斯特奥贝尔于 1933 年首次提出。荧光录井是发现油气显示、初步评价含油级别、评价原油性质最简便易行的重要方法。对于肉眼很难鉴别的油气显示，利用比较灵敏的荧光录井可以发现。对于确定油气显示层位，特别是挥发性较强的轻质油层，荧光录井非常奏效。荧光录井资料还可以用于区分原油性质，确定油气显示程度，为油气层测井提供重要参考。目前，荧光录井已经由传统的定性分析向精确的定量化方向发展。传统的定性荧光录井包括荧光直照、荧光滴照、荧光系列对比和荧光毛细分析。定量荧光录井已经由一维、二维定量荧光录井发展到三维荧光录井。

（一）定性荧光录井

1. 基本方法

1）荧光直照

荧光直照是将洗净的岩屑、岩心、壁心放在荧光灯下，利用干样或湿样直接进行照射（称为干照或湿照），根据荧光发光颜色和强度，判断荧光发光物质的来源，判断油质类型的荧光录井方法。

判断的基本依据是：

（1）含油岩屑、岩心、壁心在紫外光下一般呈现浅黄、黄、金黄、黄褐、棕、棕褐等色。油质好时，发光颜色较强，多呈现亮黄、浅黄色和金黄色；油质差时，则发光颜色较暗，多呈褐色和棕褐色。

（2）矿物荧光：石英、蛋白石呈白—灰色；方解石呈黄—亮黄色；石膏呈亮天蓝色、乳白色。

（3）成品油及有机溶剂污染荧光：柴油呈亮紫—乳紫蓝色；机油呈蓝—天蓝色、乳紫蓝色。

2）荧光滴照

将磨碎的岩屑样品分散在准备好的标准滤纸上，并在样品上滴 1~2 滴氯仿或丙酮溶液，样品中的沥青质会溶解到溶液中。随着溶液的挥发，滤纸上滴氯仿处的沥青浓度会逐渐增加。通过观察岩样周围有无荧光扩散和斑痕，依据斑痕的色调可定性确定沥青性质（油质、胶质、沥青质），识别真假荧光显示。利用斑痕的形状还可以粗略判断沥青质的多少。这种荧光录井方法称为荧光滴照。

基本的判别方法是：

（1）荧光扩散边斑痕的颜色：含烃多的油质为淡蓝色、蓝绿色，胶质呈黄色或黄褐色，沥青质呈黑—褐色（表 1-12）。

表 1-12 沥青类型划分标准（据王守君等，2013）

斑痕发光颜色	沥青质类型	
淡蓝色、带白色的蓝色、蓝绿色	油质沥青	
黄色、浅黄色、橙黄色、黄褐色	胶质沥青	
浅褐色、橙褐色、褐色	平均组成沥青	
绿褐色、深褐色	一类	胶质、沥青质沥青
黑绿色、褐黑色、暗褐色	二类	

（2）矿物荧光无扩散现象，成品油荧光颜色较浅，呈乳紫—天蓝色，一般只污染岩屑表面，可破开岩屑、岩心、壁心观察新鲜面。

（3）沥青质由多到少，斑痕从点状—细带状—不均匀板块—均匀板块。

3）荧光系列对比

通过分析样品的荧光强度，与原油标准系列荧光强度进行对比，定量判定样品中沥青含量级别的方法，称为荧光系列对比。

荧光系列对比的分析过程如下：

（1）配置标准系列。标准系列是通过选取本构造、相邻构造或邻区的纯原油配制出不同含油浓度的溶液，作为荧光发光强度的对比标准。原油荧光标准系列共分 15 级，每级对应的 1mL 标准溶液中石油沥青的含量见表 1-13。

表 1-13 原油标准系列液石油沥青的含量（据王守君等，2013）

级别	含量，%	含油浓度，g/mL	级别	含量，%	含油浓度，g/mL
1	0.000310	0.0000000661	9	0.0780	0.000156
2	0.000630	0.00000122	10	0.1560	0.000313
3	0.001250	0.00000244	11	0.3125	0.000625
4	0.002660	0.00000488	12	0.6250	0.00125
5	0.005000	0.00000976	13	1.2500	0.00250
6	0.010000	0.0000195	14	2.5000	0.0050
7	0.020000	0.0000391	15	5.0000	0.0100
8	0.040000	0.0000781	—	—	—

（2）将岩样粉碎，取 1g 岩样放入磨口带塞的试管中，加入 5mL 氯仿，加盖密封，摇动数分钟后，静置 8~10h。

（3）将样品溶液置于荧光灯下，与标准系列的荧光强度进行对比，从标准系列中找出与样品溶液发光强度最为近似的试管，即可根据已知标准系列查表得出样品中的沥青含量。

4）荧光毛细分析

荧光毛细分析是利用石油沥青溶液的毛细管特性及发光特征来判定溶液中石油沥青组分与性质的荧光录井方法。

基本的分析步骤是：

（1）用 0.2g 岩样碾碎后浸泡于 5mL 氯仿中，待沥青质溶解后，倒入试管 1mL。

（2）将 0.5cm×15cm 滤纸条下端浸入试管液中，上端悬空固定，待氯仿挥发干后，再将毛细滤纸条放在紫外光下照射，观察其发光颜色、强度、发光带宽度和光泽，再与本区域标准系列对比，从而粗略确定岩样的沥青质类型和含量。

2. 荧光级别划分标准

根据荧光录井所录取的资料，包括岩样湿照和干照的颜色、强度和面积，滴照荧光颜色及产状，系列对比级别（一般要求 4 级以上描述），荧光显示岩屑占同类岩性的百分数（量少时为粒数），岩心和井壁取心的荧光面积百分数，进行荧光显示级别与荧光等级划分。划分标准见表 1-14、表 1-15。

表 1-14　荧光显示级别划分标准（国外）（据王守君等，2013）

荧光显示级别	荧光面积，%	反应速度
A	>90	快
B	70~90	中—快
C	30~70	中—快
D	<30	慢—中

表 1-15　荧光等级划分标准（据王守君等，2013）

荧光等级		1	2	3	4
试剂扩散边荧光显示色		浅蓝色微弱光环	浅蓝—浅黄色明亮光环	浅黄—黄色明亮光环	棕黄—棕色片状
岩样印痕荧光显示色		无	无	无或黄色星点状亮点	棕黄—棕色片状
岩样荧光显示色	干湿照	无	无	无或不明显	棕黄—棕色
	滴照	无	无	浅黄—黄色	浅黄色、棕黄色、棕色

注：将 1g 岩样粉碎溶解于 5mL 氯仿中，数分钟后滴一滴于试纸上，在荧光灯下观察。

（二）定量荧光录井

1. 基本原理

石油中的发光物质主要是芳香烃和非烃，饱和烃并不发光。经过多种原油的荧光频谱分析，发现最佳激发光的波长范围在 250~330nm（紫外光），大多数散射光（石油荧光）波长范围在 300~400nm，而可见光波长大约从 400nm 开始。每一种原油都有独特的荧光频带，因为荧光波长的变化范围取决于原油的组成成分。从凝析油到重质油，只有中质油的外频带（中质油的一小部分）到重质油的荧光是肉眼可以看到的，也就是说，多数石油荧光是肉眼看不到的。

因此，传统的定性荧光录井技术具有一定的局限性：

（1）紫外光下发出的部分石油荧光是肉眼观察不到的，因而用常规方法检测会漏掉一些石油显示。特别是大多数轻质油、凝析油荧光的最大强度范围已超出肉眼的观察范围，其发射波波长在 300~400nm 之间，而可见光范围在 400nm 以上。

（2）录井地质师对石油荧光的描述具主观性，且因人而异，难以进行量化对比；而且录井地质师也很难区分石油和其他物质（如矿物）的荧光。

（3）岩屑从井底返到地表，经捞取后冲洗，其外表的原油可能被冲走，用有机溶剂浸泡，获得的原油量不能完全代表地层孔隙中的含油量。

正是由于以上原因，TEXACO 公司从 1985 年开始研究开发定量荧光录井仪 QFT（quantity fluorescence test）并获成功。随后，得克萨斯 A&M 大学地球化学与环境研究小组提出了三维全扫描荧光检测技术（TSF），可以进一步区分原油性质，识别真假油气显示，具有适用于油基钻井液条件的优势。因此，定量荧光录井是荧光录井技术上的一次飞跃，首次实现了荧光录井由定性向定量化的转变，可识别荧光波长在 340nm 以下的轻质油，有利于发现油气显示；同时，利用三维荧光光谱还可以有效区分原油的荧光和矿物、钻井液添加剂污染引起的假荧光显示。

目前在国际和国内的石油勘探与开发中所用的定量荧光录井仪主要有三种类型，分别是一维型、二维型和三维型。

一维型是指仪器内只安装一个单一波长的激发滤光片和一个单一波长的接收滤光片，只能在单一指定波长处测定样品的荧光强度。其特点是仪器简单，所提供的数据信息量极其有限（图 1-31）。

二维型是指在仪器内安装一个单一波长的激发滤光片和一个连续的接收光栅，可以给出以波长为横轴、以荧光强度（INT）为纵轴的二维荧光图谱（图 1-32），也能给出定波长下的荧光强度。它的特点是：能检测从凝析油到重质油的各种油类，并可直观反映原油的油质特征；能有效识别钻井液添加剂对荧光录井的干扰。该仪器能在钻井现场使用。

与二维型相比较，三维型激发端也采用光栅，可以连续激发，给出激发波长、发射波长和荧光强度的三维荧光图谱（图 1-33）。其特点是：提供的信息量大，但仪器结构复杂，不适宜在钻井现场使用。

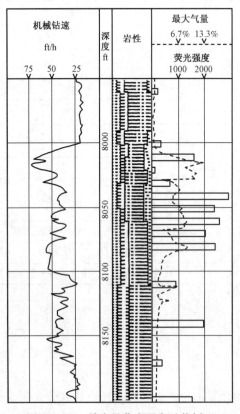

图 1-31　一维定量荧光强度录井剖面

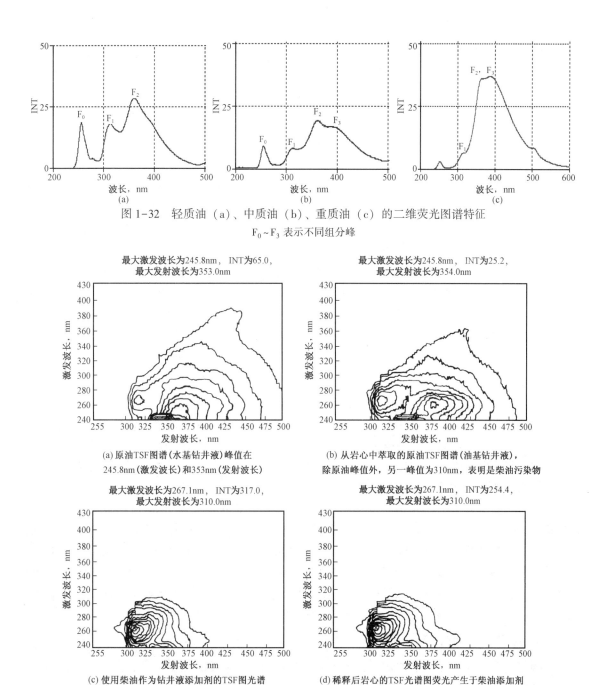

图 1-32 轻质油（a）、中质油（b）、重质油（c）的二维荧光图谱特征

F₀~F₃ 表示不同组分峰

最大激发波长为245.8nm，INT为65.0，
最大发射波长为353.0nm

最大激发波长为245.8nm，INT为25.2，
最大发射波长为354.0nm

(a) 原油TSF图谱(水基钻井液)峰值在
245.8nm(激发波长)和353nm(发射波长)

(b) 从岩心中萃取的原油TSF图谱(油基钻井液)，
除原油峰值外，另一峰值为310nm，表明是柴油污染物

最大激发波长为267.1nm，INT为317.0，
最大发射波长为310.0nm

最大激发波长为267.1nm，INT为254.4，
最大发射波长为310.0nm

(c) 使用柴油作为钻井液添加剂的TSF图光谱
峰值在267.1nm(激发波长)和310nm(发射波长)

(d) 稀释后岩心的TSF光谱图荧光产生于柴油添加剂

图 1-33 利用三维荧光图谱识别真假荧光示意图

2. 主要方法

定量荧光录井分为岩屑（岩心）定量荧光录井和钻井液定量荧光录井两种技术。前者是在石油钻探过程中利用荧光录井仪定量检测岩样中所含石油的荧光强度，荧光强度与岩样中石油浓度成正比，通过比较同一口井不同层位的荧光强度大小来判断地层含油情况的方法。后者是通过对一定量的钻井液进行荧光分析，根据石油在不同浓度的发光强度差异，利用单位体积的钻井液在一定体积的溶剂中的荧光强度来定量测定此时钻井液中的含油浓度，

进而计算出储层的原油浓度。

1）岩屑或岩心定量荧光录井

岩屑或岩心定量荧光录井的基本步骤包括：

（1）标准样品的制备：在一口井录井工作开始之前，首先要选定一个已知原油样品作为进行荧光录井的标准油样，选产自与待录井的地理位置最近、待钻探的目的层相同或相当的油样，制备成浓度约为1000mg/L的标准油样。

（2）录井测试前的准备：了解所采用的钻井液体系中各种添加剂名称及在钻井液中所起的作用，必要时对每种钻井液添加剂进行荧光三维图谱扫描，以全面掌握它们各自的荧光特性。

（3）荧光录井测试：将分析样品（岩屑、岩心或壁心）用研钵研细，称取1.0g放入已装有5mL异丙醇溶剂的具塞试管中浸泡15min以上。钻井液中未加入含荧光添加剂的井，直接用异丙醇作为背景值；钻井液中加入含荧光添加剂的井，背景值的选定视钻井液添加剂对荧光录井干扰程度的大小而定，干扰大则需测定背景值。将配制好的岩样溶液放入石英比色皿中，扫描样品的荧光图谱，或测定荧光值。原油浓度与荧光对比级关系可通过查表1-13得到。

2）钻井液定量荧光录井

钻井液定量荧光录井方法通常作为岩屑或岩心定量荧光方法的补充。当地下油气层被钻开后，地层中的油气会随着钻井液的循环带到地面，造成钻井液中的含油浓度局部升高。钻井液定量荧光录井的原理就是通过对一定量的钻井液进行分析，根据单位体积钻井液中所含油气定量荧光发光强度的变化，判断钻井液中油气含量浓度的差异，进而了解地下油气层的信息，确定地下油气显示。

具体的分析方法是：取钻井液 $1cm^3$ 放入试管中，加入正己烷 $5cm^3$，用玻璃棒（或木棒）充分搅匀，静置15min，石油中的有机物质易溶于正己烷，钻井液中的油气被正己烷充分吸收。根据钻井液与正己烷的密度差异和正己烷与钻井液互不相溶的原理，正己烷会自动浮到混合液的表层。将正己烷倒出后放入定量荧光分析仪进行分析，就能测量出 $1cm^3$ 钻井液中所含有的油气在 $5cm^3$ 正己烷中的荧光强度。根据石油在不同浓度的荧光强度差异，利用单位体积的钻井液在一定体积的溶剂中的荧光强度就能定量测定出钻井液的含油浓度。

3. 定量荧光录井的作用

随着定量荧光检测技术的发展、荧光分析技术与图像分析技术的结合，荧光录井技术在油气勘探开发中正发挥越来越大的作用。

1）利用一维定量荧光资料计算岩心或者岩屑的含油丰度，划分油气水层

一维定量荧光检测仪是便于在现场使用的常见定量荧光分析仪，设计为便携式，由紫外光源、范围选择器、滤波器、样品容器、检测仪器等部分构成。其中，滤波器有两个，一个波长为254nm，另一个为320nm，它们分别具有最佳的激发和发射效果。通常使激发波的波长固定在254nm，照射样品滤液后，由光电倍增器进行转换，就可以测量出含油荧光的最大荧光强度值（图1-31）。

根据我国新疆油田的分析结果，在岩性比较均一的情况下，荧光强度与荧光发光系列之间存在良好的正相关关系，因此，可直接利用荧光强度值和孔隙度交会的方法来划分油水层

（图1-34）。

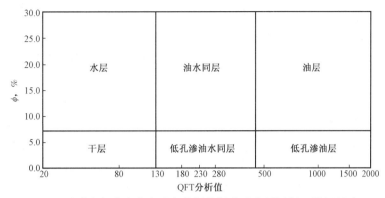

图1-34　孔隙度与荧光发光强度分析值划分油水层图版（据新疆油田）

荧光发光强度的检测分析过程是，首先将干样（钻屑或岩心）用研钵研碎，取出一定量的样品，称重或测其体积，将其与能脱油的有机溶剂（异丙醇）相混合。实验表明，井场选用0.5g的样品较合适，待将其与溶剂混合并搅拌10min并过滤后，放在荧光仪下检测其荧光强度值，并将结果绘制于随井深变化的石油浓度录井图上。

荧光强度受光源强度、荧光分子摩尔吸收系数、检测通路长度和样品含油浓度等因素的影响，其关系式为

$$INT = I_0 \cdot \eta \cdot \sigma \cdot P \cdot C \qquad (1-12)$$

式中　INT——荧光强度，每秒钟接受到的荧光光子数量，无量纲；

I_0——激发光源强度，激发光光子数量，无量纲；

η——荧光相对效率，%；

σ——荧光分子摩尔吸光系数，L/（mol·cm）；

P——被检测溶液通路长度，cm；

C——能发出荧光分子的浓度，mol/L。

对于某一指定分子（η和σ是固定的）来说，由于荧光仪分析用的I_0和P值是固定的，所以其强度直接与混合物的浓度C相关，因此可知荧光强度与混合物浓度或其样品内的石油量成比例，荧光强度高，表明样品内石油量（石油量=孔隙度×含油饱和度）较高。

若样品内能发出荧光的烃类物质浓度太高，则荧光仪的检测值会不准，这是样品重新吸收发射光所致，这种现象称为"淬火"。解决此问题的方法是：首先对样品进行稀释，经过检测后计算的原油浓度乘上稀释倍数。

2）利用二维荧光光谱鉴别沥青性质，据此初步判断原油性质

由于烃类组成的差别，不同性质的原油荧光发光特征具有明显的差异性。以胜利油田某区为例（图1-32），在二维荧光光谱特征上，轻质油谱图具明显双驼峰（轻、中质组分峰），即峰位 F_1（310~315nm）、F_2（355~362nm），两峰峰宽较相似，峰形较陡，前峰较后峰略低，无重质组分峰。中质油双峰—陡坎形，轻、中质组分峰形较明显，峰形短，峰位 F_1（310~315nm）、F_2（355~365nm），有一可识别的重质峰 F_3（380~400nm），随着原油密度的增大，重质峰与中质峰逐渐合成一个峰，峰形渐变宽。重质油双峰不明显，轻质组分峰

隐约可见，中—重质组分峰合成一个峰，峰形明显变宽，峰尾可拖至500nm以后。

3）三维定量荧光录井进一步增加了油气显示的发现率和准确性，剔除了假荧光显示

由于原油与钻井液添加剂（如柴油等）具有不同的三维荧光光谱特征，如荧光强度、峰值位置等，因此，可以首先对钻井过程中使用的各种钻井液添加剂进行三维荧光光谱分析，然后将显示层段三维定量荧光光谱图谱与之进行对比，即可判断是否为地层原油的荧光（图1-33）。

一般情况下，石油三维荧光谱有多个荧光主峰，轻、中、重质油的主峰在三维荧光谱图中都能得到反映。不同地区、不同油源、不同性质的原油三维荧光谱图出峰个数不同，各个主峰的荧光强度也有很大差异，但是其轻、中、重质成分出峰位置大致是稳定的，最高峰位置受原油中荧光物质成分和含量差异影响，常常在各成分峰位置之间变动。因此，可以用油性指数R来识别原油性质。油性指数R为中质峰的荧光强度与轻质峰的荧光强度的比值，是识别原油性质的指标，油性指数R越小，表示油质越轻；反之，油性指数R越大，表示油质越重。

本书将重质油主峰荧光强度与轻质油主峰荧光强度的比值定义为三维油性指数R_3，用来描述储层原油性质的变化。例如，松辽盆地南部三维油性指数R_3计算式为

$$R_3 = INT_重 / INT_轻$$

式中　R_3——三维油性指数；

　　　$INT_重$——样品重质点位（激发波长E_x为390nm，发射波长E_m为428nm处）荧光强度；

　　　$INT_轻$——样品轻质点位（E_x为290nm，E_m为333nm处）荧光强度。

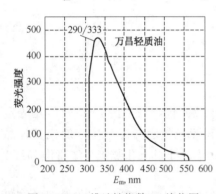

图1-35　二维油性指数R_2峰位图

在三维荧光分析中，仪器提供的油性指数R_2采用的是类似二维仪油性指数的计算方法，即采用单激发波长的荧光发射谱中中质成分峰与轻质成分峰荧光强度比值来识别原油性质。实践表明，选用轻质油主峰最佳激发波长（E_x为290nm）对应的荧光发射谱求取二维油性指数更具有准确性，如松辽盆地南部选择轻质成分点（E_x为290nm，E_m为333nm）与中质成分点（E_x为290nm，E_m为368nm）的荧光强度比表示二维油性指数R_2（图1-35）：

$$R_2 = INT_中 / INT_轻$$

式中　R_2——二维油性指数；

　　　$INT_中$——样品中质点位（E_x为290nm，E_m为368nm处）荧光强度；

　　　$INT_轻$——样品轻质点位（E_x为290nm，E_m为333nm处）荧光强度。

二维油性指数R_2采用了中、轻质成分峰荧光强度比值，不能很好地表征原油中重质成分的多少，与之相比，三维油性指数R_3更能表征原油性质由轻到重的变化以及原油氧化降解程度的强弱，其原油性质识别准确度明显高于二维荧光。

另外，通过系统分析不同井同一地层中原油的荧光光谱特征，根据沥青含量和性质在区域上的变化关系，还有助于研究油气生成及油气运移方向等。

五、气测录井

视频 1.11
气测录井

气测录井是利用专门的仪器检测从井底返到井口的钻井液所携带上来的烃类气体的组分和含量，以发现油气显示、判断地层流体性质、识别油气层为主要目的的一种录井方法。

（一）钻井液中气体的来源

1. 破岩气

破岩气是指在钻进过程中由于岩石破碎进入钻井液中的气体。它的含量与地层的有效孔隙度和含油饱和度成正比，还与钻头直径、钻头类型、钻时有关，钻头直径越大，钻时越小，破岩气显示越好；此外还与钻井液排量有关，排量越大，破岩气显示越差。

2. 扩散气

扩散气是指在油气地层中的含气浓度高于钻井液中的天然气浓度，即存在浓度差时，从地层中以扩散的形式释放到钻井液中的天然气。浓度差越高，或者说地层中的含气浓度越大，则扩散气的浓度也越高。

3. 接单根气

在钻进过程中，由于井在不断加深，钻柱也要及时接长，每次接入一根钻杆叫接单根。打一口井要接很多次单根。接单根时，停泵并上提钻具，就会造成井筒压力小于地层压力的负压情况，导致地层中的烃类物质渗入钻井液中，产生一个记录峰值，称为接单根气。接单根气在气测曲线上一般表现为：峰值较低，峰宽较小，组分同已钻穿的显示层相近，出峰时间与显示层处钻井液上返时间一致，因此比较容易识别。

4. 起下钻气

起下钻气又称后效气，是当停止钻井液循环进行起下钻或其他作业（如停泵观察）时，已被钻穿的油气层中气体侵入钻井液，当再次开泵循环时，会导致色谱图上出现一个峰值，称为起下钻。它的形成除了停泵形成负压地层气之外，还有上提钻具造成钻具与井壁的摩擦、碰击，使井壁坍塌和剥落，从而有利于地层孔隙中的气体向井筒释放。起下钻气在气测曲线上一般表现为：峰值较高，峰宽较大，组分浓度较高，组分含量同已钻显示层相符合。

5. 再循环气

由于钻井液的循环使用，当使用后的钻井液脱气不完全时，必然会使得泵入井筒中的钻井液中存在一定的气体浓度。它可导致气测曲线偏离基线，出现一定的背景值。在时间上，再循环气比首次出现气显示的时刻晚一个钻井液的循环周期，其时域分布宽度要比首次气显示要宽得多，这是地面钻井液池的搅拌作用造成的，在用池钻井液体积越多，其分布宽度越大；从幅度上，再循环气要比首次气显示低，且较平滑；在气体组分上，再循环气的轻烃成分幅度减小较快，较重轻烃减小得慢，这是轻烃易于脱出形成的。因此，再循环气组分浓度排列顺序为轻烃浓度低，而次轻烃反而高；油气层气显示正相反，一般轻烃浓度高，次轻烃浓度低。

6. 污染气

污染气主要是由钻井液添加剂在地下高温高压状态下形成的气体。污染气在气测曲线上的特征为：曲线上升一台阶后，成为基本平滑的与背景气类似的曲线，一般无尖峰出现，峰宽与钻井液添加剂的数量有关，组分与钻井液添加剂的性质有关。污染气会使气测曲线产生高的背景值，在解释评价中属于消除的范畴。

在上述气体来源中，破岩气是气测录井的主要目的，其次是扩散气。随钻气测（在钻井液循环过程中的气测）主要是测定破岩气以及钻进过程中（即钻井液循环时）的扩散气；而循环气测是在停钻（钻井液循环停止）后重新循环开始时测定钻井液循环停止时从地层中渗透和扩散到钻井液中的气体。其他来源的气体的影响需要在气测资料解释的过程中加以扣除。

（二）气测录井的影响因素

1. 地质因素的影响

1）天然气性质及成分

石油、天然气的密度越小，轻烃成分越多，气测显示越好，反之越差。

对于热导池鉴定器，当天然气中含有二氧化碳、氮气、硫化氢、一氧化碳等气体时，由于它们的热导率低于空气，仪器读数为负值，会使气体全量减小；若有大量氢气存在，由于氢气的热导率约是甲烷的5倍，会引起全量曲线大幅度增加。

对于氢火焰离子化鉴定器，当地层气成分与标定仪器时的气体组成相差太大时，会产生较大的显示误差。

2）储层性质

储层厚度、孔隙度、含气饱和度越大，钻穿单位体积岩层进入钻井液的油气越多，油气显示越好，反之越差。

3）地层压力

若井底为正压差，即钻井液柱压力大于地层压力，进入钻井液的油气仅是破碎岩层而产生的，因此显示较低。对于高渗透地层，当储层被钻开时，发生钻井液超前渗滤，钻头前方岩层中的一部分油气被挤入地层，因此气显示较低。正压差越大，地层渗透性越好，气显示越低，甚至无显示。

若井底为负压差，即钻井液柱压力小于地层压力，进入钻井液的油气除破碎岩层而产生外，井筒周围地层中的油气在地层压力的推动下侵入钻井液，形成高的油气显示，且接单根气、起下钻气等后效气显示明显。钻过油气层后，气测曲线不能回复到原基值，而是保持一高显示，从而使气测曲线基值升高。负压差越大，地层渗透性越好，气显示越高，严重时会导致井涌、井喷。

4）上覆油气层的后效

已钻穿的油气层中的油气，在钻进过程中或钻井液静止期间侵入钻井液，使气显示基值升高或形成假异常，如接单根气、起下钻气等。

2. 钻井条件的影响

1）钻头直径

当其他钻井条件不变时，钻头直径越大，单位时间内破碎的岩石体积越大，钻井液与地层接触面积越大，因此，气显示越高。

2）机械钻速

当其他钻井条件不变时，机械钻速越大，单位时间内破碎的岩石体积越大，钻井液与地层接触面积越大，因此，气显示越高；反之，气显示越低。钻井取心时，由于机械钻速小，破碎岩石少，故气显示低。

3）钻井液密度

钻井液密度越大，液柱压力越大，井底压差越大；反之，井底压差越小。

4）钻井液黏度

黏度大的钻井液对天然气的吸附和溶解作用加强，故脱气困难，气显示低。黏度越大，气显示越低。

5）钻井液流量

钻井液流量增加，单位体积钻井液中的含气量减少，但单位时间内通过脱气器的钻井液体积增加，因此对气显示的影响不大。

6）钻井液添加剂

部分钻井液添加剂在一定条件下可以产生烃类气体。钻井液中混入原油或成品油，会使钻井液中烃类气体含量急剧增大。这些均可造成假异常。

3. 脱气器安装条件及脱气效率的影响

不同类型的脱气器脱气原理和效率不同，因此气显示高低不同。脱气效率越高，气显示越高。脱气器的安装位置及安装条件也直接影响气显示的高低。电动脱气器可直接搅拌破碎循环管路深部的钻井液，但安装高度过高或过低都会降低脱气效率，甚至漏失油气显示。

4. 气测仪性能和工作状况的影响

气测仪的灵敏度、管路密封性好坏及标定是否准确，都将对气测显示产生重大影响。因此，必须保证仪器性能良好，工作正常。

（三）气测录井的方法

以往的半自动气测仪是基于热导分析原理的。井下油气层中的可燃气体侵入钻井液后随钻井液循环到地面，通过真空泵将脱气器中的气体抽出来，经过输气管线送到气体分析仪中；可燃气体在分析仪中燃烧，产生热电反应，所产生电流的大小与气体的含量成正比，由记录仪自动记录和转换为数字信号输入到计算机。半自动气测仪只能检测全烃和重烃（图1-36）。目前的现代综合录井仪中的气测仪一般都是全自动的气相色谱仪，能检测出 C_1 至 C_5 的所有烃类组分（图1-37），包括甲烷（C_1）、乙烷（C_2）、丙烷（C_3）、正丁烷（nC_4）、异丁烷（iC_4）、正戊烷（nC_5）、异戊烷（iC_5）。而最新的实时流

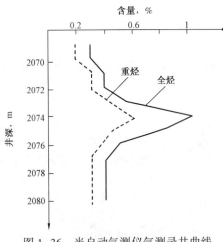

含量，%

图 1-36　半自动气测仪气测录井曲线

体分析录井（fluid logging & analysis in real time）技术，又称为 Flair 流体录井技术，把组分从 $C_1 \sim C_5$ 扩展到了 $C_6 \sim C_8$。

Flair 流体录井由 FLEX 萃取器和检测仪两部分构成。检测仪由一台色谱仪和一台质谱仪组成。首先，FLEX 萃取器脱出的气体被传送到色谱仪中进行分析，色谱仪中的色谱柱可以对烃类进行分离。随后，分离后的气体被传送到质谱仪。在质谱仪中，高压电子流将不同的气体组分电离成不同的离子，不同的离子拥有不同的质量。基于此，质量高的离子有较强的信号，而质量较低的离子信号较弱，根据不同信号强弱，对不同组分气体输出，便得出了各个组分的含量。

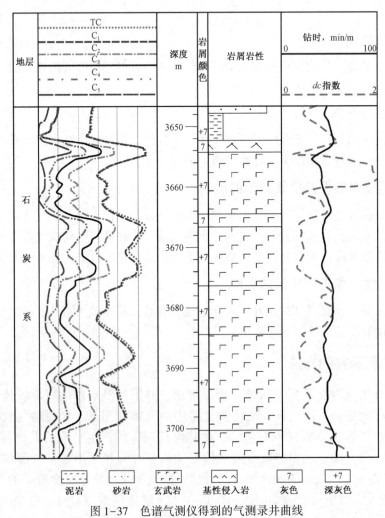

图 1-37　色谱气测仪得到的气测录井曲线

Flair 流体录井为了剔除地层气的影响，保证气体的准确性，使用了两套 FLEX 萃取器，分别安放在钻井液返出口和钻井液舱，用来检测地层含气量（即出口气体数据）和循环池入井钻井液含气量（即入口气体数据）。最后通过 InFact 软件用入口气体数据对出口数据进行校正，获取地层真实含气量，保证数据的可靠性。具体 Flair 的工作流程示意如图 1-38 所示。

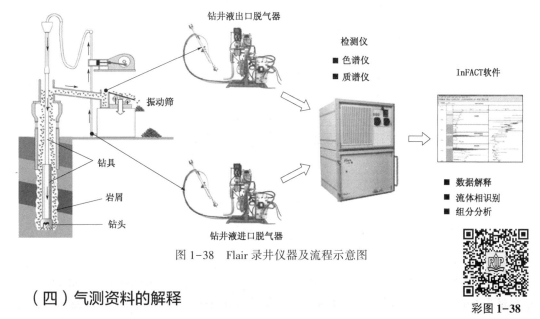

图 1-38　Flair 录井仪器及流程示意图

（四）气测资料的解释

利用气测资料可以较好地发现油气显示，并对产层性质和工业价值、油气性质进行初步的解释。

1. 基于气相色谱的定性解释方法

基于气相色谱资料，人们通过实践摸索出的一些色谱气测资料的解释方法，对预测油气层仍有一定参考作用。

1）总烃含量法

利用气测总烃含量曲线可以比较直观地识别油气显示层。对于不同的地区、不同的储层类型，划分油气显示层的标准差别较大。而且，井筒气体来源多样，使得气测曲线具有一定的背景值，即背景值往往不在真零值（纯空气）位置（称为基值）。在现场利用该曲线确定油气显示层的过程中，往往使用相对幅度值即实测值与基值的比来划分，如塔里木盆地将总烃大于 2 倍基值的层段确定为气测显示层段。

2）烃比值图版法

根据气相色谱资料，先求出甲烷（C_1）与各重烃（C_2、C_3、C_4、C_5）的比值，标在单对数坐标纸上（横坐标为等距，代表各组分比值的名称；纵坐标为对数坐标，表示气体组分的比值），将同一测点各组分比值连起来，就是烃比值曲线。根据某一地区大量资料的统计结果，在图版中划分油区、气区和非生产区（图 1-39）。根据实测样品点烃比值曲线所处的区域和形态来判断油气性质。

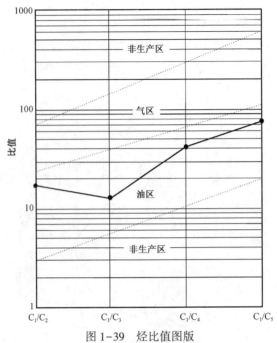

图 1-39　烃比值图版

（据《地质监督与录井手册》编辑委员会，2001）

[例 1-2]　已知某层组分 C_1 含量为 3.38%，C_2 含量为 0.195%，C_3 含量为 0.26%，iC_4 含量为 0.03%，nC_4 含量为 0.048%，iC_5 含量为 0.021%，nC_5 含量为 0.025%，试判断流体性质。

$C_1/C_2 = 17.3$，$C_1/C_3 = 13$，$C_1/C_4 = 43.3$，$C_1/C_5 = 73.5$。烃比值曲线落在图 1-39 中油区范围，该层可解释为油层。

3）烃类比值法

烃类比值法也称 3H 法，利用气相色谱组分含量来计算三种主要比值参数开展油气层所含油气性质的评价（据刘强国、朱清祥，2011）。

$$W_h = [(C_2+C_3+iC_4+nC_4+C_5)/(C_1+C_2+C_3+iC_4+nC_4+C_5)] \times 100\% \qquad (1-13)$$
$$B_h = (C_1+C_2+C_3)/(C_4+C_5) \qquad (1-14)$$
$$C_h = (C_4+C_5)/C_3 \qquad (1-15)$$

具体的评价标准见表 1-16。

表 1-16　烃类比值法评价气体类型（据中国石油天然气总公司勘探局，1993）

气体类型	W_h	B_h	C_h
非可采干气	<0.5	>100	
可采天然气			
可采湿气	0.5~17.5	$W_h<B_h<100$	<0.5
可采轻质油			>0.5
可采石油	17.5~40	$W_h>B_h$	
非可采稠油或残余油	>40	$W_h \gg B_h$	

4）三角形组分图版法

三角形组分图版是根据一个油田一定含油层位的试油结果及相应天然气组分含量，选用 $C_2/\sum C$、$C_3/\sum C$、$C_4/\sum C$（$\sum C$ 为全烃）三个参数，按三角形坐标绘制的，并根据试油结果划分出油、气、水区间（图1-40）。进行解释时，根据测量结果计算烃类气体各组分含量之和（$\sum C$），求出各烃类气体占全烃的百分数，然后根据计算结果确定上述各参数在图中的位置和形状。

［例1-3］ 根据某层组分，已求出 $C_2/\sum C = 16.5\%$，$C_3/\sum C = 11.5\%$，$C_4/\sum C = 4.5\%$。如图1-40所示，上述数据即组成一个"内三角形"。它代表该值在三角形坐标图中的三角形的大小和形状。

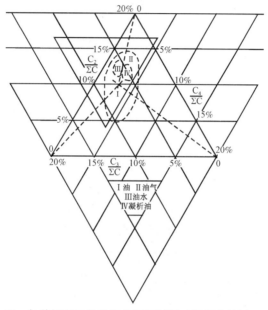

图1-40 色谱气测三角形组分解释图版（据华北油田，1977）

按内三角形的大小、形状和区间范围确定流体性质。图1-40中虚线椭圆形界限为根据试油结果圈定油气层的分布范围。

通过外三角形原点与内三角形相应的顶点各连一条直线，三条直线交点即表示该值在图中的位置。该点落在Ⅰ区为油层。

根据内三角形的大小和正倒（与外三角形同向者为正，反向者为倒）位置，判断油、气、水层，再根据内、外三角形的相对顶角连线的交点是否在工业产区内，判断其工业价值。内三角形的大小根据内三角形与外三角形边长之比值大小来确定：大于外三角形边长75%的为大三角形；在25%~75%的为中三角形；小于25%的为小三角形。

解释原则为：大—中倒三角形为油层；大正三角形为气层或轻质油层；中正三角形为气水同层；小（正或倒）三角形为油水层或油气过渡带。根据大量已被证实的具有生产能力的油气层的气相色谱分析资料，圈出生产能力区。不同地区工业产区范围不尽相同。在新区资料很少的情况下，可借用邻区地质条件、油气特征相似地区的图版。

2. Flair 流体录井气测资料的定量解释

Flair 流体录井带有一套质量控制体系，从钻井液背景、脱气效率、气体完整性、密封性，整套设备都有所保障，使得数据的精度较高。利用 Flair 进行流体性质研究，主要有如下实测及派生参数：

计算全烃 Tg:

$$\varphi(Tg) = \varphi(C_1) + 2\varphi(C_2) + 3\varphi(C_3) + 4\varphi(iC_4 + nC_4) + 5\varphi(iC_5 + nC_5)$$
$$+ 6\varphi(nC_6) + 7\varphi(nC_7) + 8\varphi(nC_8) \qquad (1-16)$$

式中 $\varphi(\cdots)$——不同组分占比，%。

流体类型 FT:
$$FT = \frac{10 \times \varphi(nC_6 + nC_7 + nC_8)}{\varphi(C_4) + \varphi(C_5)} \qquad (1-17)$$

峰基比：
$$峰基比 = 某烃峰值/基值$$

油指数 I_o:
$$I_o = \frac{10 \times \varphi(nC_5 + nC_6 + nC_7 + nC_8 + C_7H_{14})}{\varphi(C_1) + \varphi(C_2) + \varphi(C_3)} \qquad (1-18)$$

气指数 I_g:

$$I_g = \frac{100 \times \varphi(C_1)}{\varphi(C_1) + \varphi(C_2) + \varphi(C_3) + \varphi(C_4) + \varphi(C_5) + \varphi(C_6) + \varphi(C_7) + \varphi(C_8) + \varphi(C_6H_6) + \varphi(C_7H_8) + \varphi(C_7H_{14})}$$
$$(1-19)$$

水指数 I_w:
$$I_w = \frac{\varphi(C_6H_6) + \varphi(C_7H_8)}{a \times \varphi(nC_6) + \varphi(nC_7)_i} \qquad (1-20)$$

式中 a 计算公式为
$$\frac{\sum_{i=1}^{m}[\varphi(C_6H_6)_i + \varphi(C_7H_8)_i]}{\sum_{i=1}^{m}[a\varphi(nC_6)_i + \varphi(nC_7)_i]} = 1 \qquad (1-21)$$

轻重比 OI:
$$OI = \frac{10(nC_5 + nC_6 + nC_8 + C_7H_{14})^2}{C_1 + C_2 + C_3} \qquad (1-22)$$

以上常用参数中，计算全烃 Tg 指示的是储层孔隙内烃类物质的丰富程度，该值越高，说明储层中烃类物质越富集。而流体类型 FT 则表示储层孔隙内油质的丰富程度，流体类型值越高，储层中含油比例越高，反之则说明孔隙内烃类气体所占比重高。峰基比指示的是异常段的峰值与基质的比值，峰基比越大，表明异常越明显，储层含油气可能性越大。I_o 表明储层的含油丰度，储层的含油情况主要取决于烃组分中的液态烃含量，液态烃含量越高，表明储层含油丰度越高。气指数 I_g 通常以甲烷的含量来表征储层的含气丰度，值越高表面含气丰度越高；储层改造前后储层中的苯和甲苯所占气体比例会出现明显差异，这就直接导致了 I_w 的变化，因此 I_w 能够很好地确定储层的含水性，通常而言，水层 I_o 小于油层 I_o。轻重比 OI 反映了 C_5 以后组分与 C_3 以前组分比值，OI 越大，表明中重组分越多，含油可能越大。

综合利用油指数 I_o、气指数 I_g 以及水指数 I_w 可以进行油气水层的解释。根据三条曲线的变化和三者相交关系来识别储层流体。通常，在一定的坐标范围内，根据油指数和气指数会发生交会情况解释油气水层。此方法使用解释标准如下：（1）当 I_o 升高幅度很大，I_g 降低幅度很大，I_w 减少，I_o 和 I_g 形成交会，储层解释为油层；（2）I_g 减少，I_o 缓缓升高，但两线未交会，储层含油气；（3）若 I_g 和 I_o 两线没有交会，I_w 变化也比较小，则储层流体性质多解释为油水同层；（4）如果 nC_6、nC_7 和 C_7H_{14}（甲基环己烷）数值很小，气指数变小，油指数升高不明显，则储层流体解释为水层。具体利用流体指数模型的解释实例如图 1-41 所示。

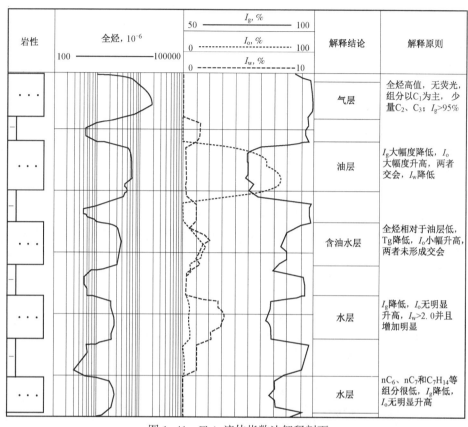

图 1-41　Flair 流体指数法解释剖面

　　以上介绍了依据返回钻井液中气体分析的气测录井方法。在录井过程中，还有一种针对岩屑中的轻烃进行录取和分析解释的方法，即罐装气轻烃录井。

　　罐顶气轻烃录井的基本方法是：在钻井过程中，根据迟到时间，将岩屑和钻井液以一定的比例（岩屑、钻井液、预留空间的比例为 7∶2∶1）和数量（取样数量不得少于 500mL，岩样不要冲洗）采集，并装罐密封后倒置保存。由于岩屑由井底返至井口后温度和压力的降低，其表面吸附的烃类气体将产生脱附。当罐体内部压力达到平衡后，其顶部气体中将含微量的岩屑吸附烃。在实验室内，取出密封罐顶部富集有这部分轻烃的空间气体，用高效石英弹性毛细管柱色谱仪进行分析，可以得到其浓度及组分情况（$C_1 \sim C_7$ 组分），从而进行储层含油气性评价以及烃源岩评价。

　　与气测录井方法相比，罐顶气轻烃录井的优点是：（1）受大气干扰小；（2）分辨率高，可将 $C_1 \sim C_7$ 各组分逐一分离；（3）信息量大，由 $C_1 \sim C_7$ 产生的若干参数对生油层及储油层进行评价。

六、岩石热解色谱录井

　　针对录取的岩心（含井壁取心）和岩屑，在实验室进行岩石热解和气相色谱分析，包括岩石热解录井、热蒸发烃色谱录井、棒薄层状色谱录井。

视频 1.12　岩石热解色谱录井

（一）岩石热解录井

岩石热解录井是根据有机质裂解原理，利用岩石热解仪随钻对岩石样品进行分析，进而对烃源岩和储层进行评价的录井方法。岩石热解录井是将室内岩石热解色谱分析方法应用于钻井井场，根据岩心、岩屑样品分析结果对生油岩、储油岩进行评价。

岩石热解录井的基本方法是，采集并称取研细后的生油岩样品或整颗粒储层样品 100mg 左右，放进坩埚内置于一个特制的热解炉中，利用程序升温的方法，将岩样中的烃类及干酪根在不同的温度下热解或热蒸发成气态烃，分别由载气直接送入氢焰离子化检测器中检测，由数据处理机计算出含量并打印出来。

岩石热解录井的优势明显，在目前油气勘探开发中得到了广泛的应用，其基本特点包括：（1）岩样用量少，一般只需 0.1g 岩样，岩心和岩屑均可；（2）分析速度快，分析一个岩样仅需 15~20min，能够满足钻井现场采样分析间距的要求；（3）获得到的参数多，每一次岩石热解分析可以得到 3 个原始参数和 7 个派生参数。

岩石热解的分析程序是：先将岩样放在温度 90℃ 的气流（氢气或氮气）中吹扫 3min，吹出的 C_1 至 C_7 气态烃经氢火焰离子测定出气态烃峰（S_0）；再将岩样顶进热解炉在温度 300℃ 中恒温 3min，岩样中的 C_7 至 C_{32} 烃热蒸发成气态，出现液态烃峰（S_1）；从 300℃ 开始以 50℃/min（或 25℃/min）程序升温至 600℃ 后再恒温 1min，大于 C_{32} 重烃热蒸发成气态，干酪根和石油中的胶质、沥青质热解生成烃类，出热裂解烃峰（S_2）（图 1-42）。在进行岩石热解录井过程中，关键是要注意样品热解分析要及时和分析样品要具有代表性两方面的工作。

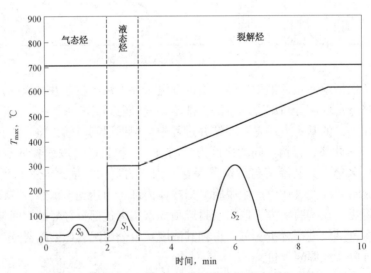

图 1-42　岩石热解录井的升温程序及原始分析参数

岩石热解录井可以获得烃源岩或者储集岩的热解原始参数 S_0、S_1、S_2，并可计算一些其他派生参数。

原始参数包括 S_0（天然气峰，mg/g）、S_1（液态烃峰，mg/g）、S_2（热解烃峰，mg/g），派生参数包括 Pg（产油气潜量，即生成的烃类与岩石质量之比，mg/g）、GPI（气产率指数）、OPI（油产率指数）、TPI（油气总产率指数）、Gp（有效碳，%）、T_{max}（S_2 峰顶温度）、S_1/S_2（轻重比、游离烃与热解烃之比）。如果将岩石热解仪与残余碳分析仪配合，在确定总有机碳（TOC）的基础上，还可以计算出 D（降解潜率,%）、HI（氢指数，烃与 TOC 之比，mg/g）、$(S_0+S_1)/TOC$（烃指数）三个参数。

地质应用方面主要用于：

（1）烃源岩评价：在一个勘探新区，开展烃源岩的现场快速评价对于确定主要的烃源岩、初步分析盆地或者凹陷的资源潜力具有重要意义。利用岩石热解录井资料开展烃源岩质量、有机质类型、有机质成熟度的初步评价，其方法与实验室热解是一致的，在此不再赘述。

（2）油气层评价：利用岩石热解录井资料开展储层评价的基本内容包括储层孔隙度、含油饱和度、原油性质的评价三个主要方面。

（二）热蒸发烃色谱录井

热蒸发烃色谱分析技术就是岩石热解和气相色谱的结合，是一种相对成熟的地球化学录井方法。传统岩石热解分析检测的是在不同温度区间单位质量岩石中的含烃量，分析得出的组分为混合烃类，解决的是岩石中含不含油、含多少油及各温度区间含油量的关系，进而可以计算含油饱和度、产能等，最终解决的是含油丰度的问题，其解释油水层的依据是 ST 值（或 S_0、S_1、S_{21}、S_{22}、S_{23} 值）的大小，结合储层物性、原油性质、邻井试油资料等，是一个相对宏观的分析方法。

热蒸发烃色谱分析技术是在对样品进行热解的基础上，经过毛细色谱柱的高效分离，把复杂的烃类混合物分离为一个个单体烃后进行鉴定，根据单体烃的变化对油层和原油进行评价，如油层中各单体烃分布范围、是否经受后期改造（如重力分异、氧化、降解、水溶、运移等）、油层在纵向的变化规律、生物标志化合物的识别、油源成因分析和油源对比等，是一个微观的分析方法，解释油水层的依据是单体烃分布、后期油层改造情况、原油性质和含水情况等。热蒸发烃色谱分析技术在识别真假油气显示中的应用效果较好（图1-43）。

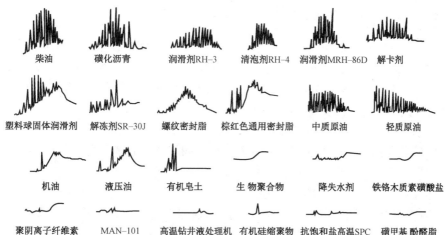

图1-43　胜利油田某区钻井液中各种添加剂热蒸发烃色谱曲线（据何道勇，2007）

（三）棒薄层状色谱录井

棒薄层状色谱录井原理是：在录井现场，将岩屑或岩心中的原油或油砂提取物滴加在色谱棒上，根据其在极性不同的有机溶剂中吸附扩展速度的差异，达到分离和检测不同组分的目的，叮直接获取原油中饱和烃、芳香烃、非烃和沥青质相对含量。它不但可以分析烷烃，而且可以分析许多高沸点、难挥发、热稳定性差的物质，如生物化学制剂、金属有机络合物等。

棒薄层状色谱工作流程：（1）粉碎储集岩；（2）用三氯甲烷溶剂抽提岩样；（3）将微量抽提液（1μL）滴加到色谱棒上；（4）将色谱棒放入极性逐渐增大的不同溶剂中进行展开，以使饱和烃、芳香烃、非烃及沥青质分离开来；（5）将色谱棒放入棒薄层状色谱仪进行检测，并由计算机计算出饱和烃、芳香烃、非烃及沥青质的峰面积及相对含量（图1-44）。

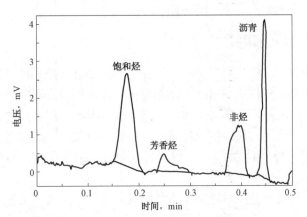

图1-44　棒薄层状色谱分析图（据袁庆友，2005）

通过棒薄层状色谱对不同油质的分析，建立密度、黏度与棒薄层状色谱分析的极性化合物相对含量关系，以及饱和烃相对含量关系。因此，录井现场通过对岩屑或岩心做棒薄层状色谱分析，根据极性化合物和饱和烃相对含量的大小可以准确判别原油油质。

视频1.13
元素录井

七、元素录井

元素录井是利用X射线荧光（XRF）分析技术获取随钻岩屑粉末的特征X射线，通过元素组合特征分析，辨识岩性，划分地层，解释储层物性、含油气性的录井技术。随钻X射线荧光分析技术为钻井现场准确识别复杂岩性和判断地层提供了有力的技术手段。

基于X射线荧光的岩性识别工作流程如下：

（1）捞砂：在油田钻井现场按照一定深度或时间间隔获取多个岩屑。

（2）洗砂干燥：对获取的岩样进行初步处理，包括洗净和烘干等。

（3）碎样：对洗净干燥后的岩样进行研碎处理。

（4）压样：把已经研碎的粉末状样品在压样仪器中进行压样处理，目的是使样品的尺寸符合分析仪器的要求。

（5）分析：把标准样品放入分析仪器，开展XRF实验测试。

（6）图谱/数据采集：在前述实验测试后，利用与XRF仪器对应的软件获取分析样品的元素图谱数据。

（7）综合解释：对获取的元素图谱数据结合相关模型开展岩性的识别与综合解释。

具体录井及解释评价流程如图1-45。

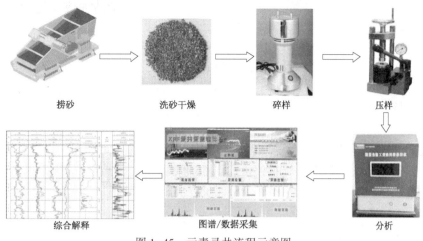

捞砂　　　　　洗砂干燥　　　　　碎样　　　　　压样

综合解释　　　　图谱/数据采集　　　　分析

图 1-45　元素录井流程示意图

（一）元素录井仪器及技术特点

1. 分析元素选择

自然界元素有 90 多种，如果能在钻井现场快速分析所有元素，对于随钻地质评价无疑是最美好的事情。然而，目前根本没有同时检测所有元素的仪器和技术方法，并且很多方法既难以适应钻井现场条件，又难以达到随钻地质评价的经济技术要求。因此，现场主要选择能量色散型 X 射线荧光作为元素分析方法，是在充分考虑钻井现场条件和随钻地质评价的技术经济要求而做出的较理想的选择。

1）钻井时效对元素录井分析的要求

作为随钻元素录井，样品的分析周期必须达到要求。目前，国内报道的最高钻井速度记录是 1200m/d，按照 1 包/m 取样间距，一天可产生 1200 包岩屑，目的层段一天岩屑量一般不超过 300 包。选择分析元素应考虑时效问题，有时为了提高精度会延长分析时间，有时为分析某些重元素会采用多次变压分析，增加了分析时间。另外，样品处理（干燥、粉碎、压片）也需要时间。一个样品的分析周期应不超过 5min，每天分析样品数量 300 个左右，就基本满足各类钻井分析要求。

2）目前复杂钻井工艺下的录井需要解决的难题

（1）解决 PDC 钻头、气体/泡沫钻井条件下细碎岩屑的岩性识别难题；

（2）建立 X 射线荧光分析技术方法，为录井仪器拓展一个全新的发展领域；

（3）为随钻地质评价开辟一条崭新途径，为盆地研究提供地球化学基础资料；

（4）元素录井方法应适用于任何粒级岩屑，分析时间小于 120s。

鉴于上述目的和经济技术要求，且所形成的技术有利于全面推广，应首先考虑解决技术瓶颈问题，并有利于建立通用的、可靠的、可行的元素录井方法。

3）分析元素初步选择

（1）仪器的结构配置和工作参数设置对常规 12 种元素分析最有利。

（2）地壳中 O、Si、Al、Fe、Ca、Na、K、Mg、Ti、H、P、C、Mn、S、Ba、Cl 这 16

种元素占地壳元素总量的99.769%，其他元素仅占0.231%。但O、Na、H、C这4种元素不适宜X射线分析。

（3）在岩石化学计算中，通常用Si、Al、Fe、Mg、Mn、Ca、Na、K、Ti、P这10种元素的氧化物进行岩石化学计算以及采用图解方式对岩石进行分类和命名。

（4）根据上述分析和探讨，初步选择了Mg、Al、Si、P、S、Cl、K、Ba、Ca、Fe、Mn、Ti共12种元素。

（5）上述12种元素对X射线荧光随钻元素录井提供了较充分的数据基础：Si元素可用于砂质含量计算和砂岩质量的评价；Al元素可用于泥质含量计算和泥岩纯度的评价；Ca元素可用于灰质含量计算和石灰岩纯度评价；Mg元素可用于白云质含量计算和白云岩纯度评价；Mn元素可用于石膏层、煤层的发现和评价；其他元素可配合上述元素进行岩性识别、储层评价和地层、沉积相研究等。

2. X射线荧光分析仪器

用于岩石元素成分分析的X射线荧光分析仪器主要有波长色散型和能量色散型两种。波长色散分析仪是用多个衍射晶体分开待测样品中各元素的波长，由此对元素进行测量。能量色散分析仪只有一个探测器，它对测量X射线能量范围是不受限制的，而且这个探测器能同时测量到所有能量的X射线，也就是说，只要激发样品的X射线的能量和强度能满足激发所测样品的条件，对一组分析的元素都能同时测量出来。

3. 技术优势和局限性

X射线荧光具有分析速度快、能分析各种状态和各种形状的样品、非破坏性分析、谱线基本不受价态的影响、分析元素范围广、分析精度高重现性好、谱线简单容易做定性分析、可进行薄膜的组分和厚度的分析和易于实现自动化及在线分析等技术优势，其技术的局限性主要有：轻元素由于外层电子结构松弛，荧光产额较低，俄歇现象较为严重；产生荧光X射线的激发电压要求较高；基体效应的消除或校正技术难度较大；元素分析精度受靶材影响较大。

（二）元素录井的资料解释

X射线荧光分析获得元素信息，可以解决PDC钻头、空气/泡沫钻井等条件下细碎岩屑的特殊岩性识别难题。元素含量信息最初是由元素的特征X射线强度反映的，元素的特征X射线强度与元素的含量呈正相关关系。因此，可以通过数学运算及一定的校正方法获得元素质量分数数据，从而实现岩性解释。

1. 图谱法岩性解释

XRF图谱主要提取两部分特征：一是光谱特征，对每一种元素的人工赋色进行光谱鉴识；二是纹理特征，一般来说，图像的纹理结构是指图像细部的形状、大小、位置、方向以及分布等特征，这些特征是图像判读的主要依据，也是模式识别的主要依据。对XRF图谱而言，纹理特征相对简单，一般只需对谱线进行跟踪处理即可。

在解释实践中，需对本地区大量的已知岩屑建立图谱模版或图谱库，通过图像模式识别的方法来精确判定。XRF岩屑分析的元素图谱是根据Si-PIN检测器1024个或2048个通道中记录的荧光X射线的脉冲数，以每秒脉冲数为纵轴，以元素能级为横轴绘制出来的（图1-46）。

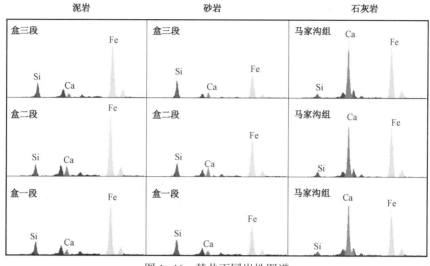

图 1-46　某井不同岩性图谱

2. 曲线交会法岩性解释

在砂泥岩剖面中，硅元素含量代表着砂质含量，而铁、锰等元素代表着泥质含量。通过地区研究，可以选择最能代表泥质含量的元素（如鄂尔多斯盆地上古生界的铁元素）与硅元素两条曲线进行交会，正交会（硅元素升高、铁元素降低）为砂岩，负交会为泥岩（硅元素降低、铁元素升高），交会幅度代表着岩性纯度（图 1-47）。

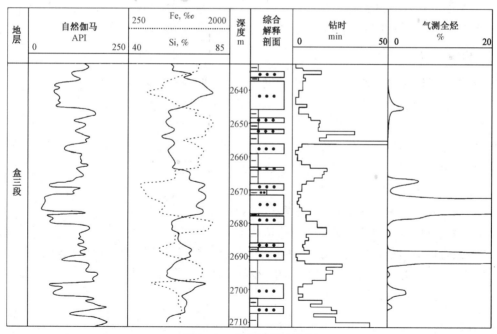

图 1-47　某井元素交会图

除此之外，X 射线荧光录井获得的元素信息，不仅预示着岩性信息，同时还能反映丰富的地层形成和演化历史，与储层物性也有一定的关系，因此也可以在一定程度上进行物性解释，也可为地层判别、划分和对比提供依据。

第三节　完井地质总结

狭义的完井，又称完井工程作业，是指一口井按地质设计的要求钻达目的层和设计井深以后，直到交井之前所进行的一系列工作，包括下套管、固井、选择完井方法（确定井筒与油气层连通方式，如射孔完井、裸眼完井、割缝衬管完井、砾石充填完井、化学固砂完井）等；对低渗透油气层或受到钻井液严重污染的油气层，还需进行酸化处理、水力压裂等增产措施。相关内容可参阅有关教材和参考书。

本节所讲的完井，为完井后之意。完井地质总结，是指在钻井、完井工程作业完成之后，全面、系统地收集和整理钻井过程中所取得的各项地质资料，综合判断钻探的地层剖面、构造及油气水层等地下地质情况，编制完井地质总结报告及相关图件。

一、完井地质总结报告

视频 1.14
完井地质总结

完井地质总结是在大量的第一手资料收集整理的基础上，将钻井过程中得到的感性认识提高到理性认识的高度，以反映一口井的地质特征全貌，使之成为油气勘探开发必不可少的基础地质资料的汇总。搞好完井总结工作，直接关系到油气田勘探和开发速度和效益。

（一）不同类型探井的完井总结内容

不同类型的探井，由于钻探目的的差别，其完井地质总结的内容具有一定的差别。下面主要介绍参数井、预探井和评价井完井地质总结报告的主要内容。

1. 参数井

参数井（区域探井）的完井地质总结报告内容主要是盆地评价成果：

（1）地层：基底埋深及性质、沉积盖层及构造层特征、分层深度、厚度、岩性、岩相特征等。

（2）生油层：生油层层位、厚度、有机质丰度、母质类型及成熟度。

（3）储层：储层的岩性、岩相、厚度、物性及储集类型。

（4）生储盖组合及沉积旋回特征。

（5）油气水层：油气层纵向分布、油气水物理化学性质及剖面变化特征。

（6）地层温度、压力及有关断裂、构造情况。

（7）结合区域地面地质调查和各种物探构造资料综合分析，为盆地模拟进行全区含油气远景评价、划分构造单元、优选有利凹陷和重点勘探区带提供依据。

2. 预探井

预探井的完井地质总结报告内容主要是圈闭评价的认识：

（1）油气层层位、厚度、岩性、物性及纵向分布特征；

（2）油气层压力、温度及生产能力；

（3）流体物理化学性质；

（4）初步确定含油气边界，预测油气藏类型；

（5）提交圈闭预测储量和控制储量；

（6）确定下一步进行地震精查和钻探评价的范围和任务。

3. 评价井

评价井的完井地质总结报告内容主要是判断油气藏类型，落实储量参数：

（1）含油气边界、油气水界面深度及油气水分布状态；

（2）油气藏类型及圈闭特征；

（3）油气层岩石特征及储层类型、孔隙度、渗透率、含油气饱和度及润湿性变化等；

（4）岩性、物性、电性与含油性的关系，油层有效厚度及变化规律；

（5）油气藏温度、压力、压力系数和驱动类型；

（6）油气水地面、地下物理性质和变化规律及原油性质评价；

（7）油气水层的生产能力、分层产量及压力衰减情况；

（8）探明储量的规模、丰度及有关参数；

（9）为编制油气田开发方案提供有关资料。

（二）完井地质总结报告的编写要求

完井地质总结报告内容包括前言、钻井简况、主要地质成果、结论与建议、问题讨论等组成部分。

1. 前言

（1）井位确定的依据，井名、井别，钻井承包公司名称、作业平台的名称和类型，地质录井、测井、测试公司名称等。

（2）基本数据：地理、海域及区块位置，构造和地震测线位置，设计的与实际的井位坐标（大地坐标、直角坐标），设计的与实际的地下井位偏移方位、距离，水深、补心海拔，设计井深与完钻井深，层位，开钻、完钻、完井及弃井日期。

（3）钻探概况：设计的主次目的层层位、井段、岩性和实际钻探结果。

2. 钻井简况

（1）钻井简史：开钻至完井过程简述，包括钻进、取心、测井、固井、测试等重大工程事件。

（2）钻井液的使用：井段、类型、性能。

（3）井身结构：钻头程序、套管程序。

（4）井身质量：井斜、井眼情况。

3. 主要地质成果

1）地层综述

地层层序划分：自上而下描述层位、井段、钻厚、主要岩性、接触关系。

岩性描述：组段、井段、钻厚、岩性特征、标志层特征等。

化石特征：组段、井深、孢粉组合、轮藻、介形虫等。

电性特征：与邻井地层对比情况及地层分层依据。

2) 油气水显示

显示概况：概述全井油气水显示井段、层数、厚度及按层位分布特征。

录井油气水显示综合表：包括序号、井段、厚度、层位、岩性、气测全烃及组分值、油气水显示、钻时、钻井液性能变化、槽面显示等；

油气水层综述：结合录井资料、测井解释资料、化验分析资料、电缆及钻杆测试资料等进行综合评价。

3) 构造情况

各地震反射层与实钻地层的对比和对构造形态的认识；钻遇断层简况。

4) 生、储、盖层评价

生油层评价：各层段暗色泥岩、页岩等发育情况（深度、层数、厚度），结合地球化学分析资料进行评价。

储层评价：各层段储集岩发育情况（层数、深度、厚度、缝洞发育情况），结合岩石物性分析或测井解释进行评价。

盖层评价：各盖层发育情况（深度、厚度、岩类）及与邻区、邻井对比情况；成藏条件分析。

4. 结论与建议

（1）对本井所钻地层特征的认识；

（2）对油气水显示情况的认识；

（3）对本井钻探成功或失败原因的分析；

（4）对含油气远景的认识及勘探方向的建议。

5. 问题讨论

（1）资料录取情况；

（2）设计与实际是否吻合；

（3）工程因素对资料录取的影响。

二、主要地质图件

一口井完井以后，除编写完井地质报告外，还要绘制各种完井图件，以便直观展示一口井的地质录井资料、地球化学录井资料、测井资料、分析化验资料和井斜情况等，达到恢复井孔的原始地层剖面、显示井身轨迹和判断油气水层的目的。一般需要编制完井地质综合图、岩心综合图、井斜水平投影图及三维井斜图。

（一）完井地质综合图

完井地质综合图也称录井综合图，其编制内容和格式如图1-48所示，比例尺一般为1：500。除图头规定的基本情况表外，完井地质综合图还包括地层名称、气测曲线、钻时、自然电位曲线（深层一般用自然伽马曲线）、含油砂岩占砂岩的百分数、井深、颜色、岩性剖面、层理构造及含有物、钻井取心井段、井壁取心井段、双侧向曲线（或2.5m底部梯度曲线)、油基钻井液使用的双感应曲线、槽面显示、钻井液曲线（密度和黏度)、测井解释及综合解释情况等内容。

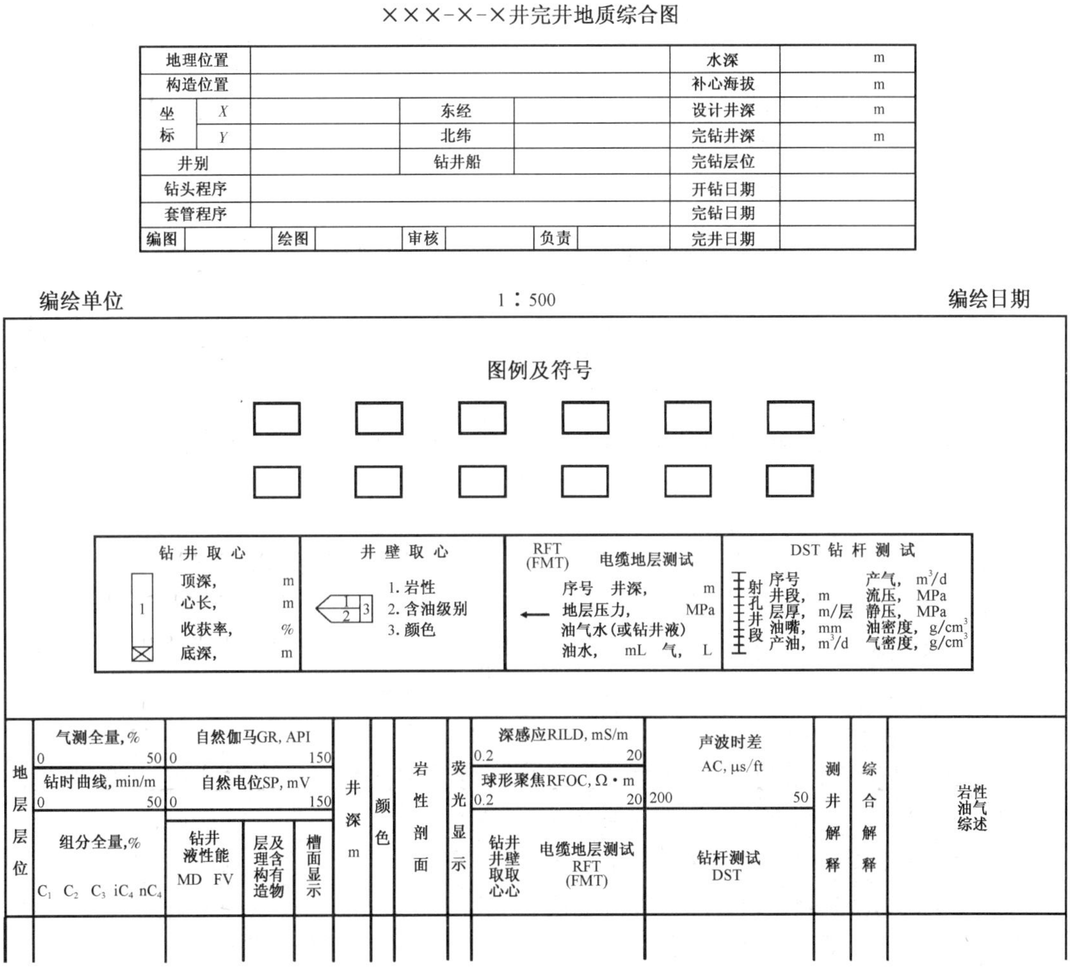
×××-×-×井完井地质综合图
地理位置
水深 m
构造位置
补心海拔 m
坐标 X
东经
设计井深 m
Y
北纬
完钻井深 m
井别
钻井船
完钻层位
钻头程序
开钻日期
套管程序
完钻日期
编图
绘图
审核
负责
完井日期
编绘单位
1∶500
编绘日期
图例及符号
钻井取心
顶深，m
心长，m
收获率，%
底深，m
井壁取心
1. 岩性
2. 含油级别
3. 颜色
RFT (FMT) 电缆地层测试
序号 井深，m
地层压力，MPa
油气水(或钻井液)
油水，mL 气，L
DST 钻杆测试
射孔井段
序号 产气，m³/d
井段，m 流压，MPa
层厚，m/层 静压，MPa
油嘴，mm 油密度，g/cm³
产油，m³/d 气密度，g/cm³
地层层位
气测全量,% 0 50
钻时曲线, min/m 0 50
组分全量,% C1 C2 C3 iC4 nC4
自然伽马GR, API 0 150
自然电位SP, mV 0 150
钻井液性能 MD FV
层及理含构有造物
槽面显示
井深 m
颜色
岩性剖面
荧光显示
深感应RILD, mS/m 0.2 20
球形聚焦RFOC, Ω·m 0.2 20
钻井井壁取取心心
电缆地层测试 RFT (FMT)
声波时差 AC, μs/ft 200 50
钻杆测试 DST
测井解释
综合解释
岩性油气综述

图 1-48 完井地质综合图（据王守君等，2013)

（二）岩心综合图

岩心综合图内容一般包括地层名称、油层名称、自然伽马曲线、井深、取心筒次、进尺、心长、收获率、岩心样品位置、颜色、岩性剖面、层理构造及含有物、拉压长度、双侧向曲线（或微电极曲线)、孔隙度、渗透率、含油饱和度、岩性及油气水综述等内容，比例尺一般为 1∶100。

（三）井斜水平投影图及三维井斜图

根据测井提供的井斜角、井斜方位角数据，通过计算机处理绘制出井斜水平投影图(图 1-49）及三维井斜图。要求根据井斜大小、方位变化情况采用适当比例，井轴中心点根据实际情况选择图中位置。

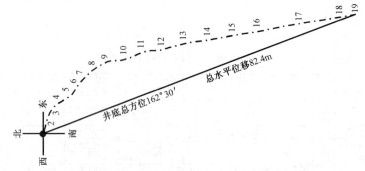

图1-49 井斜水平投影图（据胜利油田指挥部《钻井地质》编写组，1978）

思考题

1. 不同勘探、开发阶段的陆上钻井类别有哪些？各类井的井号如何编排？

2. 海上探井和开发井的井号是如果编排的？

3. 什么是定向井？为什么要钻定向井？

4. 定向井井身参数包括哪些？其内涵是什么？如何根据井斜数据确定定向井轨迹？

5. 测量深度、垂直深度、海拔深度有何差别？

6. 何谓补心高度与补心海拔？

7. 钻井地质设计包括哪些内容？定向井与直井地质设计有何异同？

8. 地质录井有哪些方法？

9. 什么是岩心录井？有哪些取心方法？它们各有何特点？

10. 岩心出筒后如何整理、丈量和编号？

11. 什么是岩心归位？其基本原则有哪些？

12. 岩心观察与描述的主要内容有哪些？

13. 岩心含油级别分为哪几级？

14. 什么是岩屑录井？什么是岩屑成像录井？如何判别真假岩屑？

15. 什么是岩屑迟到时间？如何计算岩屑迟到时间？

16. 钻井液的类型有哪些？钻遇油、气、水层时钻井液通常有哪些显示？

17. 什么是油气上窜速度？

18. 荧光录井的原理是什么？荧光级别的内涵是什么？定量荧光录井资料有哪些地质用途？

19. 什么是气测录井？钻井液中的气体来源有哪些？如何应用气测录井资料判别油气层？

20. 什么是岩石热解色谱录井？这类录井方法能得到哪些参数？

21. 什么是元素录井？如何利用元素录井资料进行地层综合判识？

22. 完井地质总结报告中包括哪些主要内容和图件？

第二章　油层对比

油层对比，是指在一个油田范围的含油层段内部，确定不同区块或不同井之间油层单元的等时对应关系。油层对比属于地层对比（stratigraphy correlation）的范畴。按研究范围，地层对比包括世界地层对比（全球范围的地层对比）、大区域地层对比（跨盆地大区域范围的地层对比）、区域地层对比（沉积盆地内各区域构造单元间的地层对比）、油层对比（油区范围内的短时段地层对比）四种级次。油层对比也称为精细地层对比，实质上是地层对比在油藏内部的继续和深化，要求的精度更高，单元划分得更细。油层对比是油藏地质分析（构造、储层、流体、压力分布）、油气储量估算、油藏开发设计及动态分析的必要基础。本章主要介绍油层单元的分级、对比依据与对比方法。

第一节　油层对比单元

一、概念与分级

视频 2.1　油层对比单元概念与分级

（一）油层对比单元的概念

在勘探阶段，地层单元划分与对比的级别一般为组、段（或亚段），主要反映不同区块或不同井之间含油气层段的地层对应关系。然而，在含油气层段内部，包含很多油层，单一油层厚度较小（一般数米至数十米），而且分布复杂。显然，已有的组、段（或亚段）级别的地层对比难以表达油层的地层关系，故难以对含油层段内部油层的构造、储层、流体、压力分布进行分析，更不利于油藏开发设计及动态分析。

为此，我国油气地质工作者提出了油层对比单元的概念和分级体系。

在油田范围内，按照油层分布的特点（包括隔层、夹层的分布）及其岩性和物性特征进一步将含油层段细分为更小的等时地质单元，即为油层对比单元。

（二）油层对比单元的分级

油层对比单元的分级原则为：（1）油层的特性（岩性、储油物性）的一致性；（2）隔层条件（隔层的厚度和分布范围）。油层对比单元级别越小，油层物性的一致性越高，纵向上的连通性越好。一般地，油层对比单元划分为单油层（小层）、复油层（砂层组）、油层组、含油层系4级（图2-1）。在一些情况下，单油层（小层）可进一步细分单层，构成5级划分方案。

1. 单油层

作为一个含油储集体，单油层是指同一油田范围内具一定厚度和分布范围、岩性和储油物性基本一致、顶底被隔层分隔而内部无稳定隔层的油层。单油层之间的分隔面积应大于其连通面积，或者说两个单油层之间的连通面积应小于其叠合面积（平面投影面积）的50%。

从地层角度讲，单油层作为一个等时地层单元，不仅包含含油储集体，还包括其侧向的非储集体（如侧向相变的泥岩）。这一地层单元则称为小层。

在一个小层内，砂体可为一个多期复合的砂体，横向上往往出现分叉合并。两期砂体之间往往有夹层分隔，但是这种夹层分布不稳定，在某一口井上两个砂体可以分开，但是到相邻井可能表现为多个砂体的合并，其间并无夹层（图2-1、图2-2）。

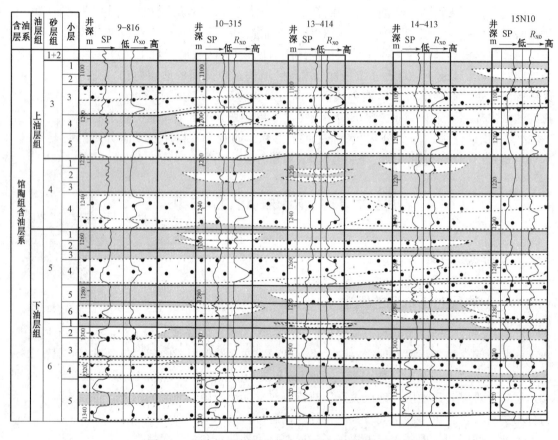

图2-1 孤岛油田新近系馆陶组油层单元划分示意图

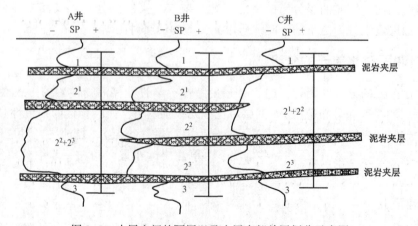

图2-2 小层之间的隔层以及小层内部单层划分示意图

小层内单期的地层单元称为单层，其为最小的地层单元。一个单层垂向上仅包含单期砂体，侧向上由于相变可由多个砂体与泥岩组成，其两侧可为泥岩或为与另一砂体之间的界面。

2. 复油层

复油层由若干相邻的单油层组合而成，是一个储层集中发育层段，岩性特征基本一致，其顶底有较为稳定的隔层分隔，但内部可具有一定的垂向连通性。在碎屑岩含油层段中，复油层通常被称为砂层组，简称砂组。

3. 油层组

油层组由若干个特性相近的复油层（砂层组）组合而成，以较厚的泥岩作为盖层或底层。油层组是组成开发层系的基本单元（图 2-1）。开发层系是指可用同一井网开发的、性质相同的一组油气层组合。一个独立的开发层系，上下必须具有良好的隔层，同一开发层系内的油水分布、压力系统和原油性质应当接近一致。

4. 含油层系

含油层系由同一地质时期内沉积的不同岩性、电性、物性和不同地震反射结构特征的油层组组合而成，上下由区域性盖层所封隔，是一套油气储盖组合，是油气勘探的基本对象。

因此，对于相对简单的含油地层，油层对比单元一般由大到小可以分为四级，即含油层系、油层组、复油层（砂层组）、单油层；对于比较复杂的含油地层，油层对比单元可划分为五级，即含油层系、油层组、复油层（砂层组）、小层、单层。

在一个油田范围内开展油层对比，首要的工作是要确立地层划分方案，即地层的分级系统。表 2-1 为胜利油区孤岛油田馆陶组含油层系地层划分方案。馆陶组含油层系包含 2 个油层组 5 个砂层组 20 个小层。

表 2-1　孤岛油田馆陶组含油层系地层划分方案

含油层系	油层组	砂层组	小层
馆陶组	上油层组	馆 1+2	
		馆 3	馆 3^1，馆 3^2，馆 3^3，馆 3^4，馆 3^5
		馆 4	馆 4^1，馆 4^2，馆 4^3，馆 4^4
	下油层组	馆 5	馆 5^1，馆 5^2，馆 5^3，馆 5^4，馆 5^5，馆 5^6
		馆 6	馆 6^1，馆 6^2，馆 6^3，馆 6^4，馆 6^5

需要特别指出的是，油层对比实质上是小尺度上的、更精细的地层对比，对比的单元不仅包含油气层，也包括含油层段内的非渗透层。

二、与其他地层单元的关系

在不同的地质及资料条件下，人们往往根据地层各自的特征，来开展地层划分和对比，因此有不同的地层单元类型（图 2-3），如年代地层单元、岩石地层单元、层序地层单元、生物地层单元和磁性地层单元等。

视频 2.2　油层单元与其他地层单元的关系

79

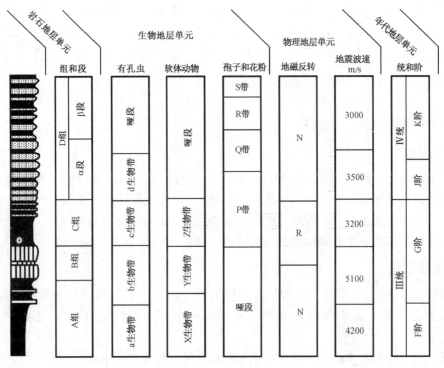

图 2-3　多重地层单元划分与对比示意图（据 A. 萨尔瓦多，2000）

（一）与年代地层单元的关系

年代地层单元（chronostratigraphic units）是指在一特定的地质时间间隔中形成的所有成层和非成层的岩石体。简单地说，年代地层单元是依据岩石体的形成时间而划分的地层单元。年代地层单元可分为宇、界、系、统、阶五级，其对应的地质时代单位为宙、代、纪、世、期。

年代地层单元（宇、界、系、统）的时间跨度很大，往往达到几至几十百万年以上。虽然"阶"和"带"的建立可以达到几百万年的精度，但是除在海相地层之外，利用古生物建立的"阶"只能是地方性的，并不具有全球的可比性。

油层对比单元年代跨度小，划分精度高，而年代地层单元时间跨度很大，划分精度不够细，因此油层对比单元与年代地层单元关系没有一一对应的关系。油层对比单元"含油层系"大体对应年代地层单元的阶和带，而更精细的油层对比单元如油层组、砂层组、小层、单油层等，是在年代地层单元带的内部进一步细分。

（二）与岩石地层单元的关系

岩石地层单元（lithostratigraphic units）是根据可观察到并呈现总体一致的岩性（或岩性组合）、变质程度或结构特征，以及与相邻地层间关系所定义和识别出的一个三维空间的岩石体。一个岩石地层单位可以由一种或多种岩类如沉积岩、喷出岩或变质岩组成。

在缺乏充分的地层测年、古生物化石证据资料或化石鉴定存在分歧的条件下，地质环境复杂多变引起的古生物化石的穿时性，以及出现无化石的"哑"层等，都不同程度地造成了年代地层划分对比的难度。此时，地层的划分和对比只能是以岩性作为主要分层依据，即采用岩石学特征来划分和对比地层。

正式的岩石地层单元按其规模可分为群、组、段、层四级。其中，组是岩石地层划分的基本单位；群是两个或两个以上相邻组的组合或行将划分为若干组的地层系列（群的时间跨度很大，与年代地层单位中的系、统可以对应）；段是在组内命名的岩石实体；而层是组内或段内命名的特殊岩层（如火山灰层、火山熔岩中的岩流层、其他特殊岩性薄层等）（A. 萨尔瓦多，2000）。

在含油气盆地内部，岩性地层单元一般是在年代地层单元"统"的基础上根据岩性及其组合特征的进一步细分，一般在"统"之下划分组、段和亚段。

组是内部宏观岩类或者岩类组合相同、结构相似、颜色相近、整体岩性和变质程度一致、空间上有一定的展布范围并能够实施野外填图的地层单位。组可以由单一岩类组成，如石炭系黄龙组（石灰岩），也可以以一种类型为主，其他岩类为辅，如泥盆系五通组（以石英砂岩为主）；组还可以是两种以上岩性交替，如古近系沙河街组（砂泥岩交互）。

段是组内的次一级岩石地层单元，不能脱离组而独立存在。并不是所有的组都必须分段。在一些大比例尺的地质填图中，为了更精细展示某个组的地质内容，才进行段的划分。段的命名一般用序号，有的自上而下编号，如渤海湾盆地沙河街组自上而下分为沙一段、沙二段、沙三段、沙四段；有的自下而上编号，如松辽盆地上白垩统青山口组自下而上分为青一段、青二段、青三段，鄂尔多斯盆地上三叠统延长组自下而上分为5段。有时也可以采用岩石特征进行名称，如塔里木盆地石炭系巴楚组的底砂砾岩段、均质砂岩段等。

亚段是段内的更次一级岩石地层单元，不能脱离段而独立存在。并不是所有的段都必须分亚段段。在一些更大比例尺的地质填图中，为了更精细展示某个段的地质内容，才进行亚段的划分。段内有时也可以局部划亚段。亚段可用序号或"上""中""下"来命名，如东濮凹陷沙河街组沙三段内亚段自上而下命名为沙三^1、三^2、三^3 和三^4 亚段，东营凹陷沙河街组沙三段内亚段命名为"沙三上亚段"、"沙三中亚段"和"沙三下亚段"。

岩石地层单位的"组"或"段"大体对应于含油层系，"段"或"亚段"大体对应于油层组。其间对应关系在不同盆地或不同油田有所不同。如大庆油田主要的含油层系有萨尔图、葡萄花及高台子含油层系，其中，萨尔图含油层系大致与嫩江组及姚家组一、二段对应（图2-4）。大港油田在古近系和新近系划分了9个含油层系，包括孔三段、孔二段、孔一段、沙三段、沙二段、沙一段、东营组、馆陶组和明化镇组含油层系，其中，孔店组三个段和沙河街组三个段各为一个含油层系，而东营组、明化镇组和馆陶组分别为一个含油层系；在含油层系内进一步划分油组，如馆陶组三个段划分例如四个油组，其中馆一段对应一个油组，馆二段分两个亚段并能分别对于与馆二上油组、馆二下油组，馆三段对应一个油组（表2-2）。长庆油田三叠系延长组作为一个含油层系，自上而下分为5个段，划分为长1至长10油组，其与组、段的对应关系见图2-5。

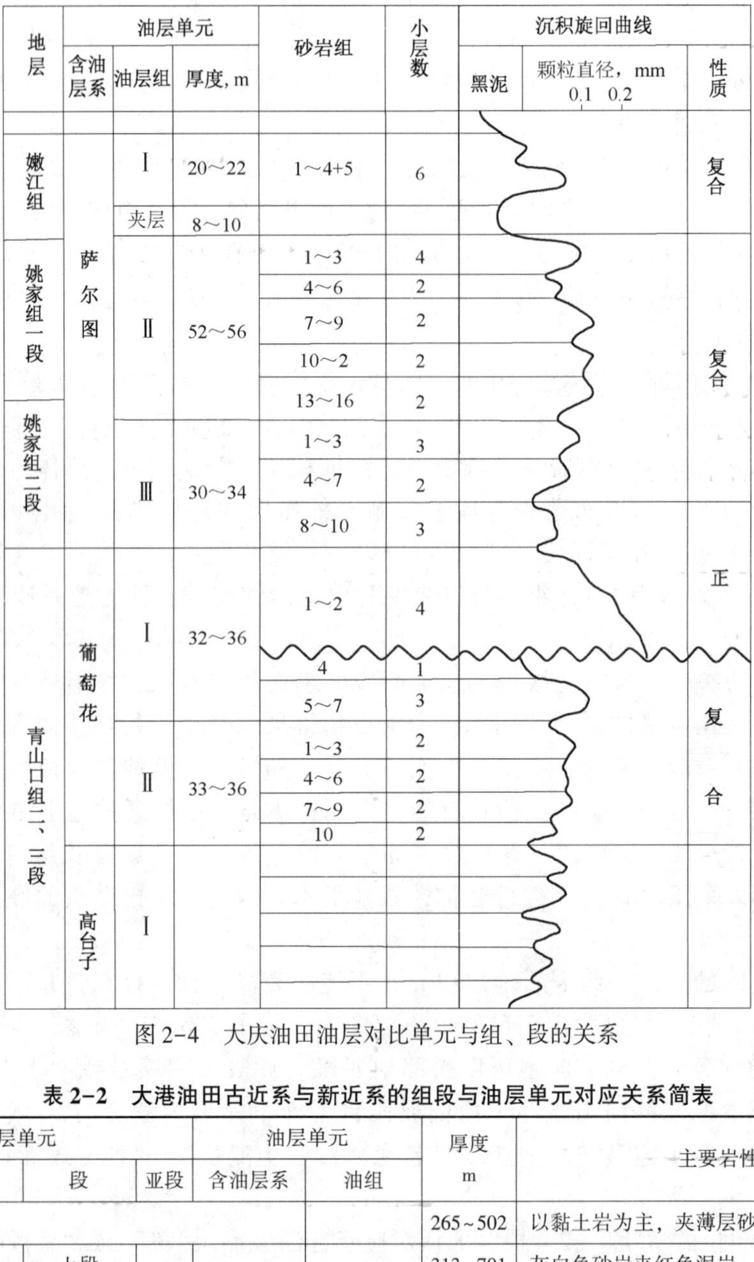

图 2-4　大庆油田油层对比单元与组、段的关系

地层	油层单元			砂岩组	小层数	沉积旋回曲线（黑泥　颗粒直径，mm　0.1　0.2）	性质
	含油层系	油层组	厚度，m				
嫩江组	萨尔图	I	20~22	1~4+5	6		复合
		夹层	8~10				
姚家组一段		II	52~56	1~3	4		复合
				4~6	2		
				7~9	2		
				10~2	2		
				13~16	2		
姚家组二段		III	30~34	1~3	3		
				4~7	2		
				8~10	3		
青山口组二、三段	葡萄花	I	32~36	1~2	4		正
				4	1		
				5~7	3		复合
		II	33~36	1~3	2		
				4~6	2		
				7~9	2		
				10	2		
	高台子	I					

表 2-2　大港油田古近系与新近系的组段与油层单元对应关系简表

地层单元				油层单元		厚度 m	主要岩性
系	组	段	亚段	含油层系	油组		
第四系						265~502	以黏土岩为主，夹薄层砂砾层
新近系	明化镇组	上段				313~701	灰白色砂岩夹红色泥岩，成岩性差
		下段		明化镇含油层系	明I	380~987	红色泥岩夹灰绿色砂岩，成岩较上段好
					明II		
					明III		
					明IV		
	馆陶组	馆一段		馆陶组含油层系	馆I	203~487	灰绿、棕红色泥岩与灰色砂岩互层，底部为厚层杂色砾岩，为本区标准层
		馆二段	上		馆II上		
			下		馆II下		
		馆三段			馆III		

地层单元				油层单元		厚度 m	主要岩性
系	组	段	亚段	含油层系	油组		
古近系	东营组	东一段		东营组含油层系		0~380	灰白色、浅灰色砂岩夹泥岩，为上粗段
		东二段				0~461	灰色泥岩夹薄层砂岩，为中细段
		东三段				66~300	灰色泥岩与灰色砂岩互层，向下砂岩增多可见生物灰岩，简称下粗段
	沙河街组	沙一段	上部	沙一段含油层系		86~238	为灰白色粉—细砂岩与灰色泥岩间互组成，分上、中、下三组砂层，中部砂层较稳定，下部砂层稳定程度差
			中部		板0	80~491	以大段深灰色泥岩为主，夹薄层浅灰白色粉砂岩及劣质油页岩，在北部地区砂岩相对发育，与泥岩组成反旋回
					板1	15~208	
			下部		板2	68~149	上部为浅棕褐色油砂，含油，油浸、油斑砂岩与深灰色泥岩不等厚互层，下部主要为厚层深灰色泥岩夹薄层灰色粉细砂岩
					板3	78~216	顶部为一组灰色细砂岩夹薄层深灰色泥岩，中下部以大段深灰色泥岩夹灰色粉砂岩及薄层生物灰岩
					板4上	87~244	上部厚层深灰色泥岩夹灰白色细砂岩，下部深灰带褐色泥岩夹薄层钙质砂岩、石灰岩
					板4下	108~238	深灰绿、灰色泥岩与灰色灰白色细砂岩，粉砂岩呈不等厚互层
					滨I	81~218	深灰色泥岩夹白色细砂岩及薄层钙质砂岩、白云质灰岩
		沙二段		沙二段含油层系	滨II	65~143	深灰色泥岩与灰色砂岩呈不等厚互层，泥岩颜色较杂，砂岩致密坚硬，局部含石英细砾
					滨III	79~148	
					滨IV	65~149	
		沙三段	1	沙三段含油层系	I~IV		上部深灰色、灰绿色泥岩，夹灰色砂岩粉砂岩；下部深灰色泥岩和砂岩呈不等厚互层
			2		高0~高I		
			3		高II~高V		
	孔店组	孔一段		孔一段含油层系	枣0~枣V		
		孔二段		孔二段含油层系			
		孔三段		孔三段含油层系			

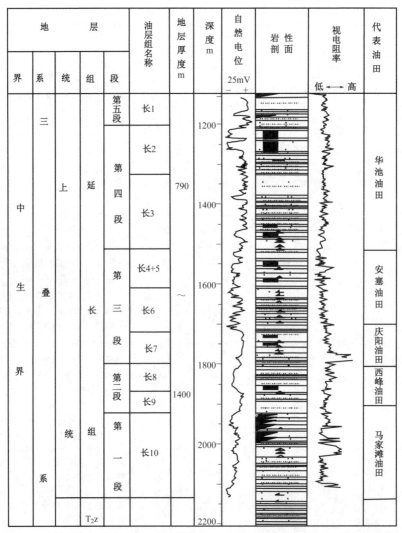

地　　　　层					油层组名称	地层厚度 m	深度 m	自然电位 25mV −　+	岩　性剖　面	视电阻率 低 ←→ 高	代表油田
界	系	统	组	段							
中生界	三叠系	上统	延长组	第五段	长1	790	1200				华池油田
				第四段	长2						
					长3		1400				
				第三段	长4+5	~	1600				安塞油田
					长6						
					长7		1800				庆阳油田
				第二段	长8						西峰油田
					长9	1400					
				第一段	长10		2000				马家滩油田
				T₂z			2200				

图 2-5　长庆油田延长组含油层系各油组与组、段的对应关系及电性和岩性特征

（三）与层序地层单元的关系

层序地层学是 20 世纪 70 年代在地震地层学（Vail 等，1977）基础上发展起来的地球科学分支。它以全球海平面变化的思想为基础，根据露头、钻井、测井和地震资料，结合沉积学解释，对地层层序格架进行综合解释。由于层序地层学从四维时空关系上来认识地层记录，因此增强了世界上不同地域、不同时代地层之间的可对比性，为地层对比提供了新的手段。层序地层学认为，地层单元的几何形态和岩性受到构造沉降、全球海平面变化、沉积物供给和气候等四大因素的影响。

20 世纪末以来，随着层序地层学研究的深入，理论上出现了不同的学派。比较有代表性的除了以 Vail 为代表的经典层序地层学学派以外，还包括以 Cross（1988）为代表的高分辨率层序地层学学派、以 Galloway（1989）为代表的成因层序地层学学派、以 Embry（1990）为代表的海进—海退旋回学派等。下面以 Vail 为代表的经典层序地层学为例，介绍层序地层的单元划分方法。

1. 层序地层单元的概念

层序（Sequence）的概念最早是由 Sloss（1948）提出的，定义为"以区域不整合面为界的一个大的构造旋回的岩石记录"。1977 年，Vail、Mitchum 等发展了 Sloss 的思想，特别强调全球性海平面升降变化对海相盆地中旋回性的沉积作用的控制，将不同级别的沉积层序单元与不同级别的全球海平面升降旋回联系起来，将层序定义为"一套相对整一的、成因上有联系的、顶底以不整合面或与之相应的整合面为界的一套地层"。层序地层单元（sequence stratigraphic units）就是在层序内部根据全球性的海平面变化确定的各级沉积地层单元。每个三级层序内部均由一系列体系域（如低位体系域、海侵体系域、高位体系域等）组成（图 2-6），每个体系域又包含一系列同时形成的沉积体系。

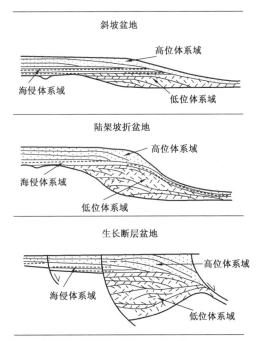

图 2-6　不同构造背景下的层序地层学理论模式(据 Vail，1991，简化)

体系域是以其在层序内的位置及以海泛面为界的准层序组和准层序的叠置方式来定义的。低位体系域以层序边界为底界，其顶以第一次较大的海泛面为界，它可能由盆底扇、陆坡扇和低位楔组成（Van Wagoner 等，1987，1988；Posamentier 和 Vail，1988）。海侵体系域下部以海进面为界，上部以下超面或最大洪泛面为界。一般地，该体系域表现为向上变深、变细的沉积序列。高位体系域以下超面为下部边界，以下一个层序边界为上部边界。高位体系域的早期一般由一个加积准层序组构成；高位体系域晚期一般由一个或多个进积式准层序组构成（Van Wagoner 等，1987，1988；Posamentier 和 Vail，1988）。

2. 层序地层单元的分级

层序是一套相对整一的、成因上有联系的、顶底以不整合面或与之相应的整合面为界的一套地层（Mitchum，1977）。根据 P. R. Vail 的经典层序地层学的观点，层序地层单元可以分为一级层序、二级层序、三级层序、四级层序（准层序组）、准层序、岩层组、岩层、纹层组、纹层九个级别。

一级层序又称为巨层序。界面为明显的区域不整合面，其形成受控于全球性板块运动的最高级别的周期；界面间沉积时间跨度一般大于50Ma（Vail et al.，1977），如渤海湾盆地古近纪、新近纪等。一级层序为叠合盆地充填复合体。垂向厚度可达几千到上万米，横向分布范围几百至几万平方千米，覆盖整个盆地。

二级层序又称为超层序。界面为明显的区域不整合面和与之对应的整合面，受盆地的构造演化阶段控制。界面间沉积时间跨度9~10Ma（Vail et al.，1977）或5~50Ma（Vail et al.，1992）。我国东部裂陷盆地古近纪裂陷期可以划分出3~4个裂陷幕，与之相应的地层单元为二级层序。二级层序为盆地充填复合体，垂向厚度可达几千到上万米，横向分布范围几百至几万平方千米，覆盖整个盆地。

三级层序为最基本的层序单元。界面为不整合间断面和与其相应的整合面，且不整合面多分布于盆地的边缘部位，此种不整合常常是低角度的侵蚀不整合。界面间沉积时间跨度为1~2Ma（Allen et al.，2007）或0.5~5Ma（Vail et al.，1992）。三级层序为盆地充填体，与Cross（1993）的长期基准面旋回大体相当，也与油层对比单元的一个或几个含油层系相当，如渤海湾盆地济阳坳陷新近系馆陶组上段即为一个三级层序，同时也是一套含油层系。三级层序垂向厚度可达几十到上千米，横向分布范围几百至几万平方千米，覆盖整个盆地。

一般情况下不划分四级层序，只有当三级层序厚度巨大时，才划分出四级层序。四级层序的顶界面为沉积间断面及其对应的整合面，底界面主要为主要海（湖）泛面及其对应的界面。界面间沉积时间跨度为0.1~0.2Ma（Vail et al.，1977）或0.1~0.5Ma（Vail et al.，1992），可与米兰科维奇旋回的一个地球公转轨道偏心率变化周期对比。多数情况下，四级层序仅与一个体系域或一个准层序组相当，大体相当于Cross（1993）的中期基准面旋回或油层对比单元中的一个油组。四级层序垂向上通常限于一个沉积体系，侧向上则发育多个沉积体系，如在一个高位体系域中，侧向上可发育多个冲积扇—河流—三角洲—浊积扇沉积体系，在近源部位则发育扇裙。四级层序垂向厚度为几米到上百米，横向分布范围几十至几千平方千米，覆盖盆地的一部分。

当三级层序内部不能划分四级层序时，其内部的四级层层序单元就是准层序组。准层序组是一套成因上有联系的准层序的叠加，在多数情况下它们形成一种以初始海（湖）泛面、最大海（湖）泛面以及可与之对比的面为界的独特的叠置方式（Van Wagoner，1985）。准层序组可以分为进积式、加积式和退积式三种类型。Vail经典层序地层学认为，在不同体系域中，存在不同的准层序组叠置样式：低位体系域构成完整的加积式准层序组，海侵体系域以退积式准层序组为特征，高位体系域以加积式、进积式准层序组为特征（图2-7）。

五级层序又称准层序，是指一套相对整一的、在成因上有联系的、以一般海（湖）泛面或与之可以对比的面为界的岩层（bed）或岩层组（bedsets）的组合（Van Wagoner，1985）。存在两种类型的准层序（图2-8），即向上变细变薄准层序、向上变粗变厚准层序。准层序界面间沉积时间跨度0.01~0.02Ma（Vail et al.，1977）或0.01~0.15Ma（Vail et al.，1992），可与米兰科维奇旋回的一个地球黄道与赤道交角变化周期对比。五级层序与Cross（1990）的短期基准面旋回大体相当；在油田区，大体相当于油层对比单元的一个砂组或小层（含多个单砂层）。侧向上，在同一沉积体系内部具有较好的可对比性和等时性，而两个相邻沉积体系的对比难度大。在河流沉积地层中，五级层序为一个河谷或多期河流沉积的垂向叠置体。五级层序垂向厚度可达几米到几十米，横向分布范围几十至几千平方千米，覆盖盆地的一部分。

六级层序又称为岩层组，为准层序内部的最小一级异旋回。岩层组是一组有内在联系的岩层组合，以侵蚀面、湖（海）泛面及可对比的岩层面为界。存在三种基本的岩层组类型（图2-8）：正韵律、反韵律、均质韵律。一个岩层组相当于一个超短期基准面旋回（郑荣才等，2001），沉积时间跨度为数千年至两万年，可与米兰科维奇旋回的一个岁差周期对比（自转轴倾角变化一个周期）。在油田区，岩层组大体对应于油层对比单元的单层（吴胜和等，2011）；侧向上在同一沉积体系内部具有较好的可对比性和等时性，而两个相邻沉积体系的对比难度大（郑荣才等，2001）。对于河流沉积而言，六级

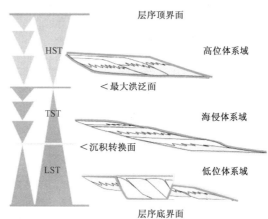

图 2-7　一个三级层序不同体系域内准层序叠置样式示意图

层序在垂向上为单期河流沉积，其纵向跨度为河流的满岸深度，侧向上可有多个河道（组成河道带）及溢岸沉积，构成一个河流体系；在溯源和顺源方向，可发育冲积扇及三角洲沉积体。六级层序界面在河流体系多为泛滥平原沉积面，在三角洲及海（湖）相地层中则表现为海（湖）泛面。

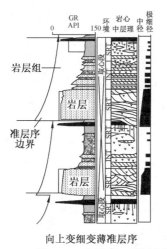

向上变细变薄准层序

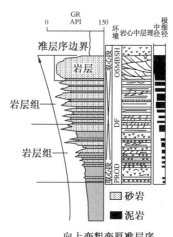

向上变粗变厚准层序

图 2-8　准层序—岩层组类型图（据 van Wagoner 等，1990）

岩层是一组有内在联系的纹层组的组合序列，以可对比的纹层系面为界，为单一成因地层。岩层通常按岩性类型分类（图2-1），如砂岩层、砾岩层、泥岩层等。

纹层组是一组有内在联系的纹层序列，以无沉积界面及可对比的纹层面为界。纹层组通常按沉积构造单元类型分类，如平行层理、粒序层理、交错层理等。

纹层是肉眼可识别的最小界面，通常按底型形态分类，如平行的、丘形的、单斜的。

油层对比单元中的含油层系与层序地层单元中的三级层序基本相当，油层组或砂层组与层序内部的准层序组基本相近，小层与准层序基本对应，单层与岩层组基本一致（表2-3、图2-9）。不同地区的对应关系有所差别。对于更低级次的层序地层单元，如岩层、纹层组、纹层，则已经超出地层对比单元的范畴。

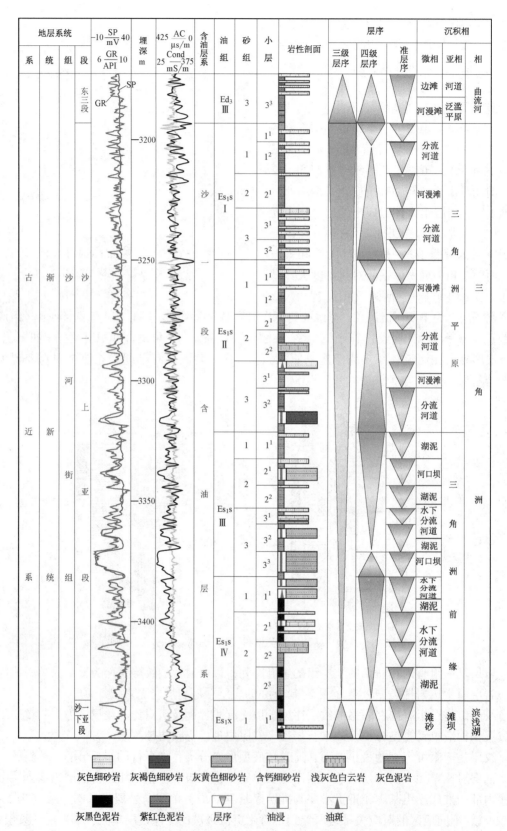

图 2-9 华北油田留 144 井油层对比单元与层序地层单元的关系图

88

表 2-3 油层对比单元与其他类型单元之间的基本对应关系

年代地层单元	岩石地层单元	层序地层单元	油层对比单元
界			
系	群	一级层序	
统		二级层序	
阶	组	三级层序	含油层系
带	段		
	亚段	准层序组	油层组/砂层组
		准层序	砂层组/小层
		岩层组	单层

第二节 油层对比的依据

视频 2.3 地层对比依据概述

大范围的地层对比（世界地层对比、大区域地层对比、区域地层对比）主要用于岩石绝对年龄测定、古生物种群、地磁极性、全球海平面（或湖盆湖平面）变化、岩层间的接触关系、岩层中特殊矿物及其组合等反映等时性的地层记录进行对比，属于地层学的研究范畴。对于油田范围内的油层组以下规模的油层对比而言，上述依据满足不了对比的要求。

地震资料是进行含油气盆地内地层对比的重要依据。通过井震结合，依据地震资料的同相轴追踪可进行地下地层对比，但由于地震资料的分辨率问题，对比精度往往只能达到油层组和砂层组级别，难于达到小层及单层级别。因此，在地震资料难以分辨的情况下，主要应用井资料进行地层（油层）对比。

应用井资料进行油层对比的主要问题是：虽然地层本身具有侧向连续性，但由于井间距离一般较大（往往数百米以上），难以直接追踪其连续性，可依据的资料主要为井内岩石记录（岩心和测井资料）。为此，岩石记录的相似性便是井间地层对比的主要依据。然而，由于侧向相变，等时的地层不一定具有直观的岩石记录相似性（如同时段内曲流河点坝、天然堤、河漫滩的岩性有很大差异），因此，多井等时地层对比的关键便是确定受相变影响小的对比依据，这正是本节阐述的重点。概括起来，井内用于油层对比的地层记录依据主要有三大类，即标志层、沉积旋回和岩性组合。

一、标志层

视频 2.4 油层对比的标志层

（一）标志层的基本概念

1. 标志层的定义

标志层是指地层剖面上特征明显（容易识别）、分布广泛（较稳定且厚度变化不大）、具有等时性（一定范围内同一时段形成）的岩层或岩性界面。由于标志层在一定范围内的稳定性及等时性，因此可用于进行地层对比。

在地下地层对比过程中，常常依靠测井曲线来进行，因此，在油层对比选择标志层的过程中，要求标志层的特殊岩性在测井曲线上应具有明显的、容易识别的特征。这种在电测曲线上具有明显的响应特征、易于识别的标志层，称为电性标志层。

2. 标志层的级别

标志层在油层对比中起着重要的控制作用。显然，在剖面上标志层越多，分布越普遍，对比就越容易进行。根据标志层分布稳定程度及可控制对比范围，可将标志层分为两级。

1）主要标志层

主要标志层在全油田范围内特征明显，在整个三级构造范围内分布稳定率（出现标志层井数/统计总井数）应达到90%以上，是高级别油层对比单元划分和对比的主要依据。

2）辅助标志层

辅助标志层是在主要标志层确定地层格架的基础上，在油田的局部范围内可用的对比标志层，一般要求岩性和电性特征比较突出，平面分布比较稳定，在三级构造范围内分布稳定率应达到60%以上。辅助标志层主要用于较小级别油层对比单元的划分和对比。

（二）标志层的主要类型

按照标志层的成因，可以将其归纳为：与洪泛作用相关的标志层、与沉积物源供应相关的特殊沉积标志层、与沉积间断相关的标志层等类型。

1. 与洪泛作用相关的标志层

洪泛（flooding），可理解为大规模的快速海（湖）侵，或大规模的洪水泛滥。与洪泛作用相关的标志层类型最为丰富，包括洪泛面和最大洪泛面，水下沉积环境中碎屑岩剖面中的洪泛泥岩、油页岩、薄层石灰岩或白云岩，水上冲积环境（如河流相沉积）中的化石层、泛滥平原泥岩层、煤层等。

1）洪泛面和最大洪泛面

洪泛面（flooding surface）是一个将较新地层与较老地层分开的面，跨过这个面水深突然增加（Van Wagoner 等，1991）。洪泛面在海相沉积中又称为海泛面，在湖相沉积中则称为湖泛面。

最大洪泛面（Maximum flooding surface）则是指层序内水位上涨达最高点位置、水域范围最大和沉积速率最低时发育的沉积界面。最大海泛面也相当于海侵生物面，它不仅与年代地层界线一致，而且有广泛的可对比性（殷洪福等，1995）。

洪泛面上、下岩性常具有一定的差异。在此界面之上，一般为颜色相对较深、质地较纯的泥岩，可见水平层理等静水沉积环境的层理构造，并可见黄铁矿等反映还原环境的自生矿物，且一般均具有向上变粗的沉积序列，由较纯泥岩向上变为含粉砂泥岩、粉砂岩。在此界面之下，岩性发生突然变化，表现为岩性相对较粗，如含粉砂泥岩、粉砂岩等，可见垂直虫孔等反映浅水的沉积构造或根土层出现。

在测井曲线上，洪泛面因水深突变可致使铀的富集，在自然伽马曲线上表现出具有明显高尖峰的特点（图2-10、图2-11），低电阻，低电位，高声波时差。洪泛面之下，地层为沉积正旋回，其上为反旋回，洪泛面本身则表现为正旋回向反旋回的转换面。

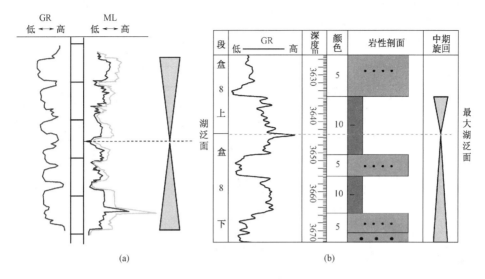

图 2-10 一般洪泛面（a）和最大洪泛面（b）的测井响应特征

GR—自然伽马曲线；ML—微电极曲线

图 2-11 为伊通地堑莫里青凹陷西南缘三口井最大湖泛面测井—地质录井特征，界面以下为湖侵体系域沉积，其上为高位体系域沉积。在该界面附近，自然伽马曲线（GR）达到最大值，电阻率曲线（R_t）减小，岩性为灰黑—黑色泥岩。

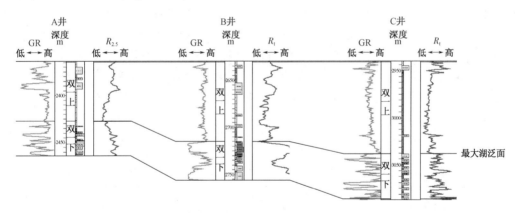

图 2-11 莫里青凹陷西南缘三口井上最大湖泛面测井—地质录井特征

GR—自然伽马曲线；$R_{2.5}$、R_t—电阻率曲线

2）水下沉积中洪泛泥岩层

在水下沉积环境中，最普遍的标志层是洪泛面之上稳定分布的泥岩，称为洪泛泥岩。洪泛面指示海（湖）平面的突然上升，具有很好的等时意义，因此，其上的洪泛泥岩是水下沉积地层划分与对比的良好标志层（图 2-12）。在层序地层学中，与最大洪泛面对应的洪泛层又称为凝缩层，是海（湖）平面上升到最高位置时期，陆源供应不足，沉积速率达到最低时期的沉积产物，是划分沉积体系域或者识别长期沉积旋回转换面的重要标志。

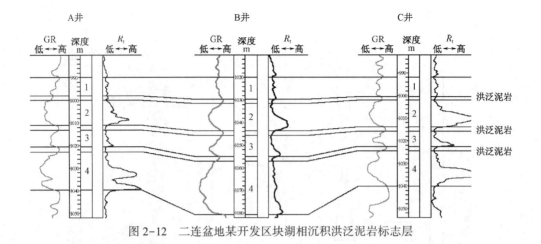

图 2-12　二连盆地某开发区块湖相沉积洪泛泥岩标志层

3）油页岩

油页岩在湖相沉积中较为常见，主要形成于盆地构造环境稳定、气候较为暖湿、陆源碎屑供给贫乏、沉积介质为弱还原—还原、半咸水—咸水的浅湖静水环境（周珍奇等，2006）。根据层序地层学的观点，油页岩往往视为陆相湖盆沉积中的密集段，是最大湖泛期沉积速率极低的产物（刘立、王东坡等，1996）。因此，油页岩也是层序地层的划分和层序界面的识别的重要标志。如松辽盆地嫩江组嫩二段底部的油页岩在整个松辽盆地分布稳定，是区域地层对比的重要标志层。在一些小型陆相断陷中的深湖—半深湖相地层中也不乏油页岩层的分布，如渤海湾盆地的沙河街组沙三段、江汉盆地的潜江组潜四段。

油页岩由于富含有机质，在测井上往往表现出与一般湖泛不同的响应特征，主要表现为密度低、自然伽马高、声波时差高、电阻率高等特征。图 2-13 是某油田开发区块油页岩标志层的测井响应特征，油页岩在 2.5m 梯度电阻率曲线（$R_{2.5}$）上表现为"双刺刀"式的电阻率高异常，自然电位异常幅度极低，是最大湖泛期的沉积产物。

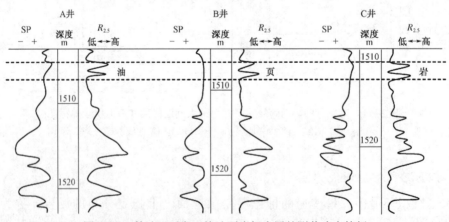

图 2-13　某油田开发区块油页岩标志层的测井响应特征

4）碎屑岩中的薄层石灰岩或白云岩

碎屑岩中的薄层石灰岩和白云岩往往是陆源碎屑物质供应不足导致的，是大规模湖侵期的沉积产物。因此，在大段砂泥岩中，如果能够找到一些稳定分布的薄层石灰岩或者白云岩，可以为地层对比提供良好的等时依据。

在砂泥岩剖面上，石灰岩和白云岩则表现为高电阻率、高密度、低自然伽马的测井响应特征，声波时差表现为明显低时差的钙尖。塔里木盆地石炭系双峰石灰岩就是十分典型的例子，该石灰岩层分布范围很广，厚度稳定，电阻率曲线上表现出明显异常高阻的双峰特征（图2-14），是塔里木盆地最重要的电性标志层和地震反射标志层。

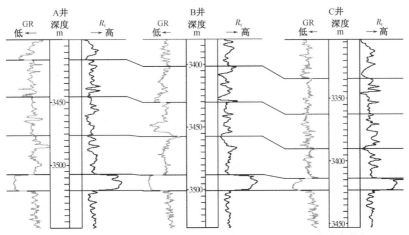

图2-14　塔里木盆地塔中地区双峰石灰岩标志层的测井响应特征

5）碎屑岩中的化石层

由于陆上冲积环境的特殊性，与湖（海）相沉积相比，河流经常迁移改道，沉积稳定性差，侧向相变大，因此分布稳定的标志层较少。

在以陆相冲积环境为主的地层中，如果发育大面积分布的化石层，则将作为油层对比的重要标志层。这种化石沉积层的出现往往是洪泛的重要标志。

我国孤岛油田馆陶组中的螺化石层就是陆相河流油层对比中重要事件沉积标志层的例子。孤岛油田馆上段为250～300m厚的曲流河沉积，剖面上的砂岩占30%左右，取心井在地层中部发现厚30cm左右的螺化石层，而且螺化石层在井上普遍存在，是沉积环境发生重大变化的产物。该化石层在测井曲线上最典型的特征是低感应电导率（高电阻），而且显示为明显的"指形"特征，自然电位显示为低负异常（图2-15中两虚线中间部分），下伏高感应（低电阻率）的薄泥岩层，共同构成该区对比的标志层。

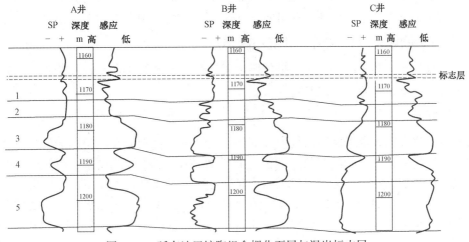

图2-15　孤东油田馆陶组含螺化石层与泥岩标志层

6）泛滥平原泥岩层

在陆相冲积环境中，当发生大规模的洪水泛滥后，在泛滥平原上可形成分布广泛的悬浮沉积泥岩。由于洪泛是突发性事件沉积且分布广泛，因而可作为冲积环境地层对比的标志层。如图2-16中的1小层、3小层的顶部均发育较稳定的泛滥平原泥岩，是进行该区小层划分与对比的重要标志和依据。

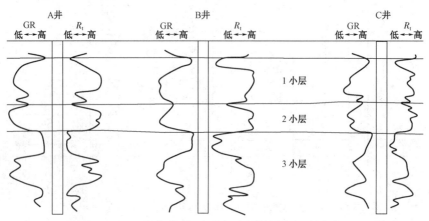

图2-16 以泛滥平原泥岩为标志层的河流相地层对比

7）泛滥沼泽煤层

在陆相沉积环境中，煤层是泛滥盆地沼泽化作用下的沉积产物。由于煤层是在特殊气候条件下的产物，因此其分布具有等时意义。过去多数学者认为煤层是海（湖）退作用下沼泽化的产物。一系列研究（Diessel，1992；Riegel，1992）表明，有相当一部分煤层可能形成于海（湖）平面抬升过程中，即在海（湖）侵过程成煤，特别是厚煤层的堆积需要有持续存在的可容空间，以容纳快速堆积的煤层（泥炭）。最大可容空间的持续保持有赖于潜水面和基准面的不断抬升，这种基准面的抬升又离不开海（湖）平面的抬升，因此，发育较好的煤层一般都形成于海（湖）泛期，从而可作为地层对比的标志层类型之一。当然，由于煤层的形成受沉积环境的影响，因此往往作为辅助标志层。

在测井响应上，煤层密度明显低于砂泥岩地层，声波时差（AC）为高异常，自然伽马（GR）一般也远低于正常的砂泥岩，电阻率（R_t、R_i、R_{xo}）则较高（图2-17）。

2. 与沉积物源供应相关的特殊沉积标志层

与沉积物源供应相关的特殊沉积标志层主要是在沉积物源供应的突然变化时形成的，例如气候突变、突发性物源、火山喷发等。

1）凝灰岩

凝灰岩是突发式火山爆发后的火山灰沉积，具有沉积范围分布广泛、等时性强的特点。其测井响应特征明显，一般具有放射性强（自然伽马比一般泥岩要高）、声波时差高异常、电阻率高的测井识别特征，是油层对比的重要标志层类型。如某气田古近系H组H_2段底部的凝灰岩标志层，是划分H_2段和H_3段的重要依据。该层凝灰岩分布稳定，厚度在16~18m左右，在油田范围均有分布，它代表了一期重要的构造运动的产物，其下部的H_3段主要为曲流河沉积环境，上部的H_2段主要为浅湖沉积环境（图2-18）。

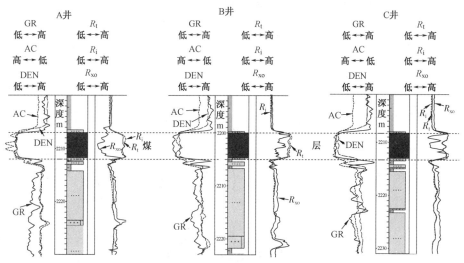

图 2-17　煤层对比标志层的测井响应特征

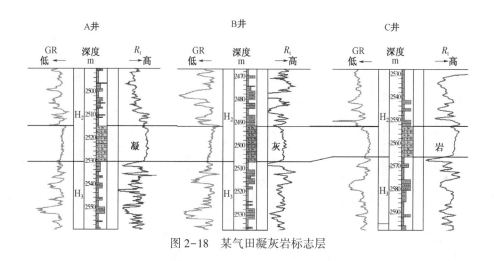

图 2-18　某气田凝灰岩标志层

2）碳酸盐岩中的薄层泥岩

在碳酸盐岩地层中，往往发育一些非碳酸盐岩沉积层，如泥岩或者泥质含量较高的泥灰岩，这主要是陆源碎屑供应能力增强、泥质含量增加的结果。薄层泥岩在碳酸盐岩剖面上主要表现为高伽马和低电阻率（R_o）的特征（图 2-19）。这种沉积历时短、分布范围大且易于识别，因此可作为这类地层的对比标志层。

3）富含特殊矿物的沉积层

由于气候变化或者构造事件的影响，沉积物的供应条件发生重大变化时，因沉积条件的差异，往往会使沉积地层中微量元素、放射性等存在明显差异，形成易于识别的特殊岩层，也可以作为地层对比的标志层。例如在我国新疆克拉玛依油田六区克下段中 6 砂层组的低自然伽马泥岩，就是湖侵抑制了高自然伽马物源供应的结果（伊振林、吴胜和等，2009）。在伊通地堑莫里青地区也存在类似的低自然伽马泥岩，是最大湖泛期的产物，也是划分双阳组双二段和双三段的标志层（图 2-20）。

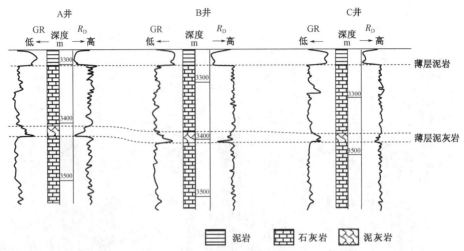

图 2-19　滨里海盆地某区块石炭系石灰岩中的泥岩和泥灰岩标志层

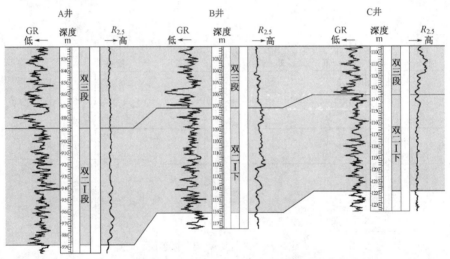

图 2-20　莫里青断陷双阳组双三段底部低伽马泥岩标志层

另外，上、下层段内地层水矿化度等特征的差异，会造成测井曲线特别是电阻率曲线的差异，也可作为地层对比的标志层。

3. 与沉积间断相关的标志层

与沉积间断相关的标志层主要包括古风化壳（由长期区域构造运动形成）、古土壤层（相对于古风化壳而言，其反映的沉积间断时间可能较短暂）等。

1）古风化壳

古风化壳总是与区域不整合面相伴生。在测井曲线上，古风化壳主要反映为特殊岩性（如铝土矿）、测井曲线（如自然伽马、声波时差曲线）的过渡、地层倾角矢量图的杂乱现象等。图 2-21 显示了塔里木盆地轮古西地区奥陶系顶面风化壳的基本特征，风化壳下部地层是奥陶系鹰山组亮晶生物碎屑灰岩，其上是石炭系巴楚组泥岩。在风化壳附近，自然伽马（GR）自下而上逐渐增大，电阻率（LLD、LLS）则逐渐降低。

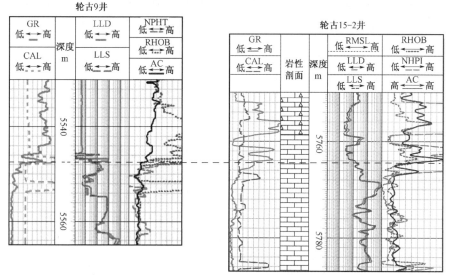

图 2-21　轮古 9 井和轮古 15-2 井古风化壳的对比

2）古土壤层

高成熟的古土壤是在沉积速率相对缓慢的条件下形成的，可以作为一定规模沉积旋回界面的划分标志，是在露头上和黄土的对比中经常使用的指标。高成熟的古土壤由于在河流泛滥平原沉积中具有相对较广的侧向稳定性，可以作为地层对比的辅助标志层。已有研究表明，我国东部新生代河流沉积中，高成熟的古土壤层多数表现为泥质很纯的紫红色泥岩，碳酸盐结核不太发育，少见密集成层的层理现象，多呈块状结构。

古土壤的测井响应特征主要表现为高导特征（电阻率不如感应明显），而且曲线比较光滑，锯齿化程度低。在声波时差曲线上，古土壤存在明显的高值，幅度越高，表明成壤作用越强。如图 2-22 所示，声波时差高值出现的位置略低于自然伽马的高峰位置，说明古土壤层之上存在湖泛泥岩。

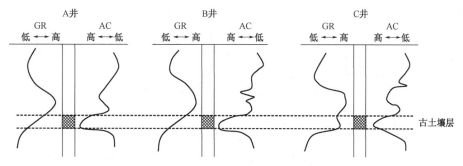

图 2-22　古土壤层的测井响应特征

特别重要的是，在应用标志层进行地层对比时，需要分析标志层的等时性及等时范围。如大型湖侵形成的湖泛泥岩可作为等时层，但其等时范围是在湖侵影响范围内；冲积环境中的煤层，在小范围内是等时的，在大范围内则发生相变。另外，标志层本身也存在着相变问题。例如，辽河断陷沙河街组一段中部顶有一层分布比较广泛的油页岩，无论岩性还是在视电阻率曲线上都易于辨认与对比，不失为井下对比的标志层。但该层在西部凹陷的西斜坡上相变为浅水相的富含腹足类、介形类的泥灰岩，俗称"螺灰岩"，由此相变为另一个标志层。因此，利用标志层法进行地层对比时，必须掌握标志层在空间上的变化规律，避免出现此类失误。

视频 2.5 油层对比的沉积旋回

二、沉积旋回

（一）沉积旋回的概念

沉积旋回是指在纵向剖面上一套岩层按一定生成顺序有规律地交替重复。这种有规律的重复可以在岩石的颜色、岩性、结构、构造等各方面表现出来。但是，在测井响应上，一般只有岩性（主要是粒度）的变化才会有明显的反映，因此狭义上的沉积旋回主要是指粒度变化形成的旋回。以东海盆地某气田为例，该气田 HG 组纵向上就由两个辫状河—曲流河沉积旋回构成，分别组成了 HG 组的下段和上段，其岩性组合、砂地比均表现出明显向上变细的旋回特征（图 2-23）。

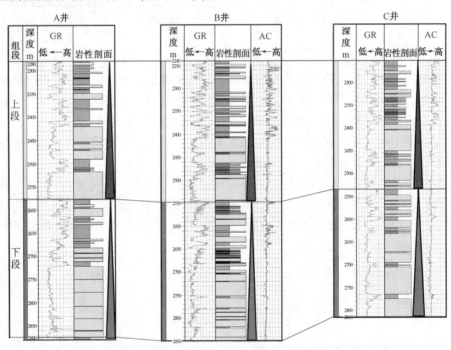

图 2-23 某气田 HG 组显示的地层旋回性

（二）沉积旋回的成因

根据沉积旋回形成的主要控制因素，可以将其分为自成因旋回（简称自旋回）和异成因旋回（简称异旋回）。自旋回是指主要发生于沉积盆地内部或盆地内某一局部区域，由自身的沉积作用过程所控制而形成的沉积旋回，其形成的沉积层通常连续性差，且延续时限较短、规模小。非周期性的风暴沉积、浊流沉积、冲积环境的河道及凸岸沉积的侧向迁移等都属于自旋回沉积。而异旋回则是由各种外部因素（如盆地构造升降、海平面变化、物源供给条件等）所控制而形成的沉积旋回。由于控制异旋回形成的主要因素具有较大的影响范围以及具有同时变化的特点，因此，相对于自旋回而言，异旋回连续性强，影响的范围广，是地层对比的重要依据。下面主要论述异旋回的成因。

根据 T. A. Cross 的观点，基准面变化是沉积旋回的成因，沉积旋回是基准面变化作用的结果。地层的旋回性是基准面相对于地表位置的变化产生的沉积作用、侵蚀作用、沉积物过路形成的地层响应。而控制基准面的地质因素包括海（湖）平面升降、盆地构造沉降、沉积物补给、沉积负荷补偿、沉积地形等。

基准面的概念是 H. E. Wheeler 于 1964 年首次提出的，是指相对地球表面波状升降的、连续的、略向盆地方向下倾的抽象的非物理面，是沉积物搬运或沉积的能量平衡面。在此面之上不发生沉积作用，已沉积的物质将被剥蚀而难以保存下来；在此面之下，沉积物发生沉积作用（Jervey，1988）（图 2-24）。

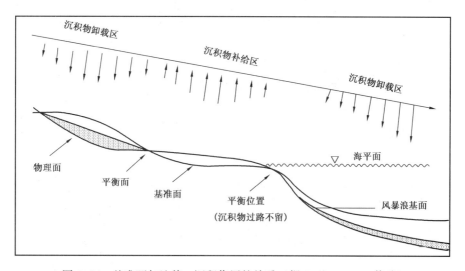

图 2-24　基准面与地貌、沉积作用的关系（据 Cross，1994，修改）

基准面的上升或者下降必然导致可容空间的变化。可容空间是指可供沉积物沉积的空间，包括沉积物表面至沉积基准面之间的所有空间。当可容空间为负值时，发生剥蚀作用；当可容空间为 0 时，发生过路现象（既不剥蚀也不沉积）；当可容空间为正值时，才发生沉积作用，这时，可容空间（A）与沉积物供给量（S）之间的比值 A/S 决定了在可容空间内沉积物实际堆积和保存的程度。当 $A/S>1$ 时，水进作用发生，地层呈退积叠加样式，一般形成正旋回；当 $A/S<1$ 时，水退作用发生，地层呈进积叠加样式，一般形成反旋回；当 A/S 近似为 1 时，地层呈加积叠加样式，形成均质旋回（图 2-25、图 2-26）。

基准面一次连续的上升和下降运动构成一个完整的基准面旋回，其地层记录就表现为一个完整的先向上变细后向上变粗完整的沉积旋回。

由于基准面的变化涉及的范围较大，因此虽然不同地区岩性有差别，但是其形成的沉积旋回（异旋回）却具有一致性。这正是利用沉积旋回开展等时地层对比的基础。

由于可容空间的变化，在地表不同地理位置可分别产生侵蚀、沉积、过路不留和欠补偿沉积等四种不同的地质作用，会形成不同类型的旋回结构类型。换言之，不是每个基准面变化旋回都是具上升和下降半旋回的完整旋回，在不同地理位置，地层有时由岩石加岩石组成，有时由岩石加不连续界面组成。所以此时地层的对比并非等厚岩层的对比，而有可能是旋回与旋回的对比，也有可能是旋回与界面的对比或界面与界面的对比（图 2-27）。

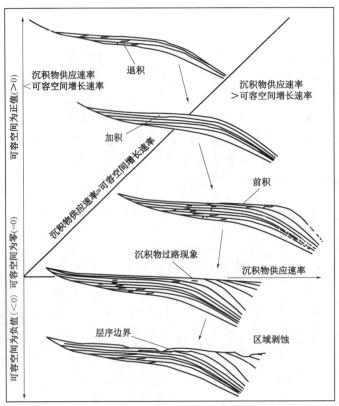

图 2-25　可容空间与沉积物供给对层序地层形成过程的
控制作用（据 van Wagoner et al.，1988；Shanley，1994）

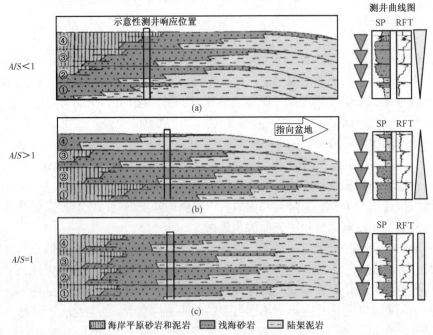

图 2-26　A/S 比值与准层序组沉积旋回特征的关系（据 Gardner，1964，有修改）

（a）进积式准层序组；（b）退积式准层序组；（c）加积式准层序组；①~④为各个准层序；RFT 为重复地层测试

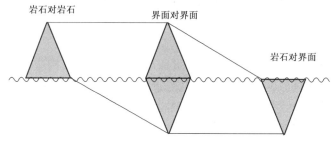

图2-27　利用基准面旋回进行等时对比的原则（据邓宏文等，2002）

（三）沉积旋回的分级

由于控制沉积旋回的因素如构造运动、海（湖）平面升降及气候等具有级次，导致沉积旋回也表现为不同的规模和级次。以构造运动为例，地壳的升降运动是不均衡的，表现在升降的规模（时间、幅度、范围）有大有小，且在总体上升或下降的背景上还有小规模的升降运动（图2-28），因而地层剖面上的旋回就表现出级次来，即在较大的旋回内套有小的旋回。

根据高分辨率层序地层学的观点，在陆相湖盆沉积体系，可以将沉积旋回划分为六个级次（郑荣才等，2001）。

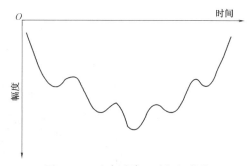

图2-28　地壳升降运动振幅曲线

Ⅰ级旋回受构造作用的控制，反映一个湖盆发生、发展、消亡的全过程。旋回之间为区域性不整合面所分隔。在一个Ⅰ级旋回内，油气的生成和聚集条件有共性，因此是一个相对独立的油气勘探目的层系，如渤海湾盆地古近系（孔店组至东营组）。

Ⅱ级旋回受构造运动发展幕式控制，反映一次完整的湖平面升降过程，即早期下降、中期湖扩、晚期湖退的过程。如渤海湾盆地古近系作为一个Ⅰ级旋回，可以进一步划分出三个Ⅱ级旋回，早期（孔店组沉积期）以冲积体系发育为特征，中期（沙河街组沉积期）发育各种三角洲（扇三角洲）、水下扇、滩坝（生物礁）等沉积体系，晚期（东营组沉积期）则以河流相为主，因此垂向上构成不同沉积环境下不同类型沉积体系的有序组合。

Ⅲ级旋回受湖平面的次一级升降的控制，反映了古水深、生物组合及沉积体系变化，以及盆地沉降速率与沉积速率的变化，与Vail的层序地层学中三级层序一致。Ⅲ级旋回之间可以是不整合、沉积间断或者沉积相突变。同一Ⅲ级旋回内部沉积体系基本不变。以渤海湾盆地沙河街组为例，沙四段沉积时期主要以浅水环境为主，而沙三段沉积时期水体明显变深，沉积砂体类型也有了明显的差异。

Ⅳ级旋回是Ⅲ级旋回内部的次一级旋回，反映同一类沉积体系内部沉积相的多次重复，顶底由厚度较大、分布稳定的湖侵泥岩所分隔。例如在深水沉积期，Ⅲ级旋回内往往发育周期性的水下扇沉积体。Ⅳ级旋回就相当于一次水下扇形成的粗碎屑充填与上覆静水沉积期的深水暗色沉积的组合，与Vail层序地层学中的准层序组大体对应。

Ⅴ级旋回由次一级的但相对稳定的湖泛泥岩分隔，是同一岩相（亚相）段内不同微相的有序组合，与 Vail 层序地层学中的准层序大体对应。

　　Ⅵ级旋回也称沉积韵律，为至少包含一个相对粗岩性层的粒序组合。Ⅵ级旋回之间有隔层分隔，与 Vail 层序地层学中的岩层组大体对应。

　　在上述六个级别的沉积旋回中，Ⅰ级和Ⅱ级旋回主要受区域构造运动控制，称为巨长期旋回和超长期旋回，Ⅲ级、Ⅳ级、Ⅴ级、Ⅵ级旋回分别称为长期旋回、中期旋回、短期旋回和超短期旋回（图 2-29）。我国油田地质工作者常用的四级旋回（一级至四级）划分方案从大到小分别对应于上述划分方案中的Ⅲ、Ⅳ、Ⅴ、Ⅵ级，与含油层系、油层组、砂层组、单油层（小层）大体对应。

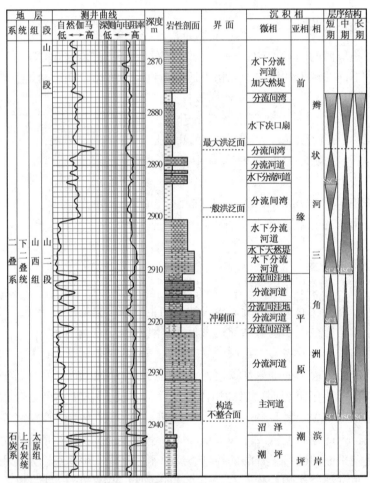

图 2-29　鄂尔多斯盆地某井山西组旋回划分（据长庆油田，2006）

三、岩性组合

　　当地层剖面上难以找到标志层，或标志层较少并且异成因沉积旋回难以识别时，往往应用岩性组合作为油层对比的依据。

（一）岩性组合的基本概念

　　岩性特征是指岩石的颜色、成分、结构、构造等基本岩石学特征，其形成主要受控于沉积环境。而岩性组合是指地层剖面上的岩石类型及其纵向上的排列关系。同一沉积环境中形成的沉积物，其岩性特征应当相同或者相近；垂向上，随着沉积环境的改变，形成的沉积物岩性往往表现出一定的差异性。因此，在垂向上就会形成不同的岩性组合。如图 2-30 所示，垂向上自下而上发育泥岩—石灰岩—泥岩—煤层—砂岩—泥岩等。

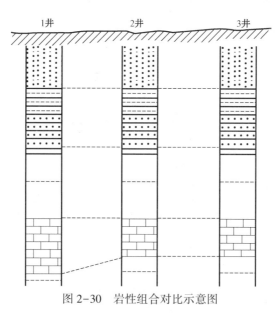

图 2-30　岩性组合对比示意图

不同沉积阶段、不同沉积环境中，可形成不同的岩性组合，一般可分为以下四种类型：（1）单一岩性的厚层分布；（2）两种或两种以上岩石类型组成的互层；（3）以某种岩石类型为主，包含其他夹层；（4）岩石类型有规律地重复出现。

（二）岩性组合的等时性依据

地层对比的目标是建立不同区块或不同井之间同一时段的地层等时关系。因此，应用岩性组合进行对比，需分析其等时性依据。对于单一岩性而言，由于形成的时段过短，沉积环境的微小变化即可导致岩性的变化；而对于岩性组合，由于形成时段相对较大，主要受控于大的沉积环境，因而在横向上比单一岩性具有更大的稳定性。如图 2-31 所示（塔里木盆地塔中地区志留系内部），虽然单一岩性在各井之间发生变化，但岩性组合（上泥岩段、上砂岩段、红色泥岩段）具有较大的横向稳定性。红色泥岩段为志留纪时期特殊气候（干旱气候）条件的产物，而气候在一定范围内具有同一性，因此这套岩性组合在一定范围内具有等时性。

因此，利用岩性组合开展油层对比，关键是要明确研究区域范围内岩性组合的类型及各岩性的分布规律。一些横向分布相对稳定的特殊岩层组合，常常会形成特征突出且易于识别的岩性组合段。它们具有一定范围内的等时性，相当于标志层的作用，可用于油层对比。

然而，岩性及岩性组合毕竟是沉积环境的产物。在不同层的相同环境中，可出现岩性相似的地层。因此，仅根据岩性对比，有可能误把不同时代岩性相似的地层当作同一时代的沉积物，甚至有时还会误将穿时的岩相界面当作等时的地层界线。另外，在同一层内，横向上沉积环境可能发生变化，导致岩性组合发生变化，从而难以应用岩性组合进行地层对比。

因此，岩性组合适用于在基于地震同相轴、标志层、沉积旋回确定油组和砂组井间等时关系的前提下，在小范围内对小层或单层进行对比。

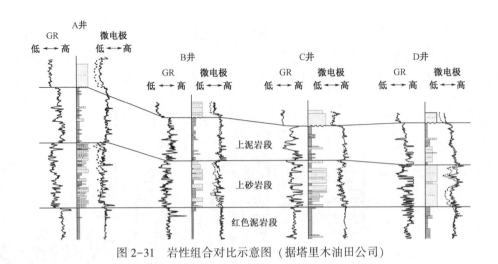

图 2-31 岩性组合对比示意图（据塔里木油田公司）

第三节 油层对比的方法

一、资料准备

视频 2.7 油层
对比的步骤

在开展油层对比工作之前，需全面系统收集整理各方面资料（区域地质背景资料、井资料、地震资料、油藏开发动态资料）以及前人研究成果（区域地层对比成果、构造与沉积相研究成果、油层对比单元划分方案等），关键是在对研究区的地质背景、岩电关系分析的基础上，优选出用于油层对比的测井资料。

（一）资料的收集整理

1. 区域地质背景资料

开展油层划分和对比前，要系统收集和了解研究区的相关地质背景，重点是前人在地层学研究、构造解释、沉积相分析、区域地层划分与对比成果、油藏类型及油气水系统、流体性质及其分布等方面的资料。这是开展油层对比的工作基础。

2. 井资料

井资料的收集与整理，包括钻井基础数据（井别、井位坐标和井位图、补心海拔、完钻井深、井数等）、井斜测量数据、关键井的地质录井（岩屑录井、岩心录井）数据、地质综合录井图（1:500）、岩心综合图（1:50~1:100）。另外，还要了解研究区的测井系列（标准测井系列、综合测井系列、倾角测井系列等），并系统收集整理测井曲线数据及相关的测井图。这是开展油层对比工作的资料基础。

3. 地震资料

地震资料是宏观上反映地层分布、构造特征的重要信息来源，更是确定地层分布模式（前积、超覆等）、确定层序及旋回相关界面（不整合、河道下切面）的重要依据。地震资料的收集应包括三维地震数据体、VSP解释成果、地层层位及断层解释成果等。地震层位的标定和地震资料解释成果是利用测井资料开展地层划分对比的重要约束条件。

4. 油藏开发动态资料

油藏开发动态资料类型较多，包括试油试采资料、井间示踪测试资料、干扰测试资料、注采对应分析成果等。油藏开发动态资料的作用主要是对油层对比结果是否准确进行直接验证。

（二）测井曲线的优选

利用测井资料开展油层对比工作，首先要搞清岩性和电性之间的关系，在此基础上对测井曲线所代表的岩性类型作出定性的判断。具体的工作包括岩心观察描述和岩电关系图版的建立两个方面。岩心观察描述过程中，应重点了解岩性类型及其特征，包括岩石的颜色、结构构造、矿物成分、主要胶结物类型、垂向上岩性组合的变化及其旋回性，而且要特别关注特殊岩性段的分布及其地质特征，这些对于确定对比思路、确定有效的对比标志层具有重要意义。对收获率较高的系统取心井段，要分析不同测井曲线对各种岩性类型的响应特征，划分沉积旋回，识别关键的沉积界面。在此基础上，分析各种岩性及沉积旋回各种测井曲线之间的对应特征，编制典型曲线图版。

测井曲线优选的原则包括：（1）能较好反映岩性、岩性组合、沉积旋回特征；（2）能明显地反映出对比标志层的特征；（3）能清晰地反映出各类岩性的分界面；（4）所有井或大部分井都有这些测井资料，能够广泛引用。

目前，地质工作者主要采用自然伽马（GR）、自然电位（SP）、电阻率（R_t）和微电极曲线的组合来开展油层对比工作，有时也采用感应（Cond）和声波时差（AC）曲线，这些测井曲线在反映岩性、物性、含油性、沉积旋回及沉积界面方面具有各自的优势和不足（表2-4），组合起来使用，基本可以满足油层对比的要求。

表2-4　测井曲线对岩性及岩性组合反映效果的比较

测井曲线	优点	不足
自然伽马	①能较好地反映岩性及泥质含量； ②能反映各级沉积旋回	分辨薄层的能力较低，对岩性界面位置确定不准确
自然电位	①能较好地反映各级沉积旋回； ②能反映各类岩性的渗透性	①难以区分渗透性相似的不同岩性； ②岩性界面位置确定不明显； ③幅度受油层厚度、流体、钻井液性能的影响
电阻率	①能反映各级沉积旋回及单层的分级界面； ②能明显反映标志层的特征	①小于1m的薄层反映不明显； ②高阻层附近的岩层容易受屏蔽的影响
微电极	①能清晰反映各薄层的岩性界面； ②能较好区分并反映各类岩性 ③能反映各种岩性的孔渗性	难以清楚地反映各级沉积旋回及其组合

二、对比方式

（一）对比标准井的确定

在一个油田范围内开展油层对比，是通过与已划分地层的标准井进行对比，对未划分地层的井进行地层划分。因此，首先需要根据地层划分方案，建立标准井剖面。

标准井是地层对比时的控制井，即作为其他井对比的标准。一般地，标准井的选择应具备以下条件：

（1）地层齐全：标准井钻穿的地层应齐全，不能缺层，而且油层发育程度好。

（2）资料丰富：标准井应具备较全的岩心录井资料和测井资料。

（3）标志清楚：标准井的地层对比依据（标准层、旋回、岩性组合）应明显，岩电关系具有代表性。

（4）位置居中：标准井应为直井，一般应位于研究区的中部，这样便于与其他井对比。

值得注意的是，当一口井不具备上述地层齐全、资料丰富、标志清楚的条件，或者不具有地层代表性（如在断层发育的地区）时，可由几口井分段（如分油组或砂组）组合成一个"标准井"，即从几口井挑选有代表性的油层组或砂层组汇编成一个标准井剖面。

（二）剖面闭合对比

地层对比的目标是对所有井建立等时关系，但在实际对比过程中，由于沉积相变等原因，平面上地层特征会发生一定的变化，导致距离标准井较远的井可能出现较大的对比误差。为此，在对比过程中，不宜随机选择几口井进行对比，而是要设计多个连井剖面，进行多个剖面的"闭合"对比。在开发井网中，往往按以下方式设计对比剖面。

首先，建立过标准井的骨架剖面（十字剖面）。为了把握沉积相变导致的地层差异性，一般按物源方向设计骨架剖面，即一条剖面顺物源方向，另一条剖面垂直于物源方向。另外，为了掌握横向上油层的变化规律，可以分别沿构造轴线和垂直构造轴线设计骨架剖面。

然后，以骨架剖面上的井作控制，从骨架剖面向两侧建立辅助剖面，形成正交剖面网络（图2-32）。

最后，在正交剖面基础上设计三角网，对已对比井的对比结果进行交叉验证。

需要注意的是，对于定向井，需设计沿井斜方向的连井剖面。在该剖面中，可显示定向井井轨迹，并有与之对比的直井（图2-33）。

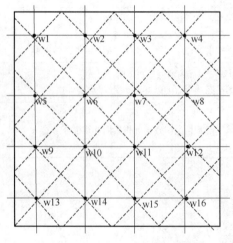

图2-32　油层对比剖面设计示意图

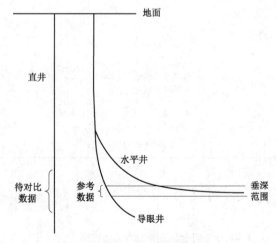

图2-33　定向井与直井油层对比示意图

（三）层拉平对比

由于构造运动的影响，含油气层系中的各油层对比单元在各井的深度位置相差往往较大。为了消除埋藏深度对油层对比的影响，需要进行层拉平对比，即选择一个对比基线（沉积时的水平面），使各井中的油层单元都处于沉积状态，以便观察其纵横向上的变化。该对比基线，在实际工作中，一般选择标志层的顶面或底面作为对比基线在"顶拉平"或"底拉平"状态下进行地层对比（图2-34），或者将已有的、多井共有的确定性地层界线为对比基线。

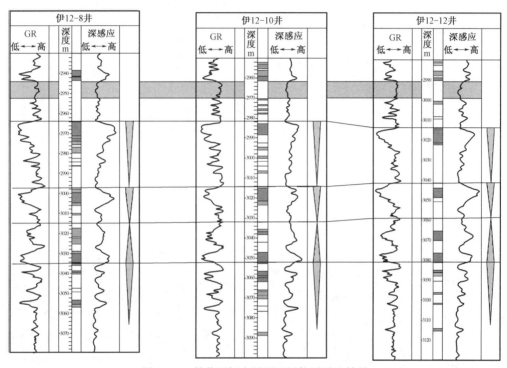

图 2-34　某井区标志层顶面层拉平对比结果

三、对比原则

油层单元作为一种地层单元，井间对比的基本要求是等时对比。为了保障油层对比的精度，应遵循一些基本原则，即井震结合、模式指导、分级控制、构造分析、动态验证、全区闭合。

视频 2.8　油层对比的原则

（一）井震结合

在地层对比过程中，对于高级别的油层对比单元（如含油层系、油层组规模的对比），要充分发挥三维地震资料的优势，采用井震结合的方式来开展对比工作。即首先将地震剖面上显示的不整合、层序边界、最大湖泛面、断层断点等和测井曲线联系起来，从单井出发，将单井确定的油层对比单元之间的界面通过合成地震记录标定到相应的地震剖面上，确定对应的地震反射同相轴，从而进行横向追踪，确定相邻井的对应地层界面（图2-35、

图 2-36）。当地震剖面上明显存在断层时，更要从地震剖面上首先确定大致的反射时间，并从单井测井资料上去确定准确的断点深度。

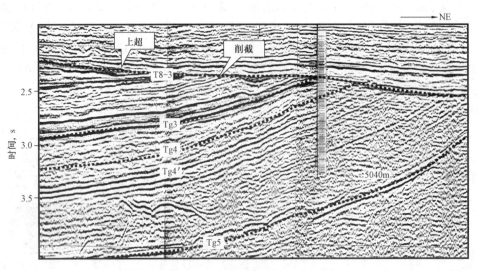

图 2-35　地震剖面上显示的不整合面削截与上超现象

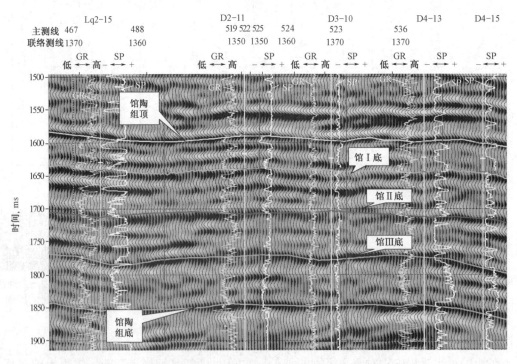

图 2-36　某油田新近系馆陶组内部油层组对比的井震综合剖面

对于低级别油层对比单元（如砂层组、小层、单层）的对比，一般地震资料的分辨率无法满足要求，因此只能在利用测井资料的同时，充分利用标志层、沉积旋回、岩性组合来进行多井对比。

（二）模式指导

视频 2.9 油气藏
内地层发育模式

不同地质背景下形成的地层，其叠置样式具有不同的特点，地层对比方法也有差异。首先，要确定地层接触关系，如超覆式地层的底面为不整合面，其上的地层充填为"填平补齐"，剥蚀式地层的顶面为不整合面，其下地层与其斜交；其次，要确定整合地层内部的地层叠置样式，并以此为指导进行地层对比。下面以加积式、前积式、退积式、剥蚀式地层为例，介绍油层对比中的模式指导原则和方法。

1. 加积式地层对比

1）地层样式

加积式地层内部层面及其与顶、底面呈近于平行的整合接触。横向上，地层厚度可大体相似，或虽有差别但各地层单元的厚度在横向上呈比例增大或减小，其比例在各处相似，即变化趋势是一致的（图 2-37）。因此，这种地层叠置样式也称为"比例式"。这类地层是在基本稳定的沉积背景如冲积平原或湖（海）相平缓地形上形成的。横向的厚度变化主要是由不同部位沉降幅度和（或）沉积速度的差异造成的（如同生断层上下盘不同部位）。沉降幅度与沉积速率大则厚度比例大，反之则厚度比例小。在油藏范围内，这种地层分布最为广泛，其极端样式为等厚式，即各处各地层单元的厚度基本相似。

2）对比方法

针对加积式地层，可按照"切片对比法"控制地层对比，即在两个标志层间控制的大套连续沉积带内，等分或不等分地按总厚度变化趋势切成若干个片（相当于砂层组或小层），切片界线就是对比的控制界线（图 2-38）。

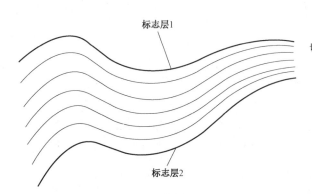

图 2-37　比例式地层对比模式

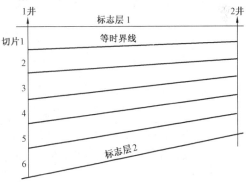

图 2-38　切片对比示意图（据裴怿楠等，1987）

在小范围内，沉降幅度一般变化不大；在岩性组合相似的情况下，沉积速率也相似。因此，在小范围内岩性组合相似时，地层厚度也相似。在此情况下，可根据"岩性组合相似，厚度相似"的原则，在上下两个标志层控制的连续地层内，对小层或单层进行近似平行的对比，俗称"平对"。当然，在"平对"过程中，应充分考虑微相砂体的形态特征，如在河道下切的情况下，地层界面也应相应下拉（图 2-39），而不能机械地平对。

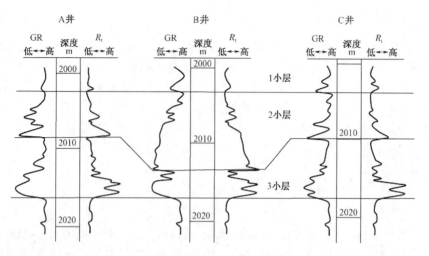

图 2-39 下切河道地层对比模式

在河流沉积中，可通过"等高程对比"的方法，在标志层控制下划分单期河道砂体对应的单层，并进行井间对比。基本原理为：河道内的完整沉积序列厚度反映古河流的满岸深度，其顶界反映满岸泛滥时的泛滥面，因此，同一河流内的河道沉积物的顶面应是等时面，并与标志层大体平行，也就是说，同一河道沉积顶面距标志层（或某一等时面）应有大体相等的"高程"；反之，不同时期沉积的河道砂体顶面高程应不相同。据此，用在地层内划分出多期河道砂体。做法为：（1）在砂层组上部（或下部）选择标志层，并尽量靠近砂层组顶（或底）界面；（2）分井统计砂层组内的主要砂层（单层厚度大于2m）的顶界距标志层的距离；（3）在剖面上按深度统计主要砂岩层顶面距标志层的距离，并确定主要的时间段，将距不同距离的砂岩划分为若干沉积时间单元（图2-40）；（4）全区综合对比统一时间单元，然后进行对比连线。

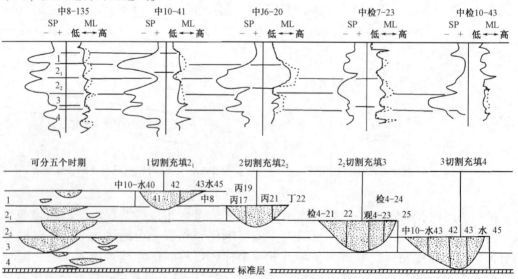

图 2-40 应用"等高程法"划分沉积时间单元（据裴怿楠等，1977）

ML—微电极测井曲线

对于跨时间单元的厚砂层的处理，应分析是一个沉积时间单元河流下切作用形成的，还是两个沉积时间单元的砂层叠加而成的，或是既有河流的下切又有叠加综合而成的。大庆油田采用的方法是：（1）综合判断沉积韵律，若砂层只有一个完整的韵律，说明是河流下切作用形成的，应为一个沉积时间单元；（2）若砂层由多个韵律组合而成，且底部较粗，则为多个沉积时间单元组合而成的叠加砂层；（3）若砂层中存在稳定的薄层泥岩夹层，则可将砂层划分成不同的沉积时间单元；（4）通过邻井对比，以多数井的划分为准；（5）可用动态资料进行验证，如见水层位、见水特征等。

2. 前积式(进积式)地层对比

1) 地层样式

前积式地层内部层面与顶、底面斜交。内部地层沿某一方向前积排列。这种样式常见于三角洲相地层中，为建设性三角洲向海（湖）推进而形成。例如，在东营凹陷古近系沙河街组三段，三角洲向湖盆方向推进，发育多期前积体（图2-41）。不同级次的油层单元，可显示不同的前积特征。如图2-42所示，沙二段8砂组内部3个小层的前积倾角较小，看似为加积式，而小层内部的单层，则表现为明显的前积特征。

2) 对比方法

在此情况下，地层对比不能"平对"，而应"斜对"，即在前积地层之上的标志层拉平的情况下，将井间地层斜交水平面对比（图2-42）。地层"斜对"的关键在于确定前积角，主要方法有：（1）通过高精度地震剖面确定前积角；（2）在前积式地层之上的标志层拉平的情况下，通过内部标志层或旋回对比确定前积角；（3）通过井间动态监测资料分析确定前积角。

3. 退积式（超覆式）地层对比

超覆式地层发育于盆地边缘，地层沿斜坡向上超覆，分布范围向上扩大，各层在与盆地斜坡交界处变薄并尖灭。地层内部层面与底面斜交，而与顶面平行（图2-43）。这类地层发育于海（湖）侵体系域中。当水体渐进时，沉积范围逐渐扩大，较新沉积层覆盖了较老沉积层，并向陆地扩展，与更老的地层侵蚀面呈不整合接触。另外，由于不整合面往往凹凸不平，在其后的沉积过程中，首先会发生"填平补齐"，平面上地层分布不连续。斜坡面之上的地层分布样式可以为加积式，也可为前积式。

在这种情况下，要首先确定被超覆面（不整合面），然后，自上而下进行地层对比。

4. 剥蚀式地层对比

地层抬升遭受剥蚀并形成角度不整合接触关系时，下伏地层与不整合面斜交。顶面为剥蚀面，内部地层在高部位被剥蚀（图2-44）。地层内部层面与底面平行，而与顶面斜交。例如，在准噶尔盆地车排子凸起春光油田东西向连井剖面上（图2-44），K_I、K_{II}、K_{III}、K_{IV}、K_V砂组的各小层沿着白垩系底部的不整合面从东往西逐渐超覆，形成超覆对比模式，其顶部遭受剥蚀，形成不整合面，形成剥蚀式地层对比模式。两者构成超覆式与剥蚀式的组合。同样，古近系的各小层沿着白垩系顶部的不整合面从东往西逐渐超覆，形成超覆对比模式，其顶部遭受剥蚀，形成不整合面，形成剥蚀式地层对比模式。两者构成超覆式与剥蚀式的组合（图2-44）。

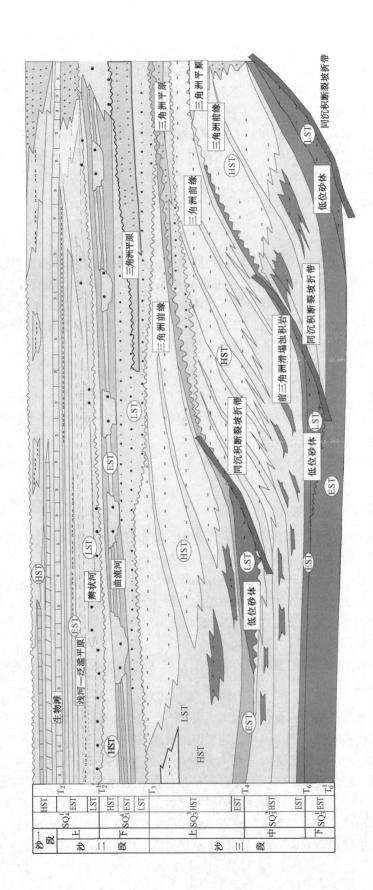

图 2-41 东营凹陷第三超层序内各三级层序格架的体系域构成

石灰岩　　生物灰岩　　粉砂岩　　中—细砂岩

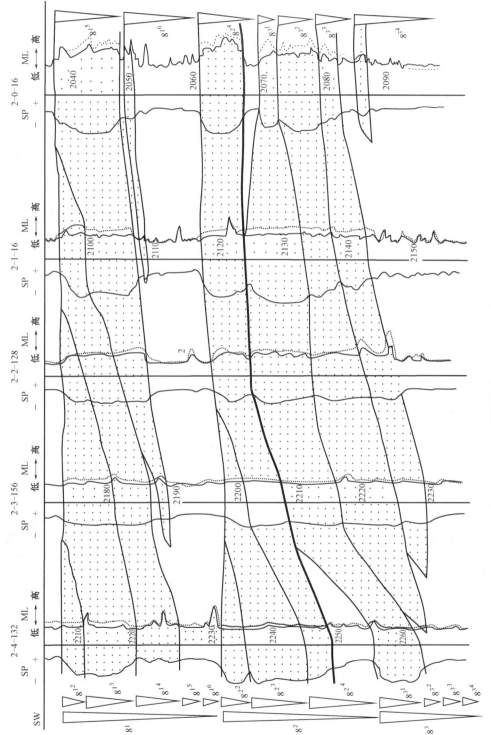

图 2-42 东营凹陷胜坨油田二区沙二段二段小层内部前积特征

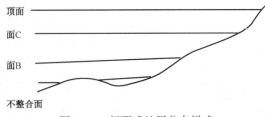

图 2-43 超覆式地层分布样式

针对剥蚀式地层，要首先确定不整合面，然后，自下而上进行地层对比。

由上可见，不同的地层发育模式，其对比方法有较大的差异。因此，在地层对比前，应首先确定地层发育模式，在模式指导下进行地层对比，即"模式指导"。由于地层发育模式与沉积环境有关，因此，"模式指导"对比原则又被称为"相控"或"相控约束"对比原则。

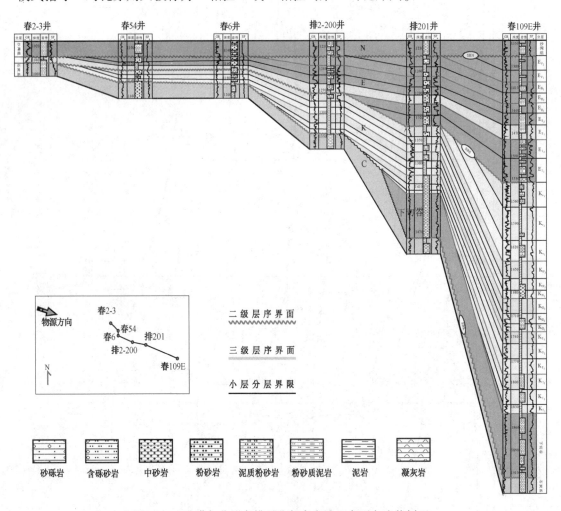

图 2-44　准噶尔盆地车排子凸起春光油田东西向连井剖面

（三）分级控制

分级控制是指在地层对比过程中遵循油层对比单元从大到小顺序进行逐级对比的思路。在一套含油层系内，首先确定各油层组的分界面，然后在各油层组内确定各砂层组的分界面，再在各砂层组内确定各小层的分界面，最后在各小层内确定各单层的分界面。分级控制的主要目的是避免串层，特别是便于把握小级别地层单元的等时性。以旋回对比为例，先对比高级别的旋回，然后在高级别旋回的控制下，对比较低级别的旋回，也就是"旋回对比，分级控制"。如图2-42所示，在三角洲前缘河口坝地层对比过程中，在三个中期旋回的约束下，进一步对若干短期旋回进行对比。

在应用标志层、沉积旋回、岩性组合进行地层对比时，鉴于识别难易程度及等时性的差异，需要分步实施。

首先，应用标志层进行地层对比。标志层特征明显、分布广泛，因此是地层对比的首选依据。显然，在剖面上标志层越多，分布越普遍，对比就越容易进行。然而，在实际的地层中，标志层往往较少，据此只能进行高级别地层单元（如油层组、砂层组）的对比。

然后，应用沉积旋回进行进一步的地层对比。旋回对比的关键是异旋回的识别，一般综合标志层和垂向岩性变化来识别和划分旋回。如图2-45所示，正旋回的岩性向上变细，反旋回的岩性向上变粗，两者的转换界面正是洪泛面标志层，反映了湖进时期基准面上升与湖退时期基准面下降的转换面。然而，在垂向岩性变化规律不明显的情况下，旋回不容易识别。一般地，旋回级别越小，岩性垂向规律越不明显，旋回越难以识别。特别注意的是，在小级别旋回地层范围内，还受到自旋回作用的影响，如河道砂体粒度向上变细的正韵律（旋回）并不代表基准面上升，因而不能作为异旋回进行地层对比。

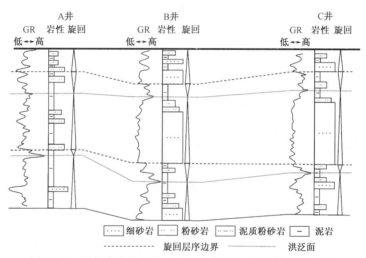

图2-45 鄂尔多斯盆地某区块三口井的基准面旋回对比结果

最后，应用岩性组合进行小级别地层单元（如小层、单层）的对比。前提是：（1）已应用标志层及较高级别旋回确定了较高级别地层单元的等时格架；（2）在已对比的地层格架内缺乏标志层，并且小级别的异旋回难以识别。岩性组合对比的原则是两井的岩性组合相似。

（四）构造分析

在地层对比中，经常发现两井间的地层厚度发生变化，可能变厚，也可能变薄甚至缺失。在此情况下，除考虑地层沉积本身的因素外，十分重要的是考虑构造的影响，如地层剥蚀、正断层地层断失、逆断层地层重复、倒转背斜地层重复等。因此，一方面，在开展地层对比之前，要充分了解区域地层接触关系、构造背景及地层产状的变化、断裂性质及其分布等，分析由地层剥蚀所造成的地层厚度的变化趋势，了解断层的基本性质、规模（断距）

及其分布，特别是这些断层可能影响到的井；另一方面，在对比过程中，要重点从井上识别断层的存在并确定断层的位置，根据相邻井的资料确定因断层造成的地层重复和缺失（图2-46）。井下断层的识别方法将在第三章进行介绍。

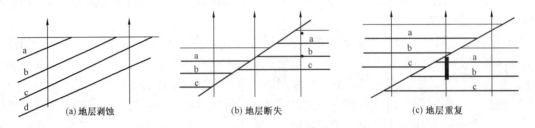

(a) 地层剥蚀　　　　　(b) 地层断失　　　　　(c) 地层重复

图 2-46　剥蚀与断层对地层厚度的影响

另一方面，在构造变形的地层中，定向井与构造倾角的关系会影响钻井上的地层厚度，井轨迹显示的地层单元的"厚度"与实际地层厚度会有很大的差别（图2-47）。在记录钻井地层厚度或砂层厚度时，应分辨不同厚度的概念，包括真厚度、垂直厚度、测量厚度、视垂直厚度等。

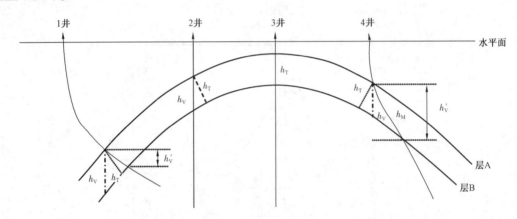

图 2-47　钻井地层厚度概念示意图（据吴胜和等，2011）

真厚度（h_T）为地层的实际厚度，测量线同时垂直于地层顶面和底面。

垂直厚度（h_V）为铅直线与地层顶、底面的交点距离。当地层真厚度一定时，地层倾角越大，垂直厚度越大。

测量厚度（h_M）为沿井轨迹的地层厚度（实际上为长度）。直井的测量厚度即为垂直厚度；定向井的测量厚度则随井轨迹变化而变化。

视垂直厚度（h_V'）为井轨迹与砂体顶、底面交点的海拔深度差值。若定向井沿地层下倾方向钻进，则视垂直厚度会大于真厚度和垂直厚度（图2-47中4井）；若定向井偏离铅垂线沿地层上倾方向钻进，则视垂直厚度会小于真厚度和垂直厚度（图2-47中1井）。

（五）动态验证

在油层对比过程中，应充分应用井间动态监测资料，来帮助进行地层对比。井间动态监测资料可提供井间储层连通性的信息，据此，在通过静态资料（测井资料）进行初步对比但把握不大的情况下，可应用动态监测资料进行验证。如图 2-48 所示，注入井注入的示踪剂在采出井采出，进一步证实了油层对比的合理性。

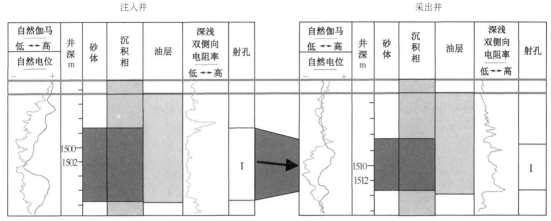

图 2-48　井间示踪剂资料动态验证示意图

这一方法对于缺乏标志层及异旋回难于识别地层的对比尤为重要，在前积式地层对比中还可用于前积角的估算。在前积地层之上的标志层拉平的情况下，当用动态监测方法确定井间砂体连续时，该砂体顶面与水平面的夹角即为前积角。

常用的井间动态监测方法有井间示踪剂测试、多井试井、产吸剖面分析等等，另外还可以用注剂（注水、注聚合物等）动态受效分析验证油层对比结果。

1. 井间示踪剂测试

示踪剂是指那些易溶，在极低浓度下仍可被检测，用以指示溶解它的流体在多孔介质中的存在、流动方向和渗流速度的物质。

井间示踪剂测试是向井内注入携带有示踪剂的流体，然后再用流体驱替这个示踪剂段塞，并在邻近的生产井中检测示踪剂的开采动态，如示踪剂在生产井的突破时间、峰值的大小及个数、注入流体的总量等参数。这既可标注已注入流体的运动轨迹，还可进一步研究和认识注入流体的分布及运动规律，从而为油层的连续性、油层非均质特征、油层动用状况、油层的潜力分布及剩余油饱和度等油藏工程问题提供更加可靠的信息。

示踪剂与油层岩石及流体相互作用的程度将直接影响示踪剂的流动特性，也与示踪剂能否跟踪注入流体、反馈注入流体的流动特性直接相关，甚至影响最终解释结果。因此，选择适合各油田的示踪剂，是井间示踪剂测试的重要环节。

井间示踪剂测试技术已得到了广泛的应用与发展，并获得了良好的效果。根据生产井中示踪剂的产出情况（即产出或不产出），可验证油层对比结果，还可判别断层的封闭性和井间砂体的连通情况（连通还是不连通）。若监测井示踪剂见效，说明井间砂体连通，若监测井示踪剂不见效，则指示着井间存在渗流屏障（封闭断层或岩性尖灭等）。渗流屏障的存在，会阻止示踪剂从注入井到生产井的流动，导致监测井不见效（图 2-49）。

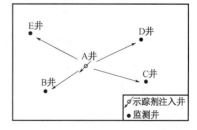

图 2-49　示踪剂监测井组示意图

2. 多井试井

多井试井是通过改变一口井的工作制度，测量另一口井或数口井的压力变化。由于测试至少需要两口井组成井组，故称为多井试井。

多井试井方法包括干扰试井和脉冲试井。

1) 干扰试井

在测试过程中，一般以一口井作为"激动井"，另一口井或数口井作为"观测井"或"反映井"（图2-50）。通过改变激动井的工作制度，造成地层压力的变化（常称为干扰信号）；在观测井中下入高灵敏度测压仪表，记录因激动井改变工作制度所造成的压力变化。

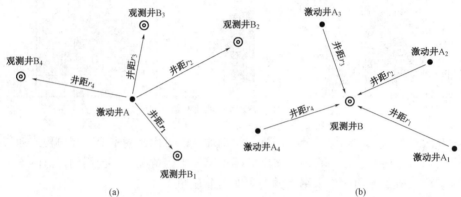

(a)   (b)

图2-50　多口井参与的干扰试井示意图（据庄惠农，2004）

(a) 多口观测井；(b) 多口激动井

2) 脉冲试井

脉冲试井是干扰试井方法的新发展。与一般干扰试井所不同的是，脉冲试井的激动井在测试期间需要多次改变工作制度。由于激动井间歇地关井与开井，在地层中造成的脉冲激动，从而在观测井中可用高灵敏度微差压力计测得相应的压力响应，如图2-51所示。

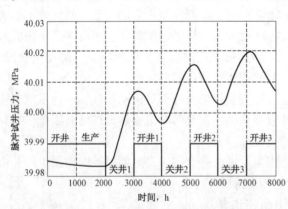

图2-51　脉冲试井压力变化图（据庄惠农等，2004）

根据激动井与各观测井的压力变化，可直观地检测井与井间同一油层是否连通以及连通程度。另外，还可利用激动层与观测层的压力变化，检测垂向上层间的连通性。由此验证地层对比结果的合理性。

3. 产吸剖面分析

产吸剖面是采油井产出剖面和注水井吸水剖面的合称。在注水开发过程中，为了了解采油井内不同层段的产出差异情况，会经常进行产出剖面测试，产出剖面一般用各层或层段的相对产液量或绝对产液量来表示；为了了解注水井内不同层段的吸水差异情况，会经常进行吸水剖面测试，吸水剖面一般用各层或层段的相对吸水量或绝对吸水量来表示。

1) 产出剖面测试

产出剖面测试是指在生产井正常生产条件下，测试各生产层或层段的产出情况（图2-52）。产出剖面是采油井内测试的多层油层或厚层油层内部相对产液（产油、产水）强度的垂向分布剖面。经常进行产出剖面测试，可及时了解油井中各油层的出油和见水情况，可以作为分析油井分层动态、采取分层调整措施、提高油井产能、进行油田调整挖潜的重要依据。

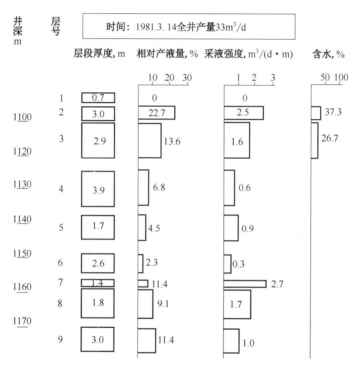

图 2-52　ZJ5-012 井采油剖面测井资料解释成果图（据姜汉桥等，2000）

2) 吸水剖面测试

对注水开发的非均质多油层油田，为了了解注水井每个层段或小层的吸水状况，需要用生产测井方法测试注水井的吸水剖面。吸水剖面为注水井内测试的在一定注入压力和注入量的条件下各吸水层吸水量的垂向分布剖面（图2-53）。吸水剖面主要反映每个层段或小层在一定注水压力下的相对吸水量，并可通过相关计算求出每个小层或层段的绝对吸水量。测试结果有助于了解分层吸水动态，间接了解油井分层产油状况，可以作为分层配注、确定改造层位、检查改造效果的主要依据。

综合应用产出剖面及吸水剖面资料，可以了解近距离内注水井与产出井的联动效应。当井间砂体连通时，同层的吸水强度与产液强度有对应关系，据此可验证地层对比的合理性。但当井间存在封闭性断层、砂体尖灭或其他渗流屏障时，注水井的吸水剖面和生产井的产出剖面之间则无联动效应。

值得注意的是，产出剖面及吸水剖面的影响因素很多，其中，产出剖面主要受地层因素的控制，如地层渗透率、地层压力、流体性质、地层污染等；而吸水剖面除地层因素外，还

119

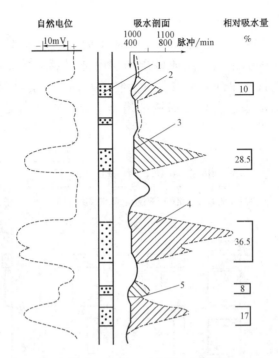

图 2-53 同位素吸水剖面示意图（据陈恭洋，2007）

1—吸水层；2—同位素曲线；3—自然伽马曲线；4—吸水面积；5—分层线

受注入水水质、启动压力、注入时间等因素的影响。因此，在具体应用时，应针对具体情况加以解释。

4. 生产动态受效分析

对某油气开发区的注采井的生产动态受效分析，主要是采用相关的验证来证实其间是否存在遮挡，并进一步验证油层对比结果。

通常采用注水量、产液量及注水量、综合含水率等生产指标的注采相关性分析研究，验证注水井注入量的改变首先影响到油井供液能力的变化，即直接影响到井底流动压力改变，进而影响到井口生产能力变化。因此，注水量—产液量曲线分析体现出较强相关性。

如果同一注采单元注采井点间有构造遮挡或岩性边界存在时，采油井会因注水受效方向数减少导致其受效差或者不受效，开采指标动态变化特征明显差于同单元具有完善注水连通方向采油井。因此通过对注采井组中不同采出井生产动态情况跟踪分析，比较受效差异，在储层砂体岩性变化影响较小情况下，可间接证明在注采井点间是否存在构造或岩性遮挡条件。

（六）全区闭合

通过由点（井）到线（剖面线）、由线到面（全区）来开展全区的油层对比，反过来再由面到线、由线到点验证。经过多次的反复，使得各井地层界线在全区达到平面闭合，以确保油层对比的精度（图 2-54）。

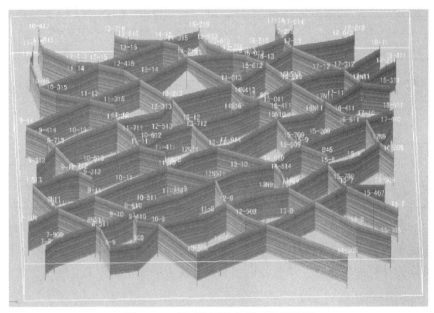

图 2-54　某开发区块小层对比栅状图

四、对比成果

（一）分层数据表

　　根据油层对比成果，可以得到每一口井的分层数据表，称为小层划分数据表（表 2-5）或小层数据表。这是油层对比最基本的成果表。在该表中，应记录各级油层划分单元的顶底深度、小层内的砂体顶底深度（若小层内含有多个砂层，需分别记录各砂层顶底深度）、砂岩厚度等。对于断点深度，缺失或重复的地层对应于邻井的对应井段，都应在备注栏中注明。若有试油资料，也可记录。该成果表是油层研究最重要的基础资料。

表 2-5　××油田××区××井××油层组小层划分数据表

砂层组	单油层		单层底界 m	砂岩顶界 m	砂岩底界 m	砂岩厚度 m	测井解释结果
	小层	单层					
I	I-1		1218.0				
	I-2	I-2-1	1220.5				
		I-2-2	1223.0				
	I-3	I-3-1	1226.0	1224.2	1225.6	1.4	水层
		I-3-2	1238.0	1230.0	1230.4	0.4	水层
II	II-1	II-1-1	1241.0	1239.4	1240.6	1.2	差油层
		II-1-2	1244.8	1240.8	1242.6	1.8	油层
	II-2	II-2-1	1247.0	1245.4	1246.8	1.4	油水同层
		II-2-2	1250.0				
		II-2-3	1254.0				

| 砂层组 | 单油层 | | 单层底界 | 砂岩顶界 | 砂岩底界 | 砂岩厚度 | 测井解释 |
	小层	单层	m	m	m	m	结果
Ⅲ	Ⅲ-1	Ⅲ-1-1	1258.0	1256.6	1257.4	0.8	水层
		Ⅲ-1-2	1262.0				
	Ⅲ-2	Ⅲ-2-1	1265.8	1264.6	1265.8	1.2	水层
		Ⅲ-2-2	1272.6	1266.2	1267.4	1.2	水层
	Ⅲ-3	Ⅲ-3-1	1278.0	1272.6	1277.2	4.6	水层
		Ⅲ-3-2	1284.6				
备注							

在小层数据表的基础上，还可以小层为单元，将其转换为小层（或单层）对比数据表。作为油田地质平面研究的基础资料，小层（或单层）对比数据表可用于编制各种油层平面图等，也可作为计算油气储量、动态分析和制定开发方案的依据。

（二）地层等厚图

在油层对比后，一般需要根据各井对比结果编制各地层单元的厚度分布图（地层等厚图）。这一图件反映了地层单元厚度的平面分布特征，同时，也可作为油层对比合理性的验证（图2-55）。如地层厚度分布出现地质不合理性，意味着地层对比可能存在一定的问题。

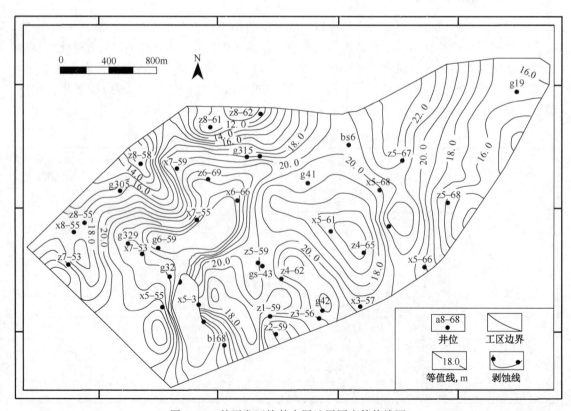

图2-55 某开发区块某小层地层厚度等值线图

思考题

1. 什么是油层对比？其本质内涵是什么？

2. 油层对比单元由大到小划分为哪几级？各级单元的内涵是什么？

3. 油层对比的主要依据有哪些？

4. 什么是地层对比的标志层？其等时依据是什么？标志层有哪些主要类型？

5. 什么是沉积旋回？为什么可以根据沉积旋回进行地层对比？陆相沉积盆地中沉积旋回可以分为哪几级？地层对比中"旋回对比，分级控制"的内涵是什么？

6. 为什么岩性组合比单一岩性在等时地层对比中更重要？应用岩性组合进行地层对比的前提条件是什么？

7. 地层对比中的典型井应具有哪些条件？

8. 为什么要"顶拉平对比"？

9. 在油层对比中为什么要进行"井震结合"？

10. 如何理解油层对比中的"分级控制"？

11. 如何理解油层对比中的"模式指导"？油藏范围内地层发育模式有哪些？

12. 有哪些构造因素会导致地层的重复与缺失？

13. 应用给定的一口井的地层划分方案及其他几口井的测井资料，如何进行地层对比？

第三章　油气藏构造

对于已发现的油气田，深入的构造研究可为油气藏评价、开发设计及动态分析等提供重要的地质依据。地下构造研究的方法主要有地震资料解释方法和多井研究方法。前者已有专门的课程介绍，本章主要介绍应用井资料进行油气藏构造研究的方法。

第一节　油气藏构造特征

油气藏构造为油气层单元的顶底面（层面）起伏和断层错断特征。与区域构造研究不同的是，层面构造主要针对油气层单元（油层组、砂层组、小层或单层），而关注的断层主要为规模相对较小的油气藏断层。

一、油气藏断层

大自然的断层规模和断距相差很大，油气藏断层则是指限定油气藏边界及其内部分布的断层。

视频 3.1　断层级次

（一）断层级次

根据断层规模及断距大小，将断层分为以下六个级别：

区域断层：是指控制盆地内坳陷与隆起间的分界断层。区域断层的规模大，延伸长，一般为几十千米至上百千米。它控制了沉积盆地内坳陷的构造、沉积形成与演化。区域断层的形成和分布受区域地质构造背景控制，也与基底的隆起有关。如图 3-1 所示，无南断层和宁南断层是济阳坳陷和埕宁隆起的分界断层；齐广断层也是区域断层，为济阳坳陷与鲁西隆起的分界断层。

一级断层：是指盆地内凹陷和凸起间的分界断层。一级断层的规模较大，延伸较长，一般为几千米至几十千米。一级断层的形成和分布通常受区域构造背景和控制坳陷分布的区域断层的几何形态的控制，并与基底构造有关。图 3-1 中 E 断层为惠民凹陷与东营凹陷的分界断层。

二级断层：是指洼陷与凹陷内隆起带之间的断层。二级断层的规模相对较大，延伸较长，一般为几千米至几十千米。二级断层通常为构造带的边界断层，控制了构造带的形成与发育。二级断层的形成和分布与区域构造应力场、岩层厚度及其展布、古地貌等因素有关。图 3-1 中临商断层、夏口断层、林南断层和林北断层均为二级断层，其中临商断层是滋镇洼陷与中央隆起带之间的分界断层，夏口断层是临南洼陷与南部斜坡带的分界断层，林南断层是里则镇洼陷与林樊家构造带之间的分界断层，而林北断层是阳信洼陷与林樊家构造带之间的分界断层。

三级断层：主要是指断块区之间或大型断块之间的边界断层。三级断层的规模相对较小，断层延伸长度一般为几百米至几千米，控制油气藏的形成与分布。三级断层通常是一、二级断层在活动过程中形成的纵向和横向的调节断层，并控制次级断层的形成与分布。三级

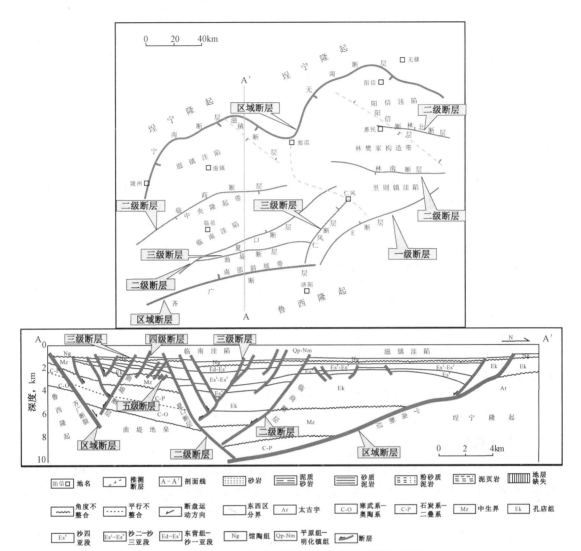

图 3-1 惠民凹陷中央隆起带断层序次剖面图（据林玉祥等，2016）

断层的形成与区域地质构造环境、边界条件、断块体的抬斜旋转与差异升降、岩性岩相及厚度变化等因素有关。图 3-1 中阳信断层是阳信洼陷内的控区带断层。

四级断层：主要是指断块区内划分小断块或使大断块复杂化的断层，多为高序级断层在活动过程中由于局部应力调整而形成的次级派生断层，通常表现为油藏内的主要断层。断层规模小，延伸不远，断距一般为数十米至百余米，并具有多方向性。四级断层的形成与局部构造及应力环境、断块的掀斜运动、岩性岩相及厚度变化等因素有关。

五级断层：是指断块内的次级小断层，规模小，延伸短，一般延伸仅几百米，断距仅几米到十几米甚至几十厘米，一般小于 15m。五级断层主要分布在四级断层控制的自然断块内，或与四级断层相交，或孤立分布，大多属于四级断层的派生断层。五级断层属于油藏内部的次要断层，俗称小断层。

另外，还有一类更小的、发育于层内的微断层，其断距可小至数厘米，一般呈阶梯状正断层或形成微型地堑，主要由局部构造形成或改造过程中的派生应力所形成，也可由地震振动所形成，这类断层可称为六级断层。

上述区域断层和一至三级断层的规模及断距较大，一般称为高序级断层。四级及以下级别断层的规模及断距较小，一般称为低序级断层。低序级断层是由高序级断层的活动而产生的分枝（次生、派生）断裂，其形成与控制它的高序级断层的活动及其所产生的局部应力场有密切关系。当这些局部应力场达到岩石的抗张、抗剪强度时，岩层的连续性被破坏，进而产生低序级断层。这些低序级断层规模较小，应用地震资料往往难以识别，有时仅表现为地震相位的轻微扭曲。这些地震资料不能分辨的小断层，通常称为"亚地震断层"（subseismic fault）。

低序级断层的规模虽然小，但其数量比高序级断层多，而且其规模和渗流性又远超过裂缝。它们对油气田构造趋势及沉积不具控制作用，但对油气藏的油气水关系起着复杂化的作用（图3-2），并影响油藏开发过程中注入水的地下运动规律，是造成水淹水窜和剩余油分布的重要地质因素。因此，低序级断层的研究和识别对于认识油气藏内的油气水关系、解决井间注采矛盾、提高采收率等具有重要的现实意义。

视频 3.2 油气藏断层分布样式

（二）油气藏断层分布样式

不同类型盆地的动力学背景以及构造变形机制不同，发育的断层组合样式也不相同。和高序次断层一样，低序次断层的形成和分布与其所处的地质构造背景有关，在相同的动力学背景和构造变形机制下，低序次断层通常表现出与高序次断层相似的组合样式。认识高序次断层分布样式，对于研究油气藏低序次断层分布有指导意义。

1. 伸展构造区的断层样式

伸展构造区的断层以拉张应力场作用下形成的正断层为主，如我国东部伸展盆地。单条正断层的剖面形态主要表现为产状平直、倾角较陡的平面状和上陡下缓的铲状两种类型。油藏多条断层在剖面上可组成同向式、反向式、地堑式、地垒式、楔形断裂体系（图3-3）；在平面上可组成平行分布断裂体系、帚状分布断裂体系、放射状分布断裂体系、雁列式分布断裂体系、弧形分布断裂体系。断层分布及组合的多样性，决定了油气藏分布的复杂性。

2. 挤压构造区的断层样式

挤压构造区的断层以水平挤压构造应力场作用下形成的逆断层为主，断层的剖面组合样式复杂多样，主要有：（1）由一套产状相近并向一个方向逆冲的若干条逆冲断层构成的叠瓦状构造（图3-4）；（2）由顶板逆冲断层、底板逆冲断层及夹在中间的叠瓦状逆冲断层组成的双重构造（图3-5）；（3）在逆冲断层与反冲断层交会的部位，由逆冲断层与反冲断层构成的背冲式冲起构造（图3-6）；（4）由两条近平行但倾向相反的逆冲断层构成的对冲式构造；（5）在反向逆冲断层及其后侧的逆冲断层会聚部位，由反冲断层、分支逆冲断层和底板逆冲断层三向限制的逆冲三角构造（图3-6）。平面上，断层呈平行分布或与不同时期形成的逆断层组成复杂网络，形成的挤压背斜油气藏多呈狭长状成排成带分布。

3. 走滑构造区的断层样式

在走滑构造区，由于扭动构造应力场的作用，可形成一系列斜向滑动断层。雁列式断层是走滑构造区的断层在平面上表现出的最基本特征和标志，断层的走滑活动通常形成次一级

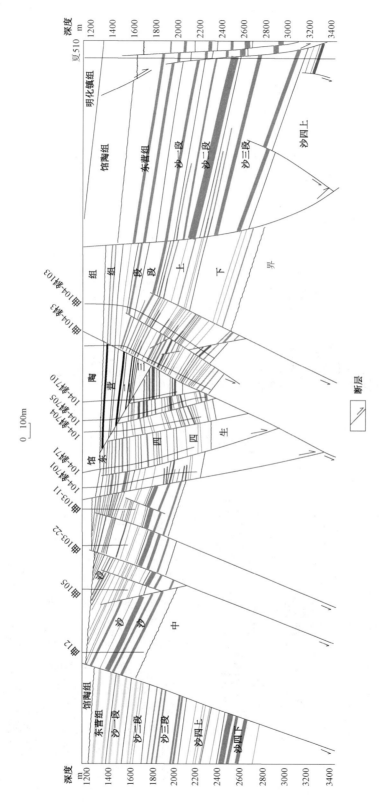

图 3-2 惠民凹陷南斜坡曲堤油田过井油藏剖面图示意图（据胜利油田研究院，2020）

127

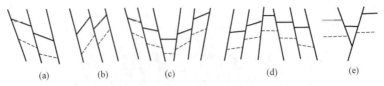

图 3-3　伸展构造区的断层组合样式示意图（据徐守余，2005）

（a）同向式；（b）反向式；（c）地堑式；（d）地垒式；（e）楔形

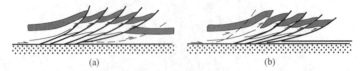

图 3-4　叠瓦状构造的两种模式

（a）前展式；（b）后退式

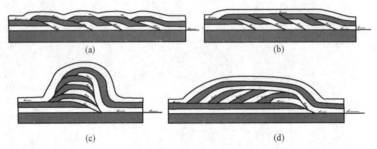

图 3-5　几种常见的双重构造

由（a）到（d）位移量增大

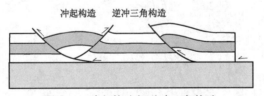

图 3-6　冲起构造与逆冲三角构造

的雁列式断层。四级和五级断层的走滑活动通常可以产生油藏五级和六级断层的分布，这些次级雁列式断层的不同排列形式反映了高一级别断层的不同走滑扭动方式。

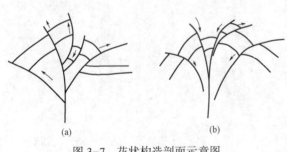

图 3-7　花状构造剖面示意图

（a）正花状构造；（b）负花状构造

由直立伸入基底的主干断层以及向上分叉、散开的次级断层组成的形似花朵的花状构造是走滑构造区最重要的走滑断层剖面样式，包括正花状构造和负花状构造两种类型（图 3-7）。正花状构造在压扭性应力场作用下形成，由多条既具有平移断层特征又具有逆断层特征的断层在剖面上构成向上分叉变缓、向外撒开的断层组合，断层之间为一系列与平移断层近平行的线性背斜，它们主要在西部挤压性盆地中发育。负花状构造在张扭性应力场作用下形成，由多条既具有平移断层特征又具有正断层特征的断层在剖面上构成向上撒开的地堑式断层组合，它们主要在东部伸展盆地中发育。当花状构造发育不完整时，可以形成由主干断层和一侧的分支断层组成的半花状构造。

值得指出的是，由于我国所处的特殊大地构造位置，东部、西部及中部含油气盆地形成演化过程不一样，构造应力场演化具有多期变化的特点，不同时期不同性质的构造应力场可以形成不同类型的构造样式，断层复杂化程度不一。例如，在东部伸展盆地，拉张应力场作用下形成的正断层组合是主要样式；在西部挤压盆地，在水平挤压构造应力场作用下形成的逆（冲）断层组合是主要样式。

二、油气层微构造

（一）概念与分类

1. 油气层微构造的概念

在构造研究中，通常用地层顶底界面来反映地层的起伏状态。然而，在油气藏中，在一套地层（小层或单层）中，既有油气层，又有泥岩等非渗透层，故油气层的顶底界面与地层顶底界面往往不是重合的（图3-8）。因此，油气层的起伏状况与地层的起伏状况有差异。

油气层顶底面的微小起伏变化，即称为油气层微构造。油气层的起伏变化幅度很少超过20m，面积一般在0.3km^{2}以内（李兴国，1987，2000）。由于微起伏高度低，多采用1~5m的小间距等高线作图来显示起伏变化。油气层微构造为油气藏内幕复杂性的一种体现，它对油气藏开发具有重要影响。

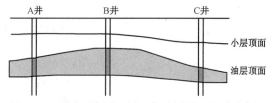

图3-8　地层（小层）界面与油层界面差异示意图

对于砂岩油气藏而言，油气层储层为砂体，因此，常用砂体微构造代表油气层微构造。下面主要以砂体微构造为例进行分析。

2. 砂体微构造分类

微构造可以分为三类：正向微构造、负向微构造和斜向微构造（李兴国，1993；谢丛姣，2001；朱红涛，2002）。

1）正向微构造

正向微构造指储层顶底起伏形态与周围相比地形相对较高的地区，根据其形态又可分为高点和鼻状构造。常见的包括小高点、小鼻状构造、小断鼻等。

小高点指储层顶底起伏形态与周围地形相比相对较高，而等值线又闭合的微地貌单元，其幅度差一般为2~4m，闭合面积一般为0.1~0.2km^2［图3-9(a)］。

小鼻状构造指储层顶底起伏形态与周围地形相比相对较高，而等值线不闭合的微地貌单元，一般与沟槽地貌单元相伴生，面积一般为0.3~0.4km^2［图3-9(b)］。

小断鼻指在上倾方向被断层切割的鼻状构造［图3-9(c)］。

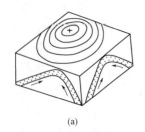 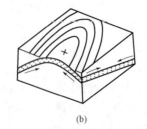 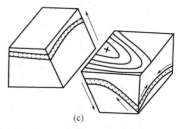

(a)　　　　　　　　　　(b)　　　　　　　　　(c)

图 3-9　正向微构造示意图（据李兴国，1993）

（a）小高点；（b）鼻状构造；（c）小断鼻

2）负向微构造

负向微构造指储层顶底相对较低的地区，根据形态可以分为低点和沟槽。常见的负向微构造包括小低点、小沟槽、小断沟、小向斜等。

小低点指储层顶底起伏形态与周围地形相比相对较低，而等值线又闭合的微地貌单元，其幅度差一般为 2~4m，闭合面积一般为 $0.2km^2$ ［图 3-10（a）］。

小沟槽是对应于鼻状构造的微地貌单元，其形态与鼻状相对应，只是方向相反，是不闭合的低洼处 ［图 3-10（b）］。

小断沟指在下倾方向被断层切割的鼻状构造 ［图 3-10（c）］。

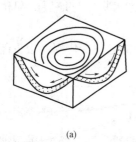 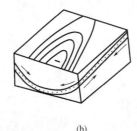 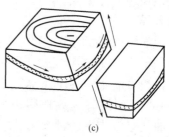

(a)　　　　　　　　　　(b)　　　　　　　　　(c)

图 3-10　负向微构造示意图（据李兴国，1993）

（a）小低点；（b）小沟槽；（c）小断沟

3. 斜向微构造

斜向微构造指储层正向倾斜部分，一般与区域背景有关，常位于正、负向微构造之间，也可单独存在，如小斜面、小阶地。该构造顶底倾向倾角与区域背景一致，等值线均匀平直排列（图 3-11）。

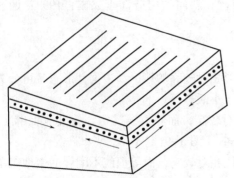

图 3-11　斜向微构造示意图

（据李兴国，1993）

（二）微构造配置模式

大量微构造研究成果表明（李兴国，2000；林承焰，2000），砂体顶底微构造组合配置模式对油井生产和剩余油分布均有重要影响。根据砂体顶底微构造形态可将常见的顶底微构造组合配置模式划分为 9 种：

（1）顶凸底凸型：砂体顶底面均为高点 ［图 3-12（a）］。

（2）顶凸底平型：砂体顶面为相对高点，底面平缓或稍微倾斜 ［图 3-12(b)］。

（3）顶平底凸型：砂体顶面起伏平缓，而底面为相对高点 ［图 3-12(c)］。

（4）顶凹底平型：砂体顶面为相对低点，底面平缓 ［图 3-12(d)］。

（5）顶平底凹型：砂体顶面起伏平缓，而底面为相对低点 ［图 3-12(e)］。

（6）顶凹底凹型：砂体顶底均为低点 ［图 3-12(f)］。

（7）顶底均为沟槽型：砂体顶、底面均为不闭合的微沟槽 ［图 3-12(g)］。

（8）顶底均为鼻状凸起型：砂体顶、底面均为不闭合的微鼻状构造 ［图 3-12(h)］。

（9）顶底均为斜面型：砂体顶、底面均为平缓倾斜 ［图 3-12(i)］。

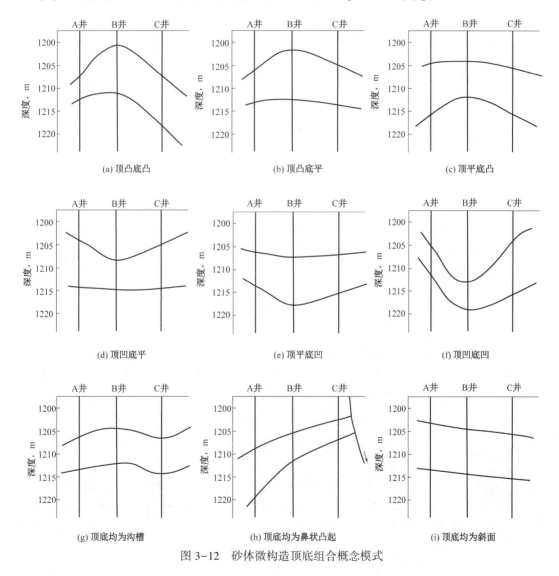

图 3-12　砂体微构造顶底组合概念模式

（三）微构造成因

砂体微构造是构造与沉积成岩综合作用的结果。微构造的形成，除了区域构造作用之外，还受到沉积环境、差异压实作用、古地形、局部构造应力作用的影响。

1. 沉积环境的影响

不同沉积环境或相（微相）形成的砂体，其形态差异大。在河流—洪泛平原沉积体系中，曲流河的下切侵蚀作用往往在下切深处，即砂体的底面形成小凹槽，河道砂体在横剖面上呈顶平底凸型，因此在河道砂底面形成局部低点；辫状河频繁改道与下切侵蚀作用往往使不同时间单元的砂体叠置，叠置砂体的顶面和底面形成小高点和小凹槽。

2. 差异压实作用的影响

在碎屑岩沉积储层中，砂层厚度大的部位如沙坝的核部、砂体的叠加部分，由于砂

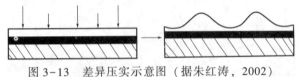

图 3-13　差异压实示意图（据朱红涛，2002）

泥岩沉积物压实强度差异，砂质沉积压实程度相对较小，使得泥质区下凹，砂质区上凸而形成局部正向微构造（图 3-13）。

3. 古地形的影响

沉积古地形对微构造的形成也有很大的影响，在河道边缘因古地形抬高可形成小鼻状构造，在砂层的上倾尖灭部位也可形成上抬，在古地形地势较低的部位发生填平补齐，形成砂体底面局部下凹。

4. 构造应力的影响

局部构造应力形成层面局部起伏。在大量的油气勘探开发实践中发现，地下的目的层层面基本上不是平的，总有些轻微的起伏变化，即使在单斜地层上也有微凸起。这些层面的产状变化主要是因构造应力变化使地层的层面产状发生轻微改变。

第二节　井下断层研究

断层是油气藏构造描述的重要内容。我国许多油气藏（田）的断层十分发育，一个油气藏内一口井可能钻遇多条断层，有的区块可能被多条断层切割成若干断块。为了有效勘探和合理开发油气藏，就必须深入研究井下断层性质、延伸状况、组合特征及其对流体的封闭情况。

一、井下断层的识别

视频 3.4　井下断层的识别

钻井过程中有可能钻遇断层，那如何进行识别呢？断裂活动会引起一系列的地层与构造变化，引起流体性质和压力的变异，因此，利用与断层共存的各种标志就有助于判断地下断层的存在，进而确定断点位置，判断断层性质。

（一）井下断层识别的依据

1. 地层的重复与缺失

在对两口井（其中一口井的地层对比层段为没有断层的正常地层）进行地层对比时，若发现这两口井（特别是短距离内）上下标志层之间（或沉积旋回，或岩性组合）

的地层厚度发生急剧变化（变薄或变厚），则可能指示着断层的存在（图3-14）。

在地层倾角小于断层面倾角的情况下，直井钻遇正断层出现地层缺失或减薄（图3-15），钻遇逆断层则地层重复（图3-16）；反之，在断面倾角小于地层倾角且断面倾向与地层倾向一致的情况下，穿过正断层地层重复，穿过逆断层则地层缺失。断距大小则决定了地层重复或缺失的程度，可以重复（或断失）一个或几个层，也可能重复（或断失）层内的部分厚度（导致同层厚度在短距离内的突变）。

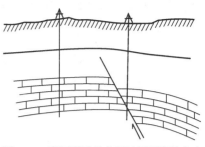

图3-14　断层导致的井间地层厚度的突变

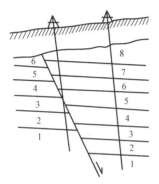

图3-15　断层导致的地层缺失示意图
1~8 为层号

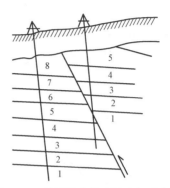

图3-16　断层导致的地层重复示意图
1~8 为层号

值得注意的是，当钻井为大斜度定向井时，断面倾向与地层倾向相反，在正断层与一口定向井之间构成特殊的几何关系时，也存在地层的重复，但钻遇断层时的地层重复与缺失情况与直井有较大的差别。以地层倾角小于断层倾角的情况为例，在正断层情况下，当大斜度井轨迹与断层处于同一侧，且井轨迹与水平面夹角小于断层倾角时，井内地层会发生重复（图3-17）；只是当大斜度井轨迹与水平面的夹角大于断层倾角时，井内地层才会发生缺失或减薄现象。逆断层情况则正好相反。

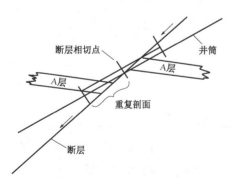

图3-17　大斜度井轨迹与水平面夹角小于断层倾角时，井内地层会发生重复
（据 Daniel J. Tearpock，1982）

除断层导致的地层重复与缺失外，导致井间地层厚度变化的地质因素还包括地层剥蚀缺失、超覆缺失、倒转背斜导致的地层重复、侧向相变导致等方面。

地层剥蚀缺失（与不整合面相关）与断层导致的缺失可通过研究区域地层剖面加以区别：（1）断层仅在钻遇它的部分井中出现地层缺失，而不整合面具有区域性，在更多的井中都出现地层缺失；（2）缺失地层的层序是不同的。钻遇正断层造成地层缺失，当与断层面的走向不一致时，缺失地层有规律地变化。而不整合造成的地层缺失的多少与新老由剥蚀程度决定。例如，钻遇同一正断层各井地层层序如表3-1所示。显然，1井地层正常，2井至4井分别缺失A_2、B_2、C_2地层，缺失层位逐渐变新，钻遇缺失地层的井深也逐渐变浅，这表明是正断层造成的。这里应注意，若沿断层面的走向打井，各井缺失的地层会是相同的。与此相反，当钻井过程中各井钻遇如表3-2所示的地层层序时，可以判断井下有不整合存在。此例中，各井中都存在E、D层，1井地层正常，2井缺失C层，3井缺失B和C层，4井缺失C层。可见各井缺失地层除C层外，还有更老的B层，这是强烈剥蚀所致。而D层分别覆盖于剥蚀面之上，即在一定范围内，剥蚀面上沉积了同一岩层，这是钻遇不整合的可靠依据（图3-18）。

表3-1　钻遇同一正断层各井的地层层序

1井	2井	3井	4井
E	E	E	E
D	D	D	D
C_2	C_2	C_2	C_1
C_1	C_1	C_1	B_2
B_2	B_2	B_1	B_1
B_1	B_1	A_2	A_2
A_2	A_1	A_1	A_1
A_1			

表3-2　钻遇不整合面各井的地层层序

1井	2井	3井	4井
E	E	E	E
D	D	D	D
C	B	A	B
B	A		A
A			

　　地层超覆是在不整合面之上，沿盆地边缘斜坡向上超覆，导致上部地层比下部地层分布更广，下部地层则在盆地边缘斜坡面（不整合面）上部分缺失。这种缺失是有规律的，即地层由新至老，缺失地层增多。

　　倒转背斜也可造成地层重复，那如何区分正断层与倒转背斜所造成的地层重复呢？从图3-19可以看出，钻遇倒转背斜时，地层层序是由新到老，再由老到新，反序重复；而钻遇逆断层则是由新到老，再由新到老，正序重复。据此，二者不难区别。

　　侧向相变也可导致地层厚度变化，如河道下切会使河道砂体沉积厚度大于其侧向的溢岸沉积厚度。侧向相变是在同层内发生的，容易与小断层导致的同层厚度突变相混淆。实际上，侧向相变虽然会导致厚度变化，但沉积序列是可以对比的，并且相变具有一定的沉积规律（符合相模式）。因此，可通过沉积相分析与断层导致的厚度变化加以区别。

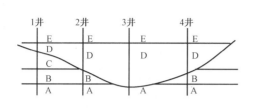

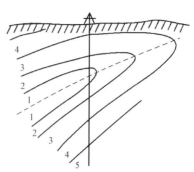

图 3-18　地层剥蚀缺失示意图　　　　　图 3-19　地层倒转在井剖面上产生的地层重复

2. 同层顶面海拔高程差异大

当断层从井间通过时，断层上下盘的错动会造成两井同层顶面海拔高程出现较大的差异，而两井的地层厚度并没有明显变化，如图 3-20 所示。当然，在背斜翼部或单斜上，同层顶面海拔高程也可出现较大的差异，但地层层面的倾斜具有一定的趋势，而断层导致的海拔高程差异会偏离这一趋势。为此，可通过这一高程差异的异常来判别井间断层的存在，并参考其他资料（特别是井间动态监测资料）进行综合判别。

3. 油水界面及石油性质的差异

由于断层的隔挡作用，断层两侧的油层可能处于不同深度、互不连通、各自独立的油气水系统，实际上为各自独立的油气藏。在此情况下，断层两侧同一地层的油水界面的海拔高程、折算压力及石油性质可能出现差异。

1）油水界面的海拔高程差异

不同的油藏具有不同的石油充注和油水平衡过程，因而油水界面海拔高程也可能出现差异，而在同一油藏内，油水界面海拔高程相似（图 3-21）。

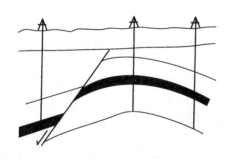

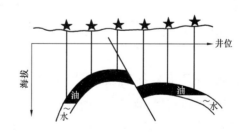

图 3-20　因断层引起的标准层标高异常示意图　　　图 3-21　断层引起的油水界面差异示意图

2）石油性质的差异

由于断层的隔挡作用，同一油层成为互不连通的断块，各断块中的油气是在不同地球化学条件下聚集并保存起来的，因而石油性质会出现明显差异。如图 3-22 所示，同一油层的石油密度曲线、含胶量和含蜡量曲线在断层两侧有明显的差异。

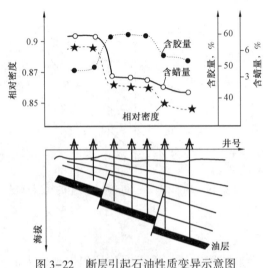

图 3-22 断层引起石油性质变异示意图

值得注意的是，在岩性油藏发育的情况下，即使没有断层的存在，同一地层内也可发育两个以上的具有不同压力系统和油水界面的岩性油藏。这在应用油水界面和石油性质差异判别断层时，应引起充分重视。

4. 在地层倾角测井矢量图上的特征

由于断裂作用，断层上下盘的地层产状发生变化，在倾斜矢量图上会表现出明显的差异。构造力使岩石破裂，在断层面附近形成破碎带，在倾斜矢量图上呈现杂乱模式或空白带。由于构造应力的作用，通常在断层附近发生牵引现象，使局部地层变陡或变缓，在倾斜矢量图上表现为倾角大小的差异。根据倾斜矢量图的变异特征，可以比较准确地确定断点位置、断层走向及断面产状（图 3-23）。

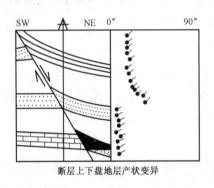
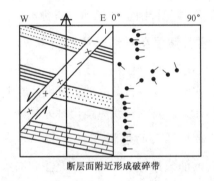

断层上下盘地层产状变异　　　　断层面附近形成破碎带

图 3-23　不同类型断层的倾角矢量特征图（据 Schlumberger，1970）

利用地层倾斜矢量图判断断层的最大优点是直观，仅一口井资料便可以预测断层产状。然而应用地层倾斜测井资料判断断层具多解性，应结合其他测井曲线和地质资料进行综合分析。

5. 井间动态监测响应特征

应用井间动态监测及注采动态资料，可以帮助识别断层。在井间存在封闭性断层的情况下，井间便没有动态响应，如在注水开发油藏中，一口井注水时，与之相邻的另一口采油井不受效，即两井间注采不对应；在井间干扰试井时，两井间没有压力响应；在井间示踪剂测试时，在一口井注入示踪剂时，监测井监测不到。图 3-24 中，T6137 井为示踪剂注入井，周围 4 口监测井分别为 T6128、T6129、T6143、T6144 井。T6143 井、T6128 井均 4 天见效，T6144 井 11 天见效，而位于注水井西南部的 T6129 井不见效。由此可以判断，在 T6137 和 T6129 之间存在渗流屏障，阻止了示踪剂的流动。结合井间测井资料对比及地震资料分析，进一步证实在 T6137 和 T6129 之间存在一条封闭性断层。

值得注意的是，除了封闭性断层会导致井间无动态响应之外，其他因素也可导致井间无

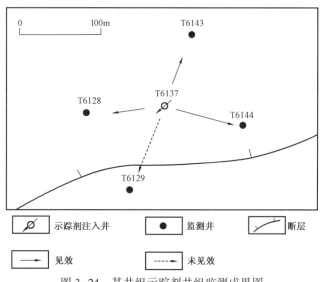

图 3-24　某井组示踪剂井组监测成果图

动态响应，如井间油层间具有泥岩等渗流屏障。一般地，若是井间存在封闭性断层，则两井的多套油层间均无动态响应，因为断层一般会错断多个油层，而如果井间存在泥岩等渗流屏障，则一般是一个或少数几个油层间无动态响应，因为不同油层的微相变化一般不是一致的。

6. 钻井过程发生钻井液漏失等油气显示

钻井过程中，发生钻井液漏失、井涌及油气显示等现象，并伴随大量次生矿物及钻时减少，预示可能钻遇断层或裂缝。

（二）断点与断距的确定

视频 3.5　断点断距确定与断点组合

当井下断层的性质确定后，还应进一步确定断点井深及断距大小。断点是断层与井轨迹的交点。

1. 断点确定

断点确定的关键在于地层缺失段、重复段的识别。识别的方法主要是采用"上下逐步逼近"方法将"有断层"的井与"没有断层"的正常井进行地层对比。首先，从其上的标志层向下对比，根据相似性原则对比相似段，直到不相似位置；然后，从其下的标志层向上对比，直到不相似段。应用上述方法反复对比，逐渐逼近地层缺失点或地层重复起始点，这一点即为断点。

正断层断点就是井下缺失层段的点，如图 3-25 中的 2 号井 2071m 处。

逆断层断点为地层重复层段的起始点。如图 3-26 中乙井是正常井，甲井剖面中的 D_1、D_2、E、F 地层重复，表明它钻遇了逆断层，断点在第一次出现的 F 层底界（图 3-26）。

2. 铅直断距的确定

对于铅直井，正断层的断距为缺失层段的厚度，逆断层的断距为地层重复层段厚度。铅直断距也称断层落差。如果是斜井，则铅直断距为缺失地层厚度或重复地层钻厚与井斜角余

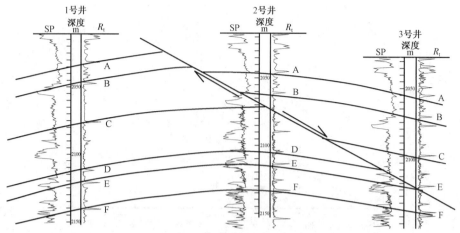

图 3-25　正断层断点的确定

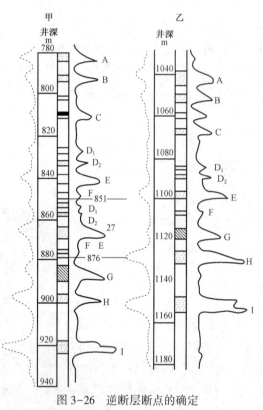

图 3-26　逆断层断点的确定

弦的乘积。如图 3-26 所示，断点在第一次出现的 F 层底界，井深为 851m，F 层底界第二次出现的深度为 876m；两次出现的 F 层底界之差（876～851m）为重复地层，钻厚 25m。如果是铅直井，此厚度就是地层铅直断距。

二、断点组合

在单井剖面上确定了断点，只能说明钻遇了断层，还不能确切掌握整条断层的特征。在多断层地区，几口井都钻遇了几个断点，哪些断点属于同一条断层？几条断层之间的关系如何？要回答这些问题，都需要对断点进行组合研究。将属于同一条断层的多井各个断点联系起来，确定整条断层的分布，就称为断点组合。

（一）断点组合的一般原则

在组合多井断点时，应遵循如下体现"和谐"的基本原则：

（1）各井钻遇的同一条断层的断点，其断层性质应该一致，断层面产状和铅直断距应大体一致或有规律地变化。

（2）组合起来的断层，同一盘的地层厚度不能出现突然变化。

（3）断点附近的地层界线，其升降幅度与铅直断距要基本符合，各井钻遇的断缺层位应大体一致或有规律地变化。

（4）断层两盘的地层产状要符合构造变化的总趋势。

（二）断点组合方法

1. 井震结合组合断点

对于用地震资料可识别的断层，应尽量应用井震结合的方法组合断点。将所钻井标注于地震剖面上，判断所钻井钻遇了哪一条或几条大断层（图3-27、图3-28），从而指导各断层的断层组合。还可利用三维地震构造精细解释、井间地震及三维可视化等成果，了解小断层的发育特征，进而指导小断层的断点组合。

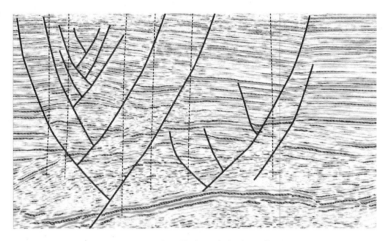

图 3-27　井震结合组合断点示意图

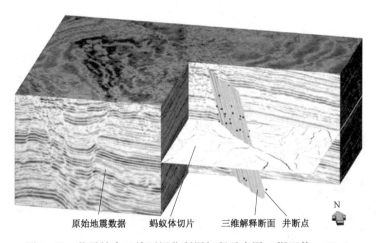

原始地震数据　　蚂蚁体切片　　三维解释断面　井断点

图 3-28　井震结合三维可视化断层解释示意图（据田静，2014）

2. 编制构造剖面图组合断点

构造剖面图可反映各井各地层界面的高低关系和地层厚度的变化。断裂切割作用把完整的构造分割成许多断块，在每个断块内（即断面的一侧）各地层界面的高低关系是相对的，厚度是稳定的或渐变的；而不同断块（即断面两侧）同一地层界面的高低和厚度可能是变化的，根据这些特征就能够把同一条断层的各个断点组合起来。

构造剖面图的编制方法详见本章第三节。

3. 编制断面等值线图组合断点

断面等值线图也称断面构造图或断层面等高线图。它是以等高线表示断层面起伏形态的图件，反映一条断层的倾向、倾角、走向及分布范围。同一条断层的这些要素在其分布范围内是渐变的，其断面等值线也是有规律地变化的；不同的断层，其断面等值线的变化趋势则是不同的。这正是应用断面等值线图组合断点的依据。

编制断面构造图需要各井属同一断层的断点标高和井位坐标，作图一般用井间插值法（图3-29），即先利用各井位断点的标高进行井间插值，然后勾绘断面构造等值线。有时也可用剖面法绘制断面构造图。

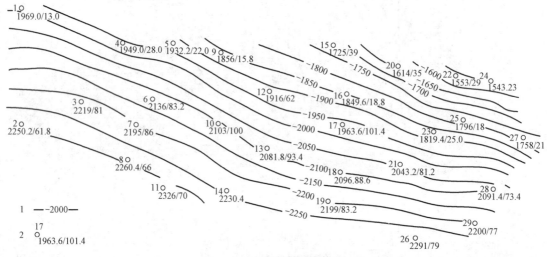

图 3-29　断层面编制示意图

1—断层面等高线，m；2—井号/[断点深度（单位为m）/断距（单位为m）]

在复杂断块区，一口井可能钻遇多个断点，即多条断层，有时仅凭断层性质及断距等因素难以组合断层。此时，可利用不同断层的空间产状差别，建立断层面的空间分布样式，以此指导断点组合。具体方法就是在远离复杂区的单断点区先编制断面构造等值线图，在获得该断层的基本要素后，如断层的走向、倾向、倾角、断距等，再逐渐向复杂区延伸，从三维空间上分析及推测先钻遇哪条断层，后钻遇哪条断层，从而实现在断面等值线图指导下的复杂断块中的多断点组合（图3-30）。

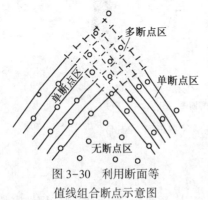

图 3-30　利用断面等值线组合断点示意图

在地下构造复杂的地区，井下断点多，断点组合往往具多解性，需综合分析各项资料互相验证，选出较合理的断点组合方案。首先应参考地震资料所提供的区域构造特征和分布模式，再以断面等值线图、构造剖面图和构造草图进行互相验证，若有矛盾，查明原因，调整断点组合方案，直到前述各项原则与各种构造图件互相吻合为止。只要有条件，还应尽量利用地层流体性质、油气水分布关系和压力恢复曲线特征来验证所组合成的断层。

三、断层封闭性

地下断层对流体运动具有很大的影响。断层开启时成为油气运移的通道，或注水开发时的水窜通道；若断层封闭，则阻挡油气运移，形成油气藏，或在注水开发时成为注入水平面运动的屏障。同一条断层，在它形成的早期可能是开启性的，在后期由于上覆地层的压实或其他作用，可以转化为封闭性的；反过来，封闭性的断层，在很强的构造应力或注水压力下，有可能重新开启。因此，研究断层的封闭性，对于油气勘探与开发均具有十分重要的意义。

所谓断层封闭性，是指断层对油气等流体的封闭能力。在空间上，断层的封闭性表现为垂向封闭和侧向封闭两个方面。断层的垂向封闭性是指断层本身对流体顺断层面切线方向流动的封闭能力；断层的侧向封闭性是指断层在侧向上（断面法线方向）对流体在断层两盘之间流动的封闭能力。

视频 3.6　断层封闭机理

（一）垂向封闭性

1. 封闭机理

断层在垂向上是否封闭，其内涵是流体是否能沿断层流动，这取决于充注流体的动力是否能克服断层带的阻力。

当动力大于阻力时，流体可沿断层流动；反之，则封闭。流体充注的动力主要为：

（1）异常高压：由砂岩与泥岩间差异压实所产生的瞬时超压和泥岩生烃所产生的超压是泥岩中含烃流体向砂岩储集体充注的主要动力。

（2）毛细管压力：非润湿相油气在多孔介质中运移，所产生的毛细管压力主要表现为毛细管压力差，其大小取决于介质的孔喉半径差。

（3）分子扩散：由烃浓度差产生的分子扩散，也是烃类（特别是天然气）充注的一种动力。

（4）渗透压力：由盐度差产生的渗透压力也是烃类充注的一种动力。

断层带阻力可理解为断层带的排驱压力，取决于断层面闭合性、断层带物质的渗透性。

1）断层面的闭合性

在断层两盘岩层之间以"面"接触的情况下，断层面紧闭程度越高，其排驱压力越大，垂向封闭性越强。如果断层面两侧岩层间出现较大缝隙，便属于开启性断层了。

断层面紧闭的力学因素主要为构造应力和上覆岩层重力。

从构造应力角度分析，压性、扭性、压扭性断层的断层面一般较为紧闭，而张性及张扭性断裂的断层面紧闭性相对较低。但另一方面，断层面紧闭性还与上覆岩层及断层产状密切相关。

在断层面上，上覆地层必将有一个垂直于断层面的分力。若不考虑构造应力的影响，这个分力与静水柱压力之差就是对断层面缝的正压力：

$$p = \frac{H(\rho_r - \rho_w)}{100} \cos\theta \qquad (3-1)$$

式中　p——断层面缝所承受的正压力，MPa；

　　　H——断点井深，m；

　　　ρ_r——岩石密度，$10^3 kg/m^3$；

　　　ρ_w——地层水的密度，$10^3 kg/m^3$；

θ——断面倾角，（°）。

由于断层之上地层孔隙水对断层产生的静水压力已由其下的地层孔隙水承担，即静水压力对断层不产生作用，断层受到的只是上覆地层岩石骨架重力产生的压力，所以断层面的紧闭程度可用断层面所受正压力大小来衡量。

当断层面正压力大于泥岩的变形强度时，因泥岩变形而导致断层裂缝愈合，由此造成断层垂向封闭，否则断层垂向开启。

从式（3-1）可以看出，在不考虑构造应力而且地层岩石密度和流体密度一定的情况下，断层面缝的压应力与埋藏深度和断层产状相关。埋藏深度越大，断层倾角越小，断层面紧闭程度越高。

如某盆地沙河街组的砂岩，其 $\rho_r = 2.25 \times 10^3 kg/m^3$，$\rho_w = 1.03 \times 10^3 kg/m^3$，当断点井深为1000m时，断面倾角 60°~45°，由式（3-1）算得 $p = 6.10 \sim 8.54MPa$；当断点井深为2000m时，若其他参数值同前，则 $p = 12.20 \sim 17.08MPa$。而沙河街组泥岩的抗压强度为 2.0MPa，砂岩的抗压强度为 6.0~7.0MPa。由此可见，压应力远远大于岩石的抗压强度，断层面紧闭。

从地质力学观点来分析，即使断面承受的压应力小于岩石强度，但在漫长的地质年代里，时间因素也会使岩石发生蠕变现象。因此，长期处于静止状态下断距较小的断层一般多是封闭性的。

但是，由于断层面的凸凹起伏，仍会遗留渗漏空间，通常断层在缓角处紧闭，在陡角处开启。因此，仅仅依靠断层面所受到的压力，尚不能判断断层面是否完全封闭。

2）断层带物质的致密性

当断裂带切割地层时，如果断裂带内填充物较致密，排驱压力大，则意味着断裂带岩石的毛细管阻力大。若油气运移动力（如浮力等）不能克服此阻力，则断层具垂向封闭性（图3-31）。否则，油气可沿断裂带发生垂向运移，或横穿断裂带进入对置盘的储层中而发生侧向运移。

图 3-31 断裂带高排驱压力封闭示意图

断裂带内致密岩类的形成有以下几种成因：

（1）挤压研磨：由于构造应力的作用，断层两侧岩层发生挤压研磨，形成细粒的断层岩，特别是在砂泥岩剖面中，断裂带内砂岩和泥岩容易被挤压研磨成致密的断层岩。一般地，同一力学性质的断层断距越大，断裂带越宽，则断层两侧岩块挤压研磨的碎裂作用越强，越容易形成偏细粒的断层岩，有利于断层封闭性的增强。

（2）泥岩涂抹：在断层活动过程中，由于构造应力和上覆岩层重量的作用，断层两盘未固结或半固结的泥岩层被削截、挤压进入到断裂空隙，在断层两盘砂岩削截面上形成了薄泥质岩层（断层泥）。由于泥岩涂抹层在形成过程中受到较大的剪应力与地层重力的共同作用，其孔渗性明显低于同深度泥岩层的孔渗性，因此，泥岩空间分布的连续性越好，泥岩涂抹的侧向封闭性越好。

（3）断层带内矿物沉淀或沥青封堵：若断层带内具有一定渗透性的填充物，由于后期破坏性成岩作用的改造，如地下水流造成的胶结及重结晶作用等，以及油气遭受氧化的沥青化作用，均可使断裂填充物的孔渗性变差，排驱压力升高，从而使断层封闭。

断层岩在不同部位的封闭性可能发生变化，因此，对油气运移的封堵程度也有差别。在断层岩致密情况下，可能形成油气藏，而在开启段，则难以聚集油气（图 3-32）。

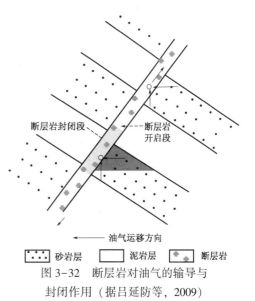

图 3-32　断层岩对油气的输导与封闭作用（据吕延防等，2009）

2. 研究方法

1）断层面力学分析

断层的封闭性在某种程度上受到断面正应力的控制。断层面承受的正应力大于岩石变形强度时，断面趋于封闭，压力越大，断层面越紧密，因此，断面正应力是断层是否封闭的重要条件。所以，可以通过构造应力模拟等方法，估算断面正应力的大小，以此帮助判断断层的封闭性。

2）断裂带渗透性分析

（1）断裂带泥岩污染因子定量分析。

泥岩污染因子（SSF）是倾斜断距（L）与被断泥页岩厚度（H）之比值。它是定量判断在断层面附近形成的泥岩污染带是否连续分布的一个重要参数，其值过大或过小都可能表明泥岩污染带在断面附近不连续分布，由此造成断裂带的封闭性变差。

视频 3.7　断层封闭性研究方法

（2）岩心分析。

① 岩性分析：在碎屑岩剖面上，断裂带充填岩性如以泥质岩类为主，通常具有封闭性；相反，如以砂质成分为主，且又未经过破坏性成岩作用的改造，则断裂带可能不具封闭性。在碳酸盐岩剖面上，当钻遇断裂带时，往往会伴有次生矿物的出现，如次生方解石及白云石等，首先要观察其矿物的晶形，如果以自形晶为主且数量较多，那断裂带有可能是开启的，因为断裂带内有足够的空间让次生矿物自由生长；相反，若次生矿物以他形晶为主也具有相当数量，则断裂带可能不具封闭性。

② 岩石物性及成岩作用分析：在钻遇断裂带的取心井中，一是取相当数量的岩样作孔隙度、渗透率及压汞等分析，研究断裂带的封闭性；二是取样作成岩作用分析，观察有无建设性成岩作用的改造，次生孔隙是否发育，以此分析断裂带封闭或不封闭的原因。

③ 排驱压力分析：测定断层充填物质的排驱压力，并与两侧储层排驱压力进行比较。若断层充填物质排驱压力大于储层排驱压力，则断层岩具有封闭性。

（3）钻井过程中的显示分析。

若钻遇断层时出现钻井液漏失、井涌及油气显示等现象，并伴有大量次生矿物（次生方解石及石英等）及钻时减小等现象，预示着钻遇的断层多为开启性的。

（4）声波测井信息分析。

不同力学性质的断层，在它形成的过程中，将伴生相应的构造岩。各种构造岩与原岩间的成分、结构等有明显的差异，这会导致它们的地球物理信息也有明显的区别。因此，可以利用声波测井信息来帮助识别构造岩的封闭性。

① 封闭性断层的测井信息特征。

一般封闭性断裂带的构造岩岩性致密和坚硬,孔、缝、洞均不发育,断裂带声波时差 $\Delta t_{断}$ 明显变小,低于正常压实地层的声波时差值 $\Delta t_{正}$[图 3-33(a)]。

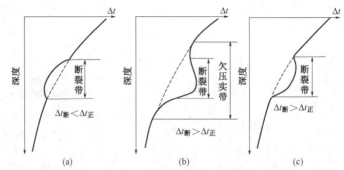

图 3-33 断层垂向封闭与开启断裂带声波时差曲线特征(据丁文龙,2013)

(a)断层垂向封闭;(b)(c)断层垂向开启

据胜利和中原等油田断层研究发现,在绝大多数的封闭性断层中,断裂带构造岩无论是砂岩还是泥岩,声波时差变化的平均值均小于两盘同时代、同深度、同岩性的非构造岩的 1/2,变化幅度大于正常压实趋势值 3 倍以上,曲线形态偏离正常压实趋势线,向减小方向呈现不同曲率的弧形段或呈台阶式急剧减小并来回跳跃(图 3-34),异常比多小于 1。

② 开启性断层的测井信息特征。

开启性断层的构造岩疏松。相关研究表明,声波时差与深度的散点图也明显偏离正常压实趋势线,断裂带声波时差明显变大,高于正常压实地层的声波时差值[图 3-33(b)、(c)],向增加方向呈不同曲率的弧形段(图 3-35),异常比大于 1。

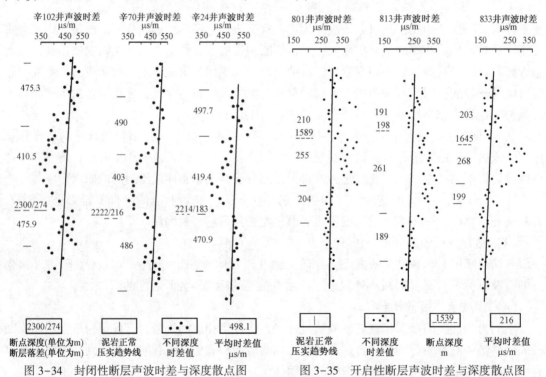

图 3-34 封闭性断层声波时差与深度散点图   图 3-35 开启性断层声波时差与深度散点图

需要注意的是，声波时差异常的变化幅度、异常范围与断层倾角和断距、断层形成时间和断点埋深有关。一般来说，断层的断距和倾角越大，形成时间越早，埋藏越深，构造岩封闭性的声波特征越明显。其次，声波在岩石中传播速度受很多因素的影响，在应用时必须与其他地质与地球物理方法配合，排除干扰，才能得出正确的结论。

（二）侧向封闭性

1. 侧向封闭性机理

断层在侧向上（断面法线方向）对流体在断层两盘之间流动的封闭能力即为断层的侧向封闭性。当断层带存在致密性断层岩，而且流体运移动力不能突破断层岩排驱压力时，断层不仅具有垂向封闭性，而且具有侧向封闭性。若断层两盘岩层以"面"接触，其侧向封闭性则取决于一侧岩石中流体充注的动力是否可突破对侧岩石的阻力。这与断层两侧岩层的对接关系及流体充注动力大小有关。

1）砂—泥对接模式

在砂泥岩剖面上，当下盘砂岩与上盘泥岩对置时，由于泥岩孔渗性差，排驱压力高（阻力大），下盘砂岩中流体充注动力一般难以克服上盘泥岩的阻力，因此，形成了侧向封闭性。这种对接模式即为砂泥对接封闭模式［图3-36(a)］。

2）砂—砂对接模式

当断层两侧岩性均为砂岩时，断层侧向封闭性比较复杂。

当岩石两侧砂岩的排驱压力相似，或充注流体的岩石排驱压力大于对侧岩石排

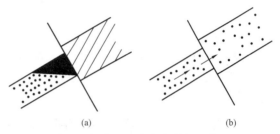

图3-36　断层两盘侧向封闭示意图
（a）砂—泥对接；（b）砂—砂对接

驱压力时，流体可向断层另一侧流动，难以形成侧向封闭性［图3-36(b)］。

当充注流体一侧的排驱压力小于另一侧时，断层封闭性与流体充注动力关系较大。如图3-37所示，下盘砂岩（砂岩B）的排驱压力 p_B 小于上盘岩石（砂岩A）的排驱压力 p_A。油气充注初期，油气在砂岩B中运移向其高部位聚集，断面封闭（油气不运移至砂岩A）；随着充注的进行，储层B油气柱的高度逐渐增加，浮力也不断增加；当油柱高度达到一定值时，其浮力值将达到对侧岩石的排驱压力，此时，过量的油气就会通过断面向砂岩A运移。

上述主要探讨流体充注动力为浮力的情况。在油气运移过程中，油气运移的动力还有生烃增压的动力等。在生烃增压的过程中，流体充注动力大，断层封闭性差。另外，在油田注水开发中，注入水压力会大大增加流体充注动力，导致断层封闭性变差。

2. 研究方法

1）断面两侧岩性对接关系分析

当钻遇断层时，首先要利用该井及邻井的分层、岩性及断距等资料，再结合地震解释成果绘制构造剖面图，了解断层两侧岩性的配置状况，判别是否为相同岩性的地层对

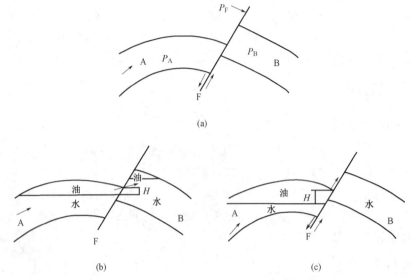

图 3-37 断层侧向封闭形成机理

p_A—A 层排驱压力；p_F—断裂带排驱压力；p_B—B 层排驱压力；↗为油气运移路线

接；然后应用测井及岩心物性分析等资料进一步查明断层两侧岩性的渗透性。如果是渗透性岩层与非渗透性岩层相接触，说明断层是封闭的。值得注意的是，断层延伸方向上断面两侧渗透层与非渗透层的接触关系是变化的，因此，在断层的不同位置，其封闭差异是很大的。

2）断层两盘的油水界面及流体性质

断层的封闭性可用动态资料进行检验。断层两盘出现油水界面高度悬殊及流体性质的差异等现象，往往是判断断层封闭性的重要标志。如图 3-38 所示，G_1 和 G_2 断层的两盘之间油水界面存在明显差异，说明断层具有封闭性。又如兴隆台油田 42 断块与马 7 断块为一条断层所隔，两个断块沙一下油层的原油性质完全不同（表 3-3），说明该断层是封闭性的。

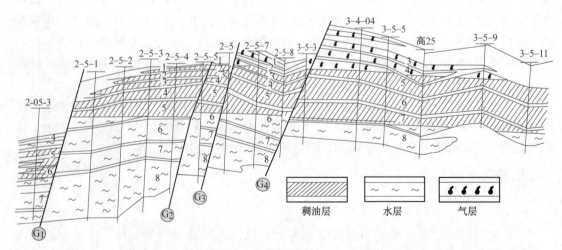

图 3-38 根据断层两盘油水界面高差确定断层封闭程度示意图（据吕延防，1996）

表 3-3　相邻断块同油层原油性质、油水界面比较表

断块名称	代表井	相对密度	黏度（50℃） mPa·s	凝点 ℃	含蜡量 %	油水界面 海拔，m
兴42断块	兴42井	0.8979	24.33	−28	5.46	−2050
马7断块	马7井	0.8468	6.54	24	15.07	−2300

3）井间动态监测分析

在油田的开发过程中，可利用多井试井、井间示踪剂测试、产吸剖面联动分析、注采井受效分析等判别断层两侧的井间连通情况，以判断断层的侧向封闭性。详见本节第一部分。

断层封闭性在空间上、时间上以及封闭能力上均存在不同的差异性。因此，正确认识断层封闭性的差异及其演化，才能对所研究断层的封闭性作出正确的评价，更好地为油气藏勘探与开发服务。

第三节　油气田构造图的编制

油气田构造图，包括构造剖面图及平面图，是油气勘探开发中的重要图件，主要用于描述地下含油气圈闭的构造特征，继而用于新井设计、储量计算、开发方案设计及调整、流体动态分析等。本节主要介绍应用多井资料编制构造剖面图和平面图的方法。

一、构造平面图的编制

构造平面图是表示地下油气层或油气层附近标准层构造形态的等高线图。它能清楚地反映油气藏地下构造特征，如构造类型、轴向、高点位置、翼部地层的陡缓、构造倾没和闭合情况，以及断层的性质及分布情况。构造

视频 3.8　构造平面图的编制

平面图在研究油气藏类型、勘探开发井位部署、圈定含油、气边界、计算含油（气）面积，以及制定开发方案（如切割注水、腰部注水或边界注水）、动态分析等方面，具有广泛的用途。

在油气藏的勘探阶段或开发初期，由于钻井较少，构造平面图的编制往往以地震构造解释为基础，以钻井、测井资料为依据。到了开发阶段，特别是进入开发的中后期，由于井网密度增大，井距较小，此时编制构造平面图可以实钻资料为主，以地震构造解释为辅。

编制构造平面图实质上是以等高线来描绘目的层界面相对于基准面（如海平面）的起伏特征。制图目的层的选择应视研究目的而定。在油气藏评价阶段，一般编制油层组顶面构造图即可；在开发阶段，可编制各小层顶面的构造图；在砂岩油气藏开发后期甚至需要编制单砂体顶面、底面的构造图（即微构造图）。

在制图中，通常将海平面作为制图基准面，海平面的高程作为零，其上为正，其下为负。

（一）地下井位的确定

对于直井而言，井口与井底的井位是一致的。对于斜井，井口与地下井位不一致。因此，需要确定斜井与制图目的层相交的位置，即地下井位。这一过程称为井斜校正。

井斜产生了两方面的影响，一是井位的水平位移，二是斜井井深大于它的铅直井深。如不进行校正，势必造成地下构造形态的严重歪曲。因此，在编制油气藏构造图时，必须进行井斜校正，以消除上述两方面的影响。井斜校正的主要任务是求取斜井钻达制图目的层顶界面（或底界面）的地下井位和铅直井深。

1. 地下井位的计算

如图 3-39 所示，一个井斜段的水平位移是具有长度和方向的矢量，设为 S，它在直角坐标中 X 轴上的投影为 x，在 Y 轴上的投影为 y，则：

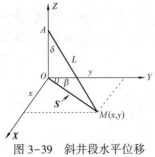

图 3-39　斜井段水平位移在直角坐标中的投影

$$\begin{cases} y = S\cos\beta = L\sin\delta\cos\beta \\ x = S\sin\beta = L\sin\delta\sin\beta \end{cases} \tag{3-2}$$

式中　β——井段水平投影与 Y 轴的夹角。

若求斜井轨迹上任一点的总水平位移 $\sum S$（仍是矢量），可根据投影定理将各井斜段（从井口开始）的水平位移进行矢量相加，即多个矢量的和在坐标轴上的投影，等于各个矢量在该轴上投影的和，即：

$$x_1 + x_2 + \cdots + x_n = \sum_{i=1}^{n} x_i \tag{3-3}$$

$$y_1 + y_2 + \cdots + y_n = \sum_{i=1}^{n} y_i \tag{3-4}$$

由高斯定理求整口弯井的水平位移

$$\sum S = \sqrt{(\sum x)^2 + (\sum y)^2} \tag{3-5}$$

由三角关系求斜井总水平位移的方位角：

$$\beta = \arctan \frac{\sum x}{\sum y} \tag{3-6}$$

求得斜井的总水平位移 $\sum S$ 及其方位角 β，就可以根据井口位置确定出该井在制图标准层上的井位（图 3-39），即根据地面井位图作出地下井位图。

2. 铅直深度的计算

铅直井深也称为真垂深，即 TVD。对于斜井而言，任一井斜段铅直投影（图 3-40）的计算公式为

$$AO = L\cos\delta \tag{3-7}$$

若要求斜井轨迹上任一点的铅直井深，可将该点以上各井斜段的铅直投影进行求和。如图 3-41 中 2 井井底的铅直井深为

$$h' = L_0 + L_1\cos\delta_1 + L_2\cos\delta_2 + \cdots + L_n\cos\delta_n \tag{3-8}$$

3. 计算制图目的层的海拔

对于直井，补心海拔（k）减去制图标准层顶（或底）界面井深（h'），就得到制图目的层顶（或底）界面的海拔，即 $h = k - h'$，见图 3-41 中 1 井。

对于斜井，制图目的层顶（或底）界面的海拔为

$$h = k - h' = k - (L_0 + L_1 \cos\delta_1 + L_2 \cos\delta_2 + \cdots + L_n \cos\delta_n) \tag{3-9}$$

式中　$L_1, L_2, \cdots, L_n$——斜井段长度，m；

　　　$\delta_1, \delta_2, \cdots, \delta_n$——各斜井段的井斜角。

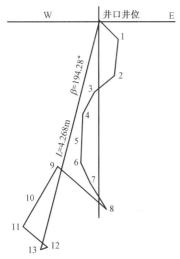

图 3-40　求斜井水平位移距离和方位

1~13 为斜井段

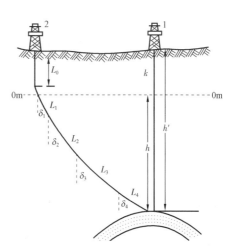

图 3-41　计算制图标准层海拔

1、2 为井号

（二）绘制构造平面图的基本方法

构造图的绘制方法主要有两类：地震构造平面图的深度校正法、多井插值法。砂体微构造平面图则是在层面构造图的基础上编绘的。

1. 地震构造平面图的深度校正法

对于地震资料能分辨的层位（如油层组界面），一般首先进行地震构造解释，得到地震构造图，然后根据井资料对地震构造图进行深度校正。虽然在地震构造解释时，通过井震结合进行了"井控"，但由于地震垂向分辨率的问题，在地震层位追踪时，井点处的深度与实际深度可能有误差；另外，在地震构造解释时，并非所有井都会作合成记录和层位标定并参与构造解释（特别是在开发井网中），这些井的井深与地震构造图上井点位置处的深度一般都存在差异，因此需要进行井点深度校正，以得到符合实际的构造图。深度校正方法很多，下面主要介绍常用的差值趋势法，步骤为：

（1）标注井位：经过井斜、井位校正，将井点投影到地震构造图上。

（2）标注差值：计算各井点的实际深度和地震深度的差值，并标在井位旁。

（3）勾绘差值的等值线。针对差值等值线与地震构造等高线的所有交会点，逐一校正（地震高程减去差值，得到校正后的制图标准层高程）。

（4）勾绘构造等高线。按井点实际高程及校正后的交会点高程勾绘等高线，即得到经过井深度校正后的构造图。

图 3-42 是经校正后的构造图，与原地震构造图比较，高点稍向东移。

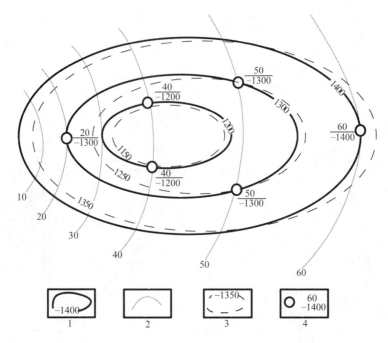

图 3-42　等差值法构造深度校正示意图

1—地震构造图等值线，m；2—等差值线，m；
3—深度校正后等值线，m；4—校正差值，m/地震构造图上的海拔高程，m

2. 多井插值法

在油田开发阶段，需要以小层为单元编制构造图。此时，地震资料往往难以分辨小层，因而难以直接通过地震层面解释而成图，而是以经过深度校正的地震构造平面图（如油层组顶、底面构造图）作为约束趋势面，应用开发井网资料通过多井插值而编绘。

多井插值编绘构造图方法的要点有以下几个方面：（1）选择插值方法，并遵循一定的插值原则；（2）在编绘带断层的构造图时，应先编绘断层线，再进行井间插值；（3）当构造条件比较复杂，井点资料难以控制构造起伏特征时，可应用一系列构造剖面图补充插值点。

1）插值方法

插值方法很多，在此主要介绍一种常用的插值方法——三角网法。三角网是指基于已知数据点及工区边界点，将研究区剖分为若干三角网格。三角形的三个顶点为已知数据点，在三角形的每条边上均认为两顶点间数值的变化是线性的。插值算法一般采用如图 3-43 所示的双线性插值方法。三角形 ABC 为已知点构建的一个三角形面片（A、B、C 为已知点），D、E、P 点为待插值点。D 点值为 A、B 两点值的加权线性插值，E 点值为 A、C 两点值的加权线性插值，三角网内 P 点的插值

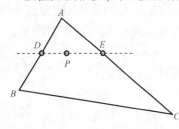

图 3-43　三角网内插值图解

为 D、E 两点的线性内插值。三角形内任意一点的值均可按上述方法得到。由于采用线性内插，插值结果不会超过原始数据的数值范围。该方法在采样点（井点）密度较大且分布均匀时，插值效果较好，但是，在数据稀疏时，插值效果较差。

在井斜校正后的井位图上，将各井的制图标准层顶（或底）界面海拔高程标在相应的井位旁，并将井点连成三角形网状系统；然后，在三角形两顶点之间进行内插，连接等高程各点作成构造图（图 3-44）。

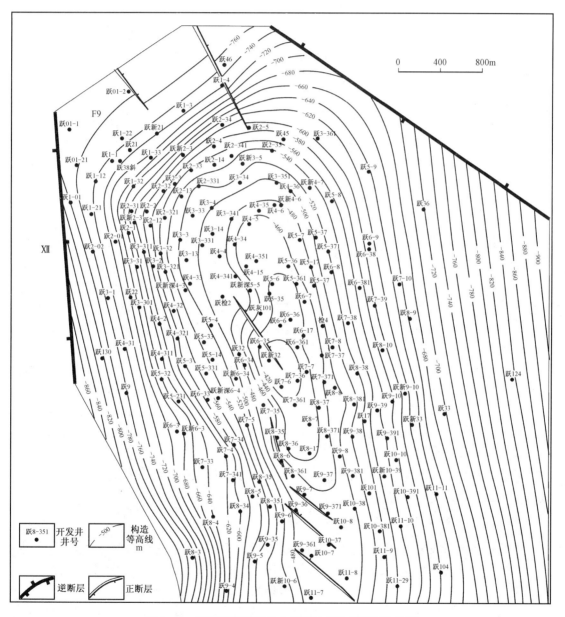

图 3-44　我国西部某开发中后期油田小层顶面构造图

在等高线勾绘过程中，要遵循以下原则：

（1）在构造两翼、断层两盘之间，不能进行井间插值（等高线不能横穿）。

（2）等高线一般彼此不能相交，倒转背斜及逆断层例外，但下盘被隐蔽部分一般不画出来。或以虚线表示，以免混淆。

（3）当地层面近于直立时，等高线重合。

2）平面断层线的编绘

对于带断层的构造，应先绘断层线，再绘等高线，即预先在井位图上标明断层线和断层产状，然后再在断层线控制下勾绘构造等高线。

断层线是断层与制图目的层上、下盘交点在平面上的投影。一条断层在平面上有两条断层线（如正断层多边形）。当断层倾角越陡时，两条断层线距离越小；断层垂直时，两条断层线合二为一。在断层消失的地方，同一条断层的两条断层线交会合并。在图3-45中，1号断层向北消失，2号断层向南消失。

对于地震资料能识别的断层，主要通过地震资料解释而编制断层分布图；而对于地震资料难于分辨的断层（即亚地震断层），则主要应用井资料进行研究。应用井资料编绘断层线的方法主要有以下两种：

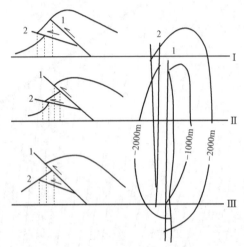

图3-45　构造图上断层线的绘制
1，2为断层编号

（1）剖面图法。作若干垂直断层走向的剖面，组合断层线。将剖面上断层上、下盘与制图目的层的交点投影到水平基线上，在平面上将同一断层上、下盘的投影分别连接起来，便得到表示同一条断层的两条断层线（图3-45）。

（2）断面等值线与构造等值线交切法。对于横断层或斜断层，常采用断面等值线与构造等值线交切法来绘制断层线。首先，根据井下断点数据组合绘制断面等值线图（参见本章第二节）；然后，根据断层两盘的各井目的层海拔深度数据编绘构造等值线草图；最后，将断面等值线图与断层上、下两盘的构造等值线草图重叠（或在同一底图上绘制），将相同数值的等值线的交点连接起来，即得到构造图上断层线的位置（图3-46、图3-47）。

在绘制目的层的断层线时，要注意：（1）目的层的断点位于两条断层线之间；（2）断层线两侧的目的层高程应有差异。

3）应用剖面图辅助编绘构造图

当构造条件比较复杂时（如地层倾角陡、被断层复杂化的构造），井点资料难以控制构造起伏特征，此时，可应用制图标准层的一系列构造剖面图补充插值点，以更精确地表征复杂构造特征。剖面图是由钻井资料（有时参考地震剖面）事先编制的。

如图3-48所示，在一个构造上有5条构造横剖面图［图3-48（a）］。按等值线间距（如100m）在构造剖面图上作一系列平行线，将这些平行线与制图标准层的交点垂直投影到水平基线上，并注明各投影点的海拔高程。各个剖面都进行这样的投影。然后将各剖面水平基线上的投影点移到井位图上相应的剖面线上，再把同翼相同高程的各点连成平滑曲线，绘成图3-48（b），其东翼倒转部分的等高线以虚线表示。

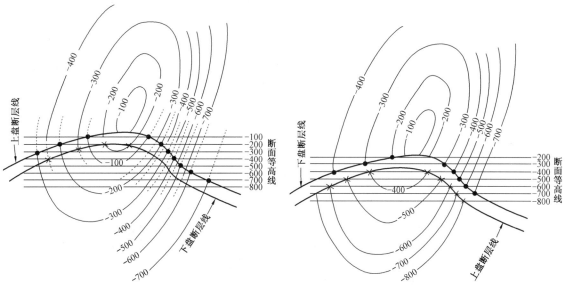

图 3-46 用断面等高线和构造等高线绘制
逆断层的断层线示意图（单位为 m）

图 3-47 用断面等高线和构造等高线绘制
正断层的断层线示意图（单位为 m）

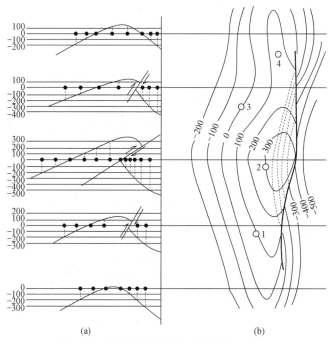

(a)　　　　　　　(b)

图 3-48 用剖面法编制构造图（单位为 m）
（a）剖面图；（b）构造图；图中 1~4 为井号

3. 砂体微构造平面图的编绘

在油田开发中后期，为预测剩余油分布，需要在小层或单层构造图的基础上，编制砂体
微构造平面图（图 3-49），基本步骤如下：

（1）确定砂体分布范围。在考虑沉积相展布规律的基础上，根据井点砂体厚度数据，在井位图上编绘砂体的分布范围，详见第五章。

（2）编制砂体顶面构造图。应用各井小层或单层砂体顶面数据，以小层或单层顶面构造图为趋势，以砂体分布范围为边界，利用合理的数学插值方法，编制砂体顶面构造图。

（3）动态检验。利用动态资料检验微构造分布的合理性，并对微构造图进行相应的修改。

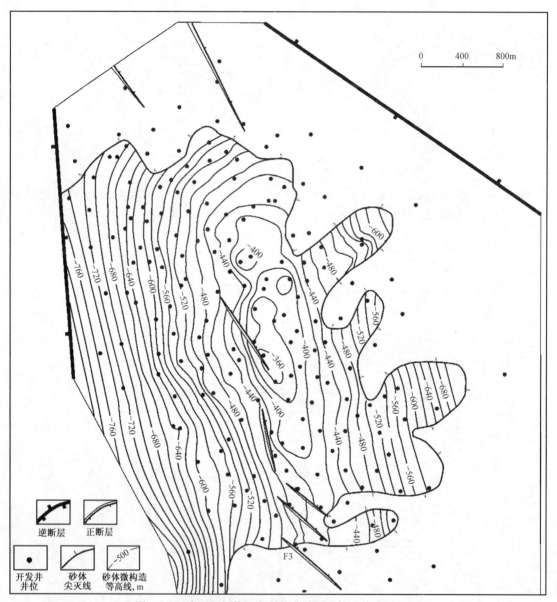

图 3-49　我国西部某三角洲油藏单层砂体微构造平面图

二、构造剖面图的编制

构造剖面图是沿构造某一方向切开的垂直切片图，它能反映构造在某一切片上的形态、地层产状及厚度变化、接触关系及断裂情况等。

154

视频 3.9 构造剖面图的编制

（一）剖面线及井身投影

1. 剖面线的选择

为了解剖油气藏构造，在编制剖面图之前，需要在井位图上选定合适的剖面方向和位置。要求如下：

（1）剖面线应尽可能垂直或平行于地层走向，即编制剖面线与油气藏构造长轴垂直的横剖面图和剖面线平行于油气藏构造长轴的纵剖面图，以便真实地反映地下构造；否则，剖面上反映出来的仅仅是地层的视倾角和视厚度。

（2）剖面线应尽量穿过更多的井，以便提高剖面的可靠程度。

（3）剖面线应尽量均匀分布于油田构造上，以便全面了解油气藏地下构造特征。

此外，为达到某些特殊目的，对剖面方向和位置应进行特殊安排。例如，为了反映断裂带或轴向倒转部位，剖面线可穿过这些部位。

在编制剖面图时，有些井不在剖面线上，则需要将其投影到剖面上。如井是直井，需进行井位投影，如井是定向井，则需要进行井位投影和井斜投影。

2. 井位投影

为了提高剖面的精度，充分利用剖面线附近的井资料，就需要将不在剖面线上的井投影到剖面线上去，这项工作就叫井位投影。

井位投影有两种情况，如图 3-50 所示。

第一种情况：当剖面线垂直或斜交地层走向时，位于剖面附近的 2、3 井应当沿着地层走向线（等高线）方向投影到剖面线上［图 3-50(a)］，校正前后井位标高不变，能正确反映地下构造形态［图 3-50(c)］。如果把 2、3 井垂直投影到剖面线上［图 3-50(b)］，则 2、3 井的高程被歪曲，导致错误的"断层"结论［图 3-50(d)］。

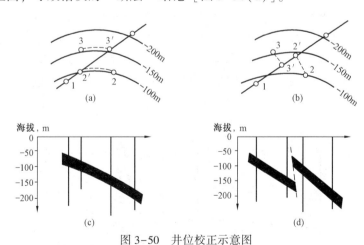

图 3-50　井位校正示意图

第二种情况：当剖面与地层走向平行时，井点不能沿地层走向投影。剖面线附近的井不得不沿地层倾向投影到剖面线上去［图 3-51(a)］。这时制图标准层的标高发生了变化，因此，需要进行标高校正。校正公式为

$$x = L\tan\theta \qquad (3-10)$$

式中　x——投影后的标高校正值，m;

　　　　L——投影前后井位间的距离，m;

　　　　θ——地层倾角。

如图3-51(b)所示，2井沿地层下倾方向投影到剖面线上2′位置，则2′井位置的地层标高为

$$h'=h+x \tag{3-11}$$

相反，当3井沿地层上倾方向投影到剖面线上3′位置［图3-51(c)］，则3′井位置的地层标高为

$$h'=h-x \tag{3-12}$$

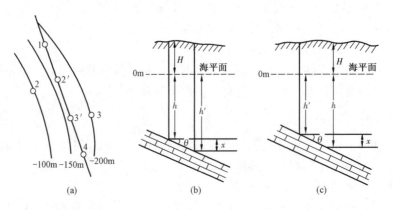

图3-51　海拔标高投影示意图

3. 井斜投影

对于斜井（自然弯曲井或定向井）而言，若将其当成直井来作剖面图，就会歪曲地下构造形态。如图3-52(a)所示，井斜方向与地层倾向一致，若把斜井当直井处理，A点就错误地画到了B点，地层的实际埋藏深度被夸大，导致地层倾角变小，甚至倾向倒转。图3-52(b)中井斜方向与地层倾向相反，若把斜井当直井处理，A点被歪曲到B点，把地层的实际埋藏深度点缩小了，导致地层倾角变大。因此，用来作剖面图的斜井都必须进行井斜投影。

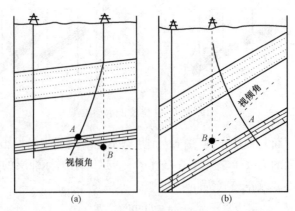

图3-52　斜井对标准层海拔和地层产状的影响

井斜投影的实质是将斜井的井身沿地层走向投影到剖面上去（图3-53），主要任务是求取空间井段沿地层走向投影到剖面上的井斜角 δ' 和井斜段长度 L'。井斜投影的方法主要有计算法和作图法。基础数据为井斜数据（在钻井过程中进行井斜测量所提供的井斜段、井斜角和井斜方位角等3个变量的数据系列），以及地层走向和剖面方向的数据。

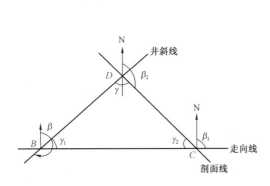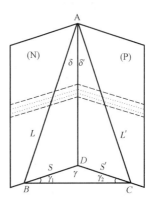

图3-53　井斜投影示意图

井斜数据包括斜井段长度 L、井斜角 δ、井斜方位角 β；

地层走向与剖面线方向数据包括地层走向方位角 β_1、剖面线方位角 β_2、剖面方向与井斜方向间的夹角 γ、地层走向与井斜方向间的夹角 γ_1、地层走向与剖面方向间的夹角 γ_2。

1）计算法

通过已知参数，计算投影井斜角 δ' 和投影井斜段长度 L'。计算推导过程如下：

在 $\triangle ABD$ 中，
$$BD = S = AD\tan\delta \quad (S\ 为\ L\ 段水平投影) \qquad (3-13)$$

在 $\triangle ACD$ 中，
$$CD = S' = AD\tan\delta' \quad (S'\ 为\ L'\ 段水平投影) \qquad (3-14)$$

所以
$$\frac{S}{S'} = \frac{\tan\delta}{\tan\delta'} \qquad (3-15)$$

在 $\triangle BDC$ 中，
$$\frac{S}{S'} = \frac{\sin\gamma_2}{\sin\gamma_1} \qquad (3-16)$$

所以
$$\frac{\tan\delta}{\tan\delta'} = \frac{\sin\gamma_2}{\sin\gamma_1} \qquad (3-17)$$

$$\tan\delta' = \tan\delta \cdot \frac{\sin\gamma_1}{\sin\gamma_2} \qquad (3-18)$$

$$\delta' = \arctan\left(\tan\delta \cdot \frac{\sin\gamma_1}{\sin\gamma_2}\right) \qquad (3-19)$$

在 $\triangle ABD$ 中，
$$AD = L\cos\delta$$

在 $\triangle ACD$ 中，
$$L' = \frac{AD}{\cos\delta'} = L\frac{\cos\delta}{\cos\delta'} \qquad (3-20)$$

当剖面方向垂直于地层走向，即 $\gamma_2 = 90°$ 时，则 $\sin\gamma_2 = 1$，$\sin\gamma_1 = \cos\gamma$，所以式（3-18）可简化为

$$\tan\delta' = \tan\delta \cdot \cos\gamma \qquad (3-21)$$

求得 δ' 和 L' 后，便可以在剖面上画出该井斜段。

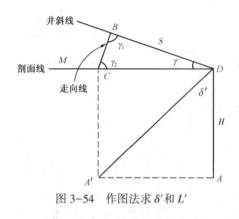

图 3-54 作图法求 δ' 和 L'

2）作图法

通过已知参数，通过作图求取投影井斜角 δ' 和投影井斜段长度 L'，如图 3-54 所示。

（1）利用井斜数据求井斜段的垂直投影 H 和水平投影 S：

$$H = L\cos\delta \qquad (3-22)$$
$$S = L\sin\delta \qquad (3-23)$$

（2）将剖面 DM 置于水平位置，以 D 作井位点，过 D 作井斜方向线，并在其上取 $DB = S$；过 B 点作地层走向线与剖面线 DM 相交于 C 点。

（3）过 C 点作 $CA' \perp DM$，取 $CA' = H = DA$。

（4）连接 DA'，即为该井斜段在剖面的投影长度 L'，$\angle ADA'$ 就是投影到剖面上的井斜角 δ'。

以上讨论的仅是一个直线斜井段的投影方法，在此基础上就可分段进行整个斜井井身的校正。整个斜井可以看成是由许多直线井斜段组成的，从井口起连续、依次作出各个井斜段在剖面上的投影，就可以把整个斜井井身投影到剖面上，如图 3-55 所示。简要作图步骤如下：

引任意水平线作为剖面线位置，在它的上面找一任意点作为井点（井口）位置。由井点起，作第一井斜段的井斜方位线，在其上取相应的水平投影 S_1。从 S_1 的端点起作第二井斜段井斜方位线，在其上取相应的水平投影 S_2……依此类推，首尾相接，作出各个井斜段的水平投影。然后，分别通过各水平投影的端点作地层走向线，分别与剖面线相交。过各个交点作铅直虚线，分别取其相应的井斜段的铅直投影长度。连接各铅直投影端点，便得到投影到剖面上的弯曲井身。井轴所钻遇的各个地层界面、含油气井段、断点位置都可用同样办法投影到剖面上。

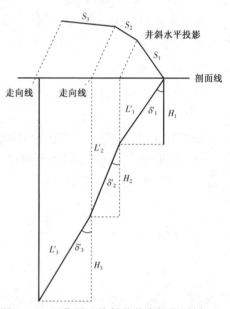

图 3-55 用作图法将斜井井身投影到剖面上

（二）构造剖面图的基本绘制方法

不同勘探开发阶段制作油气藏构造剖面图所需的资料不同。在油气田的勘探阶段或开发初期，由于钻井较少，地下构造剖面图的编制往往以地震构造解释为基础，以钻井、测井资料为依据。到了开发阶段，特别是进入开发的中后期，由于井网密度增大，井距较小，此时编制构造剖面图多以实钻资料为主，以地震构造解释为辅。

根据钻井资料编制油气藏地质剖面图，需要准备下列资料与数据：（1）井位图；（2）井口海拔数据（一般为转盘补心海拔）；（3）各井分层厚度数据和岩性、接触关系资料；（4）各井含油气井段数据；（5）各井断层数据，包括断点位置、断距、断失层位。此外，还要参考地震构造图和剖面图。对这些资料要进行整理与审查，以确保准确无误。

钻井资料经过处理和参考后，参考地震构造解释结果，便可以绘制构造剖面图了（图3-56）。基本步骤如下：

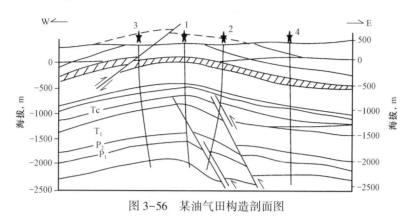

图3-56 某油气田构造剖面图

（1）作剖面线：把选定的剖面线按规定的比例尺画在绘图纸上的适当位置，并标出海拔零线（或某一指定的海拔深度线）。通常，构造剖面图的比例尺应当与构造平面图的比例尺一致，特殊情况下也可以放大一些。为了避免歪曲地层产状和构造形态，构造剖面图通常采用相同的垂直比例尺与水平比例尺。如果地层倾角很小，为了使构造醒目，也可使垂直比例尺适当地大于水平比例尺。

（2）标注井位点和井身：正确地把井位点标绘在剖面线上。根据各井的井口海拔标高，参照地形图，描绘出沿剖面线的地形线。根据井斜资料，把投影后的井身画在剖面上。

（3）在井身上标明地层界线、标准层、断点等。

（4）断点连线及地层界面连线：首先将属于同一条断层的各个断点连成断层线；然后将各井相同层的顶、底界面连成平滑曲线。在连线过程中，应充分考虑地震构造解释所揭示的地层起伏与断层情况。

在实际的工业制图中，还需要标注各项绘图要素，包括图名、比例尺、剖面方向及制图日期、制图单位和制图人等。

思考题

1. 井下断层的识别标志有哪些？
2. 如何应用测井资料对比确定断层性质？
3. 如何应用测井资料对比确定断层的断点井深、断失（或重复）层段、断距大小？
4. 如何区分倒转背斜与逆断层造成的地层重复？
5. 如何区分不同成因的地层缺失（断层缺失、超覆缺失和剥蚀缺失）？
6. 什么是断层组合？断层组合的原则和方法有哪些？
7. 什么是断层面图？如何绘制？
8. 断层的封闭机理是什么？如何判别断层的封闭性？
9. 什么是井斜校正？其目的是什么？如何确定地下井位和目的层海拔深度？

10. 在编制目的层平面构造图时，如何根据目的层断点、目的层井点深度、断层面图绘制断层线（多边形）并判断断层的性质？

11. 编制平面构造图时勾绘等深线的原则是什么？

12. 如何在平面构造图基础上编制砂体微构造图？

13. 什么是井位投影？其目的是什么？如何进行井位投影？

14. 什么是井斜投影？其目的是什么？如何进行井斜投影？

15. 绘制油气田地质剖面图的基本步骤是什么？

第四章 油气储层非均质性

储层是储集层的简称，是在地层条件下能够储存并渗滤流体的岩层。储层是油气赋存的场所，也是油气勘探开发的直接目的层。由于在形成过程中受沉积、成岩及构造作用的影响，储层在空间分布及内部各种属性上都存在不均匀的变化，这种变化就称为储层非均质性。储层非均质性不仅在成藏过程中影响着油气的分布，而且在开发过程中影响着油气的采出。储层非均质性体现为两大方面，其一为储层分布的非均质性，其二为储层质量的非均质性。所谓储层质量，是指储层储集与渗滤流体的能力，广义上包括岩石孔隙结构、物性和裂缝。本章拟从储层分布与连通性、储层孔隙结构、储层物性、储层裂缝等四个方面介绍储层非均质性特征及研究方法。

第一节 储层分布与连通性

具有不同储集空间的储层，其分布规律与特征有所差别。对于孔隙性储层而言，砂体及隔夹层分布为主要研究内容；而对于缝洞性储层，裂缝和溶洞的分布为主要研究内容。本节主要介绍孔隙性储层分布的非均质特征，包括储层层次性、连续性、连通性及储层分布研究方法。

一、储层层次性

储层为一个多层次的复杂系统。从盆地到孔隙，包含多个层次，不同层次具有各自不同的构成单元，较高一级层次的构成单元包含若干个较低一级层次的构成单元，如曲流河的一个曲流带内包含多个点坝，一个点坝内部包含多个侧积体。每个级次的构成单元具有一定的形态、规模和方向，多个构成单元可构成复杂的叠置关系。

视频 4.1
储层层次性

不同级次储层构成单元的形态、规模、方向及其叠置关系，称为储层构型（reservoir architecture），也称为储层建筑结构。这一概念反映了不同级次的储层储集单元与渗流屏障的空间配置及分布的差异性。

不同构成单元之间存在着接触面。一套具有等级序列的岩层接触面，称为构型界面，据此可将地层划分为具有成因联系的地层块体。Pettijohn（1973）曾将河流沉积体划分为五个层次。对于层次界面划分的排序，目前有两种截然相反的方案，一种是为正序方案，另一种为倒序方案。在正序方案中，数序与级次相同，数字越小，级别越小，以 Miall（1988，1996）的界面分级方案为代表；在倒序方案中，数序与级次相反，数字越小，级别越大（吴胜和等，2013）。按倒序方案，可将沉积盆地内的碎屑岩沉积地质体界面分为十三级（表 4-1），并可归纳为层序、砂体、层理、微观四个大类。

（一）层序

在一套碎屑岩地层内，纵向上一般发育多套砂层与泥岩的组合。按层序地层学的概念，沉积盆地内的地层可进一步分为 1~6 级层序单元（见第二章），与 1~6 级构型界面对应（表 4-1）。

表 4-1　碎屑沉积地质体构型界面分级简表（据吴胜和等，2013，有修改）

构型界面级别	时间规模 a	构型单元（以河流相为例）	Miall 界面分级	经典层序地层分级	基准面旋回分级	油层对比单元分级
1 级	10^8	叠合盆地充填复合体		巨层序	巨长期	
2 级	$10^7 \sim 10^8$	盆地充填复合体		超层序	超长期	
3 级	$10^6 \sim 10^7$	盆地充填体	8	层序	长期	含油层系
4 级	$10^5 \sim 10^6$	体系域	7	准层序组	中期	油层组/砂层组
5 级	$10^4 \sim 10^5$	叠置河流沉积	6	准层序	短期	小层/砂层组
6 级	$10^3 \sim 10^4$	河流沉积体		岩层组	超短期	单层
7 级	$10^3 \sim 10^4$	曲流带/辫流带	5			
8 级	$10^2 \sim 10^3$	大型底形，如点坝	4	岩层		
9 级	$10^0 \sim 10^1$	大型底形内增生体	3			
10 级	$10^{-2} \sim 10^{-1}$	纹层系组	2	纹层组		
11 级	$10^{-3} \sim 10^{-5}$	纹层系	1			
12 级	10^{-6}	纹层	0	纹层		
13 级		颗粒/孔隙				

在油气藏范围内，一般涉及 3~6 级层序。3 级层序（Vail，1977）大体相当于油层对比单元中的一套含油层系；4 级层序大体相当于一个油组，垂向上通常限于一个沉积体系，侧向上则发育多个沉积体系，如在一个高位体系域中，侧向上可发育多个冲积扇—河流—三角洲—浊积扇沉积体系，在近源部位则发育扇裙；5 级层序（准层序）大体相当于一个砂组或小层（含多个单砂层），内部包含数个砂体，如一个河谷或多期河流沉积的垂向叠置体；6 级层序大体对应于单层，为最小一级异旋回沉积，垂向上包含一套砂层，如单期河流沉积。

（二）砂体

广义的砂体泛指具有一定形态和规模的粗碎屑岩体（一般为粗粉砂级以上）。在其名称前冠以成因术语时，称为成因砂体，如河流砂体（河流成因的不同类型砂体的总称）、曲流河砂体（曲流河相不同亚相及微相砂体的总称）、河道砂体（河道内不同微相砂体的总称）、点坝砂体（点坝微相成因的砂体）、侧积体（点坝内部的增生体）。

显然，砂体具有不同级次。就河道砂体而言，包含复合河道砂体、单河道砂体、单一微相砂体、微相内部增生体等级次。复合河道由两个以上的单河道砂体组成，单河道砂体又由多个点坝砂体及废弃河道泥岩组成，在点坝内部又包含了若干侧积体和泥质侧积层。

通常将一个单一微相成因的砂体称为单一成因砂体，简称"单砂体"，如单一分流河道砂体、单一河口坝砂体、单一席状砂体、单一决口扇砂体等。当然，单砂体的"单一"概念是相对的，如单一河道砂体，虽然为"亚相"，包含点坝、心滩坝等微相，也称为"单砂体"。由多个单砂体侧向或垂向叠置而形成的砂体，称为复合砂体。

在碎屑岩油气藏中，单层内的储集体又可称为"油砂体"。油砂体上下被非渗透性的地层（隔层）分隔，侧向上被非渗透性的岩石（侧向隔挡体）隔挡，其四周的油水窜流甚微或不存在。因此，在注水开发中，油砂体是一个相对独立的油水运动单元。油砂体可以是复合砂体，也可以是单砂体。

砂体规模的储层分布包含3个级次的构型界面，即7~9级构型界面，为异成因旋回内沉积环境形成的成因单元构型界面（图4-1），对应于Miall（1988，1996）的5~3级界面，其限定的单元即为Miall（1988）所称的构型要素（architectural elements），本质上为相构型（facies architecture），反映了沉积环境形成的沉积体的层次结构性（Galloway，1986；Shanley et al.，1991；Wagoner et al.，1995）。

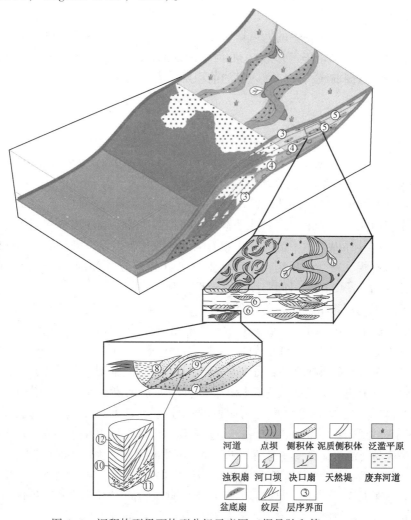

图4-1 沉积构型界面构型分级示意图（据吴胜和等，2013）

7级构型界面为一个最大自成因旋回对应的主体成因单元的界面，如河道砂体底界面（图4-1），相当于Miall（1988）的5级界面。界面围限的构型单元的沉积时间跨度为一千年至一万年。在河流体系中，7级构型大体相当于单一曲流带或单一辫流带沉积体。在三角洲体系内，移动型分流河道形成的复合砂体、单一分流河道形成的朵叶复合体等沉积单元为

7级构型。冲积扇辫流带、障壁岛、陆棚沙脊（Liu et al.，2007）、海底扇水道沉积体等亦为 7 级构型单元。

8级构型界面为限定一个大型底形（macroforms）的界面，如点坝（图 4-1）或心滩坝顶界面，相当于 Miall（1988）的 4 级界面。大型底形为一个较长时间形成的微地貌沉积成因单元（J. R. L. Allen，1983），相当于成型淤积体（钱宁等，1987），沉积时间跨度为一百年至数千年。在河流体系内，8 级构型相当于单一微相，如点坝、天然堤、决口扇、决口水道、牛轭湖沉积等。Miall（1988）提出的侧向加积体（LA）、顺流加积体（DA）、砂质底形（SB）、砾质坝与底形（GB）等河流构型要素均属于 8 级单元。在三角洲体系中，移动型分流河道中的单一点坝、固定型单一分流河道、单一河口坝（朵叶体）等亦为 8 级构型单元。

9级构型界面为大型底形内部的增生面，如点坝内部的侧积面（图 4-1），对应于 Miall（1988）的 3 级界面。9 级构型的沉积时间跨度为一年至数十年，主要为突发性作用所形成，如河流体系中的大洪水、陆棚中的大风暴、沙漠中的大沙暴等。在河流体系中，点坝内部的侧积体、泥质侧积层（薛培华，1991）、心滩坝内部的增生体、心滩坝顶部的沟道充填体均为 9 级构型。在三角洲前缘，河口坝内部的前积层亦为 9 级构型。

（三）层理

砂体内的层理包含三个级次，即层系组、层理系、纹层，反映了沉积环境内沉积底形的层次结构性，其构型界面对应于 10～12 级，相当于 Miall（1988，1996）分级系统中的 2～0 级界面。该规模一般为米级至毫米级。

10级构型界面为增生体内部层系组之间的界面（图 4-1），对应于 Miall（1988）的 2 级界面。层系组由两个或两个以上岩性基本一致的相似层理系或性质不同但成因上有联系的层理系叠置而成，其界面指示了流向变化和流动条件变化，但没有明显的时间间断，界面上下具有不同的岩石相。一个层系组由中型底形（如沙丘）迁移而成，其规模则取决于底形的规模，如沙丘的大小。沉积时间跨度为数天至数月。

11级构型界面为层系组内部一个层理系的界面（图 4-1），对应于 Miall（1988）的 1 级界面。层理系由许多在成分、结构、厚度和产状上近似的同类型纹层组合而成，它们形成于相同的沉积条件下，是一段时间内水动力条件相对稳定的水流条件下的产物。一般地，交错层理发育的岩层，可以根据一系列倾斜纹层而成的斜层系进行划分；而对于水平层理、平行层理或波状纹层的组合，由于缺乏明显的层理系标志，划分层理系比较困难。一个层理系由微型底形（如波痕、沙丘内部增生体）迁移而成。层理系厚度差别也较大，大型层理的层理系厚度大于10cm，中型层理的层理系厚度为 3～10cm，小型层理的层理系厚度小于 3cm。对于河流沉积而言，层理系厚度与河流水体深度具有正相关关系。沉积时间跨度为数小时至数天。

12级构型界面为层理系内一个纹层界面（图 4-1），对应于 Miall（1996）的 0 级界面。纹层为组成层理的最基本单元，是在一定条件下，具有相同岩石性质的沉积物同时沉积的结果。纹层厚度较小，一般为毫米级。沉积时间跨度为数秒至数小时。

（四）微观

微观规模指颗粒、填隙物和孔隙规模，属于微观非均质性的研究范畴。其中，颗粒非均质性指岩石碎屑结构（包括砂粒排列的方向性）及岩石矿物学特征；孔隙非均质性包括储层孔隙、喉道大小及其均匀程度与孔隙喉道的配置关系及连通程度。

我国油田部门按照不同层次规模的储层特征对开发生产的影响，将碎屑岩储层非均质性分为四类（裘亦楠，1992）：① 层间非均质性：纵向上多个油层之间的差异性，包括储层纵向分布的复杂程度、层间隔层分布、层间渗透率非均质程度；② 平面非均质性：单油层在平面上的差异性，包括储层平面连续性和连通性、侧向隔挡体分布、平面物性分布差异性及渗透率各向异性；③ 层内非均质性：单一油层内部的差异性，包括层内夹层分布、层内渗透率韵律性非均质程度及各向异性；④ 微观非均质性：孔隙、颗粒、填隙物等性质的差异。相关概念的内涵详见后文。

二、储层连续性

储层连续性（reservoir continuity）是指储层在空间上的延伸状态，通常用形态和规模来表示。不同岩类（碎屑岩、碳酸盐岩、岩浆岩、结晶岩）储层，由于其成因机理的差异，储层的几何形态与规模有较大的差异。下面主要以碎屑岩类储层为主，介绍储集单元的几何形态与规模。

视频 4.2
储层连续性

（一）储层几何形态

几何形态是由基本的几何元素如点、直线、曲线、平面、曲面等构成的几何形物体，具有一定规则性与封闭性。砂体的几何形态受控于沉积环境。不同沉积环境形成的砂体，一般都具有各自的几何形态，如分流河道砂体往往呈条带状，河口坝砂体常呈朵状（图4-2）。

1. 砂体平面形态

根据研究者视域范围（或研究范围）内砂体的长宽比，可将砂体平面几何形态分为以下四类（图4-3）：

（1）席状砂体：平面上呈等轴状，长宽比近于1：1，大片分布，面积一般从几平方千米至几十平方千米，如障壁沙坝、海岸滩砂、浅海席状砂、滨外沙坝、三角洲前缘席状砂和外扇浊积体等。另外，由多个透镜状或其他形状的单砂体可组合成面积很大的席状砂体，如现代松花江点坝砂体的组合在哈尔滨以东形成了数百平方千米的大片席状砂体。

（2）透镜状砂体及扇状砂体：透镜状砂体中心厚，边缘薄，如河流的点坝砂体、小型浊积砂体；扇状砂体向主流线方向增厚并呈扇形散开，如决口扇砂体、三角洲河口坝朵叶体等。长宽比等于或小于3：1。

（3）带状砂体：长宽比大于3：1，又可进一步细分为：①条带状砂体，长宽比介于3：1和20：1之间，一些顺直型分流河道砂体即属此类；②鞋带状砂体，长宽比很大，大于20：1。多个带状砂体在平面上可形成交织条带状或树枝状等复合形态，如网状河道、树枝状分流河道砂体等。

（4）不规则状砂体：砂体形态不规则，一般有一个主要延伸方向，但在其他方向也有一定的延伸，为多次水流改道形成的复杂成因的砂体。

2. 砂体剖面形态

砂体的剖面形态不仅有助于研究者判断沉积环境，而且是研究者确定砂体叠置及连通关系应遵循的依据和重点。根据砂体在剖面上的几何特征，砂体剖面形态主要可分为以下五类（图4-4）：

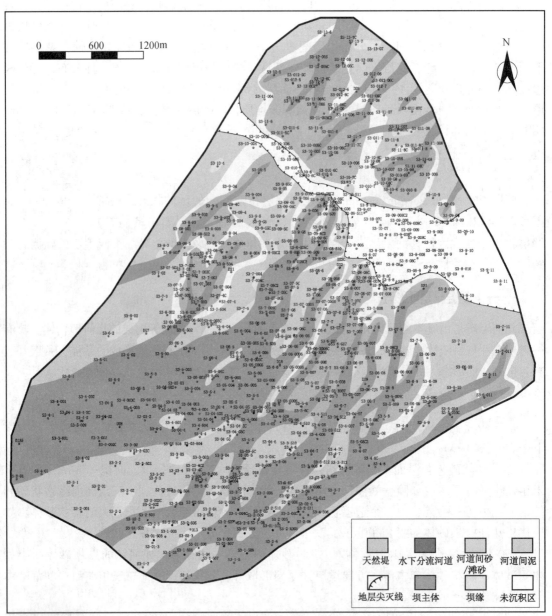

图4-2 辽河油田曙三区某小层沉积微相平面分布图

彩图4-2

（1）顶平底凸：砂体顶部平整且平行于地层界面，底面下凸，如河道砂体。在垂向上，砂体多表现为向上变细的正韵律特征，在测井曲线上表现为钟形、箱形或钟形—箱形复合形状。

（2）底平顶凸：砂体底部平整且平行于地层界面，顶面上凸，如三角洲前缘河口坝、远沙坝以及障壁岛等砂体。垂向上，砂体多表现为向上变粗的反韵律，在测井曲线上表现为漏斗形。

（3）双向外凸：砂体在剖面上表现为中间厚、两边薄的透镜状。这种形态所代表的沉积体有两种成因。一是原生成因，即沉降速率与沉积速率中间大、两边小所致；二是次生成因，即中间砂岩发育、两边泥岩发育，成岩过程中压实作用而成。两种原因通常共生。

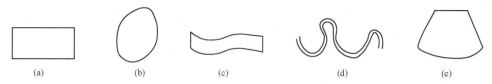

图 4-3　单砂体平面几何形态

（a）席状；（b）透镜状；（c）条带状；（d）鞋带状；（e）扇状

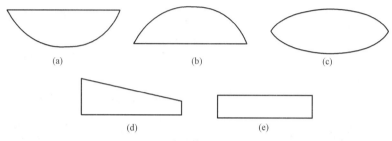

图 4-4　单砂体剖面几何形态

（a）顶平底凸；（b）底平顶凸；（c）双向外凸；（d）楔状；（e）平板状

（4）楔状：砂体在剖面上表现出一端厚、另一端逐渐减薄的特征，如在平行于水流方向上的各类扇体和三角洲砂体厚度向盆地方向逐渐减薄。

（5）平板状：砂体顶、底面在剖面上平行，厚度变化不大。例如，在河道砂体的纵剖面（顺水流方向）与滩砂的横剖面上，砂体呈平板状。

（二）储层规模

储层规模常用其厚度、长度和宽度来表述。

1. 砂体规模的分级

按照储层侧向延伸规模（宽度），可将砂体连续性分为以下五级：

（1）一级：砂体延伸大于 2000m，连续性极好。

（2）二级：砂体延伸 1200~2000m，连续性好。

（3）三级：砂体延伸 600~1200m，连续性中等。

（4）四级：砂体延伸 300~600m，连续性差。

（5）五级：砂体延伸小于 300m，连续性极差。

在开发井网条件下，储层钻遇率在一定情况下也可反映储层连续程度。储层钻遇率是指在研究区某一地层单元内钻遇储层的井数占总井数的百分率。在碎屑岩储层中，储层钻遇率一般称为砂体钻遇率。这是一个统计概念，只有在井网较密时才有代表性。

2. 砂体规模的影响因素

砂体规模主要受到沉积环境及其迁移程度的影响。

1）沉积环境的影响

沉积环境类型的影响：不同类型的沉积环境，其自身规模不同，导致砂体规模不同。如海相砂体规模大于陆相河湖砂体规模，同一河流—三角洲体系中三角洲河口坝砂体宽度大于河道砂体宽度。

同类沉积环境的不同规模的影响：对于同类沉积环境而言，其规模不同则砂体规模不同，如大河流的砂体规模大于小河流。

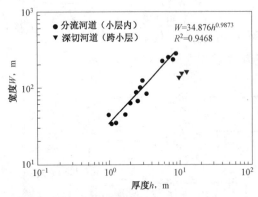

图4-5　鄂尔多斯盆地延长组露头剖面中的
浅水三角洲分流河道宽度与厚度关系图
（据付晶等，2017）

一些砂体的宽度与厚度有一定的相关关系。图4-5为鄂尔多斯盆地延长县延长组长6和长8油组露头剖面测量的浅水三角洲分流河道砂体的宽厚关系。其中，小层内的单一分流河道砂体宽度与厚度具有很好的相关性，其与层序（3级或4级）界面处的深切河道的宽厚关系有所不同。砂体宽厚比对于基于井资料的砂体分布研究具有较大的意义。若已知砂体宽厚比，则可根据单井解释的砂体厚度，推断砂体的侧向宽度。

砂体宽度与深度具有相关性的本质是砂体沉积环境的深度与宽度有关系。例如，图4-6为不同类型河流的河道深度与宽度的关系。

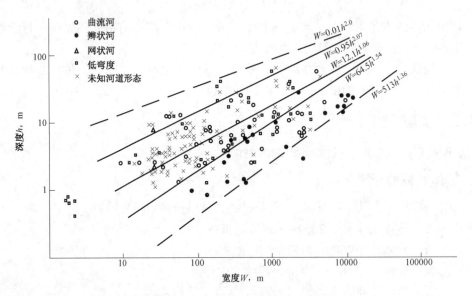

图4-6　河道宽度和深度交会图（据 Fielding 和 Crane，1987）

2）环境迁移的影响

形成砂体的环境若发生侧向迁移，则砂体规模会随之增大。例如，对于同一深度的河道，其侧向迁移程度不同，将导致不同的宽度。

在地质历史中（如一个小层沉积时期），水道（河流河道、三角洲分流河道、深水浊积水道等）经常发生迁移，形成不同的水道砂体复合样式。如图4-7所示，水道可发生垂向迁移和侧向迁移，形成四大类砂体复合样式，即垂向复合、侧向复合、摆动复合、斜列复合。在每一大类复合样式中，又包括三种样式，即孤立式（两期砂体不接触）、叠加式（两期砂体接触但不侵蚀）和切叠式（后期砂体侵蚀前期砂体）。显然，在叠加式和切叠式中，复合砂体规模要大于单一砂体规模。

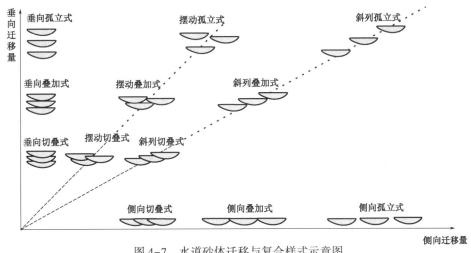

图 4-7　水道砂体迁移与复合样式示意图

（三）砂体构型基本样式

对于一个储集砂体而言，可以是单一成因砂体（单砂体），也可以是复合成因砂体。在复合砂体内部，包括多个级次的单一成因单元，如一个复合河道砂体包括若干单河道砂体；在单一河道砂体内，包含若干单一微相（如点坝、心滩坝）砂体。

壳牌石油公司 Weber 和 Von Geuns （1990）将砂体构型样式归纳为三类，即千层饼状（layercake）、拼合板状（jigsaw puzzle）和迷宫状（labyrinth）（图 4-8）。

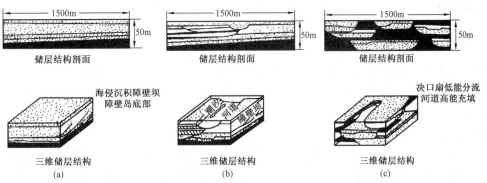

图 4-8　砂体构型基本样式（据 Weber 和 Von Geuns，1990）
（a）千层饼状；（b）拼合板状；（c）迷宫状

1. 千层饼状

这类储层构型的主要特征为：（1）由分布宽广的砂体叠合而成，为同一沉积环境或沉积体系形成的层状砂体；（2）砂体连续性好，单层砂体厚度不一定完全一致，但厚度是渐变的；（3）砂体水平渗透率在横向上没有大的变化，单层垂向渗透率在横向上也是渐变的；（4）单层之间的界线与储层性质的变化或阻流界线一致。

具有这类储层构型的沉积砂体在陆相主要为湖泊席状砂、风成沙丘等；海陆过渡相主要有障壁沙坝、海岸沙脊等；海相主要有浅海席状砂、滨外沙坝和外扇浊积体等。

2. 拼合板状

这类储层构型的主要特征为：（1）由一系列砂体拼合而成，而且单元之间没有大的间距；（2）砂体连续性较好，储层内偶尔夹有低渗或非渗透率层，某些重叠砂体之间也存在非渗透层；（3）砂体之间会出现岩石物性的突变，某些砂体内部的岩石物性存在着很强的非均质性。

绝大部分陆相沉积砂体属于这种类型，如河流相砂体、冲积扇砂砾岩体、湖泊三角洲砂体、湖底浊积扇砂体等；在海岸环境主要为沉积相复合体，如障壁岛与潮道充填复合体、河道充填/河口坝复合体等具有较高砂泥比的沉积复合体；在海洋环境主要有风暴砂透镜体和中扇浊积体等。

3. 迷宫状

这类储层构型的主要特征为：（1）为小砂体和透镜状砂体的十分复杂的组合；（2）砂体连续性常具方向性，在剖面上不连续，在平面上不同方向的连续性也不一样；（3）部分砂体之间为薄层席状低渗透砂岩所连接。

属于这类储层构型的砂体成因类型在陆相主要为低弯度河道充填砂体、具低砂泥比的冲积沉积；在滨岸环境主要为低弯度分流河道沉积；在海洋环境主要为海底扇内扇浊积岩、滑塌岩及具低砂泥比的风暴沉积等。

三、储层连通性

（一）内涵与表征参数

视频4.3
储层连通性

1. 连通性的内涵

储层连通性是指流体在储集单元之间的可流动性。

阻碍储集单元之间可流动性的非渗透层（体）为渗流屏障。渗流屏障包括封闭性断层和非渗透性岩石，后者主要为泥质岩类（泥岩、泥质粉砂岩等）、成岩胶结带、蒸发岩等，属于隔夹层的范畴（详见后文）。

内部具有连通性的储集体称为"连通体"。在连通体内部，虽然储层质量有差别，但各处是连通的。垂向上，两个连通体之间具有层间隔层；侧向上，两个连通体之间被封闭性断层、泥岩或成岩胶结带所隔挡，如图4-9所示。连通体之间不发生流体渗流。

对于碎屑岩而言，一个连通体可以是一个单砂体（或一部分），也可以是多个单砂体在垂向上和平面上相互接触连通所形成的复合砂体。

根据连通体内部夹层产状、规模及其对渗流性能的影响，学者们又提出了泛连通体（extensive-connection body）和半连通体（semi-connection body）等概念。

泛连通体常由复合砂体构成，规模大，内部夹层少并多呈水平产状，如游移型辫状河砂体常被看成泛连通体。

半连通体内部具有斜向渗流屏障，使得储集体内部一部分连通而另一部分不连通。如曲流河点坝砂体，其底部连通，上部被多个侧积泥岩部分隔挡，即为一个下部连通、上部侧向不连通的半连通体。

值得注意的是，砂体"连续"不等同于"连通"。相互接触的砂体可形成连续的复合砂体，但其间不一定连通。只有砂体接触处具有渗流能力，砂体间能发生流体渗流，才是真正

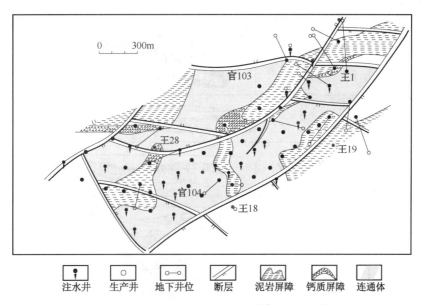

| 注水井 | 生产井 | 地下井位 | 断层 | 泥岩屏障 | 钙质屏障 | 连通体 |

图 4-9　官 104 断块某单层连通体平面分布图

意义上的"连通"。若砂体间接触处存在泥质岩或钙质胶结层等渗流屏障，砂体接触面为不渗透界面，则砂体虽然接触或连续，但不连通。因此，连通与连续具有不同的内涵。

另外，由于分层过粗，多个层的条带或透镜状砂体"叠合"成一个连续的、连片状分布的砂体，这实际上是一种由多个独立的连通体组成的"假连片状"砂体。

Weber（1986）从储层规模及连通性的角度将广义的储层（油藏）非均质性分为七类（图 4-10）：

（1）封闭、半封闭、未封闭断层：这是一种大规模的储层（广义储层、油藏）非均质性。断层的封闭程度对油田区内大范围的流体渗流具有很大的影响。如果断层是封闭的，就隔绝了断层两盘之间的流体渗流，实际上为渗流隔板；如果断层没有封闭，那么断层就成为大型的渗流通道。

（2）成因单元边界：成因单元（genetic unit）可以理解为一种相单元，如河道、河口坝。单元界面之间一般具有岩性变化。该界面可以是连通的，也可以是封闭或半封闭的，但至少是渗透性差异的分界线。因此，成因单元边界控制着较大规模的流体渗流。

（3）成因单元内渗透层：在成因单元内部，具不同渗透性的岩层，它们在垂向上呈带状分布，从而导致了储层的非均质性。

（4）成因单元内隔夹层：隔夹层是隔层（barrier）和夹层（baffle）的合称。不同规模的成因单元内隔夹层对流体渗流具有很大的影响，它主要影响流体的垂向渗流，也影响流体的水平渗流。

（5）纹层和交错层理：为渗透层内的层理构造。层理构造内部纹层方向具有较大的差异，这种差异对流体渗流也有较大的影响，从而影响注水开发后残余油的分布。

（6）微观非均质性：这是最小规模的非均质性，即由岩石结构和矿物特征差异导致的孔隙规模的非均质性，它影响着微观规模的流体渗流。

（7）封闭、开启裂缝：为裂缝及其封闭和开启性质导致的储层非均质性，影响着宏观规模的流体渗流。

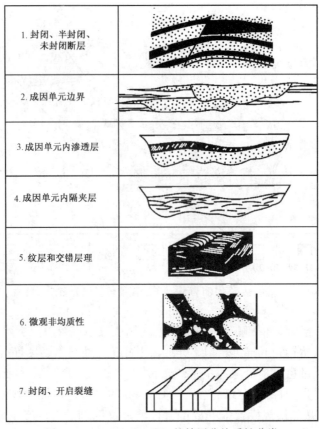

1. 封闭、半封闭、未封闭断层	
2. 成因单元边界	
3. 成因单元内渗透层	
4. 成因单元内隔夹层	
5. 纹层和交错层理	
6. 微观非均质性	
7. 封闭、开启裂缝	

图 4-10 Weber (1986) 的储层非均质性分类

2. 连通性的表征参数

1) 复合砂体连通性

对于复合砂体，砂体连通性常用以下指标来描述：

(1) 砂体配位数：指与一个砂体接触连通的砂体数。

(2) 连通程度：指砂体与砂体连通部分的面积占砂体总面积的百分数。

(3) 连通系数：指连通的砂体层数与砂体总层数之比。

(4) 连通体大小：一个连通体内包含的成因单元砂体的个数及连通体的长度、宽度、总面积、厚度等。

2) 井间连通性

井间连通性为井间储层的连通状况。一般地，在油气田开发阶段，需要对井间特别是注采井之间的连通状况进行分析。

对于两口井而言，只要有一个层内的砂体在井间连通，两口井之间即具有连通性。但是，不同层的砂体在井间的连通状况一般会有差别，有的砂体在井间连通，有的在同一层内两井钻遇的砂体不属于同一连通砂体，表现为不连通（图 4-11）。因此，在分析井间连通性时，需要分层考虑。

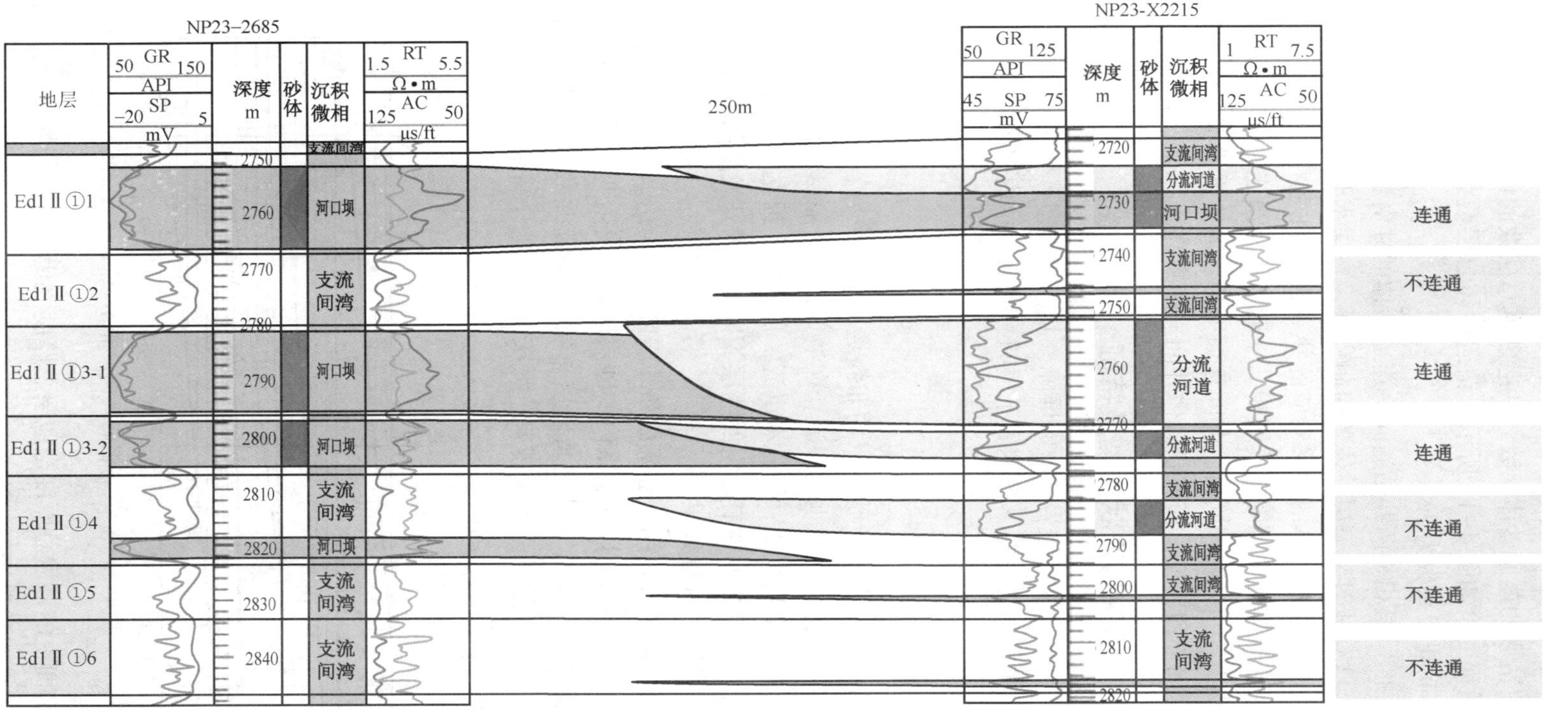

图 4-11 井间砂体连通剖面

连通　不连通　连通　连通　不连通　不连通　不连通

NP23-X2215

GR 125		RT 7.5
API		Ω·m
SP 75		AC 50
mV		μs/ft
50	45	1 125

NP23-2685

GR 150		RT 5.5
API		Ω·m
SP 5		AC 50
mV		μs/ft
50	−20	1.5 125

250m

沉积微相：支流间湾　河口坝　支流间湾　支流间湾　分流河道　分流河道　支流间湾　分流河道　支流间湾　支流间湾　支流间湾

深度 m：2720 2730 2740 2750 2760 2770 2780 2790 2800 2810 2820

沉积微相：支流间湾　河口坝　支流间湾　河口坝　河口坝　支流间湾　河口坝　支流间湾　支流间湾

深度 m：2750 2760 2770 2780 2790 2800 2810 2820 2830 2840

地层：
Ed1 II ①1
Ed1 II ①2
Ed1 II ①3-1
Ed1 II ①3-2
Ed1 II ①4
Ed1 II ①5
Ed1 II ①6

彩图4-11

173

井间连通性可用井间连通系数和井间连通率来表示。

井间连通系数为井间钻遇的连通砂体层数与钻遇砂体总层数的比值。这一参数反映了多层体系中井间砂层的连通程度。如图4-11所示，钻遇砂体总层数为7，但两井同时钻遇的连通砂体层数为3，则井间连通系数为3/7。

井间连通率为平面上同一层相邻两井钻遇同一连通砂体的井对数与总井对数之比，它反映了在现有井网条件下，已有井对某一层砂体的控制程度。在注水开发中，可用这一参数反映注采对应情况，即钻遇同一连通砂体的注采对应的井对数/总注采井对数。

井间连通性受井距与连通体规模等因素的影响。一般来说，当连通体规模一定时，井间连通率随井距的增大而变小；当井距相同时，井间连通率随连通体规模增大而增大，条带状砂体的井间连通率低，而席状砂体井间连通率高。

视频 4.4
隔夹层特征

（二）隔夹层产状类型及特征

隔夹层作为非渗透岩性渗流屏障，其产状类型可分为层间隔层、侧向隔挡体、储集体内部夹层，分别属于层间、平面、层内储层分布非均质性研究范畴。

1. 层间隔层

隔层是指垂向上分隔不同储集体（砂体）的非渗透层，如泥岩、粉砂质泥岩、膏岩等，其横向连续性好，能阻止储集体之间的垂向渗流。在油气藏中，隔层的作用是将其上下的油气层完全隔开，使油气层之间不发生油、气、水窜流，形成两个独立的开发单元。在制定开发方案时，要求在两个开发层系之间应有稳定的隔层，同时要求开发层系内砂层间渗透率的差异不能太大，否则会严重影响开发效果。

隔层与砂体垂向分布的复杂性可用分层系数和砂岩密度来表达。分层系数是指一套层系内砂层的层数。由于相变，在平面上同一层系内的砂层层数会发生变化（图4-12）。分层系数可用平均单井钻遇砂层层数来表示（钻遇某砂层总层数/统计井数）。一般来讲，分层系数越大，层间非均质越严重，油层开采效果越差。大庆油田的统计结果表明，开发层系内砂层层数越多，单层厚度越小，则油层的动用率越低。

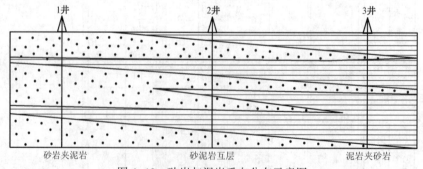

图4-12　砂岩与泥岩垂向分布示意图

砂岩密度是指垂向剖面上的砂岩总厚度与地层总厚度之比，以百分数表示，相当于砂地比（%）及国外文献中常见的净总比（NGR）。

在实际分析层间储层分布的复杂程度时，需综合考虑这两个参数。图4-12中1、3两口井分层系数都为3，但砂岩密度差别很大，必然导致储层分布复杂程度的差异性。应用各井钻遇的分层系数及砂岩密度，可编制相应的平面等值线图，以反映层间差异的平面变化规律。

在沉积环境中，隔层为相对低能的沉积产物，如河流体系中的泛滥平原细粒沉积，其上下为相对高能的河道沉积。

在不同级别的油层单元之间，均可发育隔层，如油组之间、砂组之间、小层之间甚至单层之间。值得注意的是，并非所有油层单元之间均会发育隔层，其间也可为夹层，如后期河道砂体冲刷前期河道砂体，其间稳定分布的泥岩可能被冲刷而残留为不连续的薄层泥岩透镜体，即为夹层。另外，隔层的稳定性是一个相对概念，与测量范围有关，大范围不稳定的隔层在小范围内可能是稳定的。

隔层的分布特征通常是以剖面图和平面图的形式表征。剖面图可直观地反映隔层的连续性（图4-13），平面图可以刻画隔层的厚度分布。隔层分布越广，储集体垂向连通性越差，如果上下相邻的两个砂体叠置，则隔层厚度为0（图4-14），垂直连通。

2. 侧向隔挡体

侧向隔挡体为横向上隔挡两个储集体的非渗透性岩石。在碎屑岩中，横向隔挡体主要为油砂体之间的低能泥质沉积，如三角洲分流河道之间的河间泥岩、曲流河体系中河道之间的泛滥平原泥岩、复合曲流带内部的废弃河道泥质沉积等，一般为7~8级泥质构型单元。

侧向隔挡体可以完全隔挡两个连通体，即在油田注采范围内的渗流屏障可导致两个连通体间不发生流体渗流；侧向隔挡体也可以只起到半隔挡作用，即屏障仅在平面上一定范围内分布，其他部位两个连通体之间仍然连通，如支状分流河道，在分叉处具有河道泥岩屏障，而在合并处两个河道砂体连通（图4-15）。

侧向隔挡体的构型界面一般为7~8级（图4-15、图4-16）。如复合曲流带之间的曲流带砂体—泛滥平原泥岩界面为7级构型界面，复合曲流带内部的点坝砂体—废弃河道泥质沉积界面为8级构型界面等。

除非渗透岩性外，封闭性断层也起到侧向隔挡的作用。

3. 储集体内部夹层

夹层是指储集体内部不连续的、较薄的非渗透层，如点坝内的泥质侧积层。作为渗流屏障，夹层影响着砂体内垂向和（或）侧向的流体渗流。

值得注意的是，在页岩气勘探开发中，将页岩层段（富含有机质的烃源岩系，以页岩、泥岩和粉砂质泥岩为主）夹含的少量砂岩、碳酸盐岩或硅质岩等称为夹层。下文阐述的夹层与此不同。

1）夹层岩性及产状

夹层岩性主要以细粒沉积（泥质）为主，其次为分选差的泥质砂（砾）岩、成岩胶结条带等。另外，石油运移过程中所产生的沥青或重质油充填带也可起夹层的作用。

a. 细粒沉积

这种夹层岩性为泥岩、粉砂质泥岩、泥质粉砂岩等，主要为低能环境的沉积。从成因和产状来看，泥质夹层一般以下面两种形式存在：

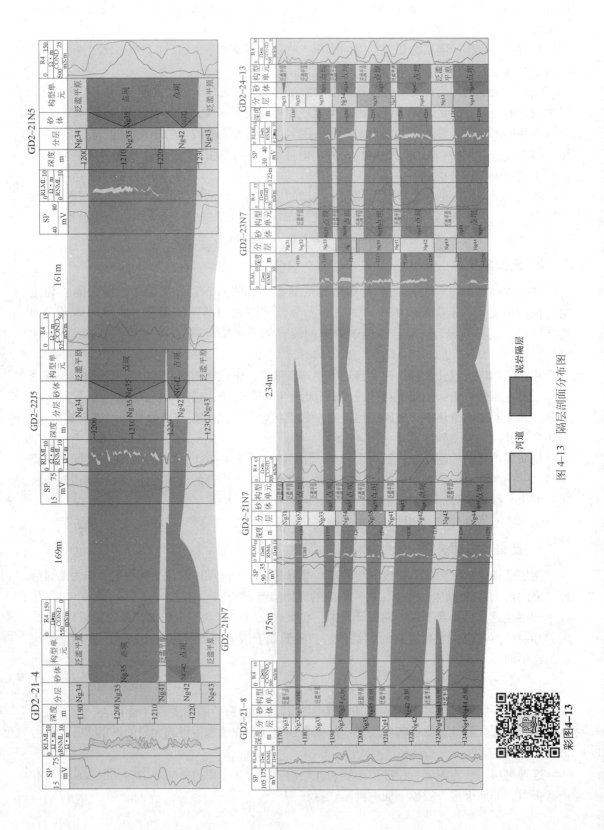

图 4-13 隔层剖面分布图

彩图 4-13

河道　　泥岩隔层

176

图 4-14　两个单层砂体之间的隔层厚度分布

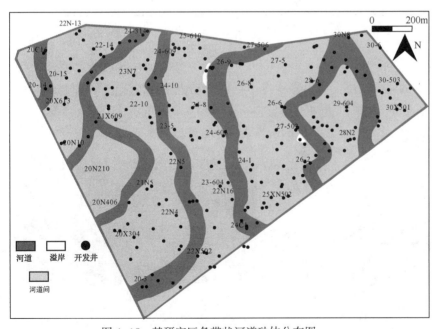

彩图 4-15

图 4-15　某研究区条带状河道砂体分布图

（1）砂体中的泥质薄层：一般发育于单砂体内部，属9级泥质构成单元。这种夹层的产状与沉积成因有关。有的夹层与砂体界面斜交，在河流点坝砂体中最为常见。点坝砂体由多个呈叠瓦状排列的侧积体组成，在每个侧积体之上经常披覆一层间洪期的泥质

177

落淤层，夹层为等时间单元，与砂体斜交（图4-17）。而有的夹层在砂体中平行于砂体层面分布，如辫状河心滩内的泥质落淤层、决口扇内的泥质薄层、席状砂内间夹的泥质薄层等。值得注意的是，在叠置砂体中，侵蚀残存的泥岩也可发育层内夹层。

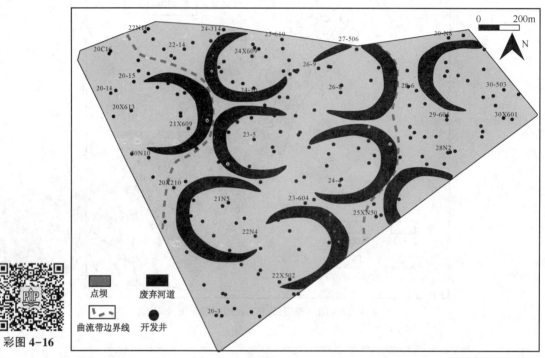

图4-16　某研究区复杂曲流带点坝与废弃河道分布图
（图中虚线为单一曲流带边界）

（2）层理构造中的泥质纹层：为层理构造中低能水动力条件形成的泥质纹层，其特点为厚度小、数量多、分布不规则（图4-18）。

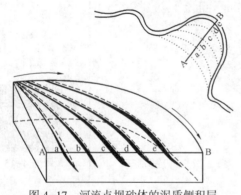

图4-17　河流点坝砂体的泥质侧积层

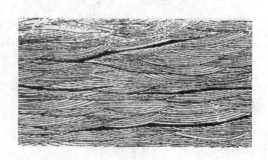

图4-18　层理构造中的不连续泥质条带

b. 泥质砂（砾）岩

含泥质、分选差的砂岩、砾岩、砂砾岩往往渗透性差，若分布于渗透性砂体中，则成为夹层。这类岩性往往是在沉积速度快、分选作用弱的条件下形成的。如在冲积扇及扇三角洲砂体内的泥石流形成的泥质砂砾岩，为快速堆积的密度流沉积，分选差，泥质含量高，虽然碎屑粒度大，但储层渗透性低。又如在一些河道底部形成的泥砾岩沉积，为河流侵蚀河岸或河底的泥岩快速堆积而成，分选作用差，原始渗透性低，而且在后期压实过程中，部分半固结的泥砾受压实变形而堵塞孔喉，使得渗透性更低。

c. 成岩胶结条带

成岩胶结条带为胶结作用形成的非渗透条带，如钙质条带、硅质条带或黏土胶结条带。这类夹层的岩性往往相对较粗（一般为粗粉砂级以上），但由于胶结作用而使得渗透率变得很低而成为夹层，这就是所谓的"物性夹层"。物性夹层属于成岩非均质的范畴。

由于成岩流体易沿构型界面流动，因此，往往在构型界面处形成成岩胶结条带。如在两条河道的侧向叠合处，可在河道交接处形成斜交的成岩胶结条带，甚至在河道内的层理系之间的界面（10级构型界面）也可形成成岩胶结条带（图4-19）。

图4-19　新疆风城油砂露头区下白垩统吐谷鲁组辫状河砂体内部的钙质胶结带

彩图4-19

2）夹层规模

夹层规模是指夹层的厚度及侧向延伸范围，其对地下油水运动规律影响较大。根据夹层延伸长度与注采井距之间的关系，可将夹层分为三类：

（1）相对稳定的夹层：夹层在油层内延伸距离达到一个注采井距以上，如图4-20（a）的夹层1即属于此类。这类夹层的作用相当于隔层。

（2）较稳定的夹层：夹层在油层内延伸距离可达到注采井井距一半以上，但不到一个井距，如图4-20（a）的夹层2。

（3）不稳定夹层：夹层在油层内的延伸距离均小于注采井距之半，呈透镜状分布，如图4-20（b）。

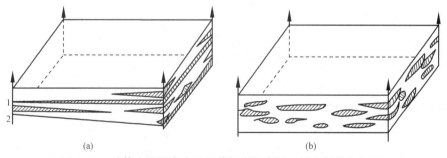

(a)　　　　　　　　　　　　　　(b)

图4-20　砂体内夹层大小及延伸长度示意图（图中斜纹为夹层）

夹层规模受沉积、成岩环境的影响。如曲流河点坝内的侧积泥岩夹层的规模受控于点坝的规模，点坝越大，则侧积泥岩夹层的规模也越大。

3）夹层发育程度

夹层发育程度通常用夹层频率和夹层密度来表示。其中，夹层频率是指单位厚度岩层中夹层的层数，用层/m表示；夹层密度是指砂体中夹层总厚度与统计的砂体（包括夹层）总厚度的比值，用百分数（%）表示。

夹层的频率和密度受沉积、成岩条件在垂向上的变化速率的影响。如辫状河心滩坝内部的落淤泥岩夹层频率受控于洪水次数及落淤泥岩的保存程度。

四、沉积微相分析方法

储层分布研究方法很多，其中，沉积微相分析是油气田开发阶段储层分布研究最重要的方法。在勘探阶段，沉积相的研究主要针对大相和亚相，主要研究储层与生储盖组合的分布，而在油田开发阶段，即在开发井网完成后，沉积相研究必须落实到沉积微相。"微相"是指亚环境及其沉积物（岩）特征的综合，为具有独特的岩性、沉积组构、沉积构造、厚度、韵律性等沉积特征及一定平面分布的沉积单元，如曲流河环境中的点坝、决口扇、天然堤和废弃河道等微相。沉积微相控制着储集砂体与渗流屏障的宏观分布，同时控制着储集砂体内储层质量的差异。因此，在油田开发阶段，沉积微相分析是一项不可缺少的地质工作。

视频 4.5
储层沉积相
识别的依据

（一）相分析依据

对于地下油气田而言，沉积微相分析的资料主要包括岩心、测井、地震和动态资料。下面主要介绍相应的相分析依据，包括岩心相标志、沉积相的测井响应和地震响应。

1. 岩心相标志

岩心是沉积相研究乃至整个油藏地质研究的第一性资料，岩心相分析则是沉积相研究最重要的基础。岩心相分析，主要是挖掘岩心中所蕴含的相标志信息。岩心相标志包括以下几个方面。

1）岩石颜色

泥岩和页岩的颜色是恢复古沉积环境水介质氧化还原程度的地球化学指标。一般地，红色、棕红色等代表氧化环境，绿色代表弱氧化环境，浅灰色、灰色代表弱还原环境，灰黑色、黑色代表还原环境。在应用颜色恢复古沉积水介质氧化还原程度时，要注意成岩作用对原始颜色的改造。描述颜色时，应与行业标准色谱对照，用数字符号表示，如 0 表示白色，1 表示棕红色，3 表示紫红色，4 表示紫色，5 表示黄色，8 表示灰绿色，9 表示褐色，10 表示棕色，12 表示黑色，13 表示深灰色，14 表示浅灰色，15 表示杂色。

2）岩石类型

沉积岩石的类型包括正常碎屑岩、火山碎屑岩、碳酸盐岩、煤岩、蒸发岩等。

岩石类型反映沉积体形成过程中的水动力条件，如碎屑岩中的砾岩、砂岩、粉砂岩、粉砂质泥岩、泥岩反映古水动力能量由强至弱的沉积产物。不同沉积微相的水动力条件不同，因而具有不同的岩石相组合。如对于河流相而言，河道岩性较粗，多为砂岩，底部含砾，而溢岸岩性相对较细，以粉砂岩为主。在正常湖相中，大套深灰—灰黑色泥岩指示较深水环境；煤岩、碳质泥岩指示沼泽环境等；蒸发岩则反映干旱炎热环境等。总体来看，正常碎屑岩（如砾岩、砂岩）可出现在海陆各种沉积环境，并不是鉴别沉积相类型的良好标志；与碎屑岩系共生的碳酸盐岩、硅岩、蒸发岩和红色岩层等具有一定的指相性，对判别沉积相类型意义重大。

3）沉积组构

沉积组构（texture）包括颗粒粒度、圆度、球度、表面特征等单颗粒特征，分选、排列等多颗粒分布特征，以及杂基含量与支撑结构等，均具有一定的指相意义。

粒度是鉴别沉积相的重要相标志之一。粒度分析常用的是粒度概率曲线和 CM 图。粒度概率曲线是用来表示各种粒度碎屑含量及搬运方式的图解，一般在曲线中出现三个次总体，分别代表样品中的悬浮搬运组分、跳跃搬运组分和滚动搬运组分。利用三种组分在图上的分布、斜率等特点，可解释碎屑沉积物的成因。CM 图是应用若干样品粒度概率曲线中 1% 处对应的粒径（即 C 值）和 50% 处对应的粒径（即 M 值）所编制的粒度统计图。

颗粒分选、圆度及杂基含量等特征反映结构成熟度，即碎屑物质在风化、搬运和沉积作用的改造下接近终极结构特征的程度。结构成熟度的高低指示碎屑物质分选和分选作用的强弱，与沉积相有一定的关系。如滩坝沉积一般结构成熟度很高，冲积扇和浊积扇的结构成熟度很低，河流—三角洲的结构成熟度中等。

砾石的定向排列具有一定的指相意义及水流方向的指示作用。各种环境的砾石方位有所差异，如冰碛砾石长轴平行于流向，高角度向源呈叠瓦状（20°～40°）；陡坡河流砾石长轴平行于流向，中等角度向源呈叠瓦状（15°～30°）；缓坡河流砾石长轴垂直于流向，中等角度向源呈叠瓦状（15°～30°）；滨岸砾石长轴平行于岸线，与波浪传播方向垂直，低角度向海呈叠瓦状（小于 15°）。

4）沉积构造

碎屑岩中的物理成因构造具有良好的指相性，其次是生物成因构造。物理成因构造包括各种层理、层面构造及同生变形构造；生物成因构造包括生物扰动构造及痕迹化石等。

沉积构造特征和结构特征（岩石类型）结合起来，可称为"能量单元"，如平行层理砂岩相、槽状交错层理砂岩相、波状层理粉砂岩相。Miall（1985，1996）则直接称其为岩相（lithofacies），并用代号表示不同的岩相类型。在不同的沉积相或微相中，具有一定的岩相或岩相组合。

5）沉积韵律

沉积韵律为粒度和沉积构造规模的垂向变化，反映沉积体形成过程中水动力条件的垂向变化。如对于三角洲前缘，分流河道一般具有正韵律，反映水动力条件向上减弱；而河口坝一般具有反韵律，反映水动力条件向上增强（与向湖或向海推进有关）。沉积韵律可分为正韵律、反韵律、复合韵律、相对均质韵律等。

6）单砂体厚度

在一个亚相范围内，不同的微相一般具有不同的厚度范围，因而也可作为微相标志。如对于河流相而言，河道砂体较厚，而溢岸砂体较薄。

除上述岩心相标志外，应用岩心资料尚可取得具有一定指相意义的古生物标志、自生矿物标志、地球化学标志等，但这些标志仅用于鉴别一级、二级相，如利用有孔虫、介形虫、软体动物、藻类划分海相、陆相或过渡相；锰结核指示洋底环境，海绿石指示浅海陆棚环境，自生磷灰石或隐晶质胶磷矿为海相标志，自生长石和自生沸石为湖相标志，而天青石、萤石和重晶石为咸化湖标志；利用微量元素硼、Sr/Ba、Sr/Ca、Th/U、Mn/Fe 值划分海相、陆相及过渡相；根据稳定元素$^{13}C/^{12}C$值区分海相、陆相及过渡相地层，根据$^{18}O/^{16}O$值恢复古海洋温度和古气候变化，等等。这属于盆地分析及小比例尺岩相古地理研究的范畴，而在沉积微相研究中意义不大，仅起参考作用。

2. 沉积相测井响应

由于油田取心井较少，难以单纯应用岩心资料进行沉积微相划分，必须充分应用测井信息。应用各种测井资料进行沉积相分析的方法，称为测井相分析。测井相这一概念是由法国地质学家 O. Serra 于 1979 年提出的。他认为，测井相是"表征地层特征并且可以使该地层与其他地层区别开来的一组测井响应特征集"。

前已述及，用于岩心相分析的标志主要有岩石颜色、类型、岩石颗粒结构、沉积构造、沉积旋回、单砂体厚度等。测井相分析的依据则是上述标志的测井响应。不同的测井信息对岩石特征具有不同的灵敏度，因此，正确地理解并选取能有效反映相标志的测井信息，对于相分析至关重要。

研究表明，在常规测井系列中，用于测井相分析的测井曲线主要有自然伽马、自然电位和电阻率，据其曲线特征可识别岩性、单砂体厚度、沉积旋回等；在非常规测井系列中，可应用地层倾角测井、成像测井研究沉积构造，应用地球化学测井研究矿物成分等。

1) 岩性的测井响应——曲线幅度大小

反映岩性的测井曲线主要为自然伽马和自然电位。

自然伽马（GR）测井曲线主要反映地层天然放射性能量。由于黏土矿物中含有钾放射性同位素，故泥岩层具有较强的天然放射性，而砂岩的放射性要小得多，因此，在正常情况下，GR 曲线能较好地反映沉积层序中砂岩、泥岩的相对含量。

自然电位（SP）测井曲线的幅度主要反映井中自然状态下电场强弱的分布。在渗透层段，SP 曲线偏离泥岩基线的幅度大小与地层水含盐量和井中流体含盐量之比有关。在其他条件相同的情况下，纯砂岩的 SP 曲线偏移幅度最大；当砂岩中含泥质时，SP 曲线幅度减小；直至泥岩层，SP 曲线与基线一致。

在砂泥岩剖面中，岩性及泥质含量与沉积水体能量密切相关，而不同的微相具有不同的水体能量，因此，在同一沉积环境中的不同微相岩性和泥质含量具有明显的区别。如针对曲流河环境的河道、天然堤、泛滥平原等沉积微相，河道沉积水体能量高，分选作用强，形成相对较粗的纯净砂岩（如细砂岩），SP 与 GR 曲线偏移幅度大；天然堤沉积水体能量相对较弱，砂体相对较细（如粉砂岩），SP 与 GR 曲线偏移幅度较小；而泛滥平原为低能环境，悬浮泥岩发育，SP 与 GR 曲线接近基线。

2) 单砂体厚度的测井响应——曲线偏移井段长度

根据自然伽马和自然电位曲线不仅可判别岩性，还可计算相应岩性的厚度。如根据 SP 或 GR 曲线偏移的井深段计算砂岩厚度。

在同一沉积环境内，不同微相的砂体厚度有一定的区别，如曲流河环境的河道砂体厚度明显大于天然堤、决口扇砂体（图 4-21）。

3) 沉积韵律的测井响应——曲线形态

单层曲线形态主要反映垂向上粒度和泥质含量的变化（沉积韵律）。

钟形曲线反映正旋回（正韵律）或水进层序，是水流能量逐渐减弱或物源供应越来越少的表现，如河道砂体。

漏斗形曲线反映反旋回（反韵律）或水退层序，说明水动力逐渐加强或物源供应充足，如三角洲前缘河口坝、滨岸沙坝沉积及部分曲流河决口扇沉积（图4-21）。

箱形曲线反映均质韵律，说明沉积过程中物源供给和水动力条件稳定，如辫状心滩坝或潮汐砂体。

齿形曲线反映沉积过程中能量的快速变化，如天然堤沉积（图4-21）。

4）沉积构造的测井响应——地层倾角测井与成像测井

在沉积构造的测井研究中，常用的测井类型为高分辨率地层倾角测井。通过对测井仪测量的地层资料进行计算机处理，可以得到反映岩石内部界面的倾角和倾向，这为沉积学研究进一步提供沉积结构、构造等方面的信息。根据地层倾角测井处理的矢量图，可以把地层倾角的矢量与深度关系大致分为四类：

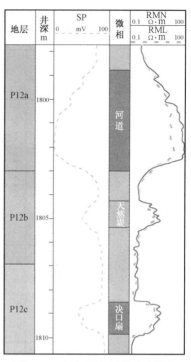

图4-21 沉积微相测井响应特征

（1）红模式：倾向大体一致，倾角随深度增加而增大的一组矢量。

（2）蓝模式：倾向大体一致，倾角随深度增加逐渐变小的一组矢量，但倾向基本相同或变化缓慢。

（3）绿模式：倾向大体一致，倾角随深度不变的一组矢量。

（4）白（杂乱）模式：倾角变化幅度大，或者矢量很少，可信度差。

图4-22反映了主要层理类型的地层倾角测井响应。其中，水平或平行层理倾角近于0°，倾向不定，为绿色模式；波状层理倾角在10°以内不定，倾向也不定；单斜层理或前积板状层理为多组绿色或蓝色模式，倾角大；波状交错层理为红色或蓝色模式，倾角变化大；槽状层理倾角及倾向均变化大且杂乱。

成像测井（微电阻率扫描测井FMS、FMI）对于沉积构造的识别具有更大的优势。由于它们能展示井壁图像，因此可以更直观地识别双向交错层理、递变层理、虫孔、生物扰动等。

另外，可以由能谱测井、地球化学测井或孔隙度测井交会图来判断岩石矿物组分。

3. 沉积相地震响应

地震探测可提供高分辨率的井间信息，因此，充分应用地震信息进行油藏地质研究是油气地质家及地球物理学家孜孜以求的目标。

岩性及界面差异会导致地震反射参数的差异，因此，当沉积相具有特征的岩性和界面组合时，便具有特征的地震响应。常用的地震相分析依据有地震波形与反射结构、地震属性、相干体、波阻抗和频谱分解等。

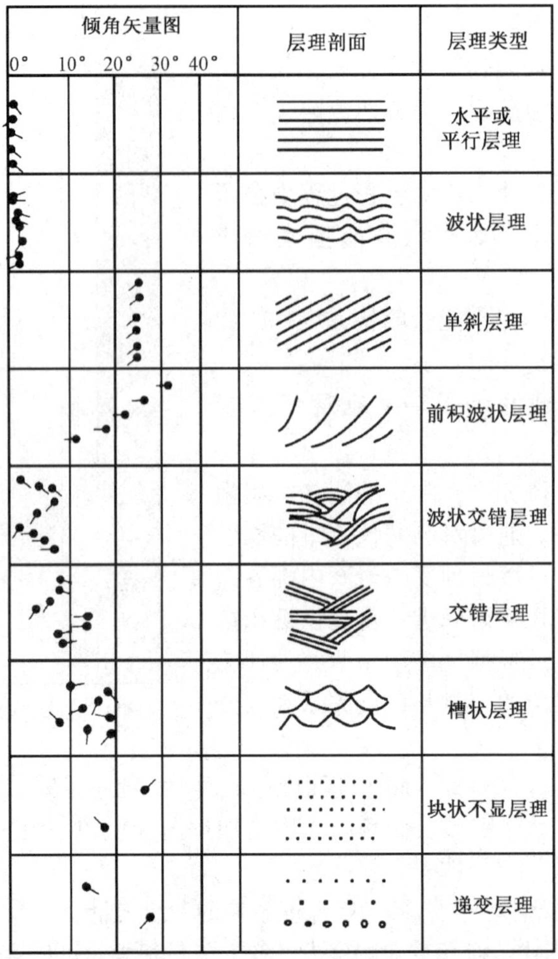

图 4-22　各种层理的理想倾角模式图（据何登春等，1984）

1）地震波形与反射结构

地震波形是地震振幅、频率、相位的形态体现。地层中的岩性差异（可表现为储层厚度分布、内部结构）、物性差异、含油气性差异、埋藏深度等均会影响到地震波形的变化。

不同沉积体具有特征的几何外形和内部构型。在一定条件下，宏观沉积体在地震记录的波形上会有所反映，表现为相应的外部几何形态（某种地震相单元在三维空间内的分布状况）和内部反射结构（地震层序内反射同相轴本身的延伸情况及同相轴之间的相互关系）。如图 4-23 所示，地震相的外部几何形态可表现为席状、席状披覆、楔状、滩状、透镜状、丘状、扇状和充填型等 ［图 4-23（a）］。沉积体内部也具有不同的地震反射结构，包括平行、亚平行、发散、前积、杂乱和无反射模式，其中前积地震反射结构又可以细分为 S 形、斜交形、S-斜交复合形、平行状、叠瓦状、乱岗状等 ［图 4-23（b）］。

在实际应用中，常通过以下两种方式进行研究：

（1）地震剖面的同相轴特征及连续性：分析沉积相的外部形态和内部结构。

184

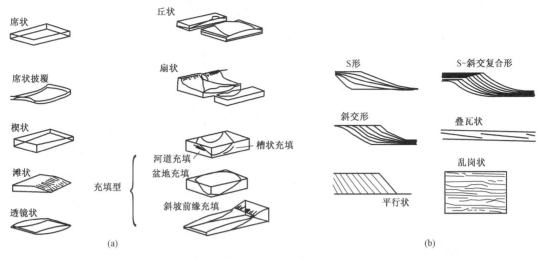

图 4-23　地震反射外形及内部结构示意图（据 Mitchum 等，1977）

（a）某些地震相的外部几何形态；（b）前积地震反射结构

在常规地震剖面上（如地震主频为 30Hz），地震信息垂向分辨率较低，同相轴变化只能反映沉积体系、沉积相（亚相）的分布，常用于在沉积盆地、坳陷或凹陷内进行地震地层学研究。

对于高分辨率三维地震信息，地震主频较大（如地震主频在 50Hz 以上），地震的垂向分辨率相对较高，同相轴反映的地层单元可达小层（10~20m），此时，储层内部的构型特征有可能在地震剖面上有所响应。如图 4-24 所示，横向上河道的侧向叠置造成反射界面不连续，常见复合波的分解和单反射的消失。据此，可以应用反射同相轴的变化和终止关系来识别河道砂岩边界。

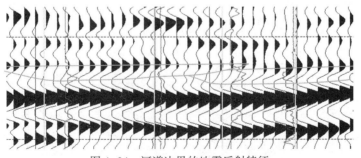

图 4-24　河道边界的地震反射特征

（2）波形结构类型的平面分布：应用定量的波形结构分析技术，将实际地震道的地震波形进行分类，形成离散的波形结构类型（"地震微相"），得到地震波形结构类型的平面分布图。同一成因类型的地质体，其波形结构类型相似，因而，该类波形结构类型的平面分布就可能指示着相应地质体的平面分布。据此，通过钻井标定，对波形结构平面图进行地质解释。图 4-25 为某研究区的波形分类图。地震波形被分为 12 类，其中，3、4 类反映了河道砂体的分布特征（图 4-25 中的 A、B 位置）。当然，由于波形不是地质体本身的唯一响应，而且不同地质体本身还有诸多相似性，因此，应用波形分类平面分布图会有多解性。

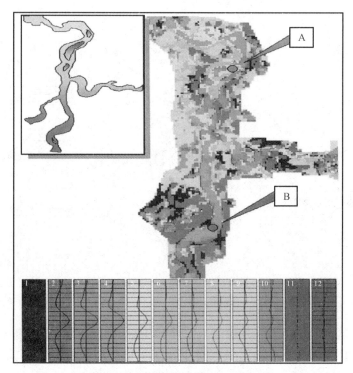

彩图 4-25

图 4-25　某研究区的波形分类图（据赵政璋等，2005）

2）地震属性

地震属性参数如振幅、频率、速度等与地层岩性有一定的关系。如图 4-26 所示，振幅与砂体厚度有一定的关系。在调谐厚度（1/4 波长）范围内，地震振幅与砂体厚度成正比；不同频率的地震记录具有不同的调谐厚度。据此，可进行砂体厚度分布与沉积相分析。

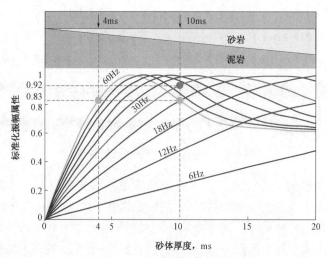

图 4-26　不同频率砂体厚度与地震属性的关系曲线（据 Li et al.，2019）

由于同一沉积环境内不同相具有不同的岩性组合，继而导致不同的地震反射特征，因而，在三维地震资料的等时地层切片中，可能显示出沉积相的平面分布。某区振幅体地层切片如图 4-27 所示，由于该区地震资料分辨率高（主频为 80Hz），可清晰地分辨曲流河河道砂体、废弃河道以及泛滥平原的平面分布。

3）相干体

地震相干性反映地震道纵向和横向上局部的波形相似性。通过提取三维相关属性体，就可以把三维反射振幅数据体转换成三维相似系数或相关值的数据体。在出现断层、地层岩性突变、特殊地质体的小范围内，地震道之间的波形特征发生变化，进而导致局部的道与道之间相关性的突变。值得注意的是，断层、侵入等因素导致的边缘相似性突变的程度往往比沉积相和岩性变化要大，表现在地震属性图上则更明显。在进行储层分布解释时，排除构造因素的影响后，可充分应用相干体进行岩性空间变化的分析。如在图 4-28 的相干体切片上，反映出边缘相似性的突变，综合岩心、测井标志，解释为深水浊积水道沉积。

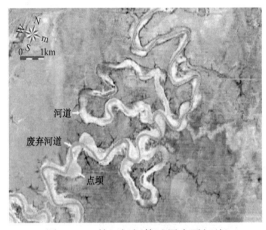 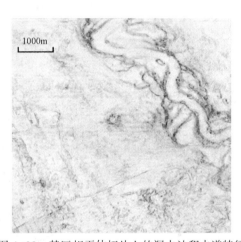

图 4-27　某区振幅体地层水平切片　　　　图 4-28　某区相干体切片上的深水浊积水道特征

4）波阻抗

随着地震反演理论与技术的发展，反演后波阻抗（或层速度）剖面的可靠性和分辨能力越来越高。如果能够通过地震反演获得分辨率较高的反映层信息的波阻抗或速度剖面（数据体），通过标定后，则可直接拾取储层的顶、底界面反射时间，并由时差和层速度求取储层的厚度，继而通过厚度结合井点数据进行沉积微相分析（图 4-29）。

5）频谱分解

传统属性分析方法通常只能得到主频率对应的地震属性，而分频处理能得到一系列具有不同频率的调谐振幅数据体。每个生成的数据体中只包含单一的频率。

对于不同厚度的砂体成因单元，与之调谐的频率也不一样。这好比用不同频段的光看人体一样，要想看清人体的骨骼，只能用高频段的 X 光；而看人的外表形态，则只需在常规白光下就可以了。频率是岩石厚度、物性及地层岩性组合的函数，主频和频带的变化均会引起地震解释结果的差异，如造成地震界面与地质时间界面不重合、地震相解释结果的不确定性等。因此，需要对不同频率的振幅数据体（切片）进行浏览分析，确定研究区内目标体的调谐频率，根据相应频率（并非频率越高越好）对应的能量体进行目标体解释。

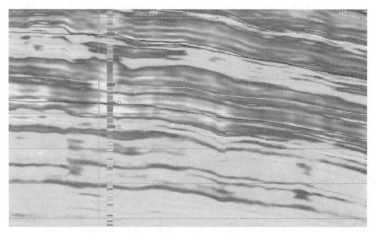

图 4-29 某区波阻抗反演剖面

图 4-30 为安哥拉海上某油田采用频谱分解技术所成的地下 3000ft 目的层图像。在该区的三维地震资料处理过程中，针对目的层，选择 80ms 的中心时窗，连续扫描不同频率的数据体切片，发现在 60Hz、50Hz 和 40Hz 频率上的振幅切片能较清楚地展现弯曲水道体系中各种相带的分布图像。在成图时，将 60Hz、50Hz 和 40Hz 的最高振幅分别以红色、绿色和蓝色表示，并以透明图叠加（RGB 属性融合）。所成的地下 3000ft 的地质体图像酷似现代曲流河地貌区的卫星照片和航空照片。这一处理结果很好地展现了复合河道砂体的分布，为部署探井和开发井提供了可靠依据。

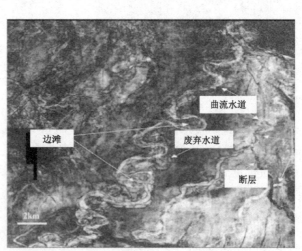

图 4-30 安哥拉海上某油田采用频谱分解技术所成的地下 3000ft 目的层图像

应用地震数据进行微相分析，其优点是其横向分辨率高，这是其他资料所不能比拟的。但是，地震资料的垂向分辨率往往较低。在勘探阶段（包括油藏评价阶段），沉积相研究的地层单元大，包含多个同相轴，可有效地进行大相和亚相的研究；而在开发阶段，主要以小层甚至单层研究为主，研究层段在地震剖面图上相当于或小于一个同相轴，分辨率往往达不到识别微相单元的程度。另外，地震资料的多解性往往较强。因此，提高分辨率并降低多解性，是地震资料用于地质解释的关键。

（二）单井相解释

1. 取心井单井相分析

选择研究区系统取心井，应用岩心相标志，对岩心剖面进行系统的岩相与沉积微相解释，研究垂向上的岩相与微相演化，编绘单井岩心相分析图（图4-31）。该图包含了岩性剖面、岩石学特征、沉积韵律、测井曲线、微相解释等资料，为后续的储层质量分析奠定基础。

视频 4.6 储层沉积微相分析方法

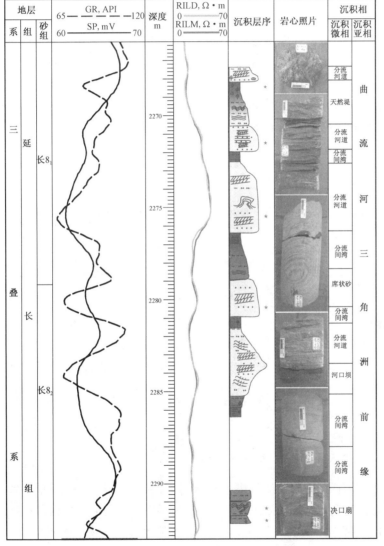

彩图 4-31

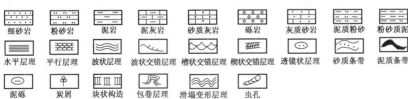

图 4-31 取心井单井岩心相分析图（鄂尔多斯盆地里 76 井）

189

由图 4-31 可知，该井砂体以正韵律为主，少见复合韵律，平行层理、交错层理等沉积构造发育，局部见变形构造。复合韵律指示分流河道与河口坝的叠合，正韵律为分流河道沉积，同时也发育薄层的天然堤和决口扇沉积，整体上为曲流河三角洲前缘的沉积。

2. 非取心井单井相解释

对于未取心井（段），主要应用测井资料对全井段进行单井微相解释。

沉积微相测井解释的关键是通过岩心标定建立测井相模版。对于常规测井系列，曲线幅度大小（反映岩性）、偏移曲线的井段长度（反映砂体厚度）、曲线形态（反映沉积韵律）是建立不同微相测井模板的关键。

图 4-32 为某研究区三角洲沉积微相模板。该区细分为四种沉积微相类型，分别是分流河道、溢岸、河口坝、分流间湾。分流河道可以细分为主水道和末端水道，均表现为正韵律特征。主水道距离物源近，砂体厚度大，自然电位或自然伽马曲线呈中—高幅钟形；末端水道厚度较薄，测井曲线表现为中—低幅钟形。同样，河口坝可以细分为坝主体和坝缘，均为反韵律，坝主体为厚层漏斗形或箱形，而坝缘为相对薄层的齿化漏斗形或齿化箱形。溢岸测井响应呈薄层指状特征。分流间湾以泥岩沉积为主，曲线平直近基线。

	分流河道		溢岸	河口坝		分流间湾
	主水道	末端水道		坝主体	坝缘	
岩性	中砂岩、细砂岩为主	细砂岩、粉砂岩为主	粉砂岩为主	中砂岩、细砂岩为主	细砂岩、粉砂岩为主	泥岩、粉砂岩
沉积构造	平行层理、交错层理	交错层理	波状交错层理	平行层理、交错层理	交错层理、包卷层理	水平层理、块状层理
砂体厚度	3～6m	2～3m	1～3m	3～8m	<3m	/
粒度韵律	正韵律	正韵律	不明显	反韵律、均质韵律	不明显反韵律	/
电性特征	中—高幅钟形	中—低幅钟形	指状	漏斗形或箱形	齿化漏斗形、齿化箱形	曲线平直
测井相图版	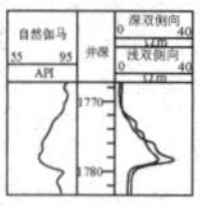	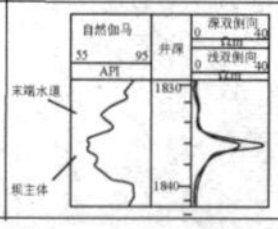	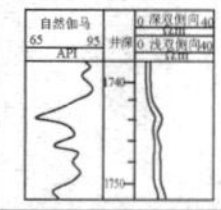	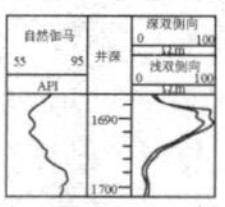	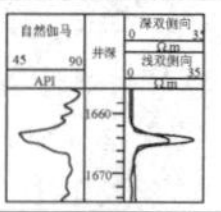	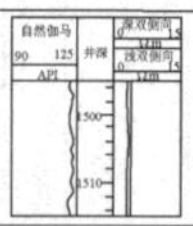

图 4-32　某研究区三角洲沉积微相解释模板

在进行单井解释时，由于测井曲线的局限性，有时无法识别某些微相，可合并一些微相，如在单井解释时难于区分天然堤和决口扇，可合并为溢岸；在剖面、平面微相互动分析过程中，考虑其与邻相（主要是河道）的关系，再进一步明确每个砂体的微相类型。

（三）剖面相分析

在单井相解释的基础上，分别沿物源方向和垂直于物源方向进行连井相剖面分析，以了解井间的微相变化。基础工作是地层划分与对比及单井相分析，核心要体现储层相带的井间变化与相带（或砂体）的垂向叠置和横向变化，同时反映主要储集相带分布的层段与井区。

根据可获取的资料，剖面相分析可分为以下两类方法。

1. 井震结合

针对过井地震剖面，在井约束下，根据地震波形或波阻抗信息进行剖面相解释。图4-33为应用地震波形信息进行河道砂体解释的实例，其中，波形差异反映了河道的剖面叠置情况。图4-34为应用测井约束反演数据进行河道砂体解释的实例，其中，低波阻抗为河道砂体响应。

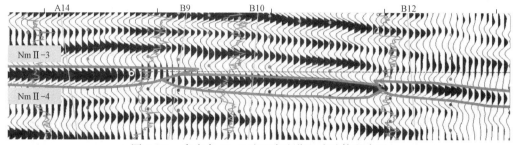

图4-33　秦皇岛32-6油田多边分叉式砂体叠合图

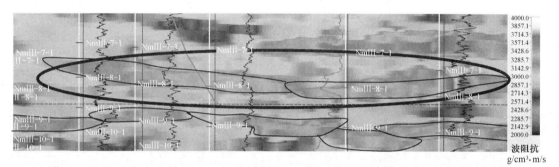

图4-34　渤海海域某油田明化镇组波阻抗反演剖面

2. 多井分析

在地震分辨率不够且具有开发井网的情况下，主要采用多井分析的思路进行剖面相分析（图4-35）。多井剖面相分析的核心是垂向分期、侧向划界。

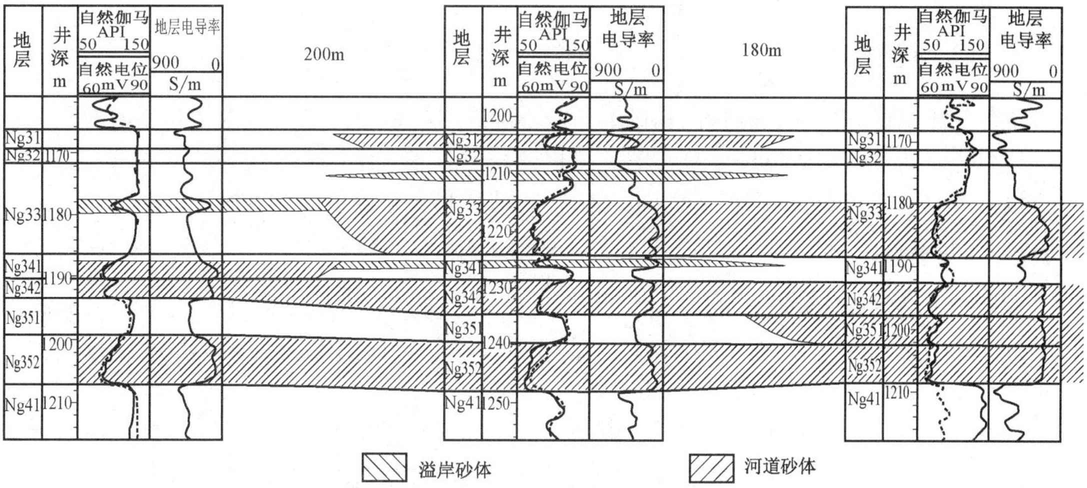

彩图4-34

图4-35　济阳坳陷沾化凹陷某区连井相剖面图

溢岸砂体　　　　河道砂体

垂向分期是要划分不同砂体（微相单元）的期次。不同小层或单层的砂体显然属于不同的期次，而在同一小层或单层内，还可发育多期砂体，需要根据砂体顶底的相对高程进行判别。

侧向划界是要确定单一砂体（微相单元）的侧向边界，涉及微相的形态、规模及接触关系。井间砂体侧向划界的关键是模式拟合，即井内微相单元与沉积模式的拟合，在沉积模式指导下进行井间微相预测，使预测结果符合沉积模式。

不同微相具有不同的几何形态，如河道或水道类的沉积微相往往呈"顶平底凸"的几何形态，而河口坝等沙坝类的微相呈"底平顶凸"的形态。不同类型的微相砂体具有不同的宽厚比，应用垂向的厚度信息可以预测微相砂体的宽度，指导井间微相预测。同时，剖面相分析还要从沉积成因的角度分析同类微相或不同类微相的接触关系，如分流河道—分流河道拼接、分流河道—河口坝的拼接等。这一模式来源于与研究区沉积特征相似的露头、现代沉积环境或开发成熟油田的密井网区。

彩图4-36

在多井分析中，需综合应用静态资料和动态监测资料，进行静动结合。如图4-36所示，根据分段且底部水淹的动态响应证实了井间的砂体连通关系。

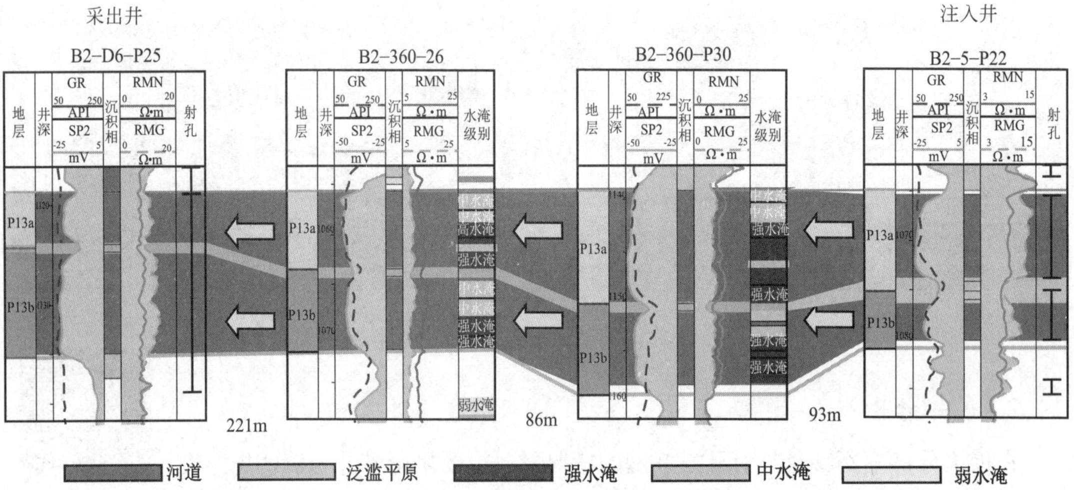

图4-36　大庆油田某区沉积相及水淹剖面图

（四）平面相分析

在各井相解释和剖面相分析的基础上，以小层或单层为作图单元对微相和砂体的平面展布进行综合研究，编绘砂体厚度分布图及沉积微相图。

根据可获取的资料，平面相分析也包括井震结合和多井分析两类方法。

1. 井震结合

在地震能分辨作图单元（如小层）的情况下，可通过地震相分析（波形结构、地震属性切片、相干体切片、频谱分解切片等）展示地震反射特征的平面分布，并通过井点相的标定，编制沉积微相平面分布图。

同时，通过优选与砂体厚度相关性强的属性参数（如振幅），建立属性参数（单属性或多属性）与砂体厚度的相关关系，确定研究层段内的砂体厚度分布。以渤海湾盆地某油田

NmⅠ-1 小层为例，遵循"井震结合，模式指导"的研究思路，优选地震属性，结合测井砂体解释，并在沉积模式的指导下预测砂体的分布范围（图4-37）。在完成砂体边界刻画的基础上，根据地震属性与砂体厚度的相关关系，将砂体分布范围内的地震属性转化为砂体厚度，从而得到基于"井震结合"的砂体厚度图（图4-38）。近年来，学者们将人工智能方法引入储层预测，提高了储层预测的精度，如采用支持向量机的方法对多个优选频段的均方根振幅属性进行智能融合，定量刻画砂体的分布（Yue et al.，2019）。

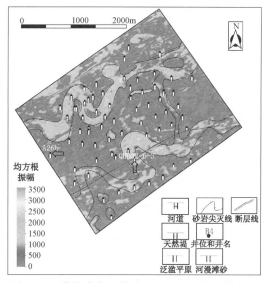

图 4-37　渤海湾盆地某油田 NmⅠ-1 小层均方根
振幅属性平面图（据李伟等，2017）

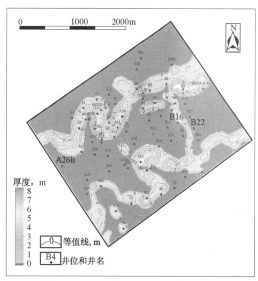

图 4-38　渤海湾盆地某油田 NmⅠ-1 小层砂体
厚度平面图（据李伟等，2017）

2. 多井分析

在地震信息难以分辨小层的情况下，主要通过多井资料进行平面相与砂体厚度分析。

在实际研究工作中，沉积微相图与砂体厚度分布图是互动编制的。首先编制初步的砂体厚度分布图，以便为井间微相分析提供依据；在沉积微相图编绘后，根据沉积微相对砂体分布的控制规律，更新并最终完成砂体厚度分布图。

彩图 4-37　　　　彩图 4-38

1）多井插值编制砂体厚度等值线图

在地震分辨率不能满足要求的情况下，主要应用开发井网的井点砂体厚度通过井间插值得到砂体厚度分布图。其中，砂岩尖灭线的确定是关键。

砂岩尖灭线处于砂岩尖灭井点与砂岩井点之间，与两口井的距离取决于砂岩的展布规律与尖灭规律。一般地，尖灭线与砂体厚度和砂岩渗透性有关。井点砂层厚度越大，砂岩渗透率越好，则尖灭位置就越远；反之，则越近。所以，在应用地震方法不能准确、定量地圈定岩性边界的情况下，往往应用"井控法"来"推断"井间和井外砂岩尖灭线。

20 世纪 60 年代，我国大庆油田的油田地质工作者根据砂层的延伸长度与厚度的关系，利用大量统计资料，提出了在开发井网井距较小的情况下推测砂岩尖灭位置的方法（图4-39）与公式：

$$x = \frac{L}{h+1} \qquad (4-1)$$

式中　x——砂层尖灭位置到相邻砂层已尖灭井的水平距离，m；

　　　L——相邻两井的水平距离，m；

　　　h——砂岩厚度，m。

在开发井网密度较大的情况下，也可直接在砂岩尖灭井点与砂岩井点的中间圈定砂岩尖灭线（图4-40），由此得到砂体等厚图，如图4-41所示。

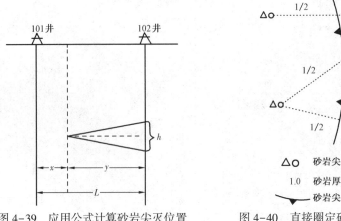

图4-39　应用公式计算砂岩尖灭位置

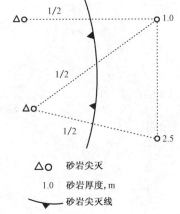

图4-40　直接圈定砂岩尖灭位置示意图

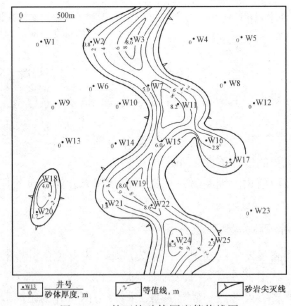

图4-41　某区块砂体厚度等值线图

值得注意的是，上述方法只是初步推断砂体尖灭线的方法，在实际研究中，一定要根据砂体微相的相变规律（与后文的沉积微相图的编制进行互动分析），进一步落实井间尖灭线位置。

2）沉积微相图的编绘

基础工作是在作图单元井位图上标注每口井的微相编码或符号，同时尽量附上测井曲线，以便浏览并掌握作图单元范围内井点相分布以及测井曲线特征的平面变化规律。在此基础上，对多井微相进行平面组合，编制沉积微相平面分布图（图4-42）。

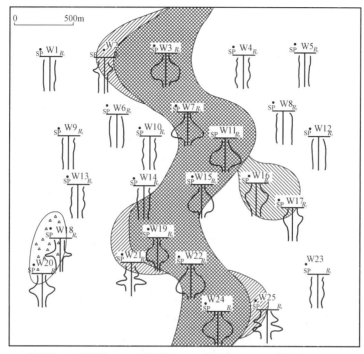

图4-42 某区块沉积微相平面分布图

多井井点相组合应遵循以下基本原则：

（1）井间相变与砂控。若相邻两口井相类型不同，即认为井间存在相变，相变点采用上述砂岩尖灭线方法来确定；若相邻两口井相类型相同，且井距不大于该相类型的最大宽度，则认为井间不存在相变。

同时，在编绘砂体沉积微相（如河道、天然堤）的边界时，应参考砂体厚度预分析图中的砂岩尖灭线及砂体厚度分布趋势。但值得注意的是，在微相平面分析过程中，还要不断修改砂体分布图，两者互为参考。

（2）模式拟合。在编绘沉积微相图时，要充分应用沉积模式，特别是不同微相的几何形态及接触关系。以河流相为例，"河道"为顺源的条带状，因此，编绘的河道走向应符合研究区的主要物源方向，顺古水流方向的河道相井点则可连成河道砂体带；对于溢岸砂体，若与河道相在一个井距内，一般将其与河道相接，其中天然堤呈窄条状位于河道边部，决口扇一般呈扇状与河道凹岸相连；若超过一个井距，特别是在两个井距以上，则按孤立透镜状砂体处理，视为河流漫溢至相对低洼处的河漫砂沉积。

值得注意的是，针对编绘的沉积微相图，应进行地质合理性分析，即是否符合沉积模式。

（3）静动结合。在编制沉积微相图时，要分析不同微相单元叠置导致的连通性差异，充分运用单层示踪剂资料、产液及吸水剖面等动态资料验证沉积微相预测的合理性，使得井间沉积相预测既符合沉积模式，又符合生产动态响应。

195

如渤海湾盆地某井组 Gx44-4-2、Gx45-4-3、Gx44-3-1 井为示踪剂注入井，周围的监测井分别为 Gx43-5-2、Gx44-4-4、Gx43-3-9、Gxx45-4、Gx45-3-1、Gx45-3-3、Gx44-4-3、Gxx44-4-1、Gx45-3-2 井（图 4-43）。以 Gx45-4-3 注入井为例，Gxx45-4 井、Gx45-3-1 井均见效，而位于示踪剂注入井东南部的 Gx45-3-3 井不见效。由此可以判断，Gx45-4-3 井和 Gx45-3-3 井之间存在渗流屏障，阻止了示踪剂的流动。结合井间测井资料对比及地震资料分析，进一步证实在 Gx45-4-3 井和 Gx45-3-3 井之间存在废弃河道遮挡。

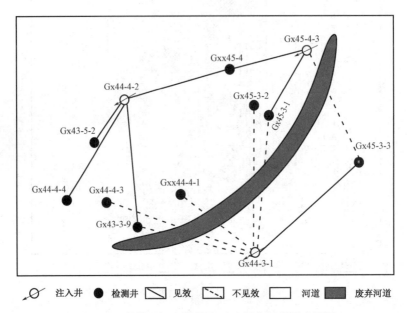

图 4-43 某井组沉积微相和示踪剂井组监测成果图

（4）多维互动。需要注意的是，在应用多井资料进行平面微相图编绘时，需要与单井解释和剖面相图进行比较分析。虽然在单井相分析时已解释了微相类型，但由于测井信息的多解性，难以一次到位地定相，因此，前述的单井微相解释只是预解释，不是最终结果，需要结合平面和剖面相进行分析；而在剖面与平面相分析时，井间相预测也具有多解性，因此，需要进行平面与剖面的互动比较分析，研究平面微相分布与垂向微相演化的关系，即平剖互动。故此，沉积微相的单井解释、剖面预测、平面预测乃至三维相建模都不是一步到位的，需要相互验证、不断完善，最终得到一个既符合井资料和油田开发动态响应，又符合沉积规律（具有地质合理性）的相分析结果。

第二节　储层孔隙结构

孔隙结构是指岩石内的孔隙和喉道类型、大小、分布及其相互连通关系。流体在自然界复杂的孔隙系统中流动时，都要经历一系列交替着的孔隙和喉道（图 4-44）。无论是油气在二次运移过程中油气驱替孔隙介质所充满的水时，还是在开采过程中油气从孔隙介质中被驱替出来时，都受到孔隙结构的控制。因此，孔隙结构研究对于油气藏流体分布及油气采出研究均具有很大的意义。孔隙结构决定了岩石的宏观孔渗性（孔隙度和渗透率），即不同的孔隙结构具有不同的孔渗性；另一方面，具有同一孔渗性的岩石，其孔隙结构也可能不同，流体的流动性能也有差异。

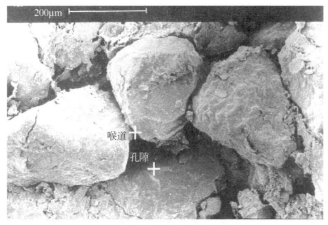

视频4.7　储层孔隙结构特征

图 4-44　孔隙与喉道的扫描电镜照片

一、孔隙与喉道类型

（一）孔隙类型

孔隙这一概念，有狭义和广义之分。狭义的孔隙即为岩石颗粒包围着的较大空间；而广义的孔隙则超出了"颗粒包围"的范畴，实际上为储集空间，包括裂缝和溶洞。孔隙是流体赋存于岩石中的基本储集空间。

根据不同的研究目的，孔隙分类方案有所不同。按孔隙成因，可将狭义孔隙分为原生孔隙、次生孔隙两大类，每一类型又进一步细分为若干次一级类型；按孔隙产状，可将碎屑岩孔隙分为粒间孔隙、粒内孔隙等类型（Pittman，1979）。其中，按孔隙成因分类，有利于研究孔隙分布规律和孔隙预测；按孔隙产状和大小分类，则有利于研究岩石的渗流性能。在《石油地质学》教材中已详细地介绍了孔隙（储集空间）的成因和结构类型，在此仅作简要的概述。

碎屑岩孔隙主要有狭义的孔隙和裂缝。狭义的孔隙按其产状可进一步分为三类，即粒间孔隙（包括原生粒间孔隙、次生粒间溶孔、铸模孔和超粒孔等）、粒内孔隙（包括原生粒内孔、矿物解理缝、粒内溶孔）、填隙物内孔隙（包括杂基内微孔隙、胶结物内溶孔、交代物内溶孔）。

碳酸盐岩的储集空间更为复杂，不仅有狭义的孔隙，而且还有裂缝和溶洞。储集空间的大小和形状变化也很大，发育也不均一，既可以与岩石组构有关，又可以与岩石组构无关。其中，狭义孔隙的基本产状包括粒间孔隙、粒内孔隙、基质内孔隙、生物格架孔隙、窗格状孔隙（鸟眼孔隙）、晶间孔隙、晶内孔隙、通道孔隙等。

火山岩储层储集空间类型多，孔、缝、洞均有，宏观和微观非均质均较严重。孔隙类型主要有气孔、杏仁体内孔（残余气孔）、晶间孔、溶蚀孔、胀裂孔（晶体发生胀裂而形成的孔隙）、塑流孔（熔浆塑性流动而形成的不可弥合的孔隙）。

结晶岩（侵入岩和变质岩为结晶岩）中几乎无原生孔隙，因而基本上无原始储集性能。

当结晶岩受到长期风化作用和构造作用时，可形成风化孔隙、风化裂缝及构造裂缝等储集空间，从而形成储集岩。

页岩作为一种超致密油气储层，其孔隙远远小于砂岩和碳酸盐岩储层孔隙，孔径大小达到纳米量级。页岩储集空间可以概括为三大类：矿物基质孔隙、有机质孔隙和裂缝（Loucks，2012）。矿物基质孔隙包括粒间孔隙和粒内孔隙，其中粒间孔隙包括颗粒间孔隙和晶间孔隙，粒内孔隙包括粒内溶蚀孔隙和铸模孔隙。有机质孔隙包括有机质内孔隙和有机质与矿物颗粒间孔隙。

（二）喉道类型

在孔隙网络系统中，喉道是指两个连通孔隙之间的最窄的部位，是控制流体在岩石中渗流的重要的通道。按照喉道形态，可将喉道的基本类型分为以下五种。

1. 孔隙缩小型喉道

喉道为孔隙的缩小部分［图4-45（a）］。喉道直径略小于孔隙，与孔隙较难区分，孔喉直径比接近于1。这种喉道类型往往发育于粒间溶孔发育的储集岩中，岩石结构多为颗粒支撑，压实较弱，胶结物较少，溶蚀作用较强。

2. 缩颈型喉道

喉道为颗粒间可变断面的收缩部分［图4-45（b）］。当颗粒被压实而排列比较紧密或颗粒边缘被衬边式胶结时，虽然保留下来的孔隙可以比较大，但颗粒间的喉道却大大变窄，孔喉直径比很大。这种喉道类型常见于颗粒支撑、点接触、衬边胶结型的储集岩中。

3. 片状喉道

喉道呈片状或弯片状，为孔隙之间的长条状通道［图4-45（c）］。这类喉道成因包括长形颗粒间隙、晶间隙、矿物解理缝、裂缝等。

长形颗粒间隙为长形颗粒遭受压实，其间隙为窄片状或弯片状；当沿颗粒间发生溶蚀作用时，可形成较宽的片状喉道。

晶间隙为白云石、方解石、石英晶体之间的缝隙，一般为窄而短的片状喉道，包括粒间孔隙内自生胶结物晶体再生长边之间的间隙、白云岩晶体之间的间隙等。

矿物解理缝为白云石、方解石、长石、云母等晶体中被溶蚀扩大的解理缝。

裂缝可视为广义的孔隙，在微观范畴内，裂缝为相对较长的板状通道，连接孔隙或溶洞。

4. 管状喉道

孔隙与孔隙之间由细而长的管子相连，其断面接近圆形［图4-45（d）］。这种喉道一般是由溶蚀作用形成的，如负鲕灰岩内鲕粒铸模孔之间相互连通的通道（溶蚀孔道）（罗蛰潭，1986）、溶洞之间的通道孔隙等。这种喉道类型主要发育于缝洞性碳酸盐岩储层中，在次生孔隙碎屑岩储层中也可见到。

5. 管束状喉道

当基质及各种胶结物含量较高时，原生的粒间孔隙有时可以完全被堵塞。杂基及各种胶结物中的微孔隙（小于 $0.5\mu m$ 的孔隙）本身既是孔隙又是喉道，这些微孔隙像一支支"微毛细管"一样交叉地分布在杂基和胶结物中，组成管束状喉道［图 4-45(e)］。如果岩石中基本上为微孔隙，则渗透率很低，大多小于 $1\times10^{-3}\mu m^2$。由于孔隙就是喉道，所以孔喉直径比为 1。

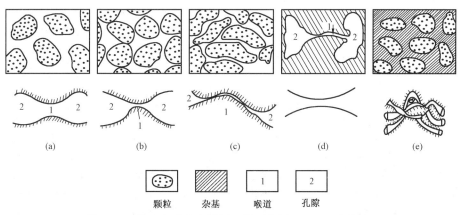

图 4-45 孔隙喉道基本类型（据罗蛰潭，1986，有修改）
（a）孔隙缩小型喉道；（b）缩颈型喉道；（c）片状喉道；（d）管状喉道；（e）管束状喉道

二、孔隙结构表征参数

孔隙结构表征参数包括孔隙与喉道大小、分布及孔喉连通性等。

（一）孔隙与喉道大小

1. 孔隙与喉道大小分级

根据流体在孔喉内受毛细管力的影响程度，可将孔隙大小分为三类（表 4-2）。

表 4-2 孔隙和喉道分级指标（据 V. Schmidt，1979，有修改）

孔隙分级		喉道分级	大小（半径），μm
超毛细管孔隙	特大孔	特粗喉	>250
毛细管孔隙	大孔	粗喉	100~250
	中孔	中喉	10~100
	小孔	细喉	1~10
	特小孔	特细喉	0.1~1
微毛细管孔隙	微孔	微喉	<0.1

1）超毛细管孔隙

超毛细管孔隙的孔隙半径（喉道半径）大于 $250\mu m$。流体在其中可自由流动，受毛细管力的影响很小。

这类孔隙可称为特大孔。在碎屑岩中，这类孔隙较少，强溶解作用形成的铸模孔和超粒孔可达到这一级别。然而，在缝洞性碳酸盐岩中，溶洞及大溶缝普遍达到这类孔隙级别。

狭义的孔隙直径一般小于 2mm，而直径大于 2mm 则称为溶洞。根据大小还可将溶洞细分为晶洞（也称孔洞，直径小于 1cm）、小洞（直径介于 1~100cm）和大洞（直径大于100cm）。

2）毛细管孔隙

毛细管孔隙的孔隙半径介于 0.1~250μm。流体在孔隙内受毛细管力的影响，因此，只有在外力克服本身的毛细管力时，流体才能在其中流动，并遵循渗流力学的一般规律。

以此为基础，还可将这类孔隙进一步分为四类：

（1）大孔：孔隙半径介于 50~250μm。

（2）中孔：孔隙半径介于 10~50μm。

（3）小孔：孔隙半径介于 1~10μm。

（4）特小孔：孔隙半径介于 0.1~1μm。

3）微毛细管孔隙

微毛细管孔隙的孔隙半径小于 0.1μm，可称为微孔。孔隙内分子间的引力（毛细管力）很大，在正常地层条件下难以克服这种力而使其中流体发生流动。因此，对于油气运移和开采而言，微毛细管孔隙为无效孔隙。泥岩、砂岩杂基、碳酸盐岩基质内一般发育这种孔隙。

李道品（1997）针对长庆油田低渗透砂岩进行了孔隙和喉道类型划分，如表 4-3 所示，孔隙的分级标准略有差别，而喉道分级标准相差较大。对于低渗透砂岩，粗喉、中喉、细喉的喉道半径相差不大，均在一个数量级；而中高渗砂岩粗喉、中喉、细喉半径相差较大，均相差一个数量级。

表4-3　长庆油田低渗透砂岩孔隙和喉道分级标准（据李道品，1997）

孔隙大小		喉道大小	
孔隙大小级别	平均孔隙直径，μm	喉道大小级别	主流喉道半径，μm
大孔隙	>40	粗喉道	>4
中孔隙	20~40	中喉道	2~4
小孔隙	4~20	细喉道	1~2
微孔隙	0.05~4	微细喉道	0.5~1
		微喉道	0.025~0.5
难流动孔隙（吸附孔）	<0.05	吸附喉道	<0.025

页岩的孔隙总体很小（以纳米孔为主），其孔隙大小分级与砂岩储层有着明显的区别。页岩储层孔隙大小分级一般参考 IUPAC（国际纯粹与应用化学联合会，1994）的分类标准，按照孔隙直径大小分为宏孔（macropore）、介孔（mesopore）和微孔（micropore）。其中，宏孔孔径大于 50nm，介孔孔径介于 2~50nm，微孔孔径小于 2nm。

需要说明的是，页岩储层中的微孔与前面提到的孔隙大小分类中的微毛细管孔隙（<0.1μm）有着明显的区别。

2. 孔隙和喉道大小的表征参数

1）孔隙大小参数

反映孔隙大小的参数包括最大孔隙半径、孔隙半径中值和孔隙半径均值等。

（1）最大孔隙半径。最大孔隙半径是岩石孔隙半径的最大值，可通过铸体薄片统计得到。测量孔隙直径时应注意测量方向的位置选择，对于圆形孔隙一般用内切圆直径表示，对于椭圆形孔隙选短轴距离加以量度。

（2）孔隙半径中值。孔隙半径中值（R_{50}）是孔隙大小分布趋势的量度。储层中的孔隙大小一般趋于正态分布。R_{50} 通常对应于孔隙半径累计频率曲线上 50% 处的孔隙半径大小。其内涵可以理解为，一半孔隙比它小，一半孔隙比它大。

（3）孔隙半径均值。孔隙半径均值是孔隙大小总平均值的量度，可根据下式求得：

$$R_s = \frac{\sum\limits_{i=1}^{n} R_i b_i}{100} \tag{4-2}$$

式中　R_s——孔隙半径均值；

　　　R_i——第 i 个孔隙半径分类组的中值；

　　　b_i——对应于 R_i 的各类孔隙百分比；

　　　n——孔隙半径分类组数。

2）喉道大小参数

反映喉道大小的参数包括最大连通喉道半径、喉道半径中值、喉道半径均值、主要流动喉道半径平均值、难流动喉道半径和喉道峰值。

（1）最大连通喉道半径（r_d）。r_d 为岩石喉道半径的最大值。r_d 通常由压汞实验获得，在毛细管压力曲线上与排驱压力相对应。

（2）喉道半径中值（r_{50}）。r_{50} 为喉道大小分布趋势的量度。储层中的喉道一般趋于正态分布。r_{50} 在分布中比一半喉道大而比另一半喉道小，也就是在分布中处于最中间的喉道半径。值得注意的是，r_{50} 不是喉道半径平均值。r_{50} 通常由压汞实验获得，是进汞饱和度为 50% 时所对应的喉道半径值。

（3）喉道半径均值（r_m）。r_m 为基于地质混合经验分布数学模型（喉道大小是多种地质成因所造成的非正态分布）所计算的喉道半径平均值，计算公式为

$$r_m = \sum_{i=1}^{n} r_i \Delta s_i \tag{4-3}$$

式中　r_m——喉道半径均值，μm；

　　　r_i——喉道半径分布函数中某一区间喉道半径，μm；

　　　Δs_i——对应于 r_i 某一区间的占比，小数。

（4）主要流动喉道半径平均值（r_Z）。不同大小的喉道允许流体通过的能力不同，因而对岩样渗透率的贡献不同，大喉道贡献大，小喉道贡献小。第 i 类喉道的渗透率值为

$$K_i = \phi \cdot L_p \cdot \frac{r_i \Delta s_i}{p_{ci}} \tag{4-4}$$

因此，第 i 类喉道对岩样渗透率的贡献值（P_{K_i}）为

$$P_{K_i} = \frac{\dfrac{r_i \Delta s_i}{p_{ci}}}{\sum\limits_{i=1}^{n} \dfrac{r_i \Delta s_i}{p_{ci}}} \tag{4-5}$$

式中 K_i——第 i 类喉道的渗透率值，$10^{-3}\mu m^2$；

P_{K_i}——第 i 类喉道对岩样渗透率的贡献值；

ϕ——岩样孔隙度，%；

p_{ci}——第 i 类孔隙的毛细管力，MPa；

L_p——岩性参数；

n——孔喉区间总个数。

主要流动喉道半径平均值（r_Z）一般定义为渗透率贡献值累计达 95% 时的喉道半径平均值：

$$r_Z = \frac{\sum\limits_{i=1}^{n} r_i \Delta s_i}{\sum\limits_{i=1}^{n} \Delta s_i} \tag{4-6}$$

式中 n——渗透率贡献值累计达 95% 的喉道区间个数。

（5）难流动喉道半径（r_n）。r_n 为当渗透率贡献值累计达 99.9% 时所对应的喉道半径。r_n 相当于岩石中流体渗流的临界喉道半径值。r_n 与喉道半径中值和渗透率有关，大喉道多，渗透率高，则难流动喉道半径（即可流动的喉道半径下限值）也高。

（6）喉道峰值。喉道峰值为孔喉半径频率分布曲线上的峰值，即最常出现的喉道半径。如果出现两种主要的喉道大小，频率曲线为双峰型或多峰型，则有两个或多个峰值。

（二）孔隙与喉道分布

孔隙与喉道分布是指孔隙或喉道大小的集中分布程度，包括以下三个方面。

1. 分选性

孔喉分选性是指孔喉大小分布的均一程度，反映孔（喉）大小偏离某一标准值（中值或最大值）的程度，偏离越小，分布越均一；反之，偏离越大，越不均一。孔喉分选性越好，越有利于流体渗流。表征孔隙或喉道分选性的参数主要有分选系数（S_p）、相对分选系数（D_r）和均质系数（α）等。

1）分选系数（S_p）

孔喉分选系数是反映孔喉大小分布集中程度的参数，表示孔喉大小分布的均一程度。计算公式为

$$S_p = \sqrt{\sum_{i=1}^{n} (r_i - \bar{r}_m)^2 \Delta s_i} \tag{4-7}$$

式中 S_p——分选系数，μm。

式（4-7）反映了孔喉大小偏离均值的程度。孔喉大小越均一，孔喉分选系数则越接近于 0，则其分选性越好。

2）相对分选系数（D_r）

相对分选系数是反映孔喉分布均匀程度的参数，其物理意义相当于数理统计中的变异系数。相对分选系数值越小，孔喉分布越均匀。

$$D_r = \frac{S_p}{\bar{r}_m} \tag{4-8}$$

式中　D_r——相对分选系数，无量纲。

3）均质系数（α）

均质系数表征储层孔隙系统中每一个孔喉半径（r_i）与最大连通孔喉半径（r_d）偏离程度的总和。

$$\alpha = \frac{\sum\limits_{i=1}^{n} \dfrac{r_i \Delta s_i}{r_d}}{\sum\limits_{i=1}^{n} \Delta s_i} \tag{4-9}$$

式中　α——均值系数，无量纲。

α 值的变化范围在 $0\sim1$ 之间，其值越大，喉道分布越均匀。

2. 峰态（或模态）

峰型（或模态）反映主要孔隙（或喉道）大小的频率分布样式，可分为以下两类。

1）单峰型（单模态）

在孔喉半径频率分布曲线上只有一个峰值（比例最高的孔喉），孔喉半径呈近正态分布（图4-46）。对于单峰型分布，还可通过峰态表示孔喉频率分布曲线的对称特征及尖锐程度。

孔喉峰态（K_p）表示频率曲线尾部与中部展开度之比，说明曲线的尖锐程度。计算公式为

$$K_p = \frac{1}{100} S_p^{-4} \sum_{i=1}^{n} (r_i - \bar{r}_m)^4 \Delta s_i \tag{4-10}$$

式中　K_p——孔喉峰态，无量纲。

$K_p = 1$ 时为正态分布曲线，$K_p > 1$ 为高尖峰曲线，$K_p < 1$ 为缓峰或平峰曲线。

2）双峰型或多峰型（双模态或复模态）

双峰型或多峰型在孔喉半径频率分布曲线上有两个或多个峰，反映岩石具有两个或多个主要的孔喉大小。如在部分冲积扇中的砂砾岩储层中，砾间孔和粉砂间孔的大小差别较大，当两者各有一定含量时，便表现为双峰态（图4-47）。

3. 歪度（S_{kp}）

歪度是指孔喉大小分布是偏于粗孔喉还是偏于细孔喉，是表示孔喉频率分布的对称参数，反映众数相对的位置。众数偏粗孔喉一端称粗歪度，偏于细孔喉端为细歪度。对于储油（气）岩来说，歪度越粗，储层物性越好。孔喉歪度计算公式为

$$S_{kp} = \frac{1}{100} S_p^{-3} \sum (r_i - \bar{r}_m)^3 \Delta s_i \tag{4-11}$$

式中　S_{kp}——孔喉歪度，无量纲。

$S_{kp} = 0$ 为对称分布，$S_{kp} > 0$ 为正偏（粗歪度），$S_{kp} < 0$ 为负偏（细歪度）。

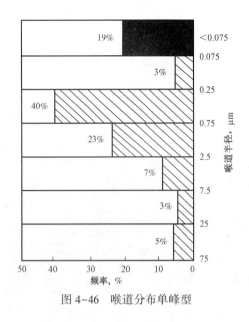

图 4-46　喉道分布单峰型

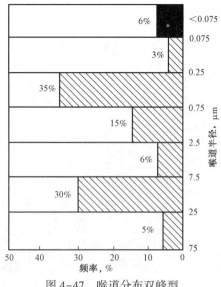

图 4-47　喉道分布双峰型

（三）孔喉连通性

通常用孔喉配位数和孔喉平均直径比表征孔隙之间的连通性。

1. 孔喉配位数（β）

孔喉配位数是指连接每一个孔隙的喉道数量（图 4-48），通常以统计结果的平均数来表示。它是反映孔隙连通情况的重要参数。每一支喉道可以连通两个孔隙，而每一个孔隙则可和多个喉道相连接，有的甚至和六个至八个喉道相连通。应用铸体薄片，可清楚地观测孔隙之间的连通情况，进而计算孔喉配位数。

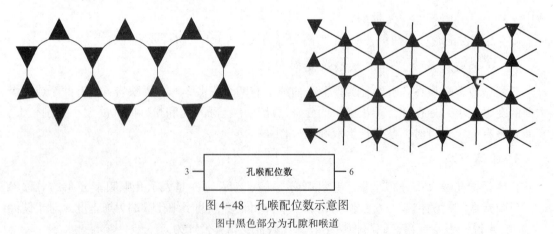

图 4-48　孔喉配位数示意图

图中黑色部分为孔隙和喉道

2. 孔喉平均直径比（D_{pt}）

孔喉平均直径比为孔隙平均直径与喉道平均直径的比值（图 4-49），反映孔隙和喉道之间的大小差别，也是孔隙连通程度的一种反映。其中，孔隙平均直径应用铸体薄片来测定，喉道平均直径一般应用压汞法来求取。

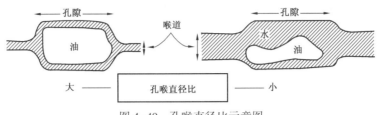

图 4-49　孔喉直径比示意图

左图示孔喉直径比大，右图示孔喉直径比小

三、孔隙结构表征方法

研究孔隙结构的实验室方法较多，归纳起来可分为两大类：一类为直接观测法，包括铸体薄片法、扫描电镜法、CT 扫描法等；另一类为间接测定法，包括压汞法、核磁共振法、气体吸附法等。

（一）直接观测法

1. 铸体薄片法

铸体薄片法，即将灌注了染色树脂的岩石切成薄片，在显微镜下进行观察研究。

视频 4.8　储层孔隙结构表征方法

与常规薄片相比，铸体薄片的最大优点是孔隙空间被染色的树脂所灌注，因此可以很方便地直接观察孔隙空间；另外，可避免常规薄片常出现的人工诱导孔隙和裂缝。铸体薄片除了具有常规薄片所具有的岩石学特征分析功能（岩石骨架与胶结物特征）外，还可进行以下孔隙结构方面的研究：

（1）观察孔隙和喉道类型；

（2）测定孔隙大小和分布；

（3）估算面孔率（显微镜下的岩石可视孔隙度，即可视孔隙面积占观测视域总面积的百分数，不包括微孔隙）；

（4）测定孔喉配位数（连接每一个孔隙的喉道数）。

2. 扫描电镜法

扫描电子显微镜（SEM）简称扫描电镜，是一种介于透射电子显微镜和光学显微镜之间的一种观察手段。它利用聚焦的很窄的高能电子束来扫描样品，通过光束与物质间的相互作用，来激发各种物理信息，对这些信息收集、放大、再成像，以达到对物质微观形貌表征的目的。

扫描电镜在岩石微观表征方面具有独特的优势：（1）放大倍数大，一般为 15 万~20 万倍，最大可达 100 万倍，分辨率可以达到 1nm；（2）图像景深大，成像立体感强；（3）多功能化，在进行微观组织形貌观察的同时，若配上波长色散 X 射线谱仪 WDS 或能量色散 X 射线谱仪 EDS，还可以对样品进行定量微区成分分析。

与铸体薄片相比，扫描电镜在孔隙结构研究方面具有以下显著的优势：

（1）岩石孔隙和喉道的三维形态特征分析；

（2）微小孔隙的识别，如杂基内微孔隙和胶结物内晶间孔隙（图 4-50）；

（3）孔隙充填特征、各类胶结物类型（各类黏土胶结、碳酸盐胶结、硫酸盐胶结、硫化物胶结）和产状（充填式、衬边式）识别（图4-50）。

除了常规扫描电镜外，还有场发射扫描电镜（FESEM）、环境扫描电镜（ESEM）、聚焦离子束扫描电镜（FIB-SEM）等。

当然，在孔隙结构研究中，扫描电镜分析也有其局限性，最大的问题是样品小，样品直径一般不超过1cm。因此，在孔隙结构直接观察研究时，铸体薄片通常作为常规手段。

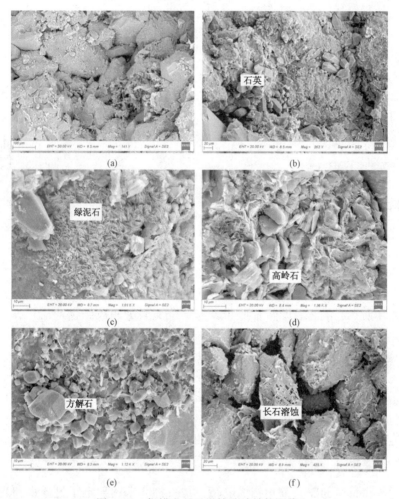

图4-50　扫描电子显微镜孔隙结构图像

（a）孔隙结构整体特征；（b）粒间孔隙及次生石英；（c）叶片状绿泥石及晶间孔隙；（d）书页状高岭石及晶间孔隙；（e）粒间孔隙及方解石；（f）长石溶蚀及粒间孔隙

3. CT 扫描法

获得整体岩样的孔隙结构三维模型是孔隙结构研究的难点和最高要求之一，铸体薄片法和扫描电镜法都难以实现。目前常用的方法为 X 射线断层成像技术（radiation X-ray computed tomography），又称 CT 扫描。

CT 扫描是利用锥形 X 射线穿透物体，通过不同倍数的物镜放大图像，由 360°旋转所得到的大量 X 射线衰减图像重构出三维的立体模型。CT 扫描具有以下优点：（1）在不破坏样本的条件下，能够通过大量的图像数据对很小的特征面进行全面展示。（2）CT 图像反映的是 X 射线在穿透物体过程中能量衰减的信息，岩心内部的孔隙结构与密度大小是由三维 CT 图像的灰度正相关。该技术可针对不同尺寸样品进行微米—纳米 CT 分析，获取纳米、微米与毫米级多尺度孔喉结构特征，精确定位不同孔喉在样品中的准确位置。利用微米、纳米多尺度 CT 三维重建技术，可在不同尺度下全面表征储层微观孔喉分布非均质性特征，明确孔隙形状、大小、空间分布、连通性等结构特征（图 4-51），避免传统压汞法、气体吸附法等间接测量结果仅反映孔喉结构整体信息，无法反映致密储层微观孔喉分布非均质性特征的弊端。

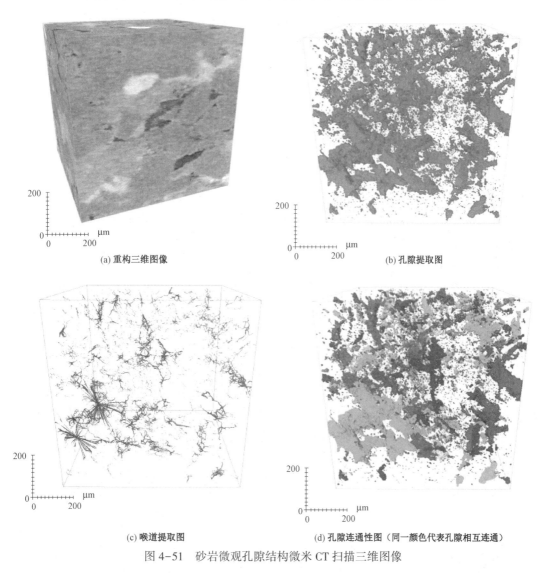

(a) 重构三维图像

(b) 孔隙提取图

(c) 喉道提取图

(d) 孔隙连通性图（同一颜色代表孔隙相互连通）

图 4-51　砂岩微观孔隙结构微米 CT 扫描三维图像

CT 三维扫描所需要的样品大小约为直径 2mm 的圆柱，微米 CT 三维扫描最大分辨率为 1~20μm，而纳米 CT 三维扫描最大分辨率可达 50nm。针对致密砂岩储层以纳米级孔喉为主，兼有微米级孔喉，孔喉直径一般为 300~2000nm，喉道呈席状、弯曲片状，连通性较差的微观孔喉结构特征，采用纳米 CT 与微米 CT 相结合的方法，可全面表征致密砂岩储层微观孔喉结构，

彩图 4-51

207

得到不同大小孔隙和喉道分布频率，如图 4-52 所示。

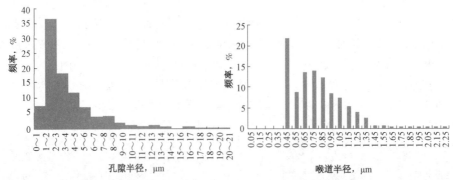

图 4-52　利用 CT 扫描技术分析孔隙和喉道半径分布图

（二）间接测定法

1. 压汞法

压汞法又称水银注入法。水银对岩石是一种非润湿相流体，若将水银注入岩石孔隙系统，就需要克服孔隙喉道的毛细管阻力。通过施加压力使水银克服孔隙喉道的毛细管阻力而进入岩石，继而通过测定毛细管力来间接测定岩石的孔喉大小分布。根据实验条件的不同，压汞法包括常规压汞法和恒速压汞法。

1）基本原理

压汞法的基本假设是：将所有复杂形状的喉道断面都用一个等效的圆面积来近似，这样，每一支喉道都相应地看作为一支毛细管，岩石中的喉道组合则看成为一组毛细管束。基于这种假设所测定的孔喉大小分布称为视孔喉大小分布。

在压汞实验中，连续地将水银注入被抽空的岩样孔隙系统中，注入水银的每一点压力就代表一个相应的孔喉大小下的毛细管压力。在这个压力下进入孔隙系统的水银量就代表这个相应的孔喉大小所连通的孔隙体积。随着注入压力不断增加，水银不断进入更小的孔隙喉道。在每一个压力点，当岩样达到毛细管压力平衡时，同时记录注入压力（毛细管力）和注入岩样的水银量，即可得到毛细管压力曲线（图 4-53），据此可计算岩样的孔喉大小分布。

假设孔隙系统由粗细不同的圆柱形毛细管束构成，则毛细管力与毛细管半径的关系为

$$r = \frac{2\sigma\cos\theta}{p_c} \tag{4-12}$$

式中　p_c——毛细管力，dyn/cm^2（相当于 0.1Pa）；

　　　σ——水银的表面张力，480dyn/cm；

　　　θ——水银的润湿接触角，140°；

　　　r——毛细管（孔隙喉道）半径，cm。

若 p_c 用大气压（10^5Pa）表示，r 用 μm 量度，则有

$$r \approx \frac{7.35}{p_c} \tag{4-13}$$

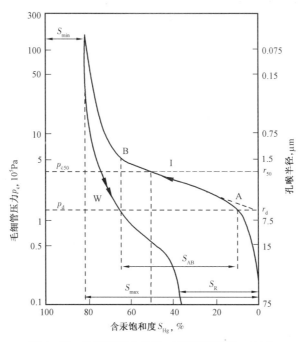

图 4-53 毛细管压力曲线（据罗蛰潭等，1986）

I—注入曲线；W—退出曲线；p_{c50}—中值压力；p_d—排驱压力；r_{50}—孔喉半径中值；r_d—最大连通孔喉半径；

AB—注入曲线进汞平直段；S_{AB}—注入曲线平直段进汞饱和度；S_{max}—注入汞的最大饱和度；

S_{min}—最小非饱和孔喉体积百分数；S_R—退出后残留在岩样中的含汞饱和度

因此，根据压汞过程中的水银注入压力，即可计算相应的孔喉半径；而在这个注入压力下进入岩样孔隙系统的水银体积，即为相应的孔隙喉道所连通的孔隙体积。在实际应用中，常用含水银饱和度（即含汞饱和度 S_{Hg}）来表示某一注入压力下相应孔隙喉道所连通的孔隙体积占总孔隙体积的百分数。在常规压汞实验中，根据实验仪器的不同，最大进汞压力可达 200~400MPa，孔径测量范围 3nm~1000μm。

与常规压汞实验不同，恒速压汞是以极低的恒定速度（通常为 0.00005mL/min）向岩样喉道及孔隙内进汞。其理论假设是进汞过程中，界面张力与接触角保持不变；汞液前缘经历的每个孔隙形状的变化，都会引起弯液面形状的改变，从而引起毛细管压力的改变。因进汞速度低，可近似保持准静态进汞过程，根据进汞的压力涨落来获取孔隙结构方面的信息。汞液在岩石多孔介质内的流动过程较好地模拟了油气藏内流体的渗流过程。利用恒速压汞技术所得到的喉道、孔隙等的信息能较好地反映油气藏内流体渗流过程中动态的孔喉特征。

恒速压汞实验基本过程如图 4-54 所示，图 4-54（a）为孔隙群落以及汞前缘突破每个孔隙结构的示意图，图 4-54（b）为相应的压力涨落变化。当汞的前缘进入到主喉道 I 时，压力逐渐上升，突破后，压力突然下降，在图 4-54（b）中显示为第一级压力降落 O（1）。之后汞逐渐将孔隙 1 充满后压力回升，进入下一个次级喉道。汞突破喉道 II 进入孔隙 2 时，压力再次降低，产生第二个次级压力降落 O（2）。依此类推，逐渐将主喉道控制的所有孔隙填满，直到压力上升到主喉道处的压力，为一个完整的孔隙喉道单元。主喉道半径由突破点的压力确定，孔隙大小由进汞体积确定。喉道大小及数量在进汞压力曲线上可得到明确的反映。这样通过进汞压力的涨落变化曲线可以推断岩石的孔隙结构。

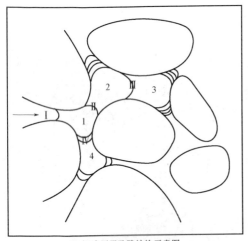

(a) 恒速压汞孔隙结构示意图　　　　　　(b) 恒速压汞原理示意图

图 4-54　恒速压汞分析孔隙结构原理示意图

2）毛细管压力曲线

根据实测的水银注入压力与相应的岩样含水银体积，经过计算求得水银饱和度值和孔隙喉道半径值后，就可以绘制毛细管压力、孔隙喉道半径与含汞饱和度的关系曲线，即毛细管压力曲线。

毛细管压力曲线反映了在一定驱替压力下水银可能进入的孔隙喉道的大小及这种喉道所连通的孔隙体积。因此应用毛细管压力曲线可以对储层的孔隙结构进行研究。

与常规压汞实验不同，恒速压汞的技术特点在于能够把喉道和孔道分辨开来，可以得到三条进汞压力曲线，分别对应总进汞曲线、孔隙进汞曲线和喉道进汞曲线（图 4-55）。因此应用毛细管压力曲线对喉道和孔隙分别进行表征研究。

恒速压汞实验的最高进汞压力为 900psi（1psi = 0.006895MPa），与之对应的喉道半径大小约为 0.12μm。通常将半径小于 0.12μm 的喉道及其所控制的孔隙称为渗流过程中的无效喉道或无效孔隙。恒速压汞所分析的喉道与孔隙可以认为是渗流过程中的有效喉道和有效孔隙。一般而言，储层中的最小喉道半径远小于 0.12μm，因恒速压汞仪所能提供的最高进汞压力远远低于常规压汞的最高进汞压力，故这里最小喉道半径较高，这也是恒速压汞技术的缺陷。

a. 毛细管压力曲线的形态分析

毛细管压力曲线的形态主要受孔喉分布的歪度（也称偏斜度）及孔喉的分选性两个因素所控制。孔隙大小分布越集中，则表明其分选性越好，在毛细管压力曲线上就会出现一个水平的平台。而当孔喉分选较差时，毛细管压力曲线就是倾斜的。

在以半对数坐标系表示的毛细管压力曲线中，歪度越粗、分选越好，则毛细管压力曲线越靠左下方坐标，而且曲线凹向右方；反之，歪度越细、分选越差，则毛细管压力曲线越向右上方坐标偏移，或紧靠右边的纵轴，而且曲线凹向左方。根据大量曲线形态，从统计学的观点可将毛细管压力曲线分成六种不同分选和歪度下的典型毛细管压力曲线（图 4-56）。

实际的毛细管压力曲线形态要复杂得多，这是因为储集岩孔隙与喉道的组合有多种形式。特别是当岩石中有次生孔隙或裂缝存在时，曲线会发生相应的变化。在解释毛细管压力曲线的形态特征时，必须结合光学显微镜对岩石孔隙喉道的组合类型进行观察，以便了解曲线每一部分所代表的孔隙结构特征。

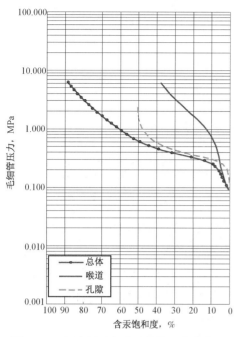

图 4-55　恒速压汞实验毛细管压力曲线图

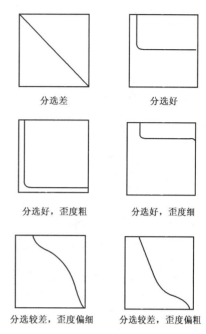

图 4-56　不同分选和歪度下的典型毛细管
　　　　　压力曲线（据 Chilingar 等，1972）

b. 毛细管压力曲线的衍生图件

在研究储集岩孔隙结构时，除应用毛细管压力曲线形态外，更重要的是从毛细管压力曲线及其衍生图件（如孔喉半径频率分布直方图、孔喉半径累积频率分布曲线图等）提取定量特征参数。

孔喉半径频率分布直方图（图 4-57）反映不同大小孔喉的分布特征。作图方法是沿毛细管压力曲线作横的平行线，并以此横线作为所取的间隔大小；横线与毛细管压力曲线相交处的饱和度减去前一条横线与毛细管压力曲线相交处的饱和度，即为该两条横线所相应间隔的孔喉体积占总孔隙体积的百分数，并以直方图形式表示。

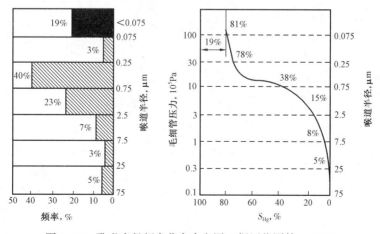

图 4-57　孔喉半径频率分布直方图（据罗蛰潭等，1986）

相比于常规压汞，恒速压汞可以分别得到孔隙进汞曲线和喉道进汞曲线，因此，可以分别测得孔隙半径分布和喉道半径分布（图 4-58）。

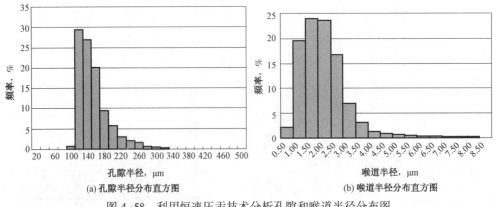

(a) 孔隙半径分布直方图   (b) 喉道半径分布直方图

图 4-58　利用恒速压汞技术分析孔隙和喉道半径分布图

孔喉半径累积频率分布曲线（图 4-59）反映不同大小孔喉的累积频率分布特征。在实际作图中，将毛细管压力曲线顺时针方向旋转 90°，使孔喉半径标度由纵坐标变为横坐标，水银饱和度则对应于累积孔隙体积百分数。

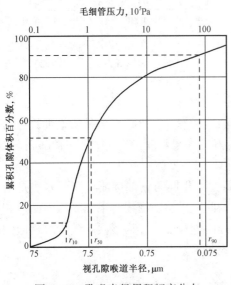

图 4-59　孔喉半径累积频率分布曲线（据罗蛰潭等，1986）

3）毛细管压力曲线的定量参数

应用毛细管压力曲线及其衍生图件，用图解法和统计法可求取反映孔喉大小、分布及连通性的定量特征参数（表 4-4）。反映喉道大小的参数包括最大连通喉道半径（r_d）和排驱压力（p_d）、喉道半径中值（r_{50}）与毛细管压力中值（p_{50}）、喉道半径均值（r_m）、主要流动喉道半径平均值（r_Z）、难流动喉道半径（r_n）、喉道峰值等。反映孔喉连通性及渗流性能的参数包括最小非饱和孔喉体积百分数（S_{min}）、退汞效率（W_e）和平均孔喉体积比（V_{pt}）等。其中反映孔喉大小、分布的参数通过其他实验方法也可以获得，此处仅介绍通过压汞法获得的反映孔喉连通性及渗流性能的参数。

表 4-4　常用的储层孔隙结构参数

孔隙结构表征		孔隙结构参数	研究方法
孔隙大小与分布	孔隙大小	最大孔径	铸体薄片法
		最小孔径	铸体薄片法、扫描电镜法
		孔径中值	铸体薄片法
		孔径平均值	铸体薄片法
	孔隙分布	孔隙分选系数	铸体薄片法

孔隙结构表征		孔隙结构参数	研究方法
喉道大小 与分布	喉道大小	最大连通喉道半径（r_d）与排驱压力（p_d）	压汞法
		喉道半径中值（r_{50}）与毛细管压力中值（p_{50}）	压汞法
		喉道半径均值（r_m）	压汞法
		主要流动喉道半径平均值（r_Z）	压汞法
		难流动喉道半径（r_n）	压汞法
		喉道峰值	压汞法
	喉道分布	孔喉分选系数（S_p）	压汞法
		相对分选系数（D_r）	压汞法
		均质系数（α）	压汞法
		歪度（S_{kp}）	压汞法
		峰态（K_p）	压汞法
孔喉连通性及渗流参数		孔喉配位数	铸体薄片法
		平均孔喉直径比（D_{pt}）	铸体薄片法、压汞法
		孔喉迂曲度	压汞法
		最小非饱和孔喉体积百分数（S_{min}）	压汞法
		退汞效率（W_e）	压汞法
		平均孔喉体积比（V_{pt}）	压汞法

a. 最小非饱和孔喉体积百分数（S_{min}）

最小非饱和孔喉体积百分数表示当注入水银的压力达到仪器的最高压力时没有被水银侵入的孔喉体积百分数。这个值表示仪器最高压力所相应的孔隙喉道半径（包括比它更小的）所连通的孔隙体积占整个岩样孔隙体积的百分数。S_{min} 值越大，就表示这种小孔隙喉道所占的体积越多，岩石储集性能越差。

这个值实际上是反映岩石颗粒大小、均一程度、胶结类型、孔隙度、渗透率等一系列性质的综合指标。根据岩石性质和孔渗条件的不同，S_{min} 值可在 $0 \sim 90\%$ 之间变化。

S_{min} 值还取决于所使用仪器的最高压力。在使用压汞法时，往往所得的毛细管压力曲线的尾部不平行于压力轴，仪器的最高压力越高，曲线越向纵轴偏。在这种情况下，把它作为束缚水饱和度会引起错误，特别是对于低孔隙度、含晶洞的样品，误差更大。当使用油水系统来测定岩样的毛细管压力曲线时，曲线的尾部通常可以与压力轴平行。此时，曲线与压力轴相互平行的距离就是该岩样的束缚水饱和度。

b. 退汞效率（W_e）

在限定压力范围内，从最大注入压力降到最小压力时，从岩样中退出的水银体积占降压前注入水银总体积的百分数，即为退汞效率，它反映了非润湿相毛细管效应采收率。

$$W_e = \frac{S_{max} - S_R}{S_{max}} \times 100\% \qquad (4-14)$$

式中 W_e——退汞效率，%；

       S_{max}——注入水银的最大饱和度，%；

S_R——退出后残留在岩样中的含汞饱和度，即非润湿相的残余饱和度，它是由水银的捕集滞后造成的。

由于退汞效率相当于润湿相排驱非润湿相时所排出的非润湿相计量，所以在水湿油层中相应为水驱油的驱油效率。这对研究及预测石油采收率有着重要的现实意义。

据 Wardlaw（1978）的研究，退汞效率受以下因素控制：（1）退汞效率随孔隙度的下降而下降；（2）退汞效率与孔喉直径比的对数成反比直线关系；（3）初始饱和度不同时，有不同的退汞效率。

c. 视孔喉体积比

根据 Wardlaw（1976）的理想模型研究得出的结论，即在非润湿相水银退出时主要是从喉道退出的特点（只适用于孔喉比较大时），可以用注入曲线和退出曲线两者来确定该岩样的平均孔喉体积比。在退出曲线的低压部分呈垂直线时，这种方法具有较高的精确度。

十分明显，注入曲线所反映的是喉道及喉道相连通的孔隙的总体积，而退出曲线则仅仅是反映喉道的体积。两条曲线的差值即为孔隙体积。视孔喉体积比（V_{pt}）为

$$V_{pt} = \frac{S_R}{S_{max} - S_R} \qquad (4-15)$$

式中 V_{pt}——视孔喉体积比，小数。

另外，根据压汞法得出的孔喉参数与宏观物性参数相结合，还可求出一些反映孔隙结构的综合参数，如孔隙结构系数、特征结构参数、结构难度指数、孔隙结构均匀度等。

2. 核磁共振法

1）基本原理

核磁共振指的是氢原子核（^1H）与磁场之间的相互作用。地层流体（油、气、水）中富含氢核，因此核磁共振技术能够在油气田勘探开发的多个领域（开发实验、核磁共振测井、核磁共振录井）中得到广泛应用。

核磁共振实验的基本原理是利用核弛豫现象。核弛豫是指当把样品放入磁场中时，原子核需要时间调整环境；经一段时间之后，原子核系统达到平衡状态，在这种情况下，静磁化强度达到最大且为确定的值；在氢原子核系统平衡状态破坏后，原子核系统力图通过一个过程恢复到平衡状态，这种重新建立平衡状态所需要的时间称为弛豫时间。

当含有油、水的岩样处在均匀分布的静磁场中时，流体中所含的氢核（^1H）就会被磁场极化，产生一个磁化矢量。此时若对样品施加一定频率的射频场，就会产生核磁共振。在实际的实验操作中，可以测出氢核的核磁共振信号幅度变化，随着核磁共振信号的由强变弱，信号幅度也会随着时间以指数函数的形式衰减至零，衰减过程中的衰减时间就是研究所需要的弛豫时间。纵向弛豫时间 T_1 和横向弛豫时间 T_2 两个参数可以用来描述核磁共振信号衰减的快慢（图 4-60）。因 T_2 测量速度快，在核磁共振测量中，多采用 T_2 测量法。

岩石孔隙内流体弛豫速度的快慢即弛豫时间的大小取决于固体表面对流体分子的作用力强弱。这种作用力强弱的内在机制取决于三个方面：一是岩样内的孔隙大小，二是岩样内的固体表面性质，三是岩样内饱和流体的流体类型和流体性质。当固体表面性质和流体性质相

同或相似时，弛豫时间 T_2 的差异主要反映岩样内孔隙大小的差异。孔隙越大，氢核越多，核磁共振信号衰减越慢，对应的弛豫时间 T_2 也越长（图 4-60），这就是应用核磁共振谱（T_2 谱）研究岩石孔隙结构的理论基础。

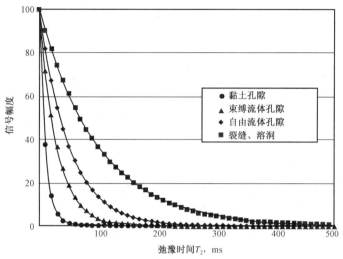

图 4-60　岩石的多指数弛豫（据王志战等，2005）

2）核磁共振分析孔隙结构

a. 利用弛豫时间（T_2）确定孔喉分选情况

不同的物质有着不同的弛豫时间，大量水（例如，试管中装 1mL 水）的弛豫时间约 3s，但当这些水被封闭在岩石孔隙中时的弛豫时间就小得多，约在 1ms 至几百毫秒之间。这是因为孔隙的禁闭表面给氢核释放所吸收的射频场能量提供了条件，这个表面积对体积的比值越大，弛豫时间就越小。T_2 谱的分布范围可从小于 1ms 至 1×10^4ms，这么大的范围主要是由岩石中孔隙大小的分布引起的，大孔隙中的流体对应大的 T_2 值，小孔隙中的流体对应小的 T_2 值（图 4-61）。因而，根据 T_2 谱的分布范围和峰值的高低可以分析孔喉的分选情况。通常 T_2 谱分布范围越宽，峰值越低，分选越差。

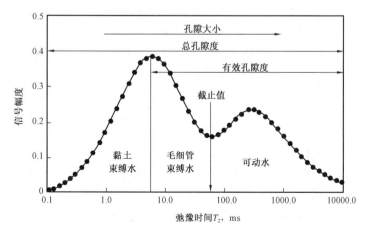

图 4-61　T_2 谱中包含的信息（据王志战等，2005）

b. 计算岩石的总孔隙度（ϕ_t）、有效孔隙度（ϕ_e）和流动孔隙度（ϕ_f）

T_2 弛豫时间较长的流体存在于较大的孔隙中，弛豫时间较短的流体存在于较小的孔隙中。流体在岩石中的分布存在一个弛豫时间界限（也称可动流体 T_2 截止值，记为 $T_{2cutoff}$），大于这个界限，流体处于自由状态，即为可动流体；小于这个界限，孔隙中的流体被毛细管力或黏滞力所束缚，处于束缚状态，为束缚流体。

在岩样孔隙全部为流体所饱和时，根据黏土束缚流体、毛细管束缚流体及可动流体所占据的孔隙体积与岩样体积的比值可以计算总孔隙度（ϕ_t），以百分数表示。总孔隙度与 $T_{2cutoff}$ 无关。有效孔隙是指岩石中相互连通的孔隙，毛细管束缚流体及可动流体所占据的孔隙体积与岩样体积的比值，则为有效孔隙度（ϕ_e），以百分数表示。

微毛细管孔隙虽然彼此连通，但未必都能让流体通过。如束缚在岩石颗粒表面的水虽然占据了可连通的孔隙，但这些水是不能流动的。因此，可动流体所占据的孔隙体积与岩样体积的比值，则为流动孔隙度（ϕ_f）。流动孔隙度与有效孔隙度不同，它既排除了死孔隙，又排除了微毛细管孔隙体积。流动孔隙度不是一个定值，因为它随地层中的压力梯度和液体的物理—化学性质而变化。

c. 计算可动流体百分数

可动流体百分数为孔喉半径大于截止孔径的孔隙内流体占岩石总孔隙流体的百分数，对应于 T_2 谱右峰所包围面积占总面积的百分数，左峰所包围的面积占总面积的百分数称为不可动流体百分数。样品渗透率越大，T_2 谱分布区间越宽，大孔喉含量越高，可动流体百分数越大。可动流体孔隙度则是孔隙度与可动流体百分数的乘积，该值直接给出了单位体积样品内的可动流体量。

d. 计算岩石的渗透率（K_{nmr}）

渗透率与岩石的孔隙度以及孔隙的表面积与体积的比值有关，而岩石的核磁共振横向弛豫时间 T_2 与孔隙的表面积与体积的比值相关，因此可以建立利用核磁共振估算岩石渗透率的方法。确定核磁共振渗透率的方法是以 T_2 分布为基础，通过 T_2 截止值的选取计算可动流体以及束缚流体的体积，利用通用的核磁共振渗透率评价模型（Coates 等，1999）可以计算出岩石的渗透率。值得注意的是，由于核磁共振分析的渗透率是三维的，而实验室岩心分析的渗透率是单向渗透率，所以两者不可能完全一致。

Coates 模型利用可动流体和束缚水的比值来表达，模型有很多变化形式，最常用的是

$$K = \left(\frac{\phi}{C}\right)^4 \left(\frac{FFI}{BVI}\right)^2 \tag{4-16}$$

式中　FFI——可动流体体积；

BVI——束缚水体积；

C——系数，具有地区经验性，需要由岩心实验确定。

Coates 模型利用孔隙度、束缚水体积和可动流体体积来估算渗透率，因此，束缚水体积的确定方法对渗透率计算结果有很大的影响，如果能够准确确定束缚水体积和孔隙度，这就是一种比较常用的方法。当孔隙中含有轻烃，特别是天然气时，束缚水与自由流体均需要作含烃及含氢指数校正。

基于核磁共振（水测）孔隙度的结果，可进一步将孔隙度划分为可动流体孔隙度和束缚流体孔隙度。实现方法包括两个步骤，首先测量岩石孔隙100%饱和水的回波串得到饱和水 T_2 谱；然后，离心脱水，使样品达到束缚水状态，再次测量回波串获得束缚水 T_2 谱（图4-62）。对比离心前后 T_2 谱变化，T_2 谱右峰都有不同程度的下降，而 T_2 谱左峰基本不变或下降很小，表明束缚流体主要集中于小孔喉。根据两次实验可分别求得饱和流体孔隙度和束缚流体孔隙度，两者之差即为可动流体孔隙度。

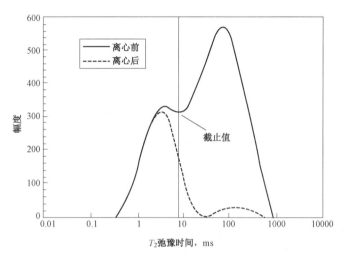

图4-62　安塞油田岩样离心前后的 T_2 谱图（据李道品，2003）

3. 气体吸附法

1）基本原理

对于纳米级孔隙，汞很难进入。为了表征孔隙喉道大小的分布，主要采用气体吸附法。

气体吸附法主要是利用毛细凝聚现象和体积等效代换的原理，在假设孔的形状为圆柱形管状的前提下，建立毛细凝聚模型，进而估算岩石的孔径分布特征及孔体积。通过测量样品在不同压力条件下（压力 p 与饱和压力 p_0）的凝聚气量，绘制出其等温吸附和脱附曲线，通过不同理论方法可得出其孔容积和孔径分布曲线。

根据所测孔径范围的不同，气体吸附法又可分为氮气吸附和二氧化碳吸附两种方法，前者主要用来测试 2~50nm 的介孔和 50nm 以上的宏孔；而后者由于二氧化碳在实验条件下更易达到饱和吸附，主要用来测试小于 2nm 的微孔孔隙结构。

岩样在液氮温度下的氮氦混合气体环境中，有一部分氮气在岩样微孔壁被冷凝吸附。由于氮气在冷凝后对岩样孔壁可以润湿，因此随着氮气相对压力逐渐升高，岩样微孔壁对氮气吸附层不断增厚。当该相对压力达到与某孔径相应的压力时，发生毛细管凝聚现象，半径越小的孔隙越先被凝聚液充满，随着氮气相对压力不断升高，则半径大一些的孔隙也被凝聚液逐渐充满。当氮气相对压力接近 1 时，则岩样孔隙内所有的孔隙都被凝聚液充满，并在全部表面上都发生凝聚。岩样孔隙的尺寸越小，在沸点温度下气体凝聚所需的分压就越小。而在不同分压下所吸附的液氮体积对应于相应尺寸孔隙的体积，故可由孔隙体积的分布来测定孔径分布。

2) 测定孔径分布

利用氮吸附法测定孔径分布，采用的是体积等效代换的原理，即以孔中充满的液氮量等效为孔的体积。根据毛细凝聚理论，在不同的 p/p_0 下，能够发生毛细凝聚现象的孔径范围是不一样的。当 p/p_0 值增大时，能发生凝聚现象的孔半径也随之越大。对应于一定的 p/p_0 值，存在一临界孔半径 r_k，半径小于 r_k 的所有孔皆发生毛细凝聚，液氮在其中填充；大于 r_k 的孔皆不会发生毛细凝聚，液氮不会在其中填充。临界半径可由凯尔文方程给出：

$$r_k = \frac{-0.414}{\lg \dfrac{p}{p_0}} \tag{4-17}$$

式中　p——被吸附气体分压；

　　　p_0——发生吸附的固体材料饱和蒸气压；

　　　r_k——临界孔半径，nm。

r_k 完全取决于相对压力 p/p_0，即在某一 p/p_0 下，开始产生凝聚现象的孔半径为一确定值，同时可以理解为：当压力低于这一值时，半径大于 r_k 的孔中的凝聚液将汽化并脱附出来。

根据四川盆地长宁地区龙马溪组 8 个页岩样品气体吸附测试结果，得到样品的吸附脱附等温线数据和平均孔径数据，利用 BJH 模型（Barre，1951）可计算页岩储层孔径的分布，计算公式是

$$V_{pn} = \left(\frac{r_{pn}}{r_{kn} + \Delta t_n/2} \right)^2 \left(\Delta V_n - \Delta t_n \sum_{j-1}^{n-1} A_{cj} \right) \tag{4-18}$$

式中　V_{pn}——孔隙容积，cm^2/g；

　　　r_{pn}——最大孔半径，nm；

　　　r_{kn}——毛细管半径，nm；

　　　ΔV_n——毛细管体积，cm^3/g；

　　　Δt_n——吸附的氮气层厚度，nm；

　　　A_{cj}——先前排空后的面积，m^2/g。

3) 等温吸附曲线与孔隙类型

等温吸附曲线为压力与吸附量间的关系曲线，是所有孔隙分布计算模型的数据基础。等温吸附曲线分吸附和脱附两个部分，曲线形状与所测试材料的孔隙特征有关。国际纯粹与应用化学联合会（IUPAC）把等温吸附曲线分成六种不同类型：Ⅰ型代表微孔型；Ⅱ型代表非孔型（大孔材料）；Ⅲ型和Ⅴ型代表吸附质与吸附剂之间存在弱相互作用；Ⅳ型代表中孔毛细凝聚（介孔材料）；Ⅵ型指示多层吸附（图 4-63）。若等温吸附曲线吸附—脱附不完全可逆，则会产生迟滞效应，IUPAC 将迟滞回线分为四类：H1 型对应两端开放的毛细孔隙（柱状孔隙）；H2 型对应细径和墨水瓶孔隙（柱状和球状孔隙）；H3 对应由片状颗粒堆叠形成的非刚性聚集体的槽状孔（无序的层状孔、狭窄的楔状孔隙）；H4 型对应狭缝状孔隙，是一些层状结构产生的孔隙（图 4-64）。

218

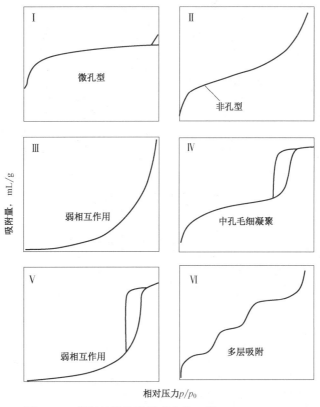

图 4-63　等温吸附曲线类型分类（据 IUPAC，1985）

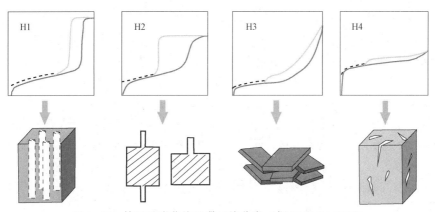

图 4-64　等温吸附曲线迟滞回线分类（据 IUPAC，1985）

第三节　储层物性

在油气地质领域，储层物性特指储层的孔隙性和渗透性。孔隙性决定了岩石的储集性能，用孔隙度来表示；而渗透性则表示储层在一定压差下允许流体（油、气、水）通过的性能，渗透性的大小用渗透率来表示，直接影响油气井的产量。这两个参数是表征储层质量（储层储集与渗滤流体的能力）的重要参数。本节主要介绍油气藏内储层物性的非均质性，即孔隙度和渗透率在空间上的差异性。

一、储层物性分级

视频 4.9
储层物性分级

（一）孔隙性分级

根据孔隙大小和连通情况，可将孔隙度分为总孔隙度和有效孔隙度。通常用有效孔隙度对储层孔隙性进行分级。有效孔隙度（以下简称孔隙度）为岩石中互相连通的，且在一定压差下允许流体在其中流动的有效孔隙体积与岩石总体积的比值。

根据有效孔隙度，可将碎屑岩储层孔隙性分为特高孔、高孔、中孔、低孔和特低孔等五个等级（表4-5）。由于非碎屑岩孔隙度一般不大于30%，因此，其孔隙性一般分为四级，即高孔、中孔、低孔和特低孔（表4-5）。

表4-5 油（气）藏的储层孔隙度分类

分类	碎屑岩孔隙度，%	非碎屑岩基质孔隙度，%
特高孔	≥30	
高孔	25~30	≥10
中孔	15~25	5~10
低孔	10~15	2~5
特低孔	<10	<2

资料来源：DZ/T 0217—2020《石油天然气储量估算规范》。

（二）渗透性分级

渗透率有多种内涵。根据生产实践的需要，人们将渗透率分为绝对渗透率、有效渗透率和相对渗透率。在《石油地质学（第五版）》教材中，对上述概念进行了介绍，在此不再赘述。表征储层本身渗滤流体能力的渗透性参数主要为绝对渗透率。

绝对渗透率为当单相流体充满岩石孔隙，流体不与岩石发生任何物理及化学反应，且流体流动呈线性稳定流动状态（符合达西直线渗滤定律）时，所测得的岩石对流体的渗透能力。绝对渗透率（以下简称渗透率）是与流体性质无关而仅与岩石本身孔隙结构有关的物理参数。一般地，绝对渗透率用空气或氮气进行测定，因此又可称为空气渗透率或氮气渗透率。

按照空气渗透率，可将储层渗透性分为五级，即特高渗、高渗、中渗、低渗和特低渗，其中油藏储层和气藏储层的渗透率标准略有差别（表4-6），主要原因是天然气对储层渗透率的要求比石油要低。

表4-6 油（气）藏的储层渗透率分类

分类	油藏空气渗透率，$10^{-3}\mu m^2$	气藏空气渗透率，$10^{-3}\mu m^2$
特高渗	≥1000	≥500
高渗	500~1000	100~500
中渗	50~500	10~100
低渗	5~50	1.0~10
特低渗	<5	<1.0

资料来源：DZ/T 0217—2020《石油天然气储量估算规范》。

对于表4-6中的特低渗储层，当渗透率低于某一值时，便称为致密储层。致密储层中的原油（油层）称为"致密油"，致密储层中的天然气（气层）称为"致密气"。定义致密砂岩的渗透率参数主要为原地渗透率或覆压渗透率。两者内涵相同，均为在储层在原地（地下实际储层深度）上覆地层压力条件下的渗透率。覆压渗透率与空气渗透率在测定时的压力条件不同，覆压渗透率是在真实气藏压力条件下测定的，而测定空气渗透率时未考虑上覆压力。

20世纪70年代，美国联邦能源管理委员会将致密含气砂岩定义为覆压渗透率小于 $0.1 \times 10^{-3} \mu m^2$ 的砂岩，这也是目前国际上一般采用的标准。根据渗透率大小，对致密气储层还可进一步分为标准致密储层（覆压渗透率为 $0.01 \times 10^{-3} \sim 0.1 \times 10^{-3} \mu m^2$）、非常致密储层（覆压渗透率为 $0.001 \times 10^{-3} \sim 0.01 \times 10^{-3} \mu m^2$）、超致密储层（覆压渗透率为 $0.0001 \times 10^{-3} \sim 0.001 \times 10^{-3} \mu m^2$）。

我国对致密含气砂岩的定义与此相同。2014年经国家标准化管理委员会颁布实施的 GB/T 30501—2014《致密砂岩气地质评价方法》，将致密砂岩气定义为覆压基质渗透率小于或等于 $0.1 \times 10^{-3} \mu m^2$ 的砂岩类气层。

对致密砂岩油储层，2017年经国家标准化管理委员会颁布实施的 GB/T 34906—2017《致密油地质评价方法》，将致密油储层定义为覆压基质渗透率小于或等于 $0.1 \times 10^{-3} \mu m^2$（空气渗透率小于 $1 \times 10^{-3} \mu m^2$）的致密砂岩、致密碳酸盐岩等储集岩，与现行的国际标准相统一。

值得注意的是，在学术文献中，对于低渗、致密术语的应用存在一些差异，有的将空气渗透率低于 $50 \times 10^{-3} \mu m^2$ 的储层统称为"低渗储层"，有时又以"低渗—致密储层"概述，其中的低渗包括狭义的低渗和特低渗。

从生产实践出发，低渗、特低渗、致密储层存在较大的差异。

狭义的低渗储层（空气渗透率为 $5 \times 10^{-3} \sim 50 \times 10^{-3} \mu m^2$）的渗流体征接近于正常储层。储层一般具工业性自然产能，但储层敏感性一般较强。开采方式及最终采收率与正常储层相似，压裂可进一步提高产能。

特低渗储层（空气渗透率为 $2 \times 10^{-3} \sim 5 \times 10^{-3} \mu m^2$ 的含油储层或小于 $1 \times 10^{-3} \mu m^2$ 的含气储层），由于微孔隙发育，束缚水饱和度较大，流体渗流偏离达西定律。油层自然产能一般达不到工业标准，需压裂投产。

致密储层的渗流特征与常规的储层有显著的差别，几乎没有自然产能，需要大型压裂等措施才能获得工业产能。

二、储层物性差异机理

在不同的含油气盆地或同一含油气盆地的不同深度和部位，储层物性有很大的差异。有的为中高渗储层（如渤海湾盆地新近系馆陶组），有的为低渗—致密储层（如鄂尔多斯盆地延长组）。在同一油区同一层位，储层孔渗性仍有差异。在石油地质学教材中，对不同类型储层（碎屑岩、碳酸盐岩、火山岩、页岩）的物性控制因素进行了介绍，但主要是针对储层的储集性。在此，重点分析储层渗透性的差异机理及控制因素。

（一）孔隙结构对岩石渗透率的影响

孔隙结构对岩石物性特别是渗透率有很大的影响。岩石孔隙度与孔隙大小及数量有关，而岩石的渗透率不仅与孔隙度有关，而且与孔隙结构关系更为密切。

视频4.10 孔隙结构对岩石渗透率的影响

1. 渗透率与孔隙度及孔隙半径的关系

实际岩石的孔隙空间多由不规则的孔道组成。为了分析渗透率与孔隙结构的关系，将岩石孔隙简化为等直径的平行毛细管束，据此构建理想的毛细管模型，如图4-65所示。

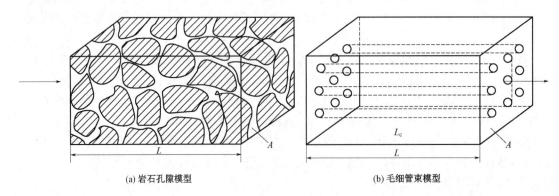

(a) 岩石孔隙模型   (b) 毛细管束模型

图4-65 平行毛细管束模型

设长度为 L、截面积为 A 的理想岩石中有 n 根半径为 r、长度为 L_c 的毛细管，岩石其他几何尺寸、流体性质和外加压差与真实岩石相同。根据泊肃叶定律可知通过该假想岩石的流量为

$$Q = \frac{n \cdot \pi \cdot r^4 \cdot \Delta p}{8\mu \cdot L_c} \qquad (4-19)$$

式中　Q——流量，m^3/d；

　　　r——毛细管半径，μm；

　　　Δp——压差，MPa；

　　　μ——流体黏度，$mPa \cdot s$；

　　　L_c——毛细管长度，cm；

　　　n——单位截面积上的毛细管根数，根$/cm^2$。

若岩石渗透率为 K，由达西公式得渗流流量为

$$Q = \frac{K \cdot A \cdot \Delta p}{\mu \cdot L} \qquad (4-20)$$

式中　K——岩石渗透率，μm^2；

　　　A——岩石截面积，cm^2；

　　　L——岩石长度，cm。

根据等值渗流理论，两者流量应当相同，则

$$\frac{K \cdot A \cdot \Delta p}{\mu \cdot L} = \frac{n \cdot \pi \cdot r^4 \cdot \Delta p}{8\mu \cdot L_c} \qquad (4-21)$$

又因为假想岩石的孔隙度为

$$\phi = \frac{n \cdot \pi \cdot r^2 \cdot L_c}{A \cdot L} \qquad (4-22)$$

将其代入式(4-21) 并简化得

$$K = \phi \cdot \frac{r^2}{8} \cdot \frac{L^2}{L_c^2} \tag{4-23}$$

若毛细管长度 L_c 等于岩石长度 L，则式(4-23) 可简化为

$$K = \phi \cdot \frac{r^2}{8} \tag{4-24}$$

2. 渗透率与孔隙形状的关系

实际岩石孔隙是弯曲的，而不是如图 4-65 所示的直管，流体在孔隙中的流动也不是沿直线前进，而是迂回曲折地向前流动。因此，孔隙的复杂程度对渗透率也有明显的影响。为了修正毛细管束模型，引入孔道迂曲度（τ）的概念来反映孔隙迂回曲折的程度（Bear, 1972）。迂曲度定义为渗流通道的实际长度（L_c）与穿过渗流介质的视长度（L）的比值：

$$\tau = \frac{L_c}{L} \tag{4-25}$$

将其代入公式(4-23) 并简化得

$$K = \phi \cdot \frac{r^2}{8\tau^2} \tag{4-26}$$

式中　K——岩石渗透率，μm^2；

　　　ϕ——岩石孔隙度，%；

　　　r——孔隙半径，μm；

　　　τ——孔隙迂曲度。

前面所述的毛细管束模型中毛细管的截面都是圆形，但是实际情况下，岩石中的孔隙截面不都是圆形，截面形状是复杂多变的。

为此，引入孔隙形状因子 F_s，其与孔隙周长（C）的平方成正比，与孔隙面积（A）成反比：

$$F_s \propto \frac{C^2}{A} \tag{4-27}$$

式中　F_s——孔隙形状因子；

　　　C——孔隙周长，μm；

　　　A——孔隙面积，μm^2。

显然，F_s 越大，孔隙形状越不规则，渗透率越低。

为此式(4-26) 可改写为

$$K = \phi \cdot \frac{r^2}{8F_s\tau^2} \tag{4-28}$$

式中　K——岩石渗透率，μm^2；

　　　ϕ——岩石孔隙度，%；

　　　r——孔隙半径，μm；

　　　τ——孔隙迂曲度。

上文以等大的毛细管模型分析了渗透率的影响因素。在实际的岩石中，孔隙不是等大的，而是由一系列大小不一的孔隙和喉道组成，喉道控制了岩石的渗流能力。因此，上文的

"孔隙"实际上为孔隙和喉道。

从式(4-28)可以看出,岩石渗透率与孔隙度虽然成正比关系,但与孔隙喉道大小的平方成正比,且与喉道形状的复杂程度成反比。在有效孔隙度相同的情况下,孔隙喉道大的岩石比喉道小的岩石渗透率高,孔喉形状简单的岩石比孔喉形状复杂的岩石渗透率高。

由于孔隙和喉道的配置关系不同,可以使储集岩呈现不同的孔渗特征。例如,以孔隙较大、喉道较粗为特征的储集岩,一般表现为孔隙度大,渗透率高;以孔隙较大而喉道较细为特征的储集岩,则表现为孔隙度大而渗透率低;而以孔隙、喉道均细小为特征的储集岩,其孔隙度和渗透率均较低。

3. 渗透率与比面的关系

比面是指单位体积多孔介质内颗粒的总表面积,或者单位体积多孔介质内总孔隙的内表面积,用 S 表示。多孔介质的比面越大,它对流体的吸附能力越大,其渗透率越低。

基于平行毛细管束模型,假想岩石的比面为

$$S = \frac{a}{V_b} = \frac{n \cdot 2\pi r \cdot L}{AL} \tag{4-29}$$

式中　L——岩样长度,cm;

　　　　n——单位截面积上的毛细管根数,根/cm^2;

　　　　a——所有毛细管的总内表面积,cm^2;

　　　　A——岩石断面面积,cm^2;

　　　　V_b——岩石体积,cm^3;

　　　　S——岩石比面,cm^2/cm^3。

将式(4-22)代入公式(4-29)并简化得

$$r = \frac{2\phi}{S} \tag{4-30}$$

以骨架体积为基础的比面为

$$S_s = \frac{a}{V_s} = \frac{a}{(1-\phi)V_b} = \frac{S}{1-\phi} \tag{4-31}$$

式中　V_s——岩石骨架体积,cm^3。

将公式(4-30)和公式(4-31)代入公式(4-28),并简化得到 Kozeny-Carman(1937)孔渗关系方程:

$$K = \frac{\phi^3}{2F_s \tau^2 S_s(1-\phi)} \tag{4-32}$$

式中　K——岩石渗透率,μm^2;

　　　　ϕ——岩石有效孔隙度,%;

　　　　F_s——孔隙喉道形状因子;

　　　　τ^2——孔隙喉道迂曲度;

　　　　S_s——颗粒比面,cm^2/cm^3。

从 Kozeny-Carman 方程可以看出,对于孔隙度相近的岩石,其比面越大,渗透率则越小。含泥质数量多的岩石渗透率一般很低,就是该类岩石孔隙很小或比面很大的缘故。

（二）储层物性差异的地质控制作用机理

现今储层是经历了复杂地质过程演变才形成的。以沉积储层为例，现今储层在形成和发育过程中，受到沉积作用、成岩作用和构造作用等多种因素的控制和影响。

视频 4.11 储层物性差异的地质控制机理

沉积储层在沉积时，具有不同沉积组构（粒度、分选、排列方式、杂基含量等）的沉积物具有不同的原始孔渗性；埋藏后，沉积物又经历了复杂的成岩作用（压实、胶结、溶解等），孔渗性发生变化，其控制因素可分为内因和外因两类。影响沉积物成岩作用和孔渗性的内因主要为沉积物质基础，包括沉积组构、沉积组分和构型界面等；外因主要有埋藏史和埋深、热史和温度、成岩流体、异常压力、构造应力等（图4-66）。在一个油藏范围内，控制沉积物成岩作用和孔渗性的外因基本相似。因此，导致油气藏内储层孔渗性差异的主要因素为内因。

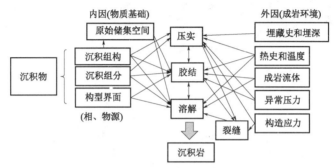

图 4-66　沉积储层孔渗性的控制因素简图

1. 原始沉积物的孔渗性差异

从理论上讲，等大球形颗粒组成的岩石，其原始孔隙度与粒径本身无关，而与其排列方式有关。如它们以立方体形式排列时，理论孔隙度最大，为47.6%；当以斜方体排列时，其理论孔隙度减小，从47.6%降至25.9%。因此，颗粒粒度本身与孔隙度并无必然的关系。但是，颗粒粒径与孔隙喉道大小成正比。这意味着，颗粒粒径越大，渗透率也越大，因为渗透率与孔隙喉道大小的平方成正比。

颗粒的分选性是控制岩石原始孔渗性最重要的因素之一。颗粒的分选性好坏反映了岩石中颗粒分布的均一程度。若组成岩石的颗粒粒径大小不等，不同粒径的颗粒则组成了复杂的排列，大颗粒之间构成的大孔隙会被小颗粒所充填，而使得孔隙变小，岩石孔隙度和渗透率降低；当岩石中含有较多的泥质杂基时，则岩石孔渗性会大大降低。

Bread 和 Weyl（1973）在实验室内研究了颗粒分选性与孔隙度的关系，并提出了砂体原始孔隙度与特拉斯克（Trask）分选系数的关系：

$$\phi_0 = 20.91 + 22.90/S_0 \tag{4-33}$$

式中　ϕ_0——砂体原始孔隙度；

S_0——特拉斯克分选系数（粒度累计曲线上25%处的粒径大小与75%处粒径大小之比的平方根）。

他们按分选系数将颗粒分选性分为六等（图4-67），并研究了分选性与砂体原始孔隙度的关系。分选极好的砂体 $S_0 = 1.0 \sim 1.1$，平均孔隙度为42.4%；分选很好的砂体 $S_0 = 1.1 \sim$

225

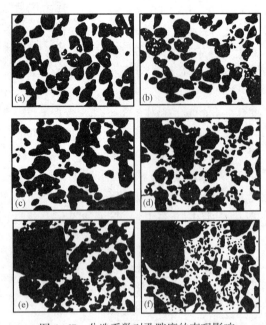

图 4-67 分选系数对孔隙度的直观影响

(a) 分选极好 (S_0 = 1.0~1.1); (b) 分选很好 (S_0 = 1.1~1.2);
(c) 分选好 (S_0 = 1.2~1.4); (d) 分选中等 (S_0 = 1.4~2.0);
(e) 分选差 (S_0 = 2.0~2.7); (f) 分选极差 (S_0 = 2.7~5.7)

1.2，平均孔隙度为40.8%；分选好的砂体 S_0 = 1.2~1.4，平均孔隙度为39.0%；分选中等的砂体 S_0 = 1.4~2.0，平均孔隙度为34%；分选较差的砂体 S_0 = 2.0~2.7，平均孔隙度为30.7%；分选极差的砂体 S_0 = 2.7~5.7，平均孔隙度为27.9%。显然，颗粒分选越好，砂体原始孔隙度越高。

Sneider 综合考虑了颗粒粒度和分选性对岩石孔隙度和渗透率的影响，建立了关系图版（图 4-68）。根据图版，在已知颗粒粒度中值和分选系数的情况下，可以读取相对应的原始孔隙度和绝对渗透率值的大小。除此之外，还可以根据图版分析孔隙度和渗透率与分选和粒度的关系。由图版可知，假定粒度中值保持不变，分选系数越小，代表粒度越均一，分选越好，孔隙度越大，渗透率越大；假定分选保持不变，一般地，粒度中值越大，代表颗粒越粗，孔隙度随粒

度变化不大，但渗透率随着粒径变大明显增大。

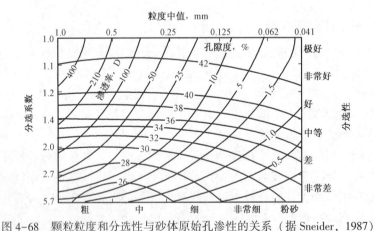

图 4-68 颗粒粒度和分选性与砂体原始孔渗性的关系（据 Sneider, 1987)

颗粒的填集程度和定向性对原始孔渗性也有一定的影响，这与颗粒形状、圆度、表面粗糙度、颗粒支撑方式有关。一般来说，圆度好的砂岩分选性好，孔隙度也高。对于形状不规则的棱角状颗粒，常发生镶嵌现象，相互填充孔隙空间，致使孔隙体积减小，孔隙之间的连通性变差，结果使孔渗性变差。但是，如果颗粒之间不发生相互镶嵌现象（如在快速堆积而压实作用强度又较低的情况下），而是彼此支撑起来，则反而会使岩石的孔渗性变好；当然，由于快速堆积往往伴随着较弱的分选作用而使岩石中杂基含量较多，因此岩石的孔渗性不会很好。

砂体内杂基含量对砂体原始孔渗性影响很大，尤其对渗透率影响更大。杂基内微孔隙发育，但对渗透率贡献很小。杂基含量多的砂体孔渗性必然较低。一般地，杂基含量超过15%，砂体渗透率性就很低了。

2. 成岩作用效应分析

沉积物在埋藏后至固结前受到成岩作用的控制，对砂体原始物性有很大的影响。控制储层质量的成岩作用主要为压实作用、胶结作用和溶解作用。

1）压实作用

压实作用的成岩效应是沉积物在上覆压力下变得致密，粒间体积及孔隙喉道减小，从而降低原始孔渗性。

一般说来，岩石埋藏越深，所受的压实强度就越大，对岩石储集性能的影响也就越大。研究表明，孔隙度随着上覆地层压力的增加呈指数形式降低。这种关系可用相应的数学表达式来表示：

$$\phi = \phi_0 e^{-cp} \tag{4-34}$$

式中　ϕ——随压力而变化的孔隙度，%；

　　　ϕ_0——原始孔隙度，%；

　　　p——上覆地层压力，MPa；

　　　c——与沉积物粒度、分选、组分等有关的常数。

在相似的上覆压力（埋藏深度）下，压实强度的差异与压实常数 c 有关，而 c 又受控于碎屑粒度、分选、组分、早期胶结和溶解作用等因素的影响。

2）胶结作用

胶结作用的成岩效应主要是胶结物（如方解石、黏土矿物、石英等）堵塞孔隙空间，减小孔隙体积喉道大小，从而降低孔渗性。

胶结作用对岩石储集性能的影响主要表现在胶结物含量与胶结产状。显然，胶结物含量越高，岩石损失的孔隙越多，孔渗性也就越差。胶结产状对孔渗性的影响比较复杂。主要胶结产状有孔隙充填、孔隙衬边、孔隙桥塞、加大胶结等类型（图4-69），不同胶结产状对岩石渗透率影响有较大的差异。在胶结物含量相同的情况下，孔隙充填、孔隙衬边、孔隙桥塞对渗透率的影响程度依次增强。

胶结作用是一种化学作用，因而与孔隙水介质、岩性及外部条件（温度、压力等）有关。

孔隙水介质包括离子类型、含量、物理化学性质等，决定着胶结物的类型。如在酸性水环境中易发生石英、高岭石胶结，而在碱性水环境中易发生方解石及其他黏土矿物的胶结。

3）溶解作用

改善岩石储集性能的成岩作用主要为溶解作用。在我国许多油田，均发现以次生溶蚀孔隙为主的碎屑岩储层。次生溶蚀孔隙的形成可表现为对碎屑颗粒的溶解、对填隙物的溶解和对自生交

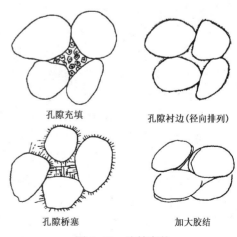

孔隙充填　　　　孔隙衬边(径向排列)

孔隙桥塞　　　　加大胶结

图 4-69　胶结产状

代矿物的溶解，形成不同类型的溶蚀孔隙。溶解作用发生与否，取决于溶解流体的形成、溶解流体的运移、岩石矿物成分和组构等诸因素的综合效应。

3. 沉积物质对成岩作用及最终孔渗性的影响

1) 沉积组构的影响

沉积组构对压实作用的影响：一般地，砂体碎屑粒度越大，分选越好，杂基含量越低，抗压实能力越强，越有助于孔隙的保存。

沉积组构对胶结作用的影响：在具备胶结物质和成岩水条件的情况下，砂体碎屑粒度越大，分选越好，杂基含量越低，越容易胶结。杂基含量高的岩性则一般不发生明显的胶结作用。

沉积组构对溶解作用的影响：在其他溶解条件相似的情况下，砂体碎屑粒度越大，分选越好，杂基含量越低，则越容易溶解。当泥质含量高时，黏土矿物使砂体孔隙喉道变小、变复杂，从而抑制了地下酸性流体的运移。杂基含量高的岩性则一般不发生明显的溶解作用。

由上可知，砂体碎屑粒度大、分选好、杂基含量低的岩性，原始孔渗性好，压实作用相对较弱，溶解作用相对较强，在不考虑胶结的情况下，一般具有更好的最终孔渗性。

2) 沉积组分的影响

沉积组分对压实作用的影响：弹性形变组分抗压实能力强，如石英、未蚀变长石等矿物碎屑，石英岩、花岗岩、碳酸盐岩等岩石碎屑，亮晶方解石、硬石膏等填隙物；塑性形变组分易受压实，如蚀变长石、云母等矿物碎屑，泥岩、喷出岩、凝灰岩等岩石碎屑，泥质杂基、石膏等填隙物。因此，当碎屑组分偏塑性时，沉积物易受压实；而当砂体碎屑组分相似而泥质含量增大时，沉积物抗压实能力降低而易受压实。

沉积组分对溶解作用的影响：砂体中的长石、岩屑及碳酸盐（硫酸盐）胶结物、交代物为易溶矿物，岩石中若易溶矿物含量高则有利于次生孔隙的形成。

沉积组分对胶结作用的影响：如长石砂岩中易于形成伊利石、高岭石，在岩屑砂岩和杂砂岩中以伊利石为主，而蒙脱石主要形成于火山碎屑岩中，石英砂岩易发生石英加大胶结等。

3) 构型界面的影响

（1）砂—泥界面：若邻近砂体的泥岩提供胶结物质，则在砂体界面附近胶结作用相对较强。在厚层砂体底部和（或）顶部与泥岩接触的界面附近，被来自泥岩的钙离子胶结，形成砂体顶底被胶结的表层致密条带［图4-70(b)］。这类胶结型式在我国陆相湖盆砂体中很常见，如中原胡状集油田沙三段扇三角洲水下分流河道砂体的顶底常被碳酸盐胶结，尤其是底部砂砾岩往往胶结得很致密。若砂体厚度较薄，薄层砂体夹于泥岩中，来自泥岩的钙离子使薄层砂岩胶结成致密砂岩［图4-70(a)］。如我国东部湖盆一些三角洲前缘远沙坝薄层砂体和前三角洲薄层砂体往往被完全胶结。

（2）砂—砂界面：在砂体内部，构型界面往往为粒度变化带，粒度较粗的部分原始孔渗性较好，有利于成岩孔隙水的渗流，因而容易胶结而形成沿界面分布的成岩胶结带。如在两条河道的侧向叠合处，可在河道交接处形成斜交的成岩胶结条带，甚至在河道内的层理系之间的界面（2级构型界面）也可形成成岩胶结条带（图4-71）。在厚层砂体内部，则可形

成分散状分布的胶结团块 [图4-70(c)]

图4-70 钙质胶结带的分布型式

彩图4-71

图4-71 新疆风城油砂露头区下白垩统吐谷鲁组层理面成岩胶结条带

由上可知，在油气藏范围内，砂体的原始储层质量、成岩作用差异主要受到沉积相的控制。这正是"相控"储层参数预测和建模的理论依据。

三、储层物性非均质性

储层物性非均质性是指储层物性分布的差异性及各向异性，包括多个层次：层内物性非均质性、平面物性非均质性和层间物性非均质性。层内物性非均质性是指单层物性垂向差异特征，包括渗透率韵律性、层内渗透率非均质程度、层内渗透率各向异性；平面物性非均质性是指单层侧向差异特征，包括平面物性差异、平面渗透率各向异性；层间物性非均质性是指不同单层间储层物性的差异，主要指层间渗透率差异程度。

视频4.12 储层物性非均质性表征参数

（一）层内物性非均质性

1. 层内渗透率韵律性

储层内部物性的垂向变化规律称为储层物性韵律。在研究流动运动规律时，应重点关注渗透率韵律。

渗透率韵律可分为正韵律、反韵律、复合韵律、均质韵律四大类（图 4-72、图 4-73）。

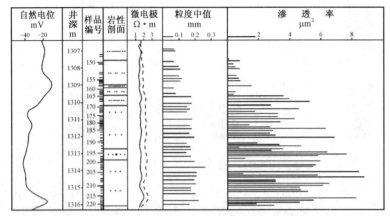

图 4-72　孤东 7-J1 井馆 61 层粒度与渗透率垂向韵律性

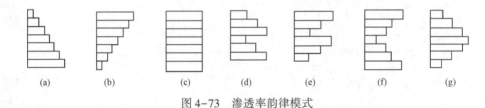

图 4-73　渗透率韵律模式

（a）正韵律；（b）反韵律；（c）均质韵律；（d）复合正韵律；
（e）复合反韵律；（f）复合正反韵律；（g）复合反正韵律

正韵律指储层内部渗透率自下而上变小。在正韵律中，最高渗透率位于储层底部。

反韵律指储层内部渗透率自下而上变大。在反韵律中，最高渗透率位于储层顶部。

复合韵律指正韵律与反韵律的组合。正韵律的叠置称为复合正韵律，反韵律的叠置称为复合反韵律，上下细中间粗为复合反正韵律，上下粗中间细者为复合正反韵律。

均质韵律指储层内部渗透率的垂向变化缺乏规律性，也称为无规则序列。

在碎屑岩中，沉积组构受控于沉积微相，不同微相的粒度韵律不同，其孔渗性也不同，如曲流河点坝、三角洲分流河道、浊积岩具有粒度正韵律，一般发育渗透率正韵律；三角洲前缘河口沙坝、湖相滩坝具有粒度反韵律，一般发育渗透率反韵律；辫状河心滩坝具有均质韵律，一般发育渗透率均质韵律。一般情况下，渗透率韵律与粒度韵律基本一致，但也不尽然，因其同时受到沉积组构和成岩作用的影响。如三角洲前缘水下分流河道砂体粒度韵律表现为正韵律，由于砂体顶底与泥岩接触，泥岩成岩演化释放出的 Na^+、Ca^{2+}、Mg^{2+}、Fe^{3+} 和 Si^{4+} 等离子进入孔隙水后随压实流体进入砂岩储层。这些流体进入砂岩之后具有较强的沉淀作用能力，可为砂岩成岩作用提供物质来源，从而在砂岩中尤其是砂—泥岩界面发生沉淀作用，形成砂体顶底被胶结的表层致密条带。

在开发过程中，不同韵律性油层的水驱油特征有着很大的区别。一般而言，正韵律类型的储层，底部驱油效率高；反韵律储层总体来讲其垂向上水淹程度的均匀性要比正韵律的好很多。均质韵律储层在开发过程中，上下两部分的水淹层程度差别要较正韵律小得多，而较反韵律稍大。不同韵律性油层在开发过程中的水驱油特征详见第八章。

2. 层内渗透率非均质程度

层内渗透率非均质程度为层内渗透率（主要是水平渗透率）的垂向变化程度，是定量描述层内非均质性的重要内容，可采用渗透率变异系数、渗透率突进系数和渗透率级差表示。

1）层内渗透率变异系数

层内渗透率变异系数为层内渗透率值相对于其平均值的分散程度或变化程度：

$$V_K = \frac{\sqrt{\sum_{i=1}^{n}(K_i - \overline{K})^2/n}}{\overline{K}} \tag{4-35}$$

式中　V_K——层内渗透率变异系数；

　　　K_i——层内第 i 个样品的渗透率值，$10^{-3}\mu m^2$；

　　　$\overline{K}$——层内所有样品的渗透率平均值，$10^{-3}\mu m^2$；

　　　n——层内样品的个数。

上述的"样品"概念，可以是岩心分析样品（取样应比较均匀，而且样品密度最好大于5 块/m），也可以是测井解释值（一般 8 点/m），还可以为砂体内的相对均质段（以下同）。

一般地，当 $V_K<0.5$ 时，非均质程度弱；当 $V_K=0.5\sim0.7$ 时，非均质程度中等；当 $V_K>0.7$ 时，非均质程度强。当然，在实际工作中，需结合流体性质等条件，作出确切的评价标准。

2）层内渗透率突进系数

层内渗透率突进系数为砂层内最大渗透率值与平均渗透率值的比值：

$$T_K = \frac{K_{max}}{\overline{K}} \tag{4-36}$$

式中　T_K——层内渗透率突进系数；

　　　K_{max}——层内最大渗透率值，$10^{-3}\mu m^2$；

　　　$\overline{K}$——层内所有样品的渗透率平均值，$10^{-3}\mu m^2$。

一般地，当 $T_K<2$ 时，非均质程度弱；当 T_K 为 $2\sim3$ 时，非均质程度中等；当 $T_K>3$ 时，非均质程度强。在油层开发时，高渗层段易发生层内突进，从而影响油层总体开发效果。

3）层内渗透率级差

层内渗透率级差为砂层内最大渗透率值与最小渗透率值的比值：

$$J_K = \frac{K_{max}}{K_{min}} \tag{4-37}$$

式中　J_K——层内渗透率级差；

　　　K_{max}——层内最大渗透率值，$10^{-3}\mu m^2$；

　　　K_{min}——层内最小渗透率值，$10^{-3}\mu m^2$。

层内渗透率级差越大，反映渗透率非均质性越强；反之，层内渗透率级差越小，非均质越弱。

需要强调的是，在读取砂层内最大渗透率、最小渗透率时，通常会扣除夹层渗透率。有时也会人为将砂体划分为若干相对均质段，每一均质段内渗透率差别不大。这样就避免了因某一渗透率值过大或过小造成计算结果与实际地质情况不符的现象。

3. 层内渗透率各向异性

由于层理及夹层的影响，砂体垂直方向的渗透率与水平方向的渗透率有一定的差异，其比值对流体垂向和横向渗流速度的差异性有较大的影响。

1）层理构造及渗透率各向异性

在碎屑岩储层中，大都具有不同类型的层理构造。常见的层理有平行层理、斜层理、交错层理、块状层理、波状层理、水平层理等。层理类型受沉积环境和水流条件的控制。层理的构成主要表现在粒度、成分、颗粒排列组合的差异，这种差异便导致了渗透率的各向异性。不同层理类型对渗透率方向性的影响不同，层理构造的垂向演变导致了渗透率的垂向变化，层理构造的侧向延伸和演变导致了渗透率在平面上的方向性。层理构造形成的非均质规模介于砂体规模与微观规模之间，目前仅限于岩心规模的研究（对于地下储层来说）。通过岩心实验室分析，可直接测量垂直渗透率与水平渗透率的比值。

在不同的层理构造中，渗透率的各向异性有所差别。

平行层理的渗透率各向异性主要表现在水平渗透率（K_h）和垂直渗透率（K_v）的差异，一般 K_h 比 K_v 大得多，因此 K_v/K_h 比值很小。平行层理的方向为古水流方向，长轴颗粒也顺此方向排列，从而造成该方向的渗透率较大。高流态水流作用形成的平行层理具有剥离线理，其纹层呈数毫米至数厘米级的薄板状，薄板间为空隙（即所谓沉积成因的层间缝），很易剥离，在注水压力下则呈开启状态，形成"大孔道"，易发生水窜，水平渗透率很大，K_v/K_h 比值极小。

斜层理的渗透率各向异性表现在顺层理倾向、逆层理倾向和平行纹层走向方向的渗透率的差异。顺层理倾向的渗透率最大，而逆层理倾向的渗透率最小，平行纹层走向的渗透率介于两者之间。

交错层理的渗透率各向异性最强，且交错纹层的组合越复杂，各向异性程度越高。在未固结层中，平行纹层方向的渗透率与垂直纹层方向的渗透率之比可达 3；而在固结的砂岩中，这一比值更大。

2）夹层对砂体垂直渗透率的影响

层内夹层一般不稳定，对流体的垂向渗流不能起完全的封隔作用，但会降低垂向渗流性能。Haldorsen 等（1984，1986）提出了一个在二维剖面情况下应用夹层频率和密度计算砂体垂向渗透率的简化公式：

$$\frac{K_{ve}}{K} = \frac{1-F_s}{\left(1+S\dfrac{L_{av}}{2}\right)^2} \tag{4-38}$$

式中　K_{ve} ——有效垂直渗透率，$10^{-3}\,\mu m^2$；

　　　K ——均质砂体垂直渗透率，$10^{-3}\,\mu m^2$；

　　　F_s ——夹层密度，小数；

　　　S ——夹层频率，层数/m；

　　　L_{av} ——夹层延伸长度，m。

另外，对于含裂缝的储层，尚需考虑层内裂缝及其对层内渗透率的影响。

（二）平面物性非均质性

1. 物性平面差异

物性平面差异指储层物性（主要是孔隙度和渗透率，特别是渗透率）在平面上的变化。前已述及，在成岩背景（外因）相似的情况下，控制岩石物性差异的内在原因为沉积组构、沉积组分与构型界面。在平面上，主要表现为沉积微相及物源的差异。

1）沉积微相的影响

沉积微相直接控制砂体的类型、形态、厚度、规模及空间分布，影响砂体的平面和纵向展布与层间、层内的非均质性，同时还在微观上控制着岩石碎屑颗粒大小、填隙物的多少、岩石结构（分选、磨圆度、接触方式）等特征，从而控制了岩石原始孔隙度、渗透性的好坏，因此，沉积微相对储层物性起到先天性的控制作用。一般而言，沉积物形成时的水动力越强、粒度越粗、分选越好，储层原始物性越好。

不同微相砂体的储层质量平面分布与主流线有关。如各种河道沉积（河流相河道、三角洲分流河道、浊积水道等）砂体的渗透率沿古水流方向呈条带状分布，多形成高渗条带；天然堤砂体渗透率相对较低，在河道凹岸边缘呈条带状或窄透镜状分布（图4-74）；决口扇砂体渗透率也较低，呈放射—扇状分布；河口坝砂体渗透率多呈舌状分布，无明显的高渗条带；滩坝砂体特别是海相滩坝砂体渗透率呈席状分布，也没有明显的高渗条带。

在同一沉积微相的不同部位，水动力条件有差异，颗粒粒度、分选性、杂基含量等特征不同，将导致其孔渗性的差异。如河道侧缘比主体部位水动力较弱，云母含量更高，压实强度更大。

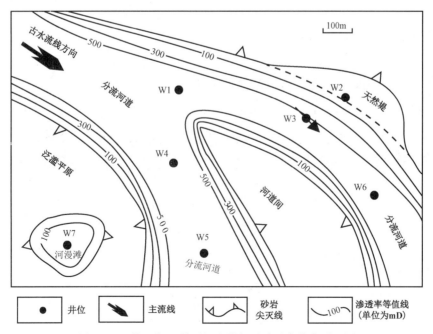

图 4-74　某区块 M 单层沉积微相及渗透率分布平面图

2）物源的影响

物源母岩性质和顺源距离影响砂体沉积组分。

物源控制着砂体沉积组分的平面分布，不同母岩性质的物源，其砂体沉积组分有差异，沉积组分对后期的压实作用、溶解和胶结作用都有重要的影响。

在顺源方向上，塑性组分含量降低，因而压实作用强度减小，有利于孔隙的保存。

2. 平面渗透率各向异性

渗透率为矢量，其数值与测量方向有关。渗透率的方向性是指同一岩样不同方向所测得的渗透率不同，最突出的是平行于层理面方向的渗透率和垂直于层理面方向的渗透率不同，也就是垂直渗透率和水平渗透率的差异问题。这是由于储集岩石都是在不同水流的条件下沉积的，再加上成岩作用的影响，就造成了储层的各向异性。在平面上，渗透率的方向性受砂体沉积的古水流方向的影响。如沿古河道水流方向，颗粒排列和交错层理纹层具有方向性，其中，一些长形颗粒定向排列，斜层理倾向下游，因而沿古水流方向的渗透率比逆古水流方向的渗透率要大（图4-75）。在注水开发时，注入水沿古河道下游方向的推进速度快，向上游方向推进速度慢，驱油效果也有差别。

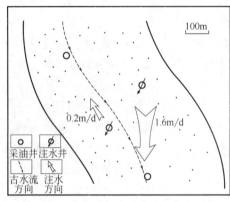

图4-75　古水道与渗透率平面各向异性

（三）层间物性非均质性

层间物性非均质性指纵向上多个储层物性（主要是孔隙度和渗透率，特别是渗透率）之间的差异性。

1. 层间渗透率非均质程度

层间渗透率非均质程度通常应用渗透率变异系数、渗透率突进系数和渗透率级差表示。公式形式与前述的层内渗透率非均质程度的表征参数相同，但内涵有所差别。

1）层间渗透率变异系数

层间渗透率变异系数是一统计概念，指用于统计的若干数值相对于其平均值的分散程度或变化程度。渗透率变异系数是对层间渗透率非均质程度的一种度量，计算公式为

$$V_K = \frac{\sqrt{\sum_{i=1}^{n} (K_i - \overline{K})^2 / n}}{\overline{K}} \tag{4-39}$$

式中　V_K——层间渗透率变异系数；

K_i——第 i 层渗透率（以层平均值计），$10^{-3} \mu m^2$；

$\overline{K}$——渗透率总平均值，为各砂层平均渗透率的厚度加权平均值，$10^{-3} \mu m^2$；

n——砂层总层数。

在此需要提及的是，为了更客观地反映层间差异，在计算砂层平均渗透率时，应考虑重力作用对水驱的影响。如对于正韵律储层，注入水优先沿储层下部水驱，在多层采油时，实际上是各储层的相对高渗段影响着层间差异，因此，对于单个正韵律砂岩储层，应以其下部高渗透段的平均渗透率作为计算数据；多段正韵律油层应以各韵律的高渗透段来计算平均渗透率。对于反韵律储层或相对均匀层及薄层，考虑到重力作用导致的水线前缘下沉作用，则可直接用全层平均渗透率。

一般地，当 $V_K<0.5$ 时，非均质程度弱；当 $V_K=0.5\sim0.7$ 时，非均质程度中等；当 $V_K>0.7$ 时，非均质程度强。当然，在实际工作中，需结合流体性质等条件，作出确切的评价标准。

2）层间渗透率突进系数

层间渗透率突进系数为纵向上最大单层渗透率与各砂层渗透率总平均值的比值：

$$T_K=\frac{K_{max}}{\overline{K}} \tag{4-40}$$

式中 T_K——层间渗透率突进系数；

K_{max}——最大单层渗透率（以层平均值计），$10^{-3}\mu m^2$；

$\overline{K}$——渗透率总平均值，为各砂层平均渗透率的厚度加权平均值，$10^{-3}\mu m^2$。

一般地，当 $T_K<2$ 时，非均质程度弱；当 T_K 为 $2\sim3$ 时，非均质程度中等；当 $T_K>3$ 时，非均质程度强。在油田开发时，高渗层段易发生单层突进，从而影响油田总体开发效果。因此，在研究过程中，尚需研究高渗透层的纵向分布。

3）层间渗透率级差

层间渗透率级差为纵向上最大单层渗透率与最小单层渗透率的比值：

$$J_K=\frac{K_{max}}{K_{min}} \tag{4-41}$$

式中 J_K——层间渗透率级差；

K_{max}——最大单层渗透率（以层平均值计），$10^{-3}\mu m^2$；

K_{min}——最小单层渗透率（以层平均值计），$10^{-3}\mu m^2$。

层间渗透率级差越大，层间渗透率非均质性越强；反之，层间级差越小，非均质性越弱。

2. 层间渗透率非均质性影响因素

由于沉积、成岩单因素随时间的变化性，在一套储层内，受砂体沉积环境和成岩变化差异的影响，不同砂体渗透率存在较大的差异。如图 4-76 所示，垂向上河道（CH）、天然堤（LV）、决口扇砂体（CS）与泛滥平原泥岩（FF）发生垂向相变，由于河道与溢岸砂体的渗透率不同，导致砂层间渗透率的垂向差异。这一差异影响着油水井的开发生产。例如，若对几个渗透性差异较大的油层采用合层注水开发的话，注入水会优先进入高渗透层驱油，而较低渗透层则动用较差。

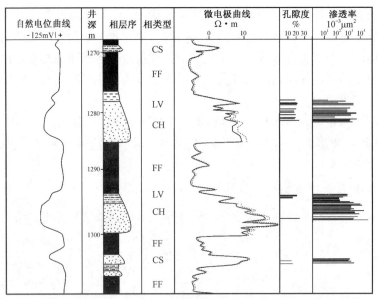

自然电位曲线 - |25mV| +	井深 m	相层序	相类型	微电极曲线 Ω·m 0 10	孔隙度 % 10 20 30	渗透率 $10^{-3}\mu m^2$ 10^1 10^2 10^3 10^4
	1270		CS			
			FF			
	1280		LV			
			CH			
	1290		FF			
			LV			
			CH			
	1300		FF			
			CS			
			FF			

图 4-76　渤 106 井馆陶组馆 5 砂层组垂向相层序及物性剖面

四、储层物性分布研究方法

（一）单井解释

单井孔渗垂向分布研究主要应用岩心分析和测井解释。

1. 岩心分析

对于探井、开发检查井等，一般会进行系统取心。

根据油田生产要求，在油层取心段，岩石物性的取样间隔往往为 10cm，即密度为 10 点/m。岩心取样为规则的岩心塞（core plug，见图 4-77），应用取样机器取出的小型圆柱形样品（一般直径为 25mm 或 38mm，长 50~60mm），取样后，送实验室进行测定。孔隙度和渗透率实验室测定属于油层物理的范畴，在此仅简要介绍。

1）孔隙度测定

根据孔隙度的定义，孔隙度的实验测量过程可拆解为测量岩样总体积、孔隙体积、骨架体积中的某两个过程。岩样总体积可通过游标卡尺几何测量法、封蜡排液法、液体饱和排液法测定；岩样孔隙体积可通过气体孔隙度仪法或液体饱和法测定；岩样颗粒体积可通过氦气孔隙度仪法或固体体积法测定。

实验分析的孔隙度允许误差在±0.5%以内。

由于钻井取心到地面后会因压力释放而弹性膨胀，所以一般在地面常压下测量的岩心孔隙度要略大于地层条件下的孔隙度。因此，当采用地面条件下的岩心分析资料时，应将地面孔隙度校正为地层条件下的孔隙度。

实验室提供了不同有效上覆压力下的三轴孔隙度，利用这些数据就能够对地面孔隙度进

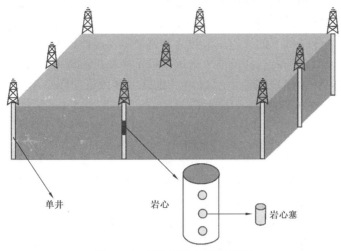

图 4-77 岩心和岩心塞示意图

行压缩校正。根据美国岩心公司的研究，三轴孔隙度转换为地层孔隙度的公式为

$$\phi_f = \phi_g - (\phi_g - \phi_3)\varepsilon \tag{4-42}$$

式中　ϕ_f——校正后的地层孔隙度，小数；

　　　ϕ_g——地面岩心分析孔隙度，小数；

　　　ϕ_3——静水压力作用下的三轴孔隙度，小数；

　　　ε——转换因子。

D. Teeuw（1971）通过对人造岩心模型的理论计算和实际岩心测试，得出转换因子为

$$\varepsilon = \frac{1}{3}\left(\frac{1+\lambda}{1-\lambda}\right) \tag{4-43}$$

式中　λ——岩石泊松比，为岩石横向应变与轴向应变的绝对值的比值。

在确定岩样所在油藏有效上覆压力下的三轴孔隙度和本系统的地面孔隙度后，代入式(4-42)即可算出每块岩样的地层孔隙度。为寻求本地区地面孔隙度压缩校正规律，可制定本地区关系图版或建立相关经验公式。利用这种图版或相关经验公式，可将常规岩心分析的地面孔隙度校正为地层孔隙度。

2）渗透率测定

实验室中绝对渗透率测试原理基于达西定律。让流体（液体或气体）通过岩心，待其流动状态稳定后，测定岩心两端的进、出口压力或压差和此压差下的流量 Q；另由实验或经验法得到流体的黏度，根据达西定律公式计算岩心的渗透率。目前实验分析的岩样渗透率大于 $1\times10^{-3}\,\mu m^2$ 时，允许相对偏差为5%；小于 $1\times10^{-3}\,\mu m^2$ 时，允许相对偏差为15%。

由于钻井取心到地面后会因压力释放而弹性膨胀，所以一般在地面常压下测量的岩心渗透率要大于地层条件下的渗透率（覆压渗透率）。

覆压渗透率测试是采用静水压力加压的方式对岩样施加上覆压力，即岩样在各个方向上受到的应力均相等。通常采用保持孔隙压力不变，逐渐增大上覆压力实现不同压力下的渗透率的测定。通过覆压渗透率测试，可测量真实油藏压力条件下岩石的渗透率大小。

对于测试样品，应用不同实验围压下测定的渗透率 K_i 除以常规空气渗透率 K_0 进行归一化处理，作 K_i/K_0 与实验围压 p_i 的关系曲线，拟合 K_i/K_0 与 p_i 的函数关系，采用拟合的函数关系计算净上覆岩压条件下的渗透率。建立测试样品覆压渗透率与常规渗透率关系并拟合函数，采用拟合的函数将所有岩样的空气渗透率校正为覆压渗透率。校正后的覆压渗透率与实测覆压渗透率相对误差应控制在 10% 以内。如果 20% 以上的样品相对误差超过 10%，则需重新选择拟合函数或分段拟合。

2. 测井解释

对于未取心井及取心井的未取心段，孔隙度和渗透率主要采用测井资料进行解释。相关内容属于地球物理测井的范畴，在此仅简单介绍。

孔隙度测井解释主要应用三孔隙度测井（声波测井、中子测井和密度测井）资料。通过岩心标定测井，建立测井解释模型，进而应用测井资料解释孔隙度，测井解释允许的相对偏差为 10%。例如，在某研究区，通过岩心标定，建立了孔隙度与声波时差的关系：

$$\phi = 0.215806 \times AC - 37.387 \tag{4-44}$$

式中　ϕ——孔隙度，%；

　　　AC——声波时差，$\mu s/m$。

常规测井资料不具有渗透率的定量响应，而能够用于渗透率解释的核磁共振测井很少，因此，在油气藏评价和开发阶段，往往通过先应用常规测井资料解释孔隙度，然后应用孔渗关系估算渗透率。例如，在某研究区，建立了渗透率与孔隙度和泥质含量的关系：

$$K = 0.01494 \times \phi^{4.8356} \times V_{sh}^{-1.90898} \tag{4-45}$$

式中　K——测井解释渗透率，$10^{-3}\mu m^2$；

　　　ϕ——孔隙度，%；

　　　V_{sh}——泥质含量，%。

在孔渗关系分析时，泥质含量也可用自然伽马值代替。渗透率解释精度一般要求在同一数量级内变化。

3. 单井试井

单井地层测试能获得油气井产能、流体性质、压力等数据，据此可估算油气层的渗透率。相关内容属于油藏工程的内容，在此仅简单介绍。

在地层测试（如钻柱测试、开发试井）中，可获取随时间而变化的压力曲线（压力恢复或降落曲线）。图 4-78 为一次开井生产和关井的压力曲线示意图。横坐标为测试的时间，纵坐标为井底压力（p_{ws}）。A 点压力为地层静压力（通常不会达到地层静压力）。开井（打开测试器）后，地层与井口大气连通，压力迅速下降至 B 点，流体从地层流入钻杆（或油管），压力上升，然后关井。C 点为流动结束的压力，B 点至 C 点压力对应的时间为打开测试阀后的生产流动时间（t）。D 点为测试结束的压力，该点至 C 点

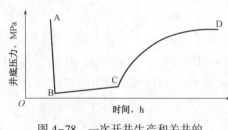

图 4-78　一次开井生产和关井的
压力曲线示意图

压力对应的时间为压力恢复时间（Δt）。

显然，地层渗透性影响着压力降落和压力恢复过程。据此，可应用压力降落与或恢复曲线估算渗透率。一般采用压力恢复曲线进行解释。经典的解释一般采用霍纳法（Horner，1951 年提出），后来发展了双对数曲线拟合方法，又称现代试井分析方法。在此简单介绍霍纳法。其假设条件是油藏为无限大、地层均质、流体为单相并微可压缩、流体的流动符合平面径向流等条件下推导出来的。

霍纳法表达式为

$$p_{ws} = p_i - m\lg\frac{t+\Delta t}{\Delta t} = p_i + m\lg\frac{\Delta t}{t+\Delta t} \tag{4-46}$$

$$m = \frac{2.12\times10^{-3}Q_o\mu_oB_o}{Kh\rho_o} \tag{4-47}$$

式中　p_{ws}——井底恢复压力，MPa；

p_i——原始地层压力，MPa；

m——压力曲线直线段的斜率，MPa/cycle；

t——打开阀后的生产流动时间，h；

Δt——关闭测试阀的压力恢复时间，h；

Q_o——流动阶段的折算产油量，t/d；

B_o——地层原油体积系数；

μ_o——地层原油黏度，mPa·s；

K——地层有效渗透率，μm^2；

h——地层有效厚度，m；

ρ_o——地面脱气原油密度，t/m^3。

根据式(4-47)，可应用内实际测试时间和压力绘制如图 4-79 所示的图件，即霍纳图，又称 Horner 图。图中曲线的斜率为 m。

将式(4-47)变换为式(4-48)，即可求取地层流动系数（Kh/μ_o）。通过地层测试，可得到油层产能；通过原油实验室分析，可得到原油体积系数、黏度和密度；通过地质解释，可得到油层有效厚度。

$$\frac{Kh}{\mu_o} = \frac{2.12\times10^{-3}Q_oB_o}{m\rho_o} \tag{4-48}$$

值得注意的是，采用单井试井方法计算得到的渗透率是测试范围内、地层条件下的有效渗透率平均值。其一，试井获取的渗透率是有效渗透率（是当岩石中有两种以上流体共存时，岩石对某一相流体的通过能力），一般小于空气渗透率；其二，由于测试的对象是地下地层，因此，该渗透率是地层条件下（具有上

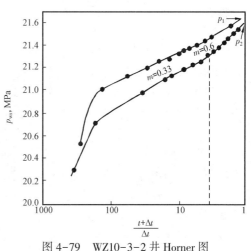

图 4-79　WZ10-3-2 井 Horner 图
（据陈元千，1990）

覆压力）的有效渗透率；其三，该渗透率是反映测试范围（压力响应范围）地下流体流动能力的平均值。

（二）平面预测

1. 地震资料的孔隙度解释

地震资料具有横向采集密的优点，平面数据样点可达 25m×25m。应用的地震资料主要为波阻抗或速度，前提是与孔隙度具有较好的相关性。解释方法包括三个关键环节：（1）通过地震资料的反演处理，得到波阻抗或速度的数据体（剖面、平面或三维数据体）；（2）通过测井标定地震（测井解释孔隙度与井旁道波阻抗或速度之间的相关性分析），建立孔隙度与波阻抗或速度的关系式（即地震解释模型），见图 4-80；（3）应用地震解释模型，将地震速度（波阻抗）转化为孔隙度等值线图或 3D 孔隙度数据体。具体方法可参阅有关参考书。

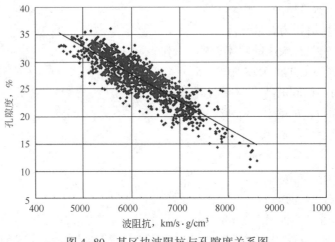

图 4-80　某区块波阻抗与孔隙度关系图

孔隙度的地震解释原理和方法已在《地球物理勘探原理》和《地震资料地质解释》中有详细介绍，在此不再赘述。

2. 多井井间插值

在井网密度较大时，可以应用多井井间插值的方法研究岩石物性的平面分布。

多井井间插值方法有很多，可分为常规数学插值（三角网法、距离反比加权法等）和地质统计学克里金插值方法两大类（可参阅《储层表征与建模》，吴胜和，2010）。

值得注意的是，由于砂体孔隙度和渗透率受控于沉积和成岩因素，如不同微相具有不同的孔渗分布，同一微相不同部位的孔渗也具有差异性，因此，在编图过程中，应充分考虑沉积因素和成岩因素对孔隙度和渗透率横向分布的控制作用。一般采用"相控"插值方法，即在沉积微相（和成岩相）的控制下，分相带编绘孔隙度、渗透率分布图。以沉积相控为例，首先确定砂体尖灭线，然后在砂体尖灭线内根据物性在不同微相内的分布规律，对井间物性进行插值（图 4-81、图 4-82）。

储层物性参数（孔隙度、渗透率）的插值应注意以下两点：第一，砂体尖灭线位置的孔渗值赋为零值，而断层、剥蚀线、工区边界线等边界孔渗值并非零值；第二，一般插值方法得到的结果往往在有些部位不符合地质规律，必须进行地质合理性分析，对插值得到的孔渗分布进行人机交互后处理，使得插值结果既与井点吻合，又符合地质规律。

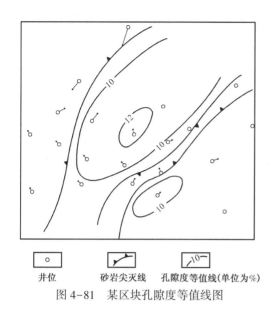

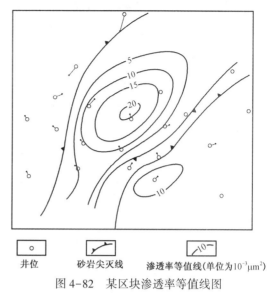

▢	⟋	⟋10⟋
井位	砂岩尖灭线	孔隙度等值线(单位为%)

图4-81　某区块孔隙度等值线图

▢	⟋	⟋10⟋
井位	砂岩尖灭线	渗透率等值线(单位为$10^{-3}\mu m^2$)

图4-82　某区块渗透率等值线图

另外，对于含裂缝的储层，尚需考虑平面裂缝分布及其对渗透率的影响。

第四节　储层裂缝

裂缝是油气储层特别是裂缝性储层的重要储集空间，更是良好的渗流通道。世界上许多大型、特大型油气田的储层即为裂缝性储层，且低渗-致密储层中一般都发育裂缝。作为一种特殊的孔隙类型，裂缝的分布及其孔渗特征具有其独有的复杂性，系统地研究裂缝类型及非均质分布，对于裂缝性油气田及非常规油气的勘探和开发具有十分重要的意义。

一、裂缝成因类型

所谓裂缝，是指物体（岩石）受力发生破裂作用而形成的不连续面。由地质作用形成的岩石裂缝，称为天然裂缝，对应于人工作用（如压裂）形成的人工裂缝。裂缝相当于节理（构造地质学术语），其两侧破裂面无明显位移。有学者将沿破裂面发生微小错动（断距为厘米级）的断层归属于裂缝范畴，称之为断层型裂缝（faulted-fracture）（曾联波等，1999）。

视频 4.14
储层裂缝的
成因类型

同一时期、相同应力作用产生的方向大体一致的多条裂缝称为一个裂缝组；同一时期、相同应力作用产生的两组或两组以上的裂缝组则称为一个裂缝系。多套裂缝组系连通在一起称为裂缝网络。

（一）裂缝的力学成因类型

在地质条件下，岩石处于上覆地层压力、构造应力、围岩压力及流体（孔隙）压力等作用力构成的复杂应力状态中。在三维空间中，应力状态可用三个相互正交的法向变量（即主应力）来表示，以分量 σ_1、σ_2、σ_3 分别代表最大主应力、中间主应力和最小主应力（图4-83）。实验室破裂实验中，可以观察到与三个主应力方向密切相关的三种裂缝类型，即剪裂缝、张裂缝（包括扩张裂缝和拉张裂缝）及张剪缝（图 4-84）。岩石中所有裂缝必然与这些基本类型中的一类相符合。

1. 剪裂缝

剪裂缝是由剪切应力作用形成的。剪裂缝方向与最大主应力（σ_1）方向以某一锐角相交（一般为 30°），而与最小主应力方向（σ_3）以某一钝角相交。在任何实验室破裂实验中，都可以发育两个方向的剪切应力（两者一般相交 60°），它们分别位于最大主应力两侧并以锐角相交（图 4-84）。当剪切应力超过某一临界值时，便产生了剪切破裂，形成剪裂缝。

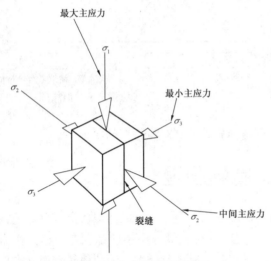

图 4-83　应力单元及张裂面
（据 T. D. 范高尔夫—拉特，1989）

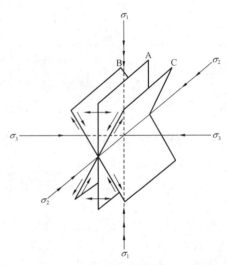

图 4-84　实验室破裂实验中三个主应力
方向及潜在破裂面的示意图
（据 T. D. 范高尔夫—拉特，1989）
A—扩张裂缝；B、C—剪裂缝

剪裂缝的破裂面与 σ_1 和 σ_2 构成的平面呈锐角相交，裂缝两侧岩层的位移方向与破裂面平行，而且裂缝面上具有"擦痕"等特征。在理想情况下，可以形成两个方向的共轭裂缝（图 4-84 中的 B、C）。共轭裂缝中两组剪裂缝之间的夹角称为共轭角。但实际岩层中的剪裂缝并不都是以共轭形式出现的，有的只是一组发育而另一组不发育。剪裂缝的发育形式与岩层均质程度、围岩压力等因素有关。当岩层较均匀、围岩压力较大时，可形成共轭的剪裂缝；而当岩层均质程度较差、围岩压力较小时，趋向于形成不规则的剪裂缝。

2. 张裂缝

张裂缝是由张应力形成的。当张应力超过岩石的扩张强度时，便形成张裂缝。张应力方向（岩层裂开方向）与最大主应力（σ_1）垂直，而与最小主应力（σ_3）平行，破裂面与 σ_1 和 σ_2 构成的平面平行，裂缝两侧岩层位移方向（裂开方向）与破裂面垂直。张裂缝一般具有一定的开度，有的被后期矿物充填或半充填。

根据张应力的类型，可将张裂缝分为两种，即扩张裂缝和拉张裂缝。

扩张裂缝是在三个主应力均为压应力的状态下诱导的扩张应力所形成的裂缝。当扩张应力超过岩石的抗张强度时，便形成扩张裂缝。裂缝面与 σ_1 和 σ_2 平行，而与 σ_3 垂直；裂缝张开方向与裂缝面垂直（图4-84）。扩张裂缝经常与剪裂缝共生。

拉张裂缝是由拉张应力形成的裂缝，也有裂开方向与破裂面垂直的特征。从裂缝形态来看，拉张裂缝与扩张裂缝相同，但扩张裂缝是在三个主应力都是挤压应力时（应力值为正）形成的，而拉张裂缝形成时至少有一个主应力（σ_3）是拉张的（应力值为负）。拉张应力可以是区域性的，也可以是局部性的，如在岩层受到主压应力作用而形成褶皱时，在褶皱顶部可派生出平行于褶皱短轴方向的拉张应力，从而形成平行于褶皱长轴的纵向裂缝，这种纵向裂缝即为一种拉张裂缝（图4-85）。

在图4-85中，褶皱是在较大压应力作用状态下形成的，最大主应力 σ_1 平行于褶皱短轴。在主压应力作用下，最先形成横向裂缝即扩张裂缝，然后形成共轭剪裂缝。在褶皱发展过程中，在褶皱横截面上的局部应力状态可能发生变化，即褶皱上部发生拉张，褶皱下部发生压缩，其间有一个中性面（即岩层受力前后长度不变的面）。在褶皱上部发生拉张的岩层内，即可形成拉张裂缝，裂缝延伸方向平行于褶皱长轴，故称为纵向裂缝或纵张裂缝。在向斜底部也可能形成这种拉张裂缝（图4-86）。值得注意的是，并非所有的纵向裂缝都是拉张裂缝。如果最大主应力平行于褶皱长轴，则可能形成属于扩张裂缝性质的纵向裂缝。

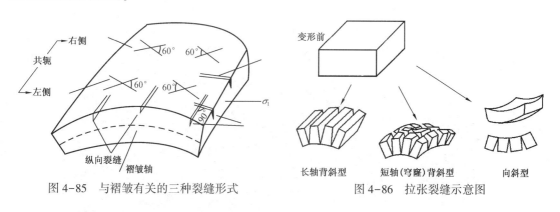

图4-85 与褶皱有关的三种裂缝形式　　　　图4-86 拉张裂缝示意图

一般地，将那些 σ_3 是挤压应力或符号未知且裂缝面平行于 σ_1 和 σ_2 构成的平面而垂直于 σ_3 的裂缝称为扩张裂缝，而只有当有证据表明 σ_3 为拉张应力（即符号为负）时才能称为拉张裂缝。

3. 张剪缝

除上述剪裂缝和张裂缝外，还存在一种过渡类型，即张剪缝。它是剪应力和张应力的综合作用形成的，一般是两种应力先后作用，或先剪后张，或先张后剪。张剪缝的破裂面上可见擦痕，但裂缝具有一定的开度。

（二）裂缝的地质成因类型

从地质角度来讲，裂缝的形成受到各种地质作用的控制，如构造作用、成岩作用甚至沉积作用，在不同的地区可能有不同的控制因素。主要的裂缝类型有构造裂缝、压实—压溶裂缝、收缩裂缝、层理缝、风化裂缝、卸载裂缝、岩溶裂缝、隐爆裂缝、异常高压相关裂缝等类型。

1. 构造裂缝

构造裂缝是指裂缝的形成和分布受构造应力场控制的裂缝，包括变形早期的弱变形区域裂缝和变形晚期形成的局部构造伴生裂缝。与局部构造作用相伴生的裂缝，主要是与断层和褶曲有关的裂缝，另外还有底辟构造等其他构造有关的裂缝。

1）区域裂缝

在变形早期弱变形（即断层和褶皱构造不发育的构造变形较小地区）的近水平岩层中，可发育垂直于岩层面的裂缝系统，并具有构造裂缝的一般特性。由于所发育地区的地质构造条件简单，裂缝发育方位变化较小，破裂面两侧沿裂缝延伸方向无明显水平错移，且总是垂直于主层面，并在区域上大面积切割所有局部构造。Nelson（1985）和Lorenz（1991）将此类发育于弱构造变形区的正交裂缝系统称为区域裂缝，一般以两组正交裂缝的形式发育。

在许多油气田地层中发育此类裂缝，如鄂尔多斯盆地、四川盆地，其形成及分布主要受区域构造应力场的控制，与局部构造事件无关，裂缝的方位也不随构造线的改变而发生改变。

区域裂缝是裂缝性油气藏中重要的油气储集空间，如美国的BigSandy气田是在发育区域裂缝的页岩中产气。区域裂缝在油气储层中的重要性仅次于与局部构造有关的裂缝（与褶皱有关的裂缝、与断层有关的裂缝）。当区域裂缝与局部构造有关的裂缝系统互相叠加时，将形成极好的裂缝性储层（图4-87）。

彩图4-87

图4-87　鄂尔多斯盆地延长组发育的区域性东西向和南北向裂缝

2）与局部构造有关的裂缝

a. 与褶皱有关的裂缝

岩层发生褶皱时，应力和应变历史十分复杂。不同的褶皱所经受的应力状态不同；而对于同一褶皱来讲，在其形成过程中也可能会经历不同的应力作用历史。在不同的应力状态下，则可发育不同的裂缝。

构造各部位的裂缝发育程度（即密度）取决于应力强度、岩性变化的不均匀性、地层厚度及裂缝形成的多次性。裂缝形成的多次性是由应力强度的重新分配决定的。构造形成前，应力分布于整个构造所在的面积内；构造形成后，应力场重新分布，引起一连串的各种不同的裂缝系统。上述一系列因素致使裂缝密度在构造各部位的分布极为复杂，目前关于裂缝密度分布规律的问题还没有彻底解决。一般认为，在地台区的局部构造上，窄而陡的构造顶部裂缝发育；不对称构造的陡翼及隆起构造的端部裂缝发育；被次级褶皱所复杂化的平缓翼裂缝也很发育。

b. 与断层有关的裂缝

理论研究和实际观测结果表明，断层和裂缝的形成机理是一致的。断层的形成可分为几个阶段：第一个阶段是大量的微裂缝形成；第二个阶段是由于微裂缝的形成，岩石的坚固性下降，导致应力集中，许多微裂缝合并而成为大裂缝；第三个阶段形成大断裂。断层实际上是裂缝的宏观表现。断层的两盘岩层沿断裂面发生了明显相对位移。裂缝是断层形成的雏形。一般地，在已存在的断层附近，总有裂缝与其伴生，两者发育的应力场是一致的。

对于正断层而言，最大主应力 σ_1 为垂直方向，中间主应力 σ_2 和最小主应力 σ_3 为水平方向 [图 4-88(a)]。断裂面实际上为剪切面。在此情况下，可形成高角度或垂直的张裂缝、平行于断层和与断层共轭的剪裂缝。

对于逆断层而言，最大主应力 σ_1 为水平方向，最小主应力方向为垂直方向。断层面也为剪切面，岩层沿水平方向缩短 [图 4-88(b)]，与逆断层相伴生的裂缝则主要为近于水平的扩张裂缝、平行于断层和与断层共轭的剪裂缝。

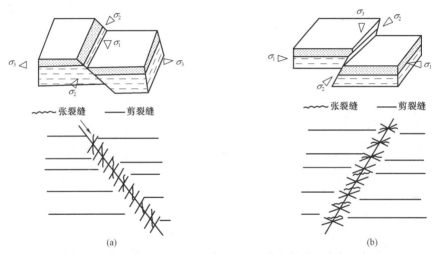

图 4-88　与正断层（a）和逆断层（b）伴生的裂缝分布示意图

实际上，断层与裂缝的关系是十分复杂的，这与断层发育的复杂性有关，特别是在考虑裂缝发育程度与断层的关系时，情况更为复杂。与断层作用相关的裂缝发育程度与下列因素有关：与断层面的距离、断层的位移量、岩性、岩体的总应变、埋深及断层类型。一般地，断层附近裂缝较发育，随着与断层面距离的增加，裂缝发育程度降低。在东喀尔巴阡山（褶皱区）和撒马尔卢卡地区（地台区），据地面露头研究，在巨大逆掩断层带内，大密度裂缝带分布于距断层线 10~40m 范围内，此距离之外的砂岩裂缝小且变化不大。在断层上下盘裂缝发育具有同样的规律。另外，根据力学实验可知，断层末端、断层交会区及断层外凸区是应力集中区，因而也是裂缝相对发育带。

2. 压实-压溶裂缝

压实-压溶裂缝是指岩层在成岩过程中由压实和压溶等地质作用而产生的裂缝。这类裂缝通常表现为以下两种样式：

一是顺微层面分布的裂缝，具有顺层理面发生弯曲、断续、分歧、尖灭等分布特征（图 4-89），分布于相对细粒的碎屑岩及碳酸盐岩中。其中，缝合线是一种典型的压溶裂缝。

二是粒内缝和粒缘缝。粒内缝为颗粒受压实破裂形成的、分布于颗粒内部的裂缝，裂缝延伸范围不超过颗粒边界，如矿物解理缝；粒缘缝通常与粒内缝伴生发育，顺颗粒边缘分布，故也称为贴粒缝（图4-90）。粒内缝和粒缘缝的形成主要与成岩过程中强烈的压实作用、压溶作用或者构造挤压作用有关。在构造挤压较弱的地区，如鄂尔多斯盆地，粒内缝和粒缘缝的形成主要以压实作用和压溶作用为主，属于一种成岩裂缝（曾联波，2008）。

图4-89 顺微层面分布的压实裂缝　　　图4-90 颗粒粒内缝（A）、粒缘缝（B）

（据 Zeng et al.，2009）

彩图 4-89　　**彩图 4-90**

3. 收缩裂缝

收缩裂缝是与岩石总体积减小相伴生的张裂缝的总称。这些裂缝的形成与构造作用无关，而与成岩作用有关。形成这些裂缝的原因主要有干缩作用（形成干缩裂缝，即泥裂）、脱水作用（形成脱水收缩裂缝）、矿物相变（形成矿物相变裂缝）和热力收缩作用（形成热力收缩裂缝）。

1）干缩裂缝

干缩裂缝实际上就是通常所说的泥裂。这种裂缝是在炎热气候条件下，黏土沉积物或灰泥沉积物出露地表因干燥失水收缩而形成。裂缝断面呈上宽下窄的楔状 V 形或 U 形，裂缝上部宽度一般小于 2~3cm，深度为几毫米至几十厘米；在平面上，裂缝系统呈多边形。由于这种裂缝系统局限发育于较薄的地形暴露面上，且往往被后期沉积物所充填，因此对油气储集的意义不大（图4-91）。

2）脱水收缩裂缝

脱水作用是沉积物体积减小的一种化学过程，它包括黏土的失水和体积减小、凝胶或胶体的失水和体积减小、有机质在高-过成熟阶段发生的体积收缩等。它与前述的干燥作用不同，干燥作用仅发生于地表，且为一种机械过程；而脱水作用既可发生于地表，又可发生于水下或地下，且为一种化学过程。

脱水收缩裂缝在沉积物三维空间内发育成三维多边形的网络，且裂缝间隔小，形成所谓的"鸡笼状"，在三维空间上均匀分布，裂缝系统在三维空间中互相连通（图4-92）。这种裂缝不仅可出现于泥页岩中，还可出现于粉砂岩、细砂岩、粗砂岩、石灰岩和白云岩中。发育这种裂缝的岩层可形成很好的油气储层。

图 4-91 泥岩中的干缩裂缝

彩图 4-91

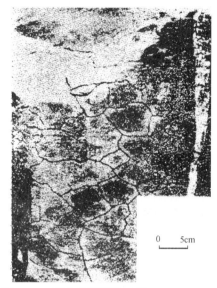

图 4-92 脱水收缩裂缝（据 Nelson，1985）

3）矿物相变裂缝

矿物相变裂缝是由于沉积物中碳酸盐或黏土组分的矿物相变引起的体积减小而形成的裂缝。例如，方解石向白云石的化学转变、蒙脱石向伊利石的相变可导致体积的减小，可能形成裂缝。

4）热力收缩裂缝

热力收缩裂缝是指受热岩石在冷却过程中发生收缩而形成的裂缝。火成岩（如玄武岩）中的柱状节理是典型的热力收缩裂缝（图 4-93）。

彩图 4-93

图 4-93 云南腾冲玄武岩中的柱状节理

4. 层理缝

层理缝为沿沉积层理面发育的层理间裂缝，由沉积作用和构造应力综合作用所形成，一般发育于低渗-致密砂岩的平行层理或页岩的水平层理中。

砂岩平行层理为强水动力条件下的产物，由一系列厘米级或毫米级厚度的平板薄层组成，平板间为力学性质薄弱的界面，在后期构造应力作用下导致了界面间的破裂，从而形成沿层理界面分布的裂缝（图 4-94）。

页岩中的水平层理受力发生破裂则形成页理缝（图4-95），其为页岩油气的重要储集空间和渗流通道。

彩图 4-94

彩图 4-95

图 4-94 粗砂岩中的层理缝

图 4-95 页岩中的页理缝

5. 风化裂缝

风化裂缝是指那些在地表或近地表与各种机械和化学风化作用（如冻融循环、小规模的岩石崩解、矿物的蚀变和成岩作用）及块体坡移有关的裂缝。风化裂缝一般在潜山油气藏顶部的风化壳中发育，裂缝密度大，裂缝方向规律性差，常呈网状分布，并常被红色的氧化黏土物质充填（图4-96）。

6. 卸载裂缝

卸载裂缝是由于上覆地层的侵蚀而诱导的裂缝（图4-97），其形成机理至少有以下两种：（1）由于上覆地层的侵蚀，岩层的负载减小，应力释放，岩层内部则通过力学上薄弱的界面产生膨胀、隆起和破裂，从而形成裂缝；（2）如果在一定范围内侵蚀厚度变化较大，即地形起伏较大，地下岩层所承受的静水压力在横向上出现了差异，于是造成流体的横向运移，若运移的流体与深部高压剖面或连续含水层相通，则会大大增加流体压力梯度，从而形成天然水压裂缝。

图 4-96 白云岩潜山油藏风化壳中的风化裂缝

彩图 4-96

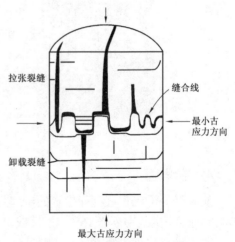
图 4-97 卸载裂缝及其与缝合线、拉张裂缝的几何关系图（据 Nelson，1985）

7. 岩溶裂缝

与岩溶发育有关的裂缝称为岩溶裂缝。在溶洞发育过程中或溶洞形成以后，由于上覆地层的自身重力作用，通常在溶洞的顶部发生坍塌，同时形成裂缝（图4-98）。岩溶裂缝一般分布在溶洞的顶部，呈环状发育。由于在溶洞顶部的岩石中通常存在早期构造裂缝，因而岩溶裂缝可以在早期构造裂缝的基础上进一步发育和扩展，甚至可以延伸至地表。

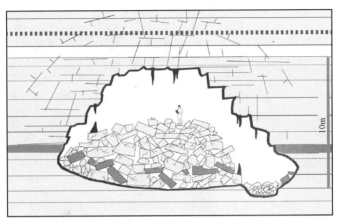

图4-98　溶洞内的垮塌角砾岩与岩溶裂缝（据 Loucks，1999）

8. 隐爆裂缝

隐爆裂缝是指在隐爆角砾岩形成过程中形成的裂缝，主要发育在火山通道的隐爆角砾岩中。形成火山岩的岩浆体埋藏较浅时极易形成隐爆角砾岩，并伴随引爆过程形成隐爆裂缝（图4-99）。目前普遍认为，当岩浆体从深部上升至接近浅部地表时，定位过程中与冷的围岩接触，接触边缘首先接触凝固形成冷凝壳。由于压力降低，岩浆挥发组分从深部逸出聚集于侵入体顶部的冷凝壳内。当聚集达一定程度，发生强烈爆裂作用，使冷凝壳破裂形成隐爆角砾岩，并伴随隐爆过程形成隐爆裂缝，成为油气的重要储集空间（陈庆春，2003）。

图4-99　徐家围子断陷五台地区隐爆角砾岩中的隐爆裂缝

彩图4-99

9. 异常高压相关裂缝

与异常高压相关的裂缝是指异常流体高压形成的裂缝。该类裂缝通常表现为被沥青或碳质充填的裂缝脉群，以近水平裂缝脉群为主，此外还有呈垂直或斜交的裂缝脉体。如四川盆地西南部发育的大量被沥青或碳质充填的异常高压相关裂缝（图4-100）即为该地区异常流体高压作用的产物。单条裂缝脉大多数呈宽而短的透镜状，少数呈薄板状，单条裂缝脉体的宽度一般为0.2~2mm，最大可达5mm，延伸长度为数毫米至数厘米，属于典型的拉张裂缝，是岩石受到拉张应力作用的产物，其裂缝脉体与最小主应力方向垂直。

彩图 4-100

图 4-100　与异常高压相关的裂缝（据曾联波等，2007）

早期被沥青质充填（黑色），后期被方解石充填（矿物晶体与裂缝面近垂直或斜交）

视频 4.15
储层裂缝的
表征参数

二、裂缝表征参数

裂缝的表征参数包括单一裂缝特征参数（裂缝的产状、宽度、高度、长度、充填情况、溶蚀改造情况等）、裂缝发育程度（间距、密度）以及裂缝的孔隙度和渗透率等参数。

（一）单一裂缝特征参数

对于一个裂缝组系来说，单一裂缝的特征参数主要为裂缝的产状、宽度、高度与长度、充填性质、溶蚀改造情况等。

1. 裂缝产状

裂缝产状指裂缝的走向、倾向和倾角。在岩心描述中，根据裂缝与岩心横截面的夹角将裂缝分为四个类别：

（1）水平缝：夹角为 0°~15°。

（2）低角度斜交缝：夹角为 15°~45°。

（3）高角度斜交缝：夹角 45°~75°。

（4）垂直缝：夹角为 75°~90°。

根据裂缝与层面的关系，可以将其分为穿层裂缝和顺层裂缝（顺岩层面分布的滑脱裂缝）。

裂缝产状在野外露头、岩心上可直接测量，通过测井也可获取裂缝产状。裂缝产状有助于裂缝的预测，且在油藏开采过程中对流体流动有很大的影响，因此准确测定裂缝产状（走向、倾向和倾角）对于裂缝性储层的勘探和开发具有十分重要的意义。

2. 裂缝宽度

裂缝的宽度，也叫张开度或开度，是指裂缝壁之间的距离。这个参数是定量描述裂缝的重要参数。它与裂缝孔隙度和渗透率特别是渗透率的关系很大。在实际的油藏岩石中，裂缝宽度往往变化很大，从几微米到几毫米不等，但一般小于 $100\mu m$。在研究裂缝时，往往要根据裂缝宽度的观测结果进行统计分析，并作出频率分布图（图 4-101），以了解裂缝宽度的主要分布范围。

露头和岩心上所量取的裂缝宽度通常为视宽度，应根据测量面与裂缝面的夹角进行换算，得到裂缝真实宽度：

$$\varepsilon = \varepsilon' \times \cos\theta \qquad (4-49)$$

式中　ε——裂缝真实宽度，mm；

　　　ε'——裂缝视宽度，mm；

　　　θ——测量面与裂缝面的夹角。

根据裂缝的宽度，可将其分为微观裂缝和宏观裂缝两种类型。其中微观裂缝指需借助显微镜进行放大来观察与描述的裂缝，其张开度一般小于 50μm（Laubach，1997；Anders et al.，2014）；宏观裂缝指可以在岩心、野外露头及测井响应特征上直接观察和描述的裂缝，其张开度一般大于 50μm。

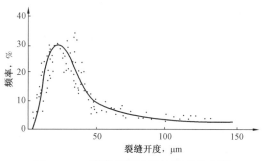

图 4-101　裂缝宽度的统计频率分布图

（据 T. D. 范高尔夫—拉特，1989）

3. 裂缝高度与长度

裂缝高度一般指裂缝在纵向上的切穿深度。由于岩心的限制，岩心上测量得到的高度，不能代表其真实值，但可以从一定程度上反映裂缝的发育情况。综合岩心和测井资料可以对裂缝高度进行统计。

裂缝长度一般指沿裂缝面走向的延伸长度，目前尚无较好的手段实测。大量露头区裂缝统计表明，裂缝的高度、延伸长度以及间距等各个参数之间存在相关性，可根据其相关关系进行估算。

宏观裂缝可以根据裂缝的规模、与岩层的关系、表征手段等进一步分为大、中、小尺度。其中大尺度裂缝长度为百米级，地下开度为数百微米级；中尺度裂缝长度为数十米级，地下开度百微米级；小尺度裂缝长度为米级至十米级，地下开度一般为 50~100μm（曾联波等，2019）。

4. 裂缝的充填情况

根据裂缝的张开与闭合性质及充填情况，可将裂缝分为四类（表 4-7）。

表 4-7　裂缝类型、充填情况、晶形及有效性评价表

名称	充填物情况	晶形	缝宽	有效性评价
张开缝	基本无充填物	—	较大	有效
闭合缝	基本无充填物	—	基本闭合	较有效
半充填缝	有部分充填物	自形、半自形	未被完全充填	有效
全充填缝	缝被充填	他形	有效宽度近于零	无效

（1）张开缝：缝宽较大，基本无充填物，为有效裂缝，流体可在其中流动。

（2）闭合缝：基本闭合，基本无充填物。对这类裂缝的有效性要慎重分析。在油藏条件下充满流体的张开裂缝，当取心至地面或因构造运动抬升至地面时，由于孔隙压力被释放，裂缝宽度可能变小甚至闭合。因此，在岩心和地面露头上观察到的闭合裂缝在油藏条件下有可能是张开的，即有效的。另外，即使在地下条件下闭合的裂缝，当油田注水开发或在

压裂过程中，这些裂缝可能会被启动而张开。

（3）半充填缝：裂缝间隙被充填物部分地充填。常见的充填矿物有石英、方解石和泥质。实际的有效裂缝为未被矿物充填的部分空间。这类裂缝也是有效缝。

（4）全充填缝：裂缝完全被充填物质充填，有效缝宽为零，为无效缝。实际上，这种裂缝是流体渗流的隔板。

对于半充填缝或全充填缝，应充分研究充填物的成分和期次，以便对裂缝的期次进行鉴别。

5. 裂缝的溶蚀改造情况

对于大多数碳酸盐岩地层中的裂缝，常见裂缝面被地下水所溶蚀的现象，这一现象在某些砂泥岩或火山岩、变质岩裂缝中也可看到。因此，在岩心裂缝观察中也应对其作出一定的描述。主要描述以下几个方面：（1）溶蚀段的基块成分、结构和构造特征；（2）溶蚀部位分布的特点；（3）溶蚀加宽的平均宽度。

（二）裂缝发育程度

表征裂缝发育程度的特征参数主要为裂缝间距和密度。

1. 裂缝间距

裂缝的间距是指两条裂缝之间的距离。对于岩石中同一组系的裂缝，应对其间距进行测量。所谓同一组系裂缝，是指那些具有成因联系的、产状相近的多条裂缝的组合。

裂缝的间距变化较大，由几毫米可变化到几十米。

2. 裂缝密度

裂缝密度反映了裂缝的发育程度，是十分重要的裂缝参数。它与裂缝孔隙度和渗透率直接相关，根据测量的参照系的不同，可分为三种密度类型。

1）线性裂缝密度

线性裂缝密度简称线密度，是指与垂直于流动方向的直线或岩心中线相交的裂缝条数与该直线长度的比值：

$$L_{fD} = \frac{n_f}{L_B} \qquad (4-50)$$

式中 L_{fD}——线性裂缝密度，也称为裂缝频率，m^{-1}；

L_B——所作直线的长度，m；

n_f——与所作直线相交的裂缝数目。

2）面积裂缝密度

面积裂缝密度简称面密度，是指流动横截面上裂缝总长度（L）与该横截面积（S_B）的比值：

$$A_{fD} = \frac{L}{S_B} = \frac{n_f \cdot l}{S_B} \qquad (4-51)$$

式中 A_{fD}——面积裂缝密度，m^{-1}；

L——裂缝总长度，m；

n_f——裂缝总条数；

l——裂缝平均长度，m；

S_B——流动横截面积，m^2。

3）体积裂缝密度

体积裂缝密度简称体密度，是指裂缝总面积（S）与岩石总体积（V_B）的比值：

$$V_{fD} = \frac{S}{V_B} \tag{4-52}$$

式中 V_{fD}——体积裂缝密度，m^{-1}；

S——裂缝总面积，m^2；

V_B——岩石总体积，m^3。

在上述三种裂缝密度中，体积裂缝密度是静态参数，而面积裂缝密度和线性裂缝密度都与流体流动的方向有关。

3. 裂缝发育程度的影响因素

影响裂缝密度的因素很多，其中地质因素有岩性、岩层厚度、构造部位等。总的来说，岩石脆性成分高、颗粒细、孔隙度低、层薄的岩层，在相同应力作用下，其裂缝更发育（Nelson，1985；Narr，1984），具有较高的裂缝密度。

1）岩性的影响

岩性是影响裂缝发育程度的最基本因素。影响裂缝发育的岩性因素主要包括岩石成分、颗粒大小、岩石孔隙度等。由于不同类型岩石各种因素的差异性，致使岩石力学性质有着很大不同，从而在受到相同构造应力作用下，不同类型岩石破裂形成裂缝的程度有较大的差异。岩石成分不同所造成的差异性主要指岩石脆性组分不同影响着岩石的物理强度，如含脆性组分较高的岩石中裂缝通常较为发育，这类岩石如含钙质较高的砂岩、粉砂岩等，或者含石英、长石组分较高的岩石等等。相比之下，泥岩由于几乎不含有脆性组分故构造裂缝发育情况较差。岩石颗粒大小及岩石孔隙度对裂缝发育情况的影响主要是由于影响了岩石的致密程度从而影响了岩石的脆性程度，组成岩石颗粒成分越小，孔隙度越低，岩石就越加致密，因而更易形成裂缝。在相同应力条件下，岩石颗粒越细，石英、长石、白云石、方解石等脆性矿物含量越高的岩石，岩石脆性越强，裂缝相对发育。如图4-102所示，库车坳陷不同岩性的裂缝密度有较大的差异。

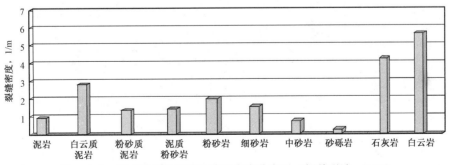

图4-102 库车坳陷不同岩性裂缝密度分布图（据曾联波，2007）

253

岩石本身矿物成分、矿物含量、颗粒大小、孔隙度、胶结方式、胶结程度等一系列岩石学参数对岩石力学性质的影响，通常表现为脆性的差异性。不同岩性其脆性存在差异，相同岩性由于胶结程度、方式的差异其脆性也存在差异。在材料力学中，脆性一方面决定了材料的变形特征，另一方面也是材料本身的一种特性。对于岩石这种非均质性材料而言，脆性特征则体现着岩石本身的综合力学特性，也反映了岩石学参数的差异。通常用岩石脆性指数来反映岩石的脆性特征。岩石的脆性指数越大，越容易发生破裂变形，则在相同地质条件下，越容易形成裂缝。

在页岩油气研究中，页岩地层矿物存在弹塑性，因此对矿物来说分为脆性矿物（如石英、方解石等）和塑性矿物（如云母等），通常可以直接用矿物成分来估算脆性指数：

$$I_B = \frac{\sum\limits_{i=1}^{m} a_i M_i}{\sum\limits_{j=1}^{n} a_j M_j}$$

式中　　a——每种矿物成分的系数；

　　　　i——脆性矿物种类；

　　　　j——总矿物种类；

　　　　M——地层中的矿物含量（体积分数）。

2）岩层厚度的影响

裂缝的发育程度通常受岩层厚度的控制，裂缝通常在岩层内部发育，并终止于岩性界面上，极少数裂缝穿越岩层界面。单一岩层厚度越小，越容易破裂。图4-103反映了岩层厚度与裂缝间距的关系，即在一定层厚范围内，裂缝间距与裂缝化的岩层厚度呈较好的线性关系，随着裂缝化岩层厚度增大，裂缝间距相应增大，密度减小。

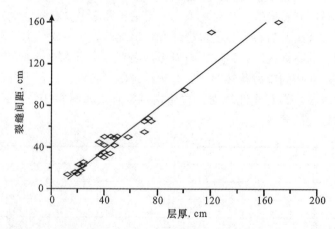

图4-103　川西裂缝间距与岩层厚度关系图（据曾联波，2007）

3）构造部位的影响

不同构造部位的局部应力分布不同，从而导致裂缝发育程度不同。一般随着与断层面距离的增加，裂缝密度逐渐降低，最后趋于稳定，与区域裂缝密度一致（图4-104）。对于褶皱，一般褶皱的核部和转折端等构造曲率较大的部位，裂缝相对发育；而构造曲率相对较小的褶皱两翼裂缝发育程度较低。

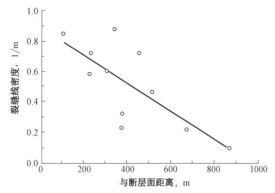

图4-104 台肇地区裂缝密度与断层关系分布图（据曾联波，2008）

除了以上因素外，应力状态、孔隙流体以及异常高压均对裂缝的形成和分布有一定的控制作用，由于篇幅有限，在此不予介绍。由于多种因素控制了裂缝的形成与分布，裂缝性储层具有较强的非均质性，致使裂缝性油气藏具有较高的勘探和开发风险。

（三）裂缝的孔隙度与渗透率

1. 裂缝孔隙度

裂缝性储集岩一般具有两种孔隙度系统，即双重孔隙介质，一种为基质岩块的孔隙介质，另一种为裂缝的孔隙介质。基岩孔隙分布比较均匀，而裂缝分布则很不均匀，这就造成了裂缝性储集岩孔隙分布的非均质性。

岩石裂缝孔隙度定义为裂缝孔隙体积与岩石体积之比，用下式表示：

$$\phi_{\mathrm{f}} = \frac{V_{\mathrm{f}}}{V} \times 100\% \tag{4-53}$$

式中 ϕ_{f}——裂缝孔隙度，小数；

V_{f}——裂缝孔隙体积，m^3；

V——岩石体积，m^3。

裂缝孔隙度一般较小，大都小于0.5%，很少超过2%，但当裂缝遭受溶蚀时，裂缝孔隙度可以大于2%。裂缝孔隙度数值虽小，但在一个巨厚和排流面积很大的储集岩体内，裂缝的容积是很可观的。裂缝孔隙度可通过裂缝宽度与密度、特殊岩心分析、三维岩心试验等方法求得，也可用测井方法间接求取。下面简单介绍利用裂缝宽度和密度求取裂缝孔隙度的方法。

如果通过岩心观测获得了裂缝的平均宽度和体积密度资料，则可直接计算裂缝孔隙度：

$$\phi_{\mathrm{f}} = \frac{V_{\mathrm{f}}}{V} = \frac{S \cdot \bar{b}}{V} = V_{\mathrm{fD}} \cdot \bar{b} \tag{4-54}$$

式中 $\bar{b}$——裂缝平均宽度，m。

实际上，岩心的体积密度并不容易测得，而测定裂缝面积密度则较容易，因此常用裂缝面积密度和裂缝平均宽度来求取裂缝的面孔率：

$$\phi_{\mathrm{f}}' = \frac{S_{\mathrm{f}}}{S} = \frac{L \cdot \bar{b}}{S} = A_{\mathrm{fD}} \cdot \bar{b} \tag{4-55}$$

式中 S_{f}——裂缝面积，m^2；

ϕ_{f}'——裂缝面孔率，小数。

由此可见，裂缝孔隙度的大小与裂缝宽度和密度成正比。

2. 裂缝渗透率

裂缝性储集岩由裂缝和基质岩块组成，具有双重孔隙介质，因此存在两种渗透率，即裂缝渗透率和基岩渗透率。岩石总渗透率是这两种渗透率之和。通常，裂缝渗透率很高，而基岩渗透率相对较低，裂缝渗透率往往要高于基岩渗透率数百倍至数千倍以上。裂缝性储层的孔隙度与渗透率之间没有任何唯一的正比关系。例如，裂缝孔隙度很小，但由于裂缝连通性很好，因而渗透率很高；而基岩孔隙度虽然比裂缝孔隙度大，但它的孔隙连通性相对较差，因此基岩渗透率较低。

裂缝渗透率具有两种含义，即固有裂缝渗透率和岩石裂缝渗透率。

1) 固有裂缝渗透率（K_{ff}）

固有裂缝渗透率是流体沿单一裂缝或单一裂缝组系流动而与其周围基岩无关的裂缝渗透率。流体流动截面积只是裂缝孔隙面积。

图 4-105 给出了一个计算固有裂缝渗透率的简单模型。对于图中的裂缝①来说，裂缝平行于流动方向，根据流体驱动力与黏滞力的平衡方程，可知通过该裂缝的单位时间的流量为

$$Q_{\mathrm{f}} = a \cdot b \cdot \frac{b^2}{12\mu} \cdot \frac{\Delta p}{L} = a \cdot \frac{b^3}{12\mu} \cdot \frac{\Delta p}{L} \tag{4-56}$$

式中 Q_{f}——单位时间的流量，$\mu\mathrm{m}^3/\mathrm{s}$；

a——流动截面的宽度，$\mu\mathrm{m}$；

b——裂缝宽度，$\mu\mathrm{m}$；

Δp——压力差，MPa；

L——流动距离，m；

μ——流体黏度，$\mathrm{Pa \cdot s}$。

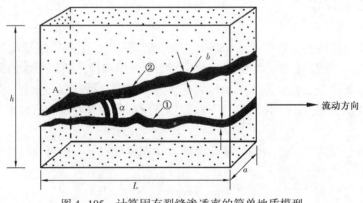

图 4-105 计算固有裂缝渗透率的简单地质模型

（据 T. D. 范高尔夫—拉特，1989）

另一方面，根据达西定律，流经截面 $a \cdot b$ 的流量可表达为

256

$$Q_f = a \cdot b \cdot \frac{K_{ff}}{\mu} \cdot \frac{\Delta p}{L} \tag{4-57}$$

式中 K_{ff}——固有裂缝渗透率，μm^2。

对比式(4-56) 与式(4-57)，则可求得固有裂缝渗透率：

$$K_{ff} = \frac{b^2}{12} \tag{4-58}$$

对于裂缝②来说，裂缝与流动方向有一夹角 α，则裂缝②的固有裂缝渗透率（K_{ff}）为

$$K_{ff} = \frac{b^2}{12}\cos^2\alpha \tag{4-59}$$

式中 α——裂缝与流动方向的夹角。

由上可知，固有裂缝渗透率与裂缝宽度及裂缝与流动方向的夹角有关。

2）岩石裂缝渗透率

固有裂缝渗透率只与裂缝本身有关而与基质岩块没有关系。而在计算常规渗透率时（根据达西方程），是将孔隙空间与岩石骨架作为统一的流体动力学单元来考虑的，因此，在以岩石为单元计算裂缝渗透率时，应将裂缝与基质岩块作为统一的流体动力学单元。这时所计算的裂缝渗透率为岩石裂缝渗透率。常用的裂缝渗透率即为岩石裂缝渗透率。

在用达西方程计算流体流量时，流动截面积就不是 $a \cdot b$ 了，而是 $a \cdot h$，因此有

$$Q_f = a \cdot h \cdot \frac{K_f}{\mu} \cdot \frac{\Delta p}{L} \tag{4-60}$$

式中 h——岩层流动截面的高度。

将式(4-60) 与式(4-56) 对比，则可求得裂缝①的岩石裂缝渗透率：

$$K_f = \frac{b^3}{12h} \tag{4-61}$$

式中 K_f——岩石裂缝渗透率，μm^2。

对于裂缝②来说，岩石裂缝渗透率为

$$K_f = \frac{b^3}{12h}\cos^2\alpha \tag{4-62}$$

岩石裂缝渗透率（K_f）与固有裂缝渗透率的关系为

$$K_f = \phi_f \cdot K_{ff} \tag{4-63}$$

前面介绍的是单一裂缝的渗透率。对于具多条裂缝的岩石，裂缝渗透率则为所有单一裂缝渗透率之和。如对于一个由两组裂缝组系（以 A、B 表示）构成的裂缝网络来说，岩石裂缝渗透率为

$$K_f = \frac{1}{12h}\left[\cos^2\alpha \sum_{i=1}^{n} b_i^3 + \cos^2\beta \sum_{j=1}^{m} b_j^3\right] \tag{4-64}$$

式中 α——裂缝组系 A 与流动方向的夹角，（°）；

b_i——裂缝组系 A 中第 i（$i=1, 2, \cdots, n$）条裂缝的宽度，μm；

β——裂缝组系 B 与流动方向的夹角，（°）；

b_j——裂缝组系 B 中第 j（$j=1, 2, \cdots, m$）条裂缝的宽度，μm。

3）岩石总渗透率

裂缝性岩石的总渗透率为岩石裂缝渗透率与基质岩块渗透率之和，即

$$K_t = K_f + K_m \tag{4-65}$$

式中　K_t——岩石总渗透率，μm^2；

　　　K_f——裂缝渗透率，μm^2；

　　　K_m——基质岩块渗透率，μm^2。

由于裂缝渗透率与流动方向有关，因此岩石总渗透率也取决于流动方向。在不同的流动方向上，具有不同的总渗透率值。

视频 4.16
储层裂缝探测
与预测思路

三、裂缝描述和预测方法

裂缝的分布规律十分复杂，为此而提出的分析描述、探测和预测裂缝的方法也很多。就地下裂缝的探测而言，直接探测方法有岩心裂缝观测、井下照相、压痕封隔器法等；间接探测方法有测井、试井、地震等。就裂缝的预测而言，则是在裂缝探测的基础上，从裂缝的成因入手，应用曲率法、地应力法及数值模拟等方法对地下裂缝进行预测和评价。以下对岩心上裂缝的观测方法和利用测井、应力场模拟以及地震资料进行裂缝的预测方法进行简单的介绍。

（一）井内裂缝探测方法

根据钻井岩心及测井资料，可以对地下岩层中的裂缝进行观察、描述和测量，为地下裂缝预测研究奠定基础。

1. 裂缝的岩心观测方法

岩心是地下裂缝研究最直接的资料。应用岩心资料，应进行以下几方面的研究工作。

1）裂缝基本参数测定

通过全岩心和岩心薄片观测以下内容：含裂缝岩层特征、裂缝类型及其力学性质、裂缝组系、裂缝产状、裂缝充填特征、裂缝溶蚀情况、裂缝开度、裂缝密度、裂缝的相对大小及连续性等。

a. 裂缝发育段岩层特征

对于连续的取心段，首先划分裂缝发育段，分析裂缝发育段的岩石粒度、成分、沉积构造等岩层特征，为后期分析岩石粒度、矿物组分以及沉积相等对裂缝发育程度的影响提供基础。

b. 裂缝方位及延伸情况

岩心定向是勘探开发过程中了解地下岩层产状、研究地质构造、确定地应力方向与裂缝方位等内容的基础。钻探过程中的定向取心技术是在钻探过程中，在岩心上标记方向，确定岩心在地下的原始方位，从而全面精确地确定裂缝的延伸方向。除此之外，井壁照相技术也常用于岩心定向，利用带有罗盘的微型井下照相机直接获取地层界面、断层、裂缝等地下信息，可以得到类似定向岩心的资料，确定其构造方位。根据定向岩心测定的裂缝产状，将走向（或倾向）按井点统计成玫瑰花图或水平投影网图（图 4-106）。

对于非定向取心井，裂缝面真实产状的确定是裂缝测量、描述的难点。需识别裂缝所在岩心的层面及确定层面的倾向（针对非水平岩层）。目前可通过以下几种途径进行研究：（1）从构造等高线图上量取某一层的产状作为该层的层面产状；（2）利用地层倾角测井成果图，量取与岩心相同深度段的产状；（3）利用古地磁定向。

c. 裂缝发育程度研究

裂缝发育程度的确定对于井间裂缝的预测至关重要，一般用裂缝密度表征裂缝的发育程度。由于裂缝的面密度和体积密度都与流体流动方向有关，而裂缝线密度是一个相对稳定的参数，因此岩心观测宏观裂缝密度时，通常用裂缝视线密度表示，即单位岩心上裂缝的条数。由于裂缝间距一般大于岩心直径，岩心钻遇裂缝具有很大的随机性，因

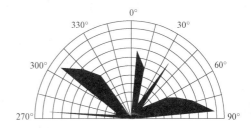

图 4-106　某低渗透砂岩油田岩心地磁定向确定的裂缝走向玫瑰花图（据曾联波，2010）

此在统计岩心裂缝线密度时，需根据岩层和裂缝产状以及井斜等资料进行校正。目前多采用"裂缝间距指数法"来评价岩心上不同组系裂缝的密度，采用"分形几何法"来表征裂缝的连通性以及发育和聚集程度。

d. 裂缝充填情况及含油性

裂缝的充填情况直接影响了裂缝的有效性。在岩心裂缝的观察过程中，应注意对裂缝的充填程度、充填物类型、裂缝含油性以及充填裂缝占总裂缝的百分数进行分析。根据裂缝充填物的切割关系，可以划分充填物的充填期次，分析裂缝的有效性。

2）裂缝孔隙度和裂缝渗透率测定

可采用两种方法确定裂缝孔隙度和裂缝渗透率，一种是全岩心实验测试方法，另一种是前面介绍的利用裂缝宽度、密度等参数计算孔隙度和渗透率的方法。

3）裂缝系统的成因分析

确定裂缝的成因类型、裂缝形成的主应力方向、不同组系裂缝的形成时间及与构造运动的关系，要注意区分天然裂缝和人工裂缝。

4）裂缝发育程度与岩石性质和构造的关系分析

研究裂缝发育程度与岩石类型、岩石组构（成分、粒度、层理、基岩孔隙度等）、岩层厚度及构造位置的关系，为井间裂缝预测奠定基础。

岩心裂缝观测资料是预测裂缝的基础，但这种方法在研究裂缝分布中仍存在许多不足，主要表现在下述三个方面：（1）对于裂缝十分发育的井段，钻井时地层易破碎，取心收获率不高，因而地下具裂缝的样品不易取出；（2）取心井段有限，不能反映全井的裂缝发育情况；（3）毕竟是"一孔之见"，有些井虽然取心未见裂缝，但可能就在取心井周围地层就有裂缝存在。对于上述前两个问题，在一定程度上可用测井探测裂缝的方法来弥补。

2. 裂缝的测井解释方法

利用井眼周围的裂缝对测井仪器的异常响应来间接地探测裂缝，包括裂缝的产状、裂缝密度、裂缝孔隙度及裂缝渗透率等。可用于探测裂缝的测井方法很多，如成像测井、电阻率测井、地层倾角测井、声波全波列测井、补偿密度测井、电磁波测井、井径测井、井温测井、井下声波电视等。对于不同的测井方法，探测裂缝的能力有所差别。

1）应用成像测井识别裂缝

成像测井是目前识别和评价裂缝分布最直观也最有效的测井手段，主要包括井壁成

像测井和径向成像测井以及各向异性测井等，其中井壁成像测井可以分为井壁电成像测井以及井壁声成像测井。

利用成像测井可以划分裂缝发育层段，识别裂缝类型，确定物性较好的裂缝性储层段。可从裂缝产状、分布特征、裂缝充填情况以及裂缝成因类型等方面，在成像测井上识别裂缝。直劈裂缝在井壁成像测井图像上表现为一条近似垂直的暗色线条；对于高角度裂缝和低角度裂缝，井筒斜交穿过裂缝破裂面时，交线为一个椭圆，反映在成像图像上则为一个正弦曲线（图4-107）；而水平裂缝（倾角小于10°的裂缝），在成像图像上表现为一条暗色线条，易与层理面相混淆，应根据地层岩性及沉积环境进行区分。裂缝的充填情况同样影响裂缝在成像测井上的响应特征，当裂缝中充填泥质等高阻物质时，电阻率成像测井图像特征为暗色的正弦线；当充填石英、方解石等高阻物质时，电阻率成像测井图像往往表现为亮色的正弦线。另外根据成像测井可以拾取裂缝产状、裂缝长度、裂缝开度等定量参数，进行裂缝密度、裂缝孔隙度等裂缝参数的计算和有效裂缝的评价。

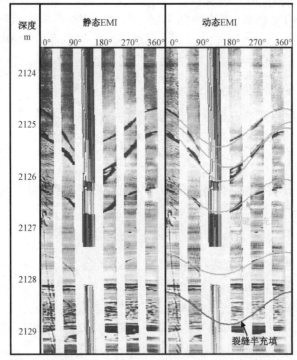

彩图 4-107

图4-107　鄂尔多斯盆地西南部延长组电成像测井 EMI 上的天然裂缝（据 Lyu et al.，2016）

在裂缝的成像测井解释时，注意将天然裂缝与钻井过程中产生的人工裂缝区分开来。与天然裂缝相比，人工裂缝在井壁电成像测井上常具有以下特点：（1）相对于天然裂缝，人工裂缝一般径向延伸较短，常呈"八"字排列；（2）人工裂缝通常对称出现，多平行于井轴；（3）人工裂缝缝面通常规则且缝面变化小；（4）人工裂缝的走向与最大水平主应力方向一致。

2）应用常规测井信息解释裂缝

常规测井方法很多，不同测井方法对裂缝的敏感程度也不同。对裂缝响应比较敏感的常规测井通常有电阻率测井（如双侧向测井、双感应测井、微电阻率测井、微球聚焦测井等）、地层倾角测井、声波测井、井径测井、自然伽马能谱测井、地层密度测井以及井温测井等，不同测井方法对裂缝的响应特征见表4-8。而单一的常规测井方法识别裂缝比较困难，且有时存在多解性，因此实际操作过程中常采用多种方法来综合识别和评价裂缝，比如利用综合指数法、分形维数法和神经网络法等。

表 4-8　裂缝的测井响应特征

测井方法	代码	单位	裂缝的测井响应特征
井壁电阻率成像测井	FMI	$\Omega \cdot m$	井筒斜交穿过裂缝面时，交线为一个椭圆，裂缝被高阻物质充填时，裂缝图像特征为亮色的正弦线；裂缝被低阻物质充填时，图像特征为一条暗色正弦线
双侧向测井	LLD、LLS	$\Omega \cdot m$	高角度缝、垂直缝的双侧向响应一般为正差异（即深侧向电阻率>浅侧向电阻率）；斜交缝的双侧向响应不明显；低角度缝、水平缝的双侧向响应一般表现为较小的负差异（即深侧向电阻率<浅侧向电阻率）
地层倾角测井	HDT/SHDT		低角度缝、水平缝、斜交缝和网状缝在电阻率曲线上表现为针刺状；高角度缝、垂直缝会出现较长井段的低阻异常
声波测井	AC/DT	$\mu s/m$ 或 $\mu s/ft$	裂缝发育段声幅明显减弱，衰减幅度与裂缝角度有关
井径测井	CAL	in 或 cm	在储层裂缝发育带的位置，其井眼容易出现垮塌现象，可造成井眼的不规则及井径增大；由于裂缝具有渗透性，钻井液侵入，也可能在裂缝发育段的井壁形成滤饼，井径缩小。因此，可以根据井眼的突然变化来预测裂缝的存在
自然伽马能谱测井	GR	API	当地层水活跃时，裂缝中富集含铀元素的地层水，GR曲线表现为高值；当地层水不活跃时，裂缝段GR曲线表现为低值
地层密度测井	DEN/DNL/RHOB	g/cm^3	密度值在裂缝发育带明显降低
井温测井			裂缝发育段，钻井液进入地层，造成地层温度降低，反映裂缝的存在

（二）裂缝预测方法

裂缝的预测方法很多，包括古应力场数值模拟方法、应用地震资料预测裂缝的方法、统计分析方法、预测构造（拉张）裂缝的曲率方法、构造滤波分析方法、构造有限变形转动场方法等。下面重点介绍古应力场数值模拟方法和应用地震资料预测裂缝的方法。

1. 古应力场数值模拟方法

裂缝是岩石在应力作用下发生脆性破裂而形成的。应力场数值模拟预测裂缝是通过反演裂缝主要形成期的古构造应力场，再根据岩石的脆性破裂准则及相关理论来预测裂缝。

1）古构造应力场的反演模拟计算

随着岩石力学理论的成熟以及软件技术的发展，地应力数值模拟技术日渐成熟起来，并得到了广泛的应用，出现了有限元法、离散元法、边界元法和有限差分法，尤其是有限元法的发展，使得有限元数值模拟成为地应力分析和预测的主要工具。有限元法是一种计算结构变形和应力分布的成熟方法，它是一种近似求解一般连续问题的数值求解方法。其基本思路是将一个连续的地质体离散成有限个连续的单元，单元之间以节点相连，每个单元内赋予实际的岩石力学参数，根据边界受力条件和节点的平衡条件，建立并求解以节点位移或单元内应力为未知量、以总体刚度矩阵为系数的联合方程组，用构造插值函数求得每个节点上的位移，进而计算每个单元内的应力和应变的近似值。假设每个单元内部是均质的，由于单元划分得足够多、足够小，因而全部单元的组合，可以模拟形状、载荷和边界条件都很复杂的实际地质体。随着单元数量的增多，单元划分得更微小，越接近于实际的地质体，它更能逐步趋于真实解。

对于受载的弹性体，其变形可以用体内各点的位移矢量 $[\mu]$ 表示：

$$[\mu] = (u \quad v \quad w)^{\mathrm{T}} \tag{4-66}$$

其中 $u = u(x,y,z); v = v(x,y,z); w = w(x,y,z)$

表示该点沿三个方向的位移分量，它们是 x、y、z 的函数，T 代表矩阵的转置。弹性体的应力状态可用体内各点的应力矢量 $[\sigma]$ 表示：

$$[\sigma] = (\sigma_x \quad \sigma_y \quad \sigma_z \quad \tau_{xy} \quad \tau_{yz} \quad \tau_{zx})^{\mathrm{T}} \tag{4-67}$$

弹性体的应变状态可以用体内各点的应变矢量 $[\varepsilon]$ 来表示：

$$[\varepsilon] = (\varepsilon_x \quad \varepsilon_y \quad \varepsilon_z \quad \gamma_{xy} \quad \gamma_{yz} \quad \gamma_{zx})^{\mathrm{T}} \tag{4-68}$$

对处于平衡状态的受载弹性物体内，应变与位移、应力与外力之间存在一定的关系，称为弹性力学的基本方程，加上给定的边界条件，就构成了求解弹性力学问题的基础。在实际计算中，通过求解弹性力学的基本方程，可以得到地质体中每个有限单元的最大主应力、中间主应力和最小主应力的方向和大小。

计算出应力场后，在每一个单元上获得应力为

$$[\sigma] = \begin{bmatrix} \sigma_x & \sigma_{xy} & \sigma_{xz} \\ \sigma_{yx} & \sigma_y & \sigma_{yz} \\ \sigma_{zx} & \sigma_{zy} & \sigma_z \end{bmatrix} \tag{4-69}$$

通过正交相似变换，可将实矩阵转换为一个对角矩阵，其对角元是矩阵 $[\sigma]$ 的三个特征值：

$$P[\sigma]P^{-1} = \begin{bmatrix} \lambda_1 & & 0 \\ & \lambda_2 & \\ 0 & & \lambda_3 \end{bmatrix} \tag{4-70}$$

这三个特征值就是三个主应力值（σ_1、σ_2、σ_3），所对应的特征值向量分别为三个主应力方向的余弦。

古构造应力场反演模拟计算的核心是建立主要裂缝形成期的正确合理的地质模型和设置必要的力学—构造约束条件。建立正确合理的地质模型是应力场数值模拟的基础和前提，而定量化的力学—构造约束条件是应力场数值模拟结果能否符合实际情况的保证。

这里指的地质模型，就是为模拟计算提供有关地质构造方面的必要认识及相关材料，主要包括构造形态特征（几何学特征）、构造演化（运动学信息）、地质作用方式（动力学机制）、断层活动信息、地层岩石力学性质等。不同裂缝形成期的构造特征要通过构造回剥的技术获得，具体采用平衡剖面的手段。

反演约束条件是用来校验模拟计算结果的，如断层的水平和垂直位移量、褶皱轴的方向、共轭节理确定的古应力方向、不同点的古应力大小和方向等（图4-108）。当模拟计算结果符合一定量合适的约束条件时，模拟计算结果即可反映真实的应力分布情况。

在建立正确的地质模型并设置必要的力学—构造约束条件后，根据油田

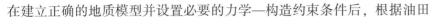
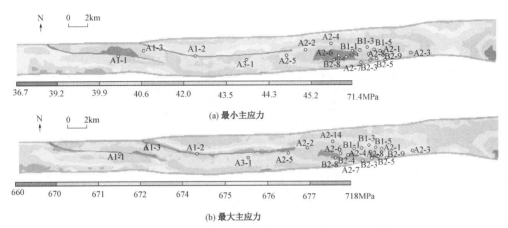

图 4-108　克深 2 气田古构造应力场数值模拟结果（据王珂等，2016）

实际情况，建立油田实际的岩石破裂准则，然后根据模型的需要选用合适的有限元数值模拟软件（如 SAPV、ADINA 等）进行数值模拟反演计算。然后将计算结果和已有的约束条件进行对比分析，如不符合，修改边界或力学—地质模型继续进行模拟计算，直到取得最佳结果，即数值模拟计算结果基本符合约束条件。这时数值模拟结果获得的应力场可以认为是符合实际的。

2）裂缝的预测分析

油藏储层埋深一般小于 6km，属于脆性变形的范畴。判断储层岩石在应力作用下是否发生破裂通常采用库仑—莫尔准则。库仑-莫尔准则认为，剪破裂的发生不仅与破裂面上剪应力有关，还决定于其上的正应力。

库仑准则可表示为

$$[\tau]=C+\sigma_N\tan\varphi \tag{4-71}$$

式中　C——黏聚力，是正应力为零时的抗剪强度，由实验定；

　　　φ——内摩擦角；

　　　σ_N——破裂面上的正压力；

　　　$\tan\varphi$——内摩擦系数。

当某一面上剪应力 $[\tau]$ 与正应力满足式(4-71) 时，则开始出现剪切裂缝，$[\tau]$ 即为极限剪应力。

莫尔准则认为，某个面上产生剪破裂时，该面上正应力与剪应力满足某一种函数关系，可表示为

$$[\tau]=f(\sigma) \tag{4-72}$$

根据岩石实验可知，这种函数关系由破裂极限应力圆的包络线确定，对于大多数岩石可用抛物线近似拟合，而库仑准则 τ-σ 函数关系为直线包络线。

根据主应力的方向、剪裂面与主压应力的方位关系（图4-88），可以预测每一点裂缝的方位。根据 Price（1966）的研究，岩石中裂缝的发育程度与储存于岩石中的应变能存在正相关关系。古应力场数值模拟的结果经过计算可以得到每个单元的弹性应力变能，由此可以初步预测区内裂缝的相对发育程度（图4-109）。但是 Price 明确指出，这仅是一种相对或定性预测裂缝密度的方法。

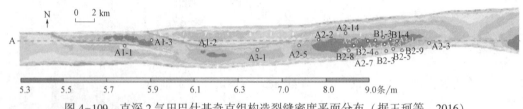

图 4-109　克深2气田巴什基奇克组构造裂缝密度平面分布（据王珂等，2016）

2. 应用地震资料预测裂缝的方法

通过地震资料进行裂缝的识别和预测是井间裂缝预测的重要方法，在此进行简要介绍。相对于岩心和测井资料，地震资料的空间覆盖更广、探测深度更大，但是受到地震资料分辨率的影响，较难获得全面、精确的裂缝参数。尤其是单个的细小的裂缝在地震剖面上的响应特征不明显，但是当地震波经过无数个细小的裂缝组成的裂缝系统或者裂缝发育带时，地震波的动力学特征（如振幅、能量、吸收衰减、频率等）、运动学特征（走时、速度、时差等）会发生一些规律性的变化，通过检测这些变化，可以反过来预测裂缝发育带。

目前地震裂缝预测技术包括单波和多波裂缝预测技术，其中多波裂缝预测技术较少，主要以单波裂缝预测技术为主。单波裂缝预测技术包括纵波和横波检测方法。由于横波采集成本高，难度大，一般很少采集横波，主要以纵波检测为主。纵波裂缝预测包括叠前裂缝预测和叠后裂缝预测，其中以叠后地震属性裂缝预测较普遍。

叠后地震属性裂缝预测主要包括利用地震几何属性和地震衰减属性进行裂缝检测，其中叠后地震几何属性主要包括相似性属性、地层倾角以及曲率等，目前最常用的地震几何属性是相似性属性，如蚂蚁体分析和相干体分析（图4-110）。相干体属性多受地震反射能量的影响，而地层倾角和曲率等属性在揭示储层产状、曲率参数与构造、地应力相关性的同时，却不会受到地震反射能量的影响。实际应用中，通常将相干体分析、蚂蚁体分析与地层倾角（图4-110）、方位角属性相结合，可以识别出较细微的地质特征，从而提高断层和裂缝的检测精度。

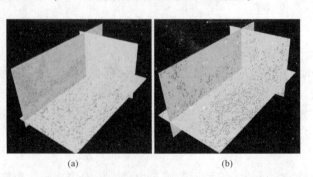

(a)　　　　　　　　　　　(b)

图 4-110　地震方法预测裂缝分布图（据吕文雅等，2016）

（a）基于倾角属性体预测的裂缝密度；（b）基于蚂蚁属性体预测的裂缝密度

地震波的衰减属性用于裂缝检测主要是根据地震波经过裂缝发育带时，受到裂缝、流体等因素的影响，地震波常发生吸收衰减，尤其是含流体的裂缝发育带，地震波的吸收衰减幅度相对较大。通过分析地震波对应的频谱特征，得到地震波所通过介质的吸收衰减，进而识别裂缝发育带。

思考题

1. 储层非均质性的内涵是什么？如何理解储层分布与储层质量非均质性？

2. Weber（1986）和裘亦楠（1992）的储层非均质性分类有何异同？

3. 层间非均质性、平面非均质性、层内非均质性和微观非均质性的内涵是什么？

4. 如何理解储层的层次性？层次划分的意义是什么？

5. 如何表征储层垂向分布的复杂性？

6. 储层构型的内涵及研究意义是什么？

7. 如何对砂体进行分级？复合砂体与单砂体的内涵是什么？

8. 储层连续性与储层连通性有何差别？

9. 储层规模的影响因素有哪些？

10. 什么是渗流屏障？渗流屏障有哪些类型？

11. 连通体、泛连通体、半连通体的内涵是什么？

12. 千层饼状、拼合板状和迷宫状的砂体构型样式的内涵是什么？

13. 砂体连通性与井间连通性的表征参数有哪些？影响因素是什么？

14. 隔层、侧向隔挡体、夹层有何区别？

15. 夹层岩性、产状有哪些？什么是夹层频率和夹层密度？

16. 沉积相识别的岩心和测井依据有哪些？

17. 如何应用多井资料编制沉积微相分布图？

18. 碎屑岩孔隙产状类型有哪些？如何进行大小分级？

19. 碎屑岩孔隙喉道类型有哪些？表征喉道大小及其分布的特征参数有哪些？

20. 孔隙结构的表征方法主要有哪些？其基本原理及优缺点是什么？

21. 如何应用毛管压力曲线及其衍生图件确定孔喉大小、分布及其连通性的参数？

22. 储层物性的分级方案是什么？如何理解致密储层？

23. 孔隙结构如何影响渗透率？

24. 沉积因素如何影响和控制储层成岩及物性差异？

25. 渗透率韵律有哪些主要类型？各自的成因是什么？

26. 如何表征渗透率非均质程度？层内与层间的渗透率非均质程度的表征方法有何异同？

27. 如何理解渗透率的各向异性？其主要成因是什么？

28. 渗透率解释和预测的方法原理？如何应用多井资料编制储层物性参数分布图？

29. 裂缝的地质成因类型主要有哪些？

30. 裂缝表征的基本参数有哪些？

31. 裂缝发育程度的影响因素有哪些？

32. 井内裂缝描述与井间裂缝预测的基本思路是什么？

第五章　油气水系统与油气层

对于已发现的油气田，认识油气在圈闭内的分布及富集的差异性对正确评价油气藏以及合理开发油气藏（如井网部署及采油工艺的确定）都至关重要。本章首先介绍油气藏内油气水系统的形成与分布、充注机理，然后分别介绍油气层分布（含油气范围、有效厚度和含油饱和度）的表征方法、三维油藏地质模型以及油气层综合分类评价。

第一节　油气水系统

视频 5.1
油气水系统的
概念与分类

一、概念与分类

（一）概念与内涵

1. 概念

油藏内的油、气、水分布具有一定规律。具有统一压力系统和油气界面、油水界面（或气水界面）的油、气、水聚集的基本单元，也就是一个单一的油气藏及其底部或边部水体的组合，称为一套油气水系统（图 5-1）。油气水系统是油气水分布产状、压力系统、能量特征的高度概括，油藏与水体的组合构成油水系统，气藏与水体的组合构成气水系统。油气水系统的形成取决于圈闭内

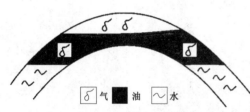

图 5-1　油气水在圈闭内的分布示意图

油气的充注过程，也就是油气驱替圈闭内的可动水而聚集成藏的过程。

2. 油气水界面与油水过渡段

1）油水界面

在油藏中，由于流体的分异调整作用，油气占据油藏的高部位，水体则位于油藏的底部或边部。油（气）与水体之间的接触面，则称为油（气）水界面。

油水界面并非严格的水平面。如果油层岩性和物性不均一，在水湿油藏岩性较差、孔道变小的地方，由于界面毛细管力的作用，油水界面就会在这些地方升高，因而就形成了参差不齐、凹凸不平的不规则油水界面。如果含水区中存在着区域性的地下水流动，由于水动力梯度的存在，油水界面就会沿着水流方向发生倾斜（为水动力油藏）（图 5-2）。

2）油水过渡段

实际的油水界面并非一个油、水截然分开的面。自下而上，即从油层的含水部分至油层

水平油水界面　　　　　　　不规则油水界面　　　　　　　倾斜油水界面

■ 油　～ 水

图 5-2　油水界面产状示意图

的含油部分，含水饱和度由 100% 降低至束缚水饱和度，而含油饱和度则由零增加到最大值。油藏自上而下可划分为三个段（图 5-3）。

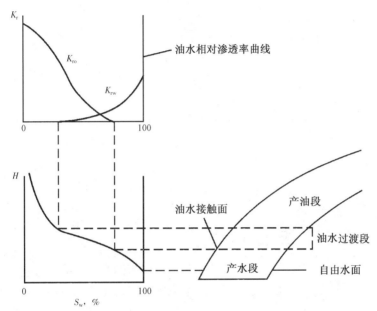

图 5-3　油水界面及相关的相渗和毛细管压力曲线示意图（据 G. V. Chilingar, 1972）

a. 纯油段

纯油段也称产油段。该段只产油，不产水，含油饱和度高，含水饱和度较低，且均为"不可动水"，水的相对渗透率为零。产油段的底界面称为"油底"。

b. 油水过渡段

此带内"可动油"与"可动水"共存，油、水的相对渗透率均大于零，段内油水同出。自上而下，含水饱和度迅速增大，其顶界为束缚水饱和度。按含水饱和度变化的趋势，该段又可分为上、下两段，即上部的含水产油段和下部的含油产水段。

油底与水顶之间的油水过渡段的厚度变化较大，可从数分米至数十米。这主要取决于油藏内的油水分异程度，受油层渗透性、油水密度差、构造倾角、油藏形成时间等因素的影响。油层渗透性越好，油水密度差越大，构造倾角越陡，油藏形成的时间越早（油水分异时间越长），则油水分异越完全，油水过渡段的厚度越小；反之，油水过渡段的厚度就越大。

c. 纯水段

纯水段也称产水段。该段只产水，不产油，油的相对渗透率为零。该段内实际上也含油，但均为"残余油"或"不可动油"，含油饱和度一般较低；含水饱和度高，向下至自由水面，含水饱和度达到100%。产水段的顶面称为"水顶"。

（二）油气水系统分类

对于单一油气藏而言，如果油气层厚度不大，或构造较陡时油气充满圈闭的高部位，而且水环绕在油气藏的周缘，这种水称为边水；与边水相对应，在油田生产中，充满油气底部、托着油（气）的水称为底水。根据油水产状，则可将油（气）水系统分为具底水的油（气）水系统和具边水的油（气）水系统。而对于一套油层，可以是单一油气水系统，也可以是多套油气水系统，这取决于油层间隔层的隔挡性能，即油层间的垂向渗流性能。

1. 具底水的油气水系统

油气藏具有底水及统一的油水界面，整个油藏与底水及气顶形成统一的水动力学系统。这类油藏一般为块状油气藏，储层厚度大，内部无连续性隔层，一般含油气高度小于储层厚度。这类油藏多为古地貌油藏（如生物礁油藏）、古潜山油藏（如缝洞型基岩油藏）及厚层砂岩或碳酸盐岩油藏等。

对于厚层（如大于20m）砂体，如纵向上叠加的辫状河砂体、扇三角洲砂砾岩体、障壁沙坝等，复合砂体内部往往缺乏稳定的泥岩沉积，垂向渗透性较高，在油气成藏过程中将发生统一的油水分异，可形成具有统一油水界面且具有底水的油藏（图5-4）。

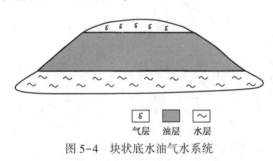

气层 油层 水层

图5-4 块状底水油气水系统

对于低幅度构造背景的厚层砂体，可以形成含油高度很小（小于砂体厚度）的"小油帽子"底水油藏（如长庆马坊油田延长组10小层含油高度6~10m，大港港东油田一区馆陶组油层含油高度20m），它们往往共生于一个总体属于边水层状油藏的油田中。

一些小断块油藏中局部发育厚层砂岩，也可形成块状底水油藏，如济阳坳陷永安镇、现河庄等小断块油田。

2. 具边水的油气水系统

油气藏具有边水，即水体位于油层的边部，油层及气层与边水形成油气水系统。这种油藏一般为层状油气藏，由多层油层组合而成。纵向上砂泥间互，单油层厚度小，含油气高度大于油气层厚度，面积大，油层之间有连续性隔层。另外，透镜状砂体形成的透镜状油气藏一般也具有边水（或无水体）。这类系统可分为以下两类基本类型。

1）多油层具有统一的油气水系统

这种油气水系统一般发育于多层砂体形成的原生油藏中。在多旋回沉积中，同一沉积旋回内的多油层之间虽然具有连续性隔层，但由于岩性、裂缝或断层的影响，隔层仍具有一定的孔渗性。在缓慢成藏过程中，油层间仍发生油水垂向运移及分异，从而使得多油层具有统一的水动力系统和油水界面［图5-5（a）］。如松辽盆地大庆长垣北部喇嘛甸、萨尔图、杏树岗三个油藏，在数百米的沉积旋回中（河流—三角洲沉积），油水统一分异，形成统一的水动力系统。

2）各油层具有各自的油气水系统

储层内油、气、水分布以砂层为单元各成系统，纵向上油、气、水层间互，各油层具有各自的油气水系统和油气水界面［图5-5(b)］。

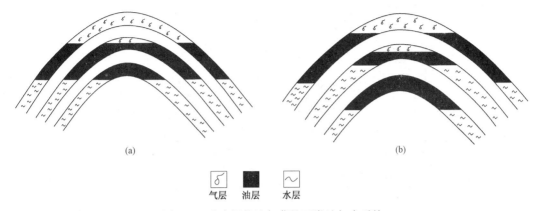

气层　油层　水层

图5-5　边水层状油气藏的两类油气水系统

（a）多油层统一油气水系统；（b）各油层独立油气水系统

一般地，这类油藏的砂层间发育连续的、不渗透的泥岩等岩层。在成藏过程中，油气以砂层为单元发生油气充注，其后的油水平衡作用也是以砂层为单元进行的，而砂层间几乎未发生垂向渗流，因此，各砂层形成各自的水动力系统。

油气水系统是成藏及其后油水分异过程的结果，而砂层间的垂向渗流程度是决定多油层是统一油气水系统还是各自油气水系统的关键。实际上，垂向渗流程度是油层间隔层质量与分异时间的函数，隔层质量越高（渗透性越低），油水分异时间越短，垂向渗流程度越低，反之亦然。在时间因素相近的情况下，油层间隔层质量是决定油气水系统的最关键因素。以济阳坳陷东营凹陷胜坨油田二区为例，沙河街组为河流—三角洲沉积，其内至少存在13个油水界面（图5-6）。较厚的、稳定的湖泛泥岩控制着大型油水系统的分布，如沙二段6砂层组与7砂层组之间的厚层泥岩将1~15砂层组分隔为两大油水系统，即上油层组（1~6砂层组）和下油层组（7~15砂层组）；而在大型油水系统内部，较稳定的泥岩控制着次一级油水界面，形成了若干个小型油水系统，如上油层组分为三个小型油水系统，即1~2砂层组、3~4砂层组、5~6砂层组。在小型油水系统内部，各油层具有统一的油水界面，油层之间虽发育较薄的泥岩层，但隔层质量低，油水发生垂向分异作用。

二、含油气饱和度的差异性

圈闭内的油气聚集是油气向上驱替储层内可动水使得油气饱和度增长的过程。在油气进入圈闭后，油藏内流体将发生分异调整过程，油气由于浮力的作用向上运移，形成油（气）在上水在下的分布格局（图5-1）。这一过程则是驱动力（主要为浮力）和毛细管阻力平衡的过程。因此，油藏内油水分布（油、水饱和度分布）受毛细管压力和浮力等因素的控制。

视频5.2　油气水系统内流体饱和度分布特征

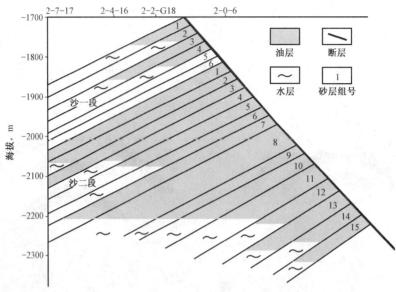

图 5-6 胜坨油田二区南西—北东向油藏剖面图

毛细管压力和浮力的计算公式分别为

$$p_c = \frac{2 \times 10^{-3} \sigma \cos\theta}{r} \tag{5-1}$$

$$p_b = 0.01(\rho_w - \rho_o)H \tag{5-2}$$

式中　　p_c——毛细管力，MPa；

　　　　σ——流体两相的表面张力，mN/m；

　　　　θ——水银的润湿接触角，(°)；

　　　　r——孔隙喉道半径，μm；

　　　　p_b——油在水中的浮力，MPa；

　　　　ρ_w——地层水的密度，g/cm³；

　　　　ρ_o——地层原油密度，g/cm³；

　　　　H——含油高度（自由水界面之上高度），m。

从上述动力分析可以看出，毛细管力与岩石孔喉半径、流体界面张力和润湿接触角有关。其中，岩石孔喉半径反映储层质量特征，而流体界面张力和润湿接触角取决于岩石和流体的性质。浮力则与油藏含油高度和流体密度差成正比。油藏含油高度取决于圈闭闭合高度和油气充满度，油水密度差则取决于地下流体性质。

因此，在油藏内油、水达到平衡的情况下，影响含油饱和度的因素主要为含油高度、储层质量差异、流体性质等，而正是这些因素的非均质性导致油（水）饱和度分布的差异性。

（一）含油高度的影响

含油高度（圈闭内自由水界面之上高度）反映油藏内浮力的大小。在同一油藏内，随着含油高度增加，浮力也增大，在储层性质变化不大（毛细管阻力大体相似）的情况下，石油克服毛细管力向上运移的量则增加，故含油饱和度增大，对应的含水饱和度则减小（图 5-3）。当然，这种变化的斜率在不同含油段是不相同的，其中，油水过渡段含水饱和度高而且变化大，而纯油段含水饱和度低而且变化小。

对于含油高度不同的油藏来说，在储层与流体性质相似的情况下，含油高度大的油藏含水饱和度比含油高度小的油藏要低，因为前者的石油浮力更大。因此，对于低幅度油藏而言，含水饱和度往往较高，有的甚至整个含油段均处于油水过渡段，油井开始生产时就油水同出。

（二）储层质量差异的影响

对一个具有一定含油高度的油藏来说，在岩性和地下流体性质变化不大的情况下，油层的含水饱和度主要受储集物性和孔隙结构的影响。因为储层的微观孔隙结构直接影响着毛细管力的大小，而储集物性则是微观孔隙结构的宏观表现。

孔喉越小，毛细管阻力越大，油气越难进入。孔喉大小的宏观表现为渗透率。因此，在驱动力（如浮力）大体相当的情况下，小孔喉低渗储层的含水饱和度要高于大孔喉高渗储层的含水饱和度。在油水界面附近，表现为低渗储层处的含水饱和度偏大，油水界面向上凸；高渗储层处的含水饱和度偏小，油水界面向下凹，从而形成凹凸不平的油水界面［图5-7(d)］。

England（1987）曾就储层非均质性对油气成藏过程的影响作了初步的探讨。他对一个厚砂层内的油气充注过程进行了研究。如图5-7所示，在油气向砂层的充注过程中，油气优先沿砂层内的高渗条带（相对粗的岩性带）充注，并形成树枝状的油气分布［图5-7(a)］。显然，在充注初始阶段，油气并非先充注构造脊部，而是先往高渗条带运移。其后，随着油气的进一步充注，油气将进入相对较细的岩性带中［图5-7(b)］，且随着油气体积的增大，浮力不断增大，油气将从越来越细的岩石中替代其中的水［图5-7(c)］，最后形成油气藏［图5-7(d)］。

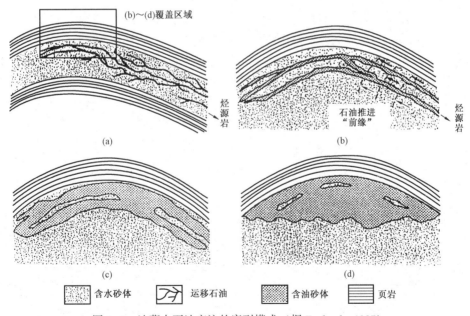

图5-7　油藏中石油充注的序列模式（据England，1987）

（a）石油从烃源岩进入储层，注入石油的树枝状通道与烃源岩连接起来；（b）石油经过一系列的"前缘"进入圈闭；
（c）（d）由于石油不断向下取代水，充注石油的孔隙增多，直到少量微小的孔隙保留未被充注为止

一般地，随孔喉的变细以及储层性质（孔隙度、渗透率）的变差，毛细管压力曲线会逐渐远离纵坐标轴，即随束缚水含量增加，排驱压力逐渐增大（图5-8）。这是因为储层的孔喉

越小，渗透率越低，毛细管阻力就越大，因此油气也越难进入。在驱动力（如浮力）大体相当的情况下，小孔喉低渗透储层的含水饱和度要高于大孔喉高渗透储层的含水饱和度。

大港油田油基钻井液取心井（港 205 井）的分析结果更加清楚地表明，随储层孔隙度、渗透率的增加，原始含油饱和度增加，二者之间具有很好的正相关性，其统计回归关系式为 $S_o = 17.654 + 0.4301 \times \phi \lg K$，相关系数达到 0.85 以上（图 5-9）。

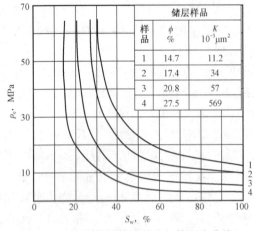

图 5-8　不同物性储层的毛细管压力曲线　　图 5-9　港 205 井原始含油饱和度与物性关系

在含油段内部，渗透率韵律性对含油饱和度有较大的影响。

在正韵律储层内，粒度、孔隙度、渗透率等参数在垂向上总体具有由大变小、由高变低的趋势。储层渗透率与含油饱和度具有较好的相关性，相关系数一般大于 0.75。原始含油饱和度在垂向上的变化趋势与有效孔隙度、渗透率相一致，即正韵律储层的含油饱和度一般具有向上变小的趋势，其垂向变化幅度与渗透率变化幅度有关。图 5-10 表示一个高渗透正韵律河道砂体的孔、渗、饱分布剖面。孔隙度、渗透率均具有向上变小的趋势，孔隙度为 23%~35%，渗透率为 0.5~3.5μm^2，级差为 10；原始含油饱和度为 40%~70%，自下而上的总体变化趋势与渗透率相一致，但变化幅度不如渗透率那么明显。

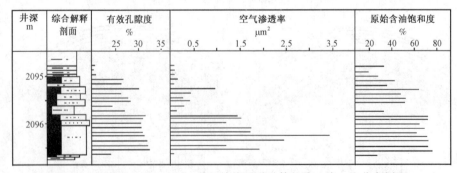

图 5-10　胜坨油田 2-观 18 井正韵律河道砂体的孔、渗、饱分布剖面

在反韵律储层内，储层有效孔隙度、渗透率在垂向上由下往上变高。胜坨油田反韵律储层渗透率一般低于 10μm^2，渗透率与含油饱和度也一般具有较好的正相关关系，相关系数一般大于 0.75。图 5-11 表示一个河口坝成因的复合反韵律砂体，由两个反韵律段组成，含油饱和度也呈两个自下而上变高的反韵律。其中，上部砂体渗透率变化幅度大，原始含油饱和度变化幅度也大；而下部砂体渗透率变化不大，原始含油饱和度变化也不大。

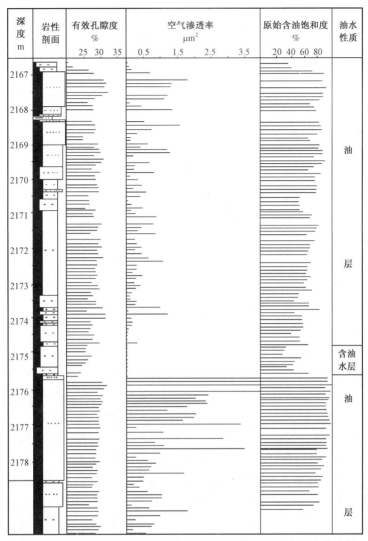

图 5-11　胜坨油田 2-观 18 井反韵律河口坝砂体的孔、渗、饱分布剖面

在反韵律储层中，渗透率下低上高。在油驱水过程中，油气优先从上部充注且充注量大，而下部充注量相对较小。同时，油气具有向上混合的现象。在砂体渗透率总体较大且级差相对较小时，垂向上储层的充注量差别不大，但当渗透率级差相对较大时，垂向上储层的油气充注量有明显的差别，含油饱和度呈现明显的反韵律。当层内渗透率级差很大时，在砂体下部可能出现干层，甚至在复合砂体的中部低渗部位可出现水层，这主要是由于高渗层的干扰使低渗层油气充注量太小。水层与油层间可无屏障层，油的重力被下伏油层的浮力所平衡。

值得注意的是，当渗透率大到一定程度时，渗透率与含油饱和度不再具有线性关系。图 5-12 为异常高渗（渗透率基本上都大于 $10\mu m^2$）的辫状河道砂体的岩石物性与含油饱和度分布剖面图，其渗透率具有正韵律性，但原始含油饱和度却不具正韵律，在砂体底部渗透率最大值处（$36\mu m^2$），原始含油饱和度值反而降低。从图 5-12 可以看出，渗透率与原始含油饱和度无相关关系，其原因何在呢？

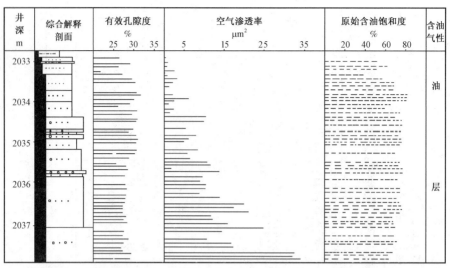

图 5-12 济阳坳陷某油田某井的异常高渗储层渗透率与含油饱和度关系图

油气运聚受到水动力、浮力和毛细管力的共同制约。当水动力一定时，控制油气的作用力主要为浮力和毛细管力。我们知道，渗透率与毛细管阻力成反比关系，也就是说渗透率越大，毛细管阻力越小。因而在浮力与毛细管阻力的相互作用过程中，当毛细管阻力小到一定程度或者说渗透率大到一定程度时，浮力比毛细管阻力大得多，因而浮力将对砂体内的油气平衡起主导作用。对于胜坨油田来说，这一渗透率门槛值为 $10\mu m^2$。对于这类砂体，由于渗透率很高，为油气运移的优势通道，油气充注量大，含油饱和度总体较高（前提为砂体处于油水界面之上），然而，砂体内部的含油饱和度分布却主要受浮力控制，渗透率的影响相对较小，油（气）具有较大的向上运移的动力，因此，底部最高渗处含油饱和度便可能小于上部。

层间物性非均质性对油气充注有较大的影响。在油藏分析中，我们经常注意到，有效圈闭内的一些高渗层含油，而另一些低渗层不含油。这是由于层间渗透率差异造成了油气充注的层间差异，油气优先充注较高渗层，低渗层则被"屏蔽"而无油气充注。储层非均质、构造差异性及油气供应程度等因素共同控制了油气在圈闭内的充注及其分布差异。

（三）流体性质的影响

流体性质的影响主要表现为流体密度差、流体表面张力和润湿角对含水饱和度的影响。

流体密度差指水油、水气或油气之间的密度差。油气与水的密度差 $\rho_w-\rho_o$ 越大，则油气的浮力越大，分异程度越强，过渡段越薄，油气层含水饱和度越低；反之，流体密度差越小，则过渡段越厚，油气层含水饱和度越高 [图 5-13(a)]。

流体表面张力 σ 越大，则毛细管力越大，不利于油水分异，因而油层内含水饱和度越高 [图 5-13(b)]。影响流体表面张力的因素有地层温度、压力及流体性质等。地层温度和压力升高，流体表面张力降低；液体中存在表面活性剂及油层中溶解气增加，也使流体表面张力降低。

润湿角 θ 增大，岩石亲水程度降低，则含水饱和度降低 [图 5-13(c)]。完全亲水的岩石润湿角为零，含水饱和度高；亲油岩石的润湿角大于 90°，含水饱和度相对较低。因此，亲水油层的含水饱和度大于亲油油层。亲油油藏的过渡带很小，甚至可以忽略。

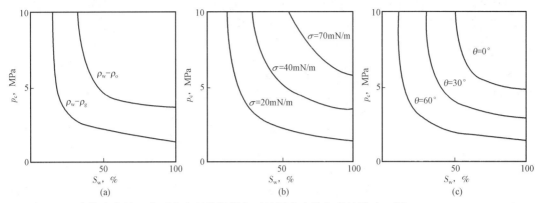

图 5-13　流体密度差、表面张力以及润湿角对油层含水饱和度的影响（据 R. P. Monicard，1980）

以上讨论的是在油水达到平衡状态下的情况，对于尚未达到平衡状态下的油气藏，如成藏较晚的油气藏或成藏后又经构造运动使油水重新分布的油气藏，油（气）水分布不完全服从毛细管压力规律，需要具体情况具体分析。

对于致密砂岩储层而言，油藏分布受浮力影响不明显。由鄂尔多斯盆地华庆油田长 8 油层组流体分布图可知，在构造高部位和构造低部位均有油层发育，油水分布复杂，重力分异不明显，无明显的油水界面，油层呈零星不成片分布（图 5-14）。华庆油田长 8 储层之上为长 7 烃源岩，受源储压差的控制，石油自上而下进入长 8 储层，无论是毛细管力还是生烃膨胀力都远远大于浮力的影响，单靠浮力自身不可能形成连续油柱，故浮力不是石油大规模运聚的主控因素，其在垂向上几乎不起任何作用，可以忽略不计（图 5-15）。

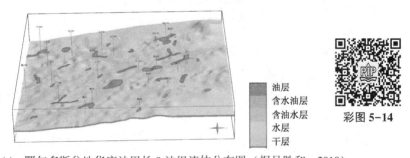

彩图 5-14

图 5-14　鄂尔多斯盆地华庆油田长 8 油组流体分布图（据吴胜和，2010）

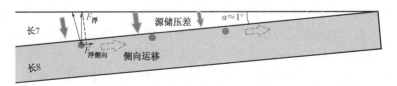

图 5-15　鄂尔多斯盆地华庆油田长 8 油组储层内浮力作用模式

三、原始油层压力分布

原始油层压力是指油气层尚未钻开时，即在原始状态下所具有的压力。通常可以用实测的具有代表性的第一口井或第一批井的压力代表原始油层压力。

油层压力是开发油气田的能量，也是油气田开发中重要的基础参数。油气层压力的高低，不仅决定着油气等流体的性质，还决定着油气田开发的方式、油气开采的技术特点与经济成本，以及油气的最终采收率。

（一）原始油层压力分布规律

在正常的地质条件下，具有统一水动力系统的油气藏，其地层压力分布规律遵守连通器的原理，即可以用计算静水压力的基本关系式来进行计算。一般在实际计算时可以发现，处于不同的海拔高度，井的深度也不一样时，特别是流体的密度不同时，这些井的原始地层压力将是不一样的。

图 5-16 为带气顶和具边水的背斜构造油藏的原始油层压力分布示意图。油层一侧在海拔 100m 的地表出露，具供水区，并接受大气降水与其他地表水的补给；而在油层的另一侧，或因岩性尖灭，或因断层的封隔未能出露地表，故无泄水区。在这种情况下，油藏的测压面（位能面）是以供水露头海拔 100m 为基准的水平面，在本剖面图上则为一水平线。

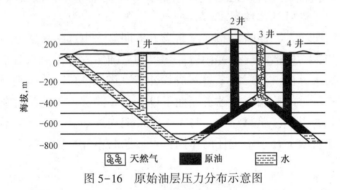

图 5-16 原始油层压力分布示意图

假设第一批探井在构造的不同部位钻开油藏的含油、含气以及含水部分，则各井的原始地层压力可按静水压力公式计算求得。

由图可见，1 井钻开油藏的含水部分，井口海拔为 100m，刚好与测压面持平，井底海拔高度为 -500m，若地层水密度为 $1 \times 10^3 kg/m^3$，则 1 井原始地层压力为 5.88MPa。

图 5-16 中，油藏的油水界面海拔高度为 -700m，则油水界面上的原始地层压力应为 1 井的原始地层压力值加上 1 井井底至油水界面这段水柱重量所产生的压力，为 7.84MPa。

2 井钻开油藏的含油部分，井底海拔高度为 -500m。2 井的原始油层压力应为油水界面的压力值减去油水界面至该井井底这段油柱重量产生的压力。若油的密度为 $0.85 \times 10^3 kg/m^3$，则 2 井原始油层压力为 6.17MPa。与 6.17MPa 相当的油柱高为 741.2m。该井井内液面海拔为 241.2m，因它低于井口海拔 350m，故 2 井的原油不能自喷。

4 井在油藏构造的另一翼钻开油层，井口海拔为 100m，而井底海拔却与 2 井的相同，故原始油层压力也应为 6.17MPa，井内液面海拔也应为 241.2m，由于它高于该井井口海拔，故 4 井为自喷井。

油气界面的海拔高度为 -400m，同理，油气界面上的原始油层压力为 5.34MPa。

3 井正好钻开油藏的气顶部分，井底海拔高度为 -350m。由于天然气的密度受温度和压力的影响，故 3 井的压力值不能直接由油气界面上的压力简单导出，而可由下面的近似公式求出：

$$p_{\mathrm{f}}=p_{\max}\mathrm{e}^{1.293\times10^{-4}\gamma_{\mathrm{g}}H} \tag{5-3}$$

式中　p_{f}——油气界面上的压力；

　　　$p_{\max}$——气井井口最大关井压力（相当于井底压力）；

　　　γ_{g}——天然气对空气的相对密度；

　　　H——气井井底到油气界面的气柱高度。

若将油气界面上的压力看成 p_{f}（为 5.34MPa），3 井的原始油层压力看成 $p_{\max}$，3 井井底距油气界面这段气柱高为 50m，天然气对空气的相对密度为 0.8，利用式（5-3）便可求出 3 井的原始油层压力 5.312MPa。计算结果表明，50m 的气柱高只产生 0.028MPa 的压力，比 50m 油柱产生的压力（0.4165MPa）小得多。

由此可以看出，原始油层压力在背斜构造油藏上的分布具有如下特点：

（1）原始油层压力随油层埋藏深度的增加而加大。

（2）流体性质对原始油层压力的分布有着极为重要的影响：井底海拔高度相同的各井，如果井内流体性质相同，则原始油层压力相等；如果井内流体性质各异，则流体密度大时，其原始油层压力小，反之，流体密度小时，其原始油层压力大。

（3）气柱高度变化对气井压力影响很小，因此，当油藏平缓、含气面积不大时，油气或气水界面上的原始油层压力可代表气藏（或气顶）内各处的压力。

（二）原始油层压力等压图的编制与应用

原始油层压力在油藏中的分布情况可用原始油层压力的等压图来描述。原始油层压力等压图绘制的方法与构造图相同。

首先，确定各井研究目的层的压力值。针对油田的第一口井或第一批井，应用钻杆测试、电缆测试、试井等方法均可得到原始地层压力，也可按上述计算法确定。

然后，在研究目的层的构造等高线图上，将各井原始油层压力值分别标在井位旁，根据所选定的压力间距，在相邻两井之间进行线性内插，用均匀、圆滑的曲线把压力值相同的各点连接起来，便得原始油层压力等压图（图5-17）。

由于原始油层压力的分布主要受构造因素的影响，因此，在油层厚度均匀的情况下，压力等值线应基本上平行于构造等高线，倘若绘制出的原始油层压力等值线的形态与构造等高线的形态差异较大，必须检查原因。若因地层厚度不均产生的影响，是能允许的；但如果是因压力没有完全稳定，或因测量、计算误差导致原始油层压力资料不准，就应重新测量或计算。

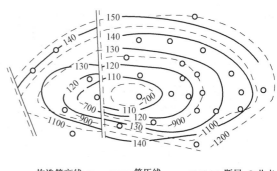

——－构造等高线,m　——等压线　＝＝＝ 断层　○井点

图 5-17　某油田原始油层压力等压图

在油气藏勘探和开发过程中，原始油层压力等压图有着极为重要的用途。

1. 预测新井的原始油层压力

在新井设计中，为了确定新钻井的套管程序与钻井液密度，必须事先获得该井钻探目的层的原始油层压力值。如果绘制了该探区的原始油层压力等压图，就可以直接在图上根据新钻井的井位查出该井的原始油层压力的预测值。

2. 计算油藏的平均原始油层压力及弹性能量

油藏原始油层压力的平均值是油藏天然能量大小的尺度。原始油层压力平均值越大，油藏储存的天然能量也就越大，越有利于油藏的开采。利用油藏原始油层压力等压图求平均原始油层压力常采用面积权衡法。

油层的弹性能量是指油层弹性膨胀时能排出的流体量。一个既无边水或底水，又无原生气顶，但原始油层压力远远超过饱和压力的油藏，当其进行开采时，驱油动力是油层的弹性膨胀力，如果原始油层压力与饱和压力的差值越大，则油层的弹性能量也就越大，排出的流体量越多。若要了解油藏弹性能量的大小，只需将该油藏的原始油层压力等压图与饱和压力等压图相重叠，即可求出油藏不同部位的弹性压差，进而计算出相应的弹性能量。

3. 判断水动力系统

判断油气藏是否为一个油气水系统（水动力系统），对制订开发方案、分析油气藏开发动态均有着十分重要的意义。因为不同的水动力系统其特征不一，所采用的开发方案也就各有不同。

所谓水动力系统，是指油气层内流体具有连续性流动的范围。在同一水动力系统内，流体压力可以互相传递，因此压力等值线的分布是连续的。如果油层因断层或岩性尖灭等地层因素被分割成几个互相独立的水动力系统，则原始地层压力等值线分布的连续性受到破坏。如图5-17所示，由于断层的分割，该油藏的原始油层压力等值线在断层两侧的分布是不连续的，该油藏应划分为两个独立的水动力系统。所以，借助原始油层压力等值线图的不连续性，可以发现或查明地下可能存在的断层或岩性尖灭，从而准确地划分油藏的水动力系统。

第二节 油气层分布

油气水系统内部的油气层分布规律对评价油气藏尤其是高效开发油气藏至关重要，本节首先介绍含油气边界的类型，包括油气水边界、岩性边界和断层边界，然后分别介绍有效厚度及含油饱和度的表征方法。

一、含油气范围

含油气范围是指油气层在平面上和剖面上的分布范围，受控于各种类型的含油气边界。

（一）含油气边界的确定

含油气边界的类型包括油水边界、岩性边界和断层边界。

1. 油气水边界的确定

垂向上的油（气）水边界即为油（气）水界面，该界面与油层构造顶、底面的交线，即为油水边界。油水边界是控制含油分布最重要的边界。对于边水油藏，油水接触面与油层顶面的交线为外含油边界，它是含油面积的外界；油水接触面与油层底面的交线为内含油边界，它控制了含油部分的纯含油区；内、外含油边界之间的含油部分可称为油水过渡带，其宽窄主要取决于地层倾角，地层倾角越大，油水过渡带越窄。如果油层的厚度变化很小，则内、外油水边界与构造线平行；如果储油层厚度在平面上有明显变化，这时内、外含油边界不平行。在相变情况下，它们在储油层尖灭位置上合并，实际上为岩性边界（图5-18）。对于底水油藏，由于底水存在，只有外含油边界。

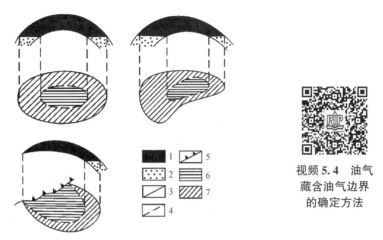

视频 5.4 油气藏含油气边界的确定方法

图 5-18 油水边界特征图（据杨通佑等，1998）

1—地层产油部分；2—地层饱和水部分；3—外含油边界；4—内含油边界；

5—尖灭线或储油层相变线；6—油藏纯油带；7—油水过渡带

确定油（气）水界面的主要依据是地层测试和测井资料。地层测试，即对已发现（或可能的）油气层进行产量、压力、产液性质等的测试，并收集地层流体样品的一项工程作业。按时间先后，地层测试可分为中途测试（钻井过程中中途停钻对可能的油气层进行测试）、完井测试（完井作业如下套管、固井之后进行的地层测试）和生产测试（在油、气井生产过程中进行的地层测试）。按照测试方式，地层测试可分为单井测试和井间测试。单井测试包括钻柱测试（将测试器接在钻柱上，下至目的层段进行测试）、电缆地层测试（用电缆将测试器下至测试层进行测试）、开发试井等。

确定油气水界面的主要方法有以下三种。

1）利用地层测试及测井解释的油气水层确定油气水界面

确定油水界面的首要工作是正确判别油层、油水同层和水层。根据地层测试成果，特别是单层测试（试油）成果，可确定各井的油层、水层、油水同层、干层；对于缺乏单层试油的井段，可通过试油资料标定测井资料，制定判断油水层的测井标准，然后根据测井资料划分各井的油层、水层和油水同层。应用地层测试及测井油层解释资料确定油水界面的基本步骤如下：

（1）划分油水系统。根据地层测试或测井解释的各井油层、水层、油水同层和干层，划分油水系统。

（2）在同一油水系统内，按油藏剖面或某一次序，依次将各井的油底和水顶海拔高度标注在如图5-19所示的坐标图上。分析不同资料的可靠程度。其中，最可靠的为单层试油资料，在图中可特别标出；测井解释的未经试油证实的油层和水层，为确定油水界面重要的参考资料。

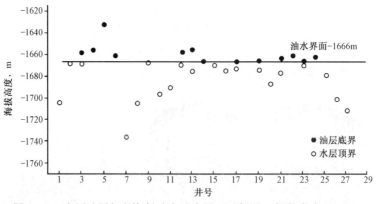

图 5-19　应用油层解释资料确定油水界面示例图（据韩定容，1983）

（3）在整体分析油藏油水分布规律的基础上，在油底与水顶之间合理划分油水界面。油水界面可以是水平的，也可以是小角度倾斜或一定程度凹凸不平的；同时，油底和水顶之间尚有油水过渡段。当测井解释的油、水层与油藏分布规律明显不吻合时，应考虑对测井资料进行复查解释。当油底和水顶分属于上下不同的砂体而相距较远时，油水界面应偏向油底，以防止含油面积偏大。单层试油的油水同出资料有特殊意义，它可能指示油水界面就通过该层，或该单层处于油水过渡段。

2）利用压力梯度资料确定油气水界面

当探井钻达油气层并钻穿流体界面时，流体界面（油气、油水、气水界面）除可应用上述试油（气）或测井解释资料进行确定之外，还可应用电缆测试获得的原始地层压力与相应深度的关系（即压力梯度）来确定油气水界面。电缆测试，即电缆式地层测试，是用电缆将测试器下至测试层进行测试，主要用于多油层的地层测试。斯伦贝谢公司推出的重复式地层测试器称作 RFT(repeat formation tester)，贝克阿特拉斯公司生产的与 RFT 功能类似的仪器称为 FMT(formation multi tester)，它们均可在裸眼井及套管井中进行测试。

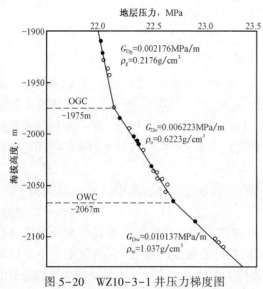

图 5-20　WZ10-3-1 井压力梯度图
（据杨通佑等，1998）

当地层所含流体（连续段）的密度有差异时，在深度—压力交会图上即表现为不同的压力梯度。因此，在交会图上，不同压力梯度线的交点所对应的深度，即为上下两种不同流体的接触面位置。图 5-20 为应用 RFT 测压资料确定的 WZ10-3-1 井气油界面（OGC）和油水界面（OWC）的图解。图中，压力梯度曲线由三个不同斜率的直线组成。第一条直线段的压力梯度和流体密度分别为 0.002176MPa/m 和 0.2176g/cm^3，反映为气层；第二条直线段的压力梯度和流体密度分别为 0.006223MPa/m 和 0.6223g/cm^3，反映为油层；第三条直线段的压力梯度和流体密度分别为 0.010137MPa/m 和 1.1037g/cm^3，反映为水层。第一和第二条直线段的交点处（-1975m）为油气界面（OGC），第二和第三条直线段的交点处（-2067m）为油水界面（OWC）。值得注意的是，这种方法仅适用于相同流体连续段具有一定厚度的油气藏。

3）利用原始地层压力和地层流体密度资料确定油气水界面

对于具有正常压力系统的油藏而言，在探井钻达油层但未钻穿流体界面时，可以利用测试获得的原始地层压力和流体密度资料近似地确定油藏的油水界面。

如图 5-21 所示，1 号井钻在油藏的含油部位，测得的油层静止压力为 p_o，原油密度为 ρ_o；2 号井钻在油藏的含水部分，测得的水层静止压力为 p_w，水的密度为 ρ_w。在油藏压力系统正常的情况下，可根据压力关系推导出油水界面的深度位置。水井地层压力为油井地层压力、油井底至油水界面的油柱压力以及油水界面至水井底的水柱压力之和：

$$p_w = p_o + \frac{H_{ow} - H_o}{1000} \cdot \rho_o \cdot g + \frac{\Delta H - (H_{ow} - H_o)}{1000} \cdot \rho_w \cdot g \tag{5-4}$$

经整理可得到油水界面的海拔高度为

$$H_{ow} = H_o + \frac{\Delta H \cdot \rho_w \cdot g - 1000(p_w - p_o)}{(\rho_w - \rho_o)g} \tag{5-5}$$

从上可以看出，上述方法可在井少的情况下计算油水界面压力。实际上，即使在构造圈闭上只有一口油井而边部无水井时，也可以利用区域的压力资料以及水的密度资料代替水井测压资料来计算油水界面。当然，在井少情况下计算的油水界面有一定的误差，仅可作为参考。

2. 岩性边界

油气层岩性边界是指有效储层与非有效储层的分界线，实际上是岩性尖灭导致的物性边界。岩性边界一侧岩性较粗，物性较好，具有可动流体（油、气或水）；而另一侧岩性变细，物性变差，不具可动流体（为干层）。岩性边界不等同于砂岩尖灭线，后者为砂岩与泥岩之间的分界线。砂岩不一定能成为有效储层。一般地，岩性边界（即有效储层边界）位于砂体尖灭线的内侧（向砂体一侧），即在砂岩尖灭线与岩性边界之间存在一个非有效砂岩区。因此，确定岩性边界，一般是先确定砂岩尖灭线，然后以此为基础确定岩性边界。砂岩尖灭线的确定方法已在第四章第一节详细阐述。确定砂岩尖灭位置后，在尖灭线和有效厚度井之间勾绘有效油气层厚度零线，即岩性边界线。在实际操作过程中，可将岩性边界定为砂岩尖灭线距有效厚度井点的 1/3 处（图 5-22）。有时，可直接在砂岩尖灭井点与有效厚度井点的中间圈定有效油气层厚度零线作为油气边界。

当油气藏边界无控制井时，可根据有效层井点外推岩性边界。在开发井网条件下，可按1 个或 1/2 个开发井距外推含油气边界。在油藏评价时期井距较大时，一般不能用井距的1/2 这一方法外推岩性边界，而应根据同类已开发油田砂岩体大小的统计资料确定井点外推距离。

值得注意的是，上述"井控法"确定的岩性边界只是为了计算储量而推断的岩性边界，并不代表真实的岩性边界。确切的岩性边界刻画还有待于借助井间地震等技术的进一步发展。

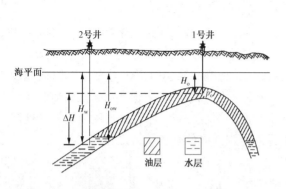

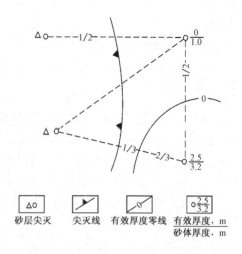

图 5-21 利用压力和密度资料确定油水界面示意图
（据杨通佑等，1998）

图 5-22 圈定岩性含油边界示意图
（据杨通佑等，1998）

3. 断层边界

在断块油藏中，断层对油气分布起着控制作用。因此，断块油藏的含油边界除油水（气）边界和岩性边界外，断层边界也十分重要。因此，应充分研究断裂系统与断层的分布，根据断层与油水界面等其他界面共同圈定含油面积，常采用剖面投影法，如图 5-23 所示。值得注意的是，在应用顶面构造图表现含油边界时，断层的控油范围应充分考虑油层顶、底面与断层面的交线，应以上述两条线的外线为油层含油边界线。如在图 5-23 中，油层位于断层下盘，含油边界应为油层底面与断层面的交线；若断层上盘含油，则含油边界为油层顶面与断层面的交线。

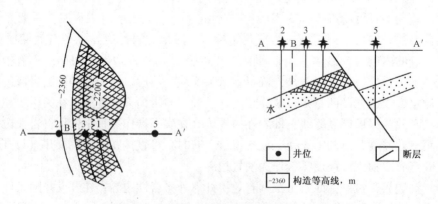

图 5-23 断块油藏含油面积圈定示意图
（据陈立官，1983）

断层识别及分布属于地下构造研究范畴在第三章已有专门介绍，这里不再赘述。

不同的油藏类型含油边界类型也不一样，详见表 5-1。

表 5-1 不同类型油藏的含油气边界类型

油藏类型	边界类型	油气水边界	岩性边界	断层边界
构造油气藏	背斜油气藏	√		
	断块油气藏	√		√
岩性油气藏		√	√	
构造—岩性油气藏	背斜—岩性油气藏	√	√	
	断块—岩性油气藏	√	√	√

（二）含油气分布图的编制

充分利用地震、钻井、测井和测试等资料，综合研究油、气、水分布规律和油气藏类型，确定流体界面（即气油界面、油水界面、气水界面）以及油气遮挡（如断层、岩性、地层）边界，编制油气层（储集体）顶（底）面构造图、砂体分布和岩性边界分布图，圈定含油气范围。

1. 油气藏剖面图的编制

1）资料基础

（1）构造剖面图（含断层与层面线）；
（2）不同油气水系统的油气水界面海拔高度；
（3）单井数据，包括测井曲线、岩性解释、油气水干层解释数据。

2）编制步骤

以构造—岩性油藏为例，说明含油气平面分布图的编制步骤和方法：
（1）在构造剖面图上，根据单井资料，连接井间砂体及有效储层分布，编制构造—岩性剖面图（基于构造剖面图的砂体及有效储层分布剖面图）；
（2）在构造—岩性剖面图上，标注单井油气水干层解释成果；
（3）确定油气水系统，即根据单井油气水层解释结果及井间对比分析，确定油气水系统（单一系统、多系统及各系统的油水界面）；
（4）根据不同油气水系统的油水界面深度以及单井油层、气层、水层、干层解释成果，在构造—岩性剖面图上圈定油气水干层的井间分布，即为油气藏剖面图（图5-24）。

2. 含油气平面分布图的编制

1）资料基础

（1）油层顶、底平面构造图（含断层与构造等值线）；
（2）储层（砂体）分布图；
（3）油水界面；
（4）单井油气水干层解释数据。

2）编制步骤

以构造—岩性油藏为例，说明含油气平面分布图的编制步骤和方法：

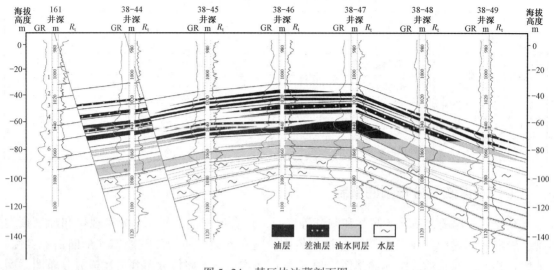

图 5-24　某区块油藏剖面图

（1）在油层顶面构造图上，叠置储层（砂体）分布图，确定有效储层边界，编制构造—岩性平面图；

（2）在油层顶面构造图上，标注单井油气水干层解释数据；

（3）根据油水界面深度，在构造—岩性平面图上圈定内、外含油边界。

首先，在油层顶面构造—岩性平面图上，根据油水界面海拔高度，沿着该海拔高度的构造等值线（在非储层处间断）确定外含油边界；然后，根据油水界面海拔高度在油层底面构造—岩性图上确定内含油边界。通常的做法是将内、外含油边界均标绘于在油层顶面构造图上，即将内含油边界投影到油层顶面构造—岩性平面图上。在该综合图上，外含油边界对应的海拔高度即为油水界面的海拔高度，而内含油边界的海拔高度则对应于油水界面的海拔高度减去油层的铅垂厚度（由油层底面投影到顶面所致）。

对于油水垂向过渡段较厚的油藏，在圈定含油面积时，必须考虑油水垂向过渡段。此时，应分别确定油底和水顶的海拔高度。水顶与顶面构造图的交线即为外含油边界，油底与底面构造图的交线即为内含油边界（该边界也可投影到顶面构造图上）。

如果油水界面不是水平的，而是倾斜的或不规则的，此时，就不能简单地按上述方法来圈定含油范围。一般需要编制油水界面等值线图，然后将此图分别与油层顶面构造图与油层底面构造图叠合，取同值等高线之交点，并以平滑的曲线将这些交点连接起来，便分别获得油藏的外含油边界与内含油边界。如果油水分布非常复杂，则只能以可靠的试油资料为依据，在构造图上分区圈定出含油范围（图 5-25）。

二、有效厚度

（一）有效厚度的概念

油气层有效厚度，简称有效厚度，是指油气层中具有产工业性价值油气生产能力的那部分储层的厚度，即工业油气井内具有可动油气的储层厚度。油气层有效厚度必须具备两个条件：一是油气层内具有可动油气；二是在现有工艺技术条件下达到工业油气流标准并可供工

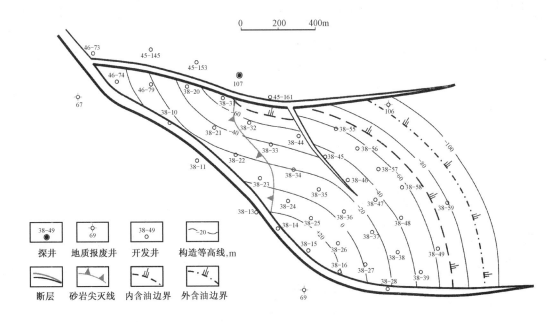

图 5-25　某区块含油范围图

业性开采。所谓工业油气流标准，是指工业油气井内储层的产油气下限（参见第六章）。这一下限受成本、价格等多种经济因素的影响。

有效厚度与有效储层有差别。有效储层指具渗透性的、含可动流体的储层，其内可以是油气，也可以是水；而有效厚度是指具有工业油气流价值的有效储层的厚度。所以，非工业油气流井不能圈在含油面积内，不能划分有效厚度；在工业油气流井中无贡献的储层厚度也不是有效厚度，如水层。

油气层有效厚度与油气层厚度也有差别。针对一个具体的油气层，其内可能含非渗透夹层（或低于有效储层物性下限的薄层），因此，油气层有效厚度为油气层厚度减去夹层厚度。

有效厚度的概念，国内外大体一致，在美国称有效厚度为生产层净厚度（net pay），有效厚度下限称截止值（cut off），而且更强调净厚度的商业价值。根据美国储量分类标准，只有目前开采有经济价值的厚度才能估算储量，目前无经济价值的接近或低于边际的厚度，只能算作资源，待油价上涨或开采工艺提高或成本下降后才能升级为储量。

视频 5.5　油气层有效厚度的确定方法

苏联将储层界限分为三级：一级界限称标准界限，界限以上的储层厚度中存在可流动的石油，开采时经济上盈利；二级界限称为下限，下限以上的储层厚度中存在可流动的石油，但开采在经济上不合算；三级界限称绝对界限，界限以上的储层厚度中存在石油但不能流动，界限以下的储层厚度中不存在石油。因此，只有标准界限以上的储层厚度才称有效厚度。

（二）有效厚度的标准

1. 有效厚度的物性标准

一个油层的工业产油能力主要受油层物性（油层的有效孔隙度和渗透率）和含油性

（含油饱和度）等因素的影响。在这些因素中，有效孔隙度和含油饱和度的乘积反映了油层的"储油能力"，而渗透率则反映了油层的"产油能力"。当油层的有效孔隙度、渗透率和含油饱和度达到一定界限时，油层便具有工业产油能力，这样的界限称为有效厚度的物性标准，也称下限值（cut off）。由于一般岩心资料难以求准油层原始含油饱和度，通常用孔隙度和渗透率参数反映物性下限。另外，泥质含量也可作为确定物性下限的参数之一。

实际上，孔隙度和渗透率下限反映的是有效储层（包括有效厚度层、水层）与干层的临界物性界限。

物性下限的确定方法有地层测试法、钻井液侵入法、经验统计法、含油产状法等。

1）地层测试法

该法根据地层测试的储层产液性质及能力，确定有效厚度物性下限，具体方法如下：

（1）利用单层测试的油气水层与干层确定有效厚度的物性下限。

编绘油气水层和干层的岩心孔隙度与渗透率交会图，并在图中分别标绘产层与干层的孔隙度分界线和渗透率分界线，分界线值即为有效厚度的物性下限。如图 5-26 所示，图中气层的渗透率下限为 $18 \times 10^{-3} \mu m^2$，孔隙度下限为 17%。

（2）应用单层测试的每米采液指数确定有效厚度物性下限。

在试油过程中，可获得不同层段的产液（油、水）的产能。据此，可编绘每米采液指数与空气渗透率的关系曲线。其中，每米采液指数是指某一储层在单位厚度、一个压差下每天所折算的产液量。若测试层段不含水，可以直接计算每米采液指数，即某油层在单位厚度、一个压差下每天所折算的产油量。图 5-27 中每米采液指数为零时所对应的空气渗透率值，即为油层有效厚度的渗透率下限。再应用孔渗关系曲线，便可根据渗透率下限求取孔隙度下限。

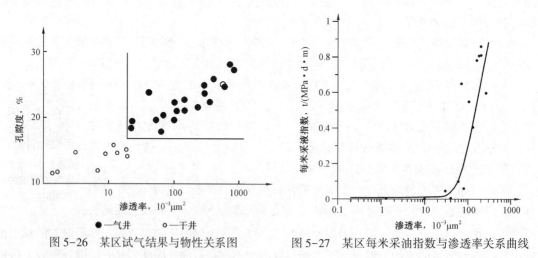

图 5-26 某区试气结果与物性关系图   图 5-27 某区每米采液指数与渗透率关系曲线

值得注意的是，物性下限反映的是有效储层，因此，在分析物性下限时，不仅要考虑油气层，还需要考虑水层。

2）钻井液侵入法

该法应用水基钻井液取心测定的含水饱和度确定有效厚度物性下限，其基本原理如下：

在水基钻井液取心中，钻井液对有效储层产生不同程度的侵入现象，而对于干层则基本无侵入。渗透率较高的储油砂岩，钻井液驱替出原油，使岩心测定的含水饱和度增高；渗透率较低的储油岩，钻井液驱替出原油较少；当渗透率降低到一定程度后，钻井液不能侵入，岩心测定的含水饱和度仍然是原始含水饱和度，这时，随着渗透率的降低，含水饱和度升高。这样，含水饱和度与空气渗透率关系曲线上出现两条直线（图5-28），其交点的渗透率就是钻井液侵入与不侵入的界限。钻井液侵入的储层，反映原油可以从其中流出，因此为有效厚度；钻井液未侵入的储层，反映原油不能从其中流出，因此为非有效厚度。交点处的渗透率就是有效厚度下限。用相同方法也可以定出孔隙度下限。

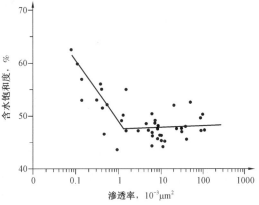

图5-28　钻井液侵入法确定渗透率下限

3）经验统计法

该法是以岩心分析的孔隙度和渗透率为基础，以低孔渗段累积储渗能力丢失占总累积储渗能力很小，在经济上可以忽略不计为原则的一种判定有效厚度下限的方法（图5-29）。该方法的基本前提是：判定的渗透率下限值以下的砂层丢失的产油能力很小，可以忽略。美国采用过这种方法，一般以累积储渗能力丢失5%左右为界限。下面以渗透率为例来说明这种方法的思路。

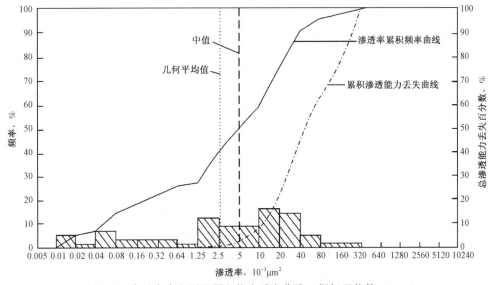

图5-29　渗透率直方图及累积能力丢失曲线（据杨通佑等，1998）

图5-29为一个研究实例。图中，横坐标为渗透率，左纵坐标为渗透率样品数的分布频率，实线为渗透率累积频率曲线；右纵坐标为总渗透能力丢失百分数，点画线为累积渗透能力丢失曲线。渗流能力是渗透率与样品长度（或厚度）的乘积，反映了储层内流体的流动能力，相当于产油能力。总渗透能力丢失百分数是指判定的渗透率界限值以下的渗流能力占总的累积渗透能力的百分数。由图可以看出，若总渗透能力丢失百分数取5%，对应的渗透

率界限值为 $7\times10^{-3}\mu m^2$，55%左右渗透率样品处于界限值以下；若全部砂层样品取样密度相同，则相当于丢失 55%的砂岩厚度，但渗透率高于界限值的另外 45%的砂层厚度的渗流能力却占总渗透能力的 95%，因而从经济上讲是合算的。

可以看出，这种方法主要是从经济合算的角度来判定渗透率下限值，是一个相对值，而不是地下客观实际的下限值。然而，这种下限值对于计算经济探明储量是有意义的。

4）含油产状法

储层含油产状与物性具有相似的变化规律，因此可通过含油产状研究有效厚度的物性下限。在取心井尤其是密闭取心井中，选择一定数量的、岩心收获率高的、岩性和含油性较均匀的、孔隙度和渗透率具有代表性的、油水界面以上的层，进行单层试油，通过试油建立岩性、含油性、物性和产油能力的关系。我国大庆油田原油具有高黏度、高凝点、高含蜡量等特点，钻井取出的岩心的含油性能较真实地反映油层的原始含油饱和度，因此，可应用含油产状作为划分有效厚度的物性界限的依据。

研究表明，油水界面以上的岩心含油产状与岩性、物性及产能之间存在较好的关系：

（1）砂岩储层颗粒越粗，分选越好，岩性越均匀，则岩心的含油面积越大，含油越饱满；反之，岩心的含油情况变差。例如，在大庆油田，油砂级别的岩性为细砂岩与粗粉砂岩，含油级别的岩性为细粉砂岩，油浸、油斑级别的岩性则为泥质粉砂岩。

（2）岩心含油产状的级别随着有效孔隙度和空气渗透率的增加而有规律地升高，即油层有效孔隙度和空气渗透率越好，油层含油产状级别越高；反之，则越低。

（3）试油资料证明，岩心含油级别高的油层产油能力也高，如大庆油田目前出油下限定为油浸粉砂岩，油井产油量均在 1t/d 以上，具有工业产油能力，而油浸和油斑泥质粉砂岩为非有效层。

对于这类油藏，通过试油确定有效层的含油产状级别（或统计比例），并编制油水界面之上不同含油产状的孔隙度与渗透率交会图，最后根据含油产状级别（或统计比例）确定孔隙度和渗透率的下限值。

图 5-30 是东营凹陷沙四段某油层细砂岩含油产状、孔隙度、渗透率的交会图，从图中可以看出，该区含油产状为油浸级别时的孔隙度下限为 8%，渗透率为 0.3mD。

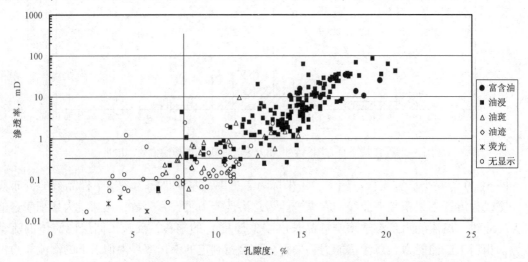

图 5-30　东营凹陷沙四段某油层细砂岩含油产状、孔隙度、渗透率的交会图

显然，该方法与试油确定的有效层的含油产状级别有很大的关系。若有效层的含油产状级别定得过高，则统计的物性下限偏高；反之，则下限偏低。

2. 有效厚度的测井标准

有效厚度的物性标准只能划分取心井段的有效厚度。对于一个油田，取心井是有限的，大量探井和开发井只有测井资料。要划分非取心井的有效厚度，必须研究反映储层岩性、物性和含油性的有效厚度测井标准。

油层的地球物理性质是油层的岩性、物性与含油性的综合反映。因此，它也能间接地反映油层的"储油能力"和"产油能力"。显然，当油层的地球物理参数达到一定界限时，油层便具有工业产油能力。该界限就是有效厚度的测井标准，包括油、水层解释标准，油、干层标准和夹层扣除标准。

有效厚度测井标准的建立应以岩心资料为基础，应用岩心标定测井，充分研究油层的四性（即岩性、物性、含油性和电性）之间的关系。对于油、水层解释标准和油、干层标准，属于测井地质学的研究范畴，在此主要介绍夹层扣除标准。

油层内的夹层（泥岩、粉砂质泥岩、钙质层条带等）对储量和产量无贡献，应予扣除。一般在微电极曲线上建立夹层扣除标准。首先，在取心井中读出岩心有效层中的夹层和非夹层所对应的微电位回返程度；然后，编制出夹层图版，以最小误差原则，确定低阻夹层的测井标准。同样，也可以用微侧向测井曲线制定低阻夹层的测井标准。对于低阻夹层，目前仅只能采用微电极、自然电位、短电极以及声波时差等曲线反映的岩性特征进行综合判断。

（三）有效厚度的划分

1. 有效厚度的划分方法

油层有效厚度划分的步骤一般为：首先，在单井中确定有效储层和干层；然后，针对有效储层确定油气层和水层，进一步确定油气层顶、底界限并量取厚度；最后，在油气层内划分并扣除夹层，并从油气层厚度中扣除夹层的厚度，即为油层有效厚度。

1）油气水干层的解释

利用测井资料划分油层顶、底界限时，应当综合考虑能清晰反映油层界面的多种测井曲线。如果各种曲线解释结果不一致，则以反映油层特征最佳的测井曲线为准。例如，我国大庆油田采用微电极、自然电位、视电阻率三条曲线来量取产层总厚度，具体做法如下：

首先利用收获率高的岩心，确定各类油层相应的地球物理测井曲线的典型特征，并按油层特征和测井曲线形态分类，编制出典型曲线，以此典型曲线作为划分油层有效厚度的样板。

对于均匀层，由于其测井曲线形态与理论测井曲线相符，且分层界限又较清晰，故可同时利用自然电位、视电阻率和微电极曲线划分油层的顶、底界限，所得油层总厚度基本相同。

对于顶、底渐变层，则以这三条曲线中所量取的最小厚度为准。这是由于各种测井曲线对油层顶、底过渡性岩类的鉴别能力不同，故所量取的厚度也各异。与岩心资料的对比表明，厚度大的包括了过渡性岩层的厚度。所以，应当以三条曲线中所量取的厚度最小的那条曲线为准，如图 5-31 所示。

2）夹层扣除

对于具高、低阻夹层和薄互层的油层来讲，除量取油层总厚度外，还需扣除夹层的厚度。图 5-32 为扣除夹层示意图。由于低阻夹层多为泥质层，故量取低阻夹层厚度应以自然电位曲线作为判别标志，以微电极和视电阻率曲线作验证，并以微电极曲线所量取的厚度为准。量取高阻夹层的厚度时，应以微电极曲线显示的尖刀状高峰异常为判别标志，以视电阻率和自然电位曲线作验证，最后也应以微电极曲线所量取的厚度为准。

上述讨论的划分油层有效厚度的方法仅适用于孔隙性的砂岩油层。对渗透率低、泥质含量高的油层，特别是裂缝、孔洞性的碳酸盐岩油层来讲，油层有效厚度的确定非常困难，应当借助其他技术和手段，如成像测井、地层倾角测井、毛细管压力曲线分析、孔隙铸体以及扫描电镜等来确定油层有效厚度。

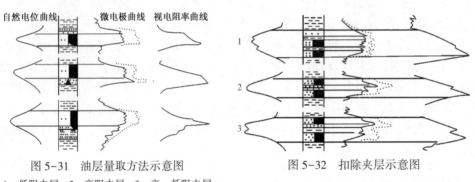

图 5-31　油层量取方法示意图　　　　　图 5-32　扣除夹层示意图
1—低阻夹层；2—高阻夹层；3—高、低阻夹层

2. 起算厚度和起扣厚度

起算厚度是用以计算油气储量的最小厚度。起扣厚度则指扣除夹层的起码厚度。起算厚度与起扣厚度标准是由射孔精度、地球物理测井资料解释的准确程度，以及薄油层在油气田开采中的价值和作用等因素来确定的。采用磁性定位跟踪射孔技术后，射孔精度可达到 0.2m。测井解释精度与地质条件有关，一般地区可准确解释到 0.4~0.6m 的油层，沉积稳定的地区可解释到 0.2m 的薄油层。所以，国内的有效厚度起算厚度定为 0.2~0.4m，夹层起扣厚度为 0.2m。

3. 有效厚度划分的误差分析

有效厚度测井标准的精度评价，一般用岩心划分的有效厚度来检验，具体采用的指标有标准误差和划分误差。

标准误差是指有效厚度电性标准确定后，误入界限的非有效层点数、漏在界限外的有效层点数之和与总点数之比。

划分误差也称平衡误差，指在取心井按测井标准划分的测井有效厚度和按物性标准划分的岩心有效厚度之差与岩心划分的有效厚度之比。储量规范要求各油田平衡误差必须在 ±5% 以内。

（四）有效厚度分布图的编制

有效厚度分布图是在构造图（反映断层与油层顶面等高线）、单砂层分布图（反映砂岩尖灭线）、单油层分布图（反映油水边界）的基础上编制的有效厚度等值线图。编制的基本步骤如下：

（1）根据作图要求，选择合适比例尺的井位图，确定绘图范围，在图上标绘出断层线和内、外油水边界。

（2）将各井绘图单层的油层有效厚度、砂层厚度（均为垂直厚度）标注于相应井位旁（图 5-33）。

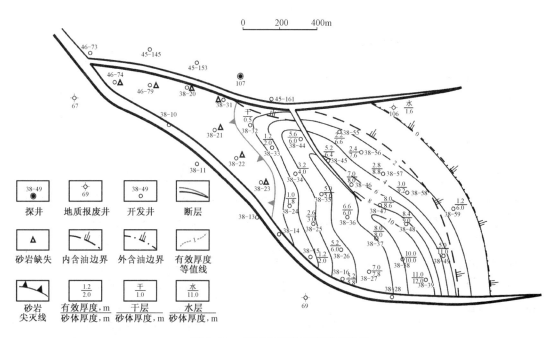

图 5-33　某区块有效厚度等值线图

对于陡倾构造上的定向井，要根据井斜和沿井轨迹的视倾角（过井眼所在的面与水平面之间的夹角）对厚度进行校正。在进行厚度校正之前，首先要编制构造图，利用构造图可以确定井是钻在地层的上倾方向还是下倾方向。

（3）确定砂层尖灭线及有效厚度零线。

（4）勾绘等值线。按三角网法，根据单层有效厚度的大小，确定有效厚度间距，内插有效厚度等值线。

值得注意的是，在编绘有效厚度等值线图时，既要考虑沉积和成岩因素的影响，还需考虑构造起伏和断层的影响。在编制过程中，应综合考虑构造图、含油气边界、沉积微相、砂体分布图、有效孔隙度分布图、渗透率分布图等。

绘制的有效厚度等值线图还应符合储量规范要求。不同级别的储量有不同精度的要求。如探明储量规范要求等值线的值不能超过现有井所钻遇到的最大油层厚度，而控制储量规范则无此要求。

有效厚度分布图大体相当于油田生产部门所称的"小层平面图"。按照定义，小层平面图是反映单油层分布特性和储油物性变化的基本图件，由单油层构造图（反映断层与油层顶面等高线）、单砂层分布图（反映砂岩尖灭线）、单油层分布图（反映油水边界）、渗透率分区图叠合而成。可见，两者的差别主要是渗透率分区图。在小层平面图中，渗透率分区通常用颜色或符号分区，在图上突出不同部位的渗透率差异，如按高、中、低渗透率分区染色。

三、含油气饱和度

含油气饱和度是指储层孔隙中烃类（石油和天然气）体积占孔隙体积的比例，一般用百分数表示。在油气藏形成以后、未开发之前的含油气饱和度称为原始含油气饱和度。本章第一节介绍了成藏过程中原始含油气饱和度在圈闭内的增长过程及分布规律，本节主要介绍其测定方法。

（一）原始含油气饱和度的测定

一般地，先确定油层束缚水饱和度 S_{wi}，然后计算原始含油（含气）饱和度（$1-S_{wi}$）。确定含油（含气）饱和度的方法有岩心直接测定法、测井资料解释法、毛细管压力资料解释法等。

1. 岩心直接测定法

1）基本原理

岩石直接测定法的基本原理是：及时利用从地下取出的、受钻井过程中钻井液冲刷和钻井液侵入影响小、密封非常严、尽量保压防止油气挥发的岩心样品来直接测定流体的饱和度。

由于水基钻井液取心过程中存在钻井液的冲刷，造成含水饱和度的大幅度增加和含油气饱和度的急剧减小（表5-2），因此不能用来测定饱和度。而油基钻井液取心虽然也存在从岩心出筒到地面过程中油气饱和度的变化，但是由于束缚水含量基本不受影响（表5-3），因此，原始含油气饱和度的岩心直接测定主要是利用油基钻井液取心直接测定束缚水饱和度，然后计算出原始含油气饱和度。

表 5-2　不同条件下水基钻井液取心油层流体饱和度变化实例（据裘亦楠，1983）

环境条件	含油饱和度，%	含气饱和度，%	含水饱和度，%
地面	12（降压与原油脱气驱替）	40（降压与溶解气释放）	48（气体膨胀排水）
取心筒内	30（钻井液滤液冲刷驱替）	0	70（钻井液滤液侵入）
实际油藏	70	0	30

表 5-3　不同条件下油基钻井液取心油层流体饱和度变化实例（据裘亦楠，1983）

环境条件	含油饱和度，%	含气饱和度，%	含水饱和度，%
地面	10（降压与原油脱气驱替）	30（降压与溶解气释放）	30
取心筒内	70	0	30
实际油藏	70	0	30

但是，由于油基钻井液取心井成本高，钻井工艺复杂，我国一般用密闭取心代替油基钻井液取心。密闭取心采用的是水基钻井液，利用双筒取心加密闭液的办法，以避免岩心在取心过程中受到水基钻井液的冲刷。尽管如此，钻井液仍会短时间接触岩心，故在钻井液中加入适量的酚酞指示剂，对取心部位进行监测化验。凡岩心中的钻井液侵入水量小于含水饱和度绝对值1%的样品为无侵样品，侵入水量小于含水饱和度绝对值2%的样品为微侵样品，凡大于此界限的样品为全侵样品。无侵、微侵样品可用来分析原始含水饱和度。

近十年来，高压密闭冷冻取心工艺能取得较好的取心效果。这种取心方法是在取心筒内割心至岩心起出井口前，岩心筒始终保持高压密封的条件。岩心到井口后立即放在干冰中冷冻，使油、气、水量保持原始状态。此方法价格高昂，取心收获率仅在60%左右。苏联则采用井底蜡封岩心的取心方法也取得较好的效果，具体做法是在地面用石蜡充满取心筒，在取心过程中，岩心进入熔化的石蜡中，阻止钻井液与岩心接触，多数情况下，地面可取得蜡封好的岩心。

对于低渗透油层，可采用大直径的水基钻井液取心。由于钻井液不能侵入岩心中心部分，故仍可得到原始含水饱和度数据。

2）测定方法

目前对于流体饱和度的直接测定主要用干馏测定法，包括原油体积的干馏测定、孔隙度的求取、含油饱和度的计算三个主要步骤。

原油体积的干馏测定是选取岩心中心部位的新鲜样品，首先进行样品称重和体积测量，然后将样品送入温度可控的加热炉内，使得原油和水干馏出来，分别收集到试管中，直接读出原油与水的体积，干馏后对岩心样品进行再次称重。这样根据岩心干馏前后的重量变化（热失重），利用阿基米德原理可以计算出岩心孔隙度。最后利用干馏得到的原油体积与孔隙度，就可以计算出含油饱和度。

在测试和计算过程中，需要注意两方面因素对测定结果的影响：一是高温干馏可能会导致黏土矿物脱去层间水和结构水，因此需要绘制收集到的水的体积随加热时间的变化曲线，从曲线上确定出黏土矿物开始脱水的温度，位于该温度点之前的平直段才能真正反映干馏出的水体积值；二是在干馏过程中，部分原油可能会发生裂解而呈气态挥发损失掉，因此需要在研究区建立原油体积校正曲线，对干馏出的原油体积进行必要的校正。

2. 测井资料解释法

由于油基钻井液取心和密闭取心井一般很少，其饱和度数据也不能代表整个油田，因此，有必要应用测井资料解释原始含油饱和度。用油基钻井液取心或密闭取心的岩心资料标定测井资料，寻求测井参数和岩心直接测定的原始含油饱和度之间的关系，建立测井解释模型，进而应用测井资料解释原始含油饱和度。

1）基本原理

含油饱和度测井资料解释的基本方法是利用岩石物性及电阻率测井资料对含水饱和度进行解释。地层水是地层中的主要导电物质，地层含水饱和度的变化直接导致地层电阻率的变化。地层的含水饱和度越高（即含油饱和度越低），电阻率测井值越低，因此含水饱和度与地层电阻率之间存在正相关关系。

目前地层含水饱和度的解释主要还是基于1942年提出的阿尔奇（Archie）公式。阿尔奇公式主要由两个基本的岩电实验公式组成，一是地层因素（F）与孔隙度（ϕ）的关系，二是地层电阻率增大系数（I）与含水饱和度（S_w）的关系。根据实验室岩电分析结果，在半对数坐标系中，孔隙度（ϕ）与地层因素（F）以及含水饱和度（S_w）和地层电阻率指数（I）之间的关系为负线性相关关系（图5-34）。其关系可以描述为

$$F = \frac{R_o}{R_w} = \frac{a}{\phi^m} \qquad (5-6)$$

$$I = \frac{R_t}{R_o} = \frac{b}{S_w^n} \qquad (5-7)$$

由此可以推导出计算含水饱和度的公式：

$$S_w = \sqrt[n]{\frac{ab}{\phi^m} \times \frac{R_w}{R_t}} \qquad (5-8)$$

式中　R_o——100%纯水层的电阻率，$\Omega \cdot m$；

R_w——地层水电阻率，$\Omega \cdot m$；

R_t——地层真电阻率，$\Omega \cdot m$；

F——地层因素，只与地层岩性、孔隙度和孔隙结构有关；

I——地层电阻率增大系数，主要与含水饱和度和岩性有关；

a——与岩性有关的指数，一般在 0.65~1.5 之间；

b——与岩性有关的指数，一般接近于1；

m——孔隙结构指数，变化范围 1.5~3，一般为 2 左右；

n——饱和度指数，与流体分布状态有关，变化范围 1.5~4，一般为 2 左右；

ϕ——储层孔隙度，%。

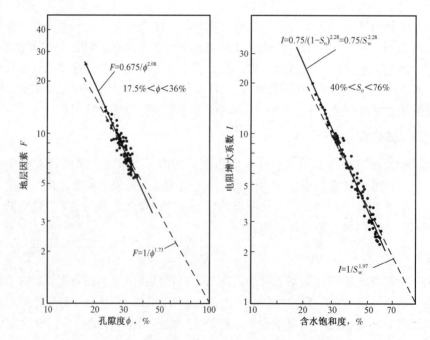

图 5-34　胜坨油田 F 与 ϕ 的关系及 I 与 S_w 的关系（据 Monicard，1980）

2) 主要步骤

应用 Archie 公式解释含油饱和度包括三个主要的基本步骤，即系数 m、n、a、b 的确定，地层水电阻率 R_w 的确定，含油饱和度 S_o 的计算。

a. 系数 m、n、a、b 的确定

目前，确定 Archie 公式中 m、n、a、b 四个系数的主要方法是实验室岩电测试分析。对于孔隙型的油气藏，一般选择研究区同类岩性的若干个标准样品，首先在实验室常温常压条件下分别测量 100% 饱含盐水（地层水）时的电阻率值（R_o）以及在不同含水饱和度情况下岩石的电阻率（R_t），并测定每个岩样的孔隙度，由于模拟地层水（盐水）的电阻率 R_w 已知，因此可以计算出地层因素（F）和电阻率增大系数（I）。然后采用半对数坐标系统，对 F 和 ϕ 以及 I 和 S_w 进行交会，拟合出所需的直线（图 5-34）。

因为由公式(5-6)和式(5-7)两边进行对数变换可以发现：

$$\lg F = \lg(R_o/R_w) = \lg a - m \lg \phi \tag{5-9}$$
$$\lg I = \lg(R_t/R_w) = \lg b - n \lg S_w \tag{5-10}$$

因此可以采用最小二乘法拟合确定出 m、n、a、b 四个系数。$\lg a$ 和 $\lg b$ 分别是拟合直线的截距，m、n 则是拟合直线的斜率的绝对值。

在缺乏实验室岩电测试数据的条件下，可根据试油结果，利用纯水层实际的测井资料来估算 m、a 的大小。选择较多的纯水层，在已知地层水电阻率的前提下，采用作图法来确定直线的斜率和截距，从而确定 m 和 a。该方法主要适用于纯水层资料较丰富、水层的孔隙度变化范围较大而且水层钻井液侵入比较小的纯砂岩地层。

b. 地层水电阻率 R_w 的确定

地层水电阻率的确定直接影响到原始含水饱和度的解释精度。确定地层水电阻率最直接也最准确的方法当然是利用实际油藏产出的地层水或者油气藏底水实际测试分析资料。

另外一种常用的方法是利用地区统计规律来确定。在同一油田范围内，地层水电阻率往往伴随着地层埋藏深度的增加而有规律地变化。例如东辛油田的地层水电阻率 R_w 与深度 H 之间的统计关系为

$$\lg R_w = 0.9203 - 9.48 \times 10^{-4} H \tag{5-11}$$

确定地层水电阻率的方法还有很多，如自然电位法、视地层水电阻率法等，在此不一一赘述。

c. 含油饱和度 S_o 的计算

有了 Archie 公式所需的基本系数 m、n、a、b 以及地层水电阻率 R_w，就可以利用公式(5-5)来计算地层含水饱和度 S_w，在不存在天然气的情况下，含油饱和度就可以计算出来：

$$S_o = 1.0 - S_w \tag{5-12}$$

必须指出的是，Archie 公式主要是针对分选较好的纯石英砂岩地层提出的，对于孔隙结构较为复杂的双孔介质储层，以及泥质含量高的砂岩、低阻油气层等复杂地层含油（水）饱和度的测井解释并不完全适应，具体情况请参阅相关的测井教科书。

3. 毛细管压力资料解释法

1) 基本原理

在没有油基钻井液取心、密闭取心井或测井解释含油饱和度的情况下，还可以应用实验

室平均毛细管压力资料计算原始含油饱和度。

这种方法的基本原理是，在自由水面以上，油藏岩石内的残余水是毛细管压力与驱动压力平衡的结果。对于同类储层而言，含油气层中的残余水数量则取决于驱动压力，而实验室测量（主要是离心法）的毛细管压力曲线正是反映了这种关系。因此，将实验室测量的毛细管压力曲线换算为油藏毛细管压力曲线，便可计算自由水界面之上不同油柱高度的含水饱和度。

2）基本步骤

a. 室内平均毛细管压力曲线的求取

实验室的毛细管压力曲线是针对取心的岩样测定的（半渗隔板法、离心法和压汞法），而一个岩样只能代表油藏的某一点的特征，只有将油藏上多个毛细管压力曲线平均为一条毛细管压力曲线，才能代表油藏的总体特征。J 函数（Leverett，1941）是求取平均毛细管压力曲线的经典方法。J 函数是将岩心毛细管压力与流体饱和度数值转换成无量纲关系的一种处理函数。利用这一函数，可将同一储层内具有不同孔渗特征的岩样所测得的毛细管压力曲线综合为一条平均毛细管压力曲线。

J 函数的计算公式为

$$J(S_w) = \frac{p_c}{\delta\cos\theta}\sqrt{\frac{K}{\phi}} \qquad (5-13)$$

式中　$J(S_w)$——J 函数，无量纲；

　　　p_c——毛细管压力，MPa；

　　　K——岩样渗透率，$10^{-3}\mu m^2$；

　　　ϕ——岩样孔隙度，小数；

　　　δ——流体—岩石界面张力，mN/m；

　　　θ——流体—岩石润湿接触角，（°）。

J 函数为一个无量纲量。对于给定的储层（给定的孔隙度、渗透率、界面张力及润湿接触角），J 函数为含水饱和度的函数。因此，可以应用 J 函数对多个毛细管压力资料进行分类和平均，处理方法如下：

第一步，拟合一条平均的 J 函数曲线。将实验室测得的多个岩样的毛细管压力曲线按式（5-13）进行 J 函数求解，每个岩样均可得到不同含水（或含汞）饱和度的 J 函数值，多个岩样则得到不同含水（或含汞）饱和度的一系列 J 函数值。以含水（或含汞）饱和度为横坐标，以 J 函数为纵坐标，将计算的一系列 J 函数值标注在图内。如果数据点集中，说明这些样品同属于一种孔隙结构类型，据此，将这些数据点拟合为一条平均的 J 函数曲线。

第二步，求取平均毛细管压力曲线。对于一个给定的油藏，已知其平均孔隙度和平均渗透率，应用式（5-14）、式（5-15），将平均 J 函数曲线变换为平均毛细管压力曲线：

$$\bar{p}_c = \frac{1}{\bar{C}} \cdot \bar{J}(S_w) \qquad (5-14)$$

$$\bar{C} = \frac{1}{\delta\cos\theta}\sqrt{\frac{\bar{K}}{\bar{\phi}}} \qquad (5-15)$$

式中　$\bar{p}_c$——平均毛细管压力曲线，MPa；

$\overline{J(S_w)}$——平均 J 函数，无量纲；

$\overline{C}$——常数；

$\overline{\phi}$——平均孔隙度，小数；

$\overline{K}$——平均渗透率，$10^{-3}\mu m^2$。

通过上述运算，便可将实验室测得的多个岩样的毛细管压力曲线平均化为室内平均毛细管压力曲线（图5-35）。

一般地，由于不同岩类的毛细管压力曲线有较大的差别，可按岩类进行毛细管压力曲线平均，因而可分别求得不同岩类的平均毛细管压力曲线，进而分别求取原始含水饱和度。

b. 油藏条件下毛细管压力曲线的确定

只有将室内平均毛细管压力曲线换算为油藏条件下毛细管压力曲线，才能真实地反映实际油藏内部的流体饱和度分布，其基本思想是根据室内试验和实际油藏条件下的流体及岩石综合物性参数来求得实际油藏的毛细管压力曲线。

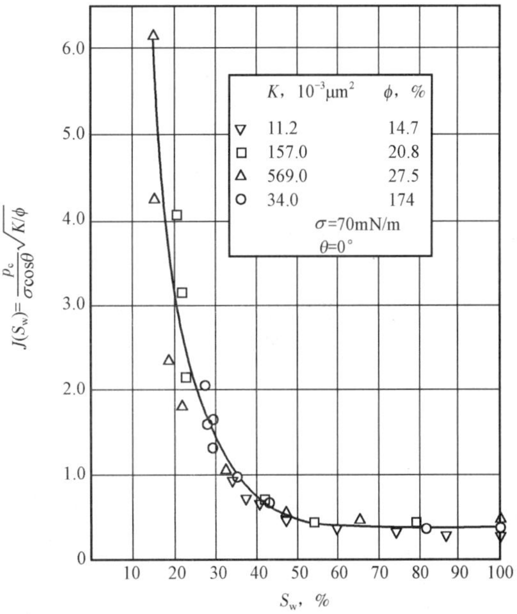

实验室毛细管压力表达式为

$$(p_c)_L = \frac{2\sigma_L \cos\theta_L}{r} \qquad (5-16)$$

图 5-35 不同孔隙度渗透率岩心样品的 J 函数
（据杨通佑等，1998）

油藏毛细管压力表达式为

$$(p_c)_R = \frac{2\sigma_R \cos\theta_R}{r} \qquad (5-17)$$

式中 $(p_c)_L$、σ_L、θ_L——实验室内的毛细管压力、界面张力和接触角；

$(p_c)_R$、σ_R、θ_R——油藏条件下的毛细管压力、界面张力和接触角；

r——孔隙喉道半径。

由式（5-16）除以式（5-17），得

$$(p_c)_R = \frac{\sigma_R \cos\theta_R}{\sigma_L \cos\theta_L}(p_c)_L \qquad (5-18)$$

对于采用压汞法测定毛细管压力曲线而言，相当于利用液态汞驱替空气。此时液态汞和空气之间的界面张力为 $\sigma=480 dyn/cm$，液态汞与石英表面的接触角 $\theta=140°$；而水和油之间的界面张力（相当于 σ）为 $28\sim30 dyn/cm$，水与岩石颗粒表面的接触角 θ 则因岩石的润湿性不同而有较大差别。总体上，利用压汞实验计算的毛细管压力与油藏之间毛细管压力的比值 $(p_c)_R/(p_c)_L$ 对于纯石英砂岩储层一般为 $1:75$，而对于纯孔隙型的石灰岩储层则为 $1:58$ 左右。

c. 油藏内油柱高度的确定

油藏的毛细管压力为油、水的重力差所平衡，即油藏自由水面以上高度与油藏毛细管力

成正比，与油水密度差成反比，即

$$H=\frac{(p_c)_R}{(\rho_w-\rho_o)g} \tag{5-19}$$

若 H 以 m 为单位，$(p_c)_R$ 以 MPa 为单位，$\rho_w-\rho_o$ 以 g/cm^3 为单位，将重力加速度 g 取近似值 10m/s^2，则有

$$H=\frac{100(p_c)_R}{\rho_w-\rho_o} \tag{5-20}$$

式中　H——油藏自由水面以上高度，m；

　　　$(p_c)_R$——油藏毛细管压力，MPa；

　　　ρ_w、ρ_o——分别为油藏条件下油与水的密度，g/cm^3；

　　　g——重力加速度，m/s^2。

按式(5-20)即可将室内毛细管压力曲线转换为以自由水面以上高度表示的含水饱和度关系图。但值得注意的是，一定要减去利用门槛压力 p_d 计算出自由水面以上的高度 H_d，才是真正的油柱高度［图5-36(a)］。

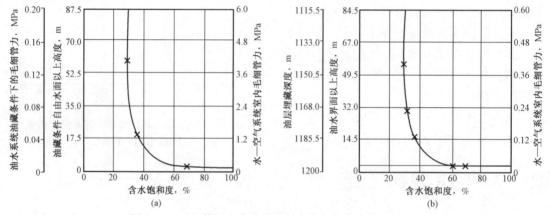

图5-36　毛细管压力曲线的坐标变换（据范尚炯，1990）

d. 油层原始含油饱和度的确定

若已知自由水面深度，可将图5-36(a)转换为油水饱和度沿油藏埋藏深度分布图［图5-36(b)］。根据该图可查出油层任一深度所对应的原始含水饱和度，进而求出原始含油饱和度。

4. 油水同层含油饱和度的确定

1）基本原理

油水同层分布于油水过渡段内，既有可动油，又有可动水，在试油或生产时表现为油水同出。确定油水同层含油饱和度的难度较大。一方面，油水同层含油饱和度的变化范围较大；另一方面，油基钻井液取心和密闭取心等手段都不能反映存在自由水的油水同层的饱和度原始状况。目前确定油水同层原始含油饱和度的一种简易的近似方法，是应用相渗透率曲线和含水率确定油水同层含油饱和度。

相渗透率实验提供了一个油层从产纯油（只有束缚水）到产纯水（只有残余油）的饱

和度变化全过程，据此可得到相渗透率与含水饱和度的关系。而根据油水共渗体系中的分流方程式，可得到相渗透率与含水率的关系。综合这两种关系，便可得到含水率与含水饱和度变化的关系曲线。

2）基本步骤

a. 含水率与含水饱和度关系曲线的确定

在油水共渗体系中，产水率（即产水量与总产液量之比）与油、水两相的相对渗透率及黏度有关，即

$$f_w = \frac{Q_w}{Q_w + Q_o} = \frac{1}{1 + \dfrac{K_{ro}}{K_{rw}} \cdot \dfrac{\mu_w}{\mu_o}} \tag{5-21}$$

式中　F_w——产水率，%；

　　　Q_w——产水量，m^3/d；

　　　Q_o——产油量，m^3/d；

　　　K_{rw}——水相相对渗透率，无量纲；

　　　K_{ro}——油相相对渗透率，无量纲；

　　　μ_w——水相黏度，$mPa \cdot s$；

　　　μ_o——油相黏度，$mPa \cdot s$。

根据含水率与相渗的关系以及大量的相渗透率实验结果，可以建立不同渗透率类型的含水率与含水饱和度关系的综合曲线图（图5-37）。

b. 含油饱和度的确定

油水同层的含水率值应采用油井投产初期的试采资料，若使用试油成果则应考虑到试油层在油藏剖面上的代表性，若使用压裂改造后的试油成果还应充分考虑资料的可靠程度。含水率确定不准，含水饱和度的确定会产生较大的偏差。

对于油水过渡带较窄的油藏，可从含水率和含水饱和度综合关系曲线上取含水率50%处所对应的含水饱和度与含水率为零（只存在束缚水）时的含水饱和度的差值，作为油水同层中因自由水引起的含水饱和度增高值，然后将各油层组纯油层的底界，即油水过渡带内纯油层的含油饱和度减去上述含水饱和度的增高值，即可得到油水同层的原始含油饱和度。

因为位于油藏不同部位的井及含有应用油水同层投产初期的试采含水率数据，便可确定其含水饱和度，相应地可确定其含油饱和度。

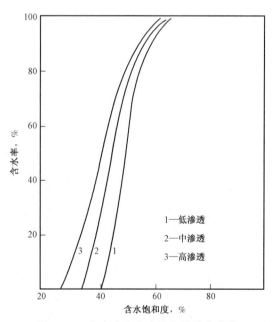

图5-37　含水率与含水饱和度综合曲线
（据杨通佑等，1998）

确定油藏原始含油饱和度的方法较多，必须使用多种方法相互补充，综合选取采用

值。对于具有油基钻井液取心或密闭取心的油田，应以岩心分析的束缚水饱和度为依据，制定空气渗透率与含水饱和度关系图版和测井解释图版。一方面，通过渗透率查出各取心井的束缚水饱和度，从而计算取心井的原始含油饱和度平均值；另一方面，应用测井图版解释所有生产井的原始含油饱和度。然后，根据油田地质情况、测井条件以及井所处的构造位置等因素对两种方法计算的结果进行比较，分析各自的精度和代表性，以一种方法为主选取采用值。对于没有油基钻井液或密闭取心井的油田，或勘探程度较低的区块，可应用毛细管压力曲线计算含油饱和度，或借用邻近相似油田的测井解释模型，应用测井资料解释含油饱和度。然而，用这种方法计算的含油饱和度有一定的误差。

（二）含油气饱和度分布图的编制

在已开发区井数较多的情况下，为了计算已开发探明储量，尚需编制含油气饱和度分布图。编图数据主要来自井点含油饱和度测定或解释数据。值得注意的是，在编绘含油饱和度分布图时，既要考虑沉积和成岩因素的影响，还需考虑构造起伏和断层的影响。在编绘过程中，应综合考虑构造图、含油边界、沉积微相、砂体分布图、有效孔隙度分布图、渗透率分布图等（图5-38）。

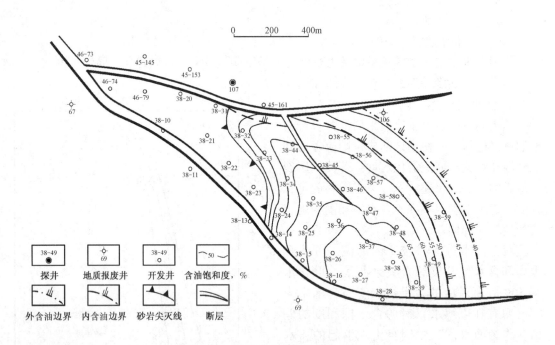

图5-38　某区块含油饱和度分布图

编制含油气饱和度分布图的主要流程是：

（1）选底图：选择具有合适比例尺并经过井位校正的井位图作为制作含油饱和度图的底图，在底图中应明确标注断层的类型与分布、井号、地面井位及地下井位。

（2）上数据：将各井同一小层的含油饱和度数据标注在相应的地下井位旁。

（3）定边界：利用砂岩尖灭线、控制油水分布的断层边界以及根据构造等高线确定的含油边界，圈定含油饱和度等值线的范围，要按照不同的断块、不同的砂体分别加以确定。

（4）编绘等值线：根据含油饱和度的大小，确定等值线间距，按三角网法内插，勾勒含油饱和度等值线。

值得注意的是，在编绘含油饱和度最小等值线图时，一定要参考油层的含油饱和度下限标准，同时要将最低的饱和度等值线分布范围控制在有效厚度的范围之内。

第三节　三维油藏地质模型

一、概念与意义

视频 5.7　三维油藏地质建模的概念与意义

在油气田的评价阶段和开发阶段，油藏地质研究以建立定量的三维油藏地质模型为目标。这是油气勘探开发深入发展的要求，也是油藏地质研究向更高阶段发展的体现。现代油藏管理的两大支柱是油藏描述和油藏模拟。油藏描述的最终结果是油藏地质模型。

油藏地质模型是指定量反映油藏地质特征及其分布的数字化模型。广义地讲，油藏地质模型包括一维油藏地质模型、二维油藏地质模型和三维油藏地质模型。

一维油藏地质模型实际上为井模型，即沿井轨迹所反映的油藏地质特征，如油层对比单元划分、沉积微相、砂体、隔夹层、孔隙度、渗透率、油（气、水、干）层、含油饱和度等。

二维油藏地质模型包括平面和剖面模型，反映油藏地质特征在平面和剖面上的分布。油田生产部门经常编制的小层平面图、油层剖面图即为简单的二维油藏地质模型。除此之外，油田生产部门还经常编制一种准三维图件，即油层栅状图，或称油层连通图。

油层栅状图是由多条油层剖面图综合组成的立体图，它反映了多个油层在各个方向上的岩性、岩相及层间连通情况。在油田开发工作中，一般以砂层组为单元进行编制，其编制步骤如下：（1）编制小层数据表；（2）选择作图比例尺，纵、横比例尺应视研究目的和编图区的范围及单层厚度而定，若单层太薄，为使图幅清晰，可适当放大纵比例尺；（3）绘制井位图，并进行坐标变换，常用的方法是用等度投影法将直角坐标改成菱形坐标网（图5-39）；（4）绘制各井的单井模型，即按所确定的纵比例尺，在井位点旁绘制该井层柱，按深度标出各单层的顶、底界线，按图5-40的格式将分井单层划分数据表中所给的小层编号、砂层厚度、有效厚度、渗透率等数据标注于图上；（5）连接井间小层对比线，连线不宜太多，一般按左右成排、前后斜行连线，连线相遇则断开以避免交错；（6）注释射孔井段、渗透率分级符号（可用符号或色谱按分级界限注释于图上）。

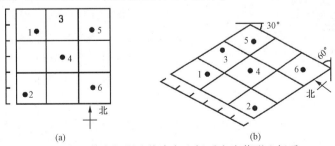

图 5-39　等度投影法将直角坐标系变为菱形坐标系

（a）直角坐标系井位分布；（b）菱形坐标系井位分布

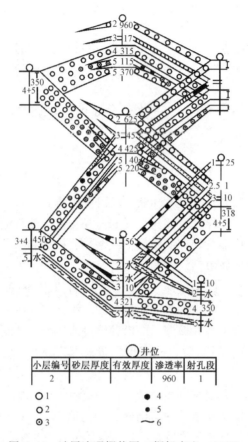

小层编号	砂层厚度	有效厚度	渗透率	射孔段
2			960	1

○1　　　　　●4
○2　　　　　●5
◎3　　　　　～6

图5-40　油层连通栅状图（据杨寿山，1978）

1—油层渗透率大于 $500×10^{-3}\,\mu m^2$；2—油层渗透率为 $(300\sim500)×10^{-3}\,\mu m^2$；3—油层渗透率为 $(100\sim300)×10^{-3}\,\mu m^2$；

4—油层渗透率为 $(50\sim100)×10^{-3}\,\mu m^2$；5—油层渗透率小于 $50×10^{-3}\,\mu m^2$；6—水层

　　然而，真正意义上的油藏地质模型为三维油藏地质模型，即反映油藏地质特征三维分布的数字化模型。20世纪80年代以后，国外为了三维油藏数值模拟的需要，利用计算机技术，逐步发展出一套利用计算机存储和显示的三维油藏模型，即把油藏三维网格化（3D griding）后（图5-41），对各个网格（grid）赋以各自的参数值，按三维空间分布位置存入计算机内，形成了三维数据体。现代计算机技术可提供十分完美的三维图形显示功能，通过任意旋转和不同方向切片，从不同角度显示油藏的外部形态及其内部特点，并进行各种运算和分析。地质人员和油藏管理人员可据此三维图件进行三维油藏非均质分析、储量计算以及油藏开发管理。

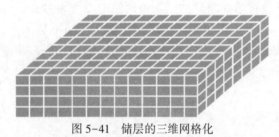

图5-41　储层的三维网格化

　　从本质上讲，三维油藏地质建模是从三维的角度对油藏进行定量的研究并建立三维油藏地质模型，其核心是对油藏进行多学科综合一体化、三维定量化及可视化的研究。与传统的二维油气研究相比，三维油藏建模（图5-42）能更客观地描述油藏，克服了用二维图件和

准三维图件描述三维油藏的局限性，从而有利于油田勘探开发工作者进行合理的油藏评价及开发管理。

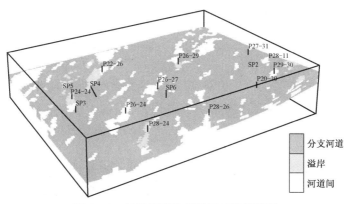

图 5-42　长庆安塞油田某区三维相模型

在油藏评价至油田开发的不同阶段，均可建立油藏地质模型，以服务于不同的勘探开发目的。随着油藏勘探开发程度的不断深入，基础资料不断丰富，所建模型的精度也越来越高。当然，与此同时，油田开发管理对油藏模型精度的要求也越来越高。据此，可将油藏地质模型分为三大类，即概念模型（conceptual model）、静态模型（static model）和预测模型（predictable model）（裘怿楠，1991），体现了不同开发阶段、不同开发研究任务所要求的不同精细程度的油藏地质模型。

（一）概念模型

针对某一种沉积类型或成因类型的储层，把它具代表性的油气层（主要是储层）特征抽象出来，加以典型化和概念化，建立一个对这类油气层在研究地区内具有普遍代表意义的油藏地质模型，即所谓的概念模型。概念模型并不是一个或一套具体油藏的地质模型，而是代表某一地区某一类油藏的基本面貌，实际上在一定程度上与沉积模式类同，但加入了油田开发所需要的地质特征。

从油田发现开始，到油田评价阶段和开发设计阶段，主要应用油藏概念模型研究各种开发战略问题。这个阶段，油田仅有少数大井距的探井和评价井的岩心、测井及测试资料，以及二维和三维地震资料，因而不能详细地描述储层细致的非均质特征，只能依据少量的信息，借鉴理论上的沉积模式、成岩模式，建立工区储层概念模型。但是，这种概念模型对开发战略的确定是至关重要的，可避免战略上的失误。如在井距布置方面，席状砂体可采取大井距布井，河道砂体则需小井距，而块状底水油藏则采用水平井效果最好。

（二）静态模型

针对某一具体油田（或开发区）的一个油藏，将其油藏特征在三维空间上的变化和分布如实地加以描述而建立的地质模型，称为静态模型。

静态模型主要为编制开发方案和调整方案服务，如确定注采井别、射孔方案、作业施工、配产配注及油田开发动态分析等。

20 世纪 60 年代以来，我国各油田投入开发以后都建立了这样的静态模型，但大都是手工编制和二维显示的，如各种小层平面图、油层剖面图、栅状图等。20 世纪 80 年代以后，国外利用计算机技术逐步发展出一套利用计算机存储和显示的三维储层静态模型。

（三）预测模型

预测模型是比静态模型精度更高的油藏地质模型。它要求对控制点间（井间）及以外地区的油藏（主要是储层）参数能作一定精度内插和外推的预测。

实际上，在建立静态模型时，也进行了井间预测，但精度不高，这主要是受技术条件和资料精度所限。地震资料覆盖面广，但分辨率不足以确定三维空间任一点的储层参数绝对值；而井资料虽然垂向分辨率高，但由于井距的限制，不能代表整个三维储层。在目前条件下，采用的各种井间预测的地质统计学方法还不能确切表征井间任意一点的储层参数绝对值。

预测模型的提出，是油田开发深入的需求，因为在二次采油之后地下仍存在有大量剩余油需进行开发调整、井网加密或进行三次采油，因而需要建立精度很高的储层模型和剩余油分布模型。为了适应注水开发中后期及三次采油对剩余油开采的需求，需要在开发井网（一般百米级条件下）将井间数十米甚至数米级规模的储层参数的变化及其绝对值预测出来。

视频 5.8 三维油藏地质建模的基本流程

二、三维建模基本流程

三维建模一般遵循从点到面再到体的步骤，即首先建立各井点的一维垂向模型，然后建立油藏的框架（由一系列叠置的二维层面模型和断层模型构成），最后在油藏框架基础上建立储层各种属性及流体分布的三维地质模型。一般地，三维油藏建模过程包括四个主要环节，即数据准备、构造建模、储层建模、流体分布建模。根据三维油藏地质模型，可进行各种体积计算（如储量计算）。如果要将油藏地质模型用于油藏数值模拟，应对其进行粗化。

（一）数据准备

油藏地质建模是以数据库为基础的。数据的丰富程度及其准确性在很大程度上决定着所建模型的精度。

从数据来源来看，建模数据包括岩心、测井、地震、试井、开发动态等方面的数据。从建模内容来看，基本数据类型包括以下五类：

（1）坐标数据：包括井位坐标、地震测网坐标等。

（2）分层数据：包括两个方面，其一为各井的油层组、砂层组、小层、单层、砂体的划分对比数据；其二为地震资料解释的层面数据等。

（3）断层数据：断层位置、断点、断距等。

（4）储层数据：包括井眼储层数据、地震储层数据及地层测试储层数据。井眼储层数据为岩心和测井解释数据，包括井内相、砂体、隔夹层、孔隙度、渗透率等数据（即井模型），这是储层建模的硬数据（hard data），即最可靠的数据。地震储层数据主要为速度、波阻抗、频率等，为储层建模的软数据（soft data），即可靠程度相对较低的数据。地层测试提供的储层数据包括两个方面，其一为储层连通性信息，可作为储层建模的硬数据；其二为储层参数数据，因其为井筒周围一定范围内的渗透率平均值，精度相对较低，一般作为储层建模的软数据。

（5）流体分布数据：包括两个方面，其一为井眼油（气、水、干）层解释、含油（气）饱和度；其二为油（气）水界面数据。

另外，二维平面和二维剖面的构造、储层、流体分布研究图件，以及相关的分布规律地质研究成果，也是建模的重要依据。

（二）构造建模

构造模型反映油藏的空间格架。因此，在进行储层及流体空间分布的建模之前，应首先进行构造建模。构造模型由断层模型和一系列层面模型组成。

断层模型实际为三维空间上的断层面，它在二维平面上的表现即为断层面等值线图。断层建模的主要资料包括：（1）井下断点数据；（2）地震资料解释得到的断层文件，即平面上的断层多边形文件，或剖面上的断层柱（fault sticks）文件。建模方法主要为插值法。

层面模型为地层界面的三维分布，叠合的层面模型即为地层格架模型。建模的主要资料包括各井的分层数据、地震资料解释的层面数据等。建模方法主要为插值法，基本原理与平面构造图的编图相似。

（三）储层建模

在对构造模型进行三维网格化后，即可进行三维储层建模。建模的基本思路是利用井数据和（或）地震数据，按照一定的插值（或模拟）方法对每个三维网格进行赋值，建立储层属性（离散和连续属性）的三维数据体，即储层数值模型。一般地，首先建立相模型，然后在相模型的控制下建立参数分布模型，即"相控建模"。

1. 模型内容

按照储层模型所表述的内容，可将储层地质模型分为储层相（结构）模型、储层参数分布模型、裂缝分布模型等。

储层相模型为储层内部不同相类型的三维空间分布。在三维储层相模型中，应表现不同级次的储集体、隔层、侧向隔挡层和夹层的三维空间分布。

储层参数在三维空间上的变化和分布即为储层参数分布模型，主要为孔隙度模型（图5-43）和渗透率模型。

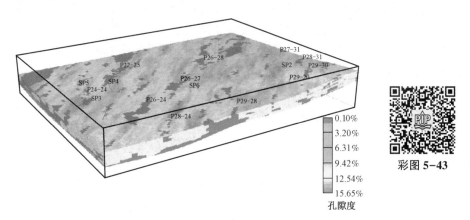

图 5-43　长庆安塞油田某区三维孔隙度模型

裂缝分布模型可分为两类：其一为二维裂缝密度模型，表征裂缝的发育程度；其二为三维裂缝网络模型，表征裂缝类型、大小、形状、产状、切割关系及基质岩块特征等，如图5-44所示。

2. 建模方法

在储层建模中，一般是先建立相模型，然后在"相模型"的约束下，通过"相控建模"建立储层参数模型。对于裂缝性储层，则需要建立裂缝分布模型。

储层建模的核心是井间预测。以图5-45为例，该图有四口井，各井具有确定的孔隙度值，井间孔隙度则是不确定的、需要预测的。井间预测方法很多，大体可分为两大类，即确定性预测方法（对应的建模方法称为确定性建模）、随机模拟预测方法（对应的建模方法称为随机建模）。

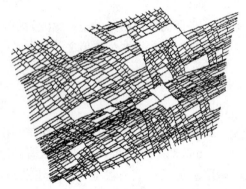

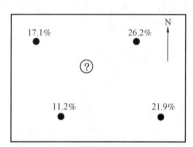

图5-44　裂缝分布模型的平面切片　　　　图5-45　井间孔隙度预测问题

1) 确定性建模

确定性建模是对井间未知区给出确定性的预测结果，即试图从具有确定性资料的控制点（如井点）出发，推测出井间确定的、唯一的储层参数。

确定性建模的方法主要有储层地震学方法、储层沉积学方法及插值方法。其中，储层地震学方法主要应用地震资料，利用地震属性参数，如层速度、波阻抗、振幅等，与储层岩性和孔隙度的相关性进行横向储层预测，继而建立储层岩性和物性的三维分布模型；储层沉积学方法主要是在高分辨率等时地层对比及沉积模式基础上，通过井间砂体对比建立储层结构模型；插值方法包括常规的插值方法（如三角网法、距离反比平方法等）、地质统计学克里金方法（以变差函数为工具进行井间插值）。三者可单独使用，也可结合使用。

2) 随机建模

在资料不完备以及储层结构空间配置和储层参数空间变化比较复杂的情况下，人们难以掌握任一尺度下储层的确定且真实的特征或性质，也就是说，在确定性模型中存在着不确定性。因此，人们广泛应用随机建模方法进行储层建模。

所谓随机建模，是指以已知的信息为基础，以随机函数为理论，应用随机模拟方法，产生可选的、等可能的储层模型的方法，也就是对井间未知区应用随机模拟方法给出多种可能的预测结果。这种方法承认控制点以外的储层参数具有一定的不确定性，即具有一定的随机性。因此采用随机建模方法所建立的储层模型不是一个，而是多个。针对同一地区，应用同一资料、同一随机模拟方法可得到多个模拟实现，即所谓可选的储层模型，如图5-46所示。通过各模型的比较，可了解资料限制导致的井间储层预测的不确定性，以满足油田开发决策在一定风险范围的正确性。若将这些实现用于三维储量计算，则可得出一个储量分布，而不是一个确定的储量值，因此可更客观地了解地下储量，从而为开发决策提供重要的参考依据。随机模拟方法很多，主要有示性点过程、序贯高斯模拟、截断高斯模拟、序贯指示模拟、分形模拟等。

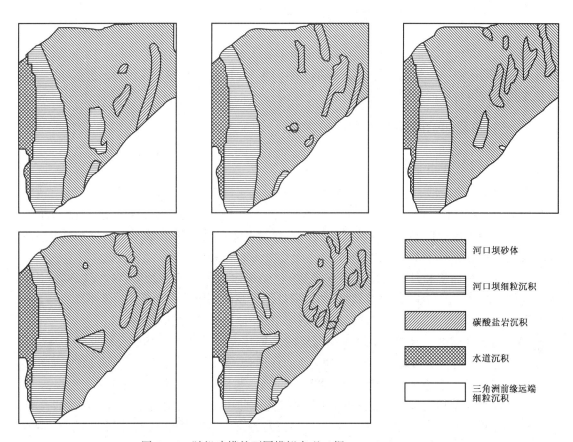

河口坝砂体

河口坝细粒沉积

碳酸盐岩沉积

水道沉积

三角洲前缘远端细粒沉积

图5-46　随机建模的不同模拟实现（据Dasmslesh，1992）

（四）流体分布建模

流体分布模型主要为含油（气）饱和度模型，即含油（气）饱和度在三维空间上的分布模型。

含油饱和度建模主要为井间饱和度插值。除此之外，有两个重要的约束条件：其一为油水界面（或油水过渡段），井间插值主要在该界面之上（及油水过渡段），而在该界面（或油水过渡段）之下不需要插值；其二为含油饱和度的分布规律，如油柱高度与含油饱和度的关系曲线、油水界面之上储层渗透率与含油饱和度的相关方程等。

第四节　油气层综合分类评价

视频 5.9　油气层综合分类评价

在对油气层进行系统、详细的研究和描述之后，一般都要分区、分层段进行分类评价，确定不同地区（或区块）、不同层段（或层组）油气层的相对差异，以指导开发决策。油气层综合分类评价的关键在于两个方面：一是合理选择评价参数；二是合理选择评价方法。

一、评价参数的选择

为了全面评价一个油气藏，必须采用多项参数从多个方面进行综合评价。在油气藏评价及开发的不同阶段，由于勘探开发任务和目的不同，应选择不同的参数作为评价指标，而且各项参数的权重也有所不同。

（一）油藏评价阶段油气层评价参数

1. 常规储层评价参数

在油气藏评价阶段，油气层综合分类评价的目的是确定主力区块、主力含油层系、主力油层组，为开发可行性分析提供依据。一般地，参与评价的地质参数主要有以下几个方面。

（1）有效厚度：储层厚度反映了储层的发育程度，而油气层有效厚度的大小则从一个侧面反映了储量的丰度和储量的大小。

（2）储集体面积和延伸长度（或钻遇率）：储集体面积和延伸长度直接反映储层连续性，与储层厚度一起可综合反映储集体的体积规模。在储集体面积和延伸长度不能直接获取的情况下，可用每个层组的储集体钻遇率间接地反映储层砂体的连续性。

（3）有效孔隙度：有效孔隙度反映储层的储集性能，可从一个侧面反映储量丰度，它与有效厚度组合能更确切地反映储量丰度。

（4）渗透率：渗透率反映储层岩石的渗流能力，与储层产能直接相关。

（5）泥质含量和类型以及碳酸盐含量：在储层中，泥质、碳酸盐以不同方式堵塞孔喉，其含量和类型不同，敏感性也不同，对储层渗流能力及伤害程度也不同，因此是重要的评价参数。

2. 致密砂岩油气藏评价参数

致密砂岩油气藏是近年来的研究热点，致密砂岩油气"甜点区"预测是实现致密砂岩油气藏成功开发的关键所在。评价优选"甜点区"是非常规油气勘探研究的核心，贯穿整个勘探开发过程。非常规油气甜点包括"地质甜点、工程甜点、经济甜点"。地质甜点着眼于烃源岩、储层、超压与裂缝等综合评价，工程甜点着眼于埋深、岩石可压性、应力各向异性等综合评价，经济甜点着眼于资源规模、埋深、地面条件等评价。

致密油"甜点区"评价参数包括烃源岩特性、岩性、物性、脆性、含油气性与应力各向异性等"六特性"特征参数。依据致密油"六特性"各项评价参数标准（表 5-4），将各参数叠合成图，取所有评价参数标准以上的区域，确定为致密油"甜点区"。

表 5-4 致密油"六特性"分级评价综合参数表（据邹才能等，2015，有修改）

评价因素	参数		"甜点区"指标	"甜点区"分级指标		
				Ⅰ级	Ⅱ级	Ⅲ级
烃源岩特性	有效厚度，m		>5	>20	15~20	5~15
	有机质类型		Ⅰ、Ⅱ型	Ⅰ型、Ⅱ₁型	Ⅱ₁型为主	Ⅱ₂型为主
	平均TOC，%		>2	>4	3~4	2~3
	成熟度 R_o，%		0.6~1.5	0.9~1.1	0.8~0.9或1.1~1.3	0.6~0.8或1.3~1.5
岩性	有效厚度，m		>5	>15	10~15	5~10
	岩石类型比例	砂岩+砂砾岩，%	>70	>80	75~80	70~75
		碳酸盐岩，%	>50	>70	60~70	50~60
	泥质含量，%		<30	<15	15~20	20~30
物性	孔隙度，%	碎屑岩	>4	>9	7~9	4~7
		碳酸盐岩	>1	>7	4~7	1~4
	空气渗透率，mD		>0.01	0.3~1	0.1~0.3	0.01~0.1
脆性	脆性指数		>0.5	>0.8	0.65~0.8	0.5~0.65
	泊松比		<0.4	<0.2	0.2~0.3	0.3~0.4
	杨氏模量，10^4MPa		>1	>3	2~3	1~2
含油气性	含油饱和度，%		>50	>80	65~80	50~65
	可动水饱和度，%		<20	<10	10~15	15~20
	地面原油密度，g/cm³		<0.92	<0.75	0.75~0.85	0.85~0.92
应力各向异性	水平两向主应力倍数		<2	≈1	1~1.5	1.5~2

致密油是一种典型的非常规油气资源，能否形成规模并实现经济开发，主要取决于以下6项关键评价指标：

（1）烃源岩特性：总有机碳含量和成熟度两项参数决定致密油生烃条件，一般要求TOC大于1%，R_o为0.6%~1.3%。北美致密油区的烃源岩有机质丰度较高，TOC一般为4%~10%，为Ⅰ级"甜点区"（表5-4）。

（2）岩性：学者将中国致密油划分为三种类型。一是湖相碳酸盐岩致密油，致密储层为白云岩、白云石化岩类、介壳灰岩、藻灰岩和泥质灰岩等；二是深湖水下三角洲砂岩致密油，致密储层主要为三角洲前缘和前三角洲形成的砂-泥薄互层沉积体；三是深湖重力流砂岩致密油，致密储层主要为砂质碎屑流和浊流形成的以砂质为主的丘状混合沉积体。

（3）物性：孔隙度和渗透率是描述储层储集和渗流能力的物性参数，根据现行的储层分类标准和国内外勘探开发实践，一般情况下，致密油储层孔隙度小于10%，基质覆压渗透率小于 0.1mD。致密油储集空间包括有机孔、无机孔和裂缝，其中有机孔以干酪根纳米孔为主，无机孔以溶蚀孔和残余原生孔为主。

（4）脆性：也就是可压裂性，评价指标包括脆性指数、泊松比和杨氏模量。致密油层脆性矿物含量一般大于 35%，其中脆性指数大于 0.5 的致密砂岩天然裂缝较发育，有利于采用水平井分段压裂技术，提高单井产量。

（5）含油气性：主要包括流体性质及可流动性。致密油油质轻，以轻质油为主，原油密度大于 40°API 或小于 0.8251g/cm³，流动性好。

（6）应力各向异性：主要评价指标为水平两向主应力倍数，一般小于 2 的为"甜点区"。

3. 页岩油气评价参数

有别于常规油气藏与致密油气藏，页岩油气具有典型的自生自储性，其评价参数也有其独特性，目前主要以页岩厚度、有机质丰度、有机质成熟度、页岩物性、含油气率、灰分、发热量、全硫含量、矿物组分、岩石力学性质等参数对页岩油气进行评价。

（1）页岩厚度：指富含有机质页岩的厚度。富含有机质页岩厚度越大，页岩气藏富集程度越高，页岩厚度和分布面积是保证有充足的储渗空间和有机质的重要条件。

（2）有机质丰度：有机质丰度高低直接影响页岩含气量。有机质丰度越高，页岩气含量越高。

（3）有机质成熟度：反映有机质是否已经进入热成熟生气阶段，有机质进入生气窗后，生气量剧增，有利于形成商业性页岩气藏。

（4）页岩物性（孔隙度、渗透率）：岩石孔隙是储层油气的重要空间，孔隙度是确定游离气含量的主要参数，据统计，50% 左右的页岩气存储在页岩基质孔隙中，而裂缝的发育可为页岩气提供充足的储集空间，也可为页岩气提供运移通道，更能有效地提高页岩产量。页岩物性是评价页岩储层的储气能力大小的关键因素，也是页岩气甜点评价的重要参数。

（5）含油气率：指油页岩中页岩油气所占的质量分数，是界定油页岩矿产资源概念的指标，也是油页岩品位评价的关键参数。

（6）灰分：指 1g 油页岩分析样品在 800℃±10℃ 条件下完全燃烧后剩余的残渣重量。它既是区别高含碳油页岩与煤资源的关键指标，又是衡量油页岩质量的参数。该参数越低，油页岩的质量越好。

（7）发热量：指单位重量的油页岩完全燃烧后所放出的全部热量，是评价油页岩作为工业燃料价值的重要参数；由于蒸发潜热很难利用，所以通常以干燥基的低位发热量（Q_{DW}^g）来衡量其工业燃料价值，参数越大，工业燃料价值越高。

（8）全硫含量：指油页岩中各种硫分的总和，它是评价油页岩利用时潜在环境污染程度的重要指标；全硫含量越高，油页岩利用时的潜在环境污染程度越大。

（9）矿物组分：页岩矿物成分主要为硅质矿物、钙质矿物以及土矿物。页岩储层的伊利石含量与吸附气含量有一定关系。硅质、钙质矿物成分越高，页岩储层加砂压裂时，越容易被压开。

（10）岩石力学性质：通过泊松比、杨氏模量等测定，可以评价页岩储层的造缝能力，页岩储层的基质渗透率很低，需要裂缝才能形成工业产能。脆性越大，越易被压裂改造形成人工裂缝。

在对页岩油气进行评价的过程中，应结合实际地质条件，充分考虑页岩油气保存条件，建立页岩油气核心区评价标准（表5-5），结合多参数进行综合评价。

表5-5 中国与北美地区页岩气评价标准对比（据杨智，2015，有修改）

参数 \ 地区		中国	北美地区
地质甜点	有机碳，%	>2	>4
	成熟度，%	>1.1	>1.1
	有效页岩厚度，m	>30	>30
	裂缝	发育	发育
	保存条件	构造相对稳定，较好的顶底板保存条件	—
工程甜点	压力系数	>1.2	>1.3
	脆性矿物含量，%	>40	>40
	水平主应力差，MPa	<10	<10
经济甜点	含气量，m³/t	>2	>2.8
	埋深，m	<4500	<3500
	地表条件	交通好，水源充足	交通好，水源充足

（二）开发阶段油气层评价参数

进入开发阶段后，油气层分类评价的重点是评价储层渗流能力的差异。一般地，用于分类评价的参数包括宏观岩石物理参数和微观孔隙结构参数两个方面。

1. 宏观岩石物理参数

1) 反映储存能力的参数

有效孔隙度与储存系数常用来反映油气层储存能力。储存系数为孔隙度、压缩系数与储层厚度的乘积（$\phi C_t h$）。

2) 反映渗流能力的参数

反映渗流能力的参数除渗透率之外，还有地层流动系数、地层系数、储层质量指数、渗透率非均质性参数等。渗透率为反映渗流能力的常规参数。

地层流动系数为渗透率和储层厚度的乘积与流体黏度之比（Kh/μ）。

地层系数为渗透率和储层厚度的乘积。

储层质量指数为渗透率与孔隙度之比（K/ϕ）。

储层渗透率非均质参数包括变异系数、突进系数、级差等。

2. 微观孔隙结构参数

微观孔隙结构参数，如孔隙类型、孔喉大小、孔喉分选性、毛细管压力等，不仅间接体现储层渗流条件的优劣，也是影响开采工艺决策的储层性质。在注水开发中后期及三次采油中，微观孔隙结构参数是油气层综合分类评价的重要参数。

二、综合分类评价方法

综合分类评价方法很多，大体可分为两大类：其一为"权重"评价法；其二为各种数学方法，如聚类分析法、模糊数学法等。下面主要介绍"权重"评价法和聚类分析法。

（一）"权重"评价法

该方法带有专家估测的成分，是一种比较简单但普遍应用的半定量评价方法。下面以鄂尔多斯盆地白豹地区长6储层为例，介绍该方法的基本步骤。

1. 评价参数选择

以白豹地区长6三个小层为研究对象，选择评价参数齐全的沉积单元进行储层综合定量评价。依照特征选择分析结果，四个参数与储层综合评价关系最为密切，即孔隙度 ϕ、渗透率 K、砂体厚度 H、含油饱和度 S_o。这些参数综合考虑了包括储层物性、储层规模、含油性及储量等各方面的因素。因此，这四个参数的结合基本上反映了储层的总体特征。这样就可以利用较少但重要的变量来建立简单但准确的储层评价模型（表5-6）。

表5-6　白豹地区长6储层评价参数数据表

井号	层位	孔隙度 ϕ, %	水平渗透率 K, $10^{-3}\mu m^2$	含油饱和度 S_o, %	砂体厚度 H, m
白209	长6^1	9.88	0.39	41.81	7.6
白230	长6^1	8.93	0.23	33.86	4.2
白268	长6^1	9.61	0.24	25.91	16.1
白271	长6^1	9.31	0.12	15.77	12.6
里54	长6^1	10.77	0.17	32.61	6.3
白208	长6^2	8.57	0.11	29	6.4
白229	长6^2	10	0.22	27.77	21.1
白230	长6^2	5.32	0.45	31.36	22.8
白240	长6^2	10.07	0.19	24.04	5.2
白243	长6^2	5.28	0.04	23.88	7.5
里53	长6^2	9.53	0.03	27.01	18.2
里54	长6^2	5.97	0.21	28.18	9.5
白248	长6^3	9.947	0.091	39.093	23.2
白115	长6^3	9.65	0.07	14.31	13
白205	长6^3	7.23	0.08	34.69	2.8
白209	长6^3	13.14	0.54	43.07	13
白210	长6^3	11.92	0.71	23.28	7.6
白217	长6^3	6.81	2	24.26	8.6

井号	层位	孔隙度 ϕ, %	水平渗透率 K, $10^{-3}\mu m^2$	含油饱和度 S_o, %	砂体厚度 H, m
白219	长 6^3	8.81	0.15	18.05	14.2
白224	长 6^3	9.83	0.25	16.31	18.2
白226	长 6^3	8.05	0.2	12.29	12.4
白229	长 6^3	7.89	0.12	32.22	20.6

2. 单项参数的标准化处理

由于不同参数的量纲不同,数值差异大,为了使各项参数具有可比性,需要对各项参数进行标准化处理。一般采用极大值标准化法,即以单项参数除以同类参数的极大值,使每项评价分数在 0~1 之间,分以下两种情况:

(1) 对于数值与储层储集性能正相关的参数,如储层厚度、孔隙度、渗透率等,直接除以本参数的最大值:

$$E_i = \frac{x_i}{x_{max}} \tag{5-22}$$

式中 E_i——第 i 单元的本项参数标准化值;

x_i——第 i 单元的本项原始参数值;

x_{max}——所有单元的本项参数最大值。

(2) 对于数值与储层储集性能负相关的参数,如泥质含量、碳酸盐含量等,则用本参数的极大值减去单项参数之差再除以最大值,使其有可比性:

$$E_i = \frac{x_{max} - x_i}{x_{max}} \tag{5-23}$$

本实例研究区所选指标来看,为第一种情况,参数值越大,反映储层质量越好。将每个样本进行最大值标准化,见表 5-7。

表 5-7   白豹地区长 6 储层各评价参数标准化数据表

井号	层位	评价参数标准化数据			
		孔隙度 ϕ	渗透率 K	含油饱和度 S_o	砂体厚度 H
白209	长 6^1	0.75190	0.19500	0.97075	0.32759
白230	长 6^1	0.67960	0.11500	0.78616	0.18103
白268	长 6^1	0.73135	0.12000	0.60158	0.69397
白271	长 6^1	0.70852	0.06000	0.36615	0.54310
里54	长 6^1	0.81963	0.08500	0.75714	0.27155
白208	长 6^2	0.65221	0.05500	0.67332	0.27586
白229	长 6^2	0.76104	0.11000	0.64476	0.90948
白230	长 6^2	0.40487	0.22500	0.72812	0.98276

井号	层位	评价参数标准化数据			
		孔隙度 ϕ	渗透率 K	含油饱和度 S_o	砂体厚度 H
白 240	长 6^2	0.76636	0.09500	0.55816	0.22414
白 243	长 6^2	0.40183	0.02000	0.55445	0.32328
里 53	长 6^2	0.72527	0.01500	0.62712	0.78448
里 54	长 6^2	0.45434	0.10500	0.65428	0.40948
白 248	长 6^3	0.75700	0.04550	0.90766	1.00000
白 115	长 6^3	0.73440	0.03500	0.33225	0.56034
白 205	长 6^3	0.55023	0.04000	0.80543	0.12069
白 209	长 6^3	1.00000	0.27000	1.00000	0.56034
白 210	长 6^3	0.90715	0.35500	0.54052	0.32759
白 217	长 6^3	0.51826	1.00000	0.56327	0.37069
白 219	长 6^3	0.67047	0.07500	0.41909	0.61207
白 224	长 6^3	0.74810	0.12500	0.37869	0.78448

3. 确定各项参数的权系数

同一参数在不同的勘探开发阶段所起的作用不同，所占"权重"也不相同。例如，在勘探及开发准备阶段，油层有效厚度为第一权重，渗透率为第二权重；但在开发方案的设计与实施阶段，渗透率作为反映储层非均质性最重要的参数，所占权重为第一类；而有效厚度的权重则相应降低，属第二类。

确定权重系数的方法较多，通常有专家估值法、层次分析法、模糊关系方程求解、主成分分析法及灰色系统理论法等。如在上述实例中，将孔隙度 ϕ、渗透率 K、含油饱和度 S_o、砂体厚度 H 的权重系数分别定为 0.34053、0.21995、0.22890、0.21066。

4. 计算综合权衡评价分

在求出各个评价参数的标准化数据之后，分别乘以本类的权重系数，求得单项权衡分数。将各样本中单项权衡分数相加，得出各样本的综合权衡评价分数（综合得分），计算公式为：综合得分（Q）= 孔隙度标准化数值×权重系数（0.34053）+水平渗透率标准化数值×权重系数（0.21995）+含油饱和度标准化数值×权重系数（0.22890）+砂体厚度标准化数值×权重系数（0.21066）。将评价单元内各单项权衡分数相加，即为该评价单元的综合权衡评价分数，如表5-8所示。

表5-8　白豹地区长6储层综合评价分类表

井号	层位	单项权衡分数				综合得分 Q	评价分类
		孔隙度 ϕ	渗透率 K	含油饱和度 S_o	砂体厚度 H		
白 209	长 6^1	0.25605	0.04289	0.22220	0.06901	0.59015	Ⅱ

井号	层位	单项权衡分数				综合得分 Q	评价分类
		孔隙度 ϕ	渗透率 K	含油饱和度 S_o	砂体厚度 H		
白 230	长 6^1	0.23143	0.02529	0.17995	0.03814	0.47481	III
白 268	长 6^1	0.24905	0.02639	0.13770	0.14619	0.55933	II
白 271	长 6^1	0.24127	0.01320	0.08381	0.11441	0.45269	III
里 54	长 6^1	0.27911	0.01870	0.17331	0.05721	0.52832	II
白 208	长 6^2	0.22210	0.01210	0.15412	0.05811	0.44643	III
白 229	长 6^2	0.25916	0.02419	0.14759	0.19159	0.62253	II
白 230	长 6^2	0.13787	0.04949	0.16667	0.20703	0.56105	II
白 240	长 6^2	0.26097	0.02090	0.12776	0.04722	0.45684	III
白 243	长 6^2	0.13683	0.00440	0.12691	0.06810	0.33625	IV
里 53	长 6^2	0.24697	0.00330	0.14355	0.16526	0.55908	II
里 54	长 6^2	0.15472	0.02309	0.14977	0.08626	0.41384	III
白 248	长 6^3	0.25778	0.01001	0.20776	0.21066	0.68621	II
白 115	长 6^3	0.25008	0.00770	0.07605	0.11804	0.45188	III
白 205	长 6^3	0.18737	0.00880	0.18436	0.02542	0.40596	III
白 209	长 6^3	0.34053	0.05939	0.22890	0.11804	0.74686	I
白 210	长 6^3	0.30891	0.07808	0.12372	0.06901	0.57973	II
白 217	长 6^3	0.17648	0.21995	0.12893	0.07809	0.60346	II
白 219	长 6^3	0.22832	0.01650	0.09593	0.12894	0.46968	III
白 224	长 6^3	0.25475	0.02749	0.08668	0.16526	0.53418	II

5. 确定评价标准，进行综合分类评价

对综合得分进行储层评价分类，将研究区长 6 储层划分为 4 类（表 5-9）。分类标准为：综合得分 $Q < 0.36$ 为 IV 类，$Q = 0.36 \sim 0.52$ 为 III 类，$Q = 0.52 \sim 0.74$ 为 II 类，$Q = 0.74 \sim 1.00$ 为 I 类。对评价分类进行统计分析，从计算的结果来看，研究区长 6 储层大部分为 III 类和 II 类，少数为 IV 类，I 类最少。对长 6^1 小层来说，以 III 类为主，其次是 II 类和 IV 类；对长 6^2 小层来说，则以 III 类、IV 类为主；对长 6^3 小层来说，以 II 类、III 类为主，其次为 I 类和 IV 类。长 6^1 和长 6^2 小层均不发育 I 类储层。总的来说，长 6^3 小层的储层质量明显好于长 6^1 和长 6^2 小层，综合得分也反映了这一特征。

（二）聚类分析法

聚类分析法为一种数学方法，是一种逐级归类的方法。对样品进行分类的聚类方法称为

Q 型聚类，对变量进行分类的聚类方法称为 R 型聚类。储层综合分类评价主要应用 Q 型聚类，其主要思想是根据一定的相似性指标，按照研究对象的相似程度合理地进行归并和分类，即根据样品的多项观测指标，计算样品之间的相似程度，把相似的样品归为一类，把不相似的样品归为另一类，并形成一个由大到小的分类谱系图。

样品的相似程度可用距离系数或相似系数来表达。如果把在 m 个变量上进行观测的 N 个样品看成 m 维空间的 N 个点，则距离系数（d_{jk}）定义为两样品点 x_j 与 x_k 之间在 m 维空间的距离，相似系数（$\cos\theta_{jk}$）则定义为 m 维空间内两样品 x_j 与 x_k 构成的两向量之间夹角的余弦：

$$d_{jk} = \sqrt{\frac{1}{m}\sum_{i=1}^{m}(x_{ij}-x_{ik})^2} \tag{5-24}$$

$$\cos\theta_{jk} = \frac{\sum\limits_{i=1}^{m}x_{ij}\cdot x_{ik}}{\sqrt{\sum\limits_{i=1}^{m}x_{ij}^2}\cdot\sqrt{\sum\limits_{i=1}^{m}x_{ik}^2}} \tag{5-25}$$

式中 d_{jk}——第 j 个样品与第 k 个样品的距离系数；

$\cos\theta_{jk}$——第 j 个样品与第 k 个样品的相似系数；

x_{ij}——第 j 个样品第 i 个变量（参数）的标准化值；

x_{ik}——第 k 个样品第 i 个变量（参数）的标准化值；

m——变量（参数）个数。

通过计算，可得到两两样品之间的距离系数或相似系数。以样品序号为纵坐标，以距离系数（或相似系数）为横坐标，按照不同样品间的距离系数（或相似系数）的大小，则可构成一个 Q 型聚类分析谱系图。

以英台油田姚一段的储层综合分类评价为例。根据优选的四个变量，即用渗透率、孔隙度、泥质含量、渗透率突进系数，通过计算机对 22 个样品进行距离系数的计算，并得出 Q 型聚类分析谱系图（图 5-47）。从图中可以看出，22 个样品分为四类，即 I、II、III、IV 类。

I 类储层（包括样品 2、4、10、21）物性最好，渗透率在 $1100\times10^{-3}\mu m^2$ 以上，孔隙度在 30% 以上，显示出高孔高渗的储层特征，渗透率突进系数小于 1.2，显示较弱的储层非均质性，泥质含量为 10% 左右；II 类储层（包括样品 3、8、11、14、17、19、22），物性较好，渗透率为 $(1100\sim600)\times10^{-3}\mu m^2$，孔隙度为 22% 左右，显示中孔中渗的储层特征，渗透率突进系数为 $1.5\sim2$，显示中等非均质性，泥质含量为 17% 左右；III 类储层（包括样品 6、12、13、16、18、20），物性较差，渗透率为 $(600\sim150)\times10^{-3}\mu m^2$，孔隙度为 18% 左右，由于泥质含量增高（23% 左右），引起渗透率降低，储层非均质性增强，其渗透率突进系数为 3.5 左右；IV 类储层（包括样品 1、5、7、9），物性相对最差，渗透率在 $150\times10^{-3}\mu m^2$ 以下，孔隙度在 10% 以下，具有较强的储层非均质性，渗透率突进系数值大于 4，岩性以泥质粉砂岩、粉砂质泥岩为主。参数特征分析表明，由 I 类至 IV 类储层的孔渗性降低，泥质含量增加，非均质性增强，即储层质量由好向坏变化。

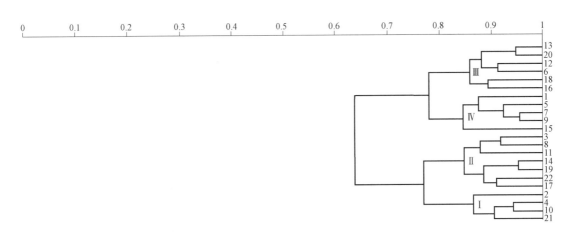

图 5-47　英台油田 Y17 井姚一段储层聚类判别分类谱系图（据余伟等，2016）

三、油气层分类分布研究

在建立综合分类标准后，对各井各层段进行分类判别，然后进行井间预测，编制各层段不同类型油气层的平面分布图。下面以开发阶段流动单元分布研究为例，介绍油气层分类分布研究方法。

流动单元为一个纵横向连续的，内部渗透率、孔隙度、层理特征相似的储集带（Hearn等，1984）。在该带中，影响流体流动的地质参数在各处都相似，并且岩层特点在各处也相似，因而具有相似的开发动态特征。本质上，流动单元是具有相似渗流特征的储集单元，不同的单元具有不同的渗流特征，单元间界面为储集体内分隔若干连通体的渗流屏障界面以及连通体内部的渗流差异"界面"。因此，流动单元也可定义为储层内部被渗流屏障界面及渗流差异界面所分隔的具有相似渗流特征的储集单元（吴胜和，1999）。相应地，流动单元分布研究可分为以下两大步骤（或两个层次）。

（一）连通体与渗流屏障分布研究

在储集体系内，根据储层成因单元的界面分析和渗流屏障分析，划分连通体。

这一层次的研究应在精细地层对比的基础上，开展沉积微相研究、微相内部的构成单元研究、成岩非均质研究、断层分布及其封闭性研究，据此确定研究层段的渗流屏障及连通体的分布，如图 5-48 所示。在连通体分析过程中，要特别注意应用井间动态资料所提供的井间连通性信息，如多井试井资料、井间示踪剂测试、单层注水或注聚受效分析资料等。

（二）连通体内渗流差异研究

在连通体内，通过渗流差异分析，划分流动单元，一般包括以下三个步骤：

第一步，按前述方法对流动单元进行分类。一般地，需要通过静、动态参数的相关分析，如将上述参数与注水剖面的吸水强度（单位砂体厚度及单位压力的吸水量）进行相关分析，优选一个或数个相对独立的、反映渗流差异特征的地质参数。其后，根据优选的地质参数，对流动单元进行分类。若仅应用一个参数（如渗透率）对流动单元进行分类，则可

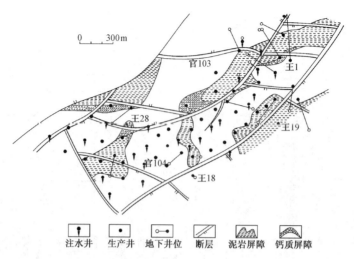

图5-48　官104断块某单层渗流屏障平面分布图（据吴胜和，2010）

直接应用截止值对连续参数进行截断；若应用多个参数进行流动单元分类，可应用聚类分析或模糊综合评判等数学方法。例如，表5-9为大港油田官104断块古近系孔店组储层流动单元的分类标准。

表5-9　官104断块储层流动单元分类标准

流动单元类型		孔隙度 ϕ %	渗透率 K $10^{-3}\mu m^2$	地层系数 KH $10^{-3}\mu m^2 \cdot m$	渗透率变异系数 V_K	备注
Ⅰ类	均值	23.1	690.7	2668	0.5	以辫状河心滩、辫状河道为主
	主要分布范围	>20	>500	>1500	<0.6	
Ⅱ类	均值	21.4	346.4	1141	0.66	辫状河道
	主要分布范围	15~25	500~200	2000~400	0.5~0.8	
Ⅲ类	均值	20.2	146.8	174.9	0.69	河道侧缘
	主要分布范围	<21	<200	<500	0.6~0.9	
Ⅳ类	主要分布范围	<20	<100	<500	>0.8	多为漫溢砂

　　第二步，根据分类标准，对研究区各井进行流动单元划分。在一个砂体内（如一个正韵律砂体），可以有多个类型的流动单元。

　　第三步，根据各井各层砂体的主要流动单元类型，以连通体为单元进行井间分区（确定平面上渗流差异的界面），将连通体进一步细化为不同的流动单元，如图5-49所示。值得注意的是，在井间分区过程中，需要考虑流动单元的控制因素。流动单元的类别一般受控于沉积、成岩等因素，因此，在井间插值或分区确定渗流差异界面时，应考虑沉积微相和（或）成岩相的约束，如在河道—决口扇复合体内的微相间具有渗流差异界面。另外，要充分应用生产动态资料对流动单元的划分及展布结果进行验证。

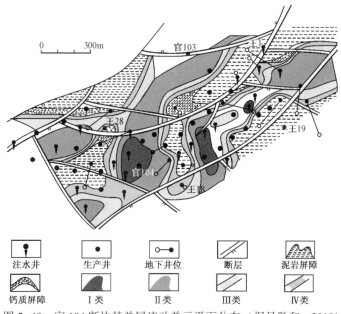

图 5-49 官 104 断块某单层流动单元平面分布（据吴胜和，2010）

图例：注水井、生产井、地下井位、断层、泥质屏障、钙质屏障、Ⅰ类、Ⅱ类、Ⅲ类、Ⅳ类

思考题

1. 圈闭内油气充注的动力包括哪些？

2. 影响圈闭充注（含油饱和度）的地质因素有哪些，是如何影响的？

3. 油水过渡段的厚薄主要受哪些因素的影响？

4. 油水过渡带与油水过渡段有何差别？

5. 油气水系统分为哪几类，各自特征是什么，形成条件是什么？

6. 什么是含油气边界？含油气边界包括哪些类型？不同类型油藏的含油范围各自受控于哪些因素？

7. 工业含油岩性边界与砂岩尖灭线的主要区别是什么？如何确定含油岩性边界？

8. 什么是油水界面？如何理解不规则油水界面？其主要影响因素是什么？

9. 如何应用试油及测井解释资料确定油水界面？

10. 如何应用压力资料计算油水界面？

11. 如何综合应用构造、储层、油气层解释成果圈定含油范围？

12. 什么是工业油气流标准？

13. 什么是有效厚度？它与有效储层的概念有什么区别？

14. 如何确定有效厚度的物性标准？

15. 如何在油层内根据测井曲线扣除夹层？

16. 如何编制有效厚度等值线图？

17. 原始含油饱和度的确定方法主要有哪些？不同方法的精度有何差别？

18. 如何编制含油（气）饱和度等值线图？

19. 什么是三维油藏地质模型？其意义是什么？

20. 如何理解储层概念模型、静态模型和预测模型？

21. 储层确定性建模与随机建模的概念是什么？它们有什么差别？

22. 油气层综合分类评价的意义是什么？评价与开发阶段用于分类评价的参数有何差别？

23. 储层流动单元的概念和意义是什么？其分布研究和思路是什么？

第六章　油气储量估算

油气储量是已发现油气藏（田）中储藏的油气量。油气储量是发展石油工业的基础，是石油公司的生命线。油气储量估算的准确性则关系着油田建设投资乃至国民经济规划等重大问题。油气田勘探和开发极为重要的任务就是落实油气资源的探明程度，估算油气储量的大小。从这个意义来讲，油气储量是油气田勘探和开发成果的综合反映。本章主要介绍油气储量的分类与评价，以及地质储量和可采储量的估算方法。

第一节　油气储量分类与评价

油气储量属于油气矿产资源的范畴。油气矿产资源是指在地壳中由地质作用形成的、可利用的油气自然聚集物，其数量可理解为总原地油气量（total petroleum initially-in-place），即换算到地面标准条件 20℃、0.101MPa 下的数量。

一个油气田从发现起，经过勘探到投入开发，往往需要经历不同的阶段，而每一个阶段结束，均有反映该阶段成效的油气储量。随着人们对地下油气田地质规律认识的不断深化，所获取的各项地质参数也不断地丰富、完善，因而油气储量估算的精度也就不断地提高。为了评价、对比各阶段计算油气储量的可靠程度，应根据不同的勘探、开发阶段对油气储量提出相应的分级、分类和命名。不同国家、不同组织对于油气资源与储量的划分标准不尽相同，但是随着国际化步伐的加快，有开始走向统一的趋势。

一、我国油气储量分类体系

20 世纪 50—70 年代，我国主要采用苏联的油气储量分类体系。为了使我国储量分类分级与国际对比，我国于 1988 年正式发布了石油、天然气储量规范两个国家标准，对资源和储量进行了系统分类。2004 年，在三大油公司海外上市背景下，出台了 GB/T 19492—2004《石油天然气资源/储量分类》国家标准。2020 年 3 月 31 日，颁布了新的 GB/T 19492—2020《油气矿产资源储量分类》国家标准。

GB/T 19492—2020 主要基于勘探开发程度、地质认识程度和产能证实程度，按纵向方向（基于资源发现与否以及地质认识程度）进行分级，按横向（基于资源的原地属性、技术可采性、经济可采性和开发状态）进行分类（图 6-1）。

首先，将总原地油气量根据是否发现分为资源量和地质储量两类。

资源量（undiscovered petroleum initially-in-place）为待发现的未经钻井验证的，通过油气综合地质条件、地质规律研究和地质调查推算的油气数量。

地质储量（discovered petroleum initially-in-place）为钻井发现油气后，根据地震、录井、测井和测试等资料估算的油气数量。

需要说明的是，在我国 2004 年的油气资源/储量分类方案中，将总原地油气量称为资源

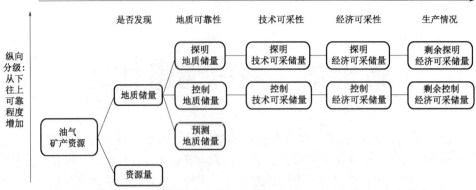

图 6-1　我国石油天然气储量分类分级方案（据 GB/T 19492—2020，有补充）

量，包括未发现资源量（即 2020 年分类方案中的资源量）和已发现资源量（即地质储量），并将未发现资源量细分为推测资源量和潜在资源量（在 2020 年方案中不再细分）。

在一定的技术经济条件下，地质储量中的可采部分称为可采储量。下面，分别介绍地质储量与可采储量的分级。

视频 6.1　油气
地质储量分级

（一）地质储量分级

根据勘探开发程度（所处的勘探开发阶段）和地质认识程度（如资料状况、地质研究精度等），将地质储量进一步分为预测地质储量、控制地质储量和探明地质储量三个级别，分别反映油气藏在不同阶段的地质置信度（低、中和高）。

1. 预测地质储量

预测地质储量（possible petroleum initially-in-place）是指钻井获得油气流或综合解释有油气层存在时，对有进一步勘探价值的油气藏所估算的油气数量，其确定性低。

预测地质储量估算应具备的条件为：应初步查明构造形态、储层情况，预探井已获得油气流或钻遇到油气层，或紧邻在探明地质储量（或控制地质储量）区并预测有油气层存在，经综合分析有进一步评价勘探的价值，地质可靠程度低。预测地质储量的勘探程度和地质认识程度要求见表 6-1。

预测地质储量是制定评价钻探的依据。

2. 控制地质储量

控制地质储量（probable petroleum initially-in-place）是指钻井获得工业油气流，经进一步钻探初步评价，对可供开采的油气藏所估算的油气数量，其确定性中等。

控制地质储量估算的条件为：应基本查明构造形态、储层变化、油气层分布、油气藏类型、流体性质及产能等，或紧邻在探明地质储量区 [同一圈闭探明区（层）以外可能含油气范围]，地质可靠程度中等。控制地质储量的勘探程度和地质认识程度要求见表 6-1。

控制地质储量是进一步评价钻探，编制中、长期开发规划的依据。

3. 探明地质储量

探明地质储量（proved petroleum initially-in-place）是指钻井获得工业油气流，并经钻探评价证实，对可供开采的油气藏所估算的油气数量，其确定性高。

探明地质储量估算的条件为：（1）应查明构造形态、油气层分布、储集空间类型、油气藏类型、驱动类型（第七章介绍）、流体性质及产能等；（2）流体界面或最低油气层底界经钻井、测井、测试或压力资料证实；（3）应有合理的钻井控制程度或一次开发井网部署方案，地质可靠程度高；（4）含油（气）范围的单井稳定日产量达到油气井的工业油气流标准，即储量起算标准，其中，稳定日产量为系统试采井的稳定产量，试油井可用试油稳定产量折算（不大于原始地层压力20%）压差下的产量代替，试气井可用试气稳定产量折算（不大于原始地层压力10%）压差下的产量代替，或用20%~25%的天然气无阻流量代替。探明地质储量的勘探程度和地质认识程度要求见表6-1。

表6-1　不同级别地质储量估算的勘探开发程度与地质认识程度要求

类别		探明地质储量	控制地质储量	预测地质储量
勘探开发程度	地震	已完成二维地震测网密度不大于1km×1km，或有三维地震。复杂条件除外	已完成地震详查，主测线距一般1~2km	已完成地震普查，主测线距一般2~4km
	钻井	（1）已完成评价井钻探，满足编制开发方案的要求，能控制含油（气）边界或油（气）水界面；（2）小型以上油（气）藏的油气层段应有岩心资料，中型以上油（气）藏的油气层段至少有一个完整的取心剖面，岩心收获率应能满足对测井资料进行标定的需求；（3）大型以上油（气）田的主力油气层，应有合格的油基钻井液或密闭取心井；（4）疏松油气层采用冷冻方式钻取分析化验样品	1. 已有评价井；2. 主要含油气层段有代表性岩心	1. 已有预探井；2. 主要目的层有取心或井壁取心
	测井	（1）应有合适的测井系列，能满足解释储量估算参数的需要；（2）对裂缝、孔洞型储层进行了特殊项目测井，能有效地划分渗透层、裂缝段或其他特殊岩层	采用适合本探区特点的测井系列，解释了油、气、水层及其他特殊岩性段	采用本探区合适的测井系列，初步解释了油、气、水层
	测试	（1）所有预探井及评价井已完井测试，关键部位井已进行了油气层分层测试，取全取准产能、流体性质、温度和压力资料；（2）中型以上油（气）藏，已获得有效厚度下限层单层试油资料；（3）中型以上油（气）藏进行了试采或系统试井，稠油油藏进行了热采试验，低渗透储层采取了改造措施，取得了产能资料	已进行油气层完井测试，取得了产能、流体性质、温度和压力资料	油气显示层段及解释的油气层可有中途测试或完井测试
	分析	（1）已取得孔隙度、渗透率、毛细管压力、相渗透率和饱和度等岩心分析资料；（2）取得了流体分析及合格的高压物性分析资料；（3）中型以上油藏进行了确定采收率的岩心分析试验，中型以上气藏宜进行氦气法分析孔隙度；（4）稠油油藏已取得黏温曲线	（1）进行了常规的岩心分析及必要的特殊岩心分析；（2）取得了油、气、水性质及高压物性等分析资料	进行了常规的岩心分析
地质认识程度		（1）构造形态及主要断层分布落实清楚，提交了由钻井资料校正的1:10000~1:25000的油气层或储集体顶（底）面构造图。对于大型气田，目的层构造图的比例尺可为1:50000；对于小型断块油藏，目的层构造图的比例尺可为1:5000。（2）已查明储集类型、储层物性、储层厚度、非均质程度；对裂缝—孔洞型储层，已基本查明裂缝系统（3）油气藏类型、驱动类型、温度及压力系统、流体性质及其分布、产能等清楚。（4）有效厚度下限标准和储量估算参数基本准确。（5）小型以上油田（藏），中型以上气田（藏），已有以开发概念设计为依据的经济评价；其他已进行开发评价	（1）已基本查明圈闭形态，提交了由钻井资料校正的1:25000~1:50000的油气层或储集体顶（底）面构造图；（2）已初步了解储集类型、岩性、物性及厚度变化趋势；（3）综合确定了储量估算参数；（4）已初步确定油气藏类型、流体性质及分布，并了解了产能	（1）证实圈闭存在，并已经正式提交了1:50000~1:100000的构造图；（2）深入研究了构造部位的地震信息异常，并获得了与油气有关的相关结论；（3）已明确目的层层位及岩性；（4）可采用类比法确定储量估算参数

探明地质储量是指在油气藏评价阶段完成后估算的，是编制油气田开发方案、进行油气田开发建设及生产分析的依据。

根据是否开发，可将探明地质储量进一步分为未开发探明地质储量和已开发探明地质量。未开发是指在油气藏或区块中，完成了评价钻探，但开发生产井网尚未部署，或开发方案中开发井网实施70%以下的状态。已开发是指在油气藏或区块中，按照开发方案，完成了配套设施建设，开发井网已实施70%及以上的状态。

在我国历次发布的油气储量分类方案中，均将油气地质储量分为预测、控制和探明三级。在1988年的方案中，曾将探明地质储量划分出Ⅰ、Ⅱ和Ⅲ类，其中Ⅰ类和Ⅱ类分别为已开发和未开发探明地质储量，Ⅲ类为基本探明储量。在2004年的方案中，保留了Ⅰ和Ⅱ类，将Ⅲ类取消。

视频6.2 油气
可采储量分类

（二）可采储量分类分级

油气可采储量为在一定的技术经济条件下，油气地质储量中的可采部分，按技术、经济、生产情况可进一步分类和分级。

1. 技术可采储量

技术可采储量（technically recoverable reserves）是指在地质储量中按开采技术条件估算的最终可采出的油气数量。开采技术条件是指决定或影响开采方法和技术措施的各种地质及技术因素，包括油藏类型、几何形状、储层特征、埋藏深度、油井产能等。一般地，在估算技术可采储量时，仅针对控制地质储量和探明地质储量进行技术可采储量估算。

1）控制技术可采储量

控制技术可采储量（probable technical recoverable reserves）是指在控制地质储量中，依据预设开采技术条件估算的、最终可采出的油气数量。

控制技术可采储量估算应满足以下条件：（1）推测可能实施的操作技术（如注水、三次采油等）；（2）按经济条件（如价格、配产、成本等）估算，油藏开发在经济上具有可行性。

2）探明技术可采储量

探明技术可采储量（proved technical recoverable reserves）是指在探明地质储量中，按当前已实施或计划实施的开采技术条件估算的、最终可采出的油气数量。

探明技术可采储量估算应满足以下条件：（1）已实施的开采技术和近期将采用的开采技术；（2）已有开发概念设计或开发方案，并已列入或将列入中近期开发计划；（3）按经济条件（如价格、配产、成本等）估算，油藏开发在经济上具有可行性。

2. 经济可采储量

经济可采储量（commercial recoverable reserves）为在技术可采储量中按经济条件估算的可商业采出的油气数量。

储量的经济意义是指油气藏（田）开发在经济上所具有的合理性。经济意义是在不同勘探开发阶段通过可行性评价所获得的，可划分为经济的、次经济的和内蕴经济的三类。

经济的储量是依据当时的市场条件，按储量评估当时的油气产品价格和开发成本，油气藏（田）投入开采在技术上可行、环境等其他条件允许、经济上合理即储量收益能满足投资回报的要求。这类储量曾被称为表内储量，即由国家储量管理委员会核准，记录在册。

次经济的储量是依据当时的市场条件，油气藏（田）投入开采是不经济的，但在预计可行或可能发生的推测市场条件下，或预计投资环境得到改善的情况下，其开采将是有效益的。这类储量曾被称为表外储量。

内蕴经济的储量是对油气藏（田）只进行了概略研究评价，但由于对储层复杂程度、储量规模大小、开采技术的应用和市场前景都只有初步的推测，不确定因素多，无法区分是属于经济的还是次经济的。

在我国 2004 年的储量规范中，分别按照经济和次经济对控制技术储量和探明技术储量进行分级。在 2020 年的标准中，仅以经济标准对控制技术储量和探明技术储量进行分级。

1）控制经济可采储量

控制经济可采储量（probable commercial recoverable reserves）是指在控制技术可采储量中，按合理预测的经济条件（如价格、配产、成本等）估算求得的、可商业采出的油气数量。

控制经济可采储量的估算应满足下列条件：（1）按合理预测的经济条件（如价格、配产、成本等）估算求得的、可商业采出的、经过经济评价是经济的；（2）将来实际采出量大于或等于估算的经济可采储量的概率至少为 50%。

2）探明经济可采储量

探明经济可采储量（proved commercial recoverable reserves）是指在探明技术可采储量中，按合理预测的经济条件（如价格、配产、成本等）估算求得的、可商业采出的油气数量。

探明经济可采储量的估算应满足下列条件：（1）经济条件基于不同要求，可采用评价基准日或合同的价格和成本以及其他有关的条件；（2）操作技术（主要包括提高采收率技术）是已实施的技术，或先导试验证实并肯定付诸实施的技术，或本油气田同类油气藏实际成功并可类比和肯定付诸实施的技术；（3）已有开发方案，并已列入中近期开发计划（天然气储量还应已铺设天然气管道或已有管道建设协议，并有销售合同或协议）；（4）与经济可采储量相应的含油气边界是钻井或测井、测试、可靠的压力测试资料证实的流体界面，或者是钻遇井的油气层底界，并且含油气边界内有合理的井控程度；（5）实际生产或测试证实了商业性生产能力，或目标储层与邻井同层位或本井邻层位已证实商业性生产能力的储层相似；（6）可行性评价是经济的；（7）将来实际采出量大于或等于估算的经济可采储量的概率至少为 80%。

按照开发状态，探明经济可采储量可分为探明已开发经济可采储量与探明未开发经济可采储量两个级别。

3. 剩余经济可采储量

针对已开发油气藏或区块，若已开采一定数量的油气，则需要估算剩余经济可采储量。在 2020 年的储量规范中，主要针对控制经济可采储量和探明经济可采储量进行剩余经济可采储量估算。

剩余控制经济可采储量为控制经济可采储量减去油气累计产量。剩余探明经济可采储量为探明经济可采储量减去油气累计产量。

二、国际上有代表性的油气资源/储量分类体系

对于国际上油气资源/储量的分类，具有代表性的分别是美国地质调查局（USGS）的资

源/储量分类分级体系、美国石油工程师协会（SPE）等提出的 PRMS 分类分级体系、俄罗斯油气资源—储量分类分级体系、联合国化石能源和矿产储量与资源分类框架（UNFC-2019）、美国证券交易所（SEC）剩余可采储量分类分级体系等。

（一）美国地质调查局油气资源/储量分类分级体系

该体系 1974 年由 V. E. Mckelvey 等提出，它将储量作为资源量的一部分，并将其界定为已经得到验证而且经济可行的资源量部分。总资源量根据地质保证程度从低到高划分为待发现（undiscovered）资源和验证的（identified）资源两类五个次级。根据经济可行性的大小，将资源划分为经济的（economic）和次经济的（sub-economic）两类三个亚类（图 6-2）。

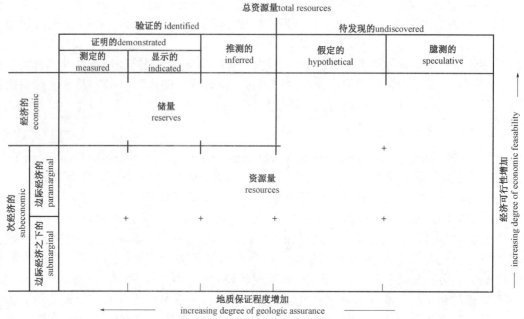

图 6-2　美国地质调查局的油气资源/储量分类分级体系（据 V. E. Mckelvey，1974）

（二）美国石油工程师学会等 PRMS 油气资源/储量分类分级体系

2007 年 3 月，美国石油工程师协会（SPE）、美国石油地质学家协会（AAPG）、世界石油大会（WPC）与石油评估工程师协会（SPEE）联合发布了石油资源管理系统（petroleum resources management system，PRMS），它是在国际行业机构层面上提出的油气资源与储量分类分级体系，正式取代了 1997 年由 SPE、WPC 联合发布的"reserves definitions"，旨在为国际油气工业界提供一个共同的参考体系，同时起到加强国际油气资源交流沟通的作用。

PRMS（2007）的划分方案首先根据商业价值大小，将总资源量（原地量，PIIP）划分为待发现资源量（undiscovered）和已发现资源量（discovered），其中后者进一步分为次商业性的（sub-commercial）和商业性的（commercial）两个级别，将已发现的次商业性资源中不可采部分之外的资源称为潜在资源（contingent resources），并将已经发现的商业性资源称为储量。根据资源的地质不确定性大小从低到高，将储量分为 1P、2P、3P 三级，分别对应探明储量（proved）、控制储量（probable）、预测储量（possible），同时也将潜在资源量对应分为 1C、2C、3C 三个级别（图 6-3）。

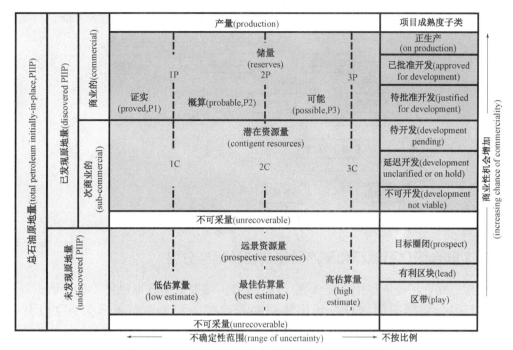

图 6-3　PRMS（2007）油气资源/储量分类分级框架

PRMS 划分方案与美国地质调查局分类体系的共同点包括：（1）都是二维分类，横轴反映地质保证程度（地质确定性）大小，纵轴反映经济可行性（或商业机会）的大小；（2）储量仅指已验证的/已发现，而且是具有经济价值/商业价值的那一部分资源；（3）储量一般采用确定值，资源采用概率值来表述。

二者的不同点在于：（1）PRMS 方案将累计产量从储量中分出来，使储量一词专指剩余可采储量；（2）PRMS 方案对次经济类不再细分；（3）PRMS 方案中对于已发现的次商业（sub-commercial）的可采部分采用专门名词 contingent resource 来表述；（4）PRMS 方案待发现的 hypothetical 和 speculative 的可采部分合并为 prospective；（5）PRMS 方案更加强调了不可采量。

（三）美国证券交易所（SEC）准则下的剩余可采储量分类分级体系

SEC 是美国证券交易委员会（security and exchange commission）的英文缩写。对于在美国上市的石油公司来说，美国证券交易委员会（SEC）的储量定义和评估规范是公司年度报表中储量数据披露的基础。随着油气并购交易的不断活跃和在美国上市的石油公司数量的不断增加，这一规范在国际上的应用越来越广泛。

在 SEC 储量准则中，储量特指剩余经济可采储量。SEC 将剩余经济可采储量划分为证实储量、概算储量、预测储量三类，将其中的证实储量划分为已开发储量和未开发储量两部分。已开发储量则进一步细分为产量和非生产储量两部分，后者主要包括关井储量以及管外储量（图 6-4）。其中，关井储量是在下列情况下预期采出的储量：（1）完井层段已打开但未投产；（2）由于市场条件或管线连接原因关井；（3）由于机械原因不能正常生产。管外储量则是指预期从现有井中尚需增加完井作业，或投产前还要重新完井的层段中采出的储量。

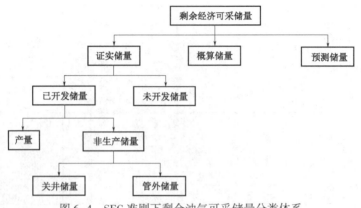

图 6-4　SEC 准则下剩余油气可采储量分类体系

（四）联合国化石能源和矿产储量与资源框架分类

1997 年，联合国经济和社会理事会（ECOSOC）签署了由欧洲经济委员会组织制订的第一版联合国分类框架即《联合国固体燃料和矿产品储量与资源框架分类（UNFC-1997）》。建议应用到煤炭和固体矿产资源储量分类中。2004 年，该分类框架应用范围扩展到石油和铀矿，并更名为《联合国化石能源和矿产资源框架分类（2004）》。2009 年，联合国欧洲经济委员会正式批准《联合国 2009 年化石能源和矿产储量与资源分类框架》（以下简称 UNFC-2009）。

UNFC-2009 主要是针对剩余可采量进行分类。该框架将原地总资源量（PIIP）分为采出量（produced quantities）、剩余可采量（remaining recoverable quantities）、原地剩余附加量（additional quantities remaining in-place）三部分。该框架体系采用影响可采性的经济与商业存续性（E）、矿场项目状态与可行性（F）、地质认识程度（G）等三个主要因素作为三个坐标轴（E 轴、F 轴、G 轴），通过数字编码的形式对剩余可采量进行分级，数字越小表示这些因素越优秀（图 6-5）。

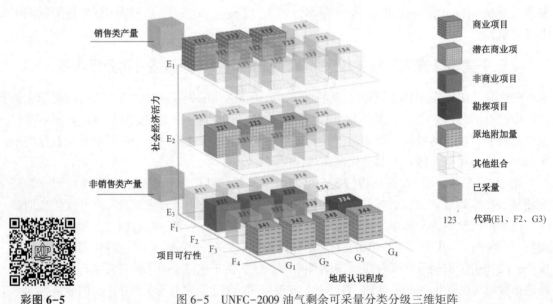

彩图 6-5

图 6-5　UNFC-2009 油气剩余可采量分类分级三维矩阵

E 轴代表社会经济活力。E_1 表示经济的，E_2 表示潜在经济的，E_3 表示内蕴经济的。

F 轴代表项目可行性，其中 F_1 表示拟开发和/或投产，F_2 表示潜在开发项目，F_3 表示未确定项目，F_4 表示不可行项目。

G 轴代表地质认识程度，其中 G_1 表示合理保证的地质条件，G_2 表示估计的地质条件，G_3 表示推断的地质条件，G_4 表示潜在的地质条件。

（五）俄罗斯油气资源分类分级体系

俄罗斯 2016 年油气资源新分类分级体系中，将油气总资源划分为资源和储量两部分（表 6-2）。油气资源分为 D_0（准备的）、D_{π}（定域的）、D_1（远景的）、D_2（预测的）四级。油气储量主要依据开发程度和地质研究程度进行划分。首先，按是否投产分为 A（已投产）、B（预投产）、C（未投产）三大类；然后根据地质研究程度对 B 类和 C 类进行细分，将 B 类细分为 B_1 类（探明后预投产）和 B_2 类（评估后预投产），将 C 类细分为 C_1 类（已探明）、C_2 类（已评估）。

表 6-2　俄罗斯 2016 油气资源分类分级体系

储量				
已投产	预投产		未投产	
A	B_1	B_2	C_1	C_2
已投产	探明后预投产	评估后预投产	探明的	评估的
根据批准的项目进行开发			根据地质勘探作业和资源丰度规划进行研究	
通过相关的工艺设计来确定可采储量			通过类比法对可采储量进行评估	
根据详细的经济评价计算经济可采储量，并确定最佳开发方案	经济评价要包括对为正式储量的风险评估		由经济专家对有起贪念开发浅井进行评估	
目前国家的核心规划	需要国家进行调控管理			
资源量				
D_0	D_{π}		D_1	D_2
准备的	定域的		远景的	预测的

（六）我国与国际上主要油气资源/储量分级体系的比较

我国现行油气资源/储量分类分级体系（GB/T 19492—2020）是在 2004 年分类体系的基础上，遵循既适合于我国油气资源与储量管理模式又基本能与国际油气资源与储量分类接轨的原则修订完成的，与美国地质调查局的分类体系以及第十一届世界石油会议推荐的分类体系基本一致，与 PRMS（2007）的分类方法以及俄罗斯的最新分类体系也具有一定的对应关系（表 6-3），在剩余可采储量的分类上也与 SEC 准则基本相似。

表 6-3　国内外油气资源/储量分类对比表

国家或会议	储量				资源量
中国现行规范（2020）	探明		控制	预测	资源量
	已开发	未开发			

国家或会议	储量				资源量
第十一届世界石油会议推荐（1983）	证实		未证实		推测的
	已开发	未开发	概算	可能	
美国 SPE 等（PRMS，2007）	1P 1C		2P 2C	3P 3C	远景的
俄罗斯（2016）	A	B_1 C_1	B_2 C_2		D_0、D_n、D_1、D_2

三、储量起算标准与综合评价

视频 6.3 油气储量估算情形与起算标准

（一）储量起算标准

自圈闭预探发现油气至开发枯竭的各个阶段，均需要进行油气储量估算，包括新增、复算、核算、结算等情形（图 6-6）。在油（气）田、区块或层系中，首次进行的上报储量的估算为新增储量估算。在开发生产井完钻后（三年内），由于资料的增加，进一步提高了油气田认识程度，需要对油气储量进行复算。随着油气田开发调整工作的深入和对油气田认识程度的提高，需对复算后的投入开发储量进行多次核算。在油气田废弃时，则对油气储量进行结算，包括对废弃前的储量估算、产量清算及剩余未采出储量的核销。

另外，在开发生产过程中，依据开发动态资料和经济条件，对截至上年末及以前的探明技术可采及经济可采储量进行重新估算的情形为可采储量标定，简称标定。

对一个地区进行储量估算，应达到最低经济条件，即储量起算标准。我国分别制定了陆上和海上石油天然气及页岩气的储量起算标准。

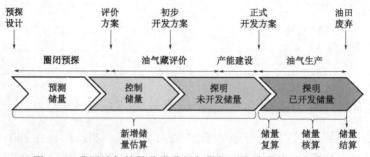

图 6-6 我国油气储量分类分级与勘探开发阶段的对应关系

1. 陆上石油和天然气储量起算标准

陆上石油和天然气储量的起算标准为油气藏不同埋藏深度下石油和天然气的单井日产量下限。这一下限受钻井成本、勘探建设费用、开发建设费用、油气销售价格、经营成本、利税等多种经济因素的影响。其中，钻井成本取决于油气藏的埋藏深度、工艺技术水平等因素。针对不同地区，可根据当地价格和成本等测算求得只回收开发井投资的单井日产量下限，也可用平均操作费和油价求得平均井深的单井日产量下限，再根据实际井深求得不同井深的单井日产量下限。

平均井深的单井日产量下限估算公式如下：

$$油或气单井日产量下限(t/d 或 10^3 m^3/d)=\frac{固定成本(元/d)}{销售价-税费-可变成本(元/t 或元/10^3 m^3)}$$

表 6-4 是根据东部地区平均价格和成本测算的单井下限日产量。另行估算的起算标准不能低于该起算标准。

表 6-4 根据东部地区平均价格和成本测算的单井下限日产量（据 DZ/T 0217—2020）

油气藏埋藏深度，m	≤500	>500~≤1000	>1000~≤2000	>2000~≤3000	>3000~≤4000	>4000
石油单井日产量下限，m^3/d	0.3	0.5	1.0	3.0	5.0	10.0
天然气单井日产量下限，$10^4 m^3/d$	0.05	0.1	0.3	0.5	1.0	2.0

2. 海上石油和天然气储量起算标准

在海上，以油气藏不同埋藏深度下石油和天然气的单井日产量下限作为储量起算标准。各海域应根据当地的油（气）价格和成本等测算，求得只回收开发井单井投资的单井下限日产量。单井日产量下限计算公式如下：

单井日产量下限 = 年递减率 × 单井下限累积产量/$(1-e^{-年递减率 \times 生产期})$/年生产时率

其中，单井下限累积产量=开发井单井投资/[油气价格×（1-增值税率）-特别收益金-桶油操作费)]。

表 6-5 是根据中国近海海域开发井平均成本，在油价 30 美元/桶，气价 0.6 元人民币/m^3 等条件下测算的单井日产量下限，可在水深不大于 300m 的海域内参照应用。当水深大于 300m 时，则允许结合申报区的情况，另行计算起算标准。

表 6--5 中国近海海域储量起算标准（适用于 300m 以内水深）（据 DZ/T 0252—2020）

油气藏埋藏深度，m	≤500	>500~≤1000	>1000~≤2000	>2000~≤3000	>3000~≤4000	>4000
石油单井日产量下限，m^3/d	2.5	4.0	7.5	12.5	17.5	25.0
天然气单井日产量下限，$10^4 m^3/d$	0.3	0.5	1.0	2.0	2.5	3.5

3. 页岩气储量起算标准

页岩气储量起算标准包括试采 6 个月的单井平均产气量下限、含气量下限、总有机碳含量（TOC）下限、镜质组反射率（R_o）下限、页岩中脆性矿物含量下限、勘查程度和地质认识程度要求等。不同地区可结合储量申报区情况另行估算起算标准，但不能低于下述起算标准。

（1）试采 6 个月的单井平均产气量下限标准：可根据当地价格和成本等测算求得只回收开发井投资的试采 6 个月的单井平均产气量下限，也可用平均的操作费和气价求得平均井深的试采 6 个月的单井平均产气量下限，再根据实际井深求得不同井深的试采 6 个月的单井平均产气量下限。表 6-6 为试采 6 个月的单井平均产气量最低下限标准。

表 6-6 页岩气井试采 6 个月的单井平均产气量下限标准（据 DZ/T 0254—2014）

气藏埋深，m	≤500	>500~≤1000	>1000~≤2000	>2000~≤3000	>3000
直井产气量，$10^4 m^3/d$	0.05	0.10	0.30	0.50	1.0
水平井产气量，$10^4 m^3/d$	0.5	1.0	2.0	4.0	6.0

注：试采 6 个月的单井平均产气量指试采前 6 个月获得的单井平均日产气量。

（2）含气量下限标准：根据页岩有效厚度制定不同的含气量下限标准（表6-7）。

表6-7　页岩气储量起算的含气量下限标准（据DZ/T 0254—2014）

页岩有效厚度，m	>50	50~30	<30
含气量，m³/t	1	2	4

（3）总有机碳含量（TOC）下限标准：TOC≥1%。

（4）镜质组反射率（R_o）下限标准：R_o≥0.7%。

（5）页岩中脆性矿物含量下限标准：脆性矿物含量≥30%。

视频6.4　油气储量评价

（二）储量综合评价

油气储量开发利用的经济效果不仅和油气储量的数量有关，还取决于储量的品质和开发的难易程度。油层厚度大、产量高、原油性质好、储层埋藏浅、油田所处地区交通方便的储量，比油层厚度薄、产量低、油稠、含水高、储层埋藏深的储量，建设同样产能所需开发建设投资必然少，获得的经济效益必然高。

一般地，从储量规模、储量丰度、产能、埋藏深度、储层物性、含硫量、原油性质等多方面对油（气）藏（田）储量规模和品位等进行地质综合评价。

1. 储量规模

储量规模为一个油（气）藏（田）储量的绝对数量。由于油气田开发需要建立注水、采油、井下作业、油气处理集输，以及交通、通信等许多配套设施，显然，储量规模大的油田比储量小的油田开发成本相对要低得多。因此，储量的大小是油气储量评价最重要指标之一。

按油田可采储量规模大小，将油（气）藏（田）分为特大型、大型、中型、小型、特小型等五类（表6-8）。

表6-8　储量规模分类（据DZ/T 2017—2020）

分类	特大型	大型	中型	小型	特小型
原油可采储量，$10^4 m^3$	≥25000	≥2500~<25000	≥250~<2500	≥25~<250	<25
天然气可采储量，$10^8 m^3$	≥2500	≥250~<2500	≥25~<250	≥2.5~<25	<2.5

储量规模主要受到含油气面积、油气层有效厚度等因素的影响。目前，世界上公认储量规模最大的常规油田为沙特阿拉伯的加瓦尔油田，其探明可采储量达107.4×10^8t，年产量高达2.8×10^8t。美国地质调查局宣布在得克萨斯西部的二叠纪盆地Wolfcamp页岩层系发现特大型非常规油田，原油技术可采储量可达200×10^8bbl，此外，还有16×10^{12}ft³天然气、16×10^8bbl凝析油。我国大庆油田为特大型油田，累积生产原油已超过24×$10^8 m^3$。

2. 储量丰度

储量丰度为单位面积的储量大小。它表示油气储量的丰富程度，直接影响到油藏开发的产量和经济效益，是油气储量品质评价的重要指标之一。

按可采储量丰度的大小，可将油（气）藏（田）储量丰度分为高、中、低、特低等四类（表6-9）。

表 6-9　储量丰度分类（据 DZ/T 2017—2020）

分类	高	中	低	特低
原油可采储量丰度，$10^4 m^3/km^2$	≥80	≥25~<80	≥8~<25	<8
天然气可采储量丰度，$10^8 m^3/km^2$	≥8	≥2.5~<8	≥0.8~<2.5	<0.8

储量丰度主要受油气层有效厚度和储层物性等因素的影响。不同的盆地，甚至是同一盆地的不同区带，油气储量丰度会相差很大。以我国天然气田统计数据为例，天然气储量丰度最大的是位于塔里木盆地库车坳陷的克拉 2 气田，为 $59.05×10^8 m^3/km^2$；而鄂尔多斯盆地米脂气田的储量丰度仅为 $0.75×10^8 m^3/km^2$，两者相差达了近两个数量级。

3. 产能

油气井产能一般用每天、每千米的油气产量来表示。单井产能大小直接关系到油田的产量、采油速度和开发经济效益。因此，产能大小是储量品质评价的重要指标。

按千米井深的稳定产量大小，将单井产能分为高产、中产、低产、特低产等四类（表 6-10）。

表 6-10　单井产能分类（据 DZ/T 2017—2020）

分类	高产	中产	低产	特低产
油藏千米井深稳定产量，$m^3/(km \cdot d)$	≥15	≥5~<15	≥1~<5	<1
气藏千米井深稳定产量，$10^4 m^3/(km \cdot d)$	≥10	≥3~<10	≥0.3~<3	<0.3

世界上原油单井日产最高纪录保持者是墨西哥黄金巷油区的塞罗阿泽尔 4 号井，初喷日产油 $3.714×10^4 t$。实际上，单井日产超万吨的油井是罕见的，大部分油井日产量低于千吨。我国陆相油田大部分单井的日产原油为数吨至数百吨。

4. 埋藏深度

储量埋藏深度直接影响油田建设成本（尤其钻井成本）、开发难度以及开发的经济效益。一般地，油气层埋藏越深，钻井成本也越高，对井下管柱材料的性能要求也越高。另一方面，油气藏埋深越大，由于地层压力大于浅层，所以油气井产能一般也比浅层要高。

按油气藏埋藏深度的大小，可将油（气）藏（田）分为五类（表 6-11）。

表 6-11　油（气）藏埋藏深度分类（据 DZ/T 2017—2020）

分类	浅层	中浅层	中深层	深层	超深层
西部油（气）藏中部埋藏深度，m	<500	≥500~<2000	≥2000~<4500	≥4500~<6000	≥6000
东部油（气）藏中部埋藏深度，m	<500	≥500~<2000	≥2000~<3500	≥3500~<4500	≥4500

油气藏埋藏深度相差是非常大的。以油藏为例，在我国西部的塔里木盆地、准噶尔盆地、吐哈盆地，由于地温梯度较低，在超过 6000m 的超深层都发现了液态的石油。有的油藏埋藏则很浅，例如位于渤海湾盆地北大港构造带的港西油田，明化镇、馆陶组油藏一般在 600~1400m 左右；松辽盆地南部的扶余油层，埋藏最浅只有 300m 左右；有些稠油油藏的埋深更是接近地表，如大家熟知的黑油山油田。

5. 储层物性

储层孔隙度影响储量的规模及丰度，而渗透率则是影响油气井产能的最直接的地质因素。根据储层物性的差异，一般可以将其划分为 5 个级别。其中，按储层孔隙度大小，将储层分为特高孔、高孔、中孔、低孔、特低孔五类（表 4-5）；按储层渗透率大小，将储层分为特高渗、高渗、中渗、低渗、特低渗五类（表 4-6）。我国鄂尔多斯盆地发育典型的陆相低渗—致密储层。

在一定程度上，储层物性越好，油藏开发经济效益就越高。对于超低渗及致密储层，需要进行压裂改造等措施，开发成本比常规储层高得多。

6. 含硫量

硫是石油天然气中的有害物质，容易产生硫化氢、硫化铁、硫酸铁、亚硫酸或硫酸，会腐蚀石油储运与炼化设备。因此原油中的含硫量是影响油气品质的重要参数之一。含硫量高的原油，在油气开发和油气集输的过程中需要进行脱硫处理，这必然进一步加大了开发的成本，因此会降低油气储量本身的经济价值。

按原油含硫量和天然气硫化氢含量大小，可将油（气）藏分为高含硫、中含硫、低含硫、微含硫四类（表 6-12）。

表 6-12　原油含硫量、天然气硫化氢含量分类（据 DZ/T 2017—2020）

分类	高含硫	中含硫	低含硫	微含硫
原油含硫量，%	≥2	≥0.5~<2	≥0.01~<0.5	<0.01
天然气硫化氢含量，g/m³	≥30	≥5~<30	≥0.02~<5	<0.02

7. 原油性质

原油性质是影响原油流动性和采收率的重要因素，从而影响油井的单井产量和油田开发效果。对于原油密度很大、黏度很高的重质油或高黏油，甚至要采取特殊的开采方式（如蒸汽驱等）。这些均直接影响了油藏开发的成本和效益。

1) 密度

原油密度取决于其化学组成，包括胶质、沥青质的含量，石油组分的相对分子质量，以及溶解气的含量。

按原油密度，可将原油分为轻质、中质、重质、超重质等五类（表 6-13）。

表 6-13　原油密度分类（据 DZ/T 2017—2020）

分类	轻质	中质	重质	超重质
原油密度，g/cm³	<0.87	≥0.87~<0.92	≥0.92~<1.0	≥1.0

我国各油田产出的石油，密度相差比较大。如吐哈油田原油轻质油为主，原油密度在 0.80~0.82g/cm³ 之间；大庆油田的原油密度也较低，为 0.83~0.88g/cm³ 左右；辽河油田原油有轻有重，原油密度在 0.84~0.98g/cm³ 之间；塔里木盆地的塔河油田奥陶系原油密度可以达到 1.1g/cm³ 左右，比一般的油田水的密度还要高。

2) 黏度

黏度是对流体流动性能的逆测定。液体在外力作用下，阻止其质点相对移动的能力，即为该液体的黏度，可用绝对动力黏度来表示，单位为 mPa·s。

原油黏度的变化受温度、压力及化学成分的制约。随着温度降低、压力加大、高分子碳氢化合物及环烷烃和芳香烃含量高、原油中溶解气量减小，黏度也随之增大。同时，黏度与密度一般具有正相关关系。根据原油黏度，可将其分为低黏度、中黏度、高黏度和稠油等（表6-14）。在我国已探明的石油储量中，大部分原油的黏度都高于5mPa·s。

表6-14 原油黏度分类（据DZ/T 2017—2020）

分类	低黏度	中黏度	高黏度	稠油
原油黏度，mPa·s	<5	≥5~<20	≥20~<50	≥50

在稠油开采过程中，需要采取降低黏度的手段（如蒸汽驱等），成本相对较高。稠油的地质成因包括原生稠油（低成熟—未成熟油）、生物降解成因稠油、氧化与水洗作用（构造抬升或底水作用）形成的稠油等。我国渤海湾盆地、准噶尔盆地、塔里木盆地等均发育稠油油藏，埋深从几十米到几千米不等，其中，塔河油田是我国发现的第一个超深超稠碳酸盐岩油藏，埋深5350~6600m。

3）凝点

原油凝点为原油凝固的临界温度，当凝点高于40℃时，称为高凝油。原油的凝点直接影响原油的流动性。在原油开采过程中，当井筒温度下降时，液态的原油会因温度低于凝点成为固态，造成流动能力的大幅度降低甚至完全丧失，油井产能严重下降或者无产能，使原油的采收率及开发经济效益大幅度下降。特别是当油层温度十分接近原油的凝点时（小于10℃），开发过程对温度就变得十分敏感。

凝点与原油含蜡量有关。含蜡量越高，则凝点越高。我国已开发油田的原油含蜡量大部分高于20%，凝点大于25℃。

我国渤海湾盆地辽河断陷北部的沈阳油田、黄骅坳陷南部的枣园油田、南襄盆地泌阳凹陷的魏岗油田等都存在典型的高凝油藏，其中以沈阳油田高凝油储量最为丰富，是我国目前最大的高凝油生产基地。

4）其他性质

除了密度、黏度、凝点外，原油中的胶质、沥青质、溶解气油比也是评价原油性质的重要参数。

第二节　地质储量估算方法

按照计算资料（参数）的来源，地质储量的估算方法可分为静态法和动态法两大类。静态法主要应用油气田的静态资料和参数来计算油气储量，主要为容积法；动态法主要应用油气田的动态资料和参数（如压力、采油量、含水率等）来计算油气储量，如物质平衡法等。本节重点介绍容积法，并简要介绍物质平衡法以及储量估算的不确定性分析。

一、地质储量估算的容积法

视频 6.5　容积法估算地质储量的单元与公式

容积法是估算油气地质储量的主要方法，其实质是确定油气在一定含油范围内储层孔隙中所占据的体积。该方法适用于不同勘探开发阶段、不同圈闭类型、不同储集类型和不同驱动方式的油藏。下面从容积法的储量估算单元、储量估算公式、储层参数的确定、储量估算的方式等方面进行介绍。

（一）储量估算单元

储量估算单元是指储量估算时作为基本估算单元的横向范围和纵向地层单元。储量估算单元划分的合理性对储量估算精度影响很大。

估算单元横向划分原则：（1）原则上为单个油（气）藏，但在一些情况下，可适当细分或合并计算；（2）面积很大的油（气）藏视不同情况可细分区块或井区；（3）受同一构造控制的几个小型的断块或岩性油（气）藏，当油（气）藏类型、储层类型和流体性质相似且含油（气）连片或叠置时，可合并为一个估算单元。

估算单元纵向划分原则：（1）已查明为统一油（气）水界面的油（气）水系统一般划为一个估算单元，含油（气）高度很大时也可细分油组、砂层组或小层；（2）不同岩性、储集特征的储层，应划分独立的估算单元；（3）同一岩性的块状油（气）藏，含油（气）高度很大时可按水平段细分估算单元；（4）尚不能断定为统一油（气）水界面的层状油（气）藏，当油（气）层跨度大于 50m 时视情况细分估算单元；（5）对于裂缝性油（气）藏，应以连通的裂缝系统细分估算单元。

在开发阶段估算已开发探明地质储量时，纵向上的估算单元应细化，根据需要可细化到小层甚至单砂体。

（二）储量估算公式

在给定的估算单元内，地下温压条件下的油气体积可表达为含油气面积、有效厚度、有效孔隙度与含油气饱和度的乘积。

油气层埋藏在地下深处，处于高温、高压条件下的石油往往溶解了大量的天然气。当原油被采到地面上以后，由于压力降低，石油中溶解的天然气便会逸出，从而使地面石油的体积大大减小。因此，在计算地面原油体积时，需要通过原油体积系数将地下原油体积换算成地面原油体积。原油体积系数为地下原油体积与地面标准条件下原油体积之比（其数值大于 1），由地层流体高压物性分析得到。

另外，石油储量以质量为单位时，还应将地面原油体积乘以石油的密度。

对于天然气藏而言，天然气体积严重地受压力和温度变化的影响。地下气层温度和压力比地面高得多，因而，当天然气被采出至地面时，由于温压降低，天然气体积大大膨胀（一般为数百倍）。如果要将地下天然气体积换算成地面标准温压条件下的体积，也必须考虑天然气体积系数（其数值一般为数百分之一）。

1. 油藏石油地质储量估算公式

油藏的石油地质储量的体积估算公式为

$$N = 100A_o \cdot h \cdot \phi \cdot S_{oi}/B_{oi} \tag{6-1}$$

式中　N——石油地质储量，$10^4 \mathrm{m}^3$（取值位数：小数点后二位）；

　　　A_o——含油面积，km^2（取值位数：小数点后二位）；

　　　h——平均有效厚度，m（取值位数：小数点后一位）；

　　　ϕ——平均有效孔隙度，小数（取值位数：小数点后三位）；

S_{oi}——平均原始含油饱和度，小数（取值位数：小数点后三位）；

B_{oi}——平均地层原油体积系数，无量纲（取值位数：小数点后三位）。

若用质量单位表示石油地质储量，则

$$N_z = N\rho_o = 100A_o \cdot h \cdot \phi \cdot S_{oi} \cdot \rho_o / B_{oi} \qquad (6-2)$$

式中　N_z——石油地质储量，10^4t（取值位数：小数点后二位）；

ρ_o——平均地面原油密度，t/m^3（取值位数：小数点后三位）。

地层原油中的原始溶解气地质储量可按下式计算：

$$G_s = 10^{-4}N \cdot R_{si} \qquad (6-3)$$

式中　G_s——溶解气的地质储量，$10^8$$m^3$（取值位数：小数点后二位）；

N——石油地质储量，可由式（8-1）计算得到，$10^4$$m^3$；

R_{si}——原始溶解气油比，m^3/m^3（取值为整数）或 m^3/t［此时公式（6-3）中的储量 N 须改为质量单位 N_z］，由高压物性资料取得。

当油藏有气顶时，气顶天然气地质储量按气藏或凝析气藏地质储量估算公式计算。

［例 6-1］ 某油藏含油面积为 $10.00km^2$，平均有效厚度为 $15.0m$，平均有效孔隙度为 25.0%，油层平均含油饱和度 65.0%，地面原油密度为 $0.80g/cm^3$，平均地层原油体积系数为 1.200，原始溶解气油比 $100m^3$/t，试按照容积法计算该油藏石油地质储量、溶解气储量和石油地质储量丰度。

解： 该油藏石油地质储量为

$$N_z = 100 \times 10 \times 15 \times 0.25 \times 0.65 \times 0.8 / 1.2 = 1625.00 \times 10^4(t)$$

溶解气储量为

$$G_s = 10^{-4} \times 1625 \times 100 = 16.25 \times 10^8(m^3)$$

石油地质储量丰度为

$$1625 \div 10 = 162.50 \times 10^4(t/km^2)$$

2. 天然气藏地质储量估算公式

容积法也是估算天然气地质储量的基本方法，但主要适用于孔隙性气藏（及油藏气顶）。对于裂缝型与裂缝—溶洞型气藏，难以应用容积法估算储量。

容积法估算气藏和油藏气顶天然气地质储量公式为

$$G = 0.01A_g \cdot h \cdot \phi \cdot S_{gi} / B_{gi} \qquad (6-4)$$

式中　G——天然气地质储量，$10^8$$m^3$（取值位数：小数点后二位）；

A_g——含气面积，km^2（取值位数：小数点后二位）；

h——平均有效厚度，m（取值位数：小数点后一位）；

ϕ——平均有效孔隙度，小数（取值位数：小数点后三位）；

S_{gi}——平均原始含气饱和度，小数（取值位数：小数点后三位）；

B_{gi}——平均地层天然气体积系数，无量纲（取值位数：小数点后五位）。

天然气体积系数为天然气地下体积转换为地面标准条件下的体积换算系数（我国地面标准条件指温度 20℃即 293K，绝对压力 0.101MPa），其数值受原始地层压力和温度、地面标准压力和温度以及原始天然气偏差系数的影响：

$$B_{gi} = \frac{p_{sc} \cdot T_i \cdot Z_i}{T_{sc} \cdot p_i} \qquad (6-5)$$

式中　p_{sc}——地面标准压力，MPa（取值位数：小数点后三位）；

　　　T_{sc}——地面标准温度，K（取值位数：小数点后二位）；

　　　p_i——原始地层压力，MPa（取值位数：小数点后三位）；

　　　T_i——原始地层温度，K（取值位数：小数点后二位）；

　　　Z_i——原始气体偏差系数，无量纲（取值位数：小数点后三位）。

据此，天然气原始地质储量估算公式（6-4）也可表达为

$$G = 0.01 A_g \cdot h \cdot \phi (1 - S_{wi}) \frac{T_{sc} \cdot p_1}{p_{sc} \cdot T_i \cdot Z_i} \tag{6-6}$$

在计算天然气体积系数时，原始地层压力和温度可通过井下仪器直接测定，一般应用平均地层压力和平均地层温度。由于受重力分异作用的影响，气体密度随气层埋藏深度的增加而增加，所以气藏的压力系数由构造顶部向边部逐渐减小。因此，计算平均地层压力必须采用体积权衡法，实际计算中采用气藏1/2体积折算深度（该深度上、下各占一半气藏体积）的压力。气藏平均温度也应采用体积权衡值，具体做法是利用气藏1/2体积折算面的深度查本气藏实测温度曲线，即可得到气藏平均温度。

天然气的偏差系数是天然气在给定压力和温度下气体实际占有体积与相同条件下理想气体所占的体积之比。实际上，偏差系数表示了天然气偏离理想状态的特征。气体中一旦出现液体，便不遵守理想气体定律。一般气体在它的临界温度以下受到一定压力后才能开始变为液体，因此，天然气的偏差系数与天然气的临界状态（一定组分的临界压力和临界温度）有关。天然气越偏离临界状态，其偏差系数越大（其数值一般为0.3~1.7）。偏差系数的确定方法有：根据天然气样品测定偏差系数，根据气体组分确定偏差系数，利用气体相对密度确定偏差系数等。

[例6-2]　某气藏含气面积为7.50km²，平均有效厚度为22.0m，有效孔隙度为9.0%，含气饱和度为75.0%，原始地层压力为40.6MPa，原始地层温度为405K；地面标准压力为0.101MPa，地面标准温度为293K，气体偏差系数为1.05。试估算该气藏的天然气体积系数及天然气地质储量。

解：气藏的天然气体积系数为

$$B_{gi} = \frac{0.101 \times 405 \times 1.05}{293 \times 40.6} = 0.00361$$

气藏的天然气地质储量为

$$G = 0.01 \times 7.5 \times 22 \times 0.09 \times 0.75 \div 0.00361 = 30.94 \times 10^8 (m^3)$$

对于页岩气而言，除了游离气和溶解气之外，还有吸附气。页岩气储量为前述三者之和。其中，游离气和溶解气储量可按上述方法估算，吸附气储量可按体积法估算，详见 DZ/T 0254—2020《页岩气资源量和储量估算规范》。

估算页岩层段中吸附在泥页岩黏土矿物和有机质表面的吸附气地质储量的公式为

$$G_x = 0.01 A_g \cdot h \cdot \rho_y \cdot C_x / Z_i$$

式中　G_x——吸附气地质储量，$10^8 m^3$（取值位数：小数点后二位）；

　　　ρ_y——页岩质量密度，t/m^3（取值位数：小数点后二位）；

　　　C_x——页岩吸附气含量，m^3/t（取值位数：小数点后一位）。

页岩吸附气含量可通过等温吸附实验法得到。通过页岩样品的等温吸附实验模拟样品的吸附过程及吸附量，可根据实验得到的等温吸附曲线获得不同样品在不同压力（深度）下的最大吸附含气量。

3. 凝析气藏地质储量估算公式

在地层条件下，凝析气藏中的天然气和凝析油呈单一气相状态。当采出地面后，除天然气（即干气，为凝析气采至地面后经分离器回收凝析油后的天然气）外还有凝析油析出。当凝析气藏中凝析油含量大于等于 $100cm^3/m^3$ 或凝析油地质储量大于等于 $1\times10^4m^3$ 时，应分别估算干气和凝析油的地质储量。在应用容积法估算凝析气藏储量时，应先估算气藏总地质储量，然后再按天然气和凝析油所占摩尔分数分别估算天然气和凝析油储量。

1）干气地质储量的估算

凝析气藏中凝析气总地质储量（G_c）可由式（6-6）计算，式中的 Z_i 为凝析气的偏差系数。凝析气藏中天然气（干气）的原始地质储量可由下式计算：

$$G_d = G_c \cdot f_d \tag{6-7}$$

其中

$$f_d = \frac{n_g}{n_g+n_o} = \frac{GOR}{GOR+GEc} \tag{6-8}$$

$$GEc = 543.15(1.03-\gamma_c) \tag{6-9}$$

式中　G_d——干气地质储量，10^8m^3（取值位数：小数点后二位）；

　　　G_c——凝析气总地质储量，可由式（6-3）计算得到，10^8m^3（取值位数：小数点后二位）；

　　　f_d——凝析气藏干气摩尔分数，小数（取值位数：小数点后三位）；

　　　n_g——干气的摩尔数（即天然气分子的物质量），kmol；

　　　n_o——凝析油的摩尔数（即凝析油分子的物质量），kmol；

　　　GOR——凝析气井的生产气油比，m^3/m^3（取整数）；

　　　GEc——凝析油的气体当量体积，m^3/m^3（取整数）；

　　　γ_c——凝析油的相对密度（取值位数：小数点后三位）。

气油比是凝析气藏储量估算中十分重要的参数。为了取得准确的气油比资料，在井口取样时应尽量用小油嘴生产，使生产压差很小，地层内凝析气压不降至露点以下，保证井口气油比代表地层内的实际情况。凝析油的气体当量体积是指每立方米凝析油全部汽化后所得标准状态下气体体积。凝析油的相对密度指在地面标准条件（20℃，0.1MPa）下凝析油密度与4℃纯水密度的比值。

2）凝析油地质储量的估算

凝析气藏中凝析油的原始地质储量为

$$N_c = 0.01G_c\sigma \tag{6-10}$$

$$\sigma = 10^6/(GEc+GOR) \tag{6-11}$$

式中　N_c——凝析油的地质储量，10^4m^3；

　　　σ——凝析油含量，cm^3/m^3（取整数）。

若用质量单位表示凝析油地质储量，则

$$N_{cz} = N_c\rho_c \tag{6-12}$$

式中　N_{cz}——凝析油的地质储量，10^4t；

　　　ρ_c——凝析油密度，t/m^3（取值位数：小数点后三位）。

当气藏或凝析气藏中总非烃类气含量大于15%或单项非烃类气含量大于以下标准者，烃类气和非烃类气地质储量应分别估算：硫化氢含量大于0.5%，二氧化碳含量大于5%，氮含量大于0.01%。具有油环或底油时，原油地质储量按油藏地质储量估算公式估算。

视频6.6 容积法地质储量估算的参数

（三）储量估算参数的确定

在上述容积法储量估算公式中，含油（气）面积、有效厚度、有效孔隙度、原始含油（气）饱和度为重要的油（气）藏地质参数。下面介绍各参数的确定方法。

1. 含油（气）面积的确定

充分利用地震、钻井、测井和测试等资料，综合研究油、气、水分布规律和油（气）藏类型，确定流体界面（即气油界面、油水界面、气水界面）以及油气遮挡（如断层、岩性、地层）边界，编制反映油气层（储集体）顶（底）面形态的海拔高度等值线图、砂体分布图和有效厚度分布图，圈定含油（气）范围，计算含油（气）面积（图6-7）。

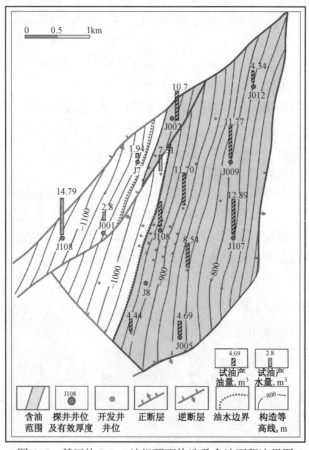

图6-7 某区块 P_3wt_1 油组顶面构造及含油面积边界图

按照储量规范（DZ/T 2017—2020），不同级别储量面积的圈定方法有所差别，主要是油气边界的确定性程度的差别。

1）探明含油（气）面积

已开发探明储量的含油（气）面积，根据生产井静态和动态资料综合圈定。未开发探明储量的含油（气）面积，各种边界的确定需达到以下条件：

（1）用以圈定含油（气）面积的流体界面，应经测井（或测试）资料或钻井取心资料证实，或可靠的压力测试资料确定。

（2）未查明流体界面的油（气）藏，应以测试证实的最低出油气层（或井段）底界或有效厚度累计值或集中段高度外推圈定含油（气）面积。

（3）油（气）藏断层（或地层）遮挡边界宜以油（气）层顶（底）面与断层（或地层不整合）面相交的外含油（气）边界圈定含油（气）面积。

（4）油（气）藏储层岩性（或物性）遮挡边界，用有效厚度零线或渗透储层一定厚度线圈定含油（气）面积；未查明边界时，以开发井距的1~1.5倍外推画计算线。

（5）在储层厚度和埋藏深度等适当条件下，高分辨率地震解释预测的流体界面和岩性边界经钻井资料约束解释并有高置信度时，可作为圈定含油（气）面积的依据。

（6）在确定的含油（气）边界内，边部油（气）井到含油（气）边界的距离过大时，可按照油（气）藏开发井距的1~1.5倍外推画计算线。

（7）构造高部位高出已钻遇油层部分的油藏体积，应有储层连续性及油（气）层性质的确凿证据，才能划归为探明储量。

2）控制含油（气）面积

对于控制储量，可按下述方式圈定含油面积：

（1）依据测井解释的油气层底界面，以及钻遇或预测的流体界面，圈定含油（气）面积。

（2）在探明含油（气）边界到预测含油（气）边界之间，圈定含油（气）面积。

（3）依据多种方法对储层进行综合分析，结合油（气）层分布规律，确定可能含油（气）边界，圈定含油（气）面积。

（4）油（气）藏边界为断层（或地层）遮挡时，以油（气）层顶（底）面与断层（或地层不整合）面相交的外含油（气）边界，圈定含油（气）面积。

（5）油（气）藏边界为储层岩性（或物性）遮挡时，用有效厚度零线或渗透储层一定厚度线圈定含油（气）面积。

3）预测含油（气）面积

对于预测储量，可按下述方式圈定含油面积：

（1）依据推测的油（气）水界面或圈闭溢出点圈定含油（气）面积。

（2）依据油（气）藏综合分析所确定的油（气）层分布范围圈定含油（气）面积。

（3）依据同类油（气）藏圈闭油气充满系数类比或地震约束反演资料，圈定含油面积。如根据已知相邻的、已探明油藏的圈闭充满度乘以新油藏的构造闭合度，推测新油藏的油藏高度，继而推测出新油藏的含油边界。

（4）油（气）藏边界为断层（或地层）遮挡时，以油（气）层顶（底）面与断层（或地层不整合）面相交的外含油（气）边界，圈定含油（气）面积。

（5）油（气）藏边界为储层岩性（或物性）遮挡时，用有效厚度零线或渗透储层一定厚度线圈定含油（气）面积。

2. 有效厚度

油气层有效厚度的确定方法详见第五章第二节。值得注意的是，在含油面积为投影面积（即地下含油范围在水平面上的投影的面积）时，有效厚度应为垂直厚度（图 6-8）。

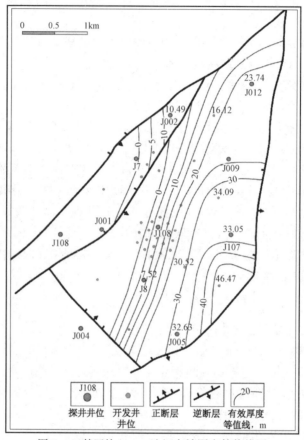

图 6-8 某区块 P_3wt_1 油组有效厚度等值线图

根据 SEC 评估的要求（贾承造，2004），有效厚度可划分为 A、B、C 三个等级。

A 级产层已通过确凿的测井或地层测试证明具有生产能力，具有很高的确定性。A 级产层的储量可以划归为证实（探明）储量。

B 级产层缺乏确定的测试数据，并且在电性上没有 A 级产层那样明显的特征，其储量一般划为控制储量（概算储量）。

C 级产层也缺乏确定的测试数据和明显的电性特征，而且岩石物性的不确定性也较大，因而对生产的潜在贡献较小，其储量一般划分为预测储量（可能储量）。

1）探明储量有效厚度标准

（1）应分别制定油层、气层划分和夹层扣除标准。

（2）应以岩心分析资料和测井解释资料为基础，以测试资料为依据，在研究岩性、物性、电性与含油性关系后，确定其有效厚度划分的岩性、物性、电性、含油性等下限标准。

（3）储层性质和流体性质相近的多个小型油藏或气藏，可分别制定统一的标准。

（4）借用邻近油（气）藏下限标准应论证类比依据并标明参考文献。

（5）应使用多种方法确定有效厚度下限，并进行相互验证。

（6）有效厚度标准图版符合率大于80%。

有效厚度划分要求：（1）以测井解释资料划分有效厚度时，应对有关测井曲线进行必要的井筒环境（如井径变化、钻井液侵入等）校正和不同测井系列的归一化处理；（2）以岩心分析资料划分有效厚度时，油气层段应取全岩心，收获率不低于80%；（3）有效厚度的起算厚度为0.2~0.4m，夹层起扣厚度为0.2m。

2）控制储量有效厚度标准

控制地质储量的有效厚度，可根据已出油（气）层类比划分，也可选择邻区块类似油（气）藏的下限标准划分。

与探明区（层）相邻的控制地质储量的有效厚度，可根据本层或选择邻区（层）类似油（气）藏的下限标准划分。

3）预测储量有效厚度标准

预测地质储量的有效厚度，可用测井、录井等资料推测确定，也可选择邻区块类似油（气）藏的下限标准划分，无井区块可用邻区块资料类比确定。

与探明或控制区（层）相邻的预测地质储量的有效厚度，可根据本层或选择邻区（层）类似油（气）藏的下限标准划分。

3. 有效孔隙度

储量估算中所用的有效孔隙度是指有效厚度段的地下有效孔隙度。有效孔隙度的确定以实验室直接测定的岩心分析数据为基础。对于未取心井，则采用测井资料求取有效孔隙度，并与岩心分析数据对比，以提高其精度。

目前各种分析孔隙度方法的允许误差在±0.5%以内，国内氦孔隙仪测量结果比煤油法大0.2%~0.3%。从误差分析观点来看，小岩样和小孔隙度岩样产生的误差大。所以低孔隙储层除了采用最先进的分析仪器和最好的操作技术外，还应尽量选择大岩样测定孔隙度。当采用地面岩心分析资料时，应将地面孔隙度校正为地层条件下的孔隙度。

在用测井资料解释孔隙度时，测井解释模型需要经过岩心标定，测井解释孔隙度与岩心分析孔隙度的相对误差不超过±8%。裂缝孔隙型储层必须分别确定基质孔隙度和裂缝、溶洞孔隙度。

根据有效孔隙度数据，可编绘储量估算层位的有效孔隙度分布图（图6-9）。编图方法详见第四章，在此不再赘述。

4. 原始含油（气）饱和度

确定含油（气）饱和度的方法有岩心直接测定、测井资料解释、毛细管压力计算等方法（详见本书第五章）。在确定油藏原始含油饱和度时，应使用多种方法，相互补充，综合选取。

对于具有油基钻井液取心或密闭取心的油田，应以岩心分析的束缚水饱和度为依据，制定空气渗透率与含水饱和度关系图版和测井解释图版。一方面，通过渗透率查出各取心井的束缚水饱和度，从而计算取心井的原始含油饱和度平均值；另一方面，应用测井图版解释所有井的原始含油饱和度。然后根据油田地质情况、测井条件以及井所处的构造位置等因素对

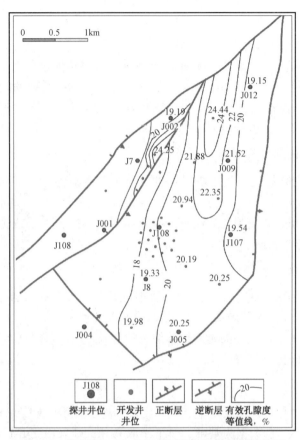

图 6-9　某区块 P_3wt_1 油组油层有效孔隙度等值线图

两种方法计算的结果进行比较，分析各自的精度和代表性，以一种方法为主选取原始含油（气）饱和度。

对于没有油基钻井液或密闭取心井的油田，或勘探程度较低的区块，可应用毛细管压力曲线计算含油饱和度，或借用邻近相似油田的测井解释模型，应用测井资料解释含油（气）饱和度。当然，用这种方法计算的含油饱和度有一定的误差。

根据各井的含油（气）饱和度数据。可编绘储量估算层位的含油（气）饱和度分布图（图 6-10）。编图方法详见第五章，在此不再赘述。

视频 6.7　容积
法地质储量
估算的方式

（四）储量估算的方式

容积法估算储量的方式可分为三类，其一为基于储量参数平均值的储量估算，其二为基于油气层单储系数的储量估算，其三为基于油藏地质模型的储量估算。

1. 基于储量参数平均值的储量估算

在井较少的情况下，一般采用基于储量参数平均值的方式估算储量。按照容积法估算公式的需要，在含油气范围内求取有效厚度、孔隙度、平均含油（气）饱和度等参数的平均值，然后进行储量估算。这些平均参数也是反映油田大小、储层性质和原油

图 6-10　某区块 P_3wt_1 油组含油饱和度等值线图

性质的重要特征参数。下面以油藏为例，介绍储量参数平均值的求取方法。

1）油层有效厚度平均值

油层有效厚度平均值是储量估算单元内的油层平均有效厚度。选择有效平均厚度值的方法与油田地质条件和井点分布情况有关。

a. 算术平均法

在油层厚度变化不大的情况下，油层有效厚度平均值可采用算术平均法：

$$\bar{h} = \frac{\sum\limits_{i=1}^{n} h_i}{n} \tag{6-13}$$

式中　$\bar{h}$——平均有效厚度，m；

h_i——单井有效厚度，m；

n——计算单元内具有效厚度的总井数。

b. 井点面积权衡法

油层平均有效厚度的计算也可采用井点面积权衡法。井点面积即单井控制面积，为该井至邻井距离的 1/2 范围内的面积。各井所能控制的面积大小随井距而异，以每口井所钻遇的厚度代表该井控制面积内的厚度。具体方法如下（图 6-11）：

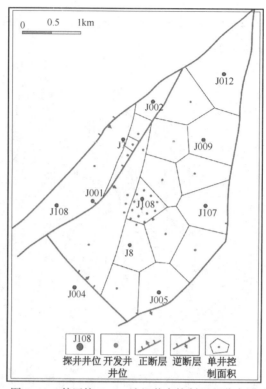

图 6-11 某区块 P_3wt_1 油组井点控制面积分布图

第一步，将最邻近的井点依次连接成三角网。

第二步，按中垂线划分单井控制面积 (A_i)。若中垂线之交点落在三角形之外，则以三角形之中点连线划分单井控制面积。注意区分纯油区和油水横向过渡带（内、外含油边界之间）。

第三步，按下式计算纯含油区平均有效厚度：

$$\bar{h} = \frac{\sum_{i=1}^{n} h_i A_i}{\sum_{i=1}^{n} A_i} \tag{6-14}$$

式中　$\bar{h}$——纯含油区平均有效厚度，m；

　　　A_i——各井点的单井控制面积，km^2；

　　　h_i——单井有效厚度，m；

　　　n——纯含油区井数。

在油水过渡带，若无井钻达，则其有效厚度取邻井有效厚度的1/2；若有井，则可采用实际有效厚度。对于油水同层，若在油层内部能识别油水界面，则取油层内部油水界面之上的厚度为有效厚度；若为油水垂向过渡段，则可取油层厚度的1/2作为油层有效厚度。将过渡带有效厚度与其对应的面积进行权衡，计算过渡带平均有效厚度。最后，对纯油区和过渡带有效厚度进行面积权衡，计算整个计算单元的平均有效厚度。

c. 等厚线面积权衡法

以有效厚度等值线图为基础，以相邻两条等厚线的面积为权，对计算单元内的有效厚度进行加权平均。

$$\overline{h} = \frac{\sum\limits_{i=1}^{n} \dfrac{h_i + h_{i+1}}{2} A_i}{\sum\limits_{i=1}^{n} A_i} \qquad (6-15)$$

式中 $\overline{h}$——平均有效厚度，m；

h_i——第 i 块条有效厚度等值线值，m；

A_i——相邻两条等厚线间第 i 块面积，km^2；

n——等厚线间隔数。

2）油层平均孔隙度

油层平均孔隙度应用油层有效厚度范围内的分析样品数据或测井解释数值进行平均计算。一般先用厚度权衡法计算单井平均孔隙度，然后应用岩石体积权衡法求取计算单元内的孔隙度平均值。

厚度权衡法计算单井平均孔隙度的公式为

$$\overline{\phi} = \frac{\sum\limits_{i=1}^{n} \phi_i h_i}{\sum\limits_{i=1}^{n} h_i} \qquad (6-16)$$

式中 $\overline{\phi}$——单井平均孔隙度，小数；

ϕ_i——每块岩样分析孔隙度，小数；

h_i——每块岩样控制的厚度，m；

n——样品块数。

岩石体积权衡法计算区块或油田平均孔隙度的公式为

$$\overline{\phi} = \frac{\sum\limits_{i=1}^{n} A_i \phi_i h_i}{\sum\limits_{i=1}^{n} A_i h_i} \qquad (6-17)$$

式中 $\overline{\phi}$——区块或油田平均孔隙度，小数；

A_i——单井控制面积，km^2；

ϕ_i——单井平均孔隙度，小数；

h_i——单井有效厚度，m；

n——井数。

3）油层平均原始含油饱和度

应用油层有效厚度范围内的岩样分析数据和测井解释值计算油层平均原始含油饱和度。计算方法一般采用孔隙体积权衡法，其公式为

$$\overline{S}_{oi} = \frac{\sum\limits_{i=1}^{n} A_i h_i \phi_i S_{oi}}{\sum\limits_{i=1}^{n} A_i h_i \phi_i} \qquad (6-18)$$

式中 $\overline{S}_{oi}$——单层（或油层组或区块或油藏）的平均含油饱和度，小数；

A_i——单井含油面积，km^2；

h_i——有效厚度，m；

ϕ_i——有效孔隙度，小数；

S_{oi}——原始含油饱和度，小数。

式（8-16）中，单井含油面积为单井控制面积，其他参数可为一块样品或一个测井解释值，也可为单井、单层或单井油层组平均值。

4）平均原油体积系数和平均原油密度

在一个储量估算单元内，原油体积系数和原油密度一般变化不大，对实测值进行算术平均即可达到储量估算的精度（表6-15）。在变化较大的情况下，可采用原油体积权衡法进行平均。其中，平均原油体积系数计算应采用地下含油体积权衡，平均原油密度计算应采用地面原油体积权衡。计算公式分别为

$$\frac{1}{\overline{B}_{oi}} = \frac{\sum\limits_{i=1}^{n} A_i h_i \phi_i S_{oi} \dfrac{1}{B_{oi}}}{\sum\limits_{i=1}^{n} A_i h_i \phi_i S_{oi}} \tag{6-19}$$

$$\overline{\rho}_o = \frac{\sum\limits_{i=1}^{n} A_i h_i \phi_i S_{oi} \dfrac{1}{B_{oi}} \rho_{oi}}{\sum\limits_{i=1}^{n} A_i h_i \phi_i S_{oi} \dfrac{1}{B_{oi}}} \tag{6-20}$$

式中　$\overline{B}_{oi}$——平均原油地层体积系数；

B_{oi}——单井原油地层体积系数；

$\overline{\rho}_o$——平均原油地面密度，g/cm^3；

ρ_{oi}——单井原油地面密度，g/cm^3。

表6-15　某区块 P_3wt_1 油组原油性质参数分析数据表

井号	层位	射孔井段 m	地层压力条件下分析结果					
			饱和压力 MPa	体积系数	气油比 m^3/m^3	压缩系数 10^{-3}MPa^{-1}	原油密度 g/cm^3	原油黏度 mPa·s
J009		1599.0~1605.0	4.78	1.032	11	1.2172	0.9268	934.46
J108	P_3wt_1	1845.0~1860.0	10.86	1.095	37	0.8954	0.8577	40.19
J002		1457.0~1483.0	8.14	1.041	25.9	2.0155	0.9103	415.99

对于缺少分析测试资料的计算单元，可以借用相邻计算单元的数据（表6-16、表6-17）。

表6-16　某区块 P_3wt_1 油组原油体积系数参数取值依据

层位	计算单元	体积系数	备注
P_3wt_1	J7井断块	1.052	2个样品
	J8井断块	1.041	3个样品

表 6-17 　某区块 P_3wt_1 油组原油密度统计结果

计算单元	层位	样品个数	原油密度范围 g/cm³	密度取值 g/cm³
J7 井断块	P_3wt_1	2 井/11 个	0.9236~0.9382	0.931
J8 井断块		10 井/28 个	0.9317~0.9551	0.944

在编制相应储量参数分布图的基础上，通过对各单元相关储量估算参数的平均，并按照原油、天然气、凝析油等流体相态的差异及其分布面积，分别计算不同单元的油气地质储量，然后按照不用流体相态（石油、溶解气、气藏气、凝析油等）分别进行汇总（表 6-18）。

表 6-18 　某区块 P_3wt_1 油组探明地质储量估算结果汇总

层位	计算单元	储量参数						储量	
		A_o km²	h m	ϕ	S_{oi}	B_{oi}	ρ_o g/cm³	体积 10⁴m³	质量 10⁴t
P_3wt_1	J7 井断块	0.52	8.2	0.201	0.530	1.052	0.931	43.18	40.20
	J8 井断块	6.77	23.7	0.202	0.565	1.041	0.944	1759.08	1660.57
P_3wt	总计	7.29						1802.26	1700.77

2. 基于油气层单储系数的储量估算

在新探区，由于不能准确确定部分储量参数，如孔隙度、含油饱和度、原油密度等，则可通过类比已探明、开发的油气藏的储量参数（如单储系数）去推算新探区油气田储量。这种方法又称为类比法、统计对比法或经验分析法，其基础是容积法。

1）油气层单储系数

油气层单储系数是指每平方千米面积内每米厚度的含油气层的地质储量值。它们可分别用下式表示：

$$油层的单储系数 \quad q_{oi} = \frac{N}{Ah} = \frac{\phi S_{oi} \rho_o}{B_{oi}} \times 100 \tag{6-21}$$

$$气层的单储系数 \quad q_{gi} = \frac{G}{Ah} = \frac{\phi S_{gi} T_{sc} p_i}{p_{sc} T Z_i} \times 0.01 \tag{6-22}$$

式中　q_{oi}——油层的单储系数，$10^4 t/(km^2 \cdot m)$（取值位数：小数点后两位）；

　　　q_{gi}——天然气层的单储系数，$10^8 m^3/(km^2 \cdot m)$（取值位数：小数点后两位）。

油气层的单储系数与该油气层的岩性、物性（孔隙度、饱和度和流体物性）有关。对于不同岩性和物性的油气田，其油气层单储系数是不同的。统计表明，我国油气田的地层单储系数分布范围如表 6-19 所示。

表 6-19 　我国油气层单储系数表

类别	砂岩	石灰岩
油田单储系数，$10^4 t/(km^2 \cdot m)$	8~12	2~6
气田单储系数，$10^8 m^3/(km^2 \cdot m)$	0.4~0.8	0.1~0.3

在一个新探区，若已初步确定研究区含油气面积和平均油层厚度，但不知孔隙度、含油（气）饱和度、原油（天然气）体积系数，则可借用与研究区相邻的已探明油气田的单储系数估算研究区的地质储量，即将该研究区预计的油气田面积和平均油层厚度乘以借用的单储系数，便得到估算的地质储量。应用这种方法计算的储量级别不高，一般为预测储量。

2）应用条件

由于类比法是利用已探明的或已开发的油气田的单储系数去推算新区或未查明地区的油气地质储量，因此，要求新区的地质特征，包括构造条件、油层岩性和物性，必须与已探明的地区或油气田基本相似。换言之，类比法仅适用于那些在构造、岩性、物性等方面具有相似特点，诸如同一地区或同一盆地之中的油气田。

3）基于油藏地质模型的储量估算

在勘探评价时期，探井数较少，不足以对储量参数的分布进行平面成图或三维建模，因而主要应用参数平均值或单储系数估算储量。而在井资料较多特别是在开发井网完成后，有条件研究储量参数的平面或三维分布，应该建立相应的油藏地质模型，并基于模型计算储量，这样可大大提高计算精度。

a. 基于储量参数平面模型的储量估算

所谓储量参数平面模型，是指网格化的储量参数平面分布图，即按一定的间隔将研究区划分成众多的网格，每个网格赋予一个储量参数值。这样，在储量估算中，就不是应用计算单元的平均值计算储量，而是按网格计算储量，计算精度可大大提高。

这种方法的关键是建立符合实际和储量规范要求的地质模型。建立二维模型的方式可以手工绘图（手工勾绘等值线，然后进行二维网格化），也可以计算机辅助绘图（在网格化的背景上应用鼠标勾绘），还可以应用数学方法借助计算机手段直接建立网格化的模型，或者综合应用多种方法。

a）二维网格化的要求

二维网格化是在平面上按横向和纵向将研究区划分众多的网格，而不考虑垂向方向，即垂向网格数为1。平面网格数则根据资料情况而定。对于给定的研究区大小，网格数越多，则模型越细化，模型"刻画"得就越精致。但当数据量太少时，网格赋值的精度又会降低，因此，网格大小要适中。一般地，在油藏评价阶段的少井条件下，网格大小以 $100m \times 100m$ 为宜；在开发早期阶段具备开发井网的情况下，网格大小可细化到 $50m \times 50m$ 甚至 $25m \times 25m$；到开发中后期阶段具有加密井网的情况下，网格大小可进一步细化到 $10m \times 10m$。按照上述标准，对于 $1km^2$ 的区域，油藏评价阶段的网格数为 100 个，开发早期的网格数为 $400 \sim 1600$ 个，开发中后期的网格数则为 10000 个。

b）二维模型的建立

在基于二维模型的储量估算中，要求编绘有效厚度分布图、有效孔隙度分布图、含油饱和度分布图等，一般还需要编制渗透率分布图。无论是手工绘图，还是计算机辅助绘图或数学方法建模，均应遵循以下基本原则和方法：（1）建立系统、准确的单井分层有效厚度、有效孔隙度（平均值）、渗透率（平均值）、含油饱和度（平均值）数据库。这是储量参数井间插值和外推的硬数据。（2）应用多学科（地震、测井、动态等）数据，准确绘制分层的构造图、沉积微相图和砂体分布图，这是落实含油面积、编制储量参数分布图的基础。

（3）在编绘储量参数图件时，应综合应用多学科（地震、测井、动态等）数据，并综合考虑沉积、成岩、构造、成藏等多种因素储量参数的控制作用。（4）等值线的展布趋势应符合基本的地质规律，编绘的图件应能得到合理的地质解释。

c）二维模型储量估算公式

基于二维模型的储量估算方法是按网格计算储量的。对于平面模型含油范围内众多网格中的任一网格，均有一个有效厚度值、有效孔隙度值、含油饱和度值、原油密度值、原油体积系数值，不同网格的值在平面上是变化的。因此，可将容积法的估算公式改为

$$N = \sum_{i=1}^{n} A_i \cdot h_i \cdot \phi_i \cdot S_{oi} \cdot \rho_{oi}/B_{oi} \tag{6-23}$$

式中　N——原油地质储量，t；

A_i——第 i 个含油网格大小，m^2；

h_i——第 i 个含油网格的有效厚度，m；

ϕ_i——第 i 个含油网格的有效孔隙度，小数；

B_{oi}——第 i 个含油网格的地层原油体积系数（一般用平均值），无量纲；

S_{oi}——第 i 个含油网格的原始含油饱和度，小数；

ρ_{oi}——第 i 个含油网格的地面脱气原油密度（一般用平均值），g/cm^3；

n——含油网格数。

通过式（6-23）计算的储量，其精度显然高于应用平均值计算的储量。另外，应用这种方法还可以得到储量的平面分布图。如图6-12所示，含油范围内的每一个网格均有一个储量值。这样，可方便地求出不同断块、不同微相、不同流动单元或任一指定区域的储量值，从而十分有利于储量评价和油藏管理。

b. 基于储量参数三维模型的储量估算

基于三维模型的储量估算与基于二维的方法相似，但三维模型是在三维空间表征油藏特征的分布，因此模型精度更高，储量估算的精度也更高。

a）三维网格化的要求

三维模型除表征油藏的平面分布外，还表

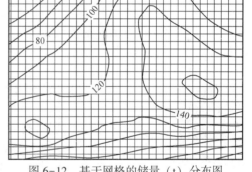

图6-12　基于网格的储量（t）分布图

征油层内部的垂向变化特征。因此，三维模型除平面网格化之外，还需要对垂向进行网格化。

同样，针对不同的勘探开发阶段，垂向网格大小也有所不同。在油藏评价阶段，垂向网格大小为1m即可；在开发早期阶段，垂向网格大小可细化到 0.25~0.5m；至开发中后期，垂向网格应进一步细化到 0.25m 以内。当然，垂向网格大小的确定还与储层复杂程度和开发要求有关。对于薄夹层多的储层，网格应细一些（一般小于薄夹层厚度的一半）；而对于相对均匀的储层，网格可粗一些。

b）三维模型的建立

在基于三维模型的储量估算中，需要建立储量参数的三维分布模型。与基于平均值和二维模型的储量估算方法不同的是，在基于三维模型的储量估算方法中，没有含油面积和有效

厚度的概念，而代之以有效体积，即有效的含油体积。有效体积用有效网格来表达，即为对工业性油流有贡献的网格。有效网格可通过有效厚度截止值（cut off）进行判别。对于三维模型中的任一网格，若网格参数值（有效孔隙度、渗透率、含油饱和度）大于或等于截止值，则为有效网格，取值为1；否则，为无效网格，取值为0。

基于三维模型的储量估算是通过计算机来完成的。要求输入三维有效网格模型、三维有效孔隙度模型、三维含油饱和度模型、原油密度和体积系数模型（后两者因变化小而一般以平均值代替）。若油水界面为非水平界面，还需输入油水界面模型。为了建立上述模型，尚需建立三维构造模型、沉积微相模型、渗透率模型等。其中，三维构造模型为整个三维油藏模型的格架；沉积微相模型的目的是通过"相控建模"建立准确的孔隙度、渗透率和含油饱和度等参数模型；渗透率模型主要用于建立有效网格模型。

c）三维模型储量估算公式

对于三维模型众多网格中的任一网格，均有一个有效网格值、有效孔隙度值、含油饱和度值、原油密度值和原油体积系数值，不同网格的值在空间上是变化的。因此，可将容积法的估算公式改为

$$N = \sum_{i=1}^{n} A_i \cdot E_i \cdot \phi_i \cdot S_{oi} \cdot \rho_{oi} / B_{oi} \qquad (6-24)$$

式中　N——原油地质储量，t；

　　　A_i——第 i 个含油网格大小，m³；

　　　E_i——第 i 个网格的有效性，取值1（有效）或0（无效），无量纲；

　　　ϕ_i——第 i 个含油网格的有效孔隙度，小数；

　　　B_{oi}——第 i 个含油网格的地层原油体积系数（一般用平均值），无量纲；

　　　S_{oi}——第 i 个含油网格的原始含油饱和度，小数；

　　　ρ_{oi}——第 i 个含油网格的地面脱气原油密度（一般用平均值），g/cm³；

　　　n——有效网格数。

二、地质储量估算的物质平衡法

视频 6.8 地质储量估算的物质平衡法

对于已开发油气田，在开采了一段时间而且动态资料丰富情况下，可以应用开发动态资料进行储量估算。这类方法可称为储量估算的动态法，其中，估算石油地质储量的动态法主要为物质平衡法，而天然气地质储量估算的动态法除物质平衡法之外，还有弹性二相法。这类方法属于油藏工程研究的范畴，在此仅简要介绍。

物质平衡法的理论基础是在油气田的开发过程中，油气物质的总量总是保持平衡的。在某一具体的开发时间内，流体的采出量加上剩余的储存量等于流体的原始储量，或在油气田在开发过程中，储油气的孔隙体积保持不变。为此，通过建立物质平衡方程式，进行储量估算。

（一）物质平衡方程式

将油藏看作一个容器（封闭或者不封闭），如果不考虑压力变化时油藏孔隙体积的变化，则其容积为定值，那么，在开发过程中的任一时刻，采出流体的体积加上剩余在地下的

流体的体积等于原始条件下油藏的流体体积。这个等式就是物质平衡方程式。

不同的油气藏驱动类型（详见第七章）具有不同的物质平衡方程式。对于油藏而言，不同的油藏饱和类型及外部条件具有不同的驱动类型（表6-20）；而对于气藏而言，正常压力条件，包括封闭型气藏与不封闭的弹性水压驱动气藏两种类型。下面以两个最简单的情况为例，介绍物质平衡法估算地质储量的思路。

表6-20　油藏饱和类型、原始条件及天然驱动类型

	油藏压力特征	原始条件	天然驱动类型
未饱和油藏	原始地层压力大于饱和压力	封闭型	封闭型弹性驱动
		不封闭型	弹性水压驱动
饱和油藏	原始地层压力等于饱和压力	无气顶，无边底水活动	溶解气驱动
		无气顶，有边底水活动	溶解气驱和天然水驱混合驱动
		有气顶，无边底水活动	溶解气驱和气顶驱混合驱动
		有气顶，有边底水活动	气顶驱、溶解气驱和天然水驱混合驱动

1. 封闭型弹性驱动油藏的储量估算

这种油藏既无气顶，又无边水、底水。在油藏开采过程中，驱油动力主要是油藏的弹性膨胀力，即孔隙层及其中所含流体的弹性膨胀力。岩性油藏、裂缝性油藏以及断块油藏均属此种类型的油藏。

根据孔隙体积守恒原理，在地层压力下降到饱和压力之前的某一时期内，从油藏中采出的油量所空出的体积等于地下储层、石油以及水因压力降低而产生弹性膨胀后所占的体积，如图6-13所示。物质平衡方程式为

$$N_p B_o = N B_{oi} C_t \Delta p \qquad (6-25)$$

所以，油藏的原始地质储量 N 为

$$N = \frac{N_p B_o}{B_{oi} C_t \Delta p} \qquad (6-26)$$

式中　N——地质储量，$10^4 \mathrm{m}^3$；

　　　N_p——累积产油量，$10^4 \mathrm{m}^3$；

　　　Δp——地层压力降，MPa；

　　　B_o——在 p 压力下地层原油的体积系数；

　　　B_{oi}——在 p_i 压力下地层原油的体积系数；

　　　C_t——总压缩系数，MPa^{-1}。

2. 正常压力条件下的封闭型气藏的储量估算

此类气藏的驱气动力是天然气本身的弹性膨胀力。根据油层孔隙体积守恒原理，当气藏从原始地层压力 p_i 降至某一开采时期的压力 p 时，气藏内流体所占孔隙体积的变化情况可由图6-14所示。该图表明，气藏在开发前原始天然气所占的孔隙体积等于开发一段时间后地下天然气所占的孔隙体积。

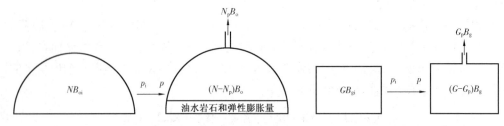

图 6-13　封闭型弹性驱动油藏物质平衡　　　　图 6-14　封闭型气藏物质
方程式的建立（据陈元千，1990）　　　　　　　平衡方程式的建立

由图 6-14 可写出封闭型气藏的物质平衡方程式为

$$GB_{gi} = (G-G_p)B_g \qquad (6-27)$$

整理式（6-27）得

$$G = \frac{G_p B_g}{B_g - B_{gi}} \qquad (6-28)$$

式中　G——气藏的地质储量，10^8m^3；

　　　G_p——气藏的累积产气量，10^8m^3。

封闭型气藏物质平衡方程式的图解为"压降图"，即气藏压力（p/Z）与累积产气量（G_p）所构成的"压降图"。根据压降图估算储量的方法即为压降法，为压力降落法的简称，又可称为"压力图解法"。利用压降法确定的储量又称为"压降储量"。

由式（6-28）可知，封闭型气藏的天然气地质储量为

$$G = \frac{G_p B_g}{B_g - B_{gi}} = \frac{G_p \dfrac{p_i}{Z_i}}{\dfrac{p_i}{Z_i} - \dfrac{p}{Z}} \qquad (6-29)$$

从式（6-29）可得

$$\frac{p}{Z} = \frac{p_i}{Z_i}\left(1 - \frac{G_p}{G}\right) \qquad (6-30)$$

式（6-30）表明，对于一个具正常压力的封闭型气藏来讲，视地层压力 p/Z 与累积产气量 G_p 成直线关系，其中 p_i/Z_i 为直线的截距，$-p_i/(Z_i G)$ 为直线的斜率，如图 6-15 所示。

式（6-30）中，当 $p/Z = 0$ 时，$G_p = G$。故将压降图上的直线外推至 $p/Z = 0$ 处，直线与 G_p 轴相交，此交点之值便为气藏的原始地质储量，即压降储量。

利用压降法还可以求取气藏的可采储量。气藏的开采程度应充分考虑合理的经济效益。当气藏开采的最终地层压力取一合理经济的最低极限值时，此地层压力便是废弃压力。将压降曲线外推到与废弃压力线（p_a/Z_a）相交时的气量值便为气藏的天然气可采储量。

图 6-16 为某气田压降法外推某气田储量关系图。使外推压降曲线与 p/Z 为零的横轴相交，可得地质储量 $270 \times 10^8 \text{m}^3$；使外推压降曲线与废弃压力 p_a/Z_a（为 2.5MPa）的横轴相交，便得可采储量 $245 \times 10^8 \text{m}^3$。

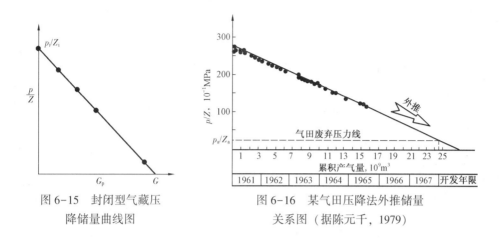

图 6-15 封闭型气藏压
降储量曲线图

图 6-16 某气田压降法外推储量
关系图（据陈元千，1979）

（二）物质平衡法的应用条件

物质平衡法是利用油藏动态资料来估算石油和天然气储量的，其很大的优势是在无法确切知道岩石体积和油藏参数的情况下可以估算油气藏储量。然而，在应用该方法估算储量时，需要考虑以下三个条件。

1. 以水动力系统为计算单元

在应用物质平衡法时，必须对油气藏的地质情况有充分的了解和研究，如油气藏的水动力系统、油气藏的驱动类型等。如果油气藏因断层、岩性尖灭或物性变差而被分割为互不连通的几个水动力系统，则应分别对每一个水动力系统进行计算。

2. 查明油气藏的驱动类型

油气藏的驱动类型不仅关系到物质平衡方程式的选择，而且也关系到计算结果的精度。所以，在应用物质平衡方程式以前，必须认真地查明油气藏的驱动类型。例如，对于活跃的水压驱动气藏，由于在开采过程中压力不下降（或下降不明显），因此，不能使用压降法计算气藏储量。

3. 油气藏必须有一定的累积产量和明显的压力降

物质平衡方程式中的许多参数，诸如体积系数、压缩系数、气油比以及侵入水量等均是压力的隐函数，采用物质平衡法估算石油和天然气储量时，要求油气藏必须具有一定的累积产出量和明显的压力降。储量规范明确规定，在油田开采一段时间，地层压力明显降低（大于1MPa）和可采储量采出10%以后，方能取得有效的结果。

由上可知，在地质储量估算方法中，容积法是利用油气藏的静态资料估算油气储量，而物质平衡法则是利用油气藏的动态资料估算油气储量（表6-21），故在油气藏开发的初期和中期最好同时使用这两种方法估算油气储量，并将两种方法所得结果进行比较、验证。

表 6-21 油气地质储量估算方法对比表

方法名称	应用时间	使用条件	所需资料
容积法	油气田勘探开发各个时期	适用于不同驱动方式的砂岩油气田，裂缝性油气田可靠性较差	油气田的面积、有效厚度、有效孔隙度、含油气饱和度、油气体积系数、原油密度等

方法名称	应用时间	使用条件	所需资料
物质平衡法	油气田采出地质储量10%以上的早、中期	适用于不同驱动方式的砂岩油气田以及裂缝性油气田	油气田油气水累积产量、压力、体积系数、压缩系数、侵入水量、气油比

三、地质储量估算的不确定性分析

视频6.9 地质储量估算的不确定性分析

地下储量虽然是一定的，但由于油气藏非常复杂，而用于研究地下油气藏的资料又总是不完备的，因此，人们难以精确地确定油气藏的储量估算参数。也就是说，虽然人们给定了确定的储量参数，但实际上存在不确定性，也就是随机性，估算的储量也就具有不确定性或随机性，而在确定性的储量估算中又难以了解储量估算结果的不确定性，这样便可能加大油气勘探开发的风险。

为此，有必要在储量估算中进行不确定性分析。在储量估算中，承认储量参数具有不确定性，并鉴于各地质参数本身的随机性特点，将其视为以一定概率在实数域上随机取值的随机变量或随机参数模型。因此，估算的储量值不是一个，而是多个，以便了解储量的不确定性，降低油气勘探开发的风险。这一储量估算方法又称为概率法。

概率法是以容积法为基础的。前已述及，容积法有两种方式，其一为应用参数平均值计算储量，其二为基于油藏地质模型计算储量。相应地，概率法也可有两种方式，其一为基于储量参数平均值的概率法，其二为基于随机油藏地质模型的概率法。

（一）基于储量参数平均值的概率法

1. 基本原理

基于随机储量参数的概率法主要应用蒙特卡罗模拟法进行储量估算。蒙特卡罗模拟法是一种概率统计方法，是应用随机技术进行模拟计算的方法的统称。它通常被用来模拟服从某种分布的随机变量，并实现随机变量之间的运算，最终结果以随机变量分布函数的形式给出。这种分布函数不仅表示了全部的可能结果，而且指出了各种结果出现的可能性即概率。20世纪60年代末，国外将蒙特卡罗模拟技术引进到石油勘探领域的油气资源评价中，我国采用该技术则始于1979年。

在蒙特卡罗储量模拟计算中，参与油气储量估算的各地质参数被看成是服从某种分布的随机变量，如图6-17所示。从图可以看出：储量估算公式中的各地质参数不再是一个确定的值，而是随机变量的分布函数，也就是说储量为随机变量分布函数之间的乘积。因此，油气储量也不再是一个确定的值，而是随机变量（储量）的分布函数。如果在油气储量分布函数曲线上取某一储量值时，就会有某一确定的概率与之相联系。相应地，储量估算公式为

$$N_k = A_i h_j \phi_l S_{om} C \ (i,j,k,l,m = 1,2,3,\cdots,n,\cdots) \tag{6-31}$$

式中　N_k——石油地质储量模拟估算的一个实现，10^4t；

　　　A_i——含油面积分布函数的一个随机取值，km^2；

　　　h_j——有效厚度分布函数的一个随机取值，m；

ϕ_i——有效孔隙度分布函数的一个随机取值，小数；

S_{om}——油层原始含水饱和度分布函数的一个随机取值，小数；

C——地面原油密度与原始原油体积系数倒数的乘积，在此假设为确定值，t/m^3。

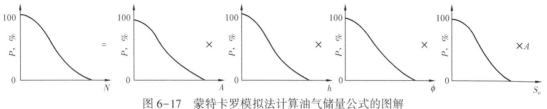

图 6-17　蒙特卡罗模拟法计算油气储量公式的图解

2. 实施步骤

基于随机储量参数的概率法可分为三个步骤：其一，构建各随机储量参数的分布函数；其二，对随机变量分布函数进行随机抽样；其三，计算储量并构建储量的随机分布函数。

1）构建各随机储量参数的分布函数

由概率与统计学可知，如果随机变量 X 小于任意实数 x，且 $F(x)=P(X<x)$，则 $F(x)$ 为随机变量 X 的分布函数。通常，储量估算的蒙特卡罗模拟技术所用的分布函数为 $\overline{F}(x)$。$\overline{F}(x)$ 与 $F(x)$ 之间的关系为 $\overline{F}(x)=1-F(x)$，它们的曲线形态呈反向对称。

根据参与储量估算各地质参数的数据丰富程度，可采用不同的方法构建分布函数。

（1）当原始数据数量较多（>30 个）时，可直接用频率统计法求取随机变量的分布函数。应用这种方法构建的分布函数称为经验分布函数。这种方法由于实际数据量较大，构建的分布函数可靠性较高。其具体做法如下：

① 在原始数据中找出极大值 x_{max} 和极小值 x_{min}，并求出极差 Δx。

② 决定统计区间的个数 m。m 的大小应按平均落入每个区间的原始数据不少于 $3\sim5$ 个的原则来确定。

③ 求 $m+1$ 个区间端点值 x_i：

$$x_i=x_{min}+(\Delta x/m)(i-1) \quad (i=1,2,\cdots,m+1) \tag{6-32}$$

④ 把 N 个原始数据中的每个数据逐一与 $m+1$ 个端点值进行比较，统计落入每个区间的数据的频数，频数除以原始数据 N 便得区间的频率即概率。

⑤ 由 x_{max} 一端开始，将区间频率依次累加，而得到 m 个区间的分布函数 $\overline{F}(x)$。

（2）当原始数据的数量较少但知道随机变量的概型时，可用分布概型公式计算出随机变量的分布函数。例如，若已知储量参数服从正态分布或对数正态分布，则只需求出原始数据的均值 α 和标准差 σ 后，便可代入正态分布数学公式中求出其分布函数 $F(x)$，进而求出 $\overline{F}(x)$。

（3）当原始数据的数量很少，又不知分布概型时，可用最简单的均匀分布或三角分布来代替随机变量的分布函数。

2）对随机变量分布函数进行随机抽样

为了实现随机变量间的运算，就需要对随机变量 A、h、ϕ、S_o 所构成的分布函数分别进行若干次独立随机抽样，以建立各随机变量的随机样本，即 $(A_1, A_2, A_3, \cdots, A_n)$，$(h_1, h_2, h_3, \cdots, h_n)$，$(\phi_1, \phi_2, \phi_3, \cdots, \phi_n)$，$(S_{o1}, S_{o2}, S_{o3}, \cdots, S_{on})$。

那么，怎样实现对随机变量进行随机抽样，即怎样产生服从某种分布的随机数呢？数理统计理论指出，只要有了一种连续分布的随机数，通过一定的转换就可得到任意分布的随机数。在所有的连续分布中，（0，1）上均匀分布最简单，因此，人们自然考虑到：先产生（0，1）上均匀分布的随机数，然后再将其转换为其他分布的随机数。目前人们广泛采用的方法是将计算机按照预先给定的递推公式计算出来的一系列数作为（0，1）上均匀分布的随机数。这种由数学方法产生的随机数称为伪随机数。

对于一个随机变量的分布函数，在（0，1）上任取一个随机数，其在分布函数中对应的分位数，即为该随机变量的抽样结果；多次反复进行，便得到该随机变量的随机样本，如前述的（A_1，A_2，A_3，…，A_n…）。应用这种方法，可分别得到含油面积、有效厚度、孔隙度、含油饱和度的随机样本。

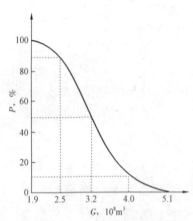

图 6-18　某气藏天然气储量分布
函数曲线图

3）计算储量并构建储量的随机分布函数

在得到各储量参数随机样本（A_1，A_2，A_3，…，A_n），（h_1，h_2，h_3，…，h_n），（ϕ_1，ϕ_2，ϕ_3，…，ϕ_n），（S_{o1}，S_{o2}，S_{o3}，…，S_{on}）后，从各随机样本中随意抽样，应用公式（6-30），便可获得一个储量的随机值 N_k（k，l，m = 1，2，3，…，n）。将这一过程进行 n 次，便可得到容量为 n 的储量随机样本（N_1，N_2，N_3，…，N_n）。

以储量随机样本为数据，应用前述的频率统计法，便可构建储量的分布函数。图 6-18 为某气藏天然气储量的分布函数曲线。从图上可看出，该气藏至少有 $1.9 \times 10^8 m^3$ 天然气，但最多不会超过 $5.1 \times 10^8 m^3$；天然气储量为 $2.5 \times 10^8 m^3$ 的概率为 90%，为 $3.2 \times 10^8 m^3$ 的概率为 50%。

（二）基于随机油藏地质模型的概率法

1. 基本原理

前面介绍的是基于随机储量参数平均值估算储量的概率法。在该方法中，虽然考虑了储量估算单元内各储量参数的总体不确定性，但没有考虑其空间不确定性，也就是各储量参数空间变化的不确定性。而基于随机油藏地质模型的概率法，则通过随机建模方法，首先建立各储量参数的平面或三维随机地质模型，然后直接应用模型计算储量，并构建储量样本及储量分布函数。这样，便充分考虑了储量参数的空间不确定性，因而能更客观地反映储量的不确定性。

该方法的关键是通过随机建模方法建立随机油藏地质模型。通过随机建模，可得到油藏地质模型的多套实现，每套实现包括各储量参数分布模型的一个实现。针对每套实现计算一个储量，则多套实现便有多个储量实现（即储量样本）。据此，应用前述的频率统计法，便可建立储量分布函数。该函数与基于储量参数的概率法的函数形式是一样的，只是计算储量的方法有差别。

2. 储量估算方法

基于模型的储量估算方法本质上也属于容积法，只是以网格为单元进行计算。基于随机地质模型的储量估算公式与基于确定性地质模型的储量估算公式基本相似，只不过需要针对多套实现进行多次计算。由于二维模型与三维模型有所差别，因此储量估算公式也有所差别。

1）基于二维随机地质模型的储量估算公式

对于多套实现（1，2，3，…，l，…）的第 l 套实现，储量估算公式为

$$N^{(l)} = \sum_{i=1}^{n^{(l)}} A_i^{(l)} \cdot h_i^{(l)} \cdot \phi_i^{(l)} S_{oi}^{(l)} \rho_{oi}^{(l)} / B_{oi}^{(l)} \tag{6-33}$$

式中　$N^{(l)}$——第 l 套实现的原油地质储量，t；

　　　$A_i^{(l)}$——第 l 套实现第 i 个网格大小，m^2；

　　　$h_i^{(l)}$——第 l 套实现第 i 个网格的有效厚度，m；

　　　$\phi_i^{(l)}$——第 l 套实现第 i 个网格的有效孔隙度，小数；

　　　$n^{(l)}$——第 l 套实现的网格数；

　　　$S_{oi}^{(l)}$——第 l 套实现第 i 个网格的原始含油饱和度，小数；

　　　$\rho_{oi}^{(l)}$——第 l 套实现第 i 个网格的地面脱气原油密度（一般用平均值），g/cm^3；

　　　$B_{oi}^{(l)}$——第 l 套实现第 i 个网格的地层原油体积系数（一般用平均值），无量纲。

2）基于三维随机地质模型的储量估算公式

在三维地质模型中，储集体被划分为众多的三维网块。对于多套实现（1，2，3，…，l，…）中的第 l 套实现，储量估算公式为

$$N^{(l)} = \sum_{i=1}^{n^{(l)}} A_i^{(l)} \cdot E_i^{(l)} \cdot \phi_i^{(l)} S_{oi}^{(l)} \rho_{oi}^{(l)} / B_{oi}^{(l)} \tag{6-34}$$

式中　$N^{(l)}$——第 l 套实现的原油地质储量，t；

　　　$A_i^{(l)}$——第 l 套实现第 i 个网格大小，m^2；

　　　$E_i^{(l)}$——第 l 套实现第 i 个网格的有效性，取值1（有效）或0（无效），无量纲；

　　　$\phi_i^{(l)}$——第 l 套实现第 i 个网格的有效孔隙度，小数；

　　　$n^{(l)}$——第 l 套实现的网格数；

　　　$S_{oi}^{(l)}$——第 l 套实现第 i 个网格的原始含油饱和度，小数；

　　　$\rho_{oi}^{(l)}$——第 l 套实现第 i 个网格的地面脱气原油密度（一般用平均值），g/cm^3；

　　　$B_{oi}^{(l)}$——第 l 套实现第 i 个网格的地层原油体积系数（一般用平均值），无量纲。

概率法既可用于勘探阶段对预测、控制和探明储量的计算，也可用于开发阶段已开发探明储量的计算。随着资料的增多，油藏的不确定性减小。但是，即使到开发中后期，人们对油藏的认识仍存在不确定性，应用概率法了解储量的不确定性仍有必要。

第三节　可采储量估算方法

可采储量受到多种因素的制约，它与油（气）藏性质、开发条件及经济因素密切相关。对于技术可采储量而言，未开发状态和已开发状态的储量估算方法不同。可采储量估算属于石油工程及石油经济学的范畴，在此仅简要介绍。

一、未开发技术可采储量估算方法

未开发技术可采储量估算是指在评价钻探及开发初期阶段，在缺乏足

视频 6.10　未开发油气藏可采储量估算

够的开采动态参数条件下的储量估算，一般应用经验公式法、类比法、油藏数值模拟法等计算油气采收率，然后再与地质储量相乘计算可采储量。这类估算可采储量的方法又称为静态法。

估算石油和天然气的可采储量的公式如下：

$$N_R = N \cdot E_R \tag{6-35}$$

$$G_R = G \cdot E_R \tag{6-36}$$

式中　N_R——原油可采储量，10^4m^3；

　　　N——原油地质储量，10^4m^3；

　　　G_R——天然气可采储量，10^8m^3；

　　　G——天然气地质储量，10^8m^3；

　　　E_R——采收率，小数。

采收率是指在某一经济极限内，在现代工程和技术条件下，从油气藏原始地质储量中可以采出石油天然气的百分数。使用最经济的方法最大限度地把原油或天然气采出来，是油气田开发工作者最终追求的技术目标。

（一）影响油气采收率的因素

影响油气采收率的因素有许多，归纳起来可分为两大类，即地质因素和开发因素。

1. 主要地质因素

（1）油气藏类型，即该油气藏是构造、断块、地层油气藏还是岩性油气藏。油气藏的类型不同，所能达到的最终采收率会有很大差别。

（2）油气储层性质，即储层孔隙或裂缝的结构特征、润湿性、连通性、非均质程度，以及孔隙度、渗透率与油气饱和度的大小。

（3）油气藏天然能量类型，如油田的边水、底水和气顶，以及能量的大小和可利用程度；气田和凝析气田的边水、底水及能量大小（详见第七章）。

（4）原油和天然气的性质，如其组成成分、原油的黏度、气油比、气田的天然气中含其他气体水合物的情况、凝析气田的露点压力及含凝析油数量等。

2. 主要开发因素

（1）油藏开发层系的划分。

（2）开发方式，即消耗性开发（利用天然能量开发）、二次采油（注水开发）或三次采油（提高采收率或者强化采油）等方式。

（3）布井方式，即采用哪一种布井方式、井网密度的大小。

（4）开采的技术水平和增产增注的效果。

（二）采收率确定方法简介

采收率的确定要求为：（1）一般是在确定目前成熟的可实施的技术条件下的最终采收率；（2）估算提高采收率技术增加的可采储量，一种情况是提高采收率技术已经本油（气）藏先导试验证实有效并计划实施，另一种情况是本油（气）田同类油（气）藏使用成功并可类比和计划实施。

综合考虑地质因素和开发因素，选择经验公式法、类比法和数值模拟法求取采收率（SY/T 5367、SY/T 6098）。对于油藏而言，主要考虑油藏类型、驱动类型、储层特性、流体性质和开发方式、井网等因素求取原油采收率；对于气藏而言，主要根据气藏类型、地层水活跃程度、储层特性和开发方式、废弃压力等情况求取天然气采收率；对于凝析气藏而言，主要考虑气藏特征、气油比和开发方式等情况求取凝析油采收率。

下面简要介绍经验公式法和类比法。

1. 经验公式法

经验公式是指针对开发成熟油气田，通过统计分析得到的油藏地质参数和开发参数与采收率之间的经验公式。例如，我国油气专业储量委员会办公室刘雨芬、陈元千等1996年根据我国六大油区水驱砂岩油田150个开发单元的油层渗透率、有效孔隙度、地下原油密度、井网密度等参数，利用多元回归分析，建立了这些参数与采收率的相关经验公式：

$$E_R = 5.8419 + 8.4612 \lg(K/\mu_o) + 0.3464\phi + 0.3871f \tag{6-37}$$

式中　E_R——水驱砂岩油藏的采收率，%；

K——油藏的平均空气渗透率，$10^{-3}\mu m^2$；

μ_o——原油地下黏度，$mPa \cdot s$；

ϕ——平均有效孔隙度，%；

f——井网密度，井/km^2。

式（6-37）的复相关系数为0.7614，标准差为4.55%。

针对某一具体的未开发油气田，选择合适的经验公式，即可应用油藏地质参数和开发参数计算采收率。应用该法时，重要的是了解经验公式所依据的油田地质和开发特征以及参数确定方法和适用范围。

2. 类比法

类比法的主要思路是将待投入开发的油田，根据油藏的驱动类型、储层物性、流体性质、井网密度和非均质性同已开发的油田类比，来确定油气采收率。如果油藏储层类型相同、储层物性及其他油藏特征相近、开发方式与井网井距也接近，则这样的油藏其采收率应该比较接近。这就是类比法确定原油采收率的依据。

在使用类比法确定原油采收率时，建议采用以下工作步骤：

（1）广泛调研国内外同类型油藏的地质开发情况，从中选出最接近本油藏的一个或几个油藏作为类比对象。

（2）详细研究解剖类比油藏和本油藏的地质特征、储层特征、油藏特征、开发设计、钻完井工艺、投产投注措施、开发管理和开发控制措施，并列表比较它们的相同点和不同点，对不同点要评价优劣程度并估计出对最终采收率的影响（增减）程度，如表6-22所示。

表6-22　确定待评油藏原油采收率的参数类比法实例

类比项目	地质条件					开发水平				合计		最终采收率
	储层物性	非均质性	润湿性	原油黏度	单层厚度	层系划分	井网井距	开发控制	技术工艺	加分	扣分	
参考油藏												37%
待评油藏	-1	-1	0	+1	+0.5	0	+0.5	+1	+1	4	-2	39%

二、已开发技术可采储量估算方法

视频 6.11 已开发油气藏可采储量估算

已开发技术可采储量的估算是油藏进入开发一段时间以后，根据油气藏的开采历史动态及其变化规律，预测未来开发动态趋势并估算可采储量。这类方法又称为动态法，包括物质平衡法、数值模拟法、产量递减曲线法、水驱特征曲线法等。物质平衡法在前文已进行了介绍，在此从略。下面，简要介绍数值模拟法、产量递减曲线法和水驱特征曲线法。

（一）数值模拟法

油气藏数值模拟法的基本思路是，根据油气藏地质及开发实际情况，通过建立描述油气藏中流体渗流规律的数学模型，并利用计算机求得数值解来研究其运动变化规律，属于油藏工程研究的范畴。其基本原理是把生产或注入动态作为确定值，通过调整模型的不确定因素使计算的生产动态与实际吻合（历史拟合）。其数学模型，是通过一组方程组，在一定假设条件下，来描述油藏真实的物理过程，从而达到预测开发过程、评价开发效果、开展储量估算、标定油气采收率的目的（图 6-19）。在这一过程中充分考虑到油藏构造形态、断层位置、油砂体分布、油藏孔隙度、渗透率、饱和度和流体 PVT 性质的变化等因素。

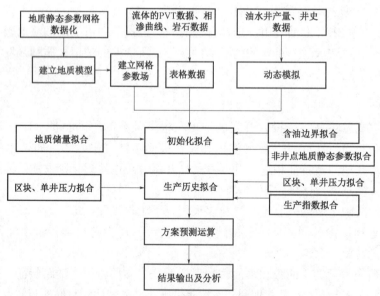

图 6-19 油藏数值模拟流程图

对于可采储量估算而言，油（气）藏数值模拟就是利用数学、地质、物理、计算机等理论方法技术，根据油（气）藏特征及开发概念设计等条件，模拟开发过程，求得技术可采储量，其基础理论是达西渗流定律。虽然油（气）藏数值模拟法计算较为复杂，但它更加充分地反映了油藏静态的特征和油田动态的变化规律，以严密的理论为依据来预测油田的可采储量（进行采收率的标定）。在我国油田开发设计和管理阶段，数值模拟计算是法定的必不可少的方法。

在开发前期，针对未开发技术可采储量的计算可用简单的模型，且无需进行历史拟合；

362

而在开发中后期，针对已投入开发的油藏，在油（气）藏数值模拟过程中必须进行油（气）藏动态历史拟合，而且使用中应十分重视模型的代表性和数学模型的选择。

（二）产量递减曲线法

根据开发过程中的产量随开采年限或采出程度的变化特征，大体上可将一个油气田分为三个大的开发阶段，即建设阶段、稳定阶段和递减阶段。

当油田进入递减阶段之后，其产量将按照一定的规律随时间而连续递减。产量递减的大小或快慢常用递减率来表示。所谓递减率，是指在单位时间内的产量递减量，一般用百分数表示。在油（气）田（藏）开采后产量明显递减时，产量与生产时间服从一定的变化规律，利用这些规律预测到人为给定（经验）的极限产量，即可求得技术可采储量（见 SY/T 5367 和 SY/T 6098）。这一方法属于油藏工程研究的范畴。

产量递减曲线（产量和相应的时间的关系曲线）有指数型、双曲线型和调和型等。以指数型为例，产量递减以方程（6-38）表示：

$$\alpha t = \ln q_0 - \ln q_t \qquad (6\text{-}38)$$

式中 α——油井产量递减率，1/月；

t——时间，月或年；

q_0——时间为零时的产量，t/天或 t/月；

q_t——时间为 t 时的产量，t/天或 t/月。

方程（6-38）表示，产量的自然对数与时间为直线关系，α 则是这条直线的斜率，如图 6-20 所示。

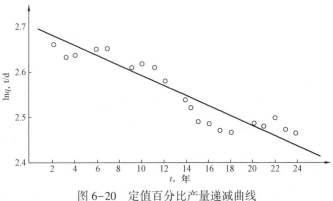

图 6-20   定值百分比产量递减曲线

为了使用方便，还可将式（6-38）改写为

$$q_t = q_0 e^{-\alpha t} \qquad (6\text{-}39)$$

将该方程（6-39）进行变换，则可得到如图 6-21 所示的累积产量 G_p 与瞬时产量 q 的关系曲线。若将油井的合理经济极限产量定为 q_i，则其在图 6-20 中关系曲线上对应的累积产量 G_i 便为油井的可采储量。

利用油井产量递减曲线可以预测一口油井未来的产量、累积产量、油井的寿命以及一口井的可采储量等。它的应用范围较广，既可以计算单井的储量，又可以用来计算一块开发面积上的储量；既可以适用于油藏，又可用于气藏（包括煤层气和页岩气藏等）。

产量递减曲线法的应用条件要求：（1）油气藏较单一，开发方案基本保持不变；

（2）一般是在油气田开采的中后期，油田产量已开始递减，一般要求三年以上的稳定递减趋势。

（三）水驱特征曲线法

在水驱油田的动态分析和预测工作中，人们常常发现，对于已进入中后期含水开发的油田，累积含水量或水油比与累积产油量之间具有一定的关系，这一关系曲线即为水驱特征曲线。当水驱特征曲线出现明显直线段时，根据累积产量和含水率等变量的统计关系，估算到人为给定（经验）的极限含水时所求得的累计产量，即为技术可采储量（见 SY/T 5367 和 SY/T 6098）。这一方法属于油藏工程研究的范畴。

在水驱油田开发中后期，某一具体开发层系的累积采油量 N_p 与累积采水量 W_p 之间存在下述统计关系：

$$\lg W_p = bN_p + a \tag{6-40}$$

在以 $\lg W_p$ 为纵坐标、以 N_p 为横坐标的直角坐标系中，式（6-39）为一直线，其中，b 为直线的斜率，a 为直线的截距，如图 6-22 所示。

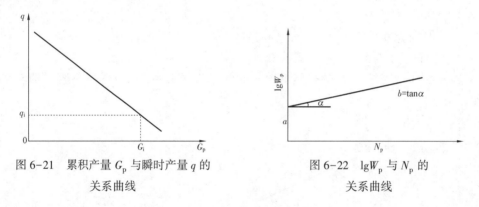

图 6-21　累积产量 G_p 与瞬时产量 q 的　　　　　图 6-22　$\lg W_p$ 与 N_p 的
　　　　　关系曲线　　　　　　　　　　　　　　　　　　关系曲线

根据水驱特征曲线方程及含水率方程，建立累积产油量与含水率的关系。依据这一关系，根据经济极限含水率估算最终累积采油量，即可采储量：

$$N_p = \frac{1}{b}\left[\lg\frac{f_w}{2.3b(1-f_w)} - \alpha\right] \tag{6-41}$$

如果已知在经济上合理的极限含水率 f_w，便可由式（6-41）求得最终累积采油量，即油藏的可采储量。

水驱特征曲线法要求油藏较单一，且油藏已进入开发中后期阶段，含水率大于 50% 以后，开发方案基本保持不变，一般要求三年以上的稳定水驱规律。

三、经济可采储量估算方法

经济可采储量评价方法主要包括现金流法、经济极限法。一般情况下，在未开发油气田或区块的新增储量，宜采用现金流法进行经济评价并估算经济可采储量。已开发油气田或区块的新增、复算、核算、结算，以及用动态法估算技术可采储量时，可采用经济极限法进行经济评价并估算经济可采储量（DZ/T 2017—2020），在此仅简要介绍。

（一）现金流法

现金流法的基本思路是根据开发方案或概念设计预测的油气产量及其他开发指标，依据目前经济条件，预测未来发生的投资、成本、收入和税费等，编制现金流量表，估算财务内部收益率、净现值等经济评价指标，符合判别条件后求取储量寿命期内的累计产量（即经济可采储量）。

现金流量法的基本方法和步骤是：

（1）预测未来各年产量。

（2）预测未来各年的开发投资、经营成本（操作费）。

（3）选取经济评价参数，包括评价基准年、油气产品价格、税率/费率、汇率和通货膨胀率等。

（4）测算经济生产年限，并估算从评价基准年至经济生产年限内未来各年的现金流入、现金流出及净现金流量。

（5）测算经济评价指标（主要指标是内部收益率和净现值）。

（6）估算经济可采储量。

（二）经济极限法

经济极限法的基本思路是通过研究生产历史数据中产量与时间、含水等变化趋势，并根据极限含水率、极限产量、废弃压力等生产极限指标，推算到经济极限点时的累计油气产量（即为经济可采储量）。

经济极限产量法的基本方法和步骤是：

（1）预测未来年度或月度油气产量。

（2）预测未来年度或月度经营成本（操作费）。

（3）选取油气产品价格、税率/费率、汇率和通货膨胀率等经济评价参数。

（4）测算经济极限产量。

（5）估算经济可采储量。

思考题

1. 什么是资源量？什么是地质储量？两者有何区别？
2. 什么是可采储量、技术可采储量和经济可采储量？
3. 我国油气储量是如何分类的？
4. 各级地质储量（探明、控制、预测储量）有什么差别？
5. 油气储量综合评价包括哪些内容？
6. 容积法估算地质储量的基本原理是什么？
7. 如何根据油藏描述的成果应用公式估算油气地质储量？
8. 在应用容积法估算地质储量时，各级储量对估算参数的要求有何差别？
9. 如何应用井点面积权衡法估算平均有效厚度？单井控制面积的内涵是什么？
10. 基于油气层单储系数估算地质储量的基本思路是什么？
11. 基于油气藏地质模型估算地质储量的基本思路是什么？

12. 物质平衡法估算储量的基本思路、应用条件是什么？

13. 储量估算不确定性分析的基本原理是什么？其意义是什么？

14. 石油和天然气技术可采储量的估算方法主要有哪些？

15. 压降法估算天然气储量的基本思路、应用条件是什么？

16. 产量递减曲线法估算储量的基本思路、应用条件是什么？

17. 水驱特征曲线法估算储量的基本思路、应用条件是什么？

第七章　油气藏开发的地质主控因素

油气赋存于地质体内，而从地质体内开采油气必然会受到地质因素的影响和控制。这些因素包括地层、构造、储层、流体、压力、储量等。不同类型的油气藏，其开发方式及影响开发效果的主要地质因素有较大的差别。本章首先介绍油气藏驱动类型，然后介绍不同类型油气藏的开发地质特征，并阐述不同开发方式的地质控制因素。

第一节　油气藏驱动类型

油气从油气藏中被采出，需要一定的驱动能量。从地层中驱动油气流向井底以至采出地面的能量类型，即为油气藏的驱动类型。这一驱动类型决定着油气藏的开发方式以及油气井的开采方式，并且直接影响着油气开采的成本和油气的最终采收率。所以，一个油气田在其投入开发之前，必须尽量将油气藏的驱动类型研究清楚。

在现代的油气田开发中，油气藏的驱动能量可分为天然驱动能量和人工驱动能量两大类。

一、天然驱动能量

（一）天然驱动能量的类型

视频7.1　天然
驱动能量

油气藏固有的驱动油气的能量即为天然驱动能量，包括油层岩石与流体的弹性能、油藏含油区内溶解气的弹性能、油藏气顶的弹性膨胀能、油藏边底水的弹性能和露头水柱压能、油藏的重力驱动能等。

1. 油层岩石与流体的弹性能

一个深埋地下的油藏，油层岩石和其中的流体在投入开发之前处于均匀的受压状态，在钻井打开油气层之后，一旦油气层中的流体产出地面，油气层原来均匀受压的平衡状态即遭到破坏，油气层岩石受上覆岩层的压力而变形，岩石的孔隙将缩小；另一方面，油气层孔隙内的流体也因压力减小而产生弹性膨胀。在孔隙缩小和流体弹性膨胀的双重作用下，流体就被推向压力已经降低了的井底。

弹性能量的大小取决于岩石和流体的压缩系数和油藏体积的大小，并且要在地层压力高于饱和压力时才能发挥作用。高于饱和压力的超高压油藏所能释放出来的弹性能量相对要大一些。压缩性则与岩石和流体本身的结构或成分密切相关。一般来说，组成碎屑岩岩石的颗粒越粗，分选越均匀，孔隙度越大，则压缩性也就越大，释放出来的弹性能量也就越大；反之，组成碎屑岩岩石的颗粒越细，岩石越致密，孔隙度越小，压缩性也就越小，所蕴藏的弹性能量也就越小。

2. 油藏含油区内溶解气的弹性能

一个高于饱和压力的油藏，随着油田的开发，当油层压力降至饱和压力以下时，在岩石和流体的弹性能释放并发挥驱油作用的同时，原来呈溶解状态的溶解气便会从原油中挥发出来，成为气泡分散在油中。在压力降低时，气泡将产生弹性膨胀，这种弹性膨胀能也会发挥将油流驱向井底的作用，并且地层压力降得越低，分离出来的气泡越多，所产生的弹性膨胀能也就越大。由于气体的弹性膨胀系数要比岩石和液体的弹性系数大得多，一般要高出 6~10 倍，所以溶解气的弹性膨胀能在开发的某一阶段内将会起主要作用。在这种条件下开发的油藏称为溶解气驱油藏。

溶解气弹性能量的大小与气体的成分、气体在原油中的溶解度，以及油层的压力和温度有关。就油、气、水流体来说，油质越轻，一般溶解到这种轻质油中的天然气越多，则所蕴含的弹性膨胀能越大。水的压缩性或所蕴含的弹性能量是很小的，但如果地层水中溶解有较多的气体，则其压缩性相对要大一些。在与上述相反的情况下，如原油的密度越大，溶解到其中的天然气越少，原油中所蕴含的弹性膨胀能越小。

3. 油藏气顶的弹性膨胀能

有的油藏具有原生气顶，这时油层的压力即等于原始饱和压力。随着原油的开采，井底压力将不断下降，在压力降落所波及的井底地区，将会形成溶解气弹性膨胀驱油。随着压降区扩大，以至扩展到气顶时，气顶气也会因压力降落而产生弹性膨胀，从而使气顶区扩大，成为驱油的能量。如果气顶区和含油区相比足够大，在某一开发阶段也可成为驱油的主要能量。这种类型的油藏称为气顶驱油藏。

气顶指数即气顶体积与油藏体积之比，是气顶能量大小的指标。由于气体的弹性压缩系数很大，所以虽然气顶体积比底水体积一般要小得多，但其驱动能量却往往相对较大，而且有气顶的油田在油气界面处的地层压力等于饱和压力，在降压开采一开始，溶解气就不断脱出而补充进入气顶，更加大气顶的弹性驱动能量。

4. 油藏边底水的弹性能和露头水柱压能

在原始地层条件下，当油藏的边部或底部与广阔或比较广阔的天然水域相连通时，在油藏投入开发之后，在含油部分产生的地层压降会连续地向外传递到天然水域，引起天然水域内的地层水和储层岩石累加式的弹性膨胀作用，并造成对油藏含油部分的水侵作用。天然水域越大，渗透率越高，则水驱作用越强。如果天然水域的储层与地面具有稳定供水的露头相连通，则可形成达到供采平衡和地层压力略降的理想水驱条件。

依靠油藏边底水弹性能量驱动油气时，油气藏就处于水压驱动类型。这常常是在高于饱和压力油气藏开发初期的主要驱动类型。这类油藏又可称为水压驱动类型油藏。

如果边底水供水区存在露头，如图 7-1 所示，边底水将依靠露头水柱与油气层水柱之间的压力差，源源不断地从露头区流入油气层。一旦这种天然露头水柱的压能发挥驱油作用，前述的弹性能将居于次要地位。这时，油气藏就转入天然水压驱动类型。

根据天然边底水能量，可将水压驱动油藏细分为两类：（1）强水驱油藏——天然边底水能量能满足 1%以上采油速度的能量补给；（2）弱水驱油藏——天然底水能量能满足 0.5%~1%的采油速度的能量补给。

存在露头时的边水或底水水柱的压能属来自岩石和流体自身以外的能量，即外部能量。天然水压驱动能量的大小与露头区和油气层埋藏深度的水柱高差有关，也与露头区到油气层的距离和供水区地层的渗透率大小等因素有关。

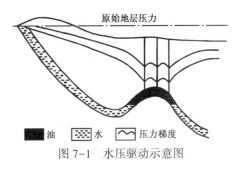

图 7-1　水压驱动示意图

图例：■油　▦水　〜压力梯度

原始地层压力

　　水柱高差与地层的沉积环境和油气藏形成时的构造形态等因素密切相关，更受油气藏形成后地壳运动的影响。原来的沉积环境或构造形态可能使油气藏处于封闭状态，也可能与露头相连，使油气藏具有外部能量来源。但是以后的地壳运动有可能使原来与露头相连接油气藏的连通性受到断层破坏，成为与外部能量相隔绝的封闭性油气藏。

5. 油藏的重力驱动能

　　有些油藏的油层具有较大的厚度，或具有较大的倾角（大于10°），处于油层上部的原油依靠自身的位能或重力向低部位的井内流动，当前述的各种能量均已消耗之后，主要依靠重力驱油的油藏称为重力驱动类型油藏。

（二）油气藏驱动类型的转化与控制

　　天然驱动能量的五种驱动类型不是孤立存在的，常常是几种驱动类型同时存在于一个油气藏的开发过程中。只是在一个开发阶段，往往是以一种驱动类型为主，其他驱动类型也同时发挥作用。

　　在油气田开发过程中的不同开发阶段，驱动类型可由一种过渡到另一种。例如，一个未饱和的油藏，地层压力高于饱和压力，在开发初期是弹性驱动类型；如果该油藏具有边底水区，边底水便会随油藏内部弹性能量的消耗而发挥作用，油藏的驱动类型会过渡到天然水驱；如果该油藏无边底水，是一个封闭性油藏，则在弹性能量消耗之后，接着过渡到以溶解气驱为主的开发阶段。

　　大量的油气藏开发实践表明，在不同的驱动类型下，油气的采收率是不同的，并且差异很大。一般说来，水压驱动类型的油气采收率比较高，溶解气驱类型原油的采收率比较低，封闭弹性驱的原油采收率更低。

　　不同驱动类型的产生或转化，其根本原因是能量或压力的消耗，而油气藏的压力可以通过井底压力来进行控制，即可以通过调整井的采出速度来控制井底以至油气藏的压力水平，从而调控油气藏的驱动类型，使之向着有利于提高油气采收率的方向变化。

二、人工驱动能量

视频 7.2　人工驱动能量

　　当油藏的天然能量不足时，一般压力下降比较大，采油速度比较低，采收率也会比较低，这时就会采用人工方式补充地层（油藏）能量，包括人工注水、人工注气、气体混相驱、热力驱、化学驱等。

（一）开发过程中压力的变化

1. 目前油层压力

目前油层压力是指油藏投入开发后某一时期的地层压力。

当油井生产时，油层中的流体从油井的供给边缘径向渗流入井底，渗流流线平面上呈径向分布，压力分布呈规则的同心圆形状，其渗流场如图7-2所示。由于油气或水不断产出，地层压力也不断下降，压力主要消耗在井底附近，并以井为中心向四周波及，如图7-3所示。从供给边界到井底，地层中的压力降落图解形似漏斗，所以习惯上称为"压降漏斗"。图中，p_s为油层静止压力，Pa；p_b为井底流压，Pa；R为油井供给半径，m；p_f为距井轴r处的地层压力，Pa。

油层静止压力为油田投入生产以后，关闭油井，待压力恢复到稳定状态以后测得的井底压力，它代表测压时期的目前油层压力。这一压力在新油田开发初始约等于原始油层压力，但随着油田开发的进行，静止压力会变小，且在油层的各个地方不一样，在同一地方不同时间也是不一样的，所以又称为动地层压力。

井底流压为油井生产时测得的井底压力，为井口剩余压力（油流从井底流到井口的剩余压力，又称油压）与井筒内液柱重量对井底产生的回压之和。油井生产时，井底流压小于油层静止压力，油层中的流体正是在这个压差的作用下流入井筒中的。

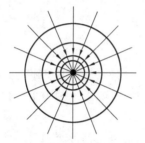

图7-2　平面径向流渗流场示意图

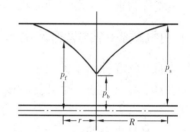

图7-3　压降漏斗示意图

图7-4是我国某油藏某一时期的油层静止压力等值线图，与该油藏的原始油层压力等值线图（图5-17）比较，油层压力的分布已发生了较大的变化。显然，油层静止压力等值线图与构造等高线相交。

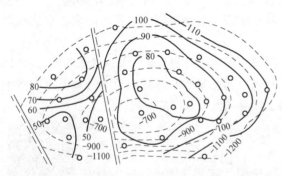

—— 构造等高线，m　—— 等压线，0.1MPa　—— 断层　○ 井点

图7-4　油层静止压力等值线图

利用某一开发时期绘制的油层静止压力等值线图，可以按面积权衡公式求得油藏某一开发时期的平均油层静止压力，也可掌握地下流体动态和油藏开采动态。在应用天然能量开采时，总的趋势是采液量多的地方油层能量消耗大，因而油层压力低；反之，采液量少，油层压力高。在注水开发条件下，注入水不能补充采液量时，也会在等压图上出现低压区；当注入水向某一个方向突进时，在等压图上将形成以注水井为起点的高压舌形；在注入水均匀推进的区域，等压线分布均匀。对油藏开发各个时期的油层静止压力等值线图进行对比和分析，可以了解不同开发时期的开采情况，判别油藏是否在合理的开发方案和合理的工作制度下进行开采。

2. 折算压力

在油气田开发过程中，通常应用折算压力来反映地层能量。

折算压力是指折算压头产生的压力，可利用静水压力公式导出。为了对比油藏上各井压头的大小，应将所有的井都折算到同一个折算基准面上。折算基准面可以是海平面、原始油水界面（或油气界面），或任意水平面。

折算压头是指井内静液面距某一折算基准面的垂直高度。

如图 7-5 所示，假设折算基准面为海平面，利用下式便可将油井实测的油层压力换算为折算压头：

$$l=h-L+H \tag{7-1}$$

式中　l——折算压头，m；

　　　h——静液柱高度，m；

　　　L——井口至油层顶面（或中部）的垂直距离，m；

　　　H——井口海拔高度，m。

当静液面在海平面以上时，折算压头取正值；当静液面在海平面以下时，折算压头取负值。

在油田开发过程中，流体从压头高的地方流向压头低的地方，而不是从压力大的地方流向压力小的地方。例如，图 7-6 中有两口油井（1 号井和 2 号井），钻达油层分别位于油藏顶部海拔-380m 与翼部海拔-470m 处（深度相差 90m）。经过一段时期开采后，关井测得 1 号井的油层静止压力为 2.82MPa；2 号井油层静止压力为 3.25MPa。若油藏的原油密度为 $0.8×10^3kg/m^3$，经计算后得到 1 号井井内油柱静液面海拔高度为-20m，而 2 号井井内油柱静液面海拔高度却为-55m。就油层压力大小而论，2 号井的油层压力比 1 号井多 0.43MPa，但是，就压头而言，1 号井则比 2 号井高 35m。油藏内流体实际上是从 1 号井流向 2 号井。

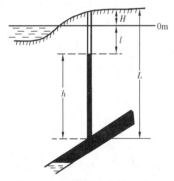

图 7-5　折算压头换算示意图

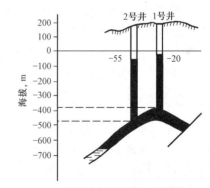

图 7-6　两口不同深度油井的油柱静液面示意图

对于无泄水区具统一水动力系统的油藏来讲，油藏未投入开采时，位于同一油藏不同部位的各油井，其原始油层压力折算到同一个折算基准面后，折算压力或折算压头相等。因为同一油藏具有同一的压力系统，而在同一压力系统内，压力互相传导直到平衡，故各井油层的折算压力相等，而在不同压力系统中，其折算压力完全不同。然而，油藏一旦投入开发，由于各种因素的影响，油藏上各油井压力消耗或补充不同，折算压头或折算压力就会发生较大的变化，从而打破了原始相等的状态。

仍以图 7-6 所示的两口井为例，两井油层深度相差 90m，按照静水压力公式，原油密度按 $0.8×10^3kg/m^3$ 计算，2 号井的原始地层压力应比 1 号井高 0.71MPa，可实测的油层静止压力却仅相差 0.43MPa。这说明在开发过程中，2 号井的压力消耗更多，或 1 号井的压力补充更多。

图 7-7 是某油藏的折算压力等值线图，由图可清楚地看到，油藏构造东端与西南端为低折算压力区，而南翼与北翼则为高折算压力区，油藏中的流体无疑是从南、北两翼往轴部及东、西两端流动。油藏的折算压力等值线图能更直观、准确地反映油藏的开采动态及地下流体的流动状况，因而常常利用其来控制油藏均匀采油和水线均匀推进，拟定油藏分区的配产、配注方案和分井的技术措施。

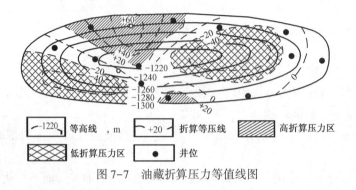

图 7-7　油藏折算压力等值线图

（二）人工补充能量类型

石油开采可分为一次采油、二次采油和三次采油三个阶段。一次采油是指上文提到的利用油藏天然能量开采的过程，如利用溶解气驱、气顶驱、天然水驱、岩石和流体弹性能驱及重力驱等能量，它是油藏开发的第一阶段。二次采油是指采用外部补充地层能量（如注水、注气），以保持地层能量（恢复地层压力）为目的的提高采收率的采油方法。现在，许多油藏一开发就进入了注水的二次采油过程，可以使注水后的采收率有所提高。二次采油之后，油藏中仍存在大量的原油，为了获得更高的采收率，需要进行三次采油。三次采油是指通过注入其他流体，采用物理、化学、热量、生物等方法改变油藏岩石及流体性质，提高水驱后油藏采收率的方法。化学驱、气体混相驱、热法采油和微生物采油都是三次采油提高采收率的方法。

1. 人工注水

天然情况所造成的油气藏驱动有很大局限性，所以一般都要采用人工注入驱替剂的方法，来造成有利于提高油气采收率的驱动类型。最便宜和有效并且工艺上易于实现的驱替剂是水，所以包括我国在内的各产油国家都广泛使用注水的方法，来造成人工的水压驱动，以提高油气特别是原油的采收率。

人工注水是指利用注水设备把质量合乎要求的水从注水井注入油层，以保持油层压力，使油层具有充足的驱油动力。

2. 人工注气

人工注气是指利用注气设备把天然气从注入井中注入油层，使油层具有充足的驱油动力。

3. 气体混相驱

气体混相驱的目的是利用注入气体能与原油达到混相的特性，使注入流体与原油之间的界面消失，即界面张力降低至零，从而驱替出油藏的残余油。气体混相驱按机理可分为一次接触混相驱和多次接触混相驱，按注入气体类型可分为烃类气体混相驱（如液化石油气段塞驱、富气驱、贫气驱）和非烃类气体混相驱（如 CO_2 驱和 N_2 驱）。气体混相驱注入的气体也能起到补充油藏能量的作用。

4. 热力驱

热力驱是指将热量引入油层，降低原油黏度，从而提高采收率，包括蒸汽吞吐、蒸汽驱、火烧油层等类型。热力驱在将热量（蒸汽）引入油层时不仅降低了原油黏度，同时也补充了油藏能量。

5. 化学驱

化学驱是指通过注入水中加入聚合物、表面活性剂、碱水等化学剂，改变驱替流体与油藏流体之间的性质，达到提高采收率的目的。化学剂是通过注入水这个介质进入油藏的，因此化学驱也补充了油藏能量。

第二节　不同类型油气藏的开发地质特征

油气赋存于地质体内，而从地质体内开采油气必然会受到地质因素的影响和控制。这些因素包括地层、构造、储层、流体、压力、储量等。不同油气藏的地质因素千差万别，导致油气藏的开发方法各不相同，开发效果和采收率也千差万别。不同类型油气藏的开发方式及影响开发效果的主要地质因素有较大的差别，为此，油气藏在投入开发之前，往往要对其进行开发地质分类。

勘探阶段的油气藏分类是为找油服务的，围绕油气藏的形成和分布规律这一石油地质核心问题，根据圈闭成因对油气藏进行分类，可以划分出构造油气藏、地层油气藏、岩性油气藏和复合油气藏等几大类，并根据每种圈闭的特点再细分。开发阶段的油气藏分类是为油气藏合理有效开发服务的，不过多涉及油气藏成因，而主要围绕油气藏开发特点和开发条件，以油气藏的开发地质特征为原则。所谓油气藏的开发地质特征，是指"油气藏所具有的那些控制和影响油气开发过程，从而也影响所采取的开发措施的所有地质特征"（裘怿楠，1996），包括油藏形态、储层性质、流体性质、油气水分布、埋藏条件等。

本节首先阐述不同类型油气藏的开发地质特征及其对开发方式和开发效果的影响，然后介绍油气藏开发地质综合分类。

一、不同流体性质的油气藏

油气藏流体的性质包括密度、黏度、凝点、烃类和非烃类组分等等，据此，油气藏也有多种分类方法，最常用的是按密度分类，通常分为石油和天然气两大类。按国际上通用的分类方法，可将油气藏按所产流体分为天然气藏、凝析气藏、挥发性油藏、常规油藏、高凝油藏和稠油油藏。

视频 7.3　油气藏开发地质分类

在自然条件下，储层流体又往往是两类流体甚至三类流体组成一个油气藏，如有气顶或凝析气顶的油藏、有油环或油垫的气藏或凝析气藏、有凝析气顶的挥发性油藏、有气顶的稠油油藏、有稠油环或油垫的气藏等等。

（一）天然气藏

天然气藏是指流体在地下储层中原始孔隙压力下呈气态储存，当气层压力降低时，气藏中的天然气不经历相变。虽然许多天然气藏采出的流体在地面常温常压或低温下有液相析出（一般也称凝析油），但只要在气藏温度条件下，压力降到气藏枯竭压力时仍不会出现两相的，都属天然气藏，用相图表示则是气层温度一定大于临界凝析温度（图7-8）。

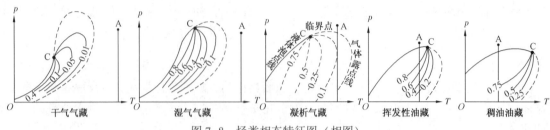

图7-8　烃类相态特征图（相图）

图中数字为液相和气相体积的比值，无量纲

　　根据天然气中烃类组分含量不同，天然气有干气、湿气、富气、贫气等多种分类，但大多数只是定性概念，没有定量界限。一般干气、湿气以天然气中戊烷及戊烷以上烃类组分含量多少来区分。富气、贫气以天然气中丙烷及丙烷以上烃类组分含量多少来区分。由于乙烷及乙烷以上烃类比甲烷在相同体积下热值要成倍地增加，且多为石油化工的优质原料，故湿气、富气的经济价值比干气、贫气要高得多。

　　天然气一般都是采用天然能量开发，采收率与驱动类型有很大关系，封闭式气藏及弱水驱气藏的采收率可以超过强水驱气藏的一倍。除了从地质条件上分析驱动类型外，更重要的是通过开采过程的生产动态来判断驱动类型，故一般气田开发都要经过一到两年的初步开发取得足够的生产动态资料后，才能编制正式的开发方案。

（二）凝析气藏

　　凝析气藏是指流体在地下储层中原始孔隙压力下呈气态储存，但随着储层流体不断被采出，整个气藏压力不断下降（这是一个等温过程），当压力下降到某一点（露点）时，液体将从储层气体中凝析出，因此，在此之后，储层中将存在两相流体饱和度。如果气藏压力进一步下降，一部分凝析液会再次汽化，但直到枯竭压力气藏中仍保持两相流体的存在。在相图上，气层温度介于临界点及临界凝析温度之间（图7-8）。

　　对于地层压力高于上露点压力很多或凝析油含量较低（低于300g/L）的凝析气田，一般采用消耗压力方式开发。在气藏压力降到露点压力前，凝析油含量、组分不变；降到露点压力后，进入反凝析阶段，凝析油含量迅速下降，组分变轻，初期下降快，后期下降缓。产能不仅受压力下降的影响，而且由于凝析油的析出形成两相流，气相渗透率也要下降，所以产能下降更快。在压力降到下露点压力后，进入蒸发阶段，凝析油含量又稍有上升，组分稍有变重，但一般已接近废弃压力，处于开采末期。

　　有的凝析气藏由于有边底水能量的补充，在一定的采气速度下可使气层压力维持在某一压力下。如该压力高于上露点压力，则气藏开采动态和采收率估算相对简单，类似于水驱下的一般气藏的动态；如该压力低于上露点压力，则只在上露点压力到该压力之间有反凝析作用发生，以后就类似于水驱下的一般气藏的动态。

　　对于凝析气藏，十分重要的是较精确地取得流体组分及相图，以及确定气藏有无挥发油油环及黑油油环。用试验求得压力与体积的关系、上下露点压力、在降压排气过程中各种压力下气体和液体的体积和组分变化，就可以计算出精确的相图，可以了解在凝析气藏开采过程中烃类物质的反凝析量以及井流物的组成变化情况，预测枯竭式开采条件下的气藏开发动态和最终采收率。

（三）挥发性油藏

挥发性油藏在地下原始油藏压力下呈液态储存，但随着储层流体不断被采出，油藏在压力下降到某一点（泡点）时，气体从液相中析出。由于原始状态下液相流体内溶解气量很大，故随着气体的析出，液相体积大幅度收缩。整个过程从定性上看与常规原油的界限比较难以划分，一般以体积系数与体积收缩的特性来确定。挥发性油藏的溶解气油比高，原油中轻组分含量高，因而体积系数大，体积系数应在 1.75 以上；体积收缩特性是压降初期收缩快而压降后期收缩慢，而常规原油则在压降初期收缩慢而压降后期收缩快。由这些特性可知，挥发性油藏对压力特别敏感，压力稍有下降原油体积就会收缩很多，在残余油饱和度相同的情况下，原油采收率就会明显地下降。

挥发性油藏一般都要尽量采用早期保持压力的开采方式，不宜采取天然能量如溶解气驱方式。由于挥发性油藏在压力下降的前期体积系数下降很快，若采用溶解气驱开发，在压力降到泡点压力后，气油比急剧升高，产量大幅度下降，原油体积明显收缩，采收率将是很低的，即使以后再注水恢复压力，原油体积也不可能再膨胀。除了极少数边底水能量特别充足的挥发性油藏可以利用边底水能量将油层压力保持在泡点压力附近外，大多数挥发性油藏将采用早期注气或注水来保持油藏压力。由于挥发性油藏的轻组分含量很高，注气形成混相驱的可能性较大。混相驱由于没有界面张力可以达到很高的驱油效率。

相当多的挥发性油藏采用注水保持压力的开发方式，特别是对那些层数多、非均质较严重、挥发性相对较弱、混相压力较高的油藏更是如此。因为有利的流度和油水黏度比可以获得较高的波及体积和采收率，经济效益往往更优于混相驱。对于油藏原油黏度低于水的油田，注水的不均匀推进可以由黏度来自动调整，所以层间渗透率差异和层系划分、油层内纵向及平面非均质等将不是开发方案研究的主要问题，而吸水能力远远低于采油能力则是注水开发这类油田的主要问题，特别是当油层渗透率较低、润湿性为亲水型、相渗透率曲线上水相端点渗透率相当低时则更为突出。

挥发性油藏只要在泡点压力以上，补充能量保持压力开发，其动态特征一般是稳产期较长；注水开发的无水期长，无水采收率高；混相驱则气油比稳定，开采期长。一旦油井见水或见注入气后，含水率或气油比将迅速上升，产量将明显下降，使总的开发期缩短而采收率不高。

（四）常规油藏

常规原油是指油藏中以液态存在的烃类中，将挥发性大的、凝点特别高的和黏度特别高的三种油（因其开采方式特别）区分出去后所有各种原油的总称，也就是除上述几种特殊性质原油之外的所有液态碳氢化合物。这是最常见而性质差异又非常大的一个大家族。

常规原油一般都可以用常规的开采方式开发（天然能量、人工注水或注气等），还可应用化学驱的开发方式。原油性质的差别，对各种开发方式的适应性差异很大，对开发效果影响也很大。

1. 地饱压差与体积系数

地饱压差（油层原始压力与饱和压力的差值）越小，油藏开发对压力越敏感，当差值小于油藏压力的10%～20%时，地层压力下降将很易导致原油在油层中脱气，一般对油藏的采收率和生产能力都会造成明显不利影响。

常规原油体积系数越大，对压力越敏感，在压力下降时脱气体积越大，脱气后体积的收缩会更明显地影响油藏的采收率。

2. 原油黏度与地层流度

常规油藏的产能和油田开发动态受储层原油黏度及储层性质的影响非常大。常规原油在油藏条件下的黏度可以从小于$0.5mPa \cdot s$到$50mPa \cdot s$，相差上百倍，储层渗透率可以在更大范围内变化，因此，常以渗透率和黏度的比值（即流度）来反映油藏渗流条件。

流度大的油藏产能高，流度小的油藏产能低，最好的油藏是高渗透储层和低黏度原油的组合，而低渗透储层和高黏度原油组合的油藏往往没有开发价值或经济效益很低。

在流度相同或相近的情况下，虽然初期的油井产能相近，但高渗透储层和高黏度原油组成的油藏与低渗透储层和低黏度原油组成的油藏其注水开发特征却完全不同。前者采收率低，注水后含水上升快；后者采收率高，无水或低含水采油期长，即影响油藏开发特征的因素主要是储层条件的油水黏度比。油水黏度比越大，油藏原油采收率越低（详见本章第三节）。

在水中加入化学剂例如聚合物以提高注入剂的黏度，是改善较高黏度常规原油油藏开发的一个手段（详见本章第三节）。

（五）高凝油藏

高凝油是指地下含蜡量很高，凝点也很高的原油，因而当原油开采过程中，在井筒中因温度下降时，液态的原油会因温度低于凝点成为固态而不能流动。也有的高凝油在地层条件下即成为固态，即凝点高于油层温度，这类油田目前工业性开采的实例还未见或极少。

高凝油藏的开发方式与常规油藏差别不大，主要是保持温度的问题。根据高凝油对温度的敏感程度，可将其分为两大类：

一类是凝点与油层温度很接近（低5～10℃），在开采过程中有可能因措施不当（油层脱气、注冷水等）而使原油在油层中凝固或析蜡，造成流动条件的大幅度恶化甚至完全丧失，使采收率及经济效益大幅度下降。这是对温度特别敏感的油藏，在开发过程中必须采取措施保持油层温度。

另一类是凝点及析蜡温度比油层温度低得多，只是在井筒流动过程中才会出现因温度下降而凝固成固体的问题。这类油藏主要是在井筒中保温或加温，在油藏开发措施上与常规油藏差别不大，主要是要解决采油工艺技术问题。一般说来，高凝油的含蜡量都在30%以上，凝点在40℃以上，即在一般情况下井深1000m以下即严重结蜡，500～1000m之间即可能凝固。

（六）稠油油藏

稠油油藏是指地下原油黏度大于$50mPa \cdot s$的油藏。

通常将黏度高、相对密度大的原油称为稠油，即高黏度重质原油。长期以来，有很多种关于重质原油及沥青的定义、分类标准及评价方法。国际上称稠油为重质原油（heavy oil），对黏度极高的重油称为沥青（bitumen）或沥青砂油（tar sand oil）。

1982年2月在委内瑞拉召开的第二届国际重油及沥青砂学术会议上，联合国训练和研究所（UNITAR）专家组提出了统一的定义和分类标准，并获得了广泛的认同（表7-1）。

重质原油是指在原始油藏温度下脱气原油黏度为 100~10000mPa·s，或者在 15.6℃ （60℉）及大气压力下密度为 0.934~1.000kg/L 的原油。

表 7-1　由 UNITAR 推荐的重质原油及沥青分类标准 （1982）

分类	第一指标	第二指标	
	黏度[①]，mPa·s	密度 （15.6℃），kg/L	密度 （15.6℃），°API
重质原油	100~10000	0.934~1.000	10~20
沥青	>10000	>1.000	<10

注：①指在油藏温度下的脱气油黏度，用油样测定或计算得出。

此国际分类标准突出强调的几点是：

（1）将原油黏度作为第一指标，将原油相对密度或密度作为辅助指标。以黏度为主的分类方法有利于石油生产者，因为它指明了原油在油藏中的流动性及产油的潜力大小。

（2）原油黏度统一采用油藏温度下的脱气原油黏度，用油样测定。油层中若有溶解气，会降低原油黏度。稠油油井井下取样非常困难，在取岩心或油样时，往往会损失掉地层油中的溶解气，将油样恢复到原始相似状态既困难又不经济。为了测定方便，采用脱气油样测定方案来进行分类。

上述分类标准也是大致的界限，主要是根据美国加利福尼亚的重油资料确定的。1987 年全国稠油技术座谈会讨论通过了中国的稠油分类行业标准试行，将稠油分为三类 （表 7-2）（刘文章，1998），黏度在 50mPa·s 以上的 （密度大于 0.9200g/cm³） 统称为稠油。以原油黏度为主要指标，以相对密度为辅助指标；如果黏度超过分类界限而相对密度未达到，也按黏度来分类。该分类标准与选择油田开发方式相联系，将稠油分为三类——普通稠油、特稠油及超稠油 （或天然沥青），有利于开发方式的选择。

表 7-2　中国稠油分类标准 （据刘文章，1998）

稠油分类			主要指标	辅助指标	开采方式
名称	类别		黏度，mPa·s	相对密度 （20℃）	
普通稠油	I		50[*] （或 100） ~10000	>0.9200	
	亚类	I -1	50[*] ~150[*]	>0.9200	可先注水
		I -2	150[*] ~10000	>0.9200	热采
特稠油	II		10000~50000	>0.9500	热采
超稠油 （天然沥青）	III		>50000	>0.9800	热采

注：带 * 者为油层条件下的原油黏度；无 * 者指在油藏温度下的脱气原油黏度。

第一种是普通稠油 （conventional heavy oil），黏度低限值取脱气油的黏度为 100mPa·s，或者油层条件下的黏度为 50mPa·s，高限值取脱气油黏度为 10000mPa·s，密度在 0.9200g/cm³ 以上。这类稠油又分为两个亚类，黏度在 150mPa·s 以下的可以先注水开发，在 150mPa·s 以上时适宜于注蒸汽开发。

第二种是特稠油 （extra heavy oil），黏度低限值取 10000mPa·s，高限值取 50000mPa·s，密度大于 0.9500g/cm³。这种稠油采用蒸汽吞吐方法是成功的，国内已有成功的实例，其他国家已有大量的实践经验。但是，对于该类油藏进行蒸汽驱技术难度较大，采收率也降低，原油蒸汽比也较第一种稠油降低。

第三种是超稠油（super heavy oil），黏度在 50000mPa·s 以上，密度在 0.980g/cm³ 以上。这种稠油在油层原始条件下是不能流动的，常规注蒸汽开采方法的经济效益降低，技术上困难较大，显然和第二种稠油不同。如加拿大 Cold Lake 及 Peace River 油田，原油黏度超过 10×10⁴mPa·s，采用非常规的蒸汽驱技术，即水平井热采，利用底水层传热，蒸汽辅助重力驱开采已获成功。

二、不同边界条件及规模的油气藏

这里讲的边界条件为不渗透岩层、断层等，涉及储层条件和构造条件。按不渗透岩层的分布及储层规模，将油气藏分为块状、层状和透镜状；按断层条件（主要是断块规模），将油气藏分为非断块、大断块、小断块，其中前两类因其规模大可分属块状或层状。为此，将油气藏按边界条件及规模将油气藏分为块状、层状、透镜状和小断块四类。

（一）块状油藏

块状油藏为厚度大、面积与厚度比相对较小、含油高度小于储层厚度的油藏。但从油田开发看，更重要的是其上下边界，特别是下部边界。这类油藏多为古地貌油藏（如生物礁油藏）、古潜山油藏（如缝洞型基岩油藏），以及厚层砂岩、碳酸盐岩油藏等。

块状油藏的重要特征是存在底水，因而底水能量大小及底水锥进的控制就成为块状油藏开发决策的关键问题。底水能量主要指底水的水体体积与油藏体积之比以及底水是否有补给来源。由于岩石和水的弹性压缩系数很小，因而若水体体积不比含油体积大几十倍以上，底水驱动就难以成为一个独立或主导的驱动类型。如果底水能量不可能达到作为主导的驱动类型的规模，则底水能量可以不作为评价工作的重点。这样的油田如需补充能量保持压力开发，就要在底水中人工注水。如果油田有底水能量，油井产能也较高，则控制一定的采油井生产压差，利用底水能量驱油，将是经济效益很高的一种开发方式。

块状底水油藏根据有无气顶（气储量系数小于 0.5）可分为带气顶的块状底水油藏和无气顶的块状底水油藏。若有气顶，则气顶能量及对开发的影响应充分重视。

（二）层状油藏

与块状油藏相比，层状油藏不仅厚度相对较小、面积相对较大，更重要的是油藏的上下边界主要是不渗透的岩层而没有底水，油藏含油高度大于储层厚度。这种不渗透岩层形成的油藏上下部边界内的重叠部分应占油藏平面投影面积的 50% 以上，因而从油藏总体而言，油藏有边水或岩性尖灭边界，只在面积不占主要地位、储量比例很小的油水过渡带有底水的特征。如有气顶，油气边界在开发过程中主要是顺储层的移动，而不是锥进。有的多油层油藏也有全油藏统一的原始油水界面和油气界面，说明在油藏形成的漫长地质历史中属于同一水动力系统，油藏的各个层和各个部位的原始压力也属同一压力系统。对于一些面积小、单层厚度较大、边水又很活跃的层状油藏，在开发过程中，由于边水的推进，也会由层状油藏转化为块状油藏。

层状油藏具有以下鲜明的开发特点。

1. 边水与气顶舌进

层状油藏的边水和气顶由于油水和油气接触面不像块状油藏那样广泛，因而基本没有锥进问题，主要是平面上的边水或气顶舌进问题。边水的推进一般要比注入水推进均匀，波及体积大，我国许多向水区开口的断块油藏依靠边水能量开发都取得了比人工注水高的采收率和好的开发效果；但如果油藏平面上各向异性很严重或有裂缝，会形成边水舌进，还有的舌进是油井间产量和生产压差差异太大造成的。

气顶的舌进一般比边水要严重一些，但气窜井如果及时控制生产压差，由于重力分异，舌进就可以明显减弱。在气顶能量不足以作为主要驱动能量时，防止气顶舌进最好的办法是保持油气区的压力平衡，以保持油气界面的稳定。

2. 层间差异

大多数层状油藏是多层的，必然是一套层系要开采多个油层。层间差异如何处理，多油层下如何组合开发层系，同井分注分采工艺如何应用等，就成为开发部署或开发调整的一个最主要的问题。层间差异主要是层间渗透率的差异，还有各层展布面积大小及平面非均质性、储量多少及占总储量的百分数。作为研究层间差异的层组，必须具备比较稳定的隔层，否则只能作为层内的差异来对待。层间有局部稳定隔层的，可以作为局部地区研究层间差异的单元。在一套井网下用采油工艺手段不可能调整好的情况下，就要考虑划分开发层系，用两套或多套开发井网来开发不同的油层。这时考虑的层间差异不仅是渗透率，还有平面展布的面积、储量的绝对值及相对百分比、隔层的稳定性、所含流体性质及压力系统是否相同等等，然后以稳定性好的隔层之间的油层进行层系组合优选。

3. 平面差异

层状油藏的平面非均质性同样是影响开发效果的重要问题。平面非均质是客观存在的，但要区别有方向性的平面非均质与随机分布的平面非均质两大类。有方向性的平面非均质包括由沉积相形成的各向异性、有方向性的天然裂缝或人工裂缝造成的各向异性，由于地层倾角较大引起重力作用也会造成油气水运动的方向性。这一平面非均质是应该在早期识别中注意到并进行详细的油藏描述，在早期开发部署中加以考虑的，如果早期开发部署中没有考虑，以后调整难度就很大了。随机分布的平面非均质性在油藏评价描述中不可能搞清，往往是在开发过程中逐步表现出来的，只能在开发调整中予以解决。

（三）透镜状油藏

透镜状油藏大部分是以岩性圈闭为主的油藏。储层分布不连续，呈透镜状或条带状，单个储集体分布面积小，各透镜体形成各自的油气系统（图7-9）。透镜状砂体的形成与沉积环境有较大的关系，如曲流河的决口扇、三角洲前缘滑塌浊积砂体等，均可形成透镜状砂体。含油（气）透镜体或夹于层状油层间，或多个透镜体组成透镜体群，在平面上的叠加投影可表现为连片分布的假象。一些含气透镜体可孤立地间夹于油层之间，可出现于纵横向任一部位，其岩性一般比油层细，渗透性比油层低。这类夹层气的充注时间比油层中的原油早，在油藏内漫长的油、气差异聚集过程中，原油难以对其进行置换，从而形成低渗透镜状

图7-9 透镜状油（气）藏

夹层气与较高渗油层共存的情况。在开采过程中，这类夹层气往往干扰油井生产，放空后即可恢复生产。

这类油藏由于面积小，在经济极限井距下形成不了完整的注采井组，大部分储量只能依靠弹性能驱、溶解气驱和重力驱等天然能量开采，因而产量递减快、采收率低。

这类油藏的特点是各个小储油体形成独立的油气系统。有的油藏是由许多个零星分布的透镜体组成的，从油藏的叠加投影看是连片分布的。在含油井段很长、一口井钻遇多个储油体时，就会出现纵向上油、气、水分布杂乱的现象，也会出现油柱高度似乎很高甚至远远超出圈闭高度的假象，这时必须用试井资料进行探边测试，并应该进行试采，用压降法计算井所控制的储集体积，以确定井网及开发方式。透镜体油藏是由数量很多的微型油藏组合而成的，单个油藏的油柱高度往往都很低，会出现许多油水同产层，而层内无明显油水界面。基于上述各种油、气、水分布的复杂情况，准确地解释每一口井的油、气、水层是开发好这类油藏关键之一。

由于这类油藏高度低，原始含油饱和度也低，如果泥质含量再高一些，测井解释油气水层就往往会有较大困难。如果把含不同流体的层同时射开，就会造成开发效果大幅度下降；而如果把油气层当作水层不射，则会造成储量及生产能力的损失。这类油藏由于储层面积小，往往前期都只能采用天然能量开采，不注水或在较晚期注水；即使注水，注水阶段由于注采层对应率低，采收率也不会太高。在降压情况下开发，层间差异除渗透率的差异外还有天然能量大小的差异，但与注水开发相比层间差异影响开发效果较少，主要是控制好各储集体的边水和气顶窜入。

透镜状油藏在纵剖面上往往泥多砂少，含油井段相当长，所以需要自下而上分段射开，逐层段上返式地投入开发，隔层一般不成问题。透镜体油藏一般高产期很短，随着弹性能量的耗尽就进入低产的溶解气驱高气油比生产阶段；注水则由于连通厚度比例小，连通方向少，很快见水，进入高含水采油。当产量低于经济极限后就上返开采新层，总的采收率一般只有 10%~20%。

（四）小断块油藏

断层圈闭是断块油藏的特征。以断层圈闭为特征的断块油藏，只要断块足够大，仍按其上下边界条件及隔层条件分别归入块状或层状油藏。小断块油藏则是指断块面积小于 $1km^2$ 的断块油藏。在评价阶段，断块情况难以确切搞清，而且无法在经济极限井距下形成完整的注采井组，其开发动态特征与透镜状油藏有相似之处。

对于一个断块区（带），若超过 50% 的断块为小断块（面积小于 $1km^2$），则称为复杂断块；若一个断块区内一半以上的地质储量储存于诸多小断块内，则称为复杂断块油藏或小断块油藏。这类油藏的开发地质特征具有以下鲜明的特点。

1. 断层多，断块小，构造复杂

小断块油藏构造类型多，背斜构造背景上的断块构造是最主要的一种构造类型。大规模背斜构造上发育较多断层，把构造切割成大小不同众多断块。断层越多，受断层切割而形成的断块就越多，在一定范围内形成的断块面积必然比较小。如东辛油田即为断层复杂化的背斜与穹窿构造，二级同生断层下降盘发育逆牵引背斜构造，两翼不对称，构造轴线与断面近于平行，构造幅度中层大，深浅层均小。背斜被断层切割形成断鼻构造，断鼻构造又被一些小断层切割使构造复杂化。在该油田 1990 年底已完钻的 1400 口井中，有 1330 口井钻遇断点，占 95%，平均每口井钻遇 3.4 个断点。该油田划分为 195 个断块，其中含油断块有 128 个，含油面积小于 $1km^2$ 的有 104 个，储量占东辛油田的 50.6%。

小断块油藏往往是依附于主力断块油藏的，但是开发部署必须与主力断块油藏有所区别。在井网很稀的油藏评价阶段，区分小断块油藏各块的不同规模，对于确定开发部署是极有意义的。由于小断块油藏地质构造、流体性质、油水系统等都很复杂，勘探开发程序往往是滚动前进的，遵循"整体部署、分批实施、及时调整、逐步完善"的原则实施勘探开发，可取得很大成效，为此，在我国形成了独具特色的"滚动勘探开发模式"。小断块油藏在我国东部渤海湾地区最为典型，其次为河南、江汉、江苏等油区。目前，这类油藏投入开发的地质储量和年产油量占全国的1/3。

2. 纵向上含油层系多、差异大，主力含油层系分布突出

小断块油藏含油层系的多少主要取决于断裂系统的层位。从主要油源向上，凡断裂系统到达的层位，只要有储集砂体，基本都有油层分布；不同含油区块断裂层位不同，含油层系也可能不同。如东辛油田有沙三段、沙二段、沙一段、东营组和馆陶组五套含油层系，仅沙二段又分出14~16个砂层组（图7-10）。

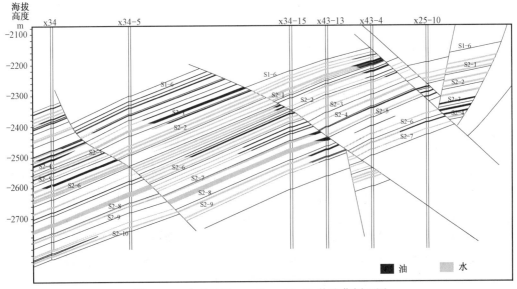

图7-10 东辛油田 x34 井—x25-10 井油藏剖面图

一般地，小断块油藏每一个含油层位在全油田均不能连片分布，但不同含油层系在平面上可以形成叠合连片的含油面积，这是小断块油藏分布的主要特点。另一个特点是不同层系间富集程度差异很大，主力含油层系突出。主力含油层系分布面积大，油层厚度大，是开发的主要对象。如东辛油田主力含油层系是沙二段，其储量占全油田的61.7%；永安油田主力含油层系为沙二下亚段，其储量占全油田的72.3%。

3. 油水关系复杂，油水系统数目多

小断块油藏由于面积小，断层及纵向上薄隔层具有较强分隔性，往往使上下相邻油层具有各自独立的油水关系，形成不同的油水系统。如永安油田永3-1断块发育282个油砂体，有129个油水界面。复杂的油水关系是编制开发方案、部署井网和注采关系时必须考虑的地质因素。

4. 边水能量差异大

由于断层及油水分布的差异，小断块油藏的边水天然能量有很大的差别。根据断块圈闭的形态和油藏天然能量特点，又将小断块油气藏分为三种类型：

（1）强边水天然能量充足的开启型断块油气藏：在地层上倾方向上被 1~2 条断层切割，平面上呈扇形开启，多分布在构造翼部，与凹陷相连，有广阔的边水，边水体积可以是油体积的数十倍至数百倍，形成了充足的天然能量。在这种情况下，如果再有较高的渗透率和较低的原油黏度，就可以形成天然能量驱动下的高速开采，其采收率和经济效益都是很好的。

（2）有一定边水能量的半开启型断块油气藏。半开启型断块油气藏是指由于地层上倾方向被三条断层切割而形成的油藏，即平面上在油藏的上倾三个方向都有断层，主要分布在构造翼部的断裂复杂过渡带及地堑内，有一定的边水能量。

（3）天然能量很弱的封闭型断块油气藏。封闭型断块油气藏是由多条断层形成一个封闭空间内的油气聚集，由于断块四周被断层封闭，油藏无边水能量或边水能量很弱，开发初期主要依靠弹性能量，注水开发时只能采用低部位点状注水高部位采油（切忌顶部开花式的注水）或注水采油井间隔布置的方式。

三、不同储集渗流性能的油气藏

油气藏储集和渗流特征包括储层的孔隙度、渗透率、润湿性、毛细管压力曲线、相渗透率曲线等。按储集渗流特征，可将油气藏分为以下三大类。

（一）孔隙型储层油藏

孔隙型储层是指储集空间及渗流通道均为孔隙的储层。大部分砂岩、白云岩或礁灰岩储层一般均具有孔隙型渗流特征，其储集空间及渗流通道主要为颗粒间形成的各类原生和次生孔隙。一部分储层虽然储集空间及渗流通道均为微裂缝，但其微裂缝以网状分布于整个储层，或微裂缝的喉道半径与基质孔隙喉道半径处于同一个数量级，或微裂缝喉道半径很小，处于沟通基质中大的孔洞状态，虽然从地质成因上属于裂缝型或裂缝孔洞型，但从油藏工程观点看其储集和渗流特性仍属于孔隙型渗流，称为似孔隙型。

以渗透率 $50 \times 10^{-3} \, \mu m^2$ 为界，将油藏分为中高渗储层油气藏和低渗透储层油气藏，它们在渗流特征与开发动态特征方面有较大的差异。

1. 中高渗储层油藏

中高渗储层油藏的孔隙度和渗透率较高，影响开发的主要因素包括储层的宏观和微观非均质性、储层的表面物理化学性质、相对渗透率曲线、中高渗储层的油井出砂、异常高压油藏的压力敏感性等。

孔隙型储层的宏观和微观非均质性，影响着注水或注聚合物的波及体积和驱替效率，是油藏开发过程中影响开发效果的最为重要的地质因素。

储层的表面物理化学性质，包括储层的比面、胶结物含量和黏土矿物成分、储层表面的润湿性等，影响着注水或注聚合物的驱替效率、储层性质在开发过程中的动态变化，对三次采油方法的决策也就有很大影响。

相对渗透率曲线是渗流计算、数值模拟和预测油田开发动态最重要的依据之一。应针对不同的孔隙结构和润湿类型测定相对渗透率曲线。在实际研究过程中，可按流动单元进行相对渗透率曲线的测定。

油井出砂是中高渗储层开发过程中应重视的问题。相当一部分中高渗储层是胶结疏松的砂岩，在大的生产压差及高流速下，一部分砂粒、泥粒就要被流体带出而造成储层结构的变化或破坏，渗流条件也随之发生变化。出砂有两种情况：一种是出砂后储层结构被破坏，骨架砂被带出，造成垮塌或形成空洞，还会造成套管变形、破损等严重问题；另一种是储层骨架砂未破坏，只有骨架孔隙中充填的粉砂及泥质被带出，储层结构不受破坏，而且还可以大大改善储层的渗流条件。这就要求产液量适当，产液量过大会破坏储层结构，带出骨架砂；产液量过小，则会使油井砂埋。

对于一些埋藏深、压力系数高的异常高压油藏，应充分重视压力敏感性。这类油藏测试及初产时生产压差大，产能比较大。一旦孔隙压力下降，岩石被压缩，一部分孔隙由流动孔隙变为非流动孔隙，储层有效渗透率大幅度下降，油井可能随之而停产。这时，再注水恢复压力，那些被压缩的孔隙不可能进水，也不可能再度扩大半径，往往吸水能力很低或不吸水，即使再恢复到原始压力，有效渗透率仍会大大低于原始状态。因而，这种异常高压油藏降压后的有效渗透率大幅度降低，是一个不可逆过程。采取压裂等增产增注措施，或使注水压力超过破裂压力，在井眼周围产生一些微裂缝，只能增加裂缝渗透率，不可能恢复基质部分的渗透率，只能改善井筒周围的流动条件，而无法改变油层深部的流动条件。因此，这类油层更需早期保持压力注水开发，保持压力的目的不仅是要保持能量，还在于要保持储层的渗流能力。

2. 低渗透储层油气藏

影响低渗透储层油气藏开发的主要地质因素是相对优质储层的分布、裂缝分布、储层敏感性、渗流特征等。

1）低渗透背景下的相对优质储层分布

阐明储层低渗透的成因，揭示相对优质储层分布规律，是低渗透储层油气藏开发时首先要解决的最主要的地质问题。

低渗透储层主要有三种成因类型：一是近碎屑物源环境的粗碎屑沉积，因沉积碎屑物分选极差而形成低渗透率，如克拉玛依油田的二叠系、三叠系洪积扇砂砾岩储层等；二是远碎屑物源环境的细粒沉积，因沉积碎屑物很细而形成低渗透率，如大庆宋芳屯等油田的姚一段油层和吉林红岗油田的萨I、萨II组油层等；三是深埋藏、成岩作用改造而成的低渗透储层。

低渗透背景下的相对优质储层是开发的主要目标。在我国鄂尔多斯盆地苏里格气田，辫状河砂体广泛分布，但大多为不含气或含气很少的低渗致密砂体，单一有效含气砂体规模小，镶嵌于低渗致密背景砂体内，严重影响着开发井网的部署。

2）裂缝分布

天然裂缝发育分布是低渗透砂岩油藏开发时要考虑的另一地质因素。当储层天然裂缝发育时，实际上属于双重介质型储层。低渗透率砂岩由于岩性相对致密，岩石脆性较大，经受一定的构造活动后，往往伴生有构造裂缝。当然，在深层高温高压下，岩石可塑性增加，或孔隙流体形成异常高压，或构造活动非常微弱的地区，低渗储层的裂缝不太发育。

另外，低渗储层通常要通过压裂等增产措施来提高油气田开发的经济效益。因此，人工裂缝的研究至关重要。对于水力压裂，孔隙型储层在水力压裂后就具有了双重介质的特性，特别是大型压裂之后，储层渗流条件有很大变化。压裂裂缝有水平缝和垂直缝两大类，储层埋藏较浅时（一般在1000m以内，少数稍深），垂向地应力是最小地应力，就形成水平缝；储层埋藏较深时，则形成垂直缝，垂直缝走向都平行于最大地应力方向，油田开发井网则必须顺应这种储层渗透率的各向异性。

3）储层敏感性

黏土矿物和碳酸盐含量较高是我国低渗透砂岩储层的普遍现象。蒙脱石和伊蒙混层矿物易造成水敏，伊利石和高岭石易造成速敏，绿泥石易造成酸敏。储层敏感性强是低渗透储层油藏开发时不可回避的地质因素。相关内容详见第八章。

4）渗流特征

低渗透储层微孔相对较多，导致储层原生水含量较高、油水过渡带较宽，一些低幅度构造的油藏投产后即含水或无水采油期很短。如长庆直罗油田投产含水率即在10%以上，最高可达70%。

由于岩性致密、孔喉半径小、渗流阻力大，低渗透储层油藏自然产能低，天然能量不足，一般需要进行储层改造。根据对国内一部分低渗透储层油田的统计，在依靠天然能量开采阶段，地层压力下降幅度很大，每采出1%地质储量，地层压力下降3.2~4.0MPa，致使产油量的年递减率一般为25%~45%，最高达到60%。低渗透储层油藏注水井吸水能力低，启动压力和注水压力都较高；注水开发过程中，低含水期含水上升慢，中低含水期是可采储量的主要开采期。

（二）裂缝型储层油藏

裂缝型储层是指储集空间及渗流通道均为裂缝及孔洞，这类储层的特点是孔隙度很低而渗透率很高。岩石裂缝孔隙度和渗透率均远大于基质岩块的孔隙度和渗透率（$\phi_f \gg \phi_m$，$K_f \gg K_m$）。基质岩块既无储能，又无产能，而裂缝既作为储层的储集空间（几乎全为裂缝），又作为渗流通道。一般裂缝型储层的有效孔隙度都小于1%。泥岩储层、变质岩储层、泥质灰岩储层大都属于此类。

对于低孔隙度（小于10%）及低渗透率（小于$1 \times 10^{-3} \mu m^2$）而测试产能又较高的储层，则很可能是裂缝在起作用，应属于裂缝型储层或双重介质型储层。裂缝型储层往往产能高而岩心分析的孔隙度和渗透率更低。最终确定储层是裂缝型还是双重介质型要通过压力恢复曲线解释来确定。裂缝型储层由于裂缝渗透率很高，基质基本上不渗透，故其压力恢复极快，几乎没有续流段，恢复之后压力平直，没有斜率。而双重介质型储层则在压力恢复曲线上呈现两条平行的斜率线，导数曲线在平直段出现一个下凹，反映了较高渗透率的裂缝与较低渗透率的基质在压力传导上的滞后。

由于裂缝分布的不均匀性，在有多口探井和评价井的情况下，钻遇大裂缝的井往往高产，而没钻到大裂缝的井则低产或为干井。高产井的试井解释渗透率远远大于岩心分析的空气渗透率。这种产能的极大差异及高产井产能远远超过基质渗透率可能提供的产能，正是裂缝型储层油藏和双重介质型储层油藏的又一识别标志。

裂缝型储层的初期产量也高，而且采收率也较高。如果是天然水驱油，裂缝中原油采收率可达70%~80%；即使是弹性和溶解气驱，采收率也比孔隙型油藏相同开发方式下成倍增加。裂缝型储层油藏一般都初期产量高，虽然递减很快但投资回收是较快的，影响油田开发经济效益最主要是钻遇裂缝发育带的成功率。因而在搞清裂缝走向后，垂直于裂缝走向钻水平井，可使钻遇裂缝的成功率大大提高。裂缝型储层油田一般不采用人工注水方式开发，在有天然边底水驱但能量不足时，部分油田可以在边底水部位补充能量。人工注水容易使水沿一条主裂缝突进，造成油井迅速水淹，且由于水锁作用，其他小裂缝的油很难再采出。在利用天然能量开发裂缝型储层油田时，由于单一裂缝系统储量少，只需一口井，如果是裂缝型储层气田更是如此。

（三）双重介质型储层油藏

双重介质储层是基质有可流动孔隙，又有较发育的裂缝。大多数有裂缝的储层是双重介质型储层。还有一部分储层，普遍发育的微裂缝形成基质的孔隙度和渗透率，而缝宽较大的大型高渗透裂缝则形成主要渗流通道，虽然整个空间和渗流通道均为裂缝，但仍呈现双重介质的渗流特征。

根据储层基质岩块与裂缝的渗透性差异，又可将双重介质型储层分为两大类：

（1）裂缝—孔隙型储层：基质岩块为常规储层，孔隙度较高（$\phi_m \gg \phi_f$），具有储能，同时本身具有较好渗流能力，即具有产能，裂缝只起到增加方向渗透率和产能的作用。在试井压力恢复曲线上，双重介质特征不很明显，井间干扰试井则可看出明显的渗透率方向性，这类储层也可称为裂缝型常规储层。

（2）孔隙—裂缝型储层：基质岩块的渗透率很低，虽有储能但基本无产能，而裂缝渗透率很高，储层的产能主要依据裂缝的连通作用（$\phi_f \gg \phi_m$），显示出强烈的裂缝性储层特征，这类储层也可称为裂缝性低渗—致密储层。

这两类储层的开发特征有较大差异，差异程度与基质渗透率/总渗透率有很大的关系。其中，基质渗透率可从岩心分析中求得，总渗透率可以从试井中求得。如果总渗透率与基质空气渗透率之比在10以上，即有数量级的差别，则应属孔隙—裂缝型储层；如果总渗透率与基质渗透率属同一数量级，则属裂缝—孔隙型。

由于双重介质型储层基质和裂缝都有孔隙性和渗透性，所以关于孔隙型储层及裂缝型储层有关的研究对双重介质型储层都是必要的。裂缝—孔隙型储层如果井网排列方向合适，孔隙驱油过程仍与孔隙型储层近似，裂缝只起到增加产能的作用。而对于孔隙—裂缝型储层，基质孔隙驱动所需压差非常大，在降压采油时，可以很缓慢地向裂缝排油，然后油再从裂缝流向井底采出。在注水采油时，由于毛细管力的作用，基质孔隙中的油与裂缝中的水发生油水交换，常称吮吸作用。由于上述作用过程都非常缓慢，所以孔隙—裂缝型储层的采收率与采油速度有较密切的关系。采油速度高低与裂缝部分的采收率无关，但对基质部分，采油速度越高，采收率就越低，降低采油速度就可以增加基质采收率也增加总采收率。绝大部分这类储层基质的吮吸作用非常慢，从油田开发的经济条件分析，提高单井产量与提高采收率有矛盾，就要优选一个最经济的采油速度。确定这个合适的采油速度还要研究基质孔隙度和裂缝孔隙度的比例，并在试验室作出吮吸曲线。一般孔隙—裂缝型储层的采收率都相当低，主要原因是裂缝采收率虽高但孔隙度很低，而基质孔隙度大，采收率却很低。当注入水已淹没并包围某部分基质的整个裂缝系统时，各个相反方向的毛细管力会相互抵消，形成水锁，这部分基质的吮吸作用也就停止，这部分基质中余下的油就完全成为残余油而采不出来了。

双重介质型储层与裂缝型储层一样，要研究裂缝方向、长度，渗透率的各向异性。裂缝方向的研究与裂缝型储层的方法一样，裂缝长度及渗透率的各向异性最好是用多井井间干扰的方法来求得，这应该在先搞清裂缝走向的基础上，用不同井距在沿裂缝走向方向布井及在垂直裂缝走向方向布井，这样就可以得到裂缝最大可能长度及最大和最小方向渗透率（一般最大方向渗透率与裂缝渗透率接近，最小渗透率与基质渗透率接近），在此基础上来研究合理的开发井网及开发方式。

四、不同岩石类型的油气藏

储层岩石类型众多，从大的方面包括碎屑岩（砂岩、粉砂岩、砾岩等）、碳酸盐岩、岩浆岩、变质岩等。常规（常见的）储层油藏包括砂岩油藏（砂岩、粉砂岩）、砾岩油藏、碳酸盐岩油藏；特殊（少见的）储层油藏包括泥岩油藏、火山碎屑岩油藏、岩浆岩油藏（火山岩、侵入岩）、变质岩油藏。赋存于盆地基底的油藏又称为潜山基岩油藏，其岩性主要为岩浆岩、变质岩、碳酸盐岩等。

岩性的差异主要反映了储集空间及储层分布规律的差异。砂岩油藏、碳酸盐岩油藏的储层特征已有广泛的论述，在此主要介绍砾岩（砂砾岩）油藏、潜山基岩油藏和页岩油气。

（一）砂砾岩油藏

砂砾岩油藏是指以砾岩、砾状砂岩等粗碎屑储层为主的油藏。它们仍属孔隙型油藏，但又不同于一般的砂岩油藏，具有更复杂的双重孔隙结构等重要特征。砂砾岩油藏在准噶尔盆地、泌阳凹陷、渤海湾盆地、二连盆地等地区均有发现，其中尤以准噶尔盆地西北缘的克拉玛依规模最大，共有克拉玛依、百口泉、红山嘴和夏子街四个砾岩油田，占整个新疆油田总储量的 64%。这类以砂砾岩为主的粗碎屑沉积主要为冲积扇和扇三角洲沉积，其开发地质主控因素与河流—三角洲体系砂岩储层有很大的差别。

1. 储层孔隙结构复杂

冲积扇、扇三角洲砾质岩储层颗粒粒级范围大，砾、砂、泥俱存，其孔隙结构甚至比 R. H. 克拉克提出的双模态更复杂。砾间充填砂粒构成的小孔以及砂粒粒间黏土构成的微孔均可同时存在，使这类储层孔隙分布非常不均匀，呈现出双模态和复模态结构，导致岩性、物性、含油性之间的关系复杂。

因此，在分析这类储层的岩性、物性之间的关系时，必须按不同岩石类型区别对待。分选较差的孔隙分布会带来较低的驱油效率，也是这类储层注水开发的主要矛盾。

2. 储层呈厚层块状，层内非均质性突出

砂砾岩体单层厚度较大，层内非均质性强，层内渗透率变化很大，如克拉玛依油田的小层内渗透率级差为 6.1~1652 倍。由于砂砾岩复杂的岩性和物性关系，渗透率非均质性并不完全依从粒度韵律性，高渗透率段在油层中的位置不稳定，具有随机分布的趋势，最粗的砾质岩并不是最高的渗透率段。即使是正韵律性的粒度组成，最高渗透率段也不在底部，而在中下部。

3. 平面砂砾岩体叠合连片，厚度变化剧烈，物性变化规律复杂

冲积扇和扇三角洲砂砾岩体储层平面连续性有好有差。在碎屑物供给比较充足和稳定条件下，扇面上主流槽和流槽间沉积较粗的砂砾岩形成的扇叶一般就是一个连通体。当然，主

流槽内沉积较厚较粗砾质岩仍然显示条带状分布的高渗透带。在碎屑物供应间歇性较强的条件下，扇三角洲主体沉积以分流河道形式为主，呈条带状分布，砂砾岩体与上覆岩层和下伏岩层都呈突变接触，河道间以一些薄砂层相连接，砂砾岩体侧向连续性较差。在干旱的古气候条件下，冲积扇部分夹有碎屑流或泥石流沉积，这类不渗透泥质砾岩体把扇体连续性破坏得非常复杂。据克拉玛依油田统计，在井距20~40m条件下，只有20%井对的小层厚度基本相同，尤其不同微相之间储层厚度变化更为剧烈。

物性在平面上变化很大，变化规律复杂。根据克拉玛依油田统计，渗透率平面级差为8~44倍，平均为21.8倍。造成这种状况的原因是平面上相变频繁。

（二）潜山基岩油藏

潜山基岩油藏是根据储层特性划分的油藏类型。20世纪20年代，出现了"潜山"（buried hill）一词，一般指现今被不整合埋藏在年轻盖层之下，属于盆地基底的基岩突起。20世纪50年代，潜山是指"盆地接受沉积前就已经形成的基岩古地貌，并被新地层覆盖埋藏而形成的潜伏山"。在渤海湾盆地，潜山基岩油气藏指古近系为烃源岩，古近系不整合以下的前古近系基岩为储层，具有多种圈闭类型的油藏（胡见义，1981）。这类油藏的开发地质特征主要有以下特点。

1. 圈闭类型多样

目前发现的有古地貌型或残丘型潜山油藏、构造—古地貌型或块断型潜山油藏、构造圈闭（半背斜、单斜）型（或称复杂型）潜山油藏。

2. 岩性多样

石灰岩、白云岩及其过渡类型等碳酸盐岩较易形成大中型油田，如塔里木塔河油田、华北任丘油田、辽河静安堡油田等；其次为变质岩，包括混合岩类、区域变质岩和碎裂变质岩等，其中，以混合岩类为主，如辽河东胜堡油田；少量火成岩，包括喷出岩、侵入岩、火山碎屑岩等也可形成潜山油藏，如胜利王庄油田。

3. 储集空间多样

潜山碳酸盐岩储层孔隙、洞、缝皆发育，变质岩和火成岩则裂缝更为重要。储集渗流空间形式多样、大小悬殊、分布不均。这类储层通常具有双重介质特征。

4. 油水系统多样

残丘型潜山油藏储层孔、洞、缝发育，形成相互连通的整体，多为厚层块状岩体，具有统一的油水界面及压力系统，是典型的块状油藏。这类油藏底水体积大，水体活跃。在合理的采油速度下，底水能量能满足开采要求，可充分利用底水能量，减少注水量或不注水进行开发。裂缝性潜山油藏开发基本不存在稳产阶段，油井见水后，含水上升快。

复杂型潜山油藏内油水系统极其复杂，不同层间、不同块间、不同裂缝系统间油水关系可能不同。这给油藏开发带来很大的困难。

（三）页岩油气

页岩油气是指从富有机质黑色页岩地层中产出的石油和天然气。富有机质黑色页岩已成为全球油气勘探开发的新目标，尤其是天然气勘探开发的重要类型。页岩（shale）是指由粒径小于 0.0039mm 的碎屑、黏土、有机质等组成具页状或薄片状节理、容易碎裂的一类细粒沉积岩。美国一般将粒径小于 0.0039mm 的细粒沉积岩统称为页岩。富有机质黑色页岩是形成页岩油气的主要岩石类型，主要包括黑色页岩与碳质页岩两类。

页岩储层的储集空间为基质孔和裂缝。孔隙为多种类型纳米级微孔为主，包括颗粒间微孔、黏土片间微孔、颗粒溶孔、溶蚀杂基内孔、粒内溶蚀孔及有机质孔等；裂缝为构造缝和脱水收缩缝、黏土矿物转化缝等。

页岩油气主要以游离态、吸附态及溶解态等形式存在，以游离态和吸附态为主，吸附态与煤层气相似，游离态与常规油气相似。

页岩气是以吸附态与游离态赋存于富有机质和纳米级孔径的页岩地层系统中的天然气（邹才能，2013）。页岩气储集岩包括富有机质黑色页岩以及粉砂质泥岩、泥质粉砂岩、碳酸盐岩等极薄夹层。页岩气开采可采用直井、水平井，但以水平井为主。页岩储层需要压裂改造才能获得商业产量，多级水力压裂、重复压裂等储层改造技术是目前提升页岩气单井产量的关键技术。

页岩油是指赋存于富有机质纳米级孔喉页岩地层中的石油，是成熟有机质页岩石油的简称。页岩油基本未经历运移，原位滞留；页岩既是石油的生油岩，又是石油的储集岩。页岩油以吸附态和游离态存在，一般油质较轻、黏度较低；主要储集于纳米级孔喉和裂缝系统中，多沿片状层理面或与其平行的微裂缝分布。水平井体积压裂、重复压裂等"人造渗透率"改造等技术，是实现页岩油有效开发的关键技术（邹才能，2013）。

五、油气藏开发地质综合分类

视频 7.4 油藏开发地质综合分类命名

油气藏开发地质分类应以能充分反映控制和影响开发过程，从而影响所采取的开发措施的油气藏地质特征为原则，使划分的油气藏类型既有科学性，又简便实用，能概括地反映油气藏总体地质特征，并有效地指导油气藏的开发。分类时既不能随意命名、引起混乱，又不能考虑过细、过于繁琐。裘怿楠等（1996）采用分级命名的原则对油气藏进行开发地质分类。

（1）首先以决定开发方式最重要的开发地质特征作为油气藏基本类型的命名。以原油（气）性质、构造条件、储层渗透率、储层岩石类型依次作为油气藏基本类型命名的第 1~4 判别标志。如原油性质已进入必须进行热采的稠油范围，则首先命名为稠油油藏；若油气藏构造条件已属非常破碎的断块，则首先命名为断块油气藏；若油气藏储层已进入低渗透率范围，则首先命名为低渗透油气藏等。对于常规油藏，则以储层岩石类型为基本命名。若同时考虑多种判别标志，可据判别标志的级次进行命名，如砾岩稠油油藏、砂岩低渗透油藏、低渗透断块油藏等。基本命名共 16 类，如图 7-11 所示。

（2）基本命名确定后，对于其他的油藏开发地质特征，可视重要程度依次在基本命名前作为形容词。如按原油饱和程度分为高饱和油藏（原始饱和压力/原始油层压力大于0.5）、低饱和油藏（原始饱和压力/原始地层压力小于0.5）；按油气水接触关系分为层状边水、块状底水、带气顶油藏；按储集空间分为孔隙型、裂缝型、缝洞型、双（多）重介质型等；按油层原始压力系数分为异常高压油藏（压力系数大于1.2）、异常低压油藏（压力系数小于0.9）、正常压力油藏（压力系数1.0左右，一般情况下可以不参与命名）。

（3）作为常规油藏特征，不必在命名中出现，以简化命名。如孔隙型砂岩油藏，则在命名中可略去"孔隙型"描述；如常规黑油油藏，则在命名中可略去原油性质的描述；如常规非高倾角的背斜、单斜、鼻状等构造圈闭油藏，则构造条件不必在命名中出现等。

（4）根据我国基本石油地质规律和基本开发方针，考虑油气藏分类标准，已发现和投入开发的油藏绝大多数储存于陆相含油气盆地，以碎屑岩储层为主，因此对碎屑岩储层油气藏分类应较细，对海相碳酸盐岩和其他岩类为储层的油气藏分类可较粗。我国以注水为油田开发的基本方式，因此应着重考虑影响注水开发的油藏地质特征作为油藏的分类依据。按照这些原则，将中国陆相油藏划分为十大类：多层砂岩油藏、气顶砂岩油藏、低渗透砂岩油藏、复杂断块砂岩油藏、砂砾岩油藏、裂缝型潜山基岩油藏、常规稠油油藏、热采稠油油藏、高凝油油藏、凝析油气藏。

根据油藏的主要开发地质特征，对于一个具体油田，一般都有简单命名和详细命名两种。如胜坨油田，简单命名为砂岩油藏，详细命名为高饱和边水层状砂岩油藏。我国部分油藏分类举例详见表7-3。

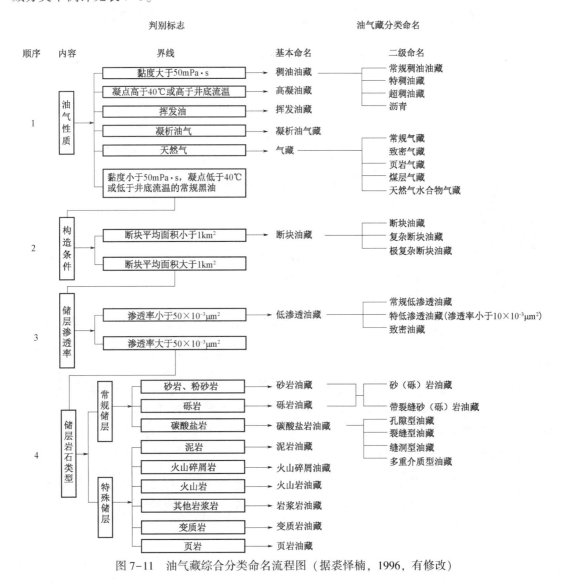

图7-11　油气藏综合分类命名流程图（据裘怿楠，1996，有修改）

表 7-3 我国部分油藏开发地质分类命名对比表

油藏名称	简单命名	详细命名
胜坨油田	砂岩油藏	高饱和边水层状砂岩油藏
任丘油田	碳酸盐岩油藏或双重介质碳酸盐岩油藏	低饱和块状底水双重介质碳酸盐岩油藏
扶余油田	低渗透油藏	带裂缝砂岩低渗透油藏
双台子油田	砂岩油藏	带凝析气顶层状砂岩油藏
高升油田	稠油油藏	带气顶块状底水稠油油藏
静安堡油田	高凝油藏	边水层状砂岩高凝油藏
克拉玛依油田	砾岩油藏	边水层状低饱和砾岩油藏

第三节 不同开发方式的地质控制因素

油气藏的开发方式包括天然能量开发、注水开发、注化学剂采油、热力采油等，注水开发是我国大多数油田的主要开发方式。注水开发后期，油田进入高含水开发阶段，生产井含水率高，产油量降低，采油速度降低，开发效果变差，这时就要考虑三次采油方法，即向油层注入化学剂或气体溶剂，对油田进行第三次开采；对于黏度很高的稠油油藏，就不适合注水开发，而要用热力采油法。本节主要介绍这些开发方式及其地质控制因素。

一、注水开发的地质控制因素

视频 7.5 注水
开发油藏的地质
控制因素

（一）注水方式

原油从地下油藏采至地面过程中需克服各种阻力，如油层中的毛细管阻力、井筒液柱的重力和管壁摩擦阻力等，这就要求油藏必须具备一定的能量作为驱油动力。

若油藏具有一定的天然能量，在一定时期内可以充分利用天然能量采油，使油田尽快投入开发。然而，大多数油藏天然能量不充足，需要注水补充能量，以维持油田高产稳产，获得较高的采收率。

油田注水方式就是指注水井在油藏中所处的部位、注水井与生产井之间的排列关系，又称注采系统。目前国内外油田应用的注水方式归纳起来主要有边外注水、边缘注水、边内注水三种（谢丛皎等，1999）。

1. 边外注水

注水井按一定方式分布在外含油边界以外，向边水中注水，称边外注水。这种注水方式要求含水区内渗透性较好，含水区与含油区之间不存在低渗透带或断层，如图 7-12 所示。

2. 边缘注水

由于一些油田外含油边界以外的地层渗透率显著变差，为了保证注水井的吸水能力和注入水的驱油作用，从而将注水井布置在含油外边界上或油水过渡带上，这种注水方式称为边缘注水，如图 7-13 所示。

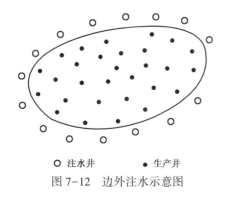

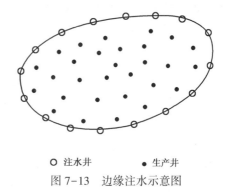

○ 注水井　　● 生产井

图 7-12　边外注水示意图

○ 注水井　　● 生产井

图 7-13　边缘注水示意图

边外注水和边缘注水的适用条件为：油田面积不大，油藏构造比较完整，油层分布比较稳定，边缘和内部连通性好，特别是注水井的边缘地区要有较好的吸水能力，能保证压力有效地传播。采用边外注水或边缘注水的油田，生产井排和注水井排基本上与含油边缘平行，有利于油水前缘均匀向前推进，无水采收率和低含水采收率较高，并且最终采收率也较高。

边外注水和边缘注水也存在一定的局限性，如大量注入水流向含油边界以外，造成注入水利用率不高；对于较大油田，由于构造顶部的油井往往不能及时地得到注入水能量的补充，形成低压带，易出现弹性驱或溶解气驱，在这种情况下，除了边外注水及边缘注水外，还应该辅以点状注水方式，或者采用边内行列（切割）注水方式开采。

3. 边内注水

如果油藏的过渡带处渗透率很差或不适宜过渡带注水，致使注水效果变差，此时注水井的位置须内移到含油边界以内，以保持油井充分见效，这种注水方式称边内注水，主要包括边内行列注水、边内规则面积注水和边内不规则点状注水。

1）边内行列注水

在这种方式下，利用注水井排将油藏切割成为较小单元，每一块面积可以看成是一个独立的开发单元，分区进行开发和调整。

边内行列注水的适用条件是：油层大面积稳定分布（油层要有一定的延伸范围），注水井排上可以形成比较完整的切割水线，保证一个切割区内布置的生产井与注水井都有较好的连通性；油层具有一定的流动系数，保证在一定的切割区和一定的井排距内，注水效果能比较好地传递到生产井排，以便保证在开发过程中达到所要求的采油速度，如图 7-14 所示。

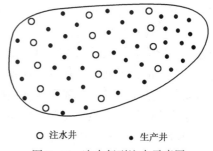

○ 注水井　　● 生产井

图 7-14　边内行列注水示意图

边内行列注水的优点是：可以根据油田的地质特征选择切割井排的最佳方向及切割距，便于调整，且注水线无需移动，既减少了注入水的外逸，也简化了注水工艺；同时可优先开采高产地带，使产量很快达到设计水平。

但是，这种方式也有一定的局限性：不能很好地适应油层的非均质性；注水井之间干扰大；会出现开采不平衡，外排生产能力大、见水快，内排生产能力不易发挥等问题。

在计划采用或已采用行列注水的油田，为扬长避短，主要采取以下措施：选择合理的切割距及最佳方位，辅以边内不规则点状注水，提高注水线与生产井底的压差等方式，以提高注水的效果。

2）边内规则面积注水

边内规则面积注水是指将注水井和采油井按一定的几何形状和密度均匀地布置在整个开发区上进行注水开发。这种注水方式实质是把油层分割成许多更小的单元。一口注水井和几口生产井构成的单元称为注采井组，又称注采单元。

边内规则面积注水适用的油层条件为：油层分布不规则，延伸性差；油层渗透性差，流动系数低；油田面积大，但构造不完整，断层分布复杂。边内规则面积注水也适用于油田后期强化开采。当油层具备边内行列注水或其他注水方式但要求达到更高的采油速度时，也可以考虑采用边内规则面积注水方式。

根据生产井和注水井相互位置及构成的井网形状不同，面积注水可分为三点法、四点法、五点法、七点法、九点法、反九点法及线状注水等。

3）边内不规则点状注水

这种注水方式是指注水井与生产井分布无一定的几何形态关系，而是根据开发需要布置注水井的一种不规则注水方式。它适用于断块油田及断层多、地质条件复杂的地区或油田。

除了以上介绍的注水方式外，还有一些针对特定地质条件而选定的注水方式，以提高波及系数，如环空注水、顶部轴线注水及腰部切割注水等。注水方式的选择必须考虑油田的油藏特征、油气水的分布、地面管理和后期调整的主动性等。

（二）控制注水开发的地质因素

注水开发是目前国内外最常用的一种油气藏开发技术，开发效果的好坏受到地质条件的控制。因此，在进行注水开发之前，必须首先进行地质条件的综合研究，在此基础上制定合理的开发方案，实现油藏的科学开采。

1. 构造特征

油藏的构造特征是制约注水方式、影响注水开发效果的首要因素，具体包括油藏埋深、构造形态、断层性质和裂缝展布。

油藏埋深影响储层物性。在埋藏历史单一的盆地内，一般油藏埋藏越深，储层的成岩作用越强，储集物性条件越差。对于低渗或特低渗的储层，一般要采取压裂、酸化等措施，通过改善储层的渗透性进行开发，这样才能保证一定的产能。油藏埋深越大，油藏的地层压力也越高，一般构造部位高的地方地层压力小，而构造部位低的地方油藏压力大，因此可以通过描述油藏的构造形态来大概了解油藏中地层压力的分布情况，从而制定合理的注水措施。

构造形态控制油藏中的油、气、水分布状态，特别是对于构造油藏，由于油、气、水的重力分异作用，在有气的情况下，气将占据构造高部位，油分布在气的下面，而水则分布在油的下面。由此可见，在油藏开发之前，必须阐述油藏的埋藏深度、油层顶面的高点位置、构造倾角、构造走向等因素，为开发井网的编制提供构造基础资料。

断层对油水运动起两种作用：一是封闭性断层的封堵作用；二是开启性断层的通道作用。注水开发时，一定要描述清楚油藏范围内断层的性质、走向、倾向、断距以及断层的封闭性，在有条件的情况下，最好要描述断层开启所需要的压力梯度和断层泥的发育程度等。

2. 储层特征

储层特征（特别是非均质性）是影响所有类型油藏注水开发效果的主要因素。

注水开发的调整过程就是不断提高采收率，尽量保持油层在垂向上、平面上各向均匀水驱油的过程。储层宏观非均质性（包括平面非均质性、层间非均质性、层内非均质性）和微观非均质性是导致油层水驱不均匀的主要地质因素。例如，平面非均质性导致注采井对应程度低，注采井网不完善；又如，合注合采时，层间非均质性可以导致注入水沿某个渗透率相对高的层形成单层突进，注入水也常常沿着层内高渗段窜进，形成窜流通道。因此，精细描述储层的非均质性是做好注水开发的前提条件，尽量做到注水时水线前缘均匀推进，提高注入水波及体积系数。

储层特征对油水运动和注水开发效果的影响在第八章还将详细论述。

3. 流体性质

流体性质对油藏注水开发的影响很大，最直接的是原油黏度的大小。我国油田开发实践表明，对于原油黏度大于 $150mPa \cdot s$ 的稠油油藏，注水是不能够驱动原油的，而应该主要采用热采手段，提高油藏温度、降低原油黏度从而驱动原油。如图 7-15 所示，对一定相渗曲线的油层，在含水饱和度相等时，油水的黏度比越大，含水率越高。也就是说，在水驱油过程中，油水黏度比值越大，水的流动能力越大于油的流动能力，从而使生产井过早见水，降低体积波及系数和采出程度。一般水的黏度为 $1mPa \cdot s$，变化很小；原油的黏度越大，则水驱效果越差。因此在设计注水开发井网时，油藏原油黏度越大，一般要求注采井距越小，注采井数比越小。

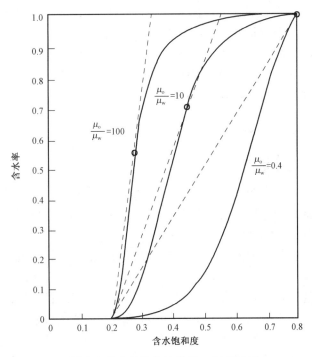

图 7-15　不同油水黏度下的分流曲线（据姜汉桥，2006）

对于注水开发储层条件下油水黏度比大的油藏，在注水波及的范围内，渗流阻力就会迅速下降，水沿高渗透层的高渗透部位突进，在已波及部位反复冲洗，而扩大波及体积很慢，注水部分被充分地水洗，而仍有相当厚度或体积未被波及，局部驱油效率很高，但全层采收率却很低。同时，由于油水密度的差异，注入水沿储层底部推进，油层的非均质性将会随注水过程而不断扩大，这种由黏性指进所造成的无水采收率低、含水上升快、大量的原油要在高含水或特高含水期采出的问题，使得开发经济效益较低。

在注水开发中，原油黏度不同，开采效果差别很大。原油是胶质、沥青质含量高才使黏度升高，而胶质、沥青质是极性物质，往往造成储层亲油的表面性质，使水相渗透率上升较快、较高；同时，由于黏度的差异，会使油井产液指数随含水上升而迅速增加。因而注水开发初期注水井吸水指数会明显大于油井采油指数或采液指数。一口注水井的注入量可以满足几口采油井注采压力平衡的需要，随着含水上升，油井可以不断增加排液量以减少产油量的递减，使油井在高含水期仍有一定的产油量，从而延长了开采的经济年限。但由于注水井吸水能力变化不大，所以开发中后期要不断增加注水井在总井数中的比例，最终达到注水井与采油井的比例为 1：1~1：1.5 之间。这类油藏开采年限长，大部分可采储量在高含水期采出。

二、聚合物驱采油的地质控制因素

聚合物驱采油属于三次采油的一种，是一种化学驱油方法，是在油藏经过一、二次采油或保持压力方法采油之后，再用聚合物提高采收率的方法。聚合物驱采油是通过注入低浓度大段塞聚合物水溶液，改善流度比，抑制水驱油的黏性指进和舌进的继续发展，扩大波及系数。聚合物用于提高采收率主要有两个目的：（1）改善流度比；（2）调整吸水剖面。使流度比获得改善的技术措施有：（1）降低排驱介质的流度，它可以通过提高排驱介质的黏度来实现；（2）提高油的流度，它可以通过降低油的黏度来实现。

注聚合物溶液时，溶液主要进入高渗透层，与此同时，高渗透层的阻抗（μ/K）增加，这是溶液的高黏度造成的。当高渗透层的阻抗增加后，改以注水开发，在高的注入压力下，迫使水进入低渗透层，从而实现高低渗透层吸水指数基本一致，达到调整吸水剖面的目的。

（一）聚合物驱油机理

1. 普通聚合物驱油机理

聚合物在非均质油层内的驱油特点是，高渗透层首先见效，低渗透层见效时间较晚；但是，聚合物在低渗透层中的见效期比在高渗透层中的见效期长，原因在于聚合物在低渗透层中不易突破（唐国庆，1994；陈智宇，1999）。

聚合物驱油段塞在孔隙中渗流时，具有活塞式特征。所以，聚合物驱可消除水驱时的指进现象，调整吸水剖面 [图 7-16（a）、图 7-16（b）]。聚合物溶液具有较高的黏度，在多孔介质中渗流时，比注入水具有更大的渗流阻力。当聚合物段塞进入高渗透层之后，降低了其中的水相渗透率，从而有效地抑制了注入水沿高渗透层的指进现象，迫使注入水进入渗透率低的岩石孔隙中，提高了中低渗透层的吸水能力。聚合物浓度越大，吸水效果越好，其原因主要在于：聚合物溶液的浓度越大，其黏度也越大，因而当其进入到高渗透层之后，渗流阻力就越大，相应的调剖效果就越好。

聚合物具有较强烈的吸附性能。由于聚合物具有憎水亲油性质，聚合物溶液波及的孔隙中，聚合物大量吸附在孔壁上，在油相和孔壁之内形成聚合物水膜，降低了油相在孔道中流动时与孔壁的摩擦阻力，从而提高了油相流动能力；聚合物在孔隙中遇到注入水时，聚合物就会伸张、溶胀，增加水相的流动阻力，降低水的渗透率。实验观察到，在相同条件下，油相的流动速度比水驱时提高了 1~2 倍。

聚合物具有一定的界面黏弹性，并可提高油水之间的界面黏度。因此聚合物可以加强流动水对静止油滴的携带能力。在聚合物驱替到的孔隙中，残留在孔壁上的油滴被拉伸变形，重新流动而被驱走［图 7-16(c)］。实验表明，聚合物浓度越高，与原油之间的界面黏弹性越大，驱油效果越好。

不同的渗透层中，聚合物驱油特征是不相同的。在高渗透层中，由于残余油饱和度较低，残余油主要以油滴形式存在，因此，聚合物的驱油特征主要是聚合物溶液夹带着小油滴向前运移［图 7-16 (d)］。聚合物浓度越大，夹带的油滴越多。在低渗透层中，由于残余油饱和度较高，大部分是水驱未波及的含油孔隙，聚合物的驱油特征主要是聚合物溶液推动着油段向前慢慢移动，在聚合物段塞前形成了含油富集带［图 7-16 (e)］。

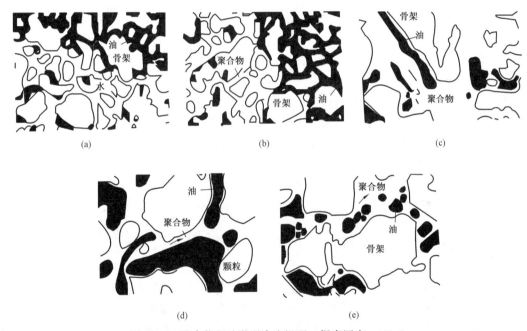

图 7-16　聚合物驱油微观渗流机理（据唐国庆，1994）

（a）水驱指进现象；（b）聚合物活塞驱油现象；（c）残余油滴被拉伸变形，重新流动；
（d）聚合物将油滴夹带驱出；（e）聚合物将油段慢慢推出

聚合物在控制流度比、扩大水驱波及体积方面主要有下列两个作用：

（1）绕流作用。聚合物进入高渗透层之后，增加了水相的渗流阻力从而产生了由高渗透层指向低渗透层的压差，使得注入液发生绕流，进入到中低渗透层中，扩大水驱波及体积。

（2）调剖作用。聚合物改善了水油流度比，控制了注入液在高渗透层中的前进速度，使得注入液在高、低渗透层中以较均匀的速度向前推进，改善非均质层中的吸水剖面，提高水驱油效率。

聚合物驱在提高水驱油效率方面主要有下列三个作用：

（1）吸附作用。聚合物大量吸附在孔壁上，降低了水相的流动能力，并且对油相的流动能力无多大影响。在相同的含油饱和度下，油相的相对渗透率比水驱时有所提高，使得部分残余油重新流动。

（2）黏滞作用。聚合物具有黏弹性，加强了水相对残余油的黏滞作用。在聚合物溶液的携带下，残余油重新流动，被夹带而出。

（3）增加驱动压差。聚合物驱提高了岩石内部的驱动压差，使得注入液可以克服小喉道产生的毛细管阻力，进入细小孔道中驱油。

2. 碱—聚合物驱油机理

应用碱—聚合物体系提高原油采收率是一种较新的三次采油方法，不但可提高驱油效率，还可提高波及效率。通过与单一碱或聚合物体系的对比，在室内通过实验方法可以对碱—聚合物复合体系的油水界面性质、碱耗、聚合物滞留量、体系的稳定性，以及碱、聚合物、碱—聚合物体系的驱油效果和不同注入方式进行研究，从而揭示碱—聚合物体系的驱油机理。

（1）碱—聚合物体系具有较大幅度提高水驱波及体积和驱油效率的双重作用，产生碱—聚合物驱协同效应，比单一的碱或聚合物驱油效果显著得多。

室内实验研究表明，体系中的碱与酸性油藏中的原油里所含的酸性组分反应，可就地生成表面活性剂，降低油水界面张力，并使原油发生乳化，改变油藏润湿性并降低原油黏度，提高驱油效率；体系中的聚合物可改善流度比，扩大波及体积并提高微观驱油效率，有利于剩余油的运移和捕集。同时，碱—聚合物体系比单一碱或聚合物驱油体系具有更低的碱耗和聚合物滞留量，并且聚合物能"携带"碱进入碱无法单独进入的油区，扩大碱的波及体积；而碱又使聚合物的水动力回旋半径减小，使聚合物易于进入中低渗透层，将其中的剩余油采出。

（2）采用碱和聚合物混合注入、后跟聚合物控制和保护段塞的方式，可以比交替或分开注入碱或聚合物的方式获得更高的采收率提高值。

若采用先注碱、后注聚合物的方式，尽管后续的聚合物溶液可较好地控制流度，但由于碱溶液的黏度和水基本一样，大部分的碱液仍沿原来的水道渗流，与油接触范围有限。对碱耗而言，与碱驱相比也没有变化，仅降低了后续聚合物的滞留量，驱油效率无太大改观。

若先注聚合物、后注碱，由于聚合物的扩大波及体积和调整剖面作用，使渗透率非均质程度有了改善，扩大了后续碱液的波及体积，但先行聚合物的驱油作用使后续注入的碱遇到原油发生反应的概率大大减小。

若采用碱—聚合物混合注入后跟聚合物保护段塞的注入方式，要比分开注入提高采收率幅度高。尽管碱和聚合物相混使得体系的初始黏度有所降低，但体系中的碱与原油反应并发生乳化，使原油黏度降低，从而改善了流度比，并且混合体系较分开体系更易扩大微观波及体积和宏观驱油效率。聚合物携带着碱产生绕流，进入水未波及的油区，而碱使聚合物分子链卷曲，降低了聚合物的水动力回旋半径，使之更易于进入中低渗透层。另外，碱—聚合物体系使各自的损耗都大幅度降低，使更多的碱和聚合物用于驱油，而后续的聚合物段塞能够进一步控制流度，保证碱—聚合物体系充分发挥效能。

3. 三元复合驱机理

三元复合驱强化采油技术产生于20世纪80年代，来源于单一化学驱、二元化学驱，以多种驱替剂的协同效应为基础。目前在室内实验和矿场试验研究中常用的驱替剂有碱剂（A）、表面活性剂（S）、聚合物（P）。三者协同使用就是碱剂—表面活性剂—聚合物驱（ASP），即三元复合驱。

三元复合驱在碱—聚合物驱油的基础上增加了表面活试剂。一方面，表面活性剂可以减小油水分层面弹性，让剩余油成为能够流通的液体；另一方面，表面活性剂使岩石表层的湿润度发生变化，停留在岩石孔隙通道里的油滴与水间的作用力得到提高，岩石表层对原油的附着力也降低了，同时提高了水的出油成效；第三方面，表面活性剂胶束不仅可以促进原油的溶解，而且能够让原油乳化，提高其可流通性，实现了混相驱替石油的效果。

三元复合体系使油水之间界面张力降低和介质润湿性改变而引起的毛细管力和黏附力大大降低，甚至使毛细管力由阻力变为驱油动力，这是三元复合驱驱替柱状残余油和簇状残余油的主要机理。三元复合体系降低黏附力和内聚力的作用是驱替膜状残余油的内在因素。三元复合驱降低内聚力，使孤岛状残余油在下游端拉出油丝、拉断，逐渐分散成较小油滴，变小后的油珠容易通过细小孔喉，最终将孤岛状残余油驱走。

（二）影响聚合物采油效果的主要地质因素

影响聚合物驱效果的因素很多，除常规注水开发影响因素之外，还有聚合物本身的物理化学性能、油层非均质性、油层温度、地层水矿化度、注入时机以及与注采参数等，下面简要阐述主要地质因素对聚合物驱油效果的影响。

1. 油层非均质性

若油藏纵向上含油层数多，有利于聚合物驱，因为多层有利于发挥聚合物溶液的调节作用。聚合物驱的一个重要特征是适用于非均质油藏，特别是纵向的非均质性，但非均质太严重时容易引起窜流，也不利于聚合物驱。

受经济条件的制约，单位体积油藏内聚合物注入总量不可能是大量的，一般只能注一个段塞，聚合物段塞的黏度一般仅能接近原油黏度或使油水黏度比相对降低，即使其黏度很高也不可能超过地下原油黏度很多，因而高黏度驱替剂只能使储层非均质性不加剧，而无法降低储层原有的非均质性。注入的聚合物也是要被部分带出的，首先是从非均质的高渗透部位带出，取而代之的是低黏度的水，所以在高渗透部位聚合物带出前，段塞可以起到降低黏性指进的作用，使油井推迟见水或含水率下降。但高渗透部位的聚合物一旦被水驱出，这段油层的渗流阻力将比一般水驱时更低，而其他部位的聚合物仍存在于油藏之中，则黏性指进不但会再次出现，甚至会更严重，这就是注聚合物的各种实施方案中必须先进行吸水剖面的调整及堵大孔道的原因。大庆油田研究发现，正韵律、多段多韵律和复合韵律类型油层均适合聚合物驱，反韵律油层聚合物驱最差，但油层渗透率变异系数（V_K）对聚合物驱效果影响极大。对正韵律类型油层，在 V_K 值小于 0.72 以前，随着 V_K 值增加，聚合物驱效果越好；在 V_K 值大于 0.72 以后，随着 V_K 值增加，聚合物驱效果急剧下降。大庆油田适合聚合物驱的油层渗透率变异系数在 0.635~0.718 之间，恰好处于聚合物驱提高采收率最大的范围内（图 7-17）。

聚合物驱平面效果受渗透率平面非均质性和注采方向等影响。沉积相带影响渗透率平面非均质性，物性差的部位会影响聚合物溶液的注入，从而降低驱油效果。平面上多向受效时，聚合物驱效果优于单向受效。

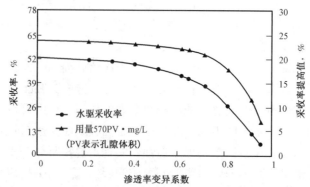

图 7-17　聚合物驱采收率、采收率提高值与油层非均质的关系（据郭万奎等，2002）

2. 油层温度

油层温度越低，三次采油的效果越好，因为高温会降低驱油剂的物理化学性能。大庆油田研究结果表明，在油层温度大于65℃时，聚合物就会发生严重的热氧降解。大庆油田油层温度在45℃左右，不会发生热氧降解（图7-18），因而在聚合物配注过程中不需要除氧工艺，从而可以大大提高聚合物驱的经济效益。

3. 地层水矿化度

地层水矿化度越低，越有利于三次采油，因为地层水离子含量高会降低驱油剂的物理化学性质。地层水和注入水矿化度的高低，对聚合物增黏效果影响极大。海相沉积的油层和渤海湾盆地一部分陆相油层，地层水矿化度达到几万毫克每升，高者甚至十多万毫克每升，聚合物在这样的油层中黏度很低，起不到降低流度比的作用，因而聚合物驱效果较差。而松辽盆地的陆相沉积油层地层水矿化度一般较低，聚合物在油层中的黏度损失较小，能起到降低油水流度比的作用，因此聚合物驱效果较好。大庆油田用于配制聚合物的水的矿化度只有$400 \sim 800$mg/L，而且钙、镁离子浓度仅十几毫克每升，用相对分子质量为$1000 \times 10^4 \sim 1700 \times 10^4$的聚合物，在1000mg/L浓度下，聚合物溶液的黏度可达$35 \sim 45$mPa·s。大庆油田原始地层水矿化度在7000mg/L左右，目前采出水矿化度$2500 \sim 3000$mg/L，有利于聚合物溶液在油层中保留较高的黏度，大幅度降低油水流度比，提高聚合物驱油效果（图7-19）。

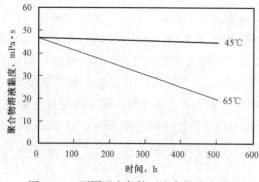

图 7-18　不同温度条件下聚合物溶液黏度
随时间的变化曲线（据郭万奎等，2002）

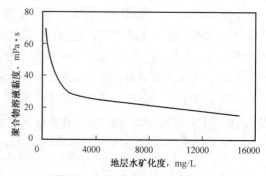

图 7-19　聚合物溶液黏度与地层
水矿化度的关系（据郭万奎等，2002）

三、热力采油的地质控制因素

视频 7.7 热力采油的地质控制因素

热力采油是指利用热能促使油层温度升高，降低原油黏度，从而达到提高采收率的目的。目前国内外热力采油主要解决流体黏度大、流动能力低的稠油油藏的开发问题。热力采油机理包括加热（如注热蒸汽）使原油的黏度降低，改善稠油的流动性能，同时促使原油膨胀，此外通过蒸汽的蒸馏和溶剂的抽提作用也可改善排驱效率。

（一）热力采油方法

稠油油藏具有埋藏浅、黏度大、胶结疏松、样品易散等特点。热力采油是开采稠油油藏的重要方法。稠油注蒸汽热力采油具有投资高、技术难度大和经济风险大的特点。注蒸汽热采主要有两种开采方式，一是蒸汽吞吐方式（或称循环注蒸汽、蒸汽浸泡等），二是蒸汽驱方式（或称连续注汽方式）。由于蒸汽吞吐花费较少，对提高采油速度非常有效，多年来在世界范围内得以广泛应用。但蒸汽吞吐属于降压开采，采收率低，因此在蒸汽吞吐之后通常接着实施蒸汽驱。将两种蒸汽热采方法相结合，既提高了采油速度，又提高了最终采收率。近年来随着水平井的大量应用，蒸汽辅助重力泄油技术在稠油油藏开采中也得到了大力发展。此外，火烧油层技术也有一定程度的应用。

1. 蒸汽吞吐

蒸汽吞吐又称循环注蒸汽或蒸汽浸泡，是向油层注几周的蒸汽（一般为 2~6 周），在注蒸汽期间保持高的注入速度，然后关井几天，进行所谓的"焖井"，最后开井生产，这些井一般以较高的产量生产几个月到一年。这个过程构成一个循环，如图 7-20 所示。

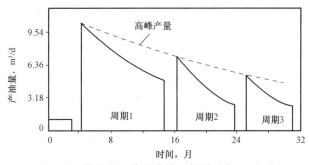

图 7-20　蒸汽吞吐典型曲线（据韩显卿，1993）

蒸汽吞吐的驱油动力有油层压力、重力、岩石和流体膨胀及地层压实作用等。随着循环注蒸汽连续地进行，热量从井筒附近的加热带传导到离井筒较远的低温带，导致原油黏度大幅度降低，大大提高低温带的原油流动能力。开井生产后，井底附近的水变成蒸汽会降低水的相对渗透率。此外，清洗井筒及降低地层的伤害也是蒸汽吞吐增产的原因之一。

蒸汽吞吐的增产效果差别很大，主要取决于井和油藏条件，如油层压力、原油黏度、含油饱和度、油层厚度、有无底水或气顶、注汽过程中地层是否压裂等。一般认为在油藏厚、井距小的情况下蒸汽吞吐效果更加明显。

2. 蒸汽驱

注蒸汽驱油是一种驱替式采油方法，其过程与注水开采类似，即以井组为基础，向注入井连续地注入蒸汽，蒸汽将油推向生产井井底（图7-21）。注入油层的蒸汽在完全冷凝之前，在油层内扩散蔓延，与温度降低的储层岩石接触时便开始冷凝并释放出潜热，而蒸汽温度保持不变，从而将岩石及所含流体（原油和地层水）加热到蒸汽温度。冷凝水流向生产井，这样就形成了一个不断扩大的蒸汽带。水蒸气的体积与产生这些水蒸气的水的体积相比要大得多，如 $1m^3$ 水能生产 $100m^3$、压力为1.4MPa、干度为75%的蒸汽。在蒸汽带内，原油黏度有时可降低到原有黏度的千分之一或更低，可见由于原油流动性急剧提高和大量蒸汽的"冲刷"，驱替原油的效率相当高。此外，再加上蒸汽的蒸馏作用，在蒸汽扫过地带常会形成异常低的残余油饱和度。

蒸汽驱油机理可归纳为：（1）原油降黏改善流动性；（2）原油热膨胀降低残余油饱和度，例如温度提高15℃，则残余油量将减少10%~30%；（3）蒸馏作用产生的轻质烃类馏分与原油混合，进一步稀释稠油，改善流度比；（4）气驱效应，即蒸汽带内水蒸气和逐渐增多的冷凝水联合交替驱替原油的效应；（5）溶剂萃取效应。

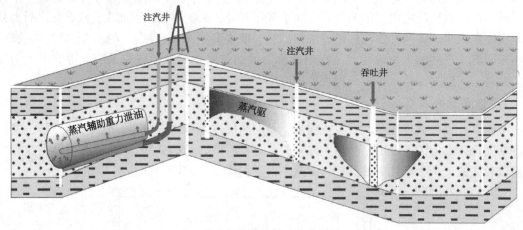

图7-21　蒸汽驱及蒸汽辅助重力泄油示意图

大量开发实践表明，采用蒸汽吞吐开发稠油油藏，技术上和经济上风险性小，增产效果也明显。蒸汽驱油机理较为复杂，除了注水所具有的机理外，还有降黏、蒸馏等作用，但由于原油黏度高、流动性特别差，因此一开始就注蒸汽开发效果往往不好。在蒸汽吞吐一定阶段后，注采井之间形成热连通后再注蒸汽，一般可获得更高的采收率，因此现场往往先进行蒸汽吞吐然后再进行蒸汽驱。

3. 蒸汽辅助重力泄油

蒸汽辅助重力泄油（steam assisted gravity drainage，SAGD），是以蒸汽作为热源，依靠稠油的重力作用开采。以稠油油藏底部附近的水平井作为生产井，以生产井上方的一口水平井或多口直井作为注汽井注热蒸汽，注入的蒸汽向上或侧方移动，被加热降黏的原油在重力作用下流到底部的生产水平井被采出。随着原油不断被采出，蒸汽室不断扩大（图7-21）。SAGD理论最初是基于注水采盐原理，即注入淡水将盐层中固体盐溶解，浓度大的盐溶液由于其密度大而向下流动，而密度相对较小的水溶液浮在上面，通过持续向盐层上部注水，将盐层下部连续的高浓度盐溶液采出。将这一原理应用于注蒸汽热采过程中，就产生了重力泄油的概念。SAGD技术向注汽井连续注入高温、高干度蒸汽，首先发育蒸汽腔，加热油层并保持一定的油层压力（补充地层能量），将原油驱至周围生产井中，然后采出，这种采油方式具有高的采油能力、高油汽比、较高的最终采收率及降低井间干扰，避免过早井间窜通的优点。

蒸汽辅助重力泄油技术主要适用于埋藏较深、储层厚度大、孔隙度较大的稠油油藏。

（二）影响注蒸汽热采效果的地质因素

影响注蒸汽热采效果的油藏地质因素主要有原油性质（原油的黏度和密度）、油层深度、油层厚度（单层厚度和净总比）、油层渗透率（水平渗透率、垂向渗透率及其比值）、孔隙度和含油饱和度等。此外，油层压力、岩性、岩石敏感性、胶结特征、气顶和底水、储层倾角等对注蒸汽热采也有不同程度的影响。

1. 原油的黏度和密度

原油的黏度是最能反映稠油油藏特征的参数，对渗流状态的影响也非常重要。由达西定律可知，流体通过多孔介质的流量与流体黏度成反比。根据稠油分类标准，稠油黏度是常规稀油黏度的几百倍至上千倍。某些超稠油（天然沥青）在油藏条件下实际上不能流动。从不同黏度原油的黏度、温度关系曲线（图7-22）上可以看出，原油黏度越高，加热使黏度降到同一可正常流动的黏度所需的温度也越高。因此，不论是对蒸汽吞吐还是对蒸汽驱，原油黏度越高，注蒸汽热采效果越差，物理模拟、数值模拟研究、辽河油田以及胜利油田热采现场实践均证实了这个结论。表7-4和表7-5分别是胜利油田单家寺油田和乐安油田不同原油黏度蒸汽吞吐效果对比。从两表中不难发现，黏度越大，单井的日产量越低。

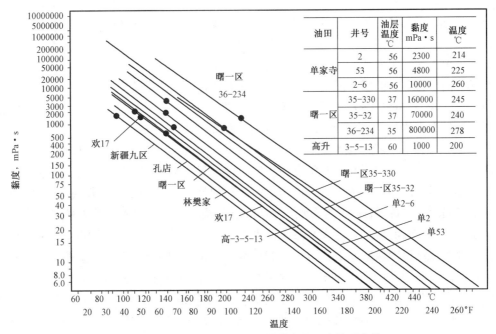

图7-22 我国几个主要油田的黏度和温度关系曲线

表 7-4　单家寺油田不同原油黏度蒸汽吞吐效果对比

开发单元	井数，口	原油黏度 mPa·s	单井注汽量，t	井口干度，%	井底干度，%	单井周期采油量，t	单井日产量 t/d	周期天数，d	周期气油比（质量比）
试验区	11	5000～10000	3436	64.5	30～60	18448	70	265	5.37
单二西	5	15000～39000	3566	49.9	<30	1266	20	63	0.36
单二西	3	>50000	415	53	0	0	0	0	0

表 7-5　乐安油田不同原油黏度蒸汽吞吐效果对比（水平井第一周期）

开发单元	原油黏度，mPa·s	原油分类	单井峰值日产量，t/d	周期产量，t
草 20 块水平井区	<10000	普通	142	8493
水平井试验区	10000～20000	特稠	136	7702
草南放射状井区	30000	特稠	68	3702
草南超稠油田	>50000	超稠	34	710

2. 油层深度

油层深度增加对注蒸汽热采不利。这是因为：一方面，油层越深，在注气过程和采油过程中井筒热损失增加，热利用率降低，注入油层蒸汽干度降低乃至变成热水；另一方面，油层越深，对井下管具的质量和数量及井筒隔热技术的要求越高，这会大大增加生产费用而降低经济效益。

3. 油层厚度

油层厚度的概念可扩展为"单层有效厚度"、"总有效厚度"和"油层的净总（毛）比"三个概念。净总比是指在油层井段内，净油层厚度与油层井段总厚度之比。在多油层注蒸汽热采中，由于热传导作用，散失到隔层和夹层的热量白白浪费掉了，因此，净总比越大的油藏，注入热利用率越高，热采效果越好。

以辽河油田为例，油层厚度对稠油开发的影响具有以下几个特点：

（1）对于块状油藏，蒸汽吞吐效果随油层厚度增加变好。当油层厚度大于 15m 时，周期累积产油量大于 4000t，油汽比大于 2.4，比油层厚度小于 15m 的好。

（2）层状油藏与块状油藏不同，当油层厚度大于 30m 后，油层厚度再增加，吞吐周期累积产油量和油汽比增加幅度明显减小，甚至出现下降趋势。如杜 66 块杜家台油层，在射开油层厚度 25～30m 范围内的 9 口井油层厚度平均值为 26.7m，吞吐第一周期累积产油 5973t，油汽比为 2.71；射开油层厚度在 30～40m 范围内的 11 口井的平均厚度为 34.6m，第一周期累积产油 4764t，油汽比为 2.05。这主要是射开油层厚度增大的同时，射开井段增加，井筒内的蒸汽超覆现象加剧。同时，由于净总比进一步降低，吞吐效果差。

从辽河油田锦 45 块于 I 组油层和杜 66 块杜家台油层净总比与蒸汽吞吐累积产油量 N_p、油汽比统计关系可以看出（图 7-23），在相近的油层物性和注采参数下，当净总比小于 0.35～0.4 时，周期累积产油量、油汽比明显减小。如锦 45 块于 1 组油层净总厚度比由 0.4～0.5 降至 0.3～0.4 时，累积产油分别由 5906t 降至 3514t，油汽比分别由 2.24 降至 1.62。根据国内外的经验，一般油层净总比值在 0.4 以下的油层不适宜蒸汽吞吐开采，耗汽量太大，油汽比太低，经济上不合算。

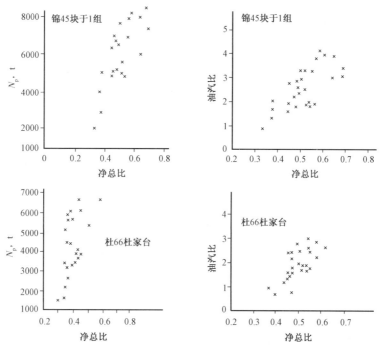

图 7-23　辽河油田锦 45 块、杜 66 块净总厚度比与吞吐累积产油关系（据辽河油田资料）

4. 油层渗透率

热采稠油油藏的渗透率不能太低，这是由热采需要注汽速度较高、稠油渗流阻力大所决定的。为了减少地面和井筒热损失，要求注汽速度不能太低。根据胜利油田的经验，对于深度为 1200m 左右的油层，为确保井底干度在 50%，日注汽速度必须在 8t/d 以上。这就要求油层有较高的渗透率和吸汽能力。在热采的过程中，稠油的黏度很高，为了保持足够的渗流能力，也必须有足够的渗透率。

厚油层在蒸汽吞吐过程中，重力泄油作用较强，特别是采用水平井蒸汽吞吐和蒸汽辅助重力泄油工艺时，重力泄油起主要作用，对垂向渗透率要求较高。根据胜利油田的经验，水平井蒸汽吞吐方式 K_h/K_v 应小于 100；蒸汽驱方式由于横向驱动作用加强，对垂向渗透率要求不高，K_h/K_v 小于 1000 即可。

在注汽参数、油层厚度、净总比基本相近的条件下，辽河油田曙 1-7-5 块大凌河油层的渗透率与吞吐效果的关系表明（图 7-24），油层渗透率增大，累积产油量、油汽比增加。当油层渗透率由 0.6μm² 增大到 1.52μm² 时，累积产油从 2560t 增至 4500t，油汽比由 1.15 增至 1.55。当油层渗透率小于 0.5μm² 时，油井蒸汽吞吐效果差，一般累积产油小于 2500t，油汽比小于 1.0。当蒸汽吞吐井平均渗透率为 0.15~0.35μm² 时，生产能力低，经济效益差。

5. 孔隙度、含油饱和度和储量系数

这三项指标应综合考虑，反映储层的含油丰度和可动油的多少。孔隙度大，含油饱和度高，说明可动油饱和度（ΔS_o）高。ΔS_o 越高，注蒸汽热采油汽比越高，开采效果越好。据国内外文献报道，物理模拟研究指出，热采油藏的孔隙度下限值不小于 20%，含油饱和度不小于 50%，$\phi \cdot S_o$ 值要大于 0.10。

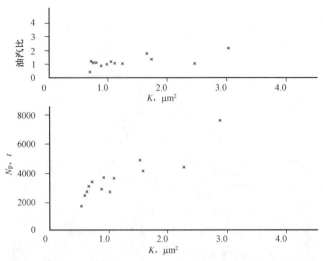

图 7-24　辽河油田曙 1-7-5 块大凌河油层渗透率与吞吐效果关系（据辽河油田资料）

6. 油层压力

蒸汽吞吐方式对油层压力要求较为宽松，只要不影响正常注汽速度即可。但蒸汽驱开采对油层压力要求较严格。油层压力过高会影响注入能力，且使蒸汽带的汽体积变小，不能充分发挥蒸汽相的驱油作用，使蒸汽驱开采效果变差。所以埋藏深、地层压力较高的油藏一般先蒸汽吞吐以降低油层压力，然后再转蒸汽驱。

7. 岩性

最适宜注蒸汽热采的储层是砂岩，目前国内外注蒸汽热采获得成功的均为砂岩油藏，而石灰岩油藏因加热效率低而不适合蒸汽驱。美国和法国在石灰岩油藏中做了试验，但成功的可能性很低。胜利油田对石灰岩潜山油藏注蒸汽热采进行了可行性研究和现场试验，蒸汽吞吐已获成功，但由于开采历史短，经验不足。因此，对于石灰岩油藏注蒸汽热采，特别是蒸汽驱时，要特别小心，应充分论证。

8. 气顶和底水

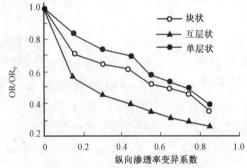

图 7-25　油层纵向渗透率非均质性对开采效果的影响曲线（据蒲海洋，1996）纵坐标为各渗透率变异系数下的蒸汽驱采收率（OR）与变异系数为 0 时的蒸汽驱采收率（OR_0）之比值

气顶和底水存在的主要威胁是注汽过程中由于蒸汽突进形成气、水通道。一般来说，当底水厚度很薄时，可利用薄底水来完成初期的热传导和热对流，有效地加热上覆油砂层。但当底水层很厚时，底水层就如同一个大散热器，蒸汽注入底水层会使热有效利用率大大降低。对此，应通过油藏注入蒸汽热采模拟研究来设计最佳的射孔方案和注采方案。

9. 层间非均质差异

层间非均质性严重对注蒸汽热采不利。随着纵向渗透率非均质性的增强，采收率降低，开采效果变差（图 7-25）。主要原因是当油藏纵向存在非均质性时，高渗透层的吸汽能力强，注入蒸汽沿高渗透层过早突破。层间渗透率差异越大，蒸汽驱的纵向波及效率越低，最终导致采收率降低。由于高干度的蒸汽密度低，蒸汽易沿油层上部运移，形成"蒸汽超覆"现象。地层倾角过大，也会加剧蒸汽超覆，从而使蒸汽波及体积系数降低。因此，均质性较好且略带正韵律的油层更适宜注蒸汽热采（表7-6）。如辽河油田的杜66块杜家台油层的纵向非均质程度高，层间吸汽不均，吸汽剖面测试资料统计分析表明：主要吸汽层占射开厚度的41.53%，次要吸汽层占20.8%，基本不吸汽层占37.6%，有1/3左右的油层没有动用，这样势必影响整个油藏的开采效果。

表7-6 不同韵律下的蒸汽驱效果表（据蒲海洋，1996）

油藏类型	生产指标	正韵律	复合韵律 a	复合韵律 b	反韵律
块状	生产时间, d	2070	1933	1383	960
	采收率,%	24.37	21.08	17.38	12.25
互层状	生产时间, d	640	540	420	316
	采收率,%	8.14	6.53	6.02	5.76
单层状	生产时间, d	1368	1165	1190	650
	采收率,%	21.98	18.66	19.85	10.72

储层非均质性的描述和正确估计是稠油热采的一个关键问题。由于稠油和蒸汽的黏度差别太大，所以在蒸汽吞吐和蒸汽驱中，非均质性必然是不断扩大的，造成蒸汽指进和过早窜流，而在模拟计算中往往估计不足，造成整个热采寿命比设计的大大缩短，采收率大幅度降低。有些非均质油田在蒸汽吞吐阶段由于注入蒸汽及热水呈指进状态，采油阶段水相被流动的油相切断而成为非连续相，含水很快降为零；但在蒸汽驱阶段，注入井与采出井的水相呈连续相流动，受效井含水很快上升到95%以上，甚至全部出水。这样的稠油油田也不能用常规的蒸汽驱采油。对一些埋藏较浅的稠油油藏，必须保证注入压力低于破裂压力。一旦压开油层，形成蒸汽沿裂隙的窜流，也会造成热采计划的失败。由于窜流时裂缝附近受蒸汽驱替，流动阻力大幅度下降，即使以后注蒸汽压力降低，裂缝闭合，但原裂缝两侧仍然形成一个低流动阻力带，仍然影响以后的热采效果。

与常规油藏注水开发相比，稠油油藏因储层胶结疏松、渗透率高，用热力采油方法开采，由于油藏温度升高，将引起储层性质变化；同时，高温蒸汽的推进更易受储层性质控制。因此，稠油油藏热采开发动态地质分析显得非常重要。

四、气藏开发的地质主控因素

（一）气藏开发方式

视频 7.8 气藏开发的地质控制因素

常规气藏驱动方式比较简单，只有封闭消耗式气驱和水驱（边底水）两大类。

目前气藏的开发主要是依靠天然能量进行衰竭式开采。天然气的天然能量主要是弹性能量（包括气藏中气的弹性能量和岩石的弹性能量，气的弹性能量占绝大部分）和边底水能量。由于气体易于膨胀，所以气藏的弹性能量很大。同时，由于气的密度小，因此把气从地层中举升到地表所需的能量小。这样，地层的天然能量现阶段看可以满足气藏的开发。

目前对有水气藏，比较常用的开采技术是排水开采，即排出气藏中的边底水后，气藏中气继续膨胀，由此形成的弹性能继续驱气。

气田井网不同于油田井网。理论计算表明，一口气井可以采出整个气藏的气量，气田的总采出量不受井网密度的影响。但在实际开发中，要考虑气藏的地质条件，即气层连通情况、气层物性的变化，同时还要考虑其他非地质因素，如社会对天然气的需求量、气藏开采年限、气藏开采速度等，往往要制定一套或几套开发井网。

对于致密气、页岩气等特殊类型气藏，目前都是以水平井开发为主，需要压裂改造才能获得商业产量。多级水力压裂、重复压裂等储层改造技术是目前提升页岩气单井产量的关键技术。

（二）影响气藏开发效果的主要地质因素

由于常规气藏主要依靠天然能量开采，所以气藏的开发效果主要受气层本身性质的控制，包括气层的天然能量、储层有效厚度和含气饱和度、储层物性与非均质性等；对于需要大规模体积压裂开发的致密气、页岩气等特殊类型气藏，影响其开发效果的关键因素是包含有机碳含量、岩石矿物成分差异的储层甜点分布特征。

1. 影响常规气藏开发效果的主要地质因素

1）气层的天然能量

能量类型不同，气藏的开发效果不同。气藏天然能量主要有两种类型：弹性能量和边底水能量。一般在其他条件都相同的情况下，弹性能量气藏的开发效果要比边底水能量的气藏好得多。这是因为存在边底水的气藏，地层水在较大的生产压差作用下渗流到井筒附近形成"水锁"，造成岩石孔喉堵塞，使气井减产甚至停产。如新场 J_2s_2 约 $20 \times 10^8 m^3$ 的储量无法有效地开发，原因是西南方向低部位气井产水。

在其他条件都相同的情况下，一般能量越大（地层压力越大），气层的最终采收率最高，开发效果越好。因为气藏的天然能量越充足，能量衰减越慢，气藏稳产时间越长。

2）储层有效厚度和含气饱和度

储层有效厚度和含气饱和度是直接反映储层含气规模的参数，宏观上代表了储层含气体积的大小，是增产措施选层时的两个重要参数。通常储层厚度较大的井，增产措施实施的效果会更好。

3）储层物性及非均质性

由于天然气与原油的性质有较大差异，如天然气组分轻、密度小、流动性强，所以对储层物性要求相对于油来说要低得多，较低的物性条件往往也能达到有效储层标准，故许多低渗、特低渗储层仍可产工业性气流。一般来说，在同一地区，油层的有效储层标准明显要高于有效气层标准。如大港油田某油区某层位的有效油层物性下限孔隙度为13%，渗透率为 $5 \times 10^{-3} \mu m^2$；而有效气层物性下限孔隙度为11%，渗透率为 $2 \times 10^{-3} \mu m^2$。相应地，由于天然气流动性强、易扩散，故对圈闭和盖层条件要求很高。

储层的物性，特别是渗透率的非均质程度，对气藏的开发影响很大。同一个气藏，高渗带上的气井开发效果要明显好于相对低渗区气井的开发效果，这在榆林气田的生产中得到了证实。

一般地，储层物性非均质性越强，气藏的开发效果越差。但总体来讲，储层物性非均质性对气层开发效果的影响要明显小于对油藏的影响。

4）气层不连续性和渗流屏障

在低渗透率气藏中，气层的不连续性、透镜体、薄夹层和泥质含量，是控制流体分布、流动和产出的最重要因素。特别是碳酸盐岩层和多裂缝气层，不连续性使得气藏形成各个孤立的区块。这种类型的气藏采收率一般很低。

如川西坳陷侏罗系气藏普遍为低渗致密气藏，储层岩性或物性变化快，构造背景下的岩性圈闭多呈透镜状或斑块状，储量分布零散，单井产量低。

5）裂缝发育程度

孔隙、裂缝双重介质气藏中，裂缝发育程度越高，开发效果越好。特别是低渗致密气藏，储层渗流能力低，但只要储层裂缝发育并相互连通，将大大改善储层的渗流性，形成相对高产区，其开发效果也随之发生质的转化。裂缝的存在对于碳酸盐岩气藏和火山岩气藏尤为重要，因为裂缝不仅改善了其渗透性，同时也增加了储层的储集空间，从而增加了储量。如马井气田 CM601 井 J_3p_1 裂缝发育，有效厚度仅 2.4m，但却以 $0.8×10^4m^3/d$ 产量稳产至今，这得益于储层裂缝系统的发育。

均质的孔隙型气藏，即使不发育裂缝，开发效果也很好。如美国得克萨斯州卡迪气田为有边水的孔隙型砂岩，孔隙度高（平均 25.6%），渗透性好（渗透率为 $600×10^{-3}\mu m^2$），边水从构造翼部均匀地向轴部推进，驱替效率高，最终采收率可达 80%。

2. 影响致密气藏开发效果的主要地质因素

影响致密气藏开发效果除了上述五个地质因素之外，还有岩石脆性。这是因为绝大多数致密气都需要压裂增产，甚至是大规模体积压裂。气藏岩石脆性矿物含量高低直接决定了岩石的可压性或压裂造缝能力。岩石脆性矿物含量越高，压裂形成的人工裂缝越发育，气藏产量越高。

3. 影响页岩气藏开发效果的主要地质因素

页岩气藏首先具备致密气藏的基本地质特征，即低渗致密、裂缝发育。影响页岩气藏开发效果的主要地质因素除了影响致密气藏开发效果的所有地质因素之外，烃源岩品质对气藏产能影响也极为明显。勘探开发实践表明，具有商业开采价值的页岩油气层需具备"五高"特征，即高有机质丰度（TOC 大于 2.0%）、高热演化程度（R_o 大于 1.0%）、高脆性（石英等高脆性矿物含量大于 40% 或脆度大于 80，易于水力压裂人工造缝）、高含气或含油量、高异常压力（压力系数一般大于 1.1）（邹才能，2013），满足这些条件的页岩气储层分布区才能称为"甜点区"，才有可能进行水平井体积压裂开发。

页岩气资源中游离气占比决定页岩气是否易于快速产出和峰值产量的高低。生产数值模拟表明，页岩气井开发初期产能主要来自游离气的贡献（虞绍永和姚军，2013）。蜀南地区开发实践表明，当吸附气：游离气为 1：2 时，即游离气在总含气量中占比超过 2/3 时，页岩气井生产效果好。游离气含量受烃源条件（TOC 和成熟度）、储集条件（孔隙度和含水饱和度）和保存条件（地层压力系数和裂缝发育）多因素的控制。

思考题

1. 油气藏驱动类型包括哪些?
2. 影响油气藏驱动类型的因素有哪些?
3. 油藏开发地质分类有哪些原则?
4. 小断块油藏、低渗透油藏、稠油油藏的概念是什么?
5. 小断块油藏开发地质主控因素是什么?
6. 中高渗透砂岩油藏开发地质主控因素是什么?
7. 低渗透砂岩油藏开发地质主控因素是什么?
8. 砂砾岩油藏开发地质主控因素是什么?
9. 页岩油气开发地质主控因素是什么?
10. 裂缝型油藏的主要开发特征有哪些?
11. 影响注水开发效果的地质因素有哪些?
12. 影响聚合物驱油效果的地质因素有哪些?
13. 影响热力采油效果的地质因素有哪些?
14. 影响常规气藏开发效果的地质因素有哪些?
15. 影响致密气藏开发效果的地质因素有哪些?
16. 影响页岩气藏开发效果的地质因素有哪些?

第八章　油藏开发中的动态地质分析

油藏一经开采后，地下油藏内的流体就发生运动，外来流体（注入剂）加速了这种流动，一部分原油（天然气）流入生产井井底并被采出，一部分原油（天然气）仍滞留在油层内成为剩余油；随着开发过程的发展，油藏温压环境发生改变，储层岩石和流体与外来流体（注入剂）接触，从而发生各种物理或化学作用，使得原始油藏的储层性质和流体性质发生动态变化，这种变化又反过来对开发过程中的油水运动产生一定的影响。因此，阐明开发过程中的油藏流体运动规律及剩余油分布，分析储层及流体性质在开发过程中的动态变化及其对开发的影响，对调整开发方案和提高油气采收率具有十分重要的意义。

本章重点介绍油藏开发过程中剩余油的形成机理与分布规律，以及储层与流体性质的动态变化。

第一节　剩余油形成与分布

油藏在开采前是一个相对静态的平衡系统。投入开发后，由于钻井、注水、采油等开发工程作业措施，油藏变为一个动态的非平衡系统。在这一非平衡系统中，油气的采出状况也具有严重的不均一性，部分地区或层段驱替程度高、油气采出程度高，而另一些地区驱替程度低、油气采出程度低，从而形成剩余油的分布。在油田开发过程中，正确评价已开发油藏的剩余油分布，是科学、合理制定提高采收率措施方案的基础，也是油田开发地质工作者的重要任务。

一、剩余油的概念与控制因素

（一）剩余油的概念

视频 8.1　剩余油的概念和控制因素

剩余油的概念，有广义和狭义之分。广义的剩余油是指油田开发过程中尚未采出而滞留在地下油藏中的原油，通常是指注水开发油田处于中高含水期时剩余在油藏中的原油。狭义的剩余油是指应用当前正在实施的采油方法和措施无法采出的地下原油。

按存在方式，可将剩余油分为不可动的残余油和可动剩余油两部分。残余油，微观上是指在油层条件下当油的相对渗透率为零时的不可动油，宏观上是指产层的油水比达到开采经济极限时残存在水驱前缘后面的油。

剩余油的多少可以用剩余地质储量、剩余可采储量和剩余油饱和度等不同参数来定量表达，它们的意义和规律是不一样的。

剩余地质储量是指油藏投入开发后地下油藏中尚未采出的油气地质储量。剩余可采储量是指在现有经济技术条件下可以开采而尚未采出的油气地质储量。

剩余油饱和度为油藏产量递减期内任何时候的含油饱和度，一般指二次采油末期，油田处于高含水期时剩余在储层中流体的原油饱和度。而残余油饱和度（S_{or}）为在油层条件下，油的相对渗透率为零即不可流动油的饱和度，它是剩余油饱和度的一种特殊情况。剩余油饱和度可能等于残余油饱和度，但它往往大于残余油饱和度。

（二）剩余油分布控制因素

剩余油与油田采收率呈负相关关系。采收率越高，则剩余油越少，反之相反。

$$N_r = N_0(1-\eta) \tag{8-1}$$

式中　N_r——剩余油储量；

　　　N_0——原始石油地质储量；

　　　η——油田采收率，%。

油田采收率与波及体积系数和驱油效率有关。其中，波及体积系数为注入剂波及的油藏含油体积与油藏总含油体积之比，驱油效率为在注入剂波及的油藏范围内采出的油气体积与该范围内原始原油体积之比。波及体积系数又可分解为波及厚度系数与波及面积系数。

$$\eta = V \cdot L = H \cdot S \cdot L \tag{8-2}$$

式中　η——油田采收率，%；

　　　V——波及体积系数，小数；

　　　L——驱油效率，%；

　　　H——波及厚度系数，小数；

　　　S——波及面积系数，小数。

显然，在非均质的油藏中，驱油过程也是非均匀的。研究表明，波及体积系数受控于油藏非均质性与注采状况，其中，平面波及系数（即波及面积系数）受控于平面非均质性与注采状况，而波及厚度系数受控于层间、层内非均质性与注采状况；驱油效率的主要控制因素有储层孔隙结构、相渗透率、润湿性、油水黏度比以及注入倍数等。

油藏非均质性和开采非均匀性是导致油藏非均匀驱油的两大因素（图8-1）。

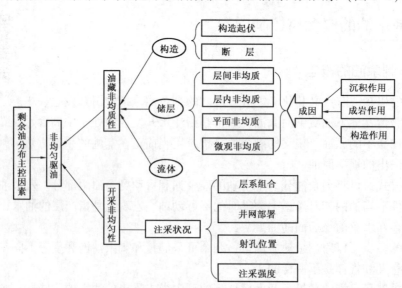

图8-1　剩余油分布控制因素框图（据刘建民，2003）

油藏非均质性包括构造、储层及流体的非均质性。油藏构造主要制约了开发井网的布

410

置，较大的封闭性断层往往就是油藏的边界；构造起伏影响油水运动方向，导致注水开发过程中剩余油分布零散。储层连通性及储层质量的非均质性（层间、平面、层内、微观）控制着地下流体的流动差异，是影响剩余油分布最重要的地质因素。储层非均质性成因主要为沉积作用、成岩作用与构造作用，对于中高渗储层更是主要受沉积作用影响。沉积作用引起的储层非均质性主要表现在储层岩性、物性、沉积结构构造、沉积相变、横向连续性、纵向连通性、孔隙结构、相渗特征、润湿性特征等。不同沉积微相单元储层具不同的孔渗性、孔隙结构和渗流特征，也具有不同的水驱油效率和剩余油特征。高含水开发阶段，沉积微相单元对剩余油分布的控制作用主要表现在储层物性的纵横向差异上。储层层内非均质性则控制或制约了层内剩余油的形成和分布，在高含水阶段，层内夹层的影响尤为突出。流体非均性影响的是地下油藏内流体的流动能力，比如，流体黏度越大，则流动能力越差。

开采非均匀性主要为层系组合、井网部署、射孔位置、注采强度等导致的储层开采状况的非均匀性，为剩余油分布的外部控制因素，即外因。简单地讲，就是在注采过程中，由于层系组合、井网部署、射孔位置、注采强度等因素的影响，由采油井或注水井与采油井所建立的压力降未波及或波及较小的区域，原油未动用或动用程度低，从而形成剩余油富集区。

因此，在这种动态的非平衡系统内剩余油的分布也是非常复杂的。导致这种复杂不均一系统的根本原因是油藏地质因素和开发工程因素的非耦合性。

二、剩余油分布类型

下面以砂岩油藏注水开发为例，从层间、平面、层内和微观四个方面介绍剩余油分布特征及其成因。

（一）层间剩余油

视频 8.2　层间剩余油类型

层间剩余油是指纵向上未动用或基本未动用的剩余油层。一个开发层系往往由多个含油小层组成，少则几个，多则十几个，每个小层的性质都不同，这就存在储层性质层间非均质，在注水开发过程中就表现出油水运动的层间差异。一些油层可能动用得很好，但另一些油层则可能由于储层分布差异或储层物性差异以及开发条件的限制而未动用或基本未动用，这就是层间剩余油层。根据成因可将层间剩余油分为以下四类。

1. 相对低渗的剩余油层

在多层合采的情况下，由于层间物性差异的影响，多油层间会出现层间干扰问题。往往高渗油层水驱启动压力低，容易水驱；而较低渗的储层水驱启动压力高，水驱程度弱甚至未水驱。这样，便出现水沿高渗透层突进的现象，而在较低渗层动用不好或基本没有动用，形成剩余油层（图8-2）。

层间干扰主要与储层层间物性非均质程度有关。层位越多，层间差异越大，单井产液量越高，层间干扰就越严重。大庆油田南二、三区层间干扰与开发效果的统计研究表明，在多层合采的情况下，在开采过程中出现了严重的层间干扰，储集性质好的油层出油，而物性较差的油层很少或不出油。各层的渗透率级差越大，注入水的单层突进现象越严重，不出油厚度与渗透率级差呈线性关系（图8-3）。

大庆油田统计结果表明，对于三角洲前缘亚相开发层系，渗透率级差小于3的层系，不

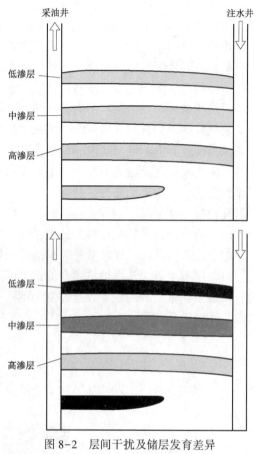

图 8-2　层间干扰及储层发育差异
形成的剩余油层示意图

出油的层占 12%，渗透率级差大于 3 的层系不出油的层可达 86.3%。对于河流相开发层系，渗透率级差小于 5 的层系不出油厚度占 13.5%，渗透率级差大于 5 的层系不出油厚度可达 61.2%。由此可见，层间物性差异严重影响储层注水开发效果。

层间干扰现象在吸水剖面和产液剖面上反映十分明显。下面分别从注水井和生产井中分析层间干扰现象。

1) 注水井中的层间差异和层间干扰

对于注水开发的非均质多油层油田，用生产测井方法测量注水井的吸水剖面，可以了解注水井每个层段或每个小层的吸水状况，并可通过相关计算求出每个小层或每个层段的绝对吸水量。

a. 层间吸水差异

注水井中层间差异的主要表现是：在同一压力笼统合注水条件下，由于各油层的性质不同，吸水能力相差悬殊。如某油田共射开 25 个层段，吸水剖面显示，吸水能力强的有 10 个层，微弱吸水的 5 个小层，另外 10 个层根本不吸水。

层间吸水的差异程度受控于层系内层间的地层系数（有效厚度与有效渗透率的乘积）的差异，地层系数越大，吸水能力也越大。各单层之间的非均质性主要表现为渗透率的差异，并且渗透率级差可以达数倍或数十倍，所以层间地层系数的差异主要受控于渗透率的差异。这样，在注水井合注时，渗透率高的层相对吸水量很高，而渗透率差的层吸水很低（图 8-4）。

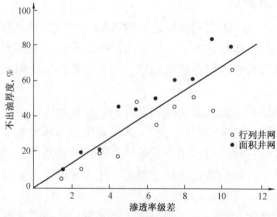

图 8-3　大庆油田南二、三区油层渗透率级差与不出油厚度关系曲线（据李伯虎等，1994）

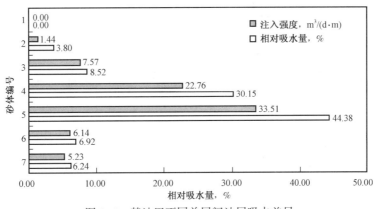

图 8-4 某油田不同单层间油层吸水差异

b. 注水井单层突进

注水井中不同层吸水状况不同的原因，除油层本身性质差异外，还有在笼统注水条件下层间干扰的影响。在多层合注的情况下，注水层段越多，层间差异越大。在油层性质不同和层间干扰的双重影响下，注水井中层间吸水差异悬殊，甚至有相当数量的油层不吸水。我国各油田都进行了大量的吸水剖面测试，取得了丰富的吸水资料，是研究注水井中层间差异状况的重要依据。

层间渗透率差异越大，层间干扰越严重。较高渗透层水驱启动压力低，容易水驱，而低渗透层不容易水驱。所以在多层合注的情况下，注水井水驱往往沿着高渗透层形成单层突进。其他低渗透层位流动阻力大，生产能力往往受到限制，水洗效果差。这种单层突进现象随着开发的不断进行，会变得越来越严重，高吸水层因吸水量多，受到的冲刷作用也越强，导致物性不断变好，更加加剧了层间的非均质程度。所以越到开发后期，注水井单层突进的现象越严重。

2) 产油井中的层间差异和层间干扰

a. 多层合采时的层间差异

在生产井正常生产条件下，用生产测井方法测量生产井的产出剖面，可以了解各生产层或层段的产出情况。产液剖面是采油井内测量的多层油层或厚层油层内部相对产液（及产油、产水）强度的垂向分布剖面。经常进行产出剖面测量，可及时了解油井中各油层的出油和见水情况，可以作为分析油井分层动态、采取分层调整措施、提高油井产能、进行油田调整挖潜的重要依据。

生产井在多层合采时，由于层间地层系数和生产压差的差异，各个层之间的产液量存在非常大的差别。物性好、生产压差大的层一般产液量高，而物性差、生产压差小的层产液量低，从而造成各油层动用程度上存在较大的差别，有些层已经高含水，而另外一些层却未动用。所以在油气田开发时，要将储层性质相似的油层组合在一起，组成统一的开发层系。

b. 生产井流压与层间干扰

对于合采生产井，生产井的井底流压等于井筒附近各层流压中最大者。如果生产井的井底流压大于某一层的油层压力，这时井筒中的流体倒流入油层压力小的油层中，发生倒灌现象。造成这种现象的主要原因是分层配水不当，某些层注水量特别大，导致该层地层压力升得很高。一般在开发层系的划分过程中，同一层系内的压力系统应基本保持一致。在同一口井中，合采时各层的流压不能相差太大。因为只有各层有大致相同的生产压差，才可以减缓层间干扰并防止流体倒灌现象（图 8-5）。

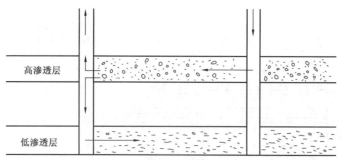

图 8-5　井筒中流体倒灌示意图（据姜汉桥，2006）

3）层间干扰对注水开发效果的影响

层间差异对油田注水开发最严重的影响是降低油层动用层数和水淹厚度。层间差异会造成注水井中各层吸水量存在很大差别，同时采油井中的各层产液量也存在很大的差别。通常情况下，如果注水井中某一层的吸水量很高，相应地，该层在产油井中的产液量也会很高。所以层间差异的存在就会造成层间开发的矛盾，使得高吸水层的开发程度特别高，而低吸水或不吸水层的开发程度特别低，降低了总体合采层系的水淹厚度，也就降低了开发效果。所以在开采过程中，要采用分层开采工艺技术，要不断地通过改层、调剖、堵水等措施降低层间差异，提高各个油层的动用程度，使其得到较好的开发效果，最终提高采收率。对于分层开采工艺技术也无法解决的层间矛盾，则需要进行层系调整（如细分开发层系）。

2. 注采层位不对应的未动用油层

一套含油层系在不同井中的发育程度差异很大，一些井中油层多而另一些井中油层少，这是纵向上储层发育差异导致的。因此，同一注采井组中必然会出现有些层未充分注入或采出的情况，油层采出程度低甚至保持原始状态，这就是注采层位不一一对应导致的未动用油层；注采层位不对应也可能是射孔不对应导致的（图 8-6）。

3. 污染伤害严重的油层

钻井、完井、开采过程中的施工作业及外来流体对井底附近油层造成的污染伤害，会使油层产能大大降低，甚至堵死油层，使原来可以动用的油层变成基本不动用或动用很差的油层。这在低渗、低压油层中表现得尤为突出。

4. 未射孔的油层

在开发生产中，还有一类未列入原开发方案的、未射孔的潜力层。出现这类油层通常有三个方面的原因：（1）一些原来不能开发的油层，由于技术的发展变成可能开发的油层；（2）开发前测井未解释出而后来重新解释的油层；（3）不属于原开发层系但在采油井存在的油层。

（二）平面剩余油

视频 8.3　平面剩余油类型

对于已动用的油层，往往由于平面矛盾（平面上油层分布差异、油层物性差异以及开发条件限制）的存在，油层在平面上的动用情况差别较大，一些地区动用得很好，但另一些地区基本未动用或动用不好，从而形成剩余油滞留区。根据成因可将平面剩余油分为以下五类。

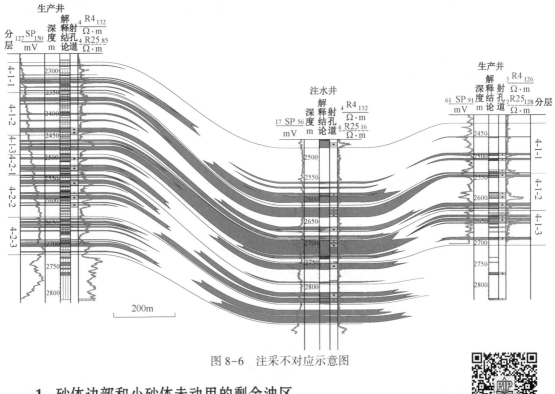

图 8-6　注采不对应示意图

1. 砂体边部和小砂体未动用的剩余油区

一套开发井网一般能控制大部分油层，但对于一些薄油层、条带状或不规则零星分布的油层，可能仅控制了油层的一部分，另一部分可能控制不住而基本未动，从而造成这一类剩余油滞留区（图 8-7）。如果这类油层完全未受井网控制，则必然是未动用的剩余油区。

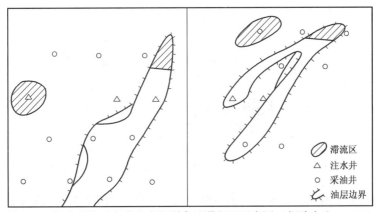

图 8-7　注采系统不完善造成的剩余油滞留区示意图（据陈永生，1993）

井网控制程度可以从两个方面进行判断：一是油藏内井网的分布均匀程度，另一个是井网密度。井网分布越均匀，井网密度越大，井网的控制程度越高；反之，井网控制程度越低。

油藏内井网不均匀时，生产井和注水井集中在油藏的某一片区域，而油藏的另外一些区域并没有井网分布。在这种情况下，油藏的油水运动也是不均匀的，在开发井网区域油从生产井采出，动用程度高；非井区的油因为缺少井网，很难受到注水井的波及，成为未动用区，油基本上没有发生运动而成为剩余油。而在井网分布均匀时，油藏中流体的动用较为均匀，油水运动的规律性也较强，剩余油则较少。

井网密度是指油田开发井网中油水井的密集程度。井网密度可以用两种参数表示：（1）油藏上平均每口井所控制的油藏面积，常称为单井控制面积，单位是 km^2/井（口）；（2）油藏单位面积上的井数，单位是井（口）/km^2。合理的井网密度要考虑地质和经济两大方面的因素，具体要考虑油层的岩石和流体性质、油藏非均质性、开发方式、油藏埋藏深度、采油速度以及裂缝等其他因素。一个合理的井网密度在采油时，常常可以使平面的油水运动在注水井和采油井之间较均匀；否则相反。

2. 相对低渗的剩余油滞留区

在注水开发过程中，由于储层平面非均质性、流体非均质性及开发条件的影响，在平面上会出现与相对高渗对应的注入水舌进的情况。注水井中的注入水向不同方向驱油，推进往往是不均匀的，一般总有一个方向突进最快（相对高渗区），且经过长期水洗之后，这个方向有可能发展成"水道"。由于平面水窜，注入水优先沿一个方向驱油，而在其他的相对低渗区和低渗方向水洗程度弱甚至未水洗，从而造成了剩余油滞留区，包括以下几种情况。

1）高渗透带

平面高渗透带是影响流体平面运动最直接的因素，它是平面物性非均质性的一种反映。平面上，高渗透带地区渗流能力强，水线沿着高渗透带推进的速度要比其他部位快得多，水洗好；在相对低渗透区，水线推进慢，水洗差，因此这些区域容易成为剩余油滞留区（图8-8）。所以由于平面上高渗透率条带的存在，注入水水线沿高渗带首先到达油井，前缘呈舌状，造成油井过早见水，无水采收率降低，含水率上升过快。

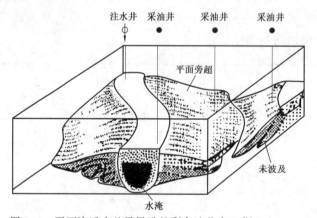

图8-8 平面渗透率差异导致的剩余油分布（据Tyler，1991）

沉积微相是控制平面上油水运动规律的根本地质因素。一般在主力相带中，沿高渗透带的方向（一般是砂体的长轴方向）注水容易出现注入水的平面舌进现象。由于沉积时的水动力不同，不同微相中具有不同的孔、渗特征。所以平面上油水的运动总体上受沉积相带的严格控制。同一相带内，油水运动较为流畅，并存在优势渗流方向（优势渗流方向一般与古水流的方向相同）。不同相带之间，由于物性上存在差异，油水运动受阻。一般发育砂岩的主要微相平面稳定性好，物性条件好，成为原始储集油气和后期油气运动的主要场所。在后期注水开发中，注入水易沿着这一微相的优势渗流方向向前突进，从而造成平面上的注入水舌进。如在河流相中，顺着河道方向注水时，平面上主河道易被水淹，而天然堤和决口扇等孔渗性较差的微相中往往不易被水驱，所以平面上不同部位砂体生产效果差别很大。处于主河道上的油井产能较高，生产效果较好；相反，处于边缘相如天然堤、决口扇上的生产井生产效果很差。

2）渗透率的方向性

渗透率的方向性是指同一岩样不同方向所测得的渗透率不同，最突出的是平行于层理面方向的渗透率和垂直于层理面方向的渗透率不同，也就是垂直渗透率和水平渗透率的差异问题；同是水平渗透率，不同的方向，渗透率也不同，如顺古水流方向，层理倾向和颗粒排列等组构引起的渗透率各向异性。这是由于储集岩石都是在不同水流的条件下沉积的，再加上成岩作用的影响，就造成了储层的各向异性。这种现象在河道砂体中相当普遍，不同方向储层物性和渗流特性显著不同，沿古主流线方向，颗粒定向排列，颗粒长轴平行于古主流线，沿这一方向孔道也较直，渗透率高。这一方向是古水流流动阻力最小的方向，因此也是注入水流动阻力最小、流速最大的方向。若沿着古流线的方向注水，注入水沿着古流线的方向舌进，容易发生窜流，而侧缘的储层水驱程度较低，容易形成剩余油（图4-80）。

3）开启性断层和裂缝

断层和裂缝对平面油水运动的影响很大。裂缝的存在使储层具有双重介质的特点，裂缝中的渗透率明显要高于孔隙中的渗透率。在开发过程中，裂缝中的流体首先通过生产井排出，而孔隙中的流体首先进入裂缝中，再从裂缝进入生产井。裂缝的发育可以引起渗透率的方向性。油藏开发时，裂缝的存在使注入水沿着裂缝的走向快速推进，而垂直于裂缝方向的油则受效很差，动用程度低或无动用，形成滞留剩余油区。所以在开发具有裂缝的油藏时，注水方向垂直于裂缝的走向开发效果较好。

在油田注水开发过程中，油藏地层压力的变化，或注入水使黏土矿物受水膨胀导致的地应力发生变化有可能诱发某些断层复活，导致断层不密封、注入水沿断层发生垂向水窜，造成大量注入水的损失。

3. 微构造高部位的水动力滞留剩余油区

由于注入水常向低处绕流，微构造高部位如果无井控制则可能造成水动力滞留区，注入水驱替不到，从而形成剩余油区。事实上，采油井或注水井不可能都位于每个油层的最高部位，所以绝大多数油层都存在高部位水动力滞留区，这种剩余油也被称为"阁楼油"（图8-9）。

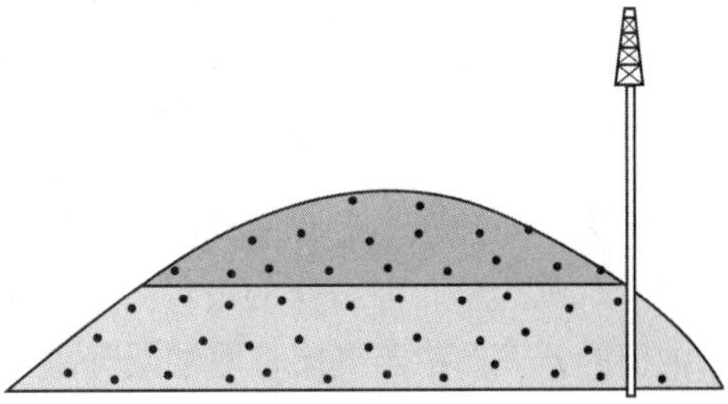

图8-9 微构造高部位剩余油示意图

4. 封闭性断层附近的水动力滞留剩余油区

在封闭性断层附近，往往会形成注入水驱替不到或水驱很差的水动力滞留区。在这类滞留区，可形成剩余油分布区（图8-10）。

5. 井间滞留和井间干扰滞留剩余油区

在相邻注水井或采油井之间总会存在一定的水动力滞留区，剩余油相对富集（图8-11）。

在同一个油层上的油井或者注水井开井时，某一口油井或注水井改变工作制度，对相邻的油井或者注水井的产量、压力、注水量等都会产生影响，而导致局部滞留形成剩余油，这种现象即井间干扰。井距越小，井间干扰越严重。一般新井投产或者投注对油水运动的方向起到调整作用，导致老井产量或者注水量下降明显。所以在油田注水开发过程中，必须选择合理的井距和工作制度，才能使井间干扰的程度降到最低。

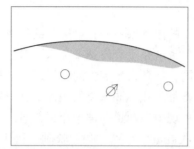

图 8-10　封闭性断层附近的剩余油示意图

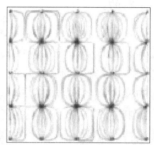

图 8-11　井间滞留区示意图

在油田开发实践中，针对平面剩余油的挖潜措施有井网调整、注采系统的平面调整（增加注采井点、油井转注）等。

（三）层内剩余油

视频 8.4　层内
剩余油类型

注水井吸水剖面和生产井产液剖面的实测资料证明，同一个油层垂向上不同部位在开采中吸水、产液等情况差异十分明显，注水井油层内的不同部位吸水能力差别很大，生产井中高产液段往往只是一小部分层段，其他层段产量较低，甚至不产液。这是由于油层层内非均质和流体非均质性造成油层内部的水洗差异，一部分层段储量动用很好，一部分层段则动用很差，从而在垂向上形成剩余油段。

层内油水运动规律受储层层内非均质性和流体非均质性的控制，即主要受储层层内夹层分布、储层的韵律性、层理类型、原油黏度以及流体类型差异等影响。层内剩余油主要有以下几种类型。

1. 夹层隔挡部位的剩余油

层内夹层对油水渗流普遍具有不同程度的影响和控制作用。夹层对厚油层的开发效果影响更明显。对厚油层而言，分布相对稳定的夹层（延伸长度大于一个注采井距）从长期来看有利于油田的开发。稳定夹层将厚油层分割成几段，这样就抑制了水在垂向上的窜流，提高了层内动用程度，增加了水洗厚度。存在夹层的厚油层一般水淹速度慢，生产动态相对稳定，含水率上升慢，驱油相对均匀，所以最终厚度波及系数要高于无夹层的油层，从而提高了厚油层的开发效果。夹层频率和密度越大，水驱效果越好。这在较厚的均质层中表现得最为明显。

稳定性差的（延伸长度小于注采井距）不连续平行夹层和交织的夹层则对注水开发有不利的影响。这类夹层在油层内构成复杂的渗流屏障，使流体流动的通道变得曲折复杂，极大地降低了纵横向传导系数，影响了水驱效果，并可导致复杂的剩余油分布。最为严重的是交织的渗透屏障，如泥质沉积层，若其分隔了注水井和采油井，则可能导致注采失败的结果。这类夹层的频率和密度越大，水驱效果越差。

1）夹层发育部位对油水运动的影响

夹层在层内的发育部位不同，对油水运动的影响程度也不同。一般来说，中部夹层对油水运动的影响首先体现，这是因为中部夹层将厚油层分成基本相等的两部分，分隔作用明显，并且对流体的重力分异作用起到了较大程度的抑制作用，所以提高了油层的动用程度。底部夹层对油水运动的影响较小。到了高含水开发阶段，顶部夹层对油水运动的影响才能有明显体现，这是因为开发早期顶部夹层只是将厚油层分割成上薄下厚的两部分，夹层之上的油层基本不水淹；夹层之下较厚的油层段内流体重力分异作用影响明显，水淹越来越明显；到开发后期，夹层之上的油层成为剩余油的潜力层段。

2）夹层规模对油水运动的影响

夹层的规模大小可以用两个参数来表示：一是夹层的延伸范围，二是夹层的厚度。一般来讲，夹层的规模越大，对油水运动的影响也越大。夹层的厚度越大，在注水开发过程中，就越不容易被外部附加压力压穿，所以其分隔作用的效果也就越好。但是并不是夹层厚度越大越好，夹层厚度过大，就代表着沉积时水动力条件较弱，上下砂岩的泥质含量过高会降低渗透率，可能形成难以驱替的死油区。夹层延伸越远，其控制范围也就越大，那么其分隔作用的影响范围也就越大，所以夹层延伸范围越大对厚油层的开发越有利。总体来讲，适当的夹层厚度和延伸范围对厚油层的开发是有利的。

3）夹层产状对油水运动的影响

近年来运用储层构型分析方法对曲流河、辫状河以及三角洲相储层进行的大量研究表明，夹层的产状，特别是夹层倾角，对层内油水运动起到重要作用。由于夹层对油水运动起到屏蔽作用，所以在夹层存在倾角的情况下，油水的运动不是平行于层面，而是平行于夹层面。

图8-12为曲流河点坝侧积体在注水开发过程中对油水运动的影响。侧积体对油水运动有以下几点作用：（1）遮挡作用，使运动中的流体遇到遮挡，被迫改变方向，主要针对产状与流向斜交的夹层；（2）死角回流作用，当两夹层合并，致使砂层尖灭形成死角，流体受阻回流；（3）分流、合流作用，在夹层消失部位，使流体形成分流或合流；（4）重力分异底板作用，聚集因重力分异而下沉的水，并使之沿夹层顶面流动；（5）减速缓流作用，特低、低渗夹层将使流体流速渐小，流量减少。

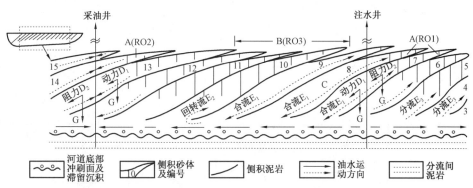

图8-12 曲流河点坝侧积体在注水开发过程中对油水运动的影响（据马世忠，2006）

大庆葡萄花油田的厚油层夹层发育情况和水淹特征研究表明：（1）夹层不发育的层比夹层发育的层更容易水淹；（2）夹层发育的厚油层水淹段的水淹程度往往比较高；（3）没有夹层发育的厚油层以下部水淹为主；（4）有夹层发育的厚油层以下部水淹常见，也容易出现多段水淹。

2. 相对低渗的剩余油层段

1）渗透率韵律性的影响

就厚油层而言，渗透率韵律性不同，其水淹型式也不同，渗透率非均质程度则加剧水淹状况的差异，因此层内不同部位的储量动用状况也有差异，其中一些动用很差或基本未动用的相对低渗油层部位便成为剩余油的分布区域。

在垂向上，储层层内有正韵律、反韵律、复合韵律和均质韵律四种韵律性，它们在开发过程中的水驱特征存在较大差别。

正韵律储层在开发过程中，相对高渗透段位于中下部，加上流体的重力分异作用（油水密度差），因此垂向上储层中下部首先水淹，注入水沿油层底部高渗层段突进，油井见水早，含水率上升快，随着开发的不断进行，其水淹程度也在不断变强。而中上部水洗程度弱甚至未水洗，形成剩余油（图8-13、表8-1）。这类油层的水洗特征属于底部水淹型，水淹厚度小。随着注水开发的不断进行，底部水洗程度越来越大，且经过长期水的冲刷，孔道增大，可能变成"水窜"的大孔道。

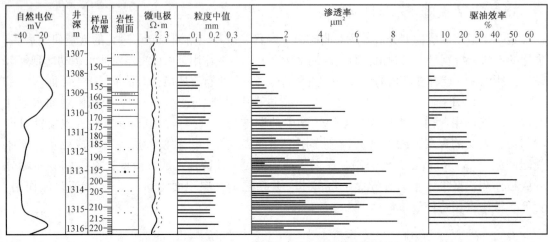

图 8-13 孤东 7-J1 井馆 6^1 层正韵律水淹特征图

表 8-1 储层渗透率韵律特征与水淹类型和驱油效果的关系

韵律特征		水淹类型	驱油规律	储层开发效果
正韵律		底部水淹型	底部驱油效率高，含水上升快	渗透率级差大，水淹厚度小，易出现水窜
反韵律		上部水淹型	上部水淹严重	渗透率级差中等—大，产液多，利于注采
		均匀水淹型	全层驱油效率基本一致	渗透率级差小，利于注采
		下部水淹型	水淹厚度系数大，水洗作用强	渗透率级差小，常为亲水油层
复合韵律	复合正韵律	分段水淹型	水洗厚度不大	比正韵律好
	复合反韵律	分段水淹型	水洗较均匀	与反韵律类似
	复合反正韵律	中部水淹型	驱油效果中等	产液量大而快
	复合正反韵律	上下水淹型	驱油效果相对较差	复杂，通常水淹厚度小
均质韵律		下部水淹型	驱油效果取决于厚度	渗透率级差极小，采收率高

反韵律储层在开发过程中，垂向水淹规律受渗透率和流体重力分异作用（油水密度差）的双重控制，因此其水淹程度在垂向上的分布较为复杂。反韵律油层的上部渗透率高于下部，从高渗层的分布来讲，趋向于上部水洗，但从重力作用来说，注入水又趋向于底部优先水驱。这样就可能出现三种情况：（1）上部水淹严重、产液多，这种情况主要出现于层内渗透率级差很大且其间有较稳定夹层的反韵律油层中；（2）全层驱油效率基本接近，水淹特征属均匀水淹型，主要出现于渗透率级差不大的反韵律油层中；（3）水淹厚度系数大，但底部先见水，且水洗更强，这主要出现在渗透差级差很小特别是亲水的反韵律油层中。总体来说，反韵律油层的水淹特征比较复杂，但水淹厚度系数大是其共有的特征（图8-14）。虽然反韵律储层的垂向水淹程度较为复杂，但是总体来讲其垂向上水淹程度的均匀性要比正韵律的好很多（表8-1）。

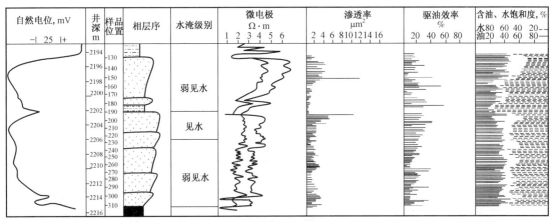

图8-14　胜坨油田胜二区2-2-J1502井沙二段8砂组三角洲前缘反韵律油层水驱特征

复合韵律的情况也比较复杂。复合正韵律油层的开发效果比正韵律相对较好，油层在纵向上分段水洗，水洗部位对应于各个韵律层的底部高渗带，但总体来说油层水洗厚度也不大，这种油层的水洗特征多属于分段水淹型；复合反韵律的水洗特征与反韵律类似，水洗也较均匀。

均质韵律油层的水洗效果与油层厚度关系较大，若油层厚度薄，水洗效果一般较好；若油层厚度大而又无夹层时，水洗效果一般较差。这是由于均质韵律储层在开发过程中，其垂向水淹程度主要受流体重力分异作用的控制，因此下部的水淹程度要较上部的稍高，但上下两部分的水淹层程度差别要较正韵律小得多，而较反韵律稍大。

总的说来，正韵律、反韵律和复合韵律的厚油层注水开发效果有较大的差别，在条件相近的情况下，反韵律油层好于复合韵律，复合韵律又好于正韵律，如表8-2所示。

表8-2　不同类型厚油层开采效果对比表（据大庆油田试验资料）

阶段项目 韵律类型	无水期		注水倍数0.6		注水倍数1.0		注水倍数1.5	
	注水倍数	采出程度 %	含水率 %	采出程度 %	含水率 %	采出程度 %	含水率 %	采出程度 %
正韵律	0.130	15.5	83.8	32.9	90.5	33.9	93.4	43.8
多段多韵律	0.156	18.6	82.6	36.9	90.0	43.1	94.1	47.7
反韵律	0.263	31.5	83.7	46.2	92.7	51.3	96.6	57.2

上述情况是从一个井点来分析研究的。而从一个从注水井到采油井的剖面来看，水淹情况会有所差别。一般有距注水井排越远，底部越表现为下部优先水驱的趋势（由于重力作用）。

2）层理构造的影响

不同类型层理的水驱油效果不同，造成的剩余油分布也有差异。层理构造因沉积物的粒度、成分、结构、颗粒排列方式等差异性而显示出来，对渗透率以及流体运动规律有重要影响，从而控制层内油水的运动及分布。

a. 不同类型层理的优势渗透率方向

单向斜层理各纹层是基本平行的，颗粒的排列也是基本平行纹层界面。单向斜层理渗透率分布受颗粒排列方式的较大控制，所以油水的优势流动方向是沿着纹层流动的。纹层界面和层系界面对油水运动起到一定的阻碍作用。

交错层理颗粒的排列也是基本平行纹层，但总体来讲，其排列方式较单向斜层理的复杂。纹层在各部位倾向不同，各层系间渗透率的方向存在差别。如槽状交错层理，在纵剖面上渗透率的方向受颗粒排列的影响，基本平行于古水道，在横剖面上，渗透率优势方向呈弧形，各层系之间相交，比较复杂（图8-15）。

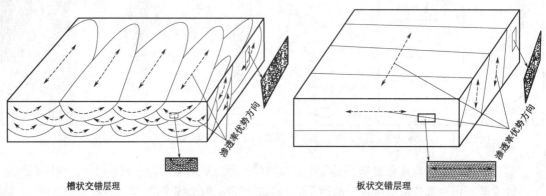

图8-15　槽状交错层理和板状交错层理渗透率优势方向

b. 不同类型层理的水淹特征

大庆油田对不同层理的砂岩储层进行了注水模拟实验，测量不同方向上的渗透率和最终采收率，实验结果表明，不同层理类型的渗透率和最终采收率差别较大（表8-3）。斜层理顺层理倾向的渗透率高，水淹快，采收率低。交错层理砂岩的渗透率相对较低，水淹均匀，最终采收率高。平行层理砂岩渗透率虽高，但水淹较均匀，因此采收率较高。

表8-3　不同层理的砂岩注水模拟结果

层理类型	渗透率，$10^{-3} \mu m^2$	最终采收率，%
斜层理	723	21.3
交错层理	221.3	42.7
平行层理	816.2	31.8

对于斜层理砂岩，不同方向注水驱油的效果相差悬殊。顺层理方向注水，因为注入水容易沿层理面窜进，因此油井见水快、水淹快，大量的油残留在低渗透条带中，故驱油效果最差。逆沉积层理方向注水，驱油状况显著改善，驱油效率提高1倍多。垂直于层理方向注水，驱油

效果进一步得到改善，其采收率最高（表8-4）。而平行于纹层走向注水，采收率最高。

表 8-4 斜层理砂岩不同注水方向的驱油效率

注水倾向	无水采收率，%	最终采收率，%	注入水占孔隙体积倍数
顺层理倾向	2.84	21.3	1.07
逆层理倾向	19.4	48.5	2.5
平行于层理走向	34.6	53.2	1

在河流三角洲砂体中，斜层理和交错层理的倾向一般与水流方向和砂体延伸方向一致，因此，水驱油方向不应平行于砂体走向，而应与其斜交或直交，一般河道中央注水、两侧采油的效果最佳。

3. 气锥和水锥屏蔽区的剩余油

对于具有底水或气顶的油田，在开发过程中，水锥和气锥的形成，使得油层内许多油采不出来。这时在采油井中观察不到有不出油的厚度，但在离油井一定距离就有未水淹厚度，造成井间存在剩余油区。目前正在发展的水平井技术是开发油层厚度大、具底水或气顶的油层且延缓水锥或气锥形成的有效技术。

在油田开发实践中，针对层内剩余油的挖潜措施有钻水平井、侧钻井，堵水调剖等。

（四）微观规模的剩余油

在注入水波及的水淹地区，孔隙系统中仍然会残留许多不连续的油滴或残余油，即微观规模的剩余油（图8-16）。微观规模的剩余油的分布主要受微观驱替效率的影响，而微观驱替效率与微观孔隙结构、润湿性和流体性质有关，其中孔隙结构是影响微观驱替效率最重要的因素。

1. 水淹层中微观规模的剩余油

在水湿（即亲水）岩石中，水淹层中微观规模的剩余油大体有以下几类：（1）不规则的油滴，分布位置可能在并联的孔道、H形孔隙、死孔隙、孤立孔隙中；（2）索状油，油饱和度较大，构成水力连贯性，则形成索状饱和；（3）簇状油块（图8-17）。油丝断裂、水桥阻塞及旁超作用是石油捕集的主要机理。

视频 8.5 水淹层中微观剩余油分布

在油湿（即亲油）岩石中，水淹层中微观规模的剩余油大体有如下几类：（1）油滴，残留在小孔隙中的死孔隙中；（2）油膜，以薄膜的形式附在孔壁上，尤其是在孔隙表面较粗糙的部分；（3）簇状油块，为被小孔隙或喉道圈闭的死油区（图8-18）。注入水的指进作用、旁超作用以及喉道门槛毛细管压力的圈闭作用是造成石油捕集的主要机理。

2. 孔隙系统中的微观水驱替机理

在孔隙介质中，滞留石油的力共有三种：（1）毛细管力，是岩石体系毛细管孔道中作用于油、水、固相界面上各种力引起的，毛细管力作为滞留力主要表现在油湿岩石中；（2）黏滞力，是流体沿孔隙流动时的剪切应力所引起的；（3）重力，由油、气、水的密度差引起（Dawe，1978）。

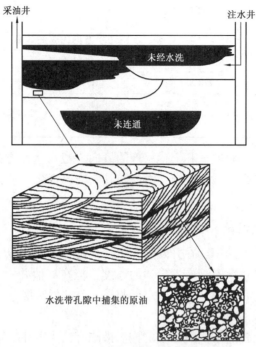

水洗带孔隙中捕集的原油

图 8-16　水淹层中微观规模的剩余油

（据 Weber，1986）

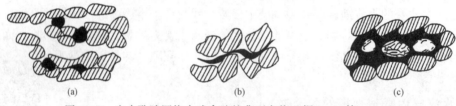

(a)　　　　　　　　　　(b)　　　　　　　　　　(c)

图 8-17　亲水孔隙网络中残余油的典型产状（据 Dawe 等，1978）

（a）油滴；（b）索状油；（c）簇状油块

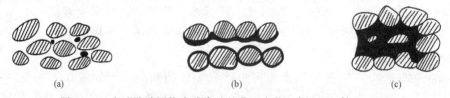

(a)　　　　　　　　　　(b)　　　　　　　　　　(c)

图 8-18　亲油孔隙网络中残余油的典型产状（据 Dawe 等，1978）

（a）油滴；（b）油膜；（c）簇状油块

　　在注水过程中，从孔隙中驱替石油的力主要为施加的外力，即驱替力。毛细管力在亲油储层中作为水驱的阻力；而在亲水储层中，毛细管力则作为驱动力。在亲水体系中，毛细管力使水自动吸入小孔道中，这就是自吸现象，即自由渗吸现象。小孔道部分的毛细管力大于大孔道部分的毛细管力，这样，在没有压差作用的情况下，润湿相液滴将自动吸入小孔道。

　　在单孔道中，注入水驱替石油的过程便是驱动力克服阻力的过程。但是储层孔隙系统是十分复杂的，在驱替过程中各种孔隙之间的非均质性会导致孔间干扰，而且还有润湿性的差异和孔内黏土矿物的影响，使微观驱替过程更加复杂化。下面，为了分析注入水的微观驱替机理和残余油的捕集机理，我们通过简单的模型来讨论。

1）双孔道模型

天然岩石的多孔体系很复杂，迄今还没有一个简单的模型能够表述它，但可定性地用一对不等径的并联孔道来阐明驱替动态（图8-19），说明油是在什么样的情况下被捕集的，也可说明如果驱动条件改变的话，被捕集的油滴是如何变化的。在此双孔道模型中，一对孔道具有共同的入口 A 和出口 B。在入口和出口压差下，水开始进入双孔道内驱油。但由于黏滞力和毛细管力的综合作用，每一侧的油水界面运移速度不同，所以其中必然有一个界面先到达 B 点，并继续沿 B 点以后的公共通道前移；而在另一侧孔道中的界面就只好停滞不前，使某些油被捕集在孔隙中。

首先考虑油湿岩石的驱替情况。驱动力作为动力，毛细管力和黏滞力为阻力。显然，小孔道的流动阻力要大于大孔道，因此，在压力梯度作用下，注入水总是选择孔径较大的孔道作为突破口向前推进，这就是所谓的指进作用。在双孔道模型中，注入水优先从 A 点进入较大孔道而到达 B 点，而油滴则被滞留在较小的孔道中，这就是所谓的旁超作用。这是孔间干扰的典型模式。

水湿岩石的驱替情况比较复杂。此时，除驱替力为动力外，毛细管力也是动力。残油捕集取决于大、小孔道的净动力（动力减去阻力），而后者又明显地受驱动力大小的影响。当驱替力足够大时，黏滞力也较大，而小孔道的黏滞力大于大孔道。虽然小孔道内的动力大于大孔道，但阻力比大孔道大得多，因此，大孔道的净动力大于小孔道，水流在大孔隙中流得较快，大孔一侧的油水界面先到达 B 点，驱替作用超过了自吸作用，因而在小毛细管中就有油被捕集［图8-19(c)］。当所加的压力过小时，黏滞力总体较小，毛细管力就显得占优势。此时，小孔道净动力大于大孔道，自吸作用占优势，小孔一侧的弯液面将先到达汇流点，而在大孔道一侧有油被捕集［图8-19（d）］。

对混合润湿的岩石，随着油水界面在孔道中的推移，油将"黏附"在亲油部位，而后脱离主体油流，变成被捕集的油滴。此时用并联双孔道模型来说明捕集机理就不合适了。

2）串联孔道模型

实际的多孔体系是一套宽窄孔隙在一起的毛细管网络，当液—液界面从这种不规则形状的孔道中推移过去时，界面形状将随孔道截面尺寸而变。图8-20为毛细管截面呈渐扩渐缩的简化图式。这意味着界面的曲率将逐点改变，而界面两侧的毛细管压力当然也随着变化，所以弯液面时而扩张时而收缩，始终处于瞬变的不平衡状态［图8-20(a)（b）（c）（d）］。这说明液体并不是均匀地流过多孔介质，而是跃进式的，这种跃进就称为海恩斯跃进（Haines jumps）。

在水湿情况下，毛细管力和驱动力共同作用，推动液流向前运动。但是，也可能出现阻塞作用，即侵入水自动润湿孔喉表面，并随着水膜的变厚，喉道轴心的油颈被挤成丝状，最后油丝可能断裂而在喉道处形成水桥。水桥阻塞了油路，从而在水桥后形成残余油。

在油湿情况下，如果施加的压力降足以克服毛细管力，将引起液体的流动，但一旦所施加的压力不足以推动界面穿越毛细管隘口时，渗流将停止。总而言之，视驱动力和毛细管力的均衡情况，在连续的油丝穿过多孔介质时，可能在经过孔喉隘口时被掐断，而出现孤立的油滴［图8-20（e）］。

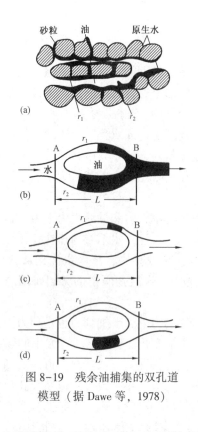

图 8-19 残余油捕集的双孔道
模型（据 Dawe 等，1978）

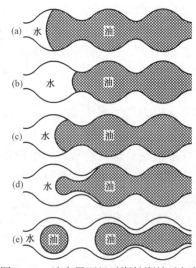

图 8-20 油水界面经过渐扩渐缩毛细管
时的情况（据 Dawe 等，1978）

3. 孔隙非均质程度对水驱油效率的影响

从前面的分析可以看出，残余油的形成与储层孔隙结构有很大的关系，换句话说，注水开发中的驱油效率与储层孔隙结构（孔隙与喉道的大小及其分布）密切相关。另外，对于已形成残余油的油藏，在三次采油过程中，排驱残油的效率即三次采油的石油采收率也与孔隙结构有关。一般地，孔隙非均质性越强，驱油效率越低。

在储集岩中出现强润湿相的情况下，毛细管捕集及影响驱油效率的主要因素有孔隙大小与喉道大小的比值、喉道与孔隙的配位数、非均质性的类型和程度。研究表明，当孔隙与喉道的直径比和体积比增高时，石油采收率降低，也就是说，增加了非润湿相的毛细管捕集作用。若已知孔隙与喉道的直径比，当孔隙与喉道的绝对大小降低时，石油采收率也会相应降低。孔喉配位数对石油采收率也有较大的影响。它定义为连接每一个孔隙的喉道数量，是孔隙系统连通性的一种量度。例如，在单一六边形网络中，配位数为 3；而在三重六边形网络中，其配位数就等于 6（图 4-48）。Fatt（1956）曾指出，对具有无限大的网络来说，随着配位数的增加，采收率也增加（模拟实验结果）。根据用于随机非均质孔隙介质中的残余相的渗滤理论，已证实随着配位数减少，非润湿相的残余饱和度相应增加，也就是石油采收率降低，这对三维网络和二维网络都适用。

孔隙结构参数对注水采油中水驱油效率有较大的影响。下面以均质系数为例进行简要的分析。沈平平等（1980）通过对我国东部油区古近系沙河街组砂岩油层进行孔隙结构和驱油效率的研究，提出了描述储集岩孔隙结构特征的"均质系数（α）"，并研究了均质系数与驱油效率的关系。

1）强亲油条件

在强亲油条件下，水驱油过程中毛细管力和黏滞力均为阻力，孔喉半径越大，阻力越小；反之，孔喉半径越小，阻力越大。驱动力克服黏滞阻力和毛细管力，水首先沿着阻力小的大孔道前进。压汞过程也正是这一过程。因而，压汞求得的毛细管压力分布反映了驱动力作用下水驱油过程的阻力分布。因此，平均喉道半径分布越偏向于最大喉道半径，即 α 越大，水线推进越均匀，驱油效率越高；α 越小，平均喉道半径与最大喉道半径的偏离越大，小喉道所占的比例则越大，水线前沿突进严重，小孔道被周围大孔道的水隔截为不连通的孔隙，无水期直至最终期的驱油效率就低。

在强亲油条件下，α 与无水采油期、含水采油期的驱油效率有明显的线性关系（图8-21），可用下述方程式表示：

$$\eta_无 = -6.74 + 66.42\alpha \tag{8-3}$$

$$\eta_{0.5} = 7.3 + 59.7\alpha \tag{8-4}$$

$$\eta_{10} = 31.0 + 48.6\alpha \tag{8-5}$$

$$\eta_{30} = 41.2 + 40.9\alpha \tag{8-6}$$

式中　$\eta_无$、$\eta_{0.5}$、η_{10}、η_{30}——无水、含水 0.5%、含水 10%、含水 30% 的驱油效率，%；

　　　α——均质系数，小数。

2）强亲水条件

在强亲水条件下，动力为驱替力和毛细管力，阻力为黏滞力。在驱动力作用下，黏滞力作为主要阻力，水总是沿着阻力小的大孔隙方向前进，压汞过程正是驱动力作用下的类似过程，因此，压汞所确定的 α 越大，大孔道所含的比例也越大，岩样越均质，驱油效率高。另一方面，毛细管力作为驱油动力，能自发地把水吸入到小孔道中去，因此毛细管半径越小，其所占比例越大，驱油作用也就越大。退汞过程类似于水驱油过程中毛细管力的作用。因此，退汞过程所确定的 α' 越小，平均喉道半径与最大喉道半径偏离越大。在亲水岩样驱油过程中，若发挥驱动力作用，要求孔道大而集中；若发挥毛细管力的作用，则要求孔道小且所占比例要大，这两者正是以复杂的形式影响着水驱油效率。为此，引入孔隙结构特征参数 β，即退汞过程确定的 α' 与进汞过程确定的 α 之比：

$$\beta = \frac{\alpha'}{\alpha} \tag{8-7}$$

式中　β——孔隙结构特征参数，小数；

　　　α——应用压汞曲线计算的均质系数，小数；

　　　α'——应用退汞曲线计算的均质系数，小数。

β 与无水、含水采油期的驱油效率可用下面的线性方程表示：

$$\eta_无 = 69.2 - 46.6\beta \tag{8-8}$$

$$\eta_{0.5} = 75.4 - 37.6\beta \tag{8-9}$$

$$\eta_{10} = 88 - 33.1\beta \tag{8-10}$$

$$\eta_{30} = 85.6 - 25.8\beta \tag{8-11}$$

β 越小（即 α 越大，α' 越小），则水驱油效率越高（图8-22）。对比 α、β 与水驱油效率的相关关系，无水期基本一致，随着注水倍数增加，直至最终期（注水为孔隙体积的 30 倍），β 比 α 的相关系数要高。

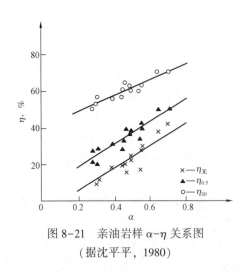

图 8-21　亲油岩样 $\alpha-\eta$ 关系图
（据沈平平，1980）

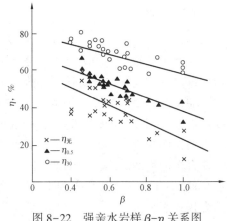

图 8-22　强亲水岩样 $\beta-\eta$ 关系图
（据沈平平，1980）

三、剩余油解释与预测

（一）井眼剩余油解释

视频 8.6　剩余油解释与预测

井眼剩余油解释就是利用井资料解释井中的剩余油层段。对于取心检查井，可以根据岩心直观判断水淹状况，或实验室定量测量剩余油饱和度；对于非取心井或非取心段，则需利用测井资料解释剩余油。

1. 检查井水淹程度分析

对于以注水方式开发的油田，在开发过程中，经常钻检查井以检查注水开发效果、油水界面及油层水洗情况，综合分析剩余油饱和度及驱油效率的分布规律与变化规律，为增产挖潜、提高水驱开发效率提供地质依据。目前检查井常采用密闭取心技术。所谓密闭取心，就是在水基钻井液条件下，采用密闭取心工具与密闭液，使岩心几乎不受钻井液污染的一种特殊取心。实践证明，油田开发中后期，即油田中含水和高含水期，密闭取心不失为一种有效方法。大庆油区和胜利油区一些大型整装油田开发过程中和开发后期都实施了多口密闭取心井。

从密闭取心的检查井岩心取样，通过实验室水驱油实验可以获得岩心的驱油效率，这是判断岩心水洗程度的最重要手段。此外，对岩心进行各种观察有助于辅助判别岩心水洗程度。如通过岩心滴水实验，根据岩心的润湿性间接判定岩心水洗程度；此外，还有如沉降实验、显微镜下观察等。表 8-5 是胜利油田使用的岩心水洗程度判定标准。

表 8-5　胜利油田使用的岩心水洗程度判定标准

水洗级别	强水洗	水洗	见水	弱见水	未见水
驱油效率,%	>60	40~60	20~40	5~20	<5
滴水实验	立渗	立渗—缓渗	缓渗	半球—球状	球状
水洗级别	强水洗	水洗	见水	弱见水	未见水
沉降实验	块状	块状—凝聚	凝聚状	絮状	分散状
镜下观察	不污手，玻璃光泽，水湿感强，颗粒表面很干净，见水珠	不污手，玻璃光泽，水湿感较强，颗粒表面很干净，见水珠	微污手，玻璃光泽，具水湿感，颗粒表面较干净，见水膜	污手，玻璃光泽，具水湿感，颗粒表面干净程度一般，少见水膜	污手或污手感强，油脂光泽，具油浸感，水湿感强，颗粒表面不干净，不见水膜

2. 水淹层测井解释

利用测井资料进行井眼剩余油饱和度解释已是一个比较成熟的技术，可以进行剩余油定性和定量解释。目前国内外井眼剩余油解释可归纳为两类，一是基于常规测井资料的水淹层解释，二是用各种专业的测井技术监测井眼剩余油饱和度。

在油田实际应用中，常用水淹级别来评价定性或半定量地评价水淹程度。正确划分水淹级别对较好地评价水淹层相当重要。我国行业标准 SY/T 6178—2017 中主要根据产水率 f_w 将水淹级别划分为未水淹（$f_w \leqslant 10\%$）、低水淹（$10\% < f_w \leqslant 40\%$）、中水淹（$40\% < f_w \leqslant 80\%$）、高水淹（$80\% < f_w < 90\%$）、特高水淹（$f_w \geqslant 90\%$）五个级别。在油田实际应用中，具体到每口井每层水淹级别的划分主要依据测井响应特征。

水淹层测井解释属于地球物理测井的内容，在此仅简单介绍。

1）常规测井资料的水淹层解释

油层水淹段最基本的变化是地层水电阻率和地层含水饱和度的变化。注入水驱油后，在水淹部位增加了产层的导电性，使电阻率降低，自然电位幅度在水淹部位必然会增加（图8-23）。因此，根据对地层水电阻率和地层含水饱和度的变化有明显反映的深、中、浅视电阻率和自然电位曲线，就可以定性判断水淹层或水淹层的水淹部位、水淹类型及水淹级别。

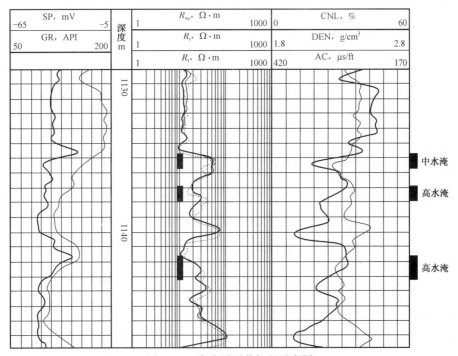

图 8-23　水淹层测井解释示意图

水淹层的定量解释就是根据不同时期的取心资料，准确有效地建立测井解释模型，用测井解释模型定量计算每口井每个层段的储层物性和含油饱和度。通常是利用钻井、测井、取心、分析化验、试油试采及生产动态等数据，建立泥质含量、孔隙度、渗透率、含油饱和度、束缚水饱和度、产水率等参数的测井解释模型，也有包括粒度中值、平均孔喉半径的，从而定量计算不同开发阶段的储层参数、剩余油饱和度、含水率。

提高不同开发阶段新完钻井的油层含水饱和度数据解释精度的关键就在于建立准确的定量测井解释模型。定量测井解释模型的准确与否受到诸多地质条件的影响，这些地质条件既有相对静态的，如岩性（相）、沉积微相、构造、孔隙结构、成岩作用、润湿性等，也有相对动态的影响条件，如地层水（混合地层水）性质、流体性质、温度、压力、水淹时期等。为了在水淹层评价模型中体现这些地质条件，提高水淹层定量解释精度，人们提出了分区块、分层段、分岩性、分相带、分含水时期分别建立不同的测井解释模型的方法。

（1）分区块建立测井解释模型。不同区块储层沉积条件和构造条件有差异，导致储层性质、油水运动差异明显，与此对应，不同区块开发措施、井网、井距、注采关系也不一样，最终导致不同区块的采出程度、剩余油分布状况和储层性质动态变化都有明显差异。因此，在开发后期进行水淹层定量解释时，可分不同区块分别建立水淹层的测井解释模型，从而实现在地质条件约束下对水淹层进行评价，提高水淹层的定量解释精度。当然，这样做的前提条件是每个区块都有取心井资料可用。

（2）分层段建立测井解释模型。由于储层沉积环境的差异，同一个油田不同层段储层性质、油水运动差异明显，或者不同层段油藏性质差异大时（如流体性质和流体类型不一致，储层物性差异明显），不同层段的开发方式和开发措施也会有明显差异，最终不同层段的油藏采出程度、剩余油分布状况和储层性质动态变化都有明显差异。因此，在开发后期进行水淹层定量解释时，可分不同层段分别建立水淹层的测井解释模型，提高水淹层的定量解释精度。如大港羊三木油田馆陶组油藏注聚合物后，水淹层定量解释就是分馆一段、馆二段和馆三段分别建立测井解释模型的。

（3）分岩性建立测井解释模型。为体现不同岩性条件下储层性质和油水运动能力的差异，可分别建立不同岩性类型的测井解释模型。例如，克拉玛依砂砾岩油藏分别建立了砾岩、含砾砂岩、砂岩三种岩性的测井解释模型，从而提高了水淹层的定量解释精度。

（4）分相带建立测井解释模型。分相带建立测井解释模型的思路和方法与分区块建立测井解释模型的相似，就是对每种沉积微相分别建立测井解释模型。也有人进一步提出分流动单元类型建立测井解释模型。

（5）分含水时期建立测井解释模型。油藏开发过程中，随注水开发和水淹程度的加深，储层性质发生了明显的变化，不同含水时期完钻的井资料所反映的油层性质也会有所差异，这些变化可转换成随水淹时期的对应关系。分不同含水时期分别建立测井解释模型，有助于提高水淹层的定量解释精度。

2）套管井剩余油饱和度解释

目前，国内外套管井测井方法主要有伽马射线测井法（中子伽马和中子—中子测井）、中子寿命测井方法、碳氧比能谱测井法（图8-24）、声波测井法、重力测井法、电阻率成像测井等。

（二）井间剩余油分布预测

自获得了井点剩余油饱和度解释结果后，人们总是希望预测出井间剩余油的分布，以便采取相应的开发措施，提高开发效果和采收率。目前国内外井间剩余油分布预测方法可归纳为三类，一是用开发地质方法研究宏观剩余油分布规律，二是用各种油藏工程方法在三维空间定量描述剩余油分布，三是用开发地震方法研究井间剩余油分布。

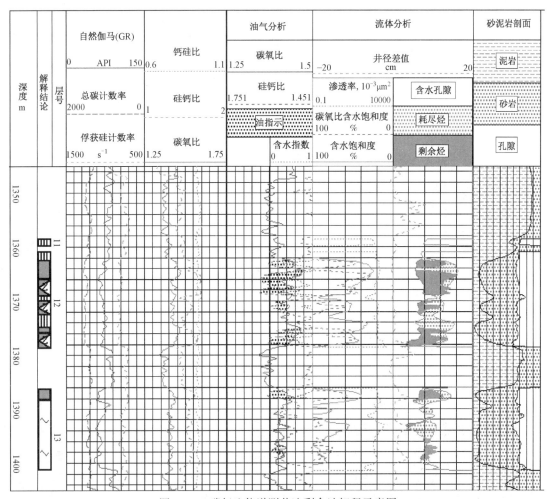

图 8-24 碳氧比能谱测井法剩余油解释示意图

1. 井间剩余油预测的开发地质方法

井间剩余油预测的开发地质方法主要是从剩余油形成机理与分布模式入手，定性或半定量地预测井间宏观剩余油的分布。

井间剩余油分布预测的基础资料包括井眼水淹层（含剩余油）解释资料、油藏非均质表征研究成果（包括油气藏构造起伏与断层分布、储层非均质性、原始流体分布等）、注采状况资料（包括层系组合、注采井网、射孔情况、注采强度等）。

用开发地质方法预测井间剩余油，是建立适合本地区的剩余油分布模式，即基于单井水淹层解释资料，研究在现有注采状况下油藏非均质因素对水驱油过程的影响，分析油藏非均质与注采状况之间的非耦合关系（如侧向非渗透泥岩导致注采关系的缺失），建立相应的非耦合样式即剩余油分布模式（如本节第二部分所述），包括未动用剩余油层分布模式、已动用油层的平面剩余油分布模式、已动用油层的层内剩余油分布模式。

在剩余油分布模式的指导下，通过研究区油藏表征图件（如构造图、沉积微相图、储层渗透率分布图等）与注采状况的叠合，系统分析油藏非均质与注采状况之间的非耦合区，即井间剩余油分布区（图 8-25）。

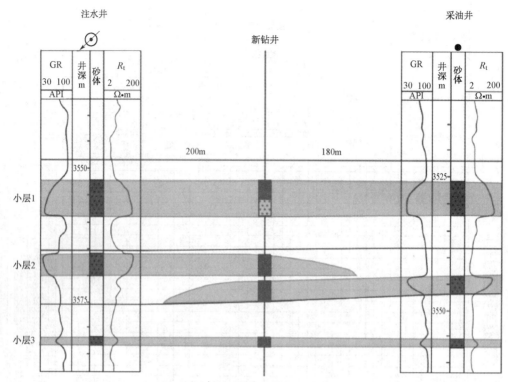

图 8-25　井间剩余油分布预测示意图

2. 剩余油预测的油藏工程方法

剩余油预测的油藏工程方法是在地质研究的基础上，通过数值模拟、物质平衡、试井、井间示踪剂、水驱特征曲线等方法获得油藏含油饱和度及分布。油藏工程方法是定量研究剩余油三维空间分布的最有效方法，是石油工程学科的主要研究方向之一。此处仅对油藏数值模拟方法进行简要介绍。

油藏数值模拟技术是目前定量研究剩余油分布必不可少的方法，在国内各油田普遍使用（图 8-26）。所谓油藏数值模拟，就是用数学模型来模拟油藏开发过程，以研究油藏中各种流体在开发过程中的变化规律。由于实际油藏是非均质的，用来描述油藏中流体流动的是一组三维三相非线性的偏微分方程，常常对其进行某些简化，用数值法求解。油藏数值模拟的两个关键环节是油藏地质模型的建立和历史拟合。

油藏地质模型是数值模拟的基础，也是数值模拟成败的关键。如第六章所述，油藏地质模型由地层、构造、储层、流体等模型构成。二维数值模拟要求输入二维地质模型（垂向以小层或单层为模拟单元），三维数值模拟则要求输入三维地质模型（垂向以 10cm 级的网格为单元）。

历史拟合是通过优化算法自动匹配各井的开发指标，使数值化的油藏模型（如饱和度和压力分布）符合各个开发时期实际的油藏状态，从而保证油藏数值模拟再现油田开发全过程的正确性，并在此基础上预测将来的开发方案。历史拟合正是通过再现油藏的生产过程，来确定地下流体包括剩余油的定量分布，拟合精度的高低直接决定地下剩余油计算的精度和分布的状况。历史拟合的符合程度，既是验证地质模型的一个重要指标和依据，同时又是衡量预测方案可靠程度的一个依据。地质模型和油藏动态拟合相辅相成、不可分割，是一个有

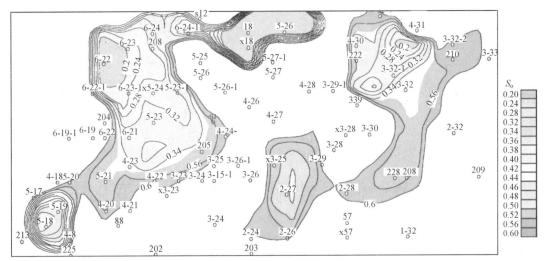

图 8-26　油藏数值模拟预测的剩余油饱和度分布图

机的整体。拟合的过程也是一个对地质模型和流体参数进行重新修订、补充的一个过程。

3. 剩余油预测的开发地震方法

开发地震是随着油气田开发的需要逐渐发展起来的新技术，主要研究油田开发过程中油藏物性变化造成的地球物理响应，包括时移地震、VSP、井间地震、高分辨率三维地震、储层裂缝地震监测、多波多分量地震、微地震、随钻地震等。它能提供油藏开发过程的动态变化、储层物性及剩余油分布等多种信息，用以指导开发方案设计和加密井网部署，监测增产措施实施，调整注采方案，以便达到提高采收率的目的（刘振武，2009）。目前，时移地震在油气藏开发的动态监测和剩余油分布预测方面已取得初步成果，但尚处于实验和尝试应用阶段。下面简要介绍时移地震预测剩余油分布的基本思路。

时间延迟地震，简称时延地震，也译作时（间推）移地震。时延地震油藏监测技术是指油藏开发过程中，在同一位置、不同时期重复采集地震数据，并对这些数据进行互均化处理，研究不同时期与油藏流体变化有关的地震反射之间的差异，依此对产层中流体的流动效应进行观测成像。由于每次地震观测一般都是三维的，该技术增加了时间维，即具有一定的延迟或推移的时间间隔，故又称为四维地震技术。

四维地震油藏监测的技术路线是对油气生产过程中由于注入和开采而造成的油藏或储层中流体的流动过程进行观察成像。在一般情况下，油藏开采期间岩石的骨架等地质特性可以认为不随时间而变化；只有油藏的特性，如流体性质、温度、压力、流体饱和度和孔隙度等反映流体流动的参量，会随油藏开发时间的推移而发生相对较大的变化，从而引起地震反射特性的相应变化。四维地震正是利用两次或多次观测的三维数据体，把后一次与前一次或前几次基础数据相比较，找出油藏内流体随时间发展而变化所造成的地震场之差异，获得差异图像（图 8-27），据此监测注采作业过程中注入流体如水、蒸汽、CO_2 等的前缘移动情况及驱油效果，识别油藏内的未动用剩余油区或已动用油层的剩余油滞留区。

迄今，大多数四维地震的实例来自海上油田。早期，四维地震主要用于厚层高孔隙疏松砂岩储层的油藏监测，近年来已开始尝试应用于薄层砂岩储层以及碳酸盐岩储层油藏的监测工作。

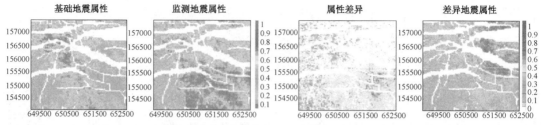

図 8-27　时延地震的最大绝对振幅属性应用示意图（据曾婷，2015）

第二节　储层与流体性质的动态变化

在油藏开发过程中，储层岩石和流体与外来流体（注入剂）接触，从而发生各种物理或化学作用，使得原始油藏的储层性质和流体性质发生动态变化，这种变化又反过来对开发过程中的油水运动产生一定的影响。我国大多数注水开发油田都进入了高含水或特高含水开发阶段，储层与流体性质的动态变化不要忽视。

一、储层性质的动态变化

（一）储层性质的变化特征

1. 岩性参数的变化

视频 8.7　储层性质的动态变化

注入水对储层内部黏土矿物有水化作用和机械搬运—聚积作用。对造岩矿物也有溶蚀作用。通常采出水的矿化度总是高于注入水，说明水在驱油过程中溶解了一部分盐类，并把它带出地面。在一些胶结疏松的油藏，生产井出砂严重，说明流体流动已将岩石颗粒直接带出地面了。这些都说明在长期的注水开发过程中，随着注入水的大量冲刷和油层压力的变化，储层岩石结构都发生了变化。这种变化在埋藏浅、胶结疏松的高孔高渗油藏中最为常见。下面以胜利油区新近系馆上段油藏为例，阐明长期注水开发后期储层岩性参数的变化特征（李阳，2007）。

胜利油区新近系馆上段油层属河流相正韵律沉积，油层为高渗透率、高孔隙度、高饱和度的疏松砂岩，岩性以粉细砂岩、粉砂岩、细砂岩为主。利用孤岛油田三个不同时期几十口取心井的粒度分析资料，选择泥质含量按实验室粒度分析小于 0.01mm 进行的质量分数来计算。根据泥质含量（V_{sh}）与粒度中值（M_d）的回归分析，发现三个不同开发时期之间均具有良好的负相关性。随着注水开发，泥质含量有所降低，粒度中值相对增大（表 8-6）。

经岩石薄片观察，馆陶组砂岩的胶结类型为孔隙式和孔隙接触式，以原生粒间孔为主，孔隙内主要为黏土矿物充填。扫描电镜观察，黏土矿物多呈小鳞片集合体，鳞片直径比孔喉小，因此，长期的注水开发破坏了孔隙内原有的黏土矿物结构，致使小粒径的泥质随水洗而被带走，使岩石粒度中值提高。

表 8-6　孤岛油田不同开发时期的馆陶组储层岩性参数变化（据李阳，2007）

岩性	低含水开发期		中高含水开发期		特高含水开发期	
	V_{sh}，%	M_d，mm	V_{sh}，%	M_d，mm	V_{sh}，%	M_d，mm
粉砂岩、粉细砂岩	10~20	0.1~0.14	8~12	0.11~0.15	<5	0.14~0.18
细砂岩、中细砂岩	8~12	0.13~0.16	5~8	0.14~0.21	<5	0.16~0.25

　　泥质含量的变化是由储层中黏土矿物在注水过程中的变化造成的。在水驱油过程中，注入水的酸碱度与地层水总是有差别，对黏土物质发生物理、化学作用，可以改变黏土矿物的结晶格架，有的黏土矿物会分解被水冲刷而移位，有的黏土矿物如蒙脱石类遇水易膨胀并堵塞孔喉，这些因素致使储层的孔喉网络发生改变。

　　表 8-7 是胜坨油田二区黏土矿物成分及含量变化统计表。随着含水阶段的提高，高岭石相对含量减少，伊利石含量相对增加。高岭石是片状晶体集合体，一般呈蠕虫状，在注水驱动力作用下，尤其是在注水强度大、长期受注入水浸泡的情况下，这种集合体晶体格架遭破坏，从而形成细小的微粒，这些微粒容易随采出液带出油层。而绿泥石、伊利石一般呈膜状附贴于颗粒表面或环绕颗粒，结晶格架较紧密，不易遭到破坏，故随着开发程度的加深，这些黏土矿物的相对含量增高。在研究区内，蒙脱石含量并不高，只占伊蒙混层的 1/4~1/2。在镜下还未见到蒙脱石堵塞孔喉的图像。

表 8-7　胜坨油田二区黏土矿物成分及含量变化统计表（据李阳，2007）

层位	含水阶段	流动单元	黏土含量平均值，%	黏土矿物组分相对含量，%					
				伊蒙混层	蒙脱石	伊利石	高岭石	绿泥石	伊蒙混层比
1²	初	2	7.1						
	中	2	7.0	12	(6)	4.5	74	5	50
	高	2	2.5	14	(5.8)	7.5	65	8.5	42
	特高		3.2	2	(0.4)	17	67	14	20
8³	初	2	8.3	10	(5.5)	2.8	82	5	55
		3	7.8	4.2	(1.2)	2	88	5	30
	中	2	6	6.8	(2.5)	2	87	5	38
		3							
	高	2	7.5	22.7	(10.6)	6.3	65	6	46.7
		3	6.0	6	(1.5)	1.7	87	3.7	25
	特高	2	5.4	16.3	(4.1)	5.6	73	4.7	25
		3		21	(4.6)	5.5	69	4.5	22

2. 储层孔隙度和渗透率的变化

　　油层经过注入水长期冲洗后，孔隙度和渗透率都发生变化。一般孔隙度变化幅度较小，渗透率变化显著。

　　根据胜利孤岛油田中一区 8 个井组 16 口加密调整井的测井解释资料与邻井对比的结果，与开发初期相比，含水 88% 时，孔隙度平均增大 5.26%（相对值），渗透率平均提高 1341%（表 8-8）。

表 8-8　孤岛油田中一区储层参数变化统计表（据王乃举，1999）

储层参数	开发初期		特高含水期（含水 88%）		增大或减小的平均值		增大或减小的百分数，%	
	Ng$_3$	Ng$_4$	Ng$_3$	Ng$_4$	Ng$_3$	Ng$_4$	Ng$_3$	Ng$_4$
孔隙度，%	34.63	34.43	36.52	36.24	1.89	1.81	5.46	5.26
粒度中值，mm	0.1505	0.1500	0.1595	0.1557	0.009	0.0057	5.98	3.8
渗透率，$10^{-3}\mu m^2$	1111	1085	16078	15645	14966	14559	1346	1341
泥质含量，%	7.97	8.01	1.40	1.44	-6.57	-6.57	-82.4	-82.0

对胜利胜坨油田 14 口井正韵律沉积储层（沙二 3^4）和 15 口井反韵律沉积储层（沙二 8^3）的岩心分析资料进行了分类统计，结果见表 8-9。可以看出，特高渗透层（沙二 3^4）的渗透率明显增大，提高 20%~80% 左右；而较差的层（沙二 8^3）渗透率为下降趋势，减小 33% 左右（王乃举，1999）。

表 8-9　胜坨油田沙二段不同含水阶段储层物性参数统计表（据王乃举，1999）

层位	能量带	含水阶段	孔隙度，%		渗透率，$10^{-3}\mu m^2$		泥质含量，%		粒度中值，mm	
			块数	平均	块数	平均	块数	平均	块数	平均
沙二 3^4	特高渗透层	开发初期	42	31.0	43	3539	44	5.7	44	0.11
		中含水期	58	31.6	57	4440	79	2.9	79	0.22
		高含水期	75	31.2	64	5554	81	3.3	81	0.26
		特高含水期	10	30.9	8	6652	4	1.1	4	0.33
沙二 8^3	中渗透层	开发初期	72	27.5	72	291	50	7.5	50	0.09
		中含水期	114	29.1	125	257	128	7.5	128	0.09
		高含水期	72	29.0	76	237	76	6.7	76	0.08
		特高含水期	24	28.7	22	194	15	5.9	15	0.11

3. 油层孔隙结构参数的变化

油层孔隙结构参数的变化比较复杂。由于孔隙结构是属于微观层面的，在同一个单层内，不管平面上还是纵向上，储层孔隙结构本身就变化较大。通过大量的开发后期取心检查井与开发初期取心井岩心对比，目前能够得出大致的认识。

据胜利胜坨油田 35 组相邻井岩心样品分析，水驱油实验前后平均渗透率增加 27.6%，孔隙度提高不明显。油层孔隙特征参数也有变化，K/ϕ 值增加 26.5%，结构系数 G 减小 12.20%，特征结构系数 $1/(DG)$ 增大 26.4%，退汞效率降低 40.5%。绝大多数岩样退汞效率下降，说明水驱以后油层非均质更为严重（王乃举，1999）。

在注水过程中，由于低矿化度水对油层颗粒及其表面的黏土、盐类胶结物及附着物的机械冲刷破碎、水解稀释等物理作用，受到注水长期洗刷后的强水淹油层氯化盐含量一般要比水淹前降低 50%~80%。油层经注入水长期冲刷后，岩石孔隙半径（主要是沟通孔隙的喉道半径）明显增大，渗透率相应增高。注水后，孔隙结构另一变化是退汞效率降低，由水洗岩心测得的退汞效率普遍低于未水洗岩心测得的退汞效率（表 8-10）。

表 8-10　不同水洗程度岩样退汞效率变化

井号	216		316		418	
水洗程度	未水洗	强水洗	未水洗	强水洗	未水洗	强水洗
岩样块数	6	6	5	5	4	5
退汞效率, %	63.36	22.47	80.94	73.5	55.4	36.72

4. 油层润湿性的变化

通过对检查井岩心的大量分析发现，油层润湿性随着水洗程度的提高逐渐发生变化，一般是从亲油性向亲水性方向转变。

根据大庆油区密闭取心井的资料，当油层含水饱和度大于 40% 时，大部分岩石的润湿性从偏亲油转化为偏亲水；当含水饱和度大于 60% 后，全部转化为亲水（图 8-28）。

从胜利油区对不同含水期润湿性研究成果分析（图 8-29），亲水性增强最明显的阶段是在中含水期之前。在油层平均含油饱和度变化达到 10% 时，油层润湿性已有了明显的变化。

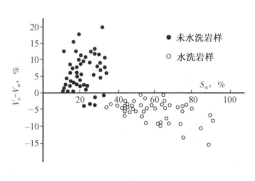

图 8-28　润湿性变化与含水饱和度关系图
（据王乃举, 1999）

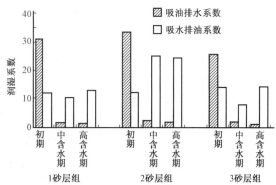

图 8-29　不同开发时期油层润湿性对比图
（据王乃举, 1999）

室内水洗实验结果也表明，每次注入水冲刷后，岩样吸水量都有增加，而吸油量下降。冲刷时间增加，亲水表面逐渐增加，亲油表面逐渐减小，岩石润湿性逐渐由亲油向亲水方向转化。油层润湿性变化的主要原因是：由于注入水的长期冲刷和含水饱和度的增加，岩石表面上的油膜逐渐变薄或被冲走；同时，岩石表面覆盖的黏土矿物很容易被水流冲走，附在其表面的油膜也会随之而被冲走，从而裸露了更多的亲水性岩石表面。此外，大庆油区还有一个原因，其注入水是低矿化度的碱性水，水中的氢氧离子与原油中的环烷酸和羧酸等反应生成表面活性物质，可以降低油水间的界面张力，提高洗油能力，使岩石表面上的油膜被剥落，从而增强油层的亲水性（王乃举, 1999）。

图 8-30 是大庆萨中丁 4-013 井葡 I_{5+6} 层润湿性的数据，上部油层为中等或弱水洗油层，仍表现为亲油性；底部强水洗层，表现为亲水的性质。

5. 大孔道现象

大孔道是指高渗透油层经过注入水长期冲刷而形成的孔隙度特别大、渗透率特别高的薄层条带。因其对油藏开采影响非常严重，故予以单独讨论。

油层内部产生大孔道的现象在各油区均有所发现，胜利油区更为明显。如孤岛油田中一

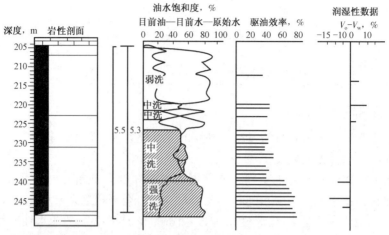

图 8-30　水洗油层不同部位润湿性测定结果（据王乃举，1999）

区馆 3 组油层原始空气渗透率为 $1.1\mu m^2$，含水 88% 时，密闭取心分析渗透率为 $13.1\mu m^2$，增大了十几倍。

大孔道现象在生产中的表现十分惊人。例如，胜利胜坨油田 22179 井注堵剂，4d 后生产井就见到大量堵剂，两井相距 450m，堵剂每天推进 117m。再如，胜利埕东油田 25-12 井注堵剂，相距 360m 外的 25-13 井 7h 后即见到堵剂，堵剂突进每小时 51.4m。为了进一步落实地下是否存在大孔道现象，1988 年 7 月 25 日又向 25-12 井注示踪剂，结果 25-13 井 6.5h 后就见到示踪剂。经数值模拟研究得出：该处大孔道层段厚度 2~3.5cm，渗透率 $146~388\mu m^2$，为原始渗透率（$1.4\mu m^2$）的 103~275 倍，平均孔道半径达 $57~92.5\mu m$（表 8-11）。

表 8-11　埕东油田示踪剂数值模拟处理结果表

注入井号	试验日期	最先见剂井号	见剂时间，min	数值模拟处理		
				大孔道厚度，cm	渗透率，μm^2	平均孔道半径，μm
25-12	1988 年 7 月 25 日	25-13	390	2.0	146	57
23-101	1990 年 8 月 17 日	23-10	75	3.5	388	92.5

大庆萨北厚层试验区的一口注水井，在正常注水压力下，连续注入了粒径为 0.8mm 的压裂砂 $4m^3$ 左右，另一口注水井注入了粒径为 $50~100\mu m$ 左右的粉砂 150t，注砂后没有发生明显堵塞现象，测井也证明井底附近没有发生坍塌，说明注水井井底孔道已经很大。

大孔道形成后，注入水沿此方向大量流走，同层位其他方向很难受效，形成极其严重的平面差异，水淹面积系数也难以提高。

地下油层内部存在如此大的孔道，使注入水形成低效甚至无效循环，很难再扩大波及体积、提高驱油效率，对油田稳产和采收率造成严重影响。

为减除大孔道的影响，改善注水开发油藏效果，各油田在封堵大孔道方面做了大量研究试验，特别是深度调剖堵水技术和整体调剖堵水措施成效比较显著，可以大大降低特高渗透大孔道层的吸水能力，提高其他层的吸水量，改善注水效果（表 8-12）。

438

表 8-12　胜坨油田调堵前后注水井吸水剖面对比表（据王乃举，1999）

22179 井				22219 井			
层位	厚度，m	堵前，%	堵后，%	层位	厚度，m	堵前，%	堵后，%
沙三 2	1.5	0	29.7	沙三 1+2下	1.1	9.5	7.8
沙三 3	1.5	0	35.7	沙三 3+4上	1.0	15.4	39.5
沙三 4上	1.0	37.0	21.9	沙三 3+4中	1.0	21.1	6.9
沙三 4下	1.0	63.0	12.7	沙三 3+4下	2.0	42.1	24.9

（二）开发过程中储层性质动态变化机理

油气储层与外来流体发生各种物理或化学作用而使储层孔隙结构和渗透性发生变化的性质，称为储层敏感性，这是广义的储层敏感性的概念。储层与不匹配的外来流体作用后，储层渗透性往往会变差，会不同程度地伤害油层，从而导致产能损失或产量下降，这就是狭义的储层敏感性。常见的储层敏感性类型有水敏性、盐敏性、速敏性、酸敏性、碱敏性等，简称五敏性。

一般来说，导致伤害的储层敏感性多见于低渗透储层中。在高孔高渗的储层中，注入水等外来流体对地下储层的长期冲刷往往导致储层性质变好。在注水开发过程中，储层性质的动态变化不管是变好还是变差，都主要是注入水与储层岩石的相互作用以及注水温压条件对油层孔隙的影响造成的，包括黏土矿物的水化膨胀、微粒迁移、酸化后的沉淀等（熊琦华等，2005）。

储层岩石矿物学特征是影响和决定储层变化的内在因素，尤其是储层岩石的成岩作用、矿物组成、粒度中值的大小、黏土矿物的成分和多少等都决定了储层水洗后的变化方向。地层微粒及矿物迁移出岩心，使渗透率及孔喉半径增加；在迁移过程中，黏土矿物微粒等会堵塞喉道，又导致渗透率及孔喉半径降低，尤其是那些原来孔隙、孔喉就小的储层表现得更加明显。

1. 黏土矿物的水化膨胀与储层水敏性和盐敏性

在储层条件下，黏土矿物通过阳离子交换作用可与任何天然储层流体达到平衡。但是，在注水开采过程中，不匹配的外来液体会改变孔隙流体的性质并破坏平衡。当与地层不配伍的外来流体进入地层后，引起黏土矿物水化膨胀，从而减小甚至堵塞细小的孔隙喉道，使渗透率降低，造成储层伤害，这一现象即为储层的水敏性。储层水敏程度主要取决于储层内黏土矿物的类型及含量。

大部分黏土矿物具有不同程度的膨胀性。在常见黏土矿物中，蒙脱石的膨胀能力最强，其次是伊蒙混层矿物和绿蒙混层矿物，而绿泥石膨胀力弱，伊利石很弱，高岭石则无膨胀性。因此，蒙脱石、伊蒙混层矿物和绿蒙混层矿物被称为水敏性矿物。

黏土矿物的膨胀有两种情况：一种是层间水化膨胀（内表面水化），它是液体中阳离子交换和层间内表面电特性作用的结果，水分子易进入可扩张晶格的黏土单元层之间，从而发生膨胀；另一种是外表面水化膨胀，黏土矿物表面表生水化，形成水膜（一般为四个水分子层左右），使黏土矿物发生膨胀，而且比表面越大，膨胀性越强。

黏土矿物为层状硅酸盐，其膨胀性取决于晶体结构特征。层间电荷为零的电中性层和层间无阳离子的层状结构一般不膨胀。高岭石为 1：1 型层状结构，由一个四面体片和一个八面体片组成（图 8-31），层间缺乏阳离子，阳离子交换能力弱，层间膨胀非常弱，只靠外表

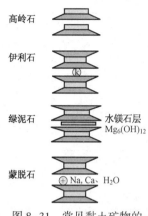

图 8-31　常见黏土矿物的
晶体结构特征

面水化撑开晶层，且高岭石比表面又较低，故高岭石几乎没有膨胀性。伊利石、蒙脱石、绿泥石矿物属 2∶1 型结构，由两个四面体片和一个八面体片组成（图 8-31）。伊利石虽具有较大的层电荷，并且层间具有较强的静电吸引力，但为钾离子所补偿。在加入水时，层间钾离子并不发生交换作用，故层间不发生水化膨胀，因此，伊利石只发生外表面水化，其阳离子交换量与膨胀率均小于蒙脱石。而在蒙脱石的层状结构中具有离子半径小的 Ca^{2+} 和 Na^+，这些阳离子的水化和溶解都会引起晶体膨胀。

蒙脱石的膨胀特性还取决于复合层阳离子的种类。钠蒙脱石比钙蒙脱石的膨胀性强，当有淡水注入时，钙蒙脱石略显膨胀，而含钠高的蒙脱石可膨胀至原体积的 6~10 倍。但当蒙脱石层间有 K^+ 时，在水中不具有膨胀性，原因是钾离子的大小正好填满蒙脱石复合层的间隙。这与伊利石的情况相同。

当储层孔隙喉道较大时，水化膨胀的黏土矿物并没有堵塞孔隙喉道，而是随流体从生产井中被采出地面，使储层物性变好，这在我国东部新近系馆陶组高孔高渗疏松砂岩储层中最为常见。

黏土矿物的水化膨胀除取决于储层内黏土矿物的类型及含量外，还受控于外来流体的矿化度。当外来流体为高浓度盐水时，黏土矿物（包括蒙脱石在内）均不膨胀或膨胀性很弱；而当外来流体为淡水时，黏土矿物膨胀性极强，说明外来流体矿化度对黏土矿物的膨胀程度影响很大。当不同盐度的流体流经含黏土的储层时，在开始阶段，随着盐度的下降，岩样渗透率变化不大；但当盐度减小至某一临界值时，随着盐度的继续下降，渗透率将大幅度减小，此临界点的盐度值称为临界盐度（图 8-32）。

储层在系列盐溶液中由于黏土矿物的水化膨胀而导致渗透率下降的现象，称为储层的盐敏性。储层盐敏性实际上是储层耐受低盐度流体的能力的度量。度量指标即为临界盐度。黏土膨胀过程可分两个阶段。第一阶段是由表面水合能引起的，即外表面水化膨胀。黏土矿物颗粒周围形成水膜，水可由渗透效应吸附，并使黏土矿物发生膨胀。但当溶液的盐度低到临界盐度时，膨胀使黏土片距离超过 10^{-10} m 左右（相当于 4 个单分子层水），表面水合能不再那么重要，而层间内表面水化膨胀（双电层排斥）变为黏土膨胀的主要作用，此时进入黏土膨胀的第二阶段，即内表面水化阶段，其体积膨胀率有时可达 100 倍以上。临界盐度正是这两个过程的交点。外表面水化膨胀是可逆的，而当盐度低于临界盐度时的内表面水化膨胀是不可逆的。

2. 微粒迁移与储层速敏性

在地层内部，总是不同程度地存在着非常细小的微粒。这些微粒或被牢固地胶结，或呈半固结甚至松散状分布于孔壁和大颗粒之间。当外来流体流经地层时，这些微粒可在孔隙中迁移，堵塞孔隙喉道，从而造成渗透率下降。地层中微粒的启动、分散、迁移和堵塞孔喉是由外来流体的速度或压力波动引起的。储层因外来流体流动速度的变化引起地层微粒迁移、堵塞喉道而渗透率下降的现象，称为储层的速敏性（图 8-33）。

流体一开始流动，储层中未被胶结的细小微粒便开始移动。在流速较低的情况下，只能启动细小的地层微粒，且启动的微粒的数量也不多，这样难于形成稳定的"桥堵"，且即使出现"桥堵"，其稳定性也较差，在流体的冲击下，"桥堵"很容易解体。当流速增至某一值时，与喉道直径较匹配的微粒开始移动。一方面，这部分微粒可以在喉道处形成较稳定的桥堵；另一方面，由于此时的流速较大，启动的微粒也较多，因此导致岩石中的喉道在短时间内大量地被堵塞，致使渗透率骤然下降。这一引起渗透率明显下降的流体流动速度称为该岩石的临界速度（图8-34）。临界流速所标志的并不是微粒运移的开始，而是稳定"桥堵"的大量形成。此时，流速增加将导致岩石渗透率的大幅度降低，降低的渗透率可达原始渗透率的20%~50%，甚至超过50%。对于有些储层，与喉道匹配的微粒（即桥堵微粒）可能数目只占地层微粒的一小部分，随着流速的进一步增加，高速流体冲击着微粒和"桥堵"，一部分微粒可能被流体带出岩石，从而使渗透率回升（图8-35）。

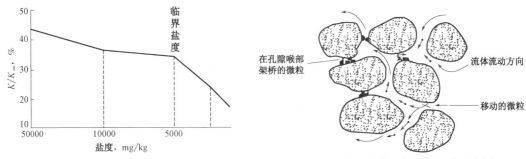

图 8-32　储层盐敏评价实验曲线示意图　　　　图 8-33　储层孔隙空间微粒迁移示意图

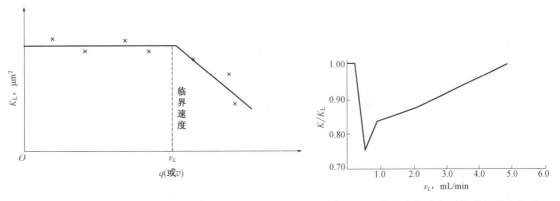

图 8-34　储层速敏示意图　　　　图 8-35　外来流体速度对微粒迁移和孔喉
　　　　　　　　　　　　　　　　　　　　　　堵塞的影响示意图

对于实际的储层，地层微粒还有另一种迁移情况，即随着流体流速的增加，地层内部的微粒并不形成"桥堵"，而是直接被流体冲击而带出岩样，致使渗透率随流速增大而升高，只是在流速更大时，渗透率才开始下降。这种情况往往发生于骨架颗粒分选性较好、地层微粒较小而孔隙喉道相对较大的岩石中。由于地层内大部分微粒与孔隙喉道不匹配，难以形成"桥堵"，而是流经喉道而被带出岩样。在长期注水开发的油田，一些中高渗储层经过注入水的长期冲刷，在地层内部形成了大孔道，地层微粒则顺着大孔道被带出岩石，且随着流速的增加和时间的持续，大孔道越来越大，地层微粒被带出得越来越多，渗透率越来越大（图8-35）。这是与正常速敏不同的"速敏性"，可暂称其为"增渗速敏"。

微粒迁移后能否堵塞孔喉和形成桥塞，主要取决于微粒大小、含量以及喉道的大小。当微粒尺寸小于喉道尺寸时，在喉道处既可发生充填又可发生去沉淀作用，喉道桥塞即使形成也不稳定，易于解体；当微粒尺寸与喉道尺寸大体相当时，则很容易发生孔喉的堵塞；若微粒尺寸大大超过喉道尺寸，则发生微粒聚集并形成可渗透的滤饼，微粒含量越多，堵塞程度越严重。另外，颗粒形状对孔喉堵塞也有影响，细长颗粒不能单独形成桥堵，而球状颗粒相对而言能形成稳定的桥堵。由于储层微观孔隙的非均质性，微粒在孔喉中的迁移也是非均匀的。较大孔道中的微粒经水驱后易被冲散、迁移、随水流带出，从而使孔道变得干净、畅通，扩大了喉道直径；另一方面，一些被剥落或冲散的黏土可能在小孔隙中或大孔隙角落中重新聚集，从而加剧了孔间矛盾。

在储层内，随流速增大而易于分散迁移的矿物称为速敏矿物，主要为高岭石、毛发状伊利石，以及固结不紧的微晶石英、长石等。高岭石常呈书页状（假六方晶体的叠加堆积），晶体间结构力较弱，常分布于骨架颗粒间，但与颗粒的黏结不坚固，因而容易脱落、分散，形成黏土微粒。

地层内部可分散迁移的微粒除了速敏性黏土矿物外，还有胶结不坚固的碎屑微粒（如胶结不紧的微晶石英、长石等）、油层酸化处理后被释放出来的碎屑微粒。此外，水敏性矿物在水化膨胀后，受高速流体冲刷，也会发生分散迁移。

3. 酸化后的沉淀与储层酸敏性

油层中常含有碳酸盐等胶结物。在油田开发过程中，为了增产，常常进行油层酸化处理。酸化的主要目的是通过溶解岩石中的某些物质以增加油井周围的渗透率。但是，在岩石矿物质被溶解的同时，可能产生大量的沉淀物质。如果酸处理时的溶解量大于沉淀量，就会导致储层渗透率的增加，达到油井增产的效果；反之，则得到相反的结果，造成储层伤害，即为储层的酸敏性。储层酸敏性是指酸化液进入地层后与地层中的酸敏矿物发生反应，产生凝胶、沉淀或释放出微粒，使储层渗透率下降的现象。

美国墨西哥湾岸许多古近系储层因黏土问题而受到严重伤害。有些井用 250gal（1gal = 3.785L）的 15% 的盐酸进行酸化处理，结果生产能力反而降低，平均每口井日产量由 250bbl（1bbl = 0.159m^3）下降至 10bbl。通过扫描电镜观察，砂岩中有富铁绿泥石的孔隙衬边以及氧化铁、黄铁矿和铁方解石充填孔隙。酸化确实起了作用，它使孔隙衬边和充填孔隙的铁方解石等矿物溶解掉，但同时析出大量铁，形成胶状的 $Fe(OH)_3$，在孔隙喉道中重新沉淀，使生产能力大大下降。

储层中，与酸液发生化学沉淀或酸化后释放出微粒引起渗透率下降的矿物，称为酸敏性矿物。酸化过程中的酸液包括盐酸（HCl）和氢氟酸（HF）两类。一般地，酸化处理中，多用盐酸处理碳酸盐岩油层和含碳酸盐胶结物较多的砂岩油层，用土酸（盐酸和氢氟酸的混合物）处理砂岩油层（适用于碳酸盐含量较低、泥质含量较高的砂岩油层）。

对于盐酸来说，酸敏性矿物主要为含铁高的一类矿物，包括绿泥石（鲕绿泥石、蠕绿泥石）、绿蒙混层矿物、海绿石、水化黑云母、铁方解石、铁白云石、赤铁矿、黄铁矿、菱铁矿等。它们与盐酸发生化学反应后，随着酸的耗尽，溶液的 pH 值会逐渐增大，酸化析出的 Fe^{3+} 和 Si^{4+} 会生成 $Fe(OH)_3$ 沉淀或 SiO_2 凝胶体，堵塞喉道，同时，酸化释出的微粒对孔喉堵塞也有一定的影响。

对于氢氟酸来说，酸敏性矿物主要为含钙高的矿物，如方解石、白云石、钙长石、沸石类（浊沸石、钙沸石、斜钙沸石、片沸石、辉沸石等）。它们与氢氟酸反应后会生成 CaF_2 沉淀和 SiO_2 凝胶体，从而堵塞喉道。

土酸不仅能像盐酸一样快速地与碳酸盐岩反应，而且能溶解砂岩中的石英、长石等盐酸不溶或难溶的矿物，尤其是对黏土矿物的溶解能力是任何其他酸很难相比的。由于土酸是由盐酸和氢氟酸组成的，酸—岩反应产物除多种阳离子外，还有 H_2SiF_6 和 H_3AlF_6。一次沉淀物为 CaF_2 和 MgF_2，二次沉淀物为氟硅酸盐（K_2SiF_6 等）、氟铝酸盐（Na_3AlF_6 等）、简单氟化物（CaF_2、BaF_2 等）及无机垢。当残酸 pH 值上升时，还可能生成胶状 $Fe(OH)_3$ 和 $Al(OH)_3$。

4. 结垢与储层碱敏性

储层碱敏性是指具有碱性（pH 值大于 7）的油田工作液进入储层后，与储层岩石或储层流体接触而发生反应产生沉淀（结垢），并使储层渗流能力下降的现象。

碱性工作液与地层岩石反应程度比酸性工作液与地层岩石反应程度弱得多，但由于碱性工作液与地层接触时间长，故其对储层渗流能力的影响仍是相当可观的。

碱性工作液通常为 pH 值大于 7 的钻井液或完井液，以及化学驱中使用的碱性水。碱性工作液与储层矿物发生一定程度的化学反应，与碱的反应活性从高到低依次为高岭石、石膏、蒙脱石、伊利石、白云石和沸石，而长石、绿泥石和细石英砂的反应活性中等。碱与矿物反应的结果不仅导致阳离子交换，使黏土矿物的水化膨胀加剧，甚至有可能生成新的矿物，或产生碱垢，导致其渗透率伤害。此外，高 pH 值环境使矿物表面双电层斥力增加，部分与岩石基质未胶结的或胶结不好的地层微粒，将随碱性工作液运移，并在喉道处"架桥"，堵塞孔喉。

5. 其他作用

1）碳酸盐及其他盐类的溶解和沉淀作用

注入水进入油层后，打破了原来的化学平衡状态，储层中的碳酸盐或其他盐类可能会与注入水发生一些化学反应，即发生溶解或沉淀作用。若碳酸盐等物质被溶解带出，则有利于驱油；反之，则不利。溶解或沉淀作用可通过分析地层水、注入水的离子浓度来判别。若采出水比注入水的 Ca^{2+} 及 Mg^{2+} 浓度高，说明油层的碳酸盐胶结物发生了溶解作用，Ca^{2+} 和 Mg^{2+} 被带出，有利于储层性质变好；反之，如果油田水和注入水中 Ca^{2+} 和 Mg^{2+} 两种离子都比采出水要高，则说明水洗后油层中有碳酸盐沉淀，导致储层性质变差。一般地，酸性、低温水注入油层后会发生碳酸盐沉淀。如大庆油田某区注入水为碳酸氢钠的低温水，注入油层后，温度升高，碳酸氢根分解，生成碳酸钙沉淀。

2）骨架颗粒的侵蚀作用

注入水对储层孔道的长期冲洗会使矿物颗粒受到侵蚀，类似于山涧流水对岩石的侵蚀作用，只不过规模小得多而已。这种侵蚀作用一般发生在大孔道中，侵蚀的结果便是使大孔道更大、更为畅通。

3）注入水中的杂质对孔隙的影响

注入水中均含有杂质，其种类很多，基本上都是起堵塞作用的。按杂质类型，可将这类堵塞作用分为以下三类。

（1）机械杂质的堵塞作用：这种堵塞作用主要是注入水中携带的一些微粒物质进入油层，对油层孔隙的堵塞作用。机械杂质粒径与孔喉直径的匹配关系对堵塞作用影响较大。这需要通过室内试验和现场资料分析来判定。一般认为，微粒粒径大于孔喉直径的 1/3 时，地层易被堵塞，但容易解堵；而当粒径为喉道直径的 1/3~1/2 时，易形成侵入性堵塞，对储层危害很大。

（2）水中其他杂质的堵塞作用：水中其他杂质，如铁锈、微细油滴等，对储层孔隙也有堵塞作用，类似于机械杂质的堵塞作用。

（3）细菌堵塞（生物化学堵塞）：注入水携带细菌进入地层，细菌在其中生长发育和结垢。同时，硫酸盐还原菌在地层中的生长会造成井底 FeS 的沉淀。

4）注入流体与地层流体的不配伍性

如果进入储层中的外来流体与地层流体之间的配伍性不好，在储层条件下，就会引起有害的化学反应，形成乳化物、有机结垢、无机结垢和某些化学沉淀物，从而导致地层伤害。

（1）乳化堵塞：油田不同作业过程中经常使用的许多化学添加剂，可能与地层流体之间发生有害化学反应，从而改变油水界面张力，导致润湿性的转变。这种变化会降低油气在近井壁附近侵入带的有效渗透率，同时可能造成外来油相与地层水之间的混合，或外来水相流体与地层中的油相混形成油或水作为外相的乳化物（即油包水、水包油的乳化物和乳化液）。比孔喉尺寸大的乳化液滴可能堵塞喉道，增加黏度，降低碳氢化合物的有效流动能力，伤害产层产能。

（2）无机结垢堵塞：无机结垢，如硫酸钙、硫酸锶、硫酸钡和碳酸铁，是最普遍但并不容易被发现的井下堵塞物之一。无机结垢可以发生在井筒内，也可以发生在地层孔隙中。因此，应避免含 Ba、Ca、Sr 的流体与含 SO_4^{2-} 的流体相接触，一旦结垢，处理起来很复杂。对于溶解性差的结垢，如硫酸钡等，用现行的办法几乎是不可能处理的。

（3）有机结垢堵塞：有机结垢堵塞主要是石蜡的析出及堵塞。油藏中的石油以及其中的石蜡和沥青成分是处于一种平衡状态的。这一平衡状态在油井开采过程中可能被破坏。pH 值很高的滤液侵入井眼附近的油层会导致沥青从原油中沉淀出来；若注入流体的温度大大低于油层温度，石蜡就会从原油中沉淀出来，从而导致地层伤害。

5）注水温压条件对油层孔隙的影响

（1）温度对油层孔隙的影响：注入水的温度比地层水的温度低，这虽然对储层孔隙的直接影响很小，但有一定的间接影响，特别是对于具高含蜡原油的储层。当注入水在井底附近形成的低温区温度低于析蜡温度时，油层中将可能出现蜡的析出，从而缩小甚至堵塞一些孔道，造成油层伤害。

（2）压力对油层孔隙的影响：随着注水压力的增大，油层孔隙度增大，渗透率也增大，使得油层吸水能力提高。当注入压力大于某个压力值时，会产生微裂缝。

6. 开发过程中断层和裂缝活动

地层岩石在应力作用下发生破裂，有相对位移者称断层（或断裂），无明显位移者称裂缝。在油田开发过程中，由于油藏地层压力的变化，断层与裂缝的封闭与开启状况也发生变化，在更大规模上影响储层性质，对地下油水运动、驱油效率和油田开发效果都有重要影响。

1）油田开发过程中断层封闭与开启状况的变化

在油田注水开发过程中，主要由于油藏地层压力的变化，以及注入水使黏土矿物膨胀导致的地应力变化，就有可能诱发某些断层复活，导致断层不密封，沿断层发生水窜、水淹，断层附近的井出现套管错断、变形、损坏。

关于断层复活的问题，一些油区时有报道。大庆油田 1 号断层位于萨尔图田构造高点附近，长 3.5km，断距 134m，倾角 50°，为一条北西—南东向的正断层。该断层复活的证据如下：

（1）钻遇 1 号断层的南 1-3-136 井，于 1979 年 9 月 12 日投注，注水两天后油管压力由 9.0MPa 下降到 7.6MPa，日注水量由 817m³ 上升到 1130m³，注水 10 天后发现井口北侧 100m 处地面冒水，注水 11 天发现距离 1600m 处钻遇同一断层的南 1-2 丙 28 井的油管压力、套管压力猛升，产液、含水猛增，并于次日喷出泥岩溶解物。注水井关井后，地面停止冒水。经查证，南 1-3-136 井在井深 288m 处套管错断，错断点深度与断层面深度一致。

（2）在 1 号断层控制的 5km² 范围内，从 1981 年 8 月开始，曾多次发生井口下陷、井口倾斜、地裂、地面管线被折断、套管外冒油冒水及出砂出泥等现象，共损坏油水井 8 口。

（3）1979 年底测得 1 号断层上、下盘压力不平衡，地层压力相差达 6.1MPa。如此之高的压力差，加上注入水的润滑作用，完全可能促使断层复活。

以上现象足以说明，1 号断层确是一条由于注入水进入断层面而被诱发复活的断层。

此外，大庆油田在注水开发过程中还发现，油水井套管损坏的原因主要在于：萨零组泥页岩进水，造成岩石机械强度下降，在地应力作用下出现滑动，从而导致油水井套管变形、错断。套管损坏井的分布有如下特点：在断层附近的套管损坏井多而其他地区的井少，在构造高点附近的井多而在构造两翼的井少，在构造陡翼的井多而在较平缓翼的井少。钻遇断层的套管损坏井占全部套管损坏井的比例达到 55%。由此也可看出，断层在注水开发过程中出现一定程度的复活并非个别现象。

2）油田开发过程中裂缝封闭与开启状况的变化

在油田开发过程中，油层裂缝封闭与开启状况的变化主要表现为：在降压开采时，裂缝闭合明显，渗透率大幅下降；当注水压力提高时，微裂缝开启，渗透率增大。

许多裂缝发育的油藏在降压开采过程中都发现油层渗透率严重下降。例如，克拉玛依油田某火山岩油藏虽然实施注水开发，但由于一部分注水井水窜、多数注水井注不进或欠注，使得该油藏累积注采比仅 0.3 左右，地层压力已降到原始压力的 60% 左右。一口裂缝发育的油井（8233 井）在 1986—1996 年的 10 年中，在井底压力大幅度下降的同时，渗透率已从初期的 $16.72 \times 10^{-3} \mu m^2$ 下降到 $1.17 \times 10^{-3} \mu m^2$。渗透率下降幅度之大，只能解释为裂缝闭合。

苏联学者 A. T. 戈尔布诺夫（1964）通过岩样实验，研究了致密裂缝性砂岩与裂缝性石灰岩渗透率随围限压力增减的变化情况。当实验中所采用的围限压力逐渐增加时，渗透率下降十分明显。当围限压力由 0MPa 增加到 5MPa 时，裂缝性砂岩渗透率下降幅度达 15% ~ 48%，而裂缝性石灰岩渗透率下降幅度达 25% ~ 92%。

此外，克拉玛依、扶余、安塞等油田都曾发现，当注水压力提高时，有些注水井的吸水量出现超常的增加，注水井的试井曲线出现上翘，显示微裂缝开启、渗透率增大的现象。对比此时的井底注水压力，发现未超出油层岩石破裂压力的下限，说明并非超破裂压力注水导致油层破裂产生裂缝，而是在未注水前或早期注水压力不高时，围岩压力（油井投产压力下降）导致原来就已存在的裂缝有所闭合，但在后来注水压力提高以后，裂缝出现重新开启。

长期注水开发过程中，如果注水压力过大，超出了油层岩石破裂压力，导致油层破裂产生新的裂缝，即注水诱导裂缝。

（三）开发过程中储层性质动态变化研究方法

开发过程中储层性质动态变化的研究方法大体上可分为四种：取心检查井统计对比法、小井距对子井测井分析法、长期水驱实验研究法，以及储层三维动态模型研究法等，以下介绍前三种。

1. 取心检查井统计对比法

利用不同开发阶段所打的开发井或调整井的取心资料进行统计对比分析，可以大体上看出储层性质变化的趋势和变化幅度的大小。具体分析时要注意，所对比的岩心资料必须来自同一个油田同一层位的相同微相和相同能量带储层。

在实验室可以对不同开发时期所取的岩心资料进行粒度分析、常规物性分析、薄片鉴定、铸体图像分析、电镜扫描图像分析、黏土 X 射线衍射、CT 层析、压汞分析、相渗曲线分析和润湿性测试等（图 8-36），对比不同时期样品的测试结果，分析储层性质变化规律。

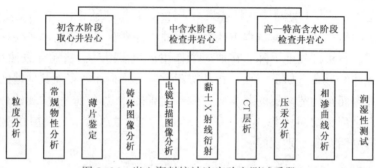

图 8-36　岩心资料统计法实验室测试手段

取心检查井统计对比法不仅可以对比分析储层孔隙度、渗透率、泥质含量等物性参数的变化规律，更是分析粒度中值、孔隙结构特征、润湿性和相渗等参数变化的最好方法。通过不同含水时期的岩心样品的薄片、扫描电镜等资料，还能够分析揭示储层性质变化的机理。

2. 小井距对子井测井分析法

选择在开发初期和高含水期所钻的井距小于 50m 的相邻井中的相同层位储层，用测井解释方法进行对比，以观察和分析不同含水期储层性质所发生的变化。

油田开发过程中，为了完善注采系统，观察油气田地下动态，在原有的老井周围近距离内打一批新井，这些井与老井形成对子井，相同层位储层特征相近。这些对子井的测井解释成果可以很好地反映储层性质的动态变化。

如羊三木油田羊三断块共有更新井 11 对，对所有对子井的对应砂层进行仔细分析，选取相同层位、同一砂体、相同沉积相带且井距非常小的对子井进行储层属性对比分析。羊14-15 井（1971 年 10 月）和羊新 14-15 井（1990 年 6 月）为一对对子井（表 8-13），相距 20 余米，均钻遇馆二上 3¹ 砂层及馆二上 4 小层，均处于辫状河心滩微相单元。经历多年开发，3 小层砂体高水淹，4 小层砂体中水淹。分析认为，在测井解释的精度下，泥质含量、孔隙度的变化在误差范围内，含油饱和度降低，而渗透率有明显的增大趋势。

表 8-13　羊三木油田对子井羊新 14-15 井与羊 14-15 井馆二上储层性质测井解释对比

井号	层位	顶深 m	底深 m	厚度 m	孔隙度 %	渗透率 $10^{-3}\mu m^2$	含油饱和度 %	泥质含量 %	解释结论
羊新 14-15	馆二上 3¹	1360.7	1370.0	9.3	35.0	1934.1	42.6	14.6	高水淹
羊 14-15	馆二上 3¹	1360.3	1367.0	6.7	33.4	991.6	69.6	12.5	油层
羊新 14-15	馆二上 4	1375.9	1383.7	7.8	33.8	1544.4	52.8	14.4	中水淹
羊 14-15	馆二上 4	1375.2	1381.6	6.4	33.7	1039.6	65.4	14.1	油层

3. 长期水驱实验研究法

该方法是用油田的天然岩心进行长期的水驱油实验，观察岩石特性所发生的各种变化。实验室长期水驱实验是通过模拟油田现场注水模式，获得系列化、系统化的动态及静态实验分析数据，从而比较注水开发过程中储层各项物理参数的变化规律，探讨储层性质参数变化机理。下面以胜利油田二区沙二段 1^2 和 8^3 小层的长期水驱实验为例，阐述实验过程和研究方法（孙焕泉，2002）。

1）建立实验室注水冲刷物理模型

针对欲研究油藏的实际地质特点，建立相应的实验室注水冲刷物理模型。采用相似理论，对实际的注水矿场进行简化，建立室内注水冲刷物理模型。

（1）以注采井主流线为模拟对象原型：把实验样品作为一个假想单元放到注采井主流线上，同时考虑到在注水井附近冲刷程度最大，在注采井距 1/2 处冲刷程度最小，因此选用距注水井 1/4 处为典型岩样单元。

（2）不同含水期模拟不同的开发阶段：综合考虑注水过程不同阶段的特点，室内实验选用综合含水 20%、40%、80%、90%、98%代表不同开发时期。

（3）注入量（注水倍数）模拟冲刷量：依据现场在不同含水期每口井对应的总注水量，计算出距注水井一定距离假想单元的过水量，并折算到相应岩心的注入倍数。现场注水井距 200m，模型实验取距注水井 50m 处为假想单元。表 8-14 为不同含水时期距注水井不同距离假想单元的注入倍数换算表，室内岩心注水冲刷实验以此为依据确定注水冲刷量，从而研究不同开发阶段储层参数的变化规律。

2）长期水驱实验的设计思路

从油层物理学、岩石矿物学出发，长期水驱实验研究储层各特征参数在长期注水冲刷过程中的变化规律，通过测试各个含水时期的宏观参数（孔隙度、渗透率、黏土含量、粒度中值）、微观参数（孔隙结构、孔隙形态因子等）及渗流参数（润湿性、相对渗透率等）的数值和变化，进而从理论上研究和描述各种影响因素的作用。

岩心长期水驱实验的设计思路见图 8-37，实线表示水驱之前的过程，虚线表示水驱之后的过程。岩心长期水驱实验主线是将洗油、烘干的岩样测空气渗透率，饱和水测孔隙度，测定相对渗透率实验数据，然后进行长期水驱实验，水驱速度控制在临界流速范围内，注水倍数根据表 8-14 的要求确定，达到一定的注水倍数后将样品再烘干测渗透率、孔隙度。在注水前后借助电镜、X 射线衍射、薄片、压汞、图像、岩电、离心毛细管压力、粒度等分析手段，同时还运用近年来新的分析方法如 CT 岩心扫描、激光颗粒计数器等进行各种物性参数的测定。对这些参数进行变化机理的研究，为描述长期水驱过程中不同含水时期对储层参数（渗透率、孔隙度、孔隙结构等）的影响及其变化规律提供了基础资料。

3）长期水驱实验样品的选取

在从胜坨油田二区沙二段选取长期水驱实验所用的实验样品时，遵循孔隙结构相似、渗透率相近的原则，同时要兼顾高、中、低等不同渗透率级别，从不同位置、不同沉积微相和能量带的岩心中筛选出几组岩心进行不同含水期的注水冲刷物理模拟。

表 8-14　不同含水时期距注水井不同距离假想单元的注入倍数换算表（据孙焕泉，2002）

层位	位置	厚度，m	渗透率 $10^{-3}\mu m^2$	与注水井的距离，m	不同开发期注入倍数					
					20%	40%	60%	80%	90%	98%
8^3	上	13	2.87	37.5	75.6	111	208.9	488.9	1200	3244
				50	56.7	83.3	156.7	366.7	900	2433
				75	37.8	55.5	104.5	244.5	600	1622
				100	28	43.3	76.7	180	433	1200
	中	8	1.397	37.5	42.2	62.6	115.6	271	666	1822
				50	31.7	46.7	86.7	203.3	500	1366
				75	21.1	31.1	57.8	135.5	333	911.13
				100	16	23.7	43.3	103.3	250	666.7
	下	40	0.198	37.5	5.7	8.93	16.4	38.6	95.1	257.8
				50	4.3	6.7	12.3	29	71.3	193.4
				75	2.87	4.47	8.2	19.3	47.5	128.9
				100	2.2	3.3	6.3	14.5	35.6	96.7
1^2		3.7	4.0	37.5	20.2	41.3	78.8	393	1422	4844
				50	15.2	31	59.3	295.3	1066.6	3633
				75	10.1	20.6	39.5	443	711	2422

4）实验环境确定

实验温度：室内实验模拟温度设定为 50℃。

油水条件：实验油用 20 号机械油，模拟油的黏度 24.6mPa·s。该地区地层水和注入水的总矿化度分别为 25332mg/L 和 17432mg/L，均为 $CaCl_2$ 水型，HCO_3^- 含量高，在常温下易生成碳酸钙沉淀，在冲刷实验过程中易于堵塞小孔喉，造成渗透率下降。因此为了保证实验的可比性，排除地层水、现场用污水间发生离子交换反应干扰测试结果的可能，实验用 3% 氯化钾盐水饱和，用 3% 氯化钠盐水进行长期水驱实验。

注入速度：根据不同含水期现场实际注入速度，确定长期水驱实验注入速度。

图 8-38 为长期水驱实验测试结果，显示了在不同注入倍数下渗透率、粒度中值的变化情况。

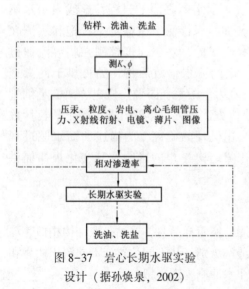

图 8-37　岩心长期水驱实验
设计（据孙焕泉，2002）

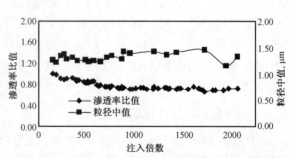

图 8-38　某油田渗透率、粒度中值与注入倍数
关系图（据孙焕泉，2002）

二、注水过程中流体性质的动态变化

油藏内流体性质是由油藏的形成条件、构造特征、流场非均质性等因素共同决定的，油田的开发过程对油藏内的流体性质也有一定的影响。在油藏注水开发过程中，由于注入水与地层流体的长期接触，油藏内部各种流体的原始平衡状况被破坏，从而导致地层内流体性质发生变化，尤其是原油物理和化学性质变化较为明显。这种复杂的变化使得油藏内流体的非均质性增强。流体非均质性对水驱油效率的影响在注水开发初期表现不太明显，但在注水开发中后期表现越来越明显，成为影响油田水驱油效率和地下剩余油分布的一个十分重要、不可忽视的因素。

视频 8.8 注水过程中流体性质的动态变化

（一）开发过程中流体性质的监测

随着油田的注水开发，在注入水的驱替作用下，油层流体性质将会发生不同程度的变化。含油饱和度随水洗程度的增加明显下降，含水饱和度明显增加；地层水的矿化度也发生变化，其变化程度与注入水的性质、原地层水矿化度的高低有关。为了及时掌握地层中流体的这些变化规律，在油田投产初期就要建立流体性质监测系统，选择有代表性的井点进行高压物性取样。大庆油田的经验是开发初期选择三分之一的井点作为高压物性取样点，构造顶部和断层附近适当加密取样，作出全油田较完整的饱和压力平面分布图；多数井对原油、天然气及地层水的性质进行分析化验，每年或每隔半年分析一次，并且选择固定测点，以便进行对比分析（谢丛姣，2004）。

1. 流体性质监测

开发过程中油层含油饱和度会随水洗程度的增加而明显下降，含水饱和度会逐渐增加。对原油性质的监测通常是在实验室里对深井原油取样作高压物性分析，确定其饱和压力、压缩系数、含气量、密度、体积系数、析蜡温度、在不同温度下原油的汽化过程等。对地下原油取样进行物性变化的研究还可以用光电变色仪、色谱仪、微量元素分析等快速方法。

2. 地层水性质监测

开发过程中对地层水性质变化的监测可以用对深井取样或井口取样作化学分析的办法来实施。水分析可以在标准实验室进行，也可以在野外水化学实验室里进行。对地层水的性质研究首先应确定其 Cl^-、SO_4^{2-}、HCO_3^-、Ca^{2+}、Mg^{2+}、Na^+ 含量，水的密度和水的 pH 值。注入水可溶解地层中某些放射性盐类，或化合生成新的放射性盐类。若吸附这些物质的泥质被冲到井眼附近而附着于水泥环和套管出口处，将会产生放射性高异常，而泥质被冲走的层则可能出现比原来更低的放射性异常。

对比不同日期地下水分析结果，可以搞清注水过程中地层发生的变化，并为预防意外现象如井底附近析出石膏等的发生采取措施。

3. 气体性质监测

用深井取样器或在井口分离器处取样，并在实验室条件下进行分析，可以测定气体组分。对于不含凝析油的气体组分分析，可以用气相色谱仪。气相色谱仪在气体沿着吸附层流动时可将复杂的气体混合物划分为单组分，得到一系列的气相色谱。气相色谱为按碳序排列的峰，其中每一个峰表示一定组分在气体混合物中的百分含量，对气样作气相色谱分析一般只需 6min。对于含凝析油的气体组分的监测必须进行两次：凝析物不稳定分离和凝析物稳定分离。

（二）流体性质的动态变化

1. 原油性质的变化

在油藏注水开发过程中，储层中原油与注入水长期接触，产生一系列物理、化学反应，使原油性质发生变化。

通过大量分析化验资料可以看出，随着含水率的升高，采出原油的密度、黏度、含蜡量、含胶量和凝点都有不同程度的增大，甲烷含量、体积系数和溶解系数明显下降，其中以原油黏度变化幅度最大。如胜坨油田沙二层含水上升到 95% 时，原油黏度从 160~190mPa·s 增大到 390~480mPa·s，升高 1 倍多。大庆萨中地区原油黏度的变化趋势也与此类似。

造成原油性质变化的原因，归纳起来主要有以下几点。

1）原油中轻组分流动性好，优先采出

原油是烃类物质的复杂混合物，其中的轻组分由于流动性较重组分好，因而容易从地层深部（或远处）流向井底并优先采出。这就导致油田开采越到后期，油藏中的重组分含量会逐渐增高，原油黏度与密度会逐渐上升。

2）注入水对原油的氧化

油田注入水一般都含有一定量的溶解氧，大庆油田注入水中溶解氧含量为 3~7mg/L，而采出水中基本不存在溶解氧，说明注入水中的溶解氧已全部消耗在油层中。胜坨油田二区注入的黄河水溶解氧含量为 3~8mg/L，而采出的污水中溶解氧含量仅为 0.01~0.6mg/L，损失的氧与原油发生了氧化作用。大庆油区对检查井不同水洗程度油层的原油进行了详细分析，发现强水洗层原油中的含氧化合物、环烷酸含量和相对分子质量都有较大幅度的增加，说明氧化作用比较明显。

氧化作用使原油的相对分子质量增大，胶质含量增加，这显然会使原油密度与黏度上升，使原油的流动性变差，使开发效果受到影响。

许多油田都有边底水入侵使油水接触带原油氧化密度增加的例子。例如，美国的堪萨斯油田有油水接触带原油密度增高的报道。注入水显然要比边底水含氧量高，其氧化作用应更强烈。

3）注入水对原油轻组分的溶解

原油中烃类化合物在水中有一定的溶解度，不同烃类在水中的溶解度不同。一般而言，烷烃溶解度最小，芳香烃最大，环烷烃居中。各族烃类在水中的溶解度均随相对分子质量的增大而减小。大庆油田通过对采出水中的溶解有机物分析结果发现，采出水有机物含量达 1.3880~1.6904g/L，其中除含有 56%~59% 的烷烃化合物外，还含有 23%~26% 的芳香烃化合物与 17%~19% 的非烃化合物。注入水对原油轻组分的溶解，导致原油平均相对分子质量增大，密度、黏度增加。环烷酸能很好地溶于水，随着注入水对环烷酸的溶解流失，原油中环烷酸含量下降是必然的。

4）微生物作用

硫酸盐还原菌等微生物的作用也会给原油性质带来一些伤害，因而水质处理特别是除氧工作十分重要。此外，地层压力下降和边部原油向内部渗流也会引起原油性质变差。

2. 地层水性质的变化

在油气藏投入开发之前，油田水主要为原始油藏地层水，其性质与油气藏水文地质条件密切相关；在油气藏投入开发之后，油田水成分比较复杂，既有原始地层水，又有注入水，此时地层水的特征既受原始油藏地层水的影响，又受非油层补充地层水和注入水的影响。在注水开发过程中，如果注入水与地层水不配伍，在储层内会引起有害的化学反应，可能伤害油层。此外，油层水直接与油气接触，对地层中原油的物理性质、化学组成都有一定的改造作用。

例如，中原胡状集油田胡十二块油藏各层位地层水的化学组成，随着油田开发时间的增长，各参数越来越接近，层间非均质变小。这主要是由于注入水占地层水的比例已经达到90%以上，产出水的性质主要反映了注入水的性质，各井间产出水化学组成的差异主要由注入水所占的比例（注入水侵入程度的差异）决定。

思考题

1. 注水开发动态地质分析的内容有哪些？
2. 不同韵律油层驱油效果有哪些差异？
3. 注水开发中层间差异的主要特征是什么？
4. 注水开发中平面差异的主要特征是什么？
5. 剩余油的概念是什么？
6. 注水开发砂岩油藏的剩余油宏观分布有哪些常见形式？
7. 注水开发砂岩油藏的剩余油分布宏观控制因素有哪些？
8. 影响水驱油效果的地质因素有哪些？
9. 水淹层的概念是什么？
10. 确定产层段剩余油饱和度有哪些常用测井方法？
11. 油层非均质性与剩余油分布有怎样的关系？
12. 黏土矿物敏感性与注水开发过程中储层性质变化有怎样的关系？
13. 注水开发中储层性质变化的主要特征是什么？

参 考 文 献

蔡明俊，侯加根，2010. 高含水油藏复合驱剩余油分布. 北京：石油工业出版社.

陈恭洋，2007. 油气田地下地质学. 北京：石油工业出版社.

陈立官，1983. 油气田地下地质学. 北京：地质出版社.

陈平，2010. 钻井与完井工程. 北京：石油工业出版社.

陈永生，1993. 油田非均质对策论. 北京：石油工业出版社.

陈永生，1998. 油藏流场. 北京：石油工业出版社.

陈元千，1990. 油气藏工程计算方法. 北京：石油工业出版社.

陈元千，1991. 油气藏工程计算方法（续篇）. 北京：石油工业出版社.

陈元千，等，2001. 现代油藏工程. 北京：石油工业出版社.

陈智宇，等，1999. 羊三木油田碱—聚合物驱油机理. 西北大学学报，29（3）：237-240.

晁会霞，等，2010. 储层综合评价方法在白豹油田中的应用. 西安石油大学学报（自然科学版），25（6）：1-7.

陈恭洋，王志战，2016. 录井地质学. 北京：石油工业出版社.

大港油田科技丛书编委会，1999. 录井技术. 北京：石油工业出版社.

《地质监督与录井手册》编委会，2001. 地质监督与录井手册. 北京：石油工业出版社.

邓宏文，王宏亮，祝永军，等，2002. 高分辨率层序地层学：原理及应用. 北京：地质出版社.

丁莲花，等，1993. 岩石热解地球化学录井. 东营：石油大学出版社.

范高尔夫—拉特，1982. 裂缝油藏工程基础. 陈钟祥，等译. 1989. 北京：石油工业出版社.

范尚炯，姚爱华，1990. 地面孔隙度压缩校正方法研究. 石油勘探与开发，17（4）：69-77.

方凌云，万新德，等，1998. 砂岩油藏注水开发动态分析. 北京：石油工业出版社.

付晶，吴胜和，王哲等，2015. 湖盆浅水三角洲分流河道储层构型模式：以鄂尔多斯盆地东缘延长组野外露头为例. 中南大学学报（自然科学版），46：4174-4182.

郭莉，王延斌，刘伟新，等，2006. 大港油田注水开发过程中油藏参数变化规律分析. 石油实验地质，28（1）：85-90.

郭万奎，程杰成，廖广志，2002. 大庆油田三次采油技术研究现状及发展方向. 大庆石油地质与开发，21（3）：1-7.

国家技术监督局，1997. 中国含油气盆地及次级构造单元名称代码：GB/T 16792—1997. 北京：中国标准出版社.

国家能源局，2010. 油气探井地质设计规范：SY/T 5965—2017. 北京：石油工业出版社.

国家能源局，2010. 石油可采储量计算方法：SY/T 5367—2010. 北京：石油工业出版社.

国家石油和化学工业局，2000. 天然气可采储量计算方法：SY/T 6098—2000. 北京：石油工业出版社.

国家市场监督管理总局，国家标准化管理委员会，2020. 油气矿产资源储量分类：GB/T 19492—2020. 北京：中国标准出版社.

韩显卿，1993. 提高采收率原理. 北京：石油工业出版社.

何道勇，滕玉明，李洪文，等，2007. 热蒸发烃色谱分析技术在胜利油田油气勘探中的应用. 录井工程，18（1）：46-51.

何登春，田洪，罗大山，1984. 利用地层倾角测井资料研究地质构造. 石油与天然气地质，5（3）：253-259.

胡见义，童晓光，徐树宝，1981. 渤海湾盆地古潜山油藏的区域分布规律. 石油勘探与开发，8（5）：1-9.

纪友亮，杜金虎，赵贤正，等，2006. 冀中坳陷饶阳凹陷古近系层序地层学及演化模式. 古地理学报，

8（3）：397-406.

纪友亮，张世奇，等，1996. 陆相断陷湖盆层序地层学. 北京：石油工业出版社.

纪友亮，周勇，2020. 层序地层学. 北京：中国石化出版社.

贾承造，2004. 美国 SEC 油气储量评估方法. 北京：石油工业出版社.

贾承造，等，2012. 中国致密油评价标准、主要类型、基本特征及资源前景. 石油学报，33（3）：343-350.

贾承造，郑民，张永峰，2014. 非常规油气地质学重要理论问题. 石油学报，35（1）：1-10.

姜汉桥，姚军，姜瑞忠，2006. 油藏工程原理与方法. 东营：中国石油大学出版社.

金毓荪，巢华庆，赵世远，等，2003. 采油地质工程. 2 版. 北京：石油工业出版社.

《勘探监督手册》修订版编委会，2006. 勘探监督手册 地质分册. 修订版. 北京：石油工业出版社.

李道品，等，1997. 低渗透砂岩油田开发. 北京：石油工业出版社.

李厚裕，谢豪元，1994. 利用测井资料评价淡水水淹层. 油气采收率技术，1（1）：39-47.

李健，等，2001. 油气探井完井地质总结报告编写指南. 北京：石油工业出版社.

李琳，任作伟，林承焰，等，1996. 曙二区缓坡浊积岩储层隔夹层研究. 西安石油学院学报（自然科学版）.

李伟，岳大力，胡光义，等，2017. 分频段地震属性优选及砂体预测方法：秦皇岛 32-6 油田北区实例. 石油地球物理勘探，52（1）：121-130.

李兴国，1987. 油层微型构造对油井生产的控制作用：以胜坨、孤岛油田为例. 石油勘探与开发，14（2）：53-59.

李兴国，2000. 陆相储层沉积微相与微型构造. 北京：石油工业出版社.

李阳，刘建民，2005. 流动单元研究的原理与方法. 北京：地质出版社.

李阳，刘建民，2007. 油藏开发地质学. 北京：石油工业出版社.

李阳，吴胜和，侯加根，等，2017. 油气藏开发地质研究进展与展望. 石油勘探与开发，44（4）：569-579.

林承焰，2000. 剩余油形成与分布. 东营：石油大学出版社.

林玉祥，赵承锦，朱传真，等，2016. 济阳坳陷惠民凹陷新生代沉积—沉降中心迁移规律及其机制. 石油与天然气地质，37（4）：509-519.

刘建民，李阳，颜捷先，2000. 河流成因储层剩余油分布规律及控制因素探讨. 油气采收率技术，7（1）：50-53.

刘立，刘东坡，1996. 湖相油页岩的沉积环境及其层序地层学意义. 石油实验地质，18（3）：311-316.

刘强国，朱清祥，2011. 录井方法与原理. 北京：石油工业出版社.

刘文章，等，1998. 热采稠油油藏开发模式. 北京：石油工业出版社.

刘晓艳，李宜强，冯子辉，等，2000. 不同采出程度下石油组分变化特征. 沉积学报，18（2）：324-326.

刘岩，陈恭洋，刘应忠，等，2015. 录井学科分类体系探讨之"地球化学录井"分类体系. 录井工程，26（4）：5-10.

刘泽容，信荃麟，1993. 油藏描述原理与方法技术. 北京：石油工业出版社.

刘振峰，曲寿利，孙建国，等，2012. 地震裂缝预测技术研究进展. 石油物探，51（2）：191-198，106.

刘振武，撒利明，张昕，等，2009. 中国石油开发地震技术应用现状和未来发展建议. 石油学报，30（5）：711-716.

柳广弟，2018. 石油地质学. 5 版. 北京：石油工业出版社.

楼一珊，李琪，龙芝辉，等，2013. 钻井工程. 北京：石油工业出版社.

罗蛰潭，王允诚，1986. 油气储集层的孔隙结构. 北京：科学出版社.

吕文雅，曾联波，刘静，等，2016. 致密低渗透储层裂缝研究进展. 地质科技情报，35（4）：74-83.

吕延防，付广，等，2002. 断层封闭性研究. 北京：石油工业出版社.

吕延防，王伟，胡欣蕾，等，2016. 断层侧向封闭性定量评价方法. 石油勘探与开发，43（2）：310-316.

马克西莫夫 МИ，1980. 油田开发地质基础. 魏智，何庆森，译. 北京：石油工业出版社.

马世忠, 吕桂友, 闫百泉, 等, 2008. 河道单砂体"建筑结构控制三维非均质模式"研究. 地学前缘, 15 (1): 57-64.

穆龙新, 周丽清, 郑小武, 等, 2006. 精细油藏描述及一体化技术. 北京: 石油工业出版社.

纳尔逊, 1985. 天然裂缝性储集层地质分析. 柳广弟, 朱筱敏, 译. 1991. 北京: 石油工业出版社.

蒲海洋, 何中, 任湘, 1996. 油层纵向渗透率非均质性对蒸汽驱开发效果的影响. 石油勘探与开发, 23 (6): 50-53.

秦同洛, 等, 1983. 实用油藏工程方法. 北京: 石油工业出版社.

裘亦楠, 陈子琪, 居娟, 等, 1983. 我国油藏开发地质分类的初步探讨. 石油勘探与开法, 10 (5): 35-48.

裘亦楠, 1991. 储层地质模型. 石油学报, 12 (4): 55-62.

裘亦楠, 1992. 中国陆相碎屑岩储层沉积学的进展. 沉积学报, 10 (3): 16-24.

裘怿楠, 陈子琪, 1996. 油藏描述. 北京: 石油工业出版社.

裘怿楠, 等, 1997. 油气储集层评价技术. 北京: 石油工业出版社.

萨尔瓦多 A, 2000. 国际地层指南. 2 版. 金玉, 戎嘉余, 译. 北京: 地质出版社.

宋吉水, 王岩楼, 廖广志, 等, 2003. 井间示踪技术. 北京: 石油工业出版社.

孙焕泉, 张一根, 曹绪龙, 2002. 聚合物驱油技术. 东营: 石油大学出版社.

孙焕泉, 2002. 油藏动态模型和剩余油分布模式. 北京: 石油工业出版社.

孙明光, 等, 2002. 钻井、完井工程基础知识手册. 北京: 石油工业出版社.

唐国庆, 1994. 大港油田港西四区井组聚合物驱油机理研究. 油气采收率技术, 1 (1): 19-24.

田静, 2014. 井震结合断层解释技术在大庆长垣油田开发中的应用. 石油天然气学报, 36 (08): 52-56, 5.

童宪章, 1978. 天然水驱和人工注水油藏的统计规律探讨. 石油勘探与开发, 5 (6): 38-64.

童宪章, 1981. 油井产状和油藏动态分析. 北京: 石油工业出版社.

王红亮, 2008. "转换面"的概念及其层序地层学意义. 地学前缘, 15 (2): 35-42.

王乃举, 等, 1999. 中国油藏开发模式总论. 北京: 石油工业出版社.

王珂, 戴俊生, 王俊鹏, 等, 2016. 塔里木盆地克深 2 气田储层构造裂缝定量预测. 大地构造与成矿学, 40 (6): 1123-1135.

王乃举, 等, 1999. 中国油藏开发模式总论, 北京: 石油工业出版社.

王守君, 刘振江, 谭忠健, 等, 2013. 勘探监督手册地质分册. 北京: 石油工业出版社.

王渝明, 许远新, 黄德利, 等, 2001. 陆相沉积地层油层对比方法. 北京: 石油工业出版社.

王允诚, 等, 1992. 裂缝性致密油气储集层. 北京: 地质出版社.

王允诚, 吕运能, 曹伟, 等, 2002. 气藏精细描述. 成都: 四川科技出版社.

王志战, 2002. 定量荧光录井技术应用研讨. 录井技术, 13 (1): 35-40.

威尔克斯 CK, 等, 1992. 层序地层学原理 (海平面变化综合分析). 徐怀大, 等译. 北京: 石油工业出版社.

吴浩, 张春林, 纪友亮, 等, 2017. 致密砂岩孔喉大小表征及对储层物性的控制: 以鄂尔多斯盆地陇东地区延长组为例. 石油学报, 38 (8): 876-887.

吴奇, 梁兴, 鲜成钢, 等, 2015. 地质工程一体化高效开发中国南方海相页岩气. 中国石油勘探, 20 (4): 1-23.

吴胜和, 王仲林, 1999. 陆相储层流动单元研究的新思路. 沉积学报, 17 (2): 252-257.

吴胜和, 曾溅辉, 林双运, 等, 2003. 层间干扰与油气差异充注. 石油实验地质, 25 (3): 285-289. 吴胜和, 等, 2010. 储层表征与建模. 北京: 石油工业出版社.

吴胜和, 蔡正旗, 施尚明, 2011. 油矿地质学. 4 版. 北京: 石油工业出版社.

吴胜和, 杨延强, 2012. 地下储层表征的不确定性及科学思维方法. 地球科学与环境学报, 34 (2): 1-9

吴胜和, 纪友亮, 岳大力, 等. 2013. 碎屑沉积地质体构型分级方案探讨. 高校地质学报, 19 (1): 12-23.

吴胜和, 徐振华, 刘钊, 2019. 河控浅水三角洲沉积构型. 古地理学报, 21 (2): 202-215.

吴世旗, 钟兴水, 李少泉, 1999. 套管井储层剩余油饱和度测井评价技术. 北京: 石油工业出版社.

吴锡令，1997. 生产测井原理. 北京：石油工业出版社.

吴元燕，吴胜和，蔡正旗，2005. 油矿地质学. 3版. 北京：石油工业出版社.

伍友佳，2004. 石油矿场地质学. 北京：石油工业出版社.

夏位荣，张占峰，程时清，1999. 油气田开发地质学. 北京：石油工业出版社.

谢丛姣，蔡尔范，关振良，2004. 石油开发地质学. 武汉：中国地质大学出版社.

谢丛姣，刘明生，杨俊红，2001. 微构造与油气聚集关系初探. 断块油气田（4）：4-7.

熊琦华，王志章，吴胜和，等，2010. 现代油藏地质学：理论与技术篇. 北京：科学出版社.

徐守余，2005. 油藏描述方法原理. 北京：石油工业出版社.

徐中英，1982. 川南气区阳新气藏进一步按拱曲体的勘探开发设想. 天然气工业，2（4）：27-35.

许圣传，董清水，闫丽萍，等，2006. 山东黄县断陷盆地油页岩特征及生成机制. 吉林大学学报（地球科学版），36（6）：954-958.

薛培华，1991. 河流点坝相储层模式概论. 北京：石油工业出版社.

杨清彦，宫文超，贾忠伟，1999. 大庆油田三元复合驱驱油机理研究. 大庆石油地质与开发，18（3）：24-26.

杨寿山，1978. 采油地质图的绘制和应用. 北京：石油化工出版社.

杨通佑，范尚炯，陈元千，等，1990. 石油天然气储量计算方法. 北京：石油工业出版社.

杨通佑，范尚炯，陈元千，等，1998. 石油及天然气储量计算方法. 2版. 北京：石油工业出版社.

杨智，侯连华，陶士振，等，2015. 致密油与页岩油形成条件与"甜点区"评价. 石油勘探与开发，42（5）：555-565.

于兴河，2009. 油气储层地质学基础. 北京：石油工业出版社.

余伟，屈泰来，2016. 聚类分析法与多级评判法在储层分类评价中的应用：以英台油田姚一段为例. 西部探矿工程，28（12）：47-50.

虞绍永，姚军，2013. 非常规气藏工程方法. 北京：石油工业出版社.

袁庆友，柳金钟，王艳，等，2005. 棒薄层状色谱技术在白音查干地区的应用. 录井工程（3）：9-12.

岳大力，吴胜和，林承焰，2008. 碎屑岩储层流动单元研究进展. 中国科技论文在线（11）：810-818.

曾联波，漆家福，王永秀，2007. 低渗透储层构造裂缝的成因类型及其形成地质条件. 石油学报，28（4）：52-56.

曾联波，2008. 低渗透砂岩储层裂缝的形成与分布. 科学出版社.

曾联波，柯式镇，刘洋，2010. 低渗透油气储层裂缝研究方法. 北京：石油工业出版社.

曾联波，吕文雅，吕鹏，2020. 致密低渗透储层多尺度裂缝及其形成地质条件. 石油及天然气地质，41（3）：449-454.

曾婷，桂志先，施洋，等，2015. 时移地震属性分析技术在永安镇油田Y3断块开发中的应用. 工程地球物理学报，12（2）：234-239.

张殿强，李联伟，2001. 地质录井方法与技术. 北京：石油工业出版社.

张贤松，孙福街，康晓东，等，2009. 渤海油田聚合物驱油藏筛选及提高采收率潜力评价. 中国海上油气，21（3）：169-172.

张金川，聂海宽，徐波，等，2018. 四川盆地页岩气成藏地质条件. 天然气工业，28（2）：151-156.

章凤奇，陈清华，陈汉林，2005. 储集层微型构造作图新方法. 石油勘探与开发，32（5）：91-93.

赵军，郑国东，付碧宏，2009. 活动断层的构造地球化学研究现状. 地球科学进展，24（10）：1131-1134.

赵政璋，赵贤正，王英民，等，2005. 储层地震预测理论与实践. 北京：科学出版社.

郑荣才，彭军，吴朝容，2001. 陆相盆地基准面旋回的级次划分和研究意义. 沉积学报，19（2）：249-255.

中国海洋总公司，1998. 海上油气钻井井名命名规范：SY/T 10012—1998. 北京：石油工业出版社.

中国石油天然气总公司，1997. 油气田开发井号命名规则：SY/T 5829—93 北京：石油工业出版社.

中国石油天然气总公司，1997. 油气储层评价方法：SY/T 6285—1997. 北京：石油工业出版社.

中华人民共和国国家发展和改革委员会，2006. 岩心常规分析方法：SY/T 5336—1996. 北京：石油工业出版社.

中华人民共和国国家质量监督检验检疫总局，中国国家标准化管理委员会，2004. 石油天然气资源/储量分类：GB/T 19492—2004. 北京：中国标准出版社.

中华人民共和国国家质量监督检验检疫总局，中国国家标准化管理委员会，2015. 区域地质图图例：GB/T 958—2015. 北京：中国标准出版社.

中国石油天然气总公司勘探局，1993. 钻探地质录井手册. 北京：石油工业出版社.

中华人民共和国国土资源部，2005. 石油天然气储量计算规范：DZ/T 0217—2005. 北京：中国标准出版社.

中华人民共和国国土资源部，2014. 页岩气资源/储量计算与评价技术规范：DZ/T 0254—2014. 北京：中国标准出版社.

中华人民共和国国土资源部，2020. 海上石油天然气储量计算规范：DZ/T 0252—2020. 北京：中国标准出版社.

中华人民共和国国土资源部，2020. 石油天然气储量计算规范：DZ/T 0217—2020. 北京：中国标准出版社.

钟孚勋，2001. 气藏工程. 北京：石油工业出版社.

朱筱敏，2008. 沉积岩石学. 4 版. 北京：石油工业出版社.

朱红涛，胡小强，张新科，等，2002. 油层微构造研究及其应用. 海洋石油（1）：30-37.

庄惠农，2004. 气藏动态描述和试井. 北京：石油工业出版社.

邹才能，等，2013. 非常规油气地质. 北京：地质出版社.

邹才能，朱如凯，白斌，等，2011. 中国油气储层中纳米孔首次发现及其科学价值. 岩石学报，27（6）：1857-1864.

邹才能，朱如凯，白斌，等，2015. 致密油与页岩油内涵、特征、潜力及挑战. 矿物岩石地球化学通报，34（01）：3-17，1-2.

邹才能，朱如凯，吴松涛，等，2012. 常规与非常规油气聚集类型、特征、机理及展望：以中国致密油和致密气为例. 石油学报，33（2）：173-187.

《钻井手册》编写组.2013. 钻井手册. 北京：石油工业出版社.

Allen J R L, 1983. Studies in fluviatile sedimentation：Bars, bar-complexes and sandstone sheets（low-sinuosity braided streams）in the Brownstones（L. Devonian），Welsh Borders. Sedimentary Geology, 33（4）：237-293.

Ambrose W A, Tyler N, Parsley M J, 1991. Facies heterogeneity, pay continuity, and infill potential in barrier is land, fluvial, and submarine - fan reservoirs：examples from the Texas Gulf Coast and Midland Basin.

Bear J, 1972. Dynamics of fluid in porous media. New York：Elsevier.

Carman P C, 1937. Fluid flow through granular beds. Trans. Inst. Chem. Eng. 15, 150-167.

Chilingar G V, Mannonm R M, Rieke H H, 1972. Oil and Gas Production from Carbonate Rocks. New York：Elsevier.

Chilingar G V, 1972. Clay minerals and problems of petroleum geology. Sedimentary Geology, 8（2）：151-152.

Christie-Blick N, Biddle K T, 1985. Deformation and Basin Formation along Strike-Slip Faults// Deformation and basin formation along strike-slip fault. Society of Economic Paleontologists and Mineralogists.

Clarkson C R, Freeman M, He L, et al, 2012. Characterization of tight gas reservoir pore structure using USANS/SANS and gas adsorption analysis. Fuel, 95：371-385.

Clarkson C R, Jensen J L, Pedersen P K, et al, 2012. Innovative methods for flow-unit and pore-structure analyses in a tight siltstone and shale gas reservoir. AAPG Bulletin, 96（2）：355-374.

Cnudde V, Boone M N, 2013. High-resolution X-ray computed tomography in geosciences：A review of the current technology and applications. Earth-Science Reviews, 123：1-17.

Coates G R, Lizhi Xiao, Manfred Prammer, 1999. NMR Logging Priciples & Applications. Hosuton：Gulf Publishing Company.

Coates G R, Peveraro R C A, Hardwick A, et al, 1991. The magnetic resonance imaging log characterized by comparison with petrophysical properties and laboratory core data. Proceedings of the 66th Annual Technical Conference and Exhibition, Formation Evaluation and Reservoir Geology, SPE 22723：627-635.

Cross T A, 1994. Applications of high-resolution sequence stratigraphy to reservoir analysis. The Interstate Oil and Gas Compact Commission 1993 Annual Bulletin: 24-39.

Damslesh E, et al, 1992. A Two-stage stochastic Model Applied to a North sea Reservoir Journal of Petroleum Technology, 4: 404-408.

Daniel J, Tearpock, Richard E, Bischke, et al, 2013. Applied Subsurface Geological Mapping with Structural Methods. 2nd Ed. Prentice Hall PTR.

Deutsch C V, Journel A G, 1996. GSLIB, Geostatistical software library and User's Guide. Oxford: Oxford University Press.

Deutsch C V, 2002. Geostastistical reservoir modeling. Oxford: Oxford University press.

England W A, Mackenzie A S, Mann D M, et al, 1987. The movement and entrapment of petroleum fluids in the subsurface. Journal of the Geological Society, 144: 327-347.

Fall A, Eichhubl P, Bondnar R J, et al, 2015, Natural hydraulic fracturing of tight gas sandstone reservoirs, Piceance Basin, Colorado: Geological Society of America Bulletin, 127 (1-2): 61-75.

Fielding C R, Crane R C, 1987. An application of statistical modelling to the prediction of hydrocarbon recovery factors in fluvial reservoir sequences//Recent Developments in Fluvial Sedimentology.

Gale J F W, Laubach S E, Olson J E, et al, 2014. Natural fractures in shale: A review and new observations. AAPG Buttetin, 98 (11): 2165-2216.

Galloway W E, 1986. Reservoir facies architecture of microtidal barrier systems. AAPG Bulletin.

Galloway W E, 1989. Genetic stratigraphy sequence in basin analysis, architecture and genesis of flooding - surface bounded depositional units. AAPG Bull, 73: 125-142.

Golab A N, Knackstedt M A, Averdunk H, et al, 2010. 3D porosity and mineralogy characterization in tight gas sandstones. The Leading Edge, 29 (12): 1476-1483.

Gregg S J, Sing K S W, 1982. Adsorption, Surface Area and Porosity. New York: Academic Press.

Haldorsen H H, et al, 1990. Stochastic Modeling. JPT, 42: 404-412.

Hearn C L, Ebanks W J Jr, Tye R S, et al, 1984. Geological factors influencing reservoir performance of the Hartzog Draw Field, Wyoming. J Petrol Tech, 36: 1335-1344.

Kozeny J, 1927. Ueber Kapillare Leitung des Wassers im Boden. Stizungsber. Akad. Wiss. Wien 136, 271-306.

Lai J, Wang G, Cao J, et al, 2018. Investigation of pore structure and petrophysical property in tight sandstones. Marine and Petroleum Geology, 91: 179-189.

Lai J, Wang G, Wang Z, et al, 2018. A review on pore structure characterization in tight sandstones. Earth-Science Reviews, 177: 436-457.

Liu G, Bai Y, Gu D, et al, 2018. Determination of static and dynamic characteristics of microscopic pore-throat structure in a tight oil-bearing sandstone formation. AAPG Bulletin, 102 (9): 1867-1892.

Laubach S E, 1997. A method to detect natural fracture strike in sandstones. AAPG Bulletin, 81 (4): 604-623.

LeRay L W, LeRoy D O, Rase J W, 1977. Subsurface Geology. 4th Edition. Golden: Colorado School of Mines Press.

Leverett M C, 1941. Capillary Behavior in Porous Solids. Trans. am. inst. min. metal. eng, 142 (1): 152-169.

Li Wei, Yue Dali, Wang Wurong, et al, 2019. Fusing multiple frequency-decomposed seismic attributes with machine learning for thickness prediction and sedimentary facies interpretation in fluvial reservoirs. J. Pet. Sci. Eng. 177, 1087-1102.

Li Zhen, Wu Shenghe, Xia Dongling, et al, 2018. An investigation into pore structure and petrophysical property in tight sandstones: A case of the Yanchang Formation in the southern Ordos Basin, China. Marine and Petroleum Geology, 97: 390-406.

Liu Z, Serge Berné, Saito Y, et al, 2007. Internal architecture and mobility of tidal sand ridges in the East China

Sea. Continental Shelf Research, 27 (13): 1820-1834.

Lyu W Y, Zeng L B, Liu Z Q, et al, 2016. Fracture responses of conventional logs in tight-oil sandstones: A case study of the Upper Triassic Yanchang Formation in southwest Ordos Basin, China. AAPG Bulletin, 100 (9): 1399-1417.

Miall A D, 1985. Architectural elements analysis: A new method of facies analysis applied to fluvial deposits. Earth Science Reviews, 22 (4): 261-308.

Miall A D, 1988. Reservoir heterogeneities in fluvial sandstones: lessons from outcrop studies. American Association of Petroleum Geologists Bulletin, 72 (6): 682-697.

Miall A D, 1996. The geology of fluvial deposits. Heidelberg: Springer-Verlag.

Mitchum R M, Vail P R, Sangree J B, 1977. Seismicstratigraphy and global changes of sea level, part 6: stratigraphic interpretation of seismic reflection patterns in depositional sequences //Payton C E. Seismic Stratigraphy-applications to hydrocarbon exploration. Houston: AAPG Memoir.

Mitchum R M, 1977. Seismic stratigrpahy and global changes of sea level, Part 2: The depositional sequence as a basic unit for stratigrpahic analysis. Seismic stratigraphy - applications to hydrocarbon exploration. Mem. Amer. Assoc. Petrol. Geol, 26.

Monicard R P, 1980. Properties of Reservoir Rocks: Core Analysis. Springer Netherlands.

Murray G H, 1968. Quantitative fracture study, Sanishpool, Mckeenzie county, NorthDakota. AAPG Bulletin, 52 (1): 57-65.

Narr W, Lerche I, 1984. A method for estimating subsurface fracture density in core. AAPG Bulletin, 68 (8): 637-648.

Nelson R A, 1985. Geologic analysis of naturally fractured reservoirs. Houston: Gulf Publishing Company.

Pettijohn F J, Potter P E, Siever R, 1973. Sand and sandstone. New York: Springer-Verlag.

Rezaee R, Saeedi A, Clennell B, 2012. Tight gas sands permeability estimation from mercury injection capillary pressure and nuclear magnetic resonance data. Journal of Petroleum Science and Engineering, 88-89: 92-99.

Riegel W, 1992. The Coal - bearing depositional systems - coal facies and depositional environments: 8-coal formaion and sequence stratigraphy. New York: Springer-Verlag.

Robert G Loucks, 1999. Paleocave carbonate reservoirs: origins, burial-depth modifications, spatial complexity, and reservoir implications. AAPG Bulletin, 83: 1795-1834.

Robert G, Loucks, Robert M Reed, et al. 2012. Spectrum of pore types and networks in mudrocks and a descriptive classification for matrix related pores. AAPG Bulletin, 96 (6): 1071-1098.

Roger M Slatt, 2006. Stratigraphic reservoir characterization for petroleum geologists, geophysicists and engineers. Amsterdam: Elsevier.

Schmidt D A, McDonald, 1979. Secondary reservoir porosity in the course of sandstone diagenesis. AAPG Education Course Note Series No. 12.

Shankar P Das, et al. 1992. Thermal transport properties in a square lattice gas. Physica A Statistical Mechanics & Its Applications.

Shanley, K W, Cluff R M, 2015. The evolution of pore-scale fluid-saturation in low-permeability sandstone reservoirs. AAPG Bulletin, 99 (10): 1957-1990.

Shanley K W, Mccabe P J, 1991. Predicting facies architecture through sequence stratigraphy: An example from the Kaiparowits Plateau, Utah. Geology, 19 (7): 742-745.

Sloss L L, 1963. Sequences in the cratonic interior of North America. Geologica Socieity of Americ a Bulletin, 46 (6): 1050-1057.

Sneider R M, Tinker C, Mocked L, 1978. Deltaic environment reservoir types and their characteristics. JPT, 30 (11): 1538-1546.

Tyler N, et al, 1991. The three – dimensional facies architecture of terrigenous clastic sediments, and its implications for hydrocarbon discovery and recovery. Soc Econ Paleontol Mineral Concepts Models, 3: 13-21.

Vail P R, Michum R M, Thonoson S, 1977. Seismic stratigraphy and global changes of sea level. AAPG Memorir, 26 (1): 63-81.

Van Wagoner J C, Mitchum R M, Campion K M, et al, 1990. Siliclastic sequence stratigraphy in welllogs, cores, and outcrop concepts for high-resolution correlation of time and facies. AAPG Methods in Exploration series (7): 55.

Wagoner V, Richard S, 1995. Automated Characterisation of Apple Shapes Using Digitized Video Images. International Symposium on Automation & Robotics in Bioproduction & Processing Location Kobe Japan Date.

Wardlaw N C, Tayer R P, 1976. Mercury capillary pressure curves and the interpretation of pore structure and fluid distribution. Bull Can Petrol Geol, 24 (2): 225.

Wardlaw N C, Tayer R P, 1978. Estimation of recovery efficiency by visual observation of pore systems in reservoir rocks. AIME, 207: 144-177.

Washburn E W, 1921. Note on a method of determining the distribution of pore sizes in a porous material. Proc. Natl. Acad. Sci. U. S. A. 7, 115-116.

Weber K J, 1986. How heterogeneity affects oil recovery //Lake L W, Carrol H B. Reservoir Characterization. London: Academic Press.

Weber K J, Hans D, 1999. Screening criteria to evaluate the development potential of remaining oil in maturefield. SPEREE, 2 (5): 405-411.

Weber K J, Schneider E, Kiefer J, et al, 1990. Heavy Ion Effects on Yeast: Inhibition of Ribosomal RNA Synthesis. Radiation Research, 123 (1): 61-67.

Weber K J, Van Geuns L C, 1990. Framwork for constructing clastic reservoir simulation models. Journal of Petroleum Technology, 42 (10): 1248-1253.

Wu H, Zhang C, Ji Y, et al, 2018. An improved method of characterizing the pore structure in tight oil reservoirs: Integrated NMR and constant-rate-controlled porosimetry data: Journal of Petroleum Science and Engineering, 166: 778-796.

Yarus, Chambers, 1994. Stochastic Modeling and Geostatistics: Principles Methods, and case studies. AAPG computer Application in Geology, 3: 3-16.

Yuan H H, Swanson B F, 1998. Resolving pore–space characteristics by ratecontrolled porosimetry. SPE Form. Eval. 4, 17-24.

Yue Dali, Li Wei, Wang Wurong, et al, 2019. Fused spectral-decomposition seismic attributes and forward seismic modelling to predict sand bodies in meandering fluvial reservoirs. Marine and Petroleum Geology, 99 (1): 27-44.

Zeng L B, Li X Y, 2009. Fractures in sandstone reservoirs with ultra-low permeability: A case study of the Upper Triassic Yanchang Formation in the Ordos Basin, China. AAPG Bulletin, 93 (4): 461-477.

Zeng L B, 2010. Microfracturing in the Upper Triassic Sichuan Basin tight-gas sandstones: Tectonic, overpressure, and diagenetic origins. AAPG Bulletin, 94 (12): 1811-1825.

Zhang L, Lu S, Xiao D, et al, 2017. Pore structure characteristics of tight sandstones in the northern Songliao Basin, China. Marine and Petroleum Geology, 88: 170-180.

Zhang Jiajia, Wu Shenghe, Hu Guangyi, et al, 2018. Application of four-dimentional monitoring to understand reservoir heterogeneity controls on fluid flow during the development of a submarine channel system. AAPG Bulletin, 102: 2017-2044.

Zhang Ke, Wu Shenghe, Zhong Yacong, et al. 2020. Modal distribution of pore-throat size in sandy conglomerates from an alluvial fan environment Lower Karamay Formation, Junggar Basin, West China. Marine and Petroleum Geology, 117: 104391.